Elektrotechnik für Maschinenbauer

Von Professor Dipl.-Ing. Hermann Linse

unter Mitwirkung von
Professor Dr.-Ing. Rolf Fischer

Fachhochschule für Technik
Esslingen/Neckar

9., überarbeitete und erweiterte Auflage
Mit 397 Bildern und 26 Tafeln

 B. G. Teubner Stuttgart 1992

Die Deutsche Bibliothek – CIP-Einheitsaufnahme

Linse, Hermann:
Elektrotechnik für Maschinenbauer /
von Hermann Linse unter Mitw. von Rolf Fischer.
9., überarb. u. erw. Aufl.
Stuttgart : Teubner, 1992
  ISBN 3-519-16325-X

© B. G. Teubner Stuttgart 1992

Printed in Germany
Satz: Fotosatz-Service KÖHLER, Würzburg
Druck und Bindung: W. Röck, Weinsberg
Umschlaggestaltung: W. Koch, Sindelfingen

Vorwort

Dieses Lehrbuch der Elektrotechnik für Nichtelektrotechniker hat insbesondere bei Studierenden des Maschinenbaus, der Produktions-, Verfahrens- und Versorgungstechnik, des Wirtschaftsingenieurwesens und ähnlicher Fachrichtungen breiten Eingang gefunden. Aber auch die bereits in Forschung und Entwicklung, Konstruktion, Projektierung, Fertigung und Betrieb tätigen Ingenieure müssen sich angesichts der Weiterentwicklung der Technik, vor allem der Steuerungs-, Regelungs-, Automatisierungs- und Prozeßrechentechnik, weiterhin sachverständig mit Elektrotechnik und Elektronik befassen. Schon bei der Gestaltung der 1. Auflage dieses Buches vor nunmehr 30 Jahren standen diese beiden Aufgabenstellungen im Vordergrund, und ihnen trägt auch die hier vorliegende, überarbeitete und ergänzte 9. Auflage wieder in besonderem Maße Rechnung. In allen Abschnitten wird häufig auf technische Anwendungen verwiesen und die Anschaulichkeit der Darstellung durch reichhaltiges Bildmaterial sowie viele der Praxis entnommene, durchgerechnete Zahlenbeispiele unterstützt.

In den Grundlagenkapiteln 1 bis 3 wurden an vielen Stellen Ergänzungen und Erweiterungen vorgenommen, so z. B. bei elektrischen Größen und Spannungsquellen, beim elektromagnetischen Feld, bei elektronischen Bauelementen u. a. Entsprechendes gilt für die Anwendungskapitel 4 bis 7, wobei gemäß der weiter steigenden technischen Bedeutung die elektronische Steuerungstechnik mit der zugehörigen Leistungselektronik in einem neuen Abschnitt 6 zusammengefaßt ist. Schließlich wurde in Abschnitt 7 der Problemkreis Energie und Umwelt weiter vertieft und damit begonnen, die spezielle Situation in den neuen Bundesländern einzuarbeiten.

Das Streben nach internationaler Vereinheitlichung („Harmonisierung") von Normen und Vorschriften der Elektrotechnik führt zwangsweise zu einer fortwährenden Überarbeitung im Deutschen Normenwerk (DIN) und im Vorschriftenwerk des Verbands Deutscher Elektrotechniker (VDE). Aus diesen Gründen wurden wiederum zahlreiche Schaltbilder, Bezeichnungen und dergl. geändert, um den neuesten Stand vermitteln zu können.

Ich hoffe, daß die „Elektrotechnik für Maschinenbauer" auch weiterhin dazu beitragen wird, die Ausbildung der Studenten zu vertiefen und die als immer notwendiger erkannte Weiterbildung von Ingenieuren in vielen Industriezweigen zu fördern. Den vielen Freunden und Benutzern des Buches bin ich auch in Zukunft für Kritik und Anregungen dankbar.

Schließlich gilt mein Dank auch dem Verlag für die sorgfältige Herstellung und gute Ausstattung des Buches.

Esslingen, im Frühjahr 1992   Hermann Linse

Inhalt

6 Elektronische Steuerungstechnik (Fischer)

7 Energie- und Elektrizitätswirtschaft. Elektrische Anlagen (Linse)

Hinweise auf DIN-Normen entsprechen dem Stand der Normung bei Abschluß des Manuskriptes. Maßgebend sind die jeweils neuesten Ausgaben der Normblätter des DIN Deutsches Institut für Normung e. V. (früher DNA), die durch den Beuth-Verlag, Berlin und Köln, zu beziehen sind. Sinngemäß gilt das gleiche für alle in diesem Buch erwähnten Richtlinien, Bestimmungen usw.

1 Grundlagen der Elektrotechnik

In diesem Abschnitt werden die allgemeinen Grundlagen der Elektrotechnik behandelt; spezielle Grundlagen wie Elektronik und elektrische Meßtechnik sind den beiden folgenden Abschnitten vorangestellt, s. Abschn. 2.1 und 3.1.

In Abschn. 1.1 Gleichstrom werden, ausgehend von den grundlegenden physikalischen Erscheinungen der Elektronenbewegung, die wichtigsten elektrischen Größen und Grundgesetze der Elektrotechnik erläutert und auf Gleichstromkreise angewendet. Von den physikalischen Erscheinungen im elektrischen und magnetischen Feld (s. Abschn. 1.2) sind für den Ingenieur die Wirkungen im Magnetfeld von besonderer Bedeutung, weil sie beim Bau elektrischer Geräte und Maschinen (s. Abschn. 3 und 4) technisch ausgenutzt werden. Abschn. 1.3 befaßt sich eingehend mit den Größen und Gesetzen der heute überwiegend vorkommenden Stromart Wechselstrom und schließt mit dem für die elektrische Energietechnik wichtigen Drehstrom ab.

1.1 Gleichstrom

1.1.1 Elektrische Größen und Grundgesetze

1.1.1.1 Physikalische Grundlagen der elektrischen Erscheinungen

Elektrizitätsmenge (elektrische Ladung) Nach dem Bohr'schen Atommodell kann man sich die Atome der chemischen Grundstoffe (Elemente) vereinfacht als aus einem Atomkern und einer diesen umgebenden Atomhülle aufgebaut vorstellen. Grundstoffe der Materie (Elementarteilchen) sind u. a.

im Kern die Protonen als Träger der willkürlich positiv festgelegten, kleinstmöglichen Elektrizitätsmenge (positive Elementarladung e) und die unelektrischen Neutronen,

in der Hülle die Elektronen als Träger der negativen, kleinstmöglichen Elektrizitätsmenge (negative Elementarladung $-e$).

Das Formelzeichen[1]) der Elektrizitätsmenge (elektrische Ladung) ist Q, ihre Einheit ist 1 Coulomb (1 C), das ist die elektrische Ladung von $6{,}25 \cdot 10^{18}$ Protonen. Somit beträgt

$$\begin{aligned} \text{die Elementarladung des Protons} \quad Q_\mathrm{P} &= e = +\,0{,}16 \cdot 10^{-18}\,\mathrm{C}, \\ \text{die Elementarladung des Elektrons} \quad Q_\mathrm{E} &= -e = -\,0{,}16 \cdot 10^{-18}\,\mathrm{C}, \end{aligned} \tag{1.1}$$

---

[1]) Die Formelzeichen entsprechen bevorzugt den in DIN 1304, Allgemeine Formelzeichen, an erster Stelle empfohlene internationalen Zeichen (Tafel 7.34 und S. 460 und 461).
Alle Einheiten elektrischer Größen werden hier durch die kohärenten (abgestimmten) Einheiten des Internationalen Einheitensystems (Tafel 7.34) angegeben.

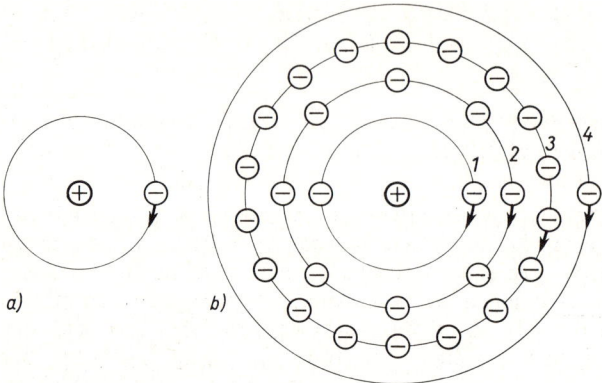

1.1 Aufbau neutraler Atome (schematisch)
   a) H^1-Atom
      (Hülle mit 1 Schale und 1 Elektron)
   b) Cu-Atom
      (Hülle mit 4 Schalen und 2 + 8 + 18 + 1 = 29 Elektronen)

wobei die Formelzeichen e bzw. $-e$ aus historischen Gründen auch heute noch verwendet werden.

Für die Zusammensetzung aller Atome gilt vereinfacht

z Elementarteilchen = x Neutronen + y Protonen + y Elektronen

wobei x die Zahlenwerte 0 bis 146 und y die Werte 1 bis 92 haben können.

Die Atome aller Grundstoffe sind n e u t r a l (unelektrisch), da sich die Wirkungen der y positiven und y negativen Elementarladungen nach außen aufheben; es gilt also auch rechnerisch für n e u t r a l e A t o m e $\Sigma Q = 0$.

Im Atomkern sind Neutronen und Protonen fest aneinander gebunden; in der Hülle bewegen sich die Elektronen auf bis zu 7 verschiedenen, für jede Atomart charakteristischen Bahnen (Schalen) mit großer Geschwindigkeit um den Atomkern (**1.1**). Der Zusammenhalt des Atoms ist gewährleistet, weil durch die ungleichnamigen Ladungen des Kerns und der Elektronen anziehende Kräfte auftreten, die mit den durch die Bewegung der Elektronen hervorgerufenen Zentrifugalkräften im Gleichgewicht stehen.

Beispiel 1.1 Zusammensetzung der neutralen Atome von Elementen

Wasserstoff H^1	0 Neutronen	+ 1 Proton	+ 1 Elektron	(s. Bild **1.1**a)
Deuterium H^2	1 Neutron	+ 1 Proton	+ 1 Elektron	
Aluminium Al	14 Neutronen	+ 13 Protonen	+ 13 Elektronen	
Kupfer Cu	34 Neutronen	+ 29 Protonen	+ 29 Elektronen	(s. Bild **1.1**b)
Uran ^{235}U	143 Neutronen	+ 92 Protonen	+ 92 Elektronen	
Uran ^{238}U	146 Neutronen	+ 92 Protonen	+ 92 Elektronen	

Atome mit gleich großer Protonen- und Elektronenzahl haben gleiche chemische Eigenschaften, z. B. H^1 und H^2 oder ^{235}U und ^{238}U. Sind dabei aber die Neutronenzahlen verschieden wie in Beispiel 1.1 bei H^1 und H^2 oder bei ^{235}U und ^{238}U, so sind auch die Massen der Elemente verschieden; solche Elemente nennt man Isotope.

Leiter, Nichtleiter, Halbleiter   Die elektrische Strömung in den Stromkreisen vollzieht sich vorwiegend in festen Leitern (z. B. Kupfer, Aluminium); als Isolierstoffe dienen Nichtleiter (z. B. Gummi, Papier, Porzellan).

Leiter haben kristallinen Aufbau, gekennzeichnet durch regelmäßige Anordnung der Bausteine im sog. Kristallgitter. Diese Bausteine sind aber keine vollständigen neutralen Atome, sondern positiv geladene Atomreste, die man positive Ionen nennt. Diese entstehen dadurch, daß sich aus der äußersten Schale jeder Atomhülle je ein Elektron vom Kern lostrennt. Die so entstandenen freien Elektronen oder Leitungselektronen befinden sich zwischen den Ionen in völlig regelloser Bewegung, deren Geschwindigkeit von der Temperatur des Leiters abhängt. Man spricht daher vom Elektronengas im Kristallgitter. Im unelektrischen Zustand sind also in metallischen Leitern als Ladungsträger fest angeordnete positiv geladene Ionen und ebenso viele frei bewegliche Elektronen – ungefähr $10^{23}/cm^3$ – bereits vorhanden, sie werden also nicht etwa „erzeugt".

Nichtleiter gibt es nicht in idealer Form. Sie sind fast vollständig aus neutralen Atomen aufgebaut und haben daher vergleichsweise wenig freie Elektronen. Mit steigender Temperatur werden immer mehr Atome ionisiert und damit Elektronen freigemacht, so daß die Dichte des Elektronengases ansteigt. Bei Halbleitern, die zu großer technischer Bedeutung gelangt sind, ist diese Erscheinung besonders ausgeprägt. Sie sind bei völlig regelmäßigem, nicht durch Verunreinigungen gestörtem Aufbau ihres Kristallgitters in der Nähe des absoluten Nullpunktes der Temperatur fast ideale Nichtleiter. Mit steigender Temperatur wird die Zahl der freien Leitungselektronen größer, so daß sie sich dann immer mehr wie die Leiter verhalten (s. Abschn. 2.1.2).

Elektrisch geladene Körper   Im unelektrischen Zustand ist die Gesamtladung des Körpers $Q = 0$. Elektrisch wird ein Körper (Leiter, Nichtleiter, Halbleiter), wenn ihm entweder Elektronen entzogen oder zugeführt werden. Im ersten Fall wird er positiv ($Q > 0$), im zweiten Fall negativ ($Q < 0$) geladen. Der elektrisch geladene Körper hat demnach entweder zu wenig oder zu viel freie Elektronen, während sein positiver Ladungsanteil (Protonen) an die Atomkerne gebunden ist und unveränderlich bleibt.

Beispiel 1.2   Ein Körper mit der Ladung $Q = 6\,C$ hat einen Überschuß von $6 \cdot 6{,}25 \cdot 10^{18} = 37{,}5 \cdot 10^{18}$ positiven Elementarladungen, also einen Mangel von $37{,}5 \cdot 10^{18}$ Elektronen. Ein Körper mit der Ladung $Q = -2\,C$ hat einen Überschuß von $2 \cdot 6{,}25 \cdot 10^{18} = 12{,}5 \cdot 10^{18}$ Elektronen.

Krafteinwirkung auf elektrische Ladungen im elektrischen Feld   Aus der Mechanik ist bekannt, daß im Gravitationsfeld der Erde auf die Masse m die Gewichtskraft

$$\vec{F} = m\,\vec{g} \quad \text{mit dem Betrag } F = mg$$

ausgeübt wird (**1**.2a), wobei $\vec{g}$ die Feldstärke des Gravitationsfeldes (Betrag $g \approx 9{,}81\ m/s^2$) ist. Masse m und Erdmasse ziehen sich an; $\vec{F}$ und $\vec{g}$ sind Vektoren gleicher Richtung und senkrecht zur Erde hin gerichtet (homogenes Feld, Darstellung durch Feldlinien).

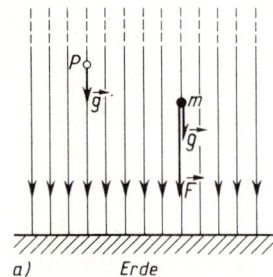 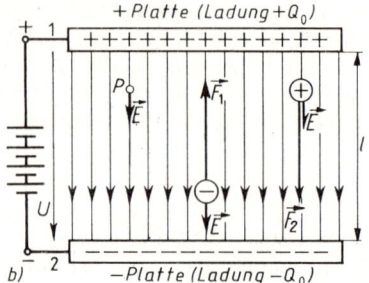

1.2 a) Gravitationsfeld mit Feldlinien, Feldvektor $\vec{g}$ an einem beliebigen Punkt P, Kraft $\vec{F}$ auf Masse m

  b) elektrisches Feld in einem Nichtleiter mit Feldlinien, Feldvektor $\vec{E}$ an einem beliebigen Punkt P, Kraft $\vec{F_1}$ auf eine negative, Kraft $\vec{F_2}$ auf eine positive Punktladung; Spannungspfeil U

Ein elektrisches Feld ist der Raum, in dem auf elektrische Ladungen Kräfte ausgeübt werden. Befindet sich an irgend einer Stelle eines elektrischen Feldes eine elektrische Ladung Q, so wird auf diese die Kraft

$$\vec{F} = Q\vec{E} \quad \text{mit dem Betrag } F = |QE| \tag{1.2}$$

ausgeübt (**1**.2b), wobei $\vec{E}$ die Feldstärke des elektrischen Feldes – kurz elektrische Feldstärke genannt – am Ort der Ladung Q bedeutet.

In Bild **1**.2b wird z. B. ein elektrisches Feld von den ungleichnamigen Ladungen $+Q_0$ und $-Q_0$ hervorgerufen, die sich auf den beiden gleich großen, parallel im Abstand l angeordneten Platten befinden, wenn diese an eine Spannungsquelle, z. B. Batterie, angeschlossen werden. Wenn nun in den Luftraum zwischen den Platten auf einem Körper der Reihe nach verschieden große positive und negative Ladungen Q gebracht werden, dann ergibt sich aus den Messungen der auftretenden Kräfte und der Ladungen, daß die Feldstärke $E = F/Q$ an jeder Stelle dieses Luftraumes gleich groß ist und von der Plus- zur Minus-Platte gerichtet ist. Auf eine positive Ladung wirkt demnach $\vec{F}$ in Richtung von $\vec{E}$, also zur Minus-Platte, auf eine negative Ladung entgegengesetzt von $\vec{E}$ zur Plus-Platte. Hieraus folgt:

Ungleichnamige Ladungen ziehen sich an, gleichnamige Ladungen stoßen sich ab.

Das in Bild **1**.2b im Luftraum zwischen den Platten vorhandene elektrische Feld (Feldvektor $\vec{E}$) ist – wie das Gravitationsfeld (Feldvektor $\vec{g}$) – homogen, d.h. an jeder Stelle nach Betrag und Richtung gleich (von den Wirkungen am Plattenrand sei hier abgesehen). Das elektrische Feld wird durch parallele elektrische Feldlinien gleichen Abstandes, die an der Plus-Platte beginnen und an der Minus-Platte enden, dargestellt.

Elektrische Spannung   Allgemein errechnet sich die elektrische Spannung U_{12} zwischen den Punkten 1 und 2 eines elektrischen Feldes durch das Linienintegral der elektrischen Feldstärke

$$U_{12} = \int\limits_{1}^{2} \vec{E} \, \mathrm{d}\vec{l} \tag{1.3a}$$

Das Formelzeichen der elektrischen Spannung ist U, ihre Einheit 1 Volt (1 V); somit folgt 1 V/m für die SI-Einheit der elektrischen Feldstärke E. Im Falle eines homogenen Feldes (Bild **1**.2b) vereinfacht sich die Berechnung der Spannung U zwischen der Plus-Platte (1) und der Minus-Platte (2) auf das Produkt der konstanten Feldstärke E und der Länge l der Feldlinie (= Plattenabstand)

$$U = El \qquad\qquad (1.3\,\mathrm{b})$$

Im Schaltplan wird die Spannung U (Bild **1**.2b) durch einen Spannungspfeil (Einfachpfeil, kein Maßpfeil!), entsprechend Gl. (1.3a) von 1 nach 2 gerichtet, dargestellt und nach Gl. (1.3b) mit positivem Betrag berechnet. Bei umgekehrter Pfeilrichtung von 2 nach 1 würde sich nach Gl. (1.3a) $U_{21} = -U_{12} = -U$, also ein negativer Betrag ergeben.

Beispiel 1.3 Die Spannung U zwischen den Platten in Bild **1**.2b beträgt 6 V, ihr Abstand 0,5 cm. Nach Gl. (1.3b) ist dann die elektrische Feldstärke und nach Gl. (1.2) die Kraft auf ein Elektron

$$E = \frac{U}{l} = \frac{6\,\mathrm{V}}{0,5\,\mathrm{cm}} = 1200\,\mathrm{V/m} \qquad F = |QE| = 0,16 \cdot 10^{18}\,\mathrm{As} \cdot 1200\,\mathrm{V/m} = 192 \cdot 10^{-18}\,\mathrm{N}.$$

Elektrischer Strom in festen Leitern Unter einem elektrischen Strom versteht man die (gerichtete) B e w e g u n g   v o n   L a d u n g s t r ä g e r n. Sie kommt in festen Körpern, Flüssigkeiten und Gasen zustande, wenn in diesen frei bewegliche Ladungsträger vorhanden sind, auf die nach Gl. (1.2) die Kräfte eines elektrischen Feldes wirken.

Wie oben bereits ausgeführt, sind in festen leitenden Körpern im unelektrischen Zustand ortsfeste Atomrümpfe und frei bewegliche Elektronen (Elektronengas) vorhanden. Ist nun z.B. in einem Kupferdraht als Teil eines elektrischen Stromkreises ein elektrisches Feld mit der Feldstärke $\vec{E}$ (**1**.3a) vorhanden, dann wirken nach Gl. (1.2) auf die freien Elektronen Kräfte. Dadurch wird eine gerichtete Bewegung (Drift genannt) hervorgerufen, die sich der unregelmäßigen Wärmebewegung überlagert. Die Elektronen bewegen sich längs der elektrischen Feldlinien in axialer Richtung von 2 nach 1, entgegen der Feldstärke $\vec{E}$. Bei einem elektrischen Strom in festen Körpern handelt es sich also immer um eine r e i n e   E l e k t r o n e n l e i t u n g, die nicht mit dem Transport von Materie verbunden ist.

Elektrische Stromstärke Fließt eine Elektrizitätsmenge Q_{12} in der Zeit t gleichmäßig (Gleichstrom) durch den Leiterquerschnitt in Richtung von 1 nach 2, dann gilt für die elektrische Stromstärke (vereinfacht meist nur „Strom" genannt) mit dem Formelzeichen I:

$$I_{12} = Q_{12}/t \qquad\qquad (1.4\,\mathrm{a})$$

In Bild **1**.3a fließen aber negative Ladungen (Elektronen) in Richtung von 2 nach 1, also wird $I_{21} = Q_{21}/t < 0$, im Schaltplan hat der zugehörige Strompfeil (**1**.3b) negativen Betrag. Zeichnet man dagegen den Strompfeil in entgegengesetzter Richtung, dann wird $I_{12} = Q_{12}/t$ positiv, da $Q_{12} = -Q_{21} > 0$ wird. Man wählt daher zweckmäßig den Strompfeil $I = I_{12}$ (Bild **1**.3c) entgegen dem Elektronenstrom und damit

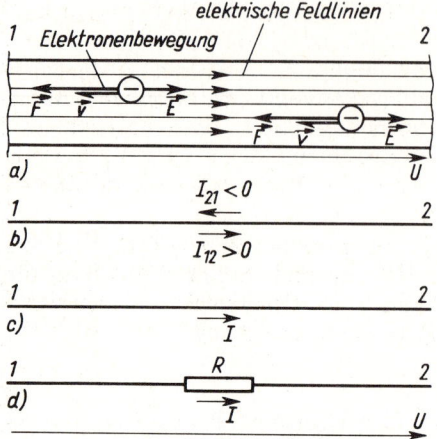

1.3 Elektrisches Feld $\vec{E}$ in einem Leiter (Ausschnitt)
  a) auf die negativen Ladungen der freien Elektronen wirken Kräfte $\vec{F}$ entgegengesetzt zu $\vec{E}$, die Elektronen bewegen sich mit der Geschwindigkeit $\vec{v}$
  b) die beiden möglichen Strompfeilrichtungen
  c) zweckmäßig gewählte Richtung des Strompfeils I
  d) Spannungspfeil U und Strompfeil I an einem elektrischen Widerstand R in normgerechter Darstellung

in Richtung des Spannungspfeils U; dann wird $Q = Q_{12} > 0$ und man erhält aus Gl. (1.4a)

$$I = Q/t \tag{1.4b}$$

Die Einheit der elektrischen Stromstärke ist 1 Ampère (1 A); es gilt somit die Einheitengleichung

$$1\,\mathrm{A} = 1\,\mathrm{C/s} \tag{1.5}$$

Elektrischer Strom in Flüssigkeiten und Gasen Flüssige Leiter oder Elektrolyte erhält man durch Lösen von Salzen, Laugen oder Säuren in einem geeigneten Lösungsmittel, z. B. Wasser. Durch einen die Moleküle des gelösten Stoffes treffenden Zerfallsprozeß, Dissoziation genannt, treten frei bewegliche Ladungsträger in Form von positiven und negativ geladenen Ionen auf. Die Stromleitung in Elektrolyten (Elektrolyse) ist also eine reine Ionenleitung, die naturgemäß mit dem Transport von Materie verbunden ist.

Bei einem Gas, zwischen dessen Atomen keinerlei Zusammenhänge bestehen, kann nur das einzelne Atom elektrisch werden, indem entweder von ihm Elektronen abgespalten oder ihm Elektronen zugeführt werden. Beide Vorgänge nennt man Ionisation, das elektrisch geladene Atom ein positives oder negatives Ion. Das ionisierte Gas kann also neutrale (unelektrische) Atome, u. U. auch Moleküle, daneben als frei bewegliche Ladungsträger aber auch Elektronen und Ionen enthalten. Die Stromleitung in Gasen tritt daher als Elektronen- und Ionenleitung auf.

In Flüssigkeiten und Gasen gelten die obigen Ausführungen für die elektrische Stromstärke I unverändert.

Elektrische Arbeit, elektrische Leistung   In Bild **1**.3a ist zwischen den Punkten 1 und 2 des Leiters mit der Länge l nach Gl. (1.3b) die Spannung $U = El$ vorhanden, die wie in Bild **1**.2b durch den von 1 nach 2 weisenden Spannungspfeil U dargestellt wird. Weiter fließt nach Bild **1**.3c ein Strom $I = Q/t$ von 1 nach 2, dargestellt durch den Strompfeil I.

Nach Gl. (1.2) wird auf die Ladung Q die Kraft mit dem Betrag $F = QE$, oder mit Gl. (1.3b) $F = QU/l$, und mit Gl. (1.4b) $F = UIt/l$ ausgeübt. Somit erhält man für die von den elektrischen Feldkräften in der Zeit t im Leiterstück $1-2$ geleistete elektrische Arbeit (Formelzeichen W) aus $W = Fl$ die Gleichung

$$W = UIt \tag{1.6}$$

Sodann folgt für die elektrische Leistung (Formelzeichen P) aus $P = W/t$ die weitere wichtige Gleichung

$$P = UI \tag{1.7}$$

Die Einheit der Leistung ist 1 Watt (1 W), diejenige der Arbeit 1 Joule (1 J). Nach den beiden vorstehenden Gleichungen gelten die Einheitengleichungen

$$1\,\text{W} = 1\,\text{VA} \quad \text{und} \quad 1\,\text{J} = 1\,\text{Ws} \tag{1.8a, 1.8b}$$

Elektrischer Widerstand, Ohmsches Gesetz   Die von den elektrischen Feldkräften in dem Leiterstück $1-2$ (1.3a) geleistete elektrische Arbeit W nach Gl. (1.6) wird vollständig in Wärme umgesetzt. Man kann sich dies grob vereinfacht – ohne auf die Energieschalen des Bohr'schen Atommodells oder gar die abstrakten Modelle der Quantenphysik einzugehen – so vorstellen, wie wenn in Bild **1**.3a an den Elektronen Reibungskräfte $\vec{F}_r = -\vec{F}$, also entgegengesetzt zum Geschwindigkeitsvektor $\vec{v}$ auftreten würden und sich demnach die freien Elektronen durch das Metallgefüge mit Reibung bewegten, dem Fließen des Stromes also Widerstand entgegengesetzt wird.

In Schaltplänen wird der elektrische Widerstand (Formelzeichen R) eines Leiters durch ein Schaltzeichen nach Bild **1**.3d normgerecht dargestellt. Zwischen den drei elektrischen Größen Spannung U, Strom I und Widerstand R besteht der folgende fundamental wichtige Zusammenhang, das Ohmsche Gesetz (**1**.3d)

$$U = IR \tag{1.9}$$

Die Einheit des elektrischen Widerstandes ist 1 Ohm (1 Ω); nach Gl. (1.9) gilt die Einheitengleichung

$$1\,\Omega = 1\,\text{V/A} \tag{1.10}$$

1.1.1.2   Stromkreis. Wirkungen des elektrischen Stroms

Elektrischer Stromkreis   In Bild **1**.4a ist der Schaltplan eines einfachen, unverzweigten elektrischen Stromkreises dargestellt, der sich aus mehreren Schaltelementen mit jeweils zwei Anschlüssen (Klemmen, Pole), die man daher allgemein Zweipole nennt,

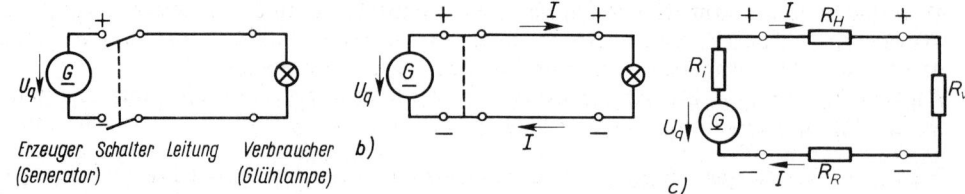

1.4 Elektrischer Stromkreis (Schaltzeichen nach DIN 40 708, 40 713, 40 715)
a) offener Stromkreis   b) geschlossener Stromkreis
c) Schaltplan mit Darstellung der Widerstände

zusammensetzt. Als Spannungsquelle oder Erzeuger dient z. B. ein elektrischer Generator; Schalter sowie Hin- und Rückleitung ermöglichen die Verbindung mit dem Verbraucher, z. B. einer Glühlampe. In den Schaltplänen werden die genormten Schaltzeichen nach DIN 40 700 bis 40 717 für elektrische Maschinen, Geräte, Leitungen usw. verwendet.

In der Spannungsquelle wird die Quellenspannung U_q erzeugt, z. B. bei einem Generator, wenn seine Läuferwicklung in einem Magnetfeld gedreht wird. Die Spannung U_q wird nach Bild **1**.2b durch den Spannungspfeil, der von Plus nach Minus weist, im Schaltplan (**1**.4a) dargestellt. Bei geöffnetem Schalter kann keine Strömung der freien Elektronen bewirkt werden; es tritt lediglich durch den Spannungszustand im Generator an e i n e r Klemme Elektronenüberschuß (Minusklemme), an der anderen Klemme Elektronenmangel (Plusklemme) auf.

Wenn der Schalter betätigt wird (**1**.4b), setzt im ganzen, nun geschlossenen Stromkreis nahezu gleichzeitig eine Elektronenbewegung in Richtung des Spannungspfeils U_q ein:
Die Quellenspannung U_q ist die Ursache des Elektronenstroms.

Nach Bild **1**.3c wird der Strompfeil I zweckmäßig entgegengesetzt der Bewegungsrichtung der Elektronen gewählt und in den Schaltplan eingetragen. Ein positiver Strom fließt demnach im Erzeuger (aktiver Zweipol) von Minus nach Plus, im Verbraucher (passiver Zweipol) von Plus nach Minus (Bild **1**.4b).

Der Betrag des Stromes I richtet sich, abgesehen vom Einfluß der Spannung U_q, nur nach den im Stromkreis vorhandenen elektrischen Widerständen, die in den Strombahnen die Elektronenbewegung erschweren. In der Schaltung nach Bild **1**.4c ergibt sich der Gesamtwiderstand R des Stromkreises aus der Summe der Widerstände des Generators (R_i), der Hinleitung (R_H), der Glühlampe (R_V) und der Rückleitung (R_R), somit $R = \Sigma R_n$. Je größer R ist, um so kleiner ist der Strom und umgekehrt. Nach dem O h m s c h e n G e s e t z Gl. (1.9) gilt

$$I = \frac{U_q}{R} \tag{1.11}$$

Wirkungen des elektrischen Stroms   In den Verbrauchsgeräten werden vor allem folgende Stromwirkungen technisch ausgenützt:
M a g n e t i s c h e W i r k u n g zur Erzeugung von Kräften, Drehmomenten und mechanischer Energie, angewandt z. B. in Magneten, Meßinstrumente, elektroakustischen Geräten und Motoren.

Wärmewirkung zur Erzeugung hoher Temperaturen und zur Ausstrahlung von Wärme und Licht; hierauf beruhen z. B. die elektrischen Heiz- und Beleuchtungsgeräte, die Glühkathodenemission und das elektrische Schweißen.

Chemische Wirkung in Elektrolyten wird z. B. zur Speicherung chemischer Energie in Akkumulatoren und in der Elektrochemie ausgenutzt.

Energieumwandlungen   Erzeuger und Verbraucher sind insgesamt an einer Energiewandlung beteiligt. Im Kraftwerk wird z. B. die aus der Natur stammende Energie der Kohle, in erheblichem Maß auch des Kernbrennstoffs Uran, letztlich in mechanische Energie umgeformt und von der Kraftmaschine (Turbine) an die Generatorwelle abgegeben. Im Generator wird die mechanische Energie in elektrische Energie umgeformt. Die elektrischen Leitungen und Netze dienen der Fortleitung und Verteilung der elektrischen Energie bis zu den Verbrauchsgeräten, in denen diese wieder in eine andere Energieform (Nutzenergie) umgewandelt wird.

Energieverluste, Wirkungsgrad   Alle Energieumwandlungen in der Technik sind mit Energieverlusten verbunden. Diese Bezeichnung ist im Sprachgebrauch üblich, aber nicht korrekt, weil nach dem Gesetz von der Erhaltung der Energie keine Energie verloren oder abhanden kommen kann. Letztlich handelt es sich um „Verlustwärme", d. h. nicht mehr weiter nutzbare, umgebungsgebundene Wärme. Auch bei den Energieumwandlungen in elektrischen Stromkreisen mit Erzeuger und Verbraucher sowie beim Energietransport mit Leitungen ist dies der Fall.

Durch den Wirkungsgrad eines Gerätes oder einer Anlage wird das Verhältnis der abgegebenen zur zugeführten Energie angegeben:

$$\eta = W_{ab}/W_{zu} \tag{1.12a}$$

Erfolgt die Energiezufuhr und -abgabe in derselben Zeitspanne t, dann gilt nach $P = W/t$ auch für den Wirkungsgrad der entsprechenden Leistungen

$$\boldsymbol{\eta = P_{ab}/P_{zu}} \tag{1.12b}$$

Die früher übliche Unterteilung der Elektrotechnik in Starkstrom- und Schwachstromtechnik berücksichtigt nicht den wesentlichen Gesichtspunkt der Größenordnung der umgesetzten Energie. Man unterscheidet deshalb besser Energie- und Nachrichtentechnik. Auf den Gebieten der Energietechnik (ihre Grenzen können nicht scharf gezogen werden) ist der Energieumsatz erheblich größer, so daß Energieverluste und Wirkungsgrad im Gegensatz zur Nachrichtentechnik vorrangige Bedeutung haben.

1.1.1.3   Elektrischer Widerstand

Die Erfahrung lehrt, daß sich nach Schließen eines Stromkreises alle vom Strom I durchflossenen Leiter des Stromkreises mehr oder weniger erwärmen. In der Generatorwicklung und in den Leitungsdrähten der Anordnung nach Bild **1**.4 ist die Erwärmung z. B. verhältnismäßig gering. In dem dünnen Wolframdraht der Glühlampe entsteht aber so viel Wärme, daß der Glühfaden bei Temperaturen über 2000 °C zum Weißglühen kommt und Licht ausstrahlt.

Widerstandsformel   Der elektrische Widerstand R für drahtförmige Leiter mit Länge l und Querschnitt A, wie sie bei elektrischen Leitungen, Wicklungen in Generatoren und Motoren, Heizspulen in Elektrowärmegeräten, Magnetspulen usw. immer verwendet werden, läßt sich mit dem spezifischen elektrischen Widerstand ϱ nach der Widerstandsformel errechnen

$$R = \varrho \frac{l}{A} \tag{1.13}$$

Die sich hieraus ergebende SI-Einheit für ϱ ist $1 \, \Omega \, m^2/m = 1 \, \Omega m$. Zweckmäßig und in der Praxis üblich ist, daß man die Leiterlänge l in Meter (m) und den Leiterquerschnitt A in mm^2 einsetzt, sodaß sich der spezifische Widerstand des Leiters $\varrho = RA/l$ in $\Omega \, mm^2/m$ (Tafel **1**.6) ergibt.

Elektrischer Leitwert und elektrische Leitfähigkeit   Anstelle von R und ϱ kann man auch die reziproken Größen verwenden. Definiert sind der elektrische Leitwert

$$G = \frac{1}{R} \tag{1.14}$$

mit der Einheit $1/\Omega = 1 \, S$ (Siemens) und die elektrische Leitfähigkeit

$$\gamma = \frac{1}{\varrho} \tag{1.15}$$

mit der reziproken Einheit von ϱ (Tafel **1**.6).

Temperaturabhängigkeit des elektrischen Widerstands   Der spezifische Widerstand ϱ hängt allgemein vom Leiterwerkstoff und von der Leitertemperatur ϑ ab; bei Metallen und den meisten Legierungen nimmt ϱ mit der Leitertemperatur zu. Allgemein gilt somit für den Widerstand R_ϑ eines drahtförmigen Leiters bei der Leitertemperatur ϑ nach Gl. (1.13)

$$R_\vartheta = \varrho_\vartheta \frac{l}{A} \tag{1.16a}$$

Innerhalb des praktisch ausnützbaren Temperaturbereiches kann man für die meisten Leiterwerkstoffe den Wert ϱ_ϑ bei der Leitertemperatur ϑ (Celsiustemperatur) genügend genau nach der linearen Beziehung

$$\varrho_\vartheta = \varrho_{20}(1 + \alpha_{20} \, \Delta\vartheta_{20}) \tag{1.16b}$$

ermitteln. Die Werte ϱ_{20} bei $20 \, °C$ und die Temperaturkoeffizienten (auch Temperaturbeiwerte genannt) α_{20} bei $20 \, °C$ der Leitermaterialien sind in Tafel **1**.6 angegeben. $\Delta\vartheta_{20}$ ist der Temperaturunterschied gegen $20 \, °C$, somit $\Delta\vartheta_{20} = \vartheta - 20 \, °C$. Setzt man ϱ_ϑ aus Gl. (1.16b) in Gl. (1.16a) ein, so ist

$$R_\vartheta = \varrho_{20} \frac{l}{A} (1 + \alpha_{20} \, \Delta\vartheta_{20})$$

Da der Widerstand bei $20 \, °C$

$$R_{20} = \varrho_{20} \frac{l}{A} \tag{1.16c}$$

ist, wird

$$R_\vartheta = R_{20}(1 + \alpha_{20} \, \Delta\vartheta_{20}) \tag{1.16d}$$

1.5
Temperaturabhängigkeit von Widerständen
$\alpha_{20} > 0$ Widerstand steigt mit der Temperatur
$\alpha_{20} = 0$ temperaturunabhängiger Widerstand
$\alpha_{20} < 0$ Widerstand sinkt mit der Temperatur

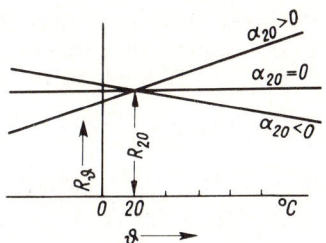

Gl. (1.16d) und Bild **1**.5 zeigen, daß sich innerhalb eines bestimmten Temperaturbereichs der Widerstand linear mit der Leitertemperatur ändert, sofern α_{20} nicht Null ist. Bei Kupfer und Aluminium liegt α_{20} bei 0,004/°C, so daß der Widerstand je °C Temperaturzunahme etwa um das 0,004fache oder um etwa 0,4% seines Wertes bei 20 °C zunimmt.

Technische Anwendungen Bei elektrischen Maschinen sind im Betrieb in den Wicklungen Leitertemperaturen von 100 °C und mehr (Tafel **5**.25), je nach der Isolierstoffklasse des Isoliermaterials, zugelassen. Die sich hieraus ergebenden Widerstandsänderungen gegenüber dem „kalten Zustand" der Wicklungen (bei Raumtemperatur) sind also beträchtlich.

In der elektrischen Meßtechnik benötigt man für genaue Messungen als Bauteile hochkonstante Widerstände[1]), sog. Normalwiderstände, deren elektrische Widerstandswerte sich bei Temperaturänderungen nur sehr wenig ändern; sie werden aus geeigneten Metallegierungen, z. B. Konstantan, Manganin, Nickelin, Novokonstant usw. hergestellt, deren Temperaturkoeffizient α_{20} nahezu Null ist. Andererseits können die von Temperaturänderungen hervorgerufenen Widerstandsänderungen zur elektrischen Messung von Temperaturen ausgenützt werden (s. Widerstandsthermometer (Abschn. 3.4.2.3).

Tafel **1**.6 Stoffkonstanten zur Berechnung des elektrischen Widerstands von Bauteilen aus Metallen und Legierungen (angenäherte Werte)

Metalle	ϱ_{20} $\dfrac{\Omega\,mm^2}{m}$	γ_{20} $\dfrac{S\,m}{mm^2}$	α_{20} $1/°C$	Legierungen	ϱ_{20} $\dfrac{\Omega\,mm^2}{m}$	γ_{20} $\dfrac{S\,m}{mm^2}$	α_{20} $1/°C$
Silber	0,016	62,5	0,003 8	Aldrey	0,033	30	0,003 6
Kupfer	0,01786	56	0,003 9	Bronze	0,036	28	0,004 0
Aluminium	0,02857	35	0,003 8	Messing	0,08	12,5	0,001 5
Wolfram	0,055	18	0,004 1	Stahldraht	0,13	7,7	0,005
Zink	0,063	16	0,003 7	Neusilber	0,30	3,33	0,000 35
Nickel	0,10	10	0,004 8	Nickelin	0,43	2,3	0,000 2
Zinn	0,11	9	0,004 2	Manganin	0,43	2,3	0,000 01
Eisendraht	0,12	8,3	0,005 2	Konstantan	0,50	2	0,000 01
Platin	0,13	7,7	0,002 5	Nickel-Chrom	1,1	0,91	0,000 2
Blei	0,21	4,8	0,004 2				
Quecksilber	0,96	1,04	0,000 92				
Wismut	1,2	0,83	0,004 2				

[1]) Man beachte, daß das Wort Widerstand sowohl für die elektrische Größe mit der Einheit Ω wie auch für die Bauteile (z. B. Heizwiderstand) verwendet wird.

Der Widerstand von Kohle nimmt mit steigender Temperatur ab, der Temperaturkoeffizient α_{20} ist also negativ. Die von Edison erstmals hergestellte Kohlefadenlampe hatte einen Glühfaden aus verkohlter Bambusfaser.

Darstellung von Widerständen in Schaltplänen Elektrische Widerstände als Bauteile werden in Schaltplänen durch ein Schaltzeichen nach DIN 40 712 dargestellt. Bild **1**.7 zeigt das allgemeine Schaltzeichen für einen Festwiderstand (a) und zwei Schaltzeichen (b) für einen stetig veränderbaren Widerstand: Schiebewiderstand.

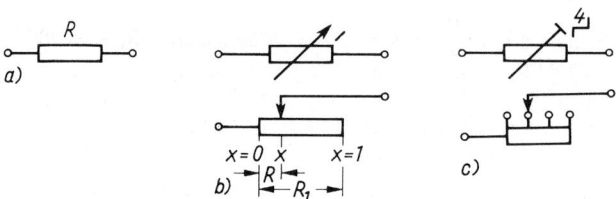

1.7 Schaltzeichen für Widerstände nach DIN 40 712

Durch Verstellen des Abgriffs längs des Bauteils kann der wirksame Widerstand vom Wert Null in Stellung $x = 0$ bis zum Maximalwert R_1 in Stellung $x = 1$ stufenlos verändert werden; hierbei ist x der Zahlenwert einer Skala für den Abgriff. Bei linearer Skala ist in jeder beliebigen Stellung x der wirksame Widerstand $R = xR_1$.

Bei einem stufig einstellbaren Widerstand (**1**.7c) kann der Widerstandswert in Stufen, je nach Anzahl der vorhandenen Anzapfungen, eingestellt werden (z. B. Anlasser für Motoren).

Beispiel 1.4 Zur Herstellung der Erregerwicklung einer elektrischen Maschine sind 2850 m Kupferdraht von 1,2 mm Durchmesser erforderlich.

a) Man berechne den Widerstand der Wicklung bei 20 °C.

Nach Gl. (1.16c) ergibt sich mit $\varrho_{20} = 0{,}01786\ \Omega\ \text{mm}^2/\text{m}$ (Tafel **1**.6) und $A = \pi\,d^2/4 = \pi \cdot 1{,}2^2\ \text{mm}^2/4 = 1{,}13\ \text{mm}^2$

$$R_{20} = 0{,}01786\,\frac{\Omega\ \text{mm}^2}{\text{m}} \cdot \frac{2850\ \text{m}}{1{,}13\ \text{mm}^2} = 45\ \Omega$$

b) Wie groß ist der Widerstand der Wicklung bei 75 °C, wie groß bei 5 °C?

Nach Gl. (1.16d) ist mit $\alpha_{20} = 0{,}0039/°\text{C}$ (Tafel **1**.6)

$$\text{bei 75 °C}\quad R_{75} = 45\ \Omega\left(1 + \frac{0{,}0039}{°\text{C}} \cdot (75 - 20)\,°\text{C}\right) = 45\ \Omega(1 + 0{,}0039 \cdot 55) = 54{,}7\ \Omega$$

$$\text{bei 5 °C}\quad R_5 = 45\ \Omega\left(1 + \frac{0{,}0039}{°\text{C}} \cdot (5 - 20)\,°\text{C}\right) = 45\ \Omega(1 - 0{,}0039 \cdot 15) = 42{,}4\ \Omega$$

c) Welche allgemeine Beziehung besteht zwischen den Widerstandswerten und den zugehörigen Temperaturen im warmen (R_w, ϑ_w) bzw. im kalten Zustand (R_k, ϑ_k) eines Leiters? Nach Gl. (1.16d) gilt

$$R_\text{w} = R_{20}(1 + \alpha_{20}\,\Delta\vartheta_\text{w})\qquad R_\text{k} = R_{20}(1 + \alpha_{20}\,\Delta\vartheta_\text{k})$$

Hieraus erhält man durch Dividieren

$$\frac{R_\mathrm{w}}{R_\mathrm{k}} = \frac{1 + \alpha_{20}\,\Delta\vartheta_\mathrm{w}}{1 + \alpha_{20}\,\Delta\vartheta_\mathrm{k}} = \frac{\dfrac{1}{\alpha_{20}} + \Delta\vartheta_\mathrm{w}}{\dfrac{1}{\alpha_{20}} + \Delta\vartheta_\mathrm{k}} = \frac{\tau + \Delta\vartheta_\mathrm{w}}{\tau + \Delta\vartheta_\mathrm{k}} \quad \text{mit} \quad \tau = \frac{1}{\alpha_{20}} \tag{1.16e}$$

Für Kupfer wird $\tau = 1 : 0{,}0039/°\mathrm{C} = 256\,°\mathrm{C}$.

d) Man ermittle mit der hergeleiteten Gl. (1.16e) die Temperatur ϑ_w der Wicklung für den Widerstandswert 58,5 Ω (indirekte Temperaturmessung).

Aus der genannten Gleichung erhält man $\Delta\vartheta_\mathrm{w} = \dfrac{R_\mathrm{w}}{R_\mathrm{k}}(\tau + \Delta\vartheta_\mathrm{k}) - \tau$. Wählt man z. B. $\vartheta_\mathrm{k} = 20\,°\mathrm{C}$, somit $\Delta\vartheta_\mathrm{k} = 0$ und $R_\mathrm{k} = R_{20} = 45\,\Omega$, so wird

$$\Delta\vartheta_\mathrm{w} = \frac{58{,}5\,\Omega}{45\,\Omega} \cdot 256\,°\mathrm{C} - 256\,°\mathrm{C} = 0{,}3 \cdot 256\,°\mathrm{C} = 77\,°\mathrm{C} \qquad \vartheta_\mathrm{w} = 97\,°\mathrm{C}$$

Stromwärme Die von den hier betrachteten elektrischen Widerständen, auch O h m - s c h e   W i d e r s t ä n d e genannt, dem Stromkreis entnommene elektrische Energie wird entweder vollständig in Wärme umgewandelt (z. B. in Elektrowärmegeräten, wie Heizöfen, Kochplatten, Bügeleisen, Tauchsiedern, Glüh-, Härte- und Trockenöfen usw.) oder auch (wie bei den Glühlampen) zu einem Teil in Licht. Von der in der Glühlampe entwickelten Wärme können aber nur etwa 3 bis 5% als sichtbare Strahlung genutzt werden. Unerwünschte Wärme tritt auch in den Widerständen von Maschinen und Leitungen auf; sie ist den Energieverlusten zuzurechnen.

Linearer Widerstand Nimmt man $R = \text{const}$ an, dann herrscht nach dem bereits bekannten Ohmschen Gesetz $U = IR$, s. Gl. (1.9), ein linearer Zusammenhang zwischen der an einem Widerstand liegenden Spannung U und dem durch diesen Widerstand fließenden Strom I (1.8 b, c). Für die elektrische Leistung gilt nach Gl. (1.7) allgemein $P = UI$. Mit Gl. $U = IR$ oder $I = UG$ erhält man für die von einem Widerstand R aufgenommene elektrische Leistung auch die Gleichungen

$$\boldsymbol{P = I^2 R = I^2/G; \quad P = U^2/R = U^2 G} \tag{1.17a), (1.17b}$$

Die Leistung steigt demnach in einem konstanten Widerstand R q u a d r a t i s c h mit dem Strom I bzw. mit der Spannung U an; die Leistungskurven in Bild **1**.8 b, c sind Parabeln.

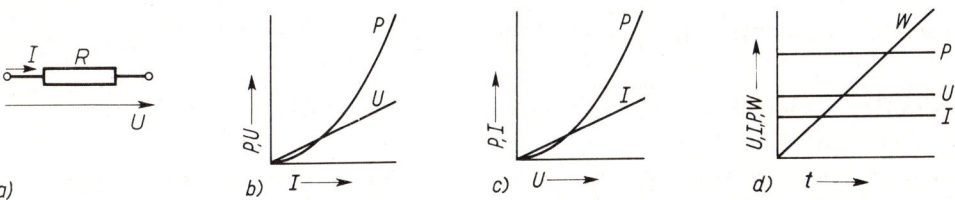

1.8 Schaltplan eines Widerstandes R mit Spannungs- und Strompfeil (a), Ohmsches Gesetz $U = IR$ und Leistung $P = UI$ in Abhängigkeit vom Strom (b) und von der Spannung (c); zeitlicher Verlauf der Größen U, I, P und $W = P \cdot t$ bei Gleichstrom (d)

Beispiel 1.5 Man berechne Strom und Widerstand einer Glühlampe mit den Nenndaten 220 V, 60 W. Nach Gl. (1.7) ist $I = P/U = 60\ \text{W}/220\ \text{V} = 0{,}273\ \text{A}$, nach Gl. (1.9) folgt $R = U/I = 220\ \text{V}/0{,}273\ \text{A} = 807\ \Omega$. Dieselben Ergebnisse erhält man auch aus Gl. (1.17b) und (1.9): $R = U^2/P = 220^2\ \text{V}^2/60\ \text{W} = 807\ \Omega$ und $I = U/R = 220\ \text{V}/807\ \Omega = 0{,}273\ \text{A}$.

Stromdichte und elektrische Feldstärke Fließt ein elektrischer Strom I durch einen Leiter mit dem Querschnitt A, so ist die im Draht vorhandene S t r o m d i c h t e

$$S = \frac{I}{A} \qquad (1.18)$$

mit der SI-Einheit $1\ \text{A/m}^2$.

Fließt Gleichstrom durch drahtförmige Leiter (Wicklungen, Freileitungsdrähte, Kabeladern), dann bewegen sich nach Bild (**1**.3a) die Elektronen („Stromfäden") entgegengesetzt zu den elektrischen Feldlinien, gleichmäßig verteilt im gesamten Leiterquerschnitt.

Zwischen der Stromdichte S und der elektrischen Feldstärke E besteht an jedem Punkt eines Leiters ein einfacher Zusammenhang. Mit Gl. (1.13) und (1.18) lautet das Ohmsche Gesetz nämlich auch

$$U = I R = S A \frac{\varrho l}{A} = \varrho S l$$

Andererseits gilt nach Gl. (1.3) $U = E l$, so daß aus beiden Gleichungen auch das Ohmsche Gesetz in allgemeiner Form folgt:

$$E = \varrho S \qquad (1.19)$$

Beispiel 1.6 Durch ein einadriges Kabel (Einleiterkabel) aus Kupfer mit dem Nennquerschnitt $35\ \text{mm}^2$, das nach Tafel **7**.22 mit 235 A belastbar ist, fließt der Strom $I = 200\ \text{A}$.

a) Wleche Elektrizitätsmenge und wieviel freie Elektronen fließen in 5 s durch den Leiterquerschnitt? Wie groß sind die Stromdichte und die elektrische Feldstärke im metallischen Leiter des Kabels? Nach Gl. (1.4) ist

$$Q = I t = 200\ \text{A} \cdot 5\ \text{s} = 1000\ \text{As} = 1000\ \text{C}$$

Da die Ladung von $6{,}25 \cdot 10^{18}$ Elektronen gleich -1 C ist, fließen $1000 \cdot 6{,}25 \cdot 10^{18} = 6{,}25 \cdot 10^{21}$ Elektronen (in der dem Strompfeil I entgegengesetzten Richtung) in 5 s durch den Leiterquerschnitt.

Nach Gl. (1.18) und (1.19) sind Stromdichte und elektrische Feldstärke im Kabelleiter

$$S = \frac{I}{A} = \frac{200\ \text{A}}{35\ \text{mm}^2} = \frac{5{,}71\ \text{A}}{\text{mm}^2} \qquad E = \varrho S = \frac{1 \cdot \Omega\ \text{mm}^2 \cdot 5{,}71\ \text{A}}{56 \cdot \text{m} \cdot \text{mm}^2} = 0{,}102\ \text{V/m}$$

b) Mit welcher Geschwindigkeit fließt der elektrische Strom im Kabel?

Nach Abschn. 1.1.1.1 befinden sich in $1\ \text{cm}^3$ Kupfer etwa 10^{23} freie Elektronen mit der Ladung $-0{,}16 \cdot 10^{-18} \cdot 10^{23}$ C $= -16 \cdot 10^3$ C. Die in 1 s durch den Leiterquerschnitt fließende Ladung -200 C nimmt das Volumen

$$V = \frac{-200\ \text{C}}{-16 \cdot 10^3\ \text{C/cm}^3} = 0{,}0125\ \text{cm}^3 = 12{,}5\ \text{mm}^3$$

ein und befindet sich demnach in einem Leiterstück mit der Länge $l = V/A = 12{,}5\ \text{mm}^3/35\ \text{mm}^2 = 0{,}357\ \text{mm}$. Die Geschwindigkeit des elektrischen Stromes im Kabel ist somit nur

$v = 0{,}357$ mm/s oder 1,3 m/h. Demgegenüber pflanzt sich der durch das Einschalten eines Stromkreises ausgelöste Bewegungsimpuls der Elektronen etwa mit Lichtgeschwindigkeit (300 000 km/s) im Leiter fort.

1.1.1.4   Kirchhoffsche Regeln

Knotenregel (erste Kirchhoffsche Regel)   Bild **1.**9 zeigt einen verzweigten Stromkreis mit drei Verbrauchern: Glühlampe L, Motor M, Widerstand R. Sie sind an die von den Polen + und − des Generators ausgehenden Versorgungsleitungen angeschlossen. Jeder Verbraucher kann durch einen besonderen Schalter zu- oder abgeschaltet werden, ohne daß dadurch die Stromzweige der übrigen Verbraucher beeinflußt werden: Parallelschaltung der Verbraucher. Sind alle drei Schalter geschlossen, so fließen durch die S t r o m z w e i g e der Verbraucher die Ströme I_1, I_2 und I_3, deren Strombahnen in Bild **1.**9 eingezeichnet sind. Somit können die in jedem der 6 Stromzweige fließenden Ströme angegeben werden, z.B. ergibt sich für den Generatorstrom $\Sigma I = I_1 + I_2 + I_3$.

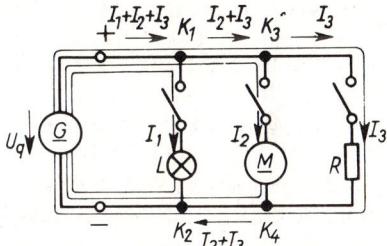

1.9
Schaltplan mit 3 Verbrauchern in Parallelschaltung,
4 Knotenpunkten und 6 Stromzweigen

An jedem der vier Knotenpunkte (Stromverzweigungspunkte) K_1 bis K_4 und allgemein an jedem Knotenpunkt einer elektrischen Schaltung gilt die K n o t e n r e g e l

$$\Sigma I_{zu} = \Sigma I_{ab} \qquad\qquad (1.20)$$

In Worten: An jedem Knotenpunkt einer elektrischen Schaltung ist die Summe der zufließenden Ströme ΣI_{zu} gleich der Summe der abfließenden Ströme ΣI_{ab}.

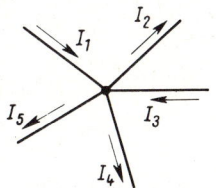

1.10
Beispiel zur Knotenregel

Beispiel 1.7   a) Welcher Zusammenhang besteht zwischen den Strömen des Knotenpunktes (**1.**10)? Nach der Knotenregel, Gl. (1.20), gilt

$$I_1 + I_3 = I_2 + I_4 + I_5$$

b) Gemessen wurden die Ströme $I_1 = 8$ A, $I_2 = 1$ A, $I_3 = 3$ A, $I_5 = 6$ A. Wie groß ist I_4?

$$I_4 = I_1 + I_3 - I_2 - I_5 = (8 + 3 - 1 - 6)\,\text{A} = 4\,\text{A}$$

c) Bei einem anderen Belastungsfall wurden die Ströme $I_1 = 12$ A, $I_2 = 2$ A, $I_4 = 1$ A, $I_5 = 4$ A in den Richtungen von Bild **1**.10 gemessen. Wie groß ist I_3?

$$I_3 = I_2 + I_4 + I_5 - I_1 = (2 + 1 + 4 - 12) \text{ A} = -5 \text{ A}.$$

Negativer Betrag eines Stromes bedeutet, daß die tatsächliche Stromrichtung entgegen der Richtung des angesetzten Strompfeils ist; es fließt also in **1**.10 ein Strom von 5 A vom Knotenpunkt nach rechts ab.

Maschenregel (zweite Kirchhoffsche Regel)   Nach den Ausführungen über elektrische Widerstände (Abschn. 1.1.1.3) ist der unverzweigte Stromkreis bereits in Bild **1**.4c ergänzt worden durch Einfügen genormter Schaltzeichen für die vier Widerstände (Bild **1**.11). Hervorgerufen durch die Spannung U_q des Generators fließt in der eingezeichneten Richtung der Strom I durch den Stromkreis, dessen Gesamtwiderstand R sich aus der Summe der Einzelwiderstände zusammensetzt

$$R = \Sigma R_n = R_i + R_H + R_V + R_R$$

Nach Gl. (1.11) ergibt sich dann für die Spannung

$$U_q = IR_i + IR_H + IR_V + IR_R \quad \text{oder} \quad U_q = U_i + U_H + U_V + U_R \tag{1.21}$$

Man erhält demnach die an den Widerständen des Stromkreises auftretenden Teilspannungen U_i, U_H, U_V und U_R, wenn man den Strom jeweils mit den betreffenden Teilwiderständen multipliziert. Die Teilspannungen werden in den S c h a l t p l a n nach Bild **1**.11 eingezeichnet, wobei zu beachten ist, daß Spannungspfeile an Widerständen nach Bild **1**.8a stets in Richtung der Strompfeile einzutragen sind.

Für diesen unverzweigten Stromkreis und allgemein erhält man den Zusammenhang zwischen den Teilspannungen eines Stromkreises durch die M a s c h e n r e g e l

$$\Sigma U = 0 \tag{1.22a}$$

In Worten: Die Summe aller Spannungen längs eines beliebig geschlossenen Stromkreises, einer M a s c h e, ist gleich Null.

Die Maschenregel bedarf noch einer wichtigen praktischen Erläuterung. Bei der rechnerischen Zusammensetzung der Teilspannungen ΣU ist die Richtung der eingezeichneten Spannungspfeile genau zu beachten:

Man wählt eine beliebige U m l a u f r i c h t u n g (**1**.11) in der Masche und legt fest, daß die Beträge von Spannungen U_1, $U_2 \ldots U_n$ in der U m l a u f r i c h t u n g p o s i t i v, entgegen der U m l a u f r i c h t u n g n e g a t i v in die linke Seite von Gl. (1.22) einzusetzen sind. Dann gilt

$$U_1 + U_2 + \ldots U_n = 0 \tag{1.22b}$$

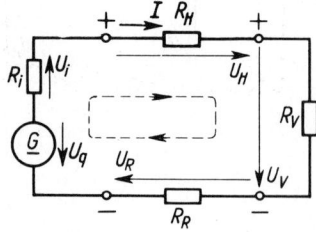

1.11
Vollständiger Schaltplan zur Berechnung des Stromkreises nach Bild **1**.4.
Für Beispiel 1.8 ist die gewählte Umlaufrichtung für die Anwendung der Maschenregel eingezeichnet

Beispiel 1.8   Wählt man in Bild 1.11 die eingezeichnete Umlaufrichtung im Uhrzeigersinn und beginnt z. B. bei der Plusklemme des Generators mit dem Zusammensetzen der Spannungen, dann erhält man nach Gl. (1.22):

$$U_H + U_V + U_R - U_q + U_i = 0 \quad \text{oder} \quad U_q = U_i + U_H + U_V + U_R$$

Das Ergebnis stimmt mit Gl. (1.21) überein. Würde man als Umlaufrichtung den Gegenuhrzeigersinn wählen und z. B. an der Minusklemme des Verbrauchers beginnen, dann erhielte man

$$- U_V - U_H - U_i + U_q - U_R = 0 \quad \text{oder} \quad U_q = U_i + U_H + U_V + U_R$$

also wiederum dasselbe Ergebnis.

Die Maschenregel kann auch zur Ermittlung beliebiger anderer Teilspannungen im Stromkreis nach Bild 1.11 angewendet werden, die dann ebenfalls durch ihren Spannungspfeil in den Schaltplan einzutragen sind, wie im folgenden Beispiel gezeigt wird.

Beispiel 1.9   Nach Bild 1.12a ist die durch den Spannungspfeil U eingetragene Spannung zwischen der Plus- und Minusklemme des Generators zu ermitteln.

Mit einer im Uhrzeigersinn positiv gewählten Umlaufrichtung erhält man, beginnend bei der Plusklemme des Generators, nach Gl. (1.22) für die Masche 1

$$U - U_q + U_i = 0, \quad \text{hieraus} \quad U = U_q - U_i, \quad \text{somit} \quad U = U_q - IR_i \qquad (1.23)$$

Gl. (1.23) stellt die Spannungsgleichung des Generators dar. In Richtung des Stromes I und damit entgegen der Spannung U_q tritt die Spannung U_i, der innere Spannungsverlust des Generators auf, so daß die an seinen Klemmen meßbare Spannung U, die Klemmenspannung, um den inneren Spannungsverlust U_i kleiner als U_q ist. Wird speziell $I = 0$ (Generator liefert also keinen Strom, Leerlauf), so wird $U = U_0 = U_q$; die Spannung U_0 heißt deshalb auch Leerlaufspannung.

In Bild 1.12b sind die durch Gl. (1.21) und (1.23) gegebenen Zusammenhänge für den Stromkreis Bild 1.12a graphisch dargestellt.

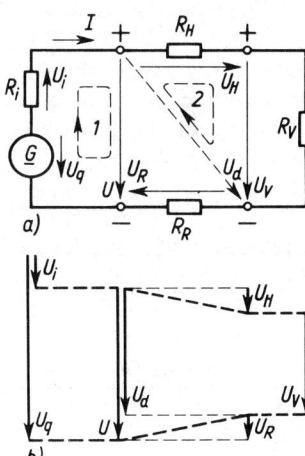

1.12
a) Stromkreis mit eingetragener positiver Umlaufrichtung in den Maschen
b) graphische Darstellung der Teilspannungen

Zusammenfassung Knotenregel Gl. (1.20) und Maschenregel Gl. (1.22) bilden die Grundlage für das Berechnen von Spannungen und Strömen in elektrischen Stromkreisen. Diese Regeln können aber nur dann sinnvoll angewandt werden, wenn durch in die Schaltpläne einzuzeichnende Spannungs- und Strompfeile (keine Doppelpfeile!) die Richtungen und damit die Vorzeichen der auftretenden Teilspannungen und -ströme eindeutig bezeichnet sind.

Beispiel 1.10 Im Stromkreis nach Bild 1.12a fließt der Strom $I = 40$ A. Die Widerstände R_H und R_R der Hin- und Rückleitung sind je $0,125 \, \Omega$, der Generatorinnenwiderstand $R_i = 0,15 \, \Omega$. Am Verbraucher soll die Spannung $U_V = 220$ V vorhanden sein.

a) Man berechne R_V, U_H, U_R, U_i, U_q, U.

Es sind $R_V = U_V/I = 220 \, \text{V}/40 \, \text{A} = 5,5 \, \Omega$; $U_H = I R_H = 40 \, \text{A} \cdot 0,125 \, \Omega = 5$ V; $U_R = U_H = 5$ V; $U_i = I R_i = 40 \, \text{A} \cdot 0,15 \, \Omega = 6$ V. Nach den Gln. (1.21) und (1.23) erhält man

$$U_q = (6 + 5 + 220 + 5) \, \text{V} = 236 \, \text{V} \quad \text{und} \quad U = (236 - 6) \, \text{V} = 230 \, \text{V}.$$

b) Welche Spannung U_d mißt ein zwischen Plusklemme des Generators und Minusklemme des Verbrauchers geschalteter Spannungsmesser?

Nach der Maschenregel Gl. (1.22) gilt für Masche 2 die in Bild 1.12a eingezeichnete Umlaufrichtung $U_H + U_V - U_d = 0$. Hieraus folgt $U_d = U_H + U_V = 5 \, \text{V} + 220 \, \text{V} = 225$ V.

c) Wie groß sind Wirkungsgrad und Verluste?

$$\eta = \frac{P_{ab}}{P_{zu}} = \frac{U I}{U_q I} = \frac{220 \, \text{V} \cdot 40 \, \text{A}}{236 \, \text{V} \cdot 40 \, \text{A}} = \frac{8,80 \, \text{kW}}{9,44 \, \text{kW}} = 0,932 = 93,2 \, \% \quad P_V = 0,64 \, \text{kW}$$

d) Wie groß sind die Stromkosten bei 8 h täglicher Betriebszeit (Tarif 18 Pf/kWh)?

$$W = P \cdot t = 8,8 \, \text{kW} \cdot 8 \, \text{h} = 70,4 \, \text{kWh}$$

$$K = W \cdot k = 70,4 \, \text{kWh} \cdot 0,18 \, \text{DM/kWh} = 12,67 \, \text{DM}$$

e) Man berechne die Kurzschlußströme bei einem Kurzschluß am Verbraucher und am Generator (Kurzschlußwiderstand jeweils gleich 0 annehmen).

Kurzschluß am Verbraucher ($R_V = 0$): Kurzschluß am Generator ($U = 0$):

$$I_K = \frac{U_q}{R_i + R_H + R_R} = \frac{236 \, \text{V}}{0,4 \, \Omega} = 590 \, \text{A} \qquad I_K = \frac{U_q}{R_i} = \frac{236 \, \text{V}}{0,15 \, \Omega} = 1570 \, \text{A}$$

1.1.1.5 Messung elektrischer Größen

Strommessung Sie geschieht mit dem Strommesser, der so in den Stromkreis einzuschalten ist, daß der zu messende Strom durch das Instrument hindurchfließt (1.13a); an der Skala kann der Betrag des Stromes abgelesen werden.

Zur Messung eines Gleichstroms wird in Drehspul- und Dreheiseninstrumenten die magnetische Wirkung des elektrischen Stromes und in den nur noch selten verwendeten Hitzdrahtinstrumenten die Wärmewirkung ausgenutzt. Im Laboratorium sind meist Drehspulinstrumente in Gebrauch, deren beide Anschlüsse mit Plus und Minus bezeichnet sind (1.13b). Durchfließt der Strom das Instrument in der Richtung von Plus nach Minus, so schlägt der Zeiger richtig von der Nullstellung in Richtung wachsender Skalenwerte aus. Bei umgekehrter Stromrichtung bewegt sich der Zeiger in entgegengesetzter Richtung gegen einen Anschlag. Mit Drehspulinstrumenten kann also auch die Stromrichtung festgestellt werden (1.13b).

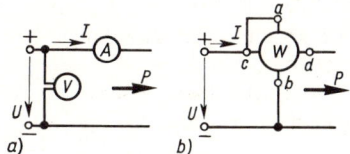

1.13 Strommessung
(z. B. $I = 3$ A)

1.14 Spannungsmessung
(z. B. $U = 10$ V)

Spannungsmessung Sie erfolgt mit dem Spannungsmesser, dessen beide Klemmen an die zwei Punkte des Stromkreises anzuschließen sind, zwischen denen die Spannung gemessen werden soll (**1.14**). Wie bei der Strommessung kommen Drehspul- und Dreheiseninstrumente zur Anwendung. Die Klemmen des Drehspulinstrumentes sind mit Plus und Minus bezeichnet, so daß auf der Skala der Betrag der Spannung und auch ihre Richtung festgestellt werden können. Der Spannungspfeil weist bei richtigem Anschluß von der Plus- zur Minusklemme des Instruments.

Leistungsmessung Die elektrische Leistungsmessung geschieht meist indirekt durch Messen von Spannung und Strom (**1.15a**) und Ausrechnen nach Gl. (1.7). Die Leistung kann aber auch direkt mit einem Leistungsmesser bestimmt und auf der Skala abgelesen werden (**1.15b**). Das Meßwerk des Leistungsmessers hat eine Spannungsspule, deren Klemmen a und b wie ein Spannungsmesser an die Spannung U zu legen sind. Außerdem hat es eine Stromspule mit den Klemmen c und d, die wie ein Strommesser angeschlossen und vom Strom I durchflossen wird (Wirkungsweise s. Abschn. 3.3.2).

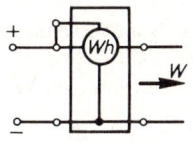

1.15 Leistungsmessung
a) indirekt   b) direkt
$P = U \cdot I$ (z. B. $P = 30$ W)

1.16 Arbeitsmessung $W = \int P\, dt$

Messung der elektrischen Arbeit Zur Messung benutzt man meist den Kilowattstundenzähler (Bild **1**.16); für die Umrechnung der gesetzlichen Einheit kWh auf die SI-Einheit J (Joule), s. Gl. (1.8b), gilt:

$$1\ \text{kWh} = 1000\ \text{W} \cdot 3600\ \text{s} = 3,6 \cdot 10^6\ \text{Ws} = 3,6\ \text{MJ}$$

Solche Messungen werden fast nur zur Kostenermittlung in der elektrischen Energiewirtschaft (sowohl in Kraftwerken als auch bei den Abnehmern) durchgeführt.

Die Innenschaltung eines Motorzählers entspricht der eines Leistungsmessers (**1.15b**). Die Drehzahl n der Zählerscheibe ist proportional der elektrischen Leistung, $n \sim P$. Ein Zählwerk mißt die Zahl z der Umdrehungen der Zählerscheibe, die der elektrischen Arbeit proportional ist, $z \sim W$. Mit Hilfe der auf dem Zählerschild angegebenen Zählerkonstanten (z. B. 800 Umdr./kWh) kann die momentane elektrische Leistung einer elektrischen Anlage ohne Strom-, Spannungs- und Leistungsmesser bestimmt werden (s. Beispiel **1.11**).

1.1.1.6   Zahlenbeispiele

Beispiel 1.11   Ein Elektromotor trägt die folgenden Angaben auf dem Leistungsschild:

$$3,7\ \text{kW},\quad 1500\ \text{min}^{-1},\quad 220\ \text{V},\quad 20,5\ \text{A}$$

a) Man berechne die Verluste, den Wirkungsgrad und das Drehmoment des Motors bei Nennlast.

Sämtliche Angaben auf dem Leistungsschild gelten bei Nennbetrieb, auch Vollast oder Nennlast genannt. Um für eine Arbeitsmaschine den passenden Motor auswählen zu können, müssen seine abgebbare mechanische Nennleistung P_{2N} und seine Nenndrehzahl n_N bekannt sein, die Nennspannung U_N des Motors muß mit der Nennspannung des zur Verfügung stehenden Netzes übereinstimmen, und schließlich ist die Angabe des Nennstromes I_N für die Bemessung der Leiterquerschnitte der Motorzuleitungen und der den Schutz des Motors gegen Überlastungen oder Kurzschluß übernehmenden Sicherungen bzw. für die Einstellung des Motorschutzschalters (s. Bild **5**.31) erforderlich.

Die aufgenommene elektrische Leistung des Motors und sein Leistungsverlust sind bei Nennlast

$$P_{1N} = U_N I_N = 220\ \text{V} \cdot 20,5\ \text{A} = 4510\ \text{W} = 4,51\ \text{kW}$$

$$P_{vN} = P_{1N} - P_{2N} = (4,51 - 3,7)\ \text{kW} = 0,81\ \text{kW}$$

Der Wirkungsgrad ist bei Nennlast $\eta_N = P_{2N}/P_{1N} = 3,7\ \text{kW}/4,51\ \text{kW} = 0,82 = 82\,\%$.

b) Das Drehmoment des Motors ist zu berechnen.

Für die mechanische Leistung bei Drehbewegungen gilt die Größengleichung

$$\boldsymbol{P = M\omega = M2\pi n} \tag{1.24}$$

Das Drehmoment des Motors bei Nennlast, Nennmoment M_N genannt, wird somit

$$M_N = \frac{P_{2N}}{2\pi n_N} = \frac{3700\ \text{W}}{2\pi\ \dfrac{1500}{60}\ \text{s}^{-1}} = \frac{3700}{2\pi \cdot 25}\ \text{Ws} = 23,6\ \text{Nm}$$

wobei 1 kW = 1000 W, 1 min = 60 s und 1 Ws = 1 J = 1 Nm (s. Tafel **7**.34) verwendet wurde.

c) Man leite aus der Größengleichung (1.24) eine zugeschnittene Größengleichung zur Berechnung des Drehmoments her.

Da $1\ \text{W} = 1\ \dfrac{\text{Nm}}{\text{s}} = 60\ \text{Nm min}^{-1}$ ist, folgt aus Gl. (1.24)

$$\frac{P}{\text{W}} = \frac{M}{\text{Nm}} \cdot \frac{2\pi}{60} \cdot \frac{n}{\text{min}^{-1}}$$

und hieraus die zugeschnittene Größengleichung

$$M/\text{Nm} = \frac{P/\text{W}}{\boldsymbol{0{,}1047} \cdot n/\text{min}^{-1}} \tag{1.24a}$$

Bei Nennbetrieb ergibt sich die oft benutzte Gleichung

$$M_N/\text{Nm} = \frac{P_{2N}/\text{W}}{0,1047 \cdot n_N/\text{min}^{-1}} \qquad (1.24\,\text{b})$$

Für das vorstehende Beispiel ergibt sich hieraus wie unter b)

$$M_N/\text{Nm} = \frac{3700}{0,1047 \cdot 1500} = 23,6 \text{ somit } M_N = 23,6\,\text{Nm}$$

d) Der vorstehende Elektromotor treibt eine Pumpe an, die Wasser in einen 15 m höher gelegenen Kanal fördert. Welchen Wasserstrom fördert die Pumpe bei Nennlast des Motors, wenn der Wirkungsgrad der Pumpe $\eta_p = 60\%$ beträgt und die Verluste in den Rohrleitungen einer Vergrößerung der Förderhöhe um 0,5 m entsprechen?
Die abgegebene mechanische Leistung des Motors ist $P_{2N} = 3,7$ kW; die abgegebene mechanische Leistung der Pumpe wird somit $P_p = \eta_p P_{1N} = 0,6 \cdot 3,7\,\text{kW} = 2,22$ kW. Nun ist $1\,\text{N} = 1\,\text{kgm/s}^2$ (s. Tafel **7.34**), somit $1\,\text{W} = 1\,\text{Nm/s} = 1\,\text{kgm}^2/\text{s}^3$, also $P_p = 2220\,\text{kgm}^2/\text{s}^3$.

Für die mechanische Leistung gilt $P_p = \dfrac{G \cdot h}{t} = \dfrac{m\,g\,h}{t}$, so daß sich der Wasserstrom ergibt zu

$$\frac{m}{t} = \frac{P_p}{g \cdot h} = \frac{2220\,\text{kgm}^2}{9,81\,\dfrac{\text{m}}{\text{s}^2}\cdot\text{s}^3\cdot 15,5\,\text{m}} = \frac{2220}{9,81 \cdot 15,5}\cdot\frac{\text{kg}}{\text{s}} = 14,6\,\frac{\text{kg}}{\text{s}} \text{ bzw. } \frac{14,6\,\text{l}}{\text{s}}$$

e) Welche Leistung und welchen Strom nimmt der Motor auf, wenn bei einem geringeren Wasserstrom als 14,6 l/s am Zähler für 20 Umdrehungen der Zählerscheibe eine Zeit von 34 s gestoppt wurde und wenn das Zählerschild die Angabe 800 Umdr./kWh trägt?
Die Angabe 800 Umdr./kWh auf dem Zählerschild besagt, daß die Zählerscheibe für 1 kWh entnommene elektrische Energie 800 Umdrehungen macht. Wenn 34 s für 20 Umdrehungen gemessen wurden, macht die Zählerscheibe entsprechend in einer Stunde $20 \cdot 3600/34$ Umdr. = 2120 Umdr. Dies entspricht einer bezogenen elektrischen Energie von $(2120/800)$ kWh = 2,65 kWh und damit einer Leistung $P_1 = 2,65$ kW. Der Motorstrom ist $I = P_1/U_N = 2650\,\text{W}/220\,\text{V} = 12$ A.

f) Wie groß sind die täglichen Kosten für die gelieferte elektrische Energie bei einem Tarifpreis von 15 Pf/kWh, wenn der Motor 8 h bei Nennlast und 16 h mit der Leistung bei e) in Betrieb ist?
Die bezogene elektrische Energie ist

$$W = 4,51\,\text{kW} \cdot 8\,\text{h} + 2,65\,\text{kW} \cdot 16\,\text{h} = (36,1 + 42,4)\,\text{kWh} = 78,5\,\text{kWh}$$

und die Kosten

$$K = 78,5\,\text{kWh} \cdot 0,15\,\text{DM/kWh} = 11,77\,\text{DM}.$$

1.1.2   Gleichstromkreise

1.1.2.1   Widerstandsschaltungen

Stromkreise, in denen nur elektrische Widerstände vorkommen, werden mit Hilfe von Formeln, die aus den Kirchhoffschen Regeln hergeleitet werden, auf einfache Weise berechnet.

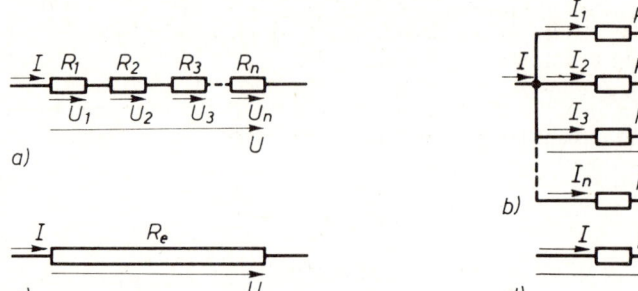

1.17 Reihen- (a) und Parallelschaltung (b) von Widerständen sowie Ersatzschaltungen (c und d)

Reihenschaltung Alle Widerstände werden von demselben Strom I durchflossen (**1**.17a). An den Widerständen der Schaltung treten nach dem Ohmschen Gesetz die Spannungen auf:

$$U_1 = IR_1 \quad U_2 = IR_2 \quad U_3 = IR_3 \dots U_n = IR_n$$

Nach der Maschenregel $\Sigma U = 0$ gilt

$$U = U_1 + U_2 + U_3 + \dots + U_n$$

oder $\quad U = I(R_1 + R_2 + R_3 + \dots R_n)$

oder $\quad U = IR_e$

wobei $R_e = R_1 + R_2 + R_3 + \dots + R_n$
$$(1.25\,\mathrm{a})$$

oder $\boldsymbol{R_e = \Sigma R}$ $\qquad(1.25\,\mathrm{b})$

ist. Die Schaltung nach Bild **1**.17a kann demnach zu der Ersatzschaltung (**1**.17c) mit nur einem Widerstand, dem Ersatzwiderstand R_e der Reihenschaltung, vereinfacht werden.

Die Teilspannungen verhalten sich wie die zugehörigen Widerstände, z. B.

$$\frac{U_1}{U_2} = \frac{IR_1}{IR_2} = \frac{R_1}{R_2} \quad \frac{U_3}{U} = \frac{IR_3}{IR_e} = \frac{R_3}{R_e} \quad (1.25\,\mathrm{c})$$

Parallelschaltung Alle Widerstände liegen an derselben Spannung U (**1**.17b). Durch die Widerstände der Schaltung fließen nach dem Ohmschen Gesetz die Ströme

$$I_1 = \frac{U}{R_1} \quad I_2 = \frac{U}{R_2} \quad I_3 = \frac{U}{R_3} \dots I_n = \frac{U}{R_n}$$

Nach der Knotenregel $\Sigma I_{zu} = \Sigma I_{ab}$ gilt

$$I = I_1 + I_2 + I_3 + \dots + I_n$$

oder $\quad I = U\left(\dfrac{1}{R_1} + \dfrac{1}{R_2} + \dfrac{1}{R_3} + \dots \dfrac{1}{R_n}\right)$

oder $\quad I = U\dfrac{1}{R_e}$

wobei $\dfrac{1}{R_e} = \dfrac{1}{R_1} + \dfrac{1}{R_2} + \dfrac{1}{R_3} + \dots + \dfrac{1}{R_n}$
$$(1.26\,\mathrm{a})$$

oder $\boldsymbol{R_e = \dfrac{1}{\Sigma 1/R}}$ $\qquad(1.26\,\mathrm{b})$

ist. Die Schaltung nach Bild **1**.17b kann demnach zu der Ersatzschaltung (**1**.17d) mit nur einem Widerstand, dem Ersatzwiderstand R_e der Parallelschaltung, vereinfacht werden.

Die Teilströme verhalten sich umgekehrt wie die zugehörigen Widerstände, z. B.

$$\frac{I_1}{I_2} = \frac{U/R_1}{U/R_2} = \frac{R_2}{R_1} \quad \frac{I_3}{I} = \frac{U/R_3}{U/R_e} = \frac{R_e}{R_3} \quad (1.26\,\mathrm{c})$$

Die Ersatzschaltungen nehmen bei Anschluß an die Spannung U den gleichen Strom I und damit die gleiche Leistung P und in der gleichen Zeit die gleiche Arbeit W auf wie die ursprüngliche Schaltung mit mehreren Widerständen.

Beispiel 1.12   Drei gleiche Widerstände von je $100\,\Omega$ werden zuerst in Reihe, dann parallel an die Netzspannung 220 V angeschlossen. Man berechne die Ersatzwiderstände, die Netzströme und Netzleistungen für beide Schaltungen.

Reihenschaltung	Parallelschaltung
$R_\mathrm{e} = 3 \cdot 100\,\Omega = 300\,\Omega$	$R_\mathrm{e} = \dfrac{1}{3/100\,\Omega} = 33\,\tfrac{1}{3}\,\Omega$
$I = U/R_\mathrm{e} = 220\,\mathrm{V}/300\,\Omega = 0{,}733\,\mathrm{A}$	$I = U/R_\mathrm{e} = \dfrac{220\,\mathrm{V} \cdot 3}{100\,\Omega} = 6{,}6\,\mathrm{A}$
$P = UI = 220\,\mathrm{V} \cdot 0{,}733\,\mathrm{A} = 161{,}3\,\mathrm{W}$	$P = UI = 220\,\mathrm{V} \cdot 6{,}6\,\mathrm{A} = 1452\,\mathrm{W}$

Das Verhältnis der Ströme und Leistungen ist hier 1:9, da sich die Ersatzwiderstände der beiden Schaltungen wie 9:1 verhalten.

Zusammengesetzte Schaltungen   Außer reinen Reihen- und Parallelschaltungen elektrischer Widerstände kommen zusammengesetzte Schaltungen (Schaltungskombinationen) vor. In einfacheren Fällen können mit Hilfe der vorstehenden Ausführungen auch solche Schaltungen berechnet werden.

Beispiel 1.13   Für die Widerstandschaltung in Bild **1**.18a soll der Ersatzwiderstand R_e berechnet werden.

Man faßt zunächst die parallelgeschalteten Widerstände R_1 und R_2 zu einem Widerstand R_{12} zusammen.

Nach Gl. (1.25c) erhält man

$$\frac{1}{R_{12}} = \frac{1}{R_1} + \frac{1}{R_2} \quad \text{und hieraus} \quad R_{12} = \frac{R_1 R_2}{R_1 + R_2} \tag{1.27}$$

Der Ersatzwiderstand von zwei parallelgeschalteten Widerständen ergibt sich also aus dem Quotienten von Produkt und Summe der beiden Widerstände.

Somit ist die Schaltung bereits in die reine Reihenschaltung nach Bild **1**.18b übergeführt. Nun faßt man die in Reihe geschalteten Widerstände R_{12} und R_3 zu einem Widerstand, dem Ersatzwiderstand R_e der Schaltung, zusammen (**1**.18c). Nach Gl. (**1**.25b) findet man $R_\mathrm{e} = R_{12} + R_3$ und somit

$$R_\mathrm{e} = \frac{R_1 R_2}{R_1 + R_2} + R_3$$

Dieses Beispiel wird in Abschn. 1.1.2.6 mit Zahlenwerten weitergeführt.

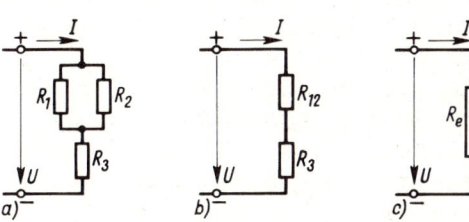

1.18
Ermittlung des Ersatzwiderstandes R_e

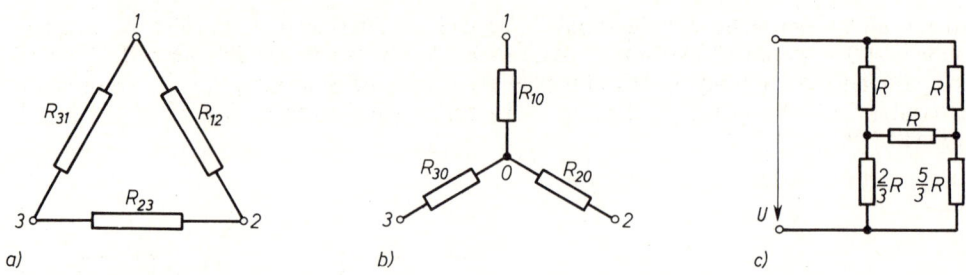

1.19 Netzumwandlung
   a) Widerstandsdreieck, b) Widerstandsstern, c) Schaltung für Beispiel **1.15**

Netzumwandlung für Stern- und Dreieckschaltung   Bei der Berechnung des Ersatzwiderstands einer Schaltung – allgemein Netzwerk genannt – kann die ä q u i v a l e n t e U m w a n d l u n g eines Widerstandsterns (**1.**19a) in ein Widerstandsdreieck (**1.**19b) und umgekehrt erforderlich werden. Es müssen also jeweils g l e i c h e Widerstände zwischen den Punkten 1–2, 2–3 und 3–1 in beiden Schaltungen vorhanden sein, so daß gilt

$$R_{10} + R_{20} = \frac{R_{12}(R_{23} + R_{31})}{R_{12} + R_{23} + R_{31}} \qquad R_{20} + R_{30} = \frac{R_{23}(R_{31} + R_{12})}{R_{12} + R_{23} + R_{31}}$$

$$R_{30} + R_{10} = \frac{R_{31}(R_{12} + R_{23})}{R_{12} + R_{23} + R_{31}}$$

Hieraus ergeben sich die Gleichungen für die Umwandlungen von

Stern- in Dreieckschaltung   Dreieck- in Sternschaltung

$$R_{12} = R_{10} + R_{20} + \frac{R_{10} \cdot R_{20}}{R_{30}} \qquad R_{10} = \frac{R_{12} \cdot R_{31}}{R_{12} + R_{23} + R_{31}}$$

$$R_{23} = R_{20} + R_{30} + \frac{R_{20} \cdot R_{30}}{R_{10}} \qquad R_{20} = \frac{R_{23} \cdot R_{12}}{R_{12} + R_{23} + R_{31}} \qquad (1.28)$$

$$R_{31} = R_{30} + R_{10} + \frac{R_{30} \cdot R_{10}}{R_{20}} \qquad R_{30} = \frac{R_{31} \cdot R_{23}}{R_{12} + R_{23} + R_{31}}$$

Beispiel 1.14   Gegeben die Schaltung nach Bild **1.**19c.
a) Man zeige, daß sich bei allen vier Möglichkeiten der Netzumwandlung als Ersatzwiderstand $R_e = R$ ergibt.
b) Man berechne sämtliche in der Schaltung auftretenden Spannungen, Ströme und Leistungen, wenn $U = 30$ V und $R = 60$ Ω ist und führe die Kontrollen durch.

Spannungsteiler (Potentiometer)   In Laboratorien und Prüffeldern benötigt man zur Speisung elektrischer Stromkreise häufig Spannungen, die von Null bis zu einem Höchstwert möglichst stufenlos verstellbar sind. Da die üblichen Spannungsquellen – Akkumulatoren, das Stromversorgungsnetz usw. – praktisch konstante Spannungen haben (z. B. 6 V, 12 V, 24 V, 60 V, 220 V), wird nach Bild **1.**20a zwischen Spannungsquelle und Verbraucher (Widerstand R_V) ein Spannungsteiler in Form eines Schiebe-widerstandes R_S mit 3 Klemmen geschaltet. Durch Verstellen des Abgriffs (Schleif-kontakt am Widerstand R_S, Knotenpunkt x) kann die Spannung U_x am Verbraucher stufenlos von 0 Volt (in Stellung $x = 0$) bis zur vollen Spannung U (in Stellung $x = 1$) verstellt werden.

1.20
Spannungsteilerschaltung
(a) und Netzwerkvereinfachung
(b) für die Berechnung

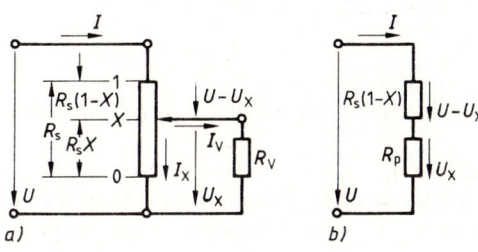

Es soll nun gezeigt werden, nach welcher Funktion $U_x = f(x)$ sich die Spannung U_x beim Ver-schieben des Abgriffs x ändert. Der Netzstrom I teilt sich am Abgriff oder Knotenpunkt in den Strom I_V durch den Verbraucherwiderstand R_V und den Strom $I_x = I - I_V$ durch den unteren Teil $R_S x$ des Spannungsteilers. Der Widerstand R_V des Verbrauchers ist $R_V = U_x/I_V$.

Nach der Maschenregel liegt am oberen Teil $R_S(1 - x)$ des Spannungsteilers die Spannung $U - U_x$. Faßt man nun die parallelgeschalteten Widerstände $R_S x$ und R_V nach Gl. (1.27) zu einem Widerstand $R_P = R_S x R_V/(R_S x + R_V)$ zusammen, so erhält man die Ersatzschaltung nach Bild 1.20b. Da sich bei einer Reihenschaltung die Spannungen wie die zugehörigen Widerstände verhalten, gilt

$$\frac{U_x}{U} = \frac{R_S x R_V}{(R_S x + R_V)\left[\dfrac{R_S x R_V}{R_S x + R_V} + R_S(1 - x)\right]} = \frac{R_S x R_V}{R_S x R_V + (R_S x + R_V) R_S(1 - x)}$$

$$= \frac{x R_V}{x R_V + R_S x + R_V - R_S x^2 - x R_V} = \frac{x R_V}{R_V + R_S x(1 - x)}$$

$$\frac{U_x}{U} = \frac{x}{1 + \dfrac{R_S}{R_V} x(1 - x)} \tag{1.29a}$$

Setzt man $R_V = U_x/I_V$ in Gl. (1.29a) ein, so erhält man

$$\frac{U_x}{U} = \frac{x}{1 + \dfrac{I_V R_S}{U_x} x(1 - x)} = \frac{x U_x}{U_x + I_V R_S x(1 - x)}$$

und hieraus

$$U_x = x U - I_V R_S x(1 - x) \tag{1.29b}$$

Aus den Gl. (1.29a) und (1.29b) ergibt sich im Leerlauf ($R_S/R_V = 0$ und $I_V = 0$) die abgegriffene Spannung $U_x = x U$. Diese Spannung nimmt also proportional mit der jeweiligen Stellung x des Abgriffes zu oder ab. Bei Belastung geht diese in der Praxis angestrebte Proportionalität um so mehr verloren, je größer R_s/R_v bzw. $I_v R_s$ wird (s. Beispiel **1.19** und Bild **1.**32). Für den von der Schaltung aufgenommenen Strom I gilt nach Bild **1.**20a

$$I = I_v + I_x = \frac{U_x}{R_v} + \frac{U_x}{R_s x} = U_x \left(\frac{1}{R_v} + \frac{1}{R_s x} \right) \tag{1.29c}$$

1.1.2.2   Elektrische Spannungsquellen

Die Physik kennt zahlreiche Möglichkeiten zur Erzeugung elektrischer Spannungen. Die folgenden Spannungsquellen haben zur Erzeugung elektrischer Energie für Zwecke der Energietechnik Bedeutung erlangt.

Elektrodynamische Spannungsquellen (Generatoren)

Die elektrische Spannung in Generatoren wird durch Induktion im Magnetfeld erzeugt (s. Abschn. 1.2.3). Die Umwandlung von mechanischer Energie in Gleichstrom ist sowohl in der öffentlichen Stromversorgung als auch im Kraftfahrzeug (Lichtmaschine) zu Gunsten des Drehstroms verlassen worden. Jedoch wird der fremderregte Gleichstromgenerator als Belastungsmaschine (Pendeldynamo) in Laboratorien und Prüffeldern noch weiterhin benutzt.

Elektrochemische Spannungsquellen

Galvanische Elemente oder Primärelemente (**1.**21) geben so lange elektrische Energie ab, wie chemisch gebundene Energie freigemacht werden kann; danach sind der Elektrolyt und die Elektroden unbrauchbar geworden. Sowohl die nassen Elemente (z. B. Braunsteinelement) wie die häufiger angewandten Trockenelemente (z. B. für Taschenlampen, elektronische Geräte usw.) eignen sich infolge ihrer geringen Kapazität (entnehmbare Elektrizitätsmenge, angegeben in Ah) nur für kürzere Betriebszeiten mit kleiner Leistung.

1.21
Elektrochemische Spannungsquellen
a) Schaltzeichen einer Zelle sowie von Batterien
   mit drei und n in Reihe geschalteten Zellen
   nach DIN 40 712
b) Stromrichtung beim Laden und Entladen einer
   Zelle

Akkumulatoren oder Sekundärelemente können für größere Kapazitäten gebaut werden. Beim Laden (**1.**21b) wird die zugeführte elektrische Energie in chemische Energie umgewandelt und gespeichert; beim Entladen wird diese in elektrische Energie zurückverwandelt. Die am häufigsten verwendeten Bleiakkumulatoren (Nennspannung 2 V) werden in Kraftfahrzeugen (als Anlaß- und Lichtbatterien), Elektrokarren, Handlampen, im Fernmeldewesen usw. benutzt. Für schwere Betriebsbedingungen eignen sich die weniger empfindlichen, aber teureren Stahlakkumulatoren (Nennspannung 1,2 V) besser. Die Spannung einer Zelle hängt von ihrem Lade- bzw. Entladezustand ab (s. VDE 0510).

Lichtelektrische Spannungsquellen

Photoelemente sind lichtelektrische Spannungsquellen, die Licht in elektrische Energie direkt umwandeln, wie sie z. B. für Belichtungsmesser ausreicht. Größere Leistungen werden bei der Energieumwandlung der Strahlungsenergie der Sonne in Siliciumzellen (Solarzellen) erzielt, die zu Sonnenbatterien geschaltet werden, wie sie in der Raumfahrt verwendet werden, z. B. für die Stromversorgung der Erdsatelliten (Photovoltaik). Mit erheblichem Forschungsaufwand wird weltweit an der Weiterentwicklung von Solarzellen zum Zweck der Nutzung der Sonnenenergie als unerschöpfliche und umweltfreundliche Energiequelle und damit als Ersatz für fossile Brennstoffe und Kernenergie gearbeitet. Zentrale Solarkraftwerke sind bis zu 10 000 kW als Versuchsanlagen in Betrieb; in Kleinstanlagen (1000-Dächer Bund-Länder-Förderprogramm) werden netzgekoppelte Systeme im Breitentest erprobt. Für eine wirtschaftliche Nutzung sind vor allem billigere Solarzellen mit höherem Wirkungsgrad der Energieumwandlung Voraussetzung (s. Beispiel 1.16).

1.1.2.3   Ersatzschaltbilder für Gleichstromkreise

Die Berechnung elektrischer Stromkreise mit Erzeugern, Verbrauchern und Leitungen geschieht mit Hilfe der Kirchhoffschen Regeln anhand der Ersatzschaltbilder. Solche sind in Abschn. 1.1.2.1 schon für einige Verbraucherstromkreise entwickelt und werden hier auch für Erzeuger und Leitungen behandelt.

Elektrische Maschinen

Generator In Bild **1**.22a wird das Ersatzschaltbild des Generators, das in Abschn. 1.1.1.4 bereits benutzt wurde, gezeigt. Die Quellenspannung U_q treibt den Strom I durch den (hier nicht dargestellten) Verbraucherkreis. Am inneren Widerstand R_i des Generators (Widerstand der vom Strom I durchflossenen Wicklungen) tritt nach dem Ohmschen Gesetz der Spannungsverlust[1]) IR_i in Richtung des Stromes I auf. Nach der Maschenregel erhält man die Spannungsgleichung des Generators

$$U = U_q - IR_i \tag{1.30}$$

Hierin sind U_q die nur von der Drehzahl und vom Betrag des Magnetfeldes im Generator abhängige Quellenspannung und U die für den Verbraucherkreis verfügbare Klemmenspannung des Generators. Bei Leerlauf ($I = 0$) folgt für die Leerlauf-

1.22
Ersatzschaltbild (a) und Betriebskennlinien (b)
des Generators

---

[1]) Solche an Widerständen unerwünscht auftretenden Spannungen werden – nicht ganz zutreffend – meist als Spannungsverlust U_v bezeichnet.

spannung $U = U_o = U_q$. Die Klemmenspannung U sinkt nach Gl. (1.30) mit steigendem Belastungsstrom I linear ab, obschon U_q = const ist (ausgezogene Kennlinien in Bild 1.22b). Soll für die angeschlossenen Verbraucher die Klemmenspannung U = const sein, so muß U_q nach Gl. (1.30) mit steigender Belastung entsprechend um IR_i größer als U eingestellt werden (gestrichelte Kennlinien in Bild 1.22b). Da die Generatordrehzahl durch den an der Kraftmaschine vorhandenen Drehzahlregler konstant gehalten wird, muß die Änderung der Spannung U_q durch Änderung des Betrages des Magnetfeldes bewirkt werden.

Motor Bild 1.23a zeigt das Ersatzschaltbild des Motors. In ihm entsteht auf dieselbe Weise wie beim Generator die Quellenspannung U_q, die wiederum nur von der Drehzahl und dem Betrag des Magnetfeldes im Motor abhängt. Nimmt der Motor bei Belastung den Strom I auf, so entsteht am inneren Widerstand R_i wieder der innere Spannungsverlust IR_i. Mit U als Klemmenspannung des Motors ist nach der Maschenregel die Spannungsgleichung des Motors

$$U = U_q + IR_i \tag{1.31}$$

Ist U = const, so ergibt sich der in Bild 1.23b dargestellte Verlauf von U_q in Abhängigkeit vom Belastungsstrom I des Motors. Generator und Motor unterscheiden sich in ihren Ersatzschaltbildern und damit in ihren Spannungsgleichungen also lediglich durch die entgegengesetzten Stromrichtungen

Akkumulator

In Bild 1.23 sind die Ersatzschaltbilder für Entladen und Laden einer Akkumulatorenzelle dargestellt. Beim Entladen (1.23c) treibt die Quellenspannung U_q der Zelle, deren Größe von der Bauart der Zelle sowie ihrem Ladezustand abhängt, den Strom I durch den Stromkreis. Am inneren Widerstand R_i (Widerstand des Elektrolyten) tritt der innere Spannungsverlust IR_i auf. Nach der Maschenregel erhält man die Spannungsgleichung beim Entladen

$$U = U_q - IR_i \tag{1.32a}$$

Sie entspricht der Spannungsgleichung des Generators, da in beiden Fällen elektrische Energie abgegeben wird.

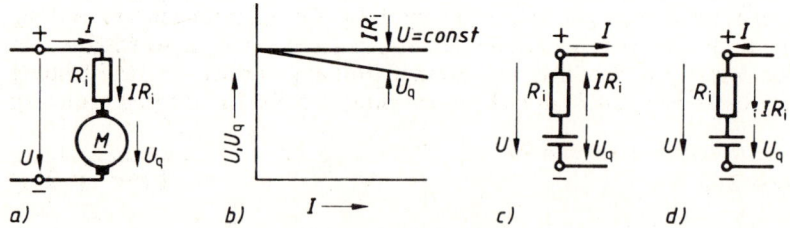

1.23 Ersatzschaltbild (a) und Betriebskennlinie (b) des Motors. Ersatzschaltbild einer Akkumulatorenzelle beim Entladen (c) und Laden (d)

Beim Laden (**1**.23d) der Zelle fließt der Strom I in entgegengesetzter Richtung; es ergibt sich ein dem Motor entsprechendes Ersatzschaltbild (in beiden Fällen elektrische Energieaufnahme) und entsprechend die Spannungsgleichung beim Laden

$$U = U_q + IR_i \tag{1.32b}$$

Akkumulatorenbatterien werden zur Spannungsvervielfachung aus mehreren Zellen in Reihen- oder Hintereinanderschaltung so zusammengesetzt, daß immer der Minuspol einer Zelle mit dem Pluspol der folgenden Zelle verbunden wird (**1**.21a). Werden n gleiche Zellen, jede mit der Quellenspannung U_q und dem inneren Widerstand R_i, in Reihe geschaltet, dann addieren sich die Quellenspannungen und die inneren Widerstände der einzelnen Zellen, so daß sich die Spannungsgleichungen

$$\text{für Entladen} \quad U_B = n(U_q - IR_i) \tag{1.33a}$$
$$\text{für Laden} \quad U_B = n(U_q + IR_i) \tag{1.33b}$$

ergeben, wobei U_B die Klemmenspannung der Batterie bedeutet.

Soll auch die Möglichkeit größerer Stromentnahme aus einer Akkumulatorenbatterie geschaffen werden, so wird die Parallelschaltung der Zellen gewählt. Bei einer solchen Batterie aus n Zellen können – bei gleicher Spannung wie bei nur einer Zelle – bis zu n-fache Ströme entnommen werden, ihr innerer Widerstand sinkt auf den $(1/n)$-fachen Wert.

Elektrische Leitung

Erwärmung Bei der Planung einer elektrischen Leitung geht man vom Leitungsstrom I aus, der sich aus der zu übertragenden Leistung P und der vorliegenden Nennspannung U_N nach Gl. (1.7) zu $I = P/U_N$ ergibt. In den Belastungstabellen des VDE (s. Tafel **7**.22) sind für die verschiedenen Leitungsarten und genormten Leiterquerschnitte die zulässigen Nennströme angegeben, die vom Belastungsstrom I mit Rücksicht auf die Erwärmung der Leitung dauernd nicht überschritten werden dürfen. Damit liegt im praktischen Fall bereits der Mindestquerschnitt A_{min} der Leitung fest. Ein größerer genormter Leitungsquerschnitt A ist – insbesondere bei größeren Leitungslängen – zu wählen, wenn der geforderte prozentuale Spannungs- oder Leistungsverlust, Gln. (1.34d und 1.35d), beim Mindestquerschnitt A_{min} überschritten wird.

Spannungsverlust In Bild **1**.24 wird elektrische Energie über eine Leitung (z. B. isolierte Installationsleitung, Freileitung, Kabel) übertragen. Sind Hin- und Rückleitung bezüglich Material, Leiterquerschnitt und Leiterlänge gleich, so ist nach Gl. (1.13) deren Widerstand je $R = \varrho l/A$. Sind U_1 und U_2 die Spannungen am Anfang bzw. Ende der Leitung und wird am Ende der Strom I entnommen, so tritt an den Widerständen der Hin- und Rückleitung je ein Spannungsverlust IR in Richtung des Stromes auf. Nach der Maschenregel lautet somit die Spannungsgleichung der Leitung

$$U_1 = U_2 + 2IR \tag{1.34a}$$

Die Spannung am Ende der Leitung ist um den Spannungsverlust

$$U_v = U_1 - U_2 = 2IR \tag{1.34b}$$

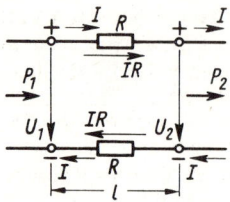

1.24
Ersatzschaltbild einer Gleichstromleitung

kleiner als am Anfang der Leitung. In der Praxis rechnet man mit dem (bezogenen) Spannungsverlust u_v der Leitung, wobei U_v auf deren Nennspannung U_N (z. B. 110 V, 220 V, 440 V) bezogen und meist in Prozent angegeben wird

$$u_v = \frac{U_v}{U_N} = 100 \, \frac{U_v}{U_N} \, \% \tag{1.34c}$$

Unter Berücksichtigung von Gl. (1.34b) und (1.13) ergibt sich dann für die gesamte Leitung (Hin- und Rückleitung)

$$u_v = 200 \, \frac{IR}{U_N} \, \% = 200 \, \frac{I\varrho l}{A \, U_N} \, \% \tag{1.34d}$$

mit l als e i n f a c h e r Länge der Leitung (nicht Länge der Hin- und Rückleitung!).

Die Spannung U_2 an den Verbrauchergeräten soll, unabhängig von der augenblicklichen Belastung möglichst genau gleich U_N sein. Dies läßt sich nach Gl. (1.34a) ohne Verändern der Spannung U_1 nicht erreichen. Es ergibt sich demnach die Forderung, den prozentualen Spannungsverlust u_v in engen Grenzen zu halten. Als Richtwerte können für u_v für Netze der öffentlichen Stromversorgung etwa 2 bis 5 %, für Industrienetze etwa 4 bis 6 % Spannungsverlust der Planung zugrunde gelegt werden.

Leistungsverlust   Aus der Spannungsgleichung der Leitung nach Gl. (1.34a) erhält man durch Multiplizieren mit dem Strom I die L e i s t u n g s g l e i c h u n g d e r L e i t u n g

$$U_1 I = U_2 I + 2I^2 R \quad \text{oder} \quad P_1 = P_2 + P_v \tag{1.35a}, (1.35b)$$

Bezieht man den Leistungsverlust P_v auf die Leistung $P_N = U_N I$, wobei U_N wieder die Nennspannung der Leitung ist, so ergeben sich mit Gl. (1.35a) für den (bezogenen) L e i s t u n g s v e r l u s t p_v d e r L e i t u n g

$$p_v = \frac{P_v}{P_N} = 100 \, \frac{P_v}{P_N} \, \% \tag{1.35c}$$

Mit Gl. (1.35a) wird

$$p_v = 200 \, \frac{I^2 R}{U_N I} \, \% = 200 \, \frac{IR}{U_N} \, \% \tag{1.35d}$$

Das Vergleichen von Gl. (1.34d) mit Gl. (1.35d) ergibt

$$u_v = p_v \tag{1.36}$$

Bei der nur am Ende belasteten Gleichstromleitung sind also prozentualer Spannungs- und Leistungsverlust gleich groß.

Schalter, Sicherungen und Meßinstrumente werden bei der Berechnung der Stromkreise nicht berücksichtigt. Die Schaltstücke und Schalterkontakte sowie Sicherungen können nämlich als widerstandslos ($R \approx 0$) angenommen werden. Dasselbe gilt für die Stromspulen von Strom- und Leistungsmessern sowie Zählern im Hauptstromkreis einer Schaltung, während die Spannungsspulen der Spannungsmesser, Leistungsmesser und Zähler, die – parallel zum Hauptstromkreis – in einem Nebenschlußpfad liegen, einen so großen Widerstand haben, daß der von ihnen aufgenommene Strom gegenüber dem Strom im Hauptstromkreis vernachlässigt werden kann (Ausnahmen s. Abschn. 1.1.2.5).

1.1.2.4   Berechnung von Gleichstromkreisen

Die Berechnung von Gleichstromkreisen, in denen als Bauelemente Erzeuger, Leitungen und Verbraucher in mannigfachen Schaltkombinationen vorkommen können, erfolgt anhand des Schaltplans, der die Ersatzschaltbilder der vorkommenden Elemente baukastenförmig zusammenzusetzen gestattet. Nachdem die vorhandenen Widerstände bezeichnet und die Richtung der Spannungen und Ströme durch Zählpfeile gekennzeichnet sind, lassen sich mit den Kirchhoffschen Gesetzen immer so viele Gleichungen anschreiben, als unbekannte Größen im Schaltplan vorhanden sind.

Beispiel 1.15   Nach Bild 1.25 speist ein Generator (Quellenspannung U_{qG}, innerer Widerstand R_{iG}) einen an seine Klemmen angeschlossenen Heizkörper (Widerstand R_1) und über eine Leitung (Widerstand der Hin- und Rückleitung je R_L) einen Elektromotor (Quellenspannung U_{qM}, innerer Widerstand R_{iM}). Gesucht sind die in diesem Stromkreis auftretenden Ströme, Spannungen und Leistungen.

1.25
Ersatzschaltbild eines Gleichstromkreises

Nach Bild 1.25 werden die in Abschn. 1.1.2.1 bis 1.1.2.3 angegebenen Ersatzbilder baukastenförmig an den vier Klemmen von Erzeuger und Verbraucher aneinandergesetzt und zunächst die zu berücksichtigenden Widerstände bezeichnet. Dann werden die vorgegebenen inneren Spannungen (Generator U_{qG}, Motor U_{qM}) durch ihre Zählpfeile eingetragen, so daß nunmehr auch die Polarität im Stromkreis festliegt. (Die gestrichelt eingetragenen Spannungspfeile U_G und U_M sind vorläufig wegzudenken.)

In dem verzweigten Schaltplan treten die drei unbekannten Ströme I, I_1 und I_2 auf, die durch ihre Strompfeile eingetragen werden. Um diese drei Ströme berechnen zu können, benötigt man drei Gleichungen. Nach der Knotenregel, Gl. (1.20), angewandt auf die Plusklemme des Generators, gilt

$$I = I_1 + I_2 \qquad (1)$$

Die Maschenregel, Gl. (1.22), muß also noch zwei weitere Gleichungen liefern. Insgesamt erhält der Schaltplan drei Maschen; es muß deshalb noch auf zwei beliebig ausgewählte Maschen die Maschenregel angewandt werden. Wählt man die Maschen Generator-Heizkörper (Masche 1) sowie Hinleitung-Motor-Rückleitung-Heizkörper (Masche 2) und legt für beide Maschen die Umlaufrichtung im Uhrzeigersinn fest, dann ergibt sich für

Masche 1 $I_1 R_1 - U_{qG} + I R_{iG} = 0$ \qquad (2)

Masche 2 $I_2 R_L + I_2 R_{iM} + U_{qM} + I_2 R_L - I_1 R_1 = 0$ oder $U_{qM} + I_2(2 R_L + R_{iM}) - I_1 R_1 = 0$ \qquad (3)

Für die nicht eingezeichnete Masche 3 Generator-Hinleitung-Motor-Rückleitung gilt bei Umlaufrichtung im Uhrzeigersinn die Gleichung

$$I_2(2R_L + R_{iM}) + U_{qM} - U_{qG} + IR_{iG} = 0,$$

die bereits in den beiden vorstehenden Maschengleichungen (2) und (3) enthalten ist, also mathematisch nichts Neues aussagt.

Aus den Gl. (1), (2) und (3) lassen sich die drei unbekannten Ströme I, I_1 und I_2 errechnen. Mit Gl. (2) erhält man

$$I_1 = \frac{U_{qG} - IR_{iG}}{R_1} \text{ und hiermit aus Gl. (3) } I_2 = \frac{U_{qG} - IR_{iG} - U_{qM}}{2R_L + R_{iM}}$$

Setzt man I_1 und I_2 in Gl. (1) ein, so erhält man

$$I = U_{qG}/R_1 - IR_{iG}/R_1 + \frac{U_{qG} - U_{qM}}{2R_L + R_{iM}} - \frac{IR_{iG}}{2R_L + R_{iM}}$$

und hieraus

$$I = \frac{U_{qG}/R_1 + (U_{qG} - U_{qM})/(2R_L + R_{iM})}{1 + R_{iG}\left(\dfrac{1}{R_1} + \dfrac{1}{2R_L + R_{iM}}\right)} \tag{1.37}$$

Mit der nunmehr bekannten Größe I läßt sich I_1 mit Hilfe von Gl. (2) und dann auch I_2 mit den Gl. (1) oder (3) errechnen.

Nachdem so die Ströme ermittelt sind, können nun auch die in der Schaltung auftretenden Spannungen und Leistungen angegeben werden. So wird z. B. die Klemmenspannung des Generators, die mit der Spannung am Heizkörper identisch ist, $U_G = I_1 R_1$ und die Klemmenspannung des Motors $U_M = U_{qM} + I_2 R_{iM}$. ($U_G$ und U_M sind in Bild **1**.26 durch gestrichelte Spannungspfeile dargestellt.) Weiter erhält man nun

Klemmenleistung des Generators $P_G = U_G I$ Leistung des Heizkörpers $P_{R1} = U_G I_1$

Klemmenleistung des Motors $P_M = U_M I_2$ Leistungsverlust der Leitung $P_v = 2I_2^2 R_L$

Zahlenbeispiele zur Berechnung von Gleichstromkreisen s. Abschn. 1.1.2.6.

Beispiel 1.16 An einer Solaranlage mit 120 in Reihe geschalteten Solarzellen, je Zelle mit den Abmessungen 10 cm × 10 cm, wird bei voller Sonneneinstrahlung (in Mitteleuropa etwa 1 kW/m²) die Kennlinie $U_B = f(I)$ bei Belastung mit einem veränderlichen Widerstand R von Leerlauf bis Kurzschluß gemessen:

U_B/V	62,2	59,8	56,7	53,2	52,1	50,8	47,7	43,5	37,8	18,2	0
I/A	0	0,5	1,0	1,5	1,6	1,7	1,8	1,9	2,0	2,1	2,15
P_{el}/W											
R/Ω											

a) Man entwerfe den Meßschaltplan, ergänze die vorstehende Tabelle und zeichne die Kennlinien $U_B = f(I)$ und $P_{el} = f(I)$ maßstäblich auf (s. Bild **1**.26). Wie groß ist pro Zelle: Quellenspannung U_q, Kurzschlußstrom I_K, maximale Leistung P_{max} und maximaler Wirkungsgrad η_{max}?
$P_{el} = U_B I$; $R = U_B/I$. Es folgt pro Zelle: $U_q = 62{,}2\,\text{V}/120 = 0{,}52\,\text{V}$; $I_K = 2{,}15\,\text{A}$;
$P_{max} = 50{,}8\,\text{V} \cdot 1{,}7\,\text{A}/120 = 0{,}72\,\text{W}$; $\eta_{max} = 0{,}72\,\text{W}/10\,\text{W} = 7{,}2\,\%$.

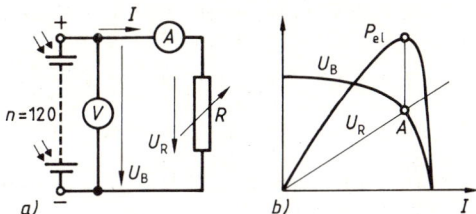

1.26
Solarzelle. Meßschaltung (a) zur Aufnahme
der Kennlinien, Kennlinienbild (b)

b) Wie groß muß R gewählt werden, damit die Batterie im Arbeitspunkt (A) maximaler Leistung betrieben wird (Anpassung)? Man zeichne die Widerstandskennlinie $U_R = f(I)$ in das Schaubild ein und erläutere, warum dieser und auch jeder andere Arbeitspunkt stabil ist. $R = 50{,}8\ \text{V}/1{,}7\ \text{A} = 29{,}9\ \Omega$. Bei einer Abweichung des Stroms I links vom Arbeitspunkt A ist $U_B > U_R$, d. h. der Strom steigt in Richtung A. Bei einer Abweichung des Stroms rechts von A ist $U_B < U_R$, der Strom sinkt in Richtung A. Der Arbeitspunkt A ist stabil, wie auch alle anderen Schnittpunkte der Kennlinien bei variablem R.

c) Bei $0{,}5\ \text{kW/m}^2$ liegt der günstigste Arbeitspunkt bei $U_B = 46\ \text{V}$, $I = 0{,}88\ \text{A}$. Wie groß ist nun P_{el}, η und R?

$$P_{el} = \frac{46\ \text{V} \cdot 0{,}88\ \text{A}}{120} = 0{,}34\ \text{W}; \ \eta = 0{,}34\ \text{W}/5\ \text{W} = 6{,}8\,\%; \ R = 46\ \text{V}/0{,}88\ \text{A} = 52{,}3\ \Omega.$$

d) Man vergleiche die heutigen Anschaffungskosten einer Hausdach-Solaranlage (etwa 25 DM/Zelle) mit den Einspeisevergütungen der EVU (Tarif 20 Pf/kWh), wenn in Mitteleuropa mit einer jährlichen Stromausbeute von $100\ \text{kWh/m}^2$ bei optimaler Regelung gerechnet werden kann. Pro Jahr gilt: $100\ \text{kWh/m}^2 \mathrel{\hat{=}} 1\ \text{kWh/Zelle}$. Der jährliche Erlös pro Zelle beträgt also 0,20 DM oder 0,8 % der Anlagekosten von 25 DM.

1.1.2.5   Gleichstrommessungen

Messung von Strom und Spannung

Für Messungen in Gleichstromkreisen werden in der Regel Drehspulinstrumente verwendet; für Betriebsmessungen mit Schalttafelinstrumenten (fester Einbau) kommen meist die robusteren und billigeren Dreheiseninstrumente in Betracht (Wirkungsweise s. Abschn. 3.2). Mit Vorteil verwendet man bei tragbaren Meßgeräten die universell für Gleich- und Wechselstrom verwendbaren Vielfachinstrumente, bei denen durch Umschaltung jeweils mehrere Strom- und Spannungsmeßbereiche eingestellt werden können.

Strom- und Spannungsmesser   Es wird zunächst gezeigt, wie ein und dasselbe Meßinstrument sowohl als Strommesser wie auch als Spannungsmesser, jeweils auch für verschiedene Meßbereiche, verwendet werden kann (Vielfachinstrument).
Die Meßwerkspule des Drehspulinstruments in Bild **1**.27 hat den Widerstand 200 Ω. Fließt durch die Spule der Strom 3 mA, so geht der Zeiger auf Vollausschlag. Das Instrument kann somit als Strommesser für Ströme bis 3 mA verwendet werden (obere Skala in Bild **1**.27c). An der Spule liegt bei Vollausschlag die Spannung $3\ \text{mA} \cdot 200\ \Omega = 600\ \text{mV} = 0{,}6\ \text{V}$ (**1**.27b). Das Instrument kann somit auch als Spannungsmesser für Spannungen bis 0,6 V verwendet werden (untere Skala in Bild **1**.27c).

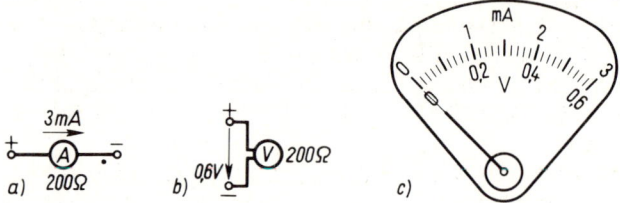

1.27 Meßinstrument als Strom- und Spannungsmesser;
Schaltzeichen nach DIN 40 716 Bl. 1

Meßbereicherweiterung Meßbereicherweiterungen werden, um mit einer Skala auszukommen, für den 2-, 5-, 10-, 20-, 50-, 100- usw. -fachen Wert des kleinsten Meßbereichs ausgeführt.

Der Meßbereich des Strommessers soll beispielsweise von 3 mA = 0,003 A auf
0,6 A erweitert werden. Man schaltet dann parallel zur Meßwerkspule nach Bild
1.28a einen Widerstand R_1, der so zu bemessen ist, daß bei Vollausschlag wieder
0,003 A durch die Meßwerkspule fließen; der restliche Strom 0,597 A muß also
durch R_1 (Parallel- oder Nebenschlußwiderstand: „Shunt") fließen. Dann gilt die
Proportion

$$\frac{0,003\ \text{A}}{0,597\ \text{A}} = \frac{R_1}{200\ \Omega} \quad \text{hieraus} \quad R_1 = \frac{0,6}{0,597}\ \Omega = 1,005\ \Omega$$

Der Meßbereich des Spannungsmessers soll nun von 0,6 V auf 30 V erweitert
werden. Man schaltet dann in Reihe mit der Meßwerkspule nach Bild 1.28b einen Widerstand R_2 (Reihenwiderstand), der so zu bemessen ist, daß bei Vollausschlag nur
die Teilspannung 0,6 V an der Meßwerkspule liegt. Die restliche Spannung 29,4 V
muß dann an R_2 liegen. Dann gilt die Proportion

$$\frac{0,6\ \text{V}}{29,4\ \text{V}} = \frac{200\ \Omega}{R_2} \quad \text{hieraus} \quad R_2 = 200\ \Omega \cdot 29,4/0,6 = 9800\ \Omega$$

Die Meßbereicherweiterung des Leistungsmessers (**1.28**c) kann sowohl durch
eine Erweiterung des Spannungsmeßbereiches (Reihenschaltung eines Widerstandes
R_1 mit der Spannungsspule) als auch durch eine Erweiterung des Strommeßbereiches
(Parallelschaltung eines Widerstandes R_2 mit der Stromspule) durchgeführt werden
(s. Beispiel **1.20**).

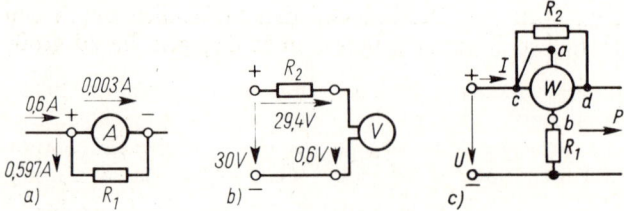

1.28 Strom- und Spannungsmesser (a, b) nach Bild **1.27** und Leistungsmesser (c) mit erweiterten
Meßbereichen

Eigenverbrauch eines Meßinstruments   Darunter versteht man die bei einer Messung in der Meßwerkspule und in den vorhandenen Reihen- und Parallelwiderständen insgesamt auftretende Leistung. Bei Vollausschlag beträgt der Nenneigenverbrauch z. B. in der Schaltung nach Bild **1**.27a und **1**.27b $0,6\,V \cdot 3\,mA = 1,8\,mW$, in der Schaltung nach Bild **1**.28a $0,6\,V \cdot 0,6\,A = 0,36\,W = 360\,mW$ und in der Schaltung nach Bild **1**.28b $30\,V \cdot 3\,mA = 90\,mW$.

Der Eigenverbrauch steigt von der Nullstellung des Zeigers bis zum Vollausschlag nach Gl. (1.17a) und (1.17b) quadratisch mit dem zu messenden Strom bzw. der zu messenden Spannung an; bei halbem Vollausschlag beträgt er deshalb 1/4 der vorstehend ermittelten Werte.

Je größer bei einem Spannungsmesser der Widerstand je Volt und bei einem Strommesser der Leitwert je Ampere ist, desto geringer ist der Eigenverbrauch der Instrumente. In dem gewählten Beispiel sind diese charakteristischen Größen

$$\frac{200\,\Omega}{0,6\,V} = 333\,\Omega/V \quad \text{bzw.} \quad \frac{(1/200)\,S}{0,003\,A} = 1,67\,S/A$$

Häufig ist der Eigenverbrauch der Meßinstrumente gering gegenüber den im Stromkreis auftretenden Leistungen, so daß er unberücksichtigt bleiben kann. Doch sollte man sich darüber immer erst Klarheit verschaffen.

Auswahl und Benutzung der Meßinstrumente richten sich in erster Linie nach Stromart und Meßgenauigkeit, der Meßbereich nach dem Betrag der zu messenden Spannungen und Ströme. Aus Leistungsschildangaben oder sonstigen Kenndaten von elektrischen Maschinen und Geräten lassen sich häufig die ungefähren Meßgrößen ermitteln.

Sollen z. B. Spannung und Strom einer Glühlampe mit den Nennwerten 60 W, 220 V gemessen werden, so wählt man einen Spannungsmesser mit z. B. 240 V oder 300 V Meßbereich und einem Strommesser mit z. B. 0,3 A oder 0,5 A Meßbereich, da der Lampenstrom $I = P/U = 60\,W/220\,V = 0,27\,A$ beträgt. Bei Instrumenten mit mehreren Meßbereichen geht man aus Sicherheitsgründen beim Messen so vor, daß man zunächst den größten Meßbereich wählt und den ungefähren Meßwert abliest; kann man aber den Meßwert auch noch auf einem kleineren Meßbereich messen, dann geht man auf diesen über usw. Um den Meßfehler möglichst klein zu halten, liest man den Meßwert endgültig erst auf dem kleinstmöglichen Meßbereich ab.

Messung von Widerständen

Strom-Spannungs-Methode   Nach dem Ohmschen Gesetz $U = IR$ läßt sich der Widerstand R aus Messungen der Spannung U am Widerstand R und des Stromes I durch den Widerstand R errechnen. Dabei sind zwei Schaltungen möglich.

In der Schaltung nach Bild **1**.29a mißt der Strommesser den tatsächlich durch den Widerstand R fließenden Strom I. Der Spannungsmesser mißt dagegen die zu große

1.29
a) Stromrichtige Schaltung
b) Spannungsrichtige Schaltung

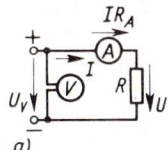
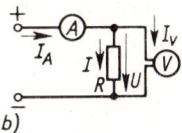

Spannung $U_V = U + IR_A$, wobei R_A der Widerstand des Strommessers ist. Es ist demnach

$$R = \frac{U}{I} = \frac{U_V}{I} - R_A \tag{1.38a}$$

In der Schaltung nach Bild 1.29b mißt der Spannungsmesser die tatsächlich am Widerstand R liegende Spannung U. Der Strommesser mißt dagegen den zu großen Strom $I_A = I + I_V = I + U/R_V$, wobei R_V der Widerstand des Spannungsmessers ist. Es ist demnach

$$\frac{1}{R} = \frac{I}{U} = \frac{I_A}{U} - \frac{1}{R_V} \tag{1.38b}$$

Für eine möglichst genaue Bestimmung des Widerstandes R sind die Korrekturglieder R_A in Gl. (1.38a) bzw. $1/R_V$ in Gl. (1.38b) zu berücksichtigen. Hierfür müssen die Widerstände R_A bzw. R_V bekannt sein. Liegen die prozentualen Anteile der Korrekturglieder innerhalb der Fehlergrenzen der verwendeten Meßinstrumente, so können sie unberücksichtigt bleiben.

Voltmeter-Methode   Man schaltet ein Voltmeter (Innenwiderstand R_i), den unbekannten Widerstand R und eine Spannungsquelle, deren Spannung U kleiner als der Meßbereich des Voltmeters sein muß, in Reihe. Für den Strom ergibt sich dann $I = U/(R + R_i)$. Schließt man den Widerstand R kurz, so ergibt sich der Strom $I_k = U/R_i$. Durch Dividieren der beiden vorstehenden Gleichungen erhält man

$$\frac{I_k}{I} = \frac{U(R + R_i)}{R_i U} = \frac{R}{R_i} + 1 \text{ oder } R = R_i\left(\frac{I_k}{I} - 1\right)$$

Verwendet man ein Voltmeter, dessen Ausschläge α den durchfließenden Strömen proportional sind (z.B. Drehspulinstrument), dann gilt

$$R = R_i\left(\frac{\alpha_k}{\alpha} - 1\right) \tag{1.39}$$

Für $\alpha = 0$ ist $R = \infty$, für $\alpha = \alpha_k$ ist $R = 0$; für $\alpha = 0,5\,\alpha_k$ (Skalenmitte) ist $R = R_i$. Das Voltmeter kann also als O h m m e t e r geeicht werden mit einer nichtlinearen Skala.

Wheatstonesche Brückenschaltung   Diese Schaltung erlaubt, den Wert eines Widerstandes mit verhältnismäßig sehr kleinem Fehler zu bestimmen. Der unbekannte Widerstand R wird nach Bild 1.30 mit den bekannten, praktisch temperaturunabhängigen Widerständen R_N (bestehend aus dekadisch einstellbaren, geeichten Meßwiderständen, sog. Normalwiderständen) sowie R_a und R_b verglichen. Die Widerstände R_a und R_b werden meist durch einen kalibrierten Meßdraht dargestellt, der durch den Abgriff A in eben diese Widerstände R_a und R_b unterteilt wird. An der Skala des Meßdrahts können die Strecken a und b oder auch direkt das Verhältnis $a/b = R_a/R_b$ abgelesen werden.

Beim Schließen des Stromkreises durch die Taste T ruft die Quellenspannung U_q der Spannungsquelle (meist Trockenbatterie) je nach Stellung von A eine bestimmte Stromverteilung in den einzelnen Stromzweigen der Brückenschaltung hervor. Der Strom I_b im Brückenzweig, angezeigt durch einen empfindlichen Strommesser (Gal-

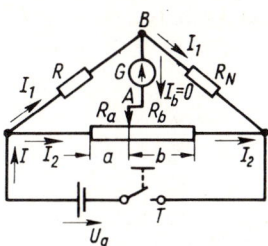

1.30
Wheatstonesche Meßbrücke

vanometer G) mit Nullpunkt in der Skalenmitte, kann durch Verstellen des Abgriffes A auf dem Meßdraht verändert werden. Verstellt man so lange, bis das Galvanometer keinen Ausschlag mehr zeigt ($I_b = 0$), dann ist die Meßbrücke abgeglichen. Bei abgeglichener Meßbrücke werden R und R_N vom Strom I_1, die Widerstände R_a und R_b vom Strom, I_2 durchflossen. Nach der Maschenregel gilt, da mit $I_b = 0$ auch die Brückenspannung $U_{BA} = 0$ wird, für die beiden Maschen der Brückenschaltung

$$I_1 R - I_2 R_a = 0 \text{ und } I_1 R_N - I_2 R_b = 0,$$

hieraus $I_1 R = I_2 R_a$ und $I_1 R_N = I_2 R_b$

Durch Dividieren der beiden Gleichungen erhält man die Bedingungen dür den Abgleich der Brücke

$$R = R_N R_a / R_b \quad \text{bzw.} \quad \boldsymbol{R = R_N a/b} \tag{1.40}$$

Man beachte, daß diese Bedingungen unabhängig von der Quellenspannung gelten.

1.1.2.6   Zahlenbeispiele

Beispiel 1.17   Ein elektrischer Durchlauferhitzer erwärmt 0,1 l Wasser je Sekunde von 15 °C auf 45 °C bei einem Wirkungsgrad von 80 %. Man berechne die Leistung und den Strom bei 220 V Netzspannung sowie die Stromkosten in 3 min bei einem Tarifpreis von 15 Pf/kWh.

Mit der spezifischen Wärmekapazität $c = 4187$ J/(°C kg) des Wassers ergibt sich bei einer Erwärmung um 30 °C ein Wärmestrom

$$\Phi = \frac{mc\,\Delta\vartheta}{t} = 0{,}1\,\frac{\text{kg}}{\text{s}} \cdot 4187\,\frac{\text{J}}{\text{°C kg}} \cdot 30\,\text{°C} = 12\,560\,\frac{\text{J}}{\text{s}} = 12{,}56\,\text{kW}$$

Bei einem Wirkungsgrad von 80 % ist somit eine elektrische Heizleistung $P = 12{,}56$ kW/0,8 $= 15{,}7$ kW erforderlich.

Der Heizstrom I und der Widerstand R des Heizkörpers werden

$$I = P/U = 15\,700\,\text{W}/220\,\text{V} = 71{,}5\,\text{A} \qquad R = 220\,\text{V}/71{,}5\,\text{A} = 3{,}08\,\Omega$$

Stromkosten

$$K = 15{,}7\,\text{kW} \cdot \frac{3}{60}\,\text{h} \cdot \frac{15\,\text{Pf}}{\text{kWh}} = 11{,}8\,\text{Pf}$$

Beispiel 1.18 Die Schaltung nach Bild 1.31 mit den Widerständen $R_1 = 40\,\Omega$, $R_2 = 60\,\Omega$, $R_3 = 20\,\Omega$ ist an ein Gleichstromnetz mit der Spannung $U = 220\,\text{V}$ angeschlossen.

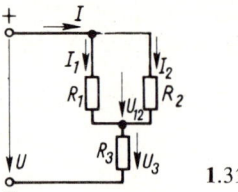

1.31

a) In das Schaltbild sind sämtliche auftretenden Spannungen und Ströme einzuzeichnen und zu berechnen. Es ist $R_e = 40\,\Omega \cdot 60\,\Omega/(40\,\Omega + 60\,\Omega) + 20\,\Omega = (24 + 20)\,\Omega = 44\,\Omega$ der Ersatzwiderstand für die auf S. 23 behandelte Schaltung. Zeichnet man die Strom- und Spannungspfeile wie in Bild 1.31 ein, so wird $I = U/R_e = 220\,\text{V}/44\,\Omega = 5\,\text{A}$ und damit $U_3 = IR_3$ $= 5\,\text{A} \cdot 20\,\Omega = 100\,\text{V}$. Nach der Maschenregel ist $U_{12} = U - U_3 = (220 - 100)\,\text{V} = 120\,\text{V}$. Somit wird $I_1 = U_{12}/R_1 = 120\,\text{V}/40\,\Omega = 3\,\text{A}$ und $I_2 = U_{12}/R_2 = 120\,\text{V}/60\,\Omega = 2\,\text{A}$. Kontrolle nach der Knotenregel: $I = I_1 + I_2 = (3 + 2)\,\text{A} = 5\,\text{A}$.

b) Man berechne die Teilleistungen in den drei Widerständen und kontrolliere das Ergebnis.

Leistung im Widerstand R_1 $P_1 = U_{12}I_1 = 120\,\text{V} \cdot 3\,\text{A} = 360\,\text{W}$

oder nach Gl. (1.17a) $P_1 = I_1^2 R_1 = (3\,\text{A})^2 \cdot 40\,\Omega = 360\,\text{A}^2\,\Omega = 360\,\text{W}$

oder nach Gl. (1.17b) $P_1 = U_{12}^2/R_1 = (120\,\text{V})^2/40\,\Omega = 360\,\text{V}^2/\Omega = 360\,\text{W}$

Leistung im Widerstand R_2 $P_2 = U_{12}I_2 = 120\,\text{V} \cdot 2\,\text{A} = 240\,\text{W}$

Leistung im Widerstand R_3 $P_3 = U_3I = 100\,\text{V} \cdot 5\,\text{A} = 500\,\text{W}$

hieraus Summe der Teilleistungen $P_1 + P_2 + P_3 = 1100\,\text{W}$

Kontrolle: Netzleistung $P = UI = 220\,\text{V} \cdot 5\,\text{A} = 1100\,\text{W}$

c) Auf welchen Wert muß der Widerstand R_3 geändert werden, damit der Netzstrom halb so groß, nämlich $I = 2,5\,\text{A}$ wird?

Der Ersatzwiderstand der Schaltung muß jetzt $R_e = U/I = 220\,\text{V}/2,5\,\text{A} = 88\,\Omega$ betragen, also doppelt so groß wie oben unter a) sein. (Halber Netzstrom erfordert doppelten Ersatzwiderstand!) Damit wird

$$R_3 = R_e - \frac{R_1 R_2}{R_1 + R_2} = (88 - 24)\,\Omega = 64\,\Omega$$

d) Bei welchem Wert von R_3 fließt der maximale Netzstrom?

Für $R_3 = 0$ ist der Ersatzwiderstand $R_e = 24\,\Omega$ am kleinsten. Dann ist der maximale Netzstrom $I_{max} = U/R_e = 220\,\text{V}/24\,\Omega = 9,17\,\text{A}$.

e) Auf welchen Wert muß R_3 verändert werden, damit die in R_2 auftretende Leistung gegenüber b) verdoppelt wird?

Kennzeichnet man die veränderten Spannungen und Ströme durch gestrichene Formelzeichen, z. B. I', so muß gelten

$$\frac{U_{12}'^2}{R_2} = 2\,\frac{U_{12}^2}{R_2} \quad \text{hieraus} \quad U_{12}' = \sqrt{2}\,U_{12} = \sqrt{2} \cdot 120\,\text{V} = 169,7\,\text{V}$$

Damit wird auch der von der Parallelschaltung von R_1 und R_2 aufgenommene Netzstrom $\sqrt{2}$ mal so groß

$$I' = \sqrt{2}\,I = \sqrt{2} \cdot 5\,\text{A} = 7,07\,\text{A}$$

Nach der Maschenregel ist

$$U_3' = U - U_{12}' = (220 - 169{,}7)\,\text{V} = 50{,}3\,\text{V} \quad \text{und somit} \quad R_3' = U_3/I' = 50{,}3\,\text{V}/7{,}07\,\text{A} = 7{,}1\,\Omega$$

Die in den Widerständen auftretenden Leistungen können wie bei b) bestimmt und kontrolliert werden.

f) Welche täglichen Kosten für die elektrische Arbeit entstehen, wenn die Schaltung nach a) 3 Stunden, die unter e) 8 Stunden in Betrieb ist (15 Pf/kWh)?

Aufgenommene elektrische Energie der Schaltung a)

$$W_1 = P\,t_1 = 1100\,\text{W} \cdot 3\,\text{h} = 1{,}1\,\text{kW} \cdot 3\,\text{h} = 3{,}3\,\text{kWh}$$

Aufgenommene elektrische Energie der Schaltung unter e)

$$W_2 = U I' t_2 = 220\,\text{V} \cdot 7{,}07\,\text{A} \cdot 8\,\text{h} = 12\,440\,\text{Wh} = 12{,}44\,\text{kWh}$$

Die tägliche Abnahme von $(3{,}3 + 12{,}44)\,\text{kWh} = 15{,}74\,\text{kWh}$ kostet also $15{,}74\,\text{kWh} \cdot 15\,\text{Pf/kWh}$ $= 2{,}36\,\text{DM}$.

Beispiel 1.19 Um den Strom durch die Erregerwicklung mit einem Widerstand von 200 Ω eines Generators stufenlos von Null bis zu einem Höchstwert verstelln zu können, wird diese an einen Spannungsteiler mit dem Widerstand 100 Ω angeschlossen, der an einem Gleichstromnetz von 110 V liegt.

a) Man entwerfe das Schaltbild, berechne und zeichne in einem Schaubild die Spannung U_x an der Erregerwicklung in Abhängigkeit von der Stellung x des Abgriffs am Spannungsteiler.

Der Spannungsteiler ist oben in Abschn. 1.1.2.1 behandelt. Der hier verlangte Spannungsteiler entspricht dort Bild 1.20a; somit gilt auch Gl. (1.29a). Mit $U = 110\,\text{V}$, $R_V = 200\,\Omega$, $R_S = 100\,\Omega$, somit $R_S/R_V = 100\,\Omega/200\,\Omega = 0{,}5$ wird

$$U_x = \frac{110\,x}{1 + 0{,}5\,x(1 - x)}\,\text{V}$$

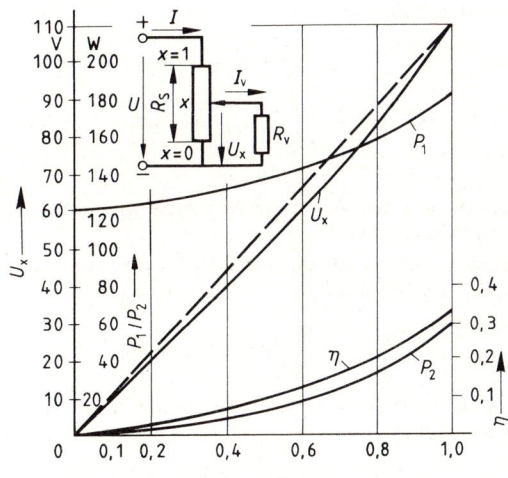

1.32
Spannungsteilerschaltung und -kennlinien

Tafel **1**.33   Berechnung der Spannungsteilerschaltung in Bild **1**.32

x	U_x in V	I_v in A	P_2 in W	I in A	P_1 in W	η
0	0	0	0	1,1	121	0
0,2	20,4	0,122	2,98	1,12	123	0,017
0,4	39,3	0,196	7,72	1,18	130	0,059
0,6	58,9	0,294	17,3	1,28	141	0,123
0,8	81,5	0,407	33,2	1,43	157	0,211
1,0	110	0,55	60,5	1,65	181	0,333

In der zweiten Zeile von Tafel **1**.33 ist U_x für $x = 0$; 0,2; 0,4; 0,6; 0,8; 1,0 nach vorstehender Gleichung ermittelt und in Bild **1**.32 dargestellt; z. B. wird für $x = 0,6$

$$U_x = \frac{110 \cdot 0,6}{1 + 0,5 \cdot 0,6\,(1 - 0,6)}\,\text{V} = \frac{66}{1 + 0,3 \cdot 0,4}\,\text{V} = \frac{66}{1,12}\,\text{V} = 58,9\,\text{V}$$

Der Erregerstrom $I_v = U_x/R_v$ ist ebenfalls in Tafel **1**.33 eingetragen und hat den entsprechenden Verlauf wie U_x. Beispiel: Für $x = 0,6$ wird $I_v = 58,9\,\text{V}/200\,\Omega = 0,294\,\text{A}$.

b) Man berechne die aus dem Netz und die von der Erregerwicklung aufgenommenen Leistungen sowie den Wirkungsgrad der Schaltung und zeichne in das Schaubild den Wirkungsgradverlauf ein.

Die von der Erregerwicklung aufgenommene Leistung $P_2 = U_x I_v$ erhält man aus der 2. und 3. Zeile von Tafel **1**.33. Für $x = 0,6$ z. B. wird $P_2 = 58,9\,\text{V} \cdot 0,294\,\text{A} = 17,3\,\text{W}$.

Den von der Schaltung aufgenommenen Netzstrom errechnet man nach Gl. (1.29c)

$$I = U_x\left(\frac{1}{200} + \frac{1}{100\,x}\right)\frac{1}{\Omega} = \frac{U_x}{100\,\Omega}\left(0,5 + \frac{1}{x}\right)$$

Aus dem Schaltbild ergibt sich
für $x = 0$

$$I = U/R_S = 110\,\text{V}/100\,\Omega = 1,1\,\text{A}$$

für $x = 0,6$

$$I = \frac{58,9\,\text{V}}{100\,\Omega}\left(0,5 + \frac{1}{0,6}\right) = 0,598\,\text{A} \cdot 2,17 = 1,28\,\text{A}$$

Die aus dem Netz aufgenommene Leistung $P_1 = UI$ und der Wirkungsgrad $\eta = P_2/P_1$ lassen sich damit berechnen (Tafel **1**.33); für $x = 0,6$ z. B. wird $P_1 = 110\,\text{V} \cdot 1,28\,\text{A} = 141\,\text{W}$, somit $\eta = 17,3\,\text{W}/141\,\text{W} = 0,123 = 12,3\,\%$.

c) In welchem Sinne ändern sich die Kurven $U_x = f(x)$ und $\eta = f(x)$, wenn z. B. ein Spannungsteiler mit dem doppelten Widerstand ($R_S = 200\,\Omega$) oder dem halben Wert ($R_S = 50\,\Omega$) verwendet wird?

Rechnet man nur einen weiteren Punkt der Kurve $U_x = f(x)$, die durch den Ursprung und den Endpunkt ($x = 1$, $U_x = 110\,\text{V}$) geht, z. B. für $x = 0,6$ aus, so wird
für $R_S = 200\,\Omega$

$$U_x = \frac{110 \cdot 0,6\,\text{V}}{1 + 1 \cdot 0,6\,(1 - 0,6)} = \frac{66\,\text{V}}{1,24} = 53,2\,\text{V}$$

für $R_S = 50\,\Omega$

$$U_x = \frac{110 \cdot 0,6\,\text{V}}{1 + 0,25 \cdot 0,6\,(1 - 0,6)} = \frac{66\,\text{V}}{1,06} = 62,2\,\text{V}$$

Der Spannungsteiler hält demnach die in Bild **1**.32 gestrichelt eingezeichnete Proportionalität ($U_x = xU$) um so besser, je kleiner das Verhältnis R_S/R_V ist, s. Gl. (1.29a). Diesem Vorteil steht aber der Nachteil eines immer schlechter werdenden Wirkungsgrades entgegen, der bei $R_S/R_V = 1$ zwischen 0 und 50%, bei $R_S/R_V = 0,5$ zwischen 0 und 33,3% und für $R_S/R_V = 0,25$ zwischen 0 und 20% liegt; Spannungsteiler werden deshalb nur für kleinere Leistungen angewandt.

Beispiel 1.20 Meßbereicherweiterung von Spannungs-, Strom- und Leistungsmesser.

a) Spannungsmesser. Die Spule des Meßwerks eines Instrumentes hat im Meßbereich 3 V den Widerstand $R = 400\,\Omega$. In der Schaltung nach Bild **1**.34a soll der Meßbereich auf 6 V, 15 V, 30 V erweitert werden. Man berechne die erforderlichen Vorwiderstände R_1, R_2, R_3 und den Eigenverbrauch bei Vollausschlag in den vier Meßbereichen.

Für Vollausschlag muß bei allen Meßbereichen am Instrument die Spannung 3 V liegen. Demnach liegt beim 6 V-Meßbereich an R_1 die Spannung 3 V, beim 15 V-Meßbereich an R_2 die Spannung 9 V, beim 30 V-Meßbereich an R_3 die Spannung 15 V.

Da sich bei der Reihenschaltung die Teilspannungen wie die Teilwiderstände verhalten, gilt nach Bild **1**.34a

$$3\,\text{V} : 3\,\text{V} : 9\,\text{V} : 15\,\text{V} = R : R_1 : R_2 : R_3 = 400\,\Omega : 400\,\Omega : 1200\,\Omega : 2000\,\Omega$$

Es sind demnach $R_1 = 400\,\Omega$, $R_2 = 1200\,\Omega$, $R_3 = 2000\,\Omega$.

Bei Vollausschlag fließt der Strom $I = 3\,\text{V}/400\,\Omega = 0,0075\,\text{A}$ durch die Meßspule und die eingeschalteten Vorwiderstände. Somit ist der Nenneigenverbrauch auf dem 3 V-Meßbereich

$$P = UI = 3\,\text{V} \cdot 0,0075\,\text{A} = 0,0225\,\text{W} = 22,5\,\text{mW}$$

Auf den Meßbereichen 6 V, 15 V, 30 V ergeben sich die 2-, 5-, 10fachen Beträge.

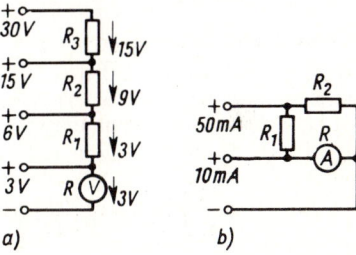

1.34
Spannungsmesser für vier (a) und Strommesser für
zwei Meßbereiche (b)

b) Strommesser. Die Meßspule eines Instruments mit dem Meßbereich 5 mA hat den Widerstand $R = 10\,\Omega$. In der Schaltung nach Bild **1**.34b sollen zwei Meßbereiche für 10 mA und 50 mA geschaffen werden. Man berechne die erforderlichen Widerstände R_1, R_2 sowie den Eigenverbrauch bei Vollausschlag in den beiden Meßbereichen.

10 mA-Meßbereich: Je 5 mA fließen durch das Instrument mit dem Eigenwiderstand R und über die Reihenschaltung von R_1 und R_2. Somit gilt $R_1 + R_2 = R = 10\,\Omega$.

50 mA-Meßbereich: 5 mA fließen über die Reihenschaltung von R_1 und R, 45 mA über R_2. Somit gilt nach Bild **1**.34b

$$\frac{R_1 + R}{R_2} = \frac{45\,\text{mA}}{5\,\text{mA}} = 9 \quad \text{oder} \quad R_1 + R = 9\,R_2 \quad \text{oder} \quad -R_1 + 9\,R_2 = R = 10\,\Omega$$

Aus den beiden Gleichungen $R_1 + R_2 = 10\,\Omega$ und $-R_1 + 9R_2 = 10\,\Omega$ folgt durch Addieren $10\,R_2 = 20\,\Omega$ und hieraus $R_2 = 2\,\Omega$, $R_1 = 8\,\Omega$.

Beim 10 mA-Meßbereich ist die Spannung zwischen Plus- und Minusklemme des Instruments $U = 5\,\text{mA} \cdot 10\,\Omega = 50\,\text{mV}$ und der Nenneigenverbrauch $P = 50\,\text{mV} \cdot 10\,\text{mA} = 500\,\mu\text{W}$ $= 0{,}5\,\text{mW}$.

Beim 50 mA-Meßbereich ist die Spannung zwischen Plus- und Minusklemme $U = 45\,\text{mA} \cdot 2\,\Omega = 90\,\text{mV}$. Also ist der Nenneigenverbrauch $P = 90\,\text{mV} \cdot 50\,\text{mA} = 4{,}5\,\text{mW}$.

c) Leistungsmesser. Ein Leistungsmesser hat den Spannungsmeßbereich 30 V und den Strommeßbereich 5 A, somit den Leistungsmeßbereich $30\,\text{V} \cdot 5\,\text{A} = 150\,\text{W}$. Die Skala des Wattmeters hat 150 Skalenteile. Der Leistungsmesser soll zum Messen von Leistungen bis 2 kW am 220-V-Netz verwendet werden.

Der Spannungsbereich wird zweckmäßig auf das 10fache (300 V), der Strombereich auf das Doppelte (10 A) erweitert, so daß der Leistungsmeßbereich auf das $10 \cdot 2 = 20$fache, also auf 3 kW erweitert wird. Nach Bild 1.28c wird in Reihe mit der Spannungsspule (R_u) der Widerstand $R_1 = 9\,R_u$, parallel zur Stromspule (R_i) der Widerstand $R_2 = R_i$ geschaltet. Nun entsprechen 150 Skalenteile 3000 W, ein Skalenteil entspricht 20 W.

Beispiel 1.21   Bei der größten Belastung des 220 V-Gleichstromnetzes einer Fabrik kann angenommen werden, daß die folgenden Motoren mit Nennlast in Betrieb sind:

20 Motoren mit je 3 PS, $\eta = 78\%$; 5 Motoren mit je 7 PS, $\eta = 82\%$; 1 Motor mit 20 kW, $\eta = 86\%$.

Außerdem sind am Gleichstromnetz Wärme- und Beleuchtungsgeräte mit insgesamt 12 kW eingeschaltet.

a) Wie groß sind die Gesamtbelastungen und der Gesamtstrom?

Die von allen Verbrauchern aufgenommene Leistung ist

$$P = \Sigma P = \left(\frac{20 \cdot 3 \cdot 0{,}735}{0{,}78} + \frac{5 \cdot 7 \cdot 0{,}735}{0{,}82} + \frac{20}{0{,}86} + 12 \right) \text{kW}$$
$$= (56{,}5 + 31{,}4 + 23{,}3 + 12)\,\text{kW} = 123{,}2\,\text{kW}$$

Dann ist der Gesamtstrom $I = P/U = 123{,}2 \cdot 10^3\,\text{W}/220\,\text{V} = 560\,\text{A}$.

b) Man berechne den Leiterquerschnitt der beiden Einleiterkabel (Kupfer) von je 110 m Länge, welche die Verbraucher mit dem in der Zentrale aufgestellten Gleichstromgenerator verbinden, wenn höchstens 6% Spannungsverlust auf der Leitung zugelassen sind.

Aus Gl. (1.34d) erhält man für den Leiterquerschnitt

$$A = \frac{200\,I\varrho\,l\,\%}{U_N u_v} = \frac{200 \cdot 560\,\text{A} \cdot \Omega\,\text{mm}^2 \cdot 110\,\text{m}\,\%}{56 \cdot 220\,\text{V} \cdot 6\% \cdot \text{m}} = 167\,\text{mm}^2$$

Nach Tafel 7.22 ist der nächstgrößere genormte Leiterquerschnitt 185 mm², der mit 620 A belastbar ist, ausreichend; gewählt also $A = 185\,\text{mm}^2$, Cu.

Nach Gl. (1.34d) sind Leiterquerschnitt A und Spannungsverlust u_v zueinander umgekehrt proportional. Es beträgt demnach bei 185 mm² der Spannungsverlust auf der Leitung

$$u_v = 6\% \frac{167\,\text{mm}^2}{185\,\text{mm}^2} = 5{,}42\%$$

oder nach Gl. (1.34c)

$$U_v = \frac{u_v}{100\%}\,U_N = \frac{5{,}42\%}{100\%} \cdot 220\,\text{V} = 11{,}9\,\text{V}$$

Die Spannung am Leitungsanfang, also die an den Klemmen des Generators verfügbare Spannung muß nach Gl. (1.34a) betragen

$$U_1 = U_2 + U_v = (220 + 11,9) \text{ V} = 231,9 \text{ V}$$

c) Man stelle die erforderliche Klemmenspannung U_1 des Generators und seine Quellenspannung U_q in Abhängigkeit von der Belastung I in einem Schaubild dar, wenn die Spannung bei den Verbrauchern $U_2 = 220$ V konstant sein soll und der innere Widerstand des Generators $R_i = 0,02 \ \Omega$ beträgt.

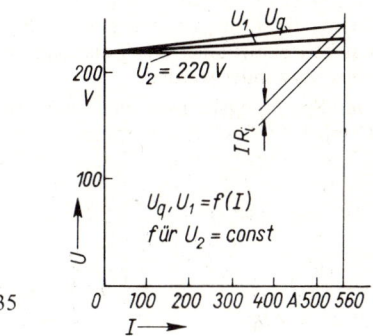

1.35

Nach Gl. (1.34a) ist $U_1 = U_2 + 2IR$ die Spannungsgleichung der Leitung. Diese Gleichung $U_1 = f(I)$ stellt eine Gerade dar (Bild 1.35). Bei Leerlauf ($I = 0$) ist $U_1 = U_2 = 220$ V, bei $I = 560$ A ergibt sich mit $U_v = 11,9$ V die Klemmenspannung des Generators $U_1 = 231,9$ V. Nach Gl. (1.30), der Spannungsgleichung des Generators, wird dessen Quellenspannung $U_q = U_1 + IR_i$. Auch diese Gleichung stellt eine Gerade dar, die bei $I = 560$ A um den Betrag der Spannung IR_i über der Geraden $U_1 = f(I)$ liegt. Bei Leerlauf ($I = 0$) ist $U_q = U_1 = 220$ V, bei $I = 560$ A ist

$$U_q = U_1 + IR_i = 231,9 \text{ V} + 560 \text{ A} \cdot 0,02 \ \Omega = (231,9 + 11,2) \text{ V} = 243,1 \text{ V}$$

d) Welche Leistungen treten im Stromkreis bei 560 A auf?

Vom Generator abgegebene Leistung

$$P_1 = U_1 I = 231,9 \text{ V} \cdot 560 \text{ A} = 130\,000 \text{ W} = 130 \text{ kW}$$

Von den Verbrauchern aufgenommene Leistung, wie schon unter a) errechnet,

$$P_2 = U_2 I = 123,2 \text{ kW}$$

Leistungsverluste auf der Leitung

$$P_v = P_1 - P_2 = 6,8 \text{ kW}$$

Nimmt man bei dieser Belastung als Wirkungsgrad des Generators 90 % an, so ergibt sich die von der Kraftmaschine aufzubringende Leistung

$$P = P_1/\eta = 130 \text{ kW}/0,9 = 145 \text{ kW}.$$

Beispiel 1.22 Eine Spannungsquelle (U_q, R_i) wird an ihren Klemmen mit einem veränderlichen Außenwiderstand R_a belastet (**1.36a**).

a) Man ermittle die in R_a auftretende Leistung.

Für den Strom gilt

$$I = \frac{U_q}{R_i + R_a}$$

und damit für die in R_a auftretende Leistung nach Gl. (1.17b)

$$P_a = U_q^2 \frac{R_a}{(R_i + R_a)^2} \qquad\qquad (1.41\,\text{a})$$

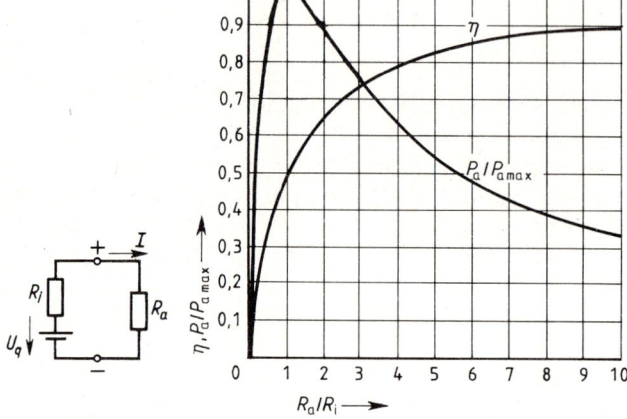

Das Schaubild 1.36b wurde mit den Werten der Tabelle 1.36c gezeichnet:

R_a/R_i	$P_a/P_{a\,max}$	η
0	0	0
0,5	0,889	0,333
1	1	0,5
2	0,889	0,667
5	0,556	0,833
10	0,331	0,909

1.36 Schaltung (a), Kennlinien (b), Tabelle (c)

b) Bei welchem Wert von R_a tritt in R_a die maximale Leistung $P_{a\,max}$ auf und wie groß ist diese? Durch Differenzieren von Gl. (1.41a) erhält man

$$\frac{\mathrm{d}P_a}{\mathrm{d}R_a} = U_q^2 \frac{(R_i + R_a)^2 - R_a \cdot 2(R_i + R_a)}{(R_i + R_a)^4}$$

Beim Leistungsmaximum wird in vorstehender Gleichung der Zähler gleich Null, somit $R_i + R_a - 2R_a = 0$ oder

$$\boldsymbol{R_a = R_i} \qquad\qquad (1.41\,\text{b})$$

Das Leistungsmaximum ergibt sich mit Gl. (1.41a)

$$P_{a\,max} = \frac{U_q^2}{4R_i} \qquad\qquad (1.41\,\text{c})$$

Ist also in einem Stromkreis der Belastungswiderstand (R_a) gleich dem Innenwiderstand (R_i) der Spannungsquelle, so wird dem Verbraucher die maximale Leistung zugeführt: Anpassungsgesetz. Die Anpassungsbedingung $R_a = R_i$ spielt besonders in der Nachrichtentechnik eine bedeutende Rolle. Der Zahlenwert R_a/R_i heißt Anpassung.

c) Man ermittle rechnerisch $P_a/P_{a\,max} = f(R_a/R_i)$ sowie den Wirkungsgrad $\eta = f(R_a/R_i)$ und stelle die beiden Kurven in einem Schaubild dar.

Allgemein gelten die Gleichungen

$$\frac{P_a}{P_{a\,max}} = \frac{U_q^2 R_a 4 R_i}{(R_i + R_a)^2 U_q^2} = \frac{4 R_a R_i}{(R_i + R_a)^2} = \frac{4 R_a/R_i}{(1 + R_a/R_i)^2}$$

$$\eta = \frac{P_a}{U_q I} = \frac{U_q^2 R_a (R_i + R_a)}{(R_i + R_a)^2 U_q^2} = \frac{R_a}{R_i + R_a} = \frac{1}{1 + 1/(R_a/R_i)}$$

Beispiel 1.23 Man berechne sämtliche Spannungen, Ströme und Leistungen, trage sie in je einen Schaltplan ein und kontrolliere die Ergebnisse

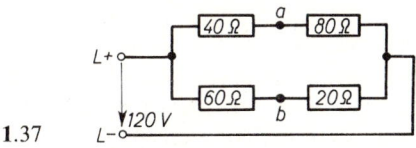

1.37

a) für die Schaltung Bild 1.37
b) wenn zwischen a und b eine Kurzschlußverbindung ($R = 0$) gelegt wird
c) wenn zwischen a und b der Widerstand $R = 8\frac{1}{3}\,\Omega$ beträgt.
Ergebnisse: a) 40 V/80 V/90 V/30 V; 1 A/1,5 A/2,5 A; 40 W/80 W/135 W/45 W/300 W.
b) 72 V/48 V; 1,8 A/0,6 A/1,2 A/2,4 A ($I_{ab} = 1,2$ A)/3 A; 129,6 W/28,8 W/86,4 W/115,2 W/360 W.
c) $66\frac{2}{3}$ V/$53\frac{1}{3}$ V/75 V/45 V/$U_{ab} = 8\frac{1}{3}$ V; 5/3 A/2/3 A/5/4 A/9/4 A/$I_{ab} = 1$ A/$I = 35/12$ A; 1000/9 W/
320/9 W/375/4 W/405/4 W/$P_{ab} = 25/3$ W, $\Sigma P = 350$ W. Kontrolle $UI = 120$ V (35/12) A = 350 W.

1.2   Elektrisches Feld und magnetisches Feld

1.2.1   Elektrisches Feld

1.2.1.1   Größen des elektrischen Feldes, Kondensator

Schon in Abschn. 1.1.1.1 wurde das elektrische Feld erwähnt, das sich im Raum zwischen zwei parallelen Metallplatten mit elektrischen Ladungen ausbildet (**1.2b**). Auch das in einem stromdurchflossenen Leiter für den Elektronentransport erforderliche elektrische Feld (**1.3a**) wurde schon betrachtet. In allen diesen Feldern werden Kräfte F auf elektrische Ladungen Q ausgeübt. Diese Kräfte ermöglichen die Darstellung des elektrischen Feldes durch elektrische Feldlinien. Zwischen der elektrischen Feldstärke E, der elektrischen Spannung U und den anderen Einflußgrößen bestehen nach Gl. (1.2) und (1.3) die Beziehungen

$$F = QE \qquad U = El \tag{1.42}$$

Kondensator Zwei Körper mit den Ladungen $+Q$ und $-Q$ bilden einen elektrischen Kondensator, bei der Anordnung nach Bild **1.38a** Plattenkondensator genannt. Der Isolator (Nichtleiter) im Raum zwischen den Platten, das Dielektrikum, ist hier von einem homogenen elektrischen Feld durchsetzt; in Bild **1.2b** ist Luft als Dielektrikum angenommen.

1.38
a) Plattenkondensator
b) Schaltzeichen eines Kondensators mit der Kapazität C nach DIN 40712 mit Zuordnung von Spannungspfeil u und Strompfeil i

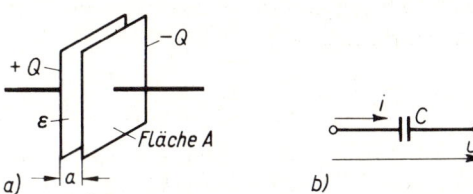

Experimentell kann man nachweisen, daß Ladung Q und Spannung U zwischen den Platten zueinander proportional sind. Es gilt demnach

$$Q = CU \tag{1.43}$$

Hierin nennt man C die Kapazität des Kondensators, da $C = Q/U$ um so größer ist, je größer das Fassungsvermögen des Kondensators für elektrische Ladungen bei einer bestimmten Spannung ist.

Aus Gl. (1.43) folgt $C = Q/U$ und damit die Einheit 1 Farad (1 F) für die Kapazität. Es gilt die Einheitengleichung

$$1\ \text{F} = 1\ \frac{\text{C}}{\text{V}} = 1\ \frac{\text{As}}{\text{V}} = 1\ \frac{\text{s}}{\Omega} \tag{1.44}$$

Die Kapazität C eines Kondensators ist nur von den geometrischen Abmessungen sowie der Art seines Dielektrikums (Luft, Papier, Porzellan usw.) abhängig und damit die wichtigste Kenngröße des Kondensators. Für den idealen Plattenkondensator mit den Abmessungen nach Bild **1**.38a gilt z. B.

$$C = \frac{\varepsilon A}{a} \tag{1.45}$$

wobei A die Fläche, über die sich das homogene elektrische Feld erstreckt, und a der Abstand der Platten bedeuten. Weiterhin ist ε die Dielektrizitätskonstante des Dielektrikums; man setzt

$$\varepsilon = \varepsilon_0 \varepsilon_r \quad (1.46\,\text{a}) \qquad \text{wobei} \qquad \varepsilon_0 = 8{,}85 \cdot 10^{-12}\ \text{F/m} \tag{1.46\,b}$$

die elektrische Feldkonstante und ε_r (dimensionslos) die Dielektrizitätszahl des Dielektrikums ist. Sie gibt an, auf welchen Wert die Kapazität eines Kondensators durch Einfügen des betreffenden Isoliermaterials erhöht wird. Für Vakuum (angenähert auch für Luft) ist $\varepsilon_r = 1$; für andere Isolierstoffe sind Richtwerte von ε_r in Tafel **1**.39 angegeben.

Spannung und Strom des Kondensators   Die bei der Gleichspannung U auf den Platten des Kondensators befindliche Ladung Q errechnet man nach Gl. (1.43). Diese Gleichung stellt eine spezielle Form der allgemein gültigen Gleichung

$$q = Cu \tag{1.47}$$

dar, wobei q die auf den Platten vorhandene Ladung bei dem Augenblickswert u der Spannung ist[1]. Ändert sich die Spannung u um du, so muß sich die Ladung um $dq = C\,du$ ändern.

Die Änderung der Ladung um dq in der Zeit dt wird in der allgemein gültigen Form durch einen Strom mit dem Augenblickswert

$$i = dq/dt \tag{1.48}$$

---

[1] Nach DIN 5483 sind als Formelzeichen von zeitlich veränderlichen Größen kleine Buchstaben zu wählen, z. B. q, i, u, zur Unterscheidung von den zeitlich unveränderlichen Größen Q, I, U.

Tafel **1**.39   Elektrische Isolierstoffe. Richtwerte für die Dielektrizitätszahl ε_r

Isolierstoff	Bezeichnung	ε_r	Anwendungsgebiete (Beispiele)
Naturstoffe	Glimmer	4 ⋯ 8	Trägerkörper für Heizwiderstände
	Quarzglas	4 ⋯ 4,2	Isolatoren, Lampen, Röhren
Keramische	Hartporzellan	5 ⋯ 6,5	Hochspannungsisolatoren
Stoffe	Steatit	5,5 ⋯ 6,5	Schaltereinsätze
	Sonderstoffe	⋯ 10 000	Hochfrequenzkondensatoren
Organische	Hartgummi	3 ⋯ 3,5	Platten, Griffe, Formteile
Stoffe	Weichgummi	2,2 ⋯ 2,8	Leiterisolation, Isoliermatten
Papier	Hartpapier	4 ⋯ 6	Isolation von Transformatoren
	Hartgewebe	5 ⋯ 8	Leiterisolation von Kabeln
Isolieröle	Transformatorenöl	2 ⋯ 2,5	Isolation und Kühlung
Kunststoffe	Polyvinyl-chlorid (PVC)	5 ⋯ 5,8	Hart-PVC für Rohre, Gehäuse Weich-PVC für Kabelisolation
Thermoplaste	Polyäthylen (PE)	2,3	Pressteile, HF-Kabel, Folien
	Polypropylen (PP)	2,25	dto.
	Polystrol (PS)	2,5	HF-Spulenkörper, Kondensatoren
	Styropor		aufgeschäumt (Wärmedämmung)

– anstelle der speziellen Form bei Gleichstrom nach Gl. (1.4) – hervorgerufen. Setzt man hieraus $dq = i\,dt$ in Gl. (1.47) ein, so erhält man die allgemeine **Kondensatorgleichung** für den Strom

$$i = C\,du/dt \tag{1.49a}$$

oder durch Integration für die Spannung

$$u = \frac{1}{C}\int i\,dt \tag{1.49b}$$

In Bild **1**.38b ist das genormte Schaltzeichen des Kondensators mit Zählpfeilen für Strom und Spannung dargestellt.

1.2.1.2   Ladung und Entladung des Kondensators

Ladung des Kondensators   In den Stromkreisen der Elektrotechnik werden die Kondensatorplatten durch einen elektrischen Strom geladen, der der Minus-Platte Elektronen zuführt und von der Plus-Platte Elektronen abführt. Verbindet man in der Schaltung nach Bild **1**.40 den Kondensator C über einen Widerstand R und einen Schalter (mittlere Schaltstellung) mit der Gleichspannungsquelle U, so fließt nach Schließen kurzzeitig ein Strom (Stromstoß), der durch einen vorübergehenden Ausschlag an dem empfindlichen Strommesser (Galvanometer G) nachgewiesen werden kann. Da Elektronen nicht durch den Isolator zwischen den Platten, hier Luft, hindurchströmen können, sammeln sie sich an der mit dem negativen Pol der Spannungsquelle verbundenen Platte an. Eine entsprechende, gleiche Zahl von Elektronen fließt während des Stromstoßes von der anderen Platte in Richtung zum positiven Pol der

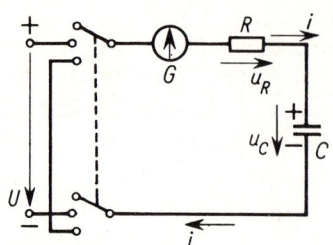

1.40
Schaltung für Ladung und
Entladung eines Kondensators

Spannungsquelle ab. Dadurch entsteht der Eindruck, als fließe der Strom – L a d e -
s t r o m i genannt – durch den Luftraum zwischen den Platten hindurch. Wenn der
kurzdauernde Ladevorgang beendet ist, befindet sich auf der negativen Platte die
Ladung $-Q$, auf der positiven Platte die Ladung $+Q$.

Zur Berechnung des L a d e s t r o m s i im Stromkreis nach Bild **1.40** benutzt man
die Maschenregel $\Sigma u = 0$, also

$$u_\mathrm{R} + u_\mathrm{C} - U = 0 \quad \text{oder} \quad U = u_\mathrm{R} + u_\mathrm{C} = iR + u_\mathrm{C} \tag{1.50a}$$

Gl. (1.49a) lautet nun

$$i = C \frac{\mathrm{d}u_\mathrm{C}}{\mathrm{d}t} \tag{1.50b}$$

Somit wird aus Gl. (1.50a)

$$U = RC \frac{\mathrm{d}u_\mathrm{C}}{\mathrm{d}t} + u_\mathrm{C} = T \frac{\mathrm{d}u_\mathrm{C}}{\mathrm{d}t} + u_\mathrm{C} \tag{1.50c}$$

Das Produkt RC hat die Dimension einer Zeit und wird als Z e i t k o n s t a n t e T
des Ladevorgangs bezeichnet

$$\boldsymbol{T = RC} \tag{1.50d}$$

Die Differentialgleichung (1.50c) hat für die K l e m m e n s p a n n u n g des K o n d e n -
s a t o r s die mathematische Lösung

$$\boldsymbol{u_\mathrm{c} = U(1 - e^{-t/T})} \tag{1.50e}$$

Somit ergibt sich nach Gl. (1.50b) für den L a d e s t r o m des K o n d e n s a t o r s

$$i = C\left(- U \frac{-1}{RC} e^{-t/T}\right) \quad \text{oder} \quad \boldsymbol{i = \frac{U}{R} e^{-t/T}} \tag{1.50f}$$

Für $t = 0$ wird $u_\mathrm{C} = 0$ und $i = U/R$; für $t = \infty$ wird $u_\mathrm{C} = U$ und $i = 0$. Dies bedeutet,
daß im Augenblick des Einschaltens die Stromspitze nicht durch die Kapazität des
Kondensators bestimmt wird, daß sich vielmehr der Kondensator zunächst wie ein
unendlich kleiner Widerstand (Kurzschluß) verhält. Die Kondensatorspannung
steigt nach einer Exponentialfunktion mit der Zeitkonstanten T auf die Gleichspannung U an, der Ladestrom i fällt ebenfalls nach einer Exponentialfunktion mit
derselben Zeitkonstanten T auf Null ab (s. Bild **1.43a**).

Energie des elektrischen Feldes Nun läßt sich auch die im elektrischen Feld eines Kondensators gespeicherte elektrische Energie W_e errechnen. Sie ist gleich der elektrischen Energie $W = \int u\, i\, dt$, die dem Kondensator von der Spannungsquelle beim Ladevorgang zugeführt wird. Mit den Gl. (1.47) und (1.48) wird diese Energie

$$W_e = C \int u\, \mathrm{d}u = \frac{1}{2} C u^2 \tag{1.51}$$

Entladung des Kondensators Bringt man nach Beendigung des Ladevorganges in Bild **1**.40 den Schalter in die untere Schaltstellung, dann wird der auf die Spannung U aufgeladene Kondensator über den Widerstand R entladen. Unter Beibehaltung der in Bild **1**.40 eingezeichneten Spannungs- und Stromzählpfeile gilt nun

$$\Sigma u = 0 \quad \text{d.h.} \quad u_R + u_C = 0$$

oder nach Gl. (1.50c)

$$T \frac{\mathrm{d}u_C}{\mathrm{d}t} + u_C = 0 \tag{1.52a}$$

Diese Differentialgleichung hat für die Klemmenspannung des Kondensators die Lösung

$$u_C = U \mathrm{e}^{-t/T} \tag{1.52b}$$

und für den Entladestrom des Kondensators nach Gl. (1.50b)

$$i = C \frac{-U}{T} \mathrm{e}^{-t/T} \quad \text{oder} \quad i = -\frac{U}{R} \mathrm{e}^{-t/T} \tag{1.52c}$$

Der Entladestrom hat also denselben Funktionsverlauf wie der Ladestrom, aber die entgegengesetzte Richtung. Die Kondensatorspannung klingt nach einer Exponentialfunktion mit der Zeitkonstanten T auf Null ab (s. Bild **1**.43b). Die im Kondensator gespeicherte elektrische Energie $W_e = \frac{1}{2} C U^2$ wird während des Entladevorgangs im Widerstand R restlos in Wärme umgesetzt.

Verlustbehafteter Kondensator Das Ersatzschaltbild des verlustbehafteten Kondensators (**1**.41) enthält außer der Kapazität C einen parallel zu C geschalteten Widerstand R_p, der die nicht verlustfreie Isolation zwischen den Kondensatorbelegungen berücksichtigt und einen in Reihe zu C geschalteten Leitungswiderstand R_r, der den Widerstand der Platten („Belege") darstellt. Die in den beiden Widerständen auftretende Stromwärme entspricht den Energieverlusten des Kondensators.

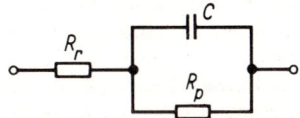

1.41
Verlustbehafteter Kondensator

1.2.1.3   Zahlenbeispiele

Beispiel 1.24   Ein Plattenkondensator mit Luftdielektrikum ($\varepsilon_r = 1$) und der Plattenfläche $5\,\text{cm} \times 4\,\text{cm} = 20\,\text{cm}^2$ hat den Plattenabstand 0,5 mm.

a) Welche Kapazität C hat der Kondensator?

Mit den Gl. (1.45) und (1.46 b) erhält man

$$C = \frac{\varepsilon_0 \varepsilon_r A}{a} = \frac{8,85 \cdot 10^{-12}\,\dfrac{\text{F}}{\text{m}} \cdot 1 \cdot 20\,\text{cm}^2}{0,5\,\text{mm}} = \frac{8,85 \cdot 10^{-14}\,\dfrac{\text{F}}{\text{cm}} \cdot 20\,\text{cm}^2}{0,05\,\text{cm}} = 35,4 \cdot 10^{-12}\,\text{F} = 35,4\,\text{pF}$$

b) Welche Ladung Q ist auf den Platten vorhanden, wenn der Kondensator an die Gleichspannung 220 V gelegt wird? Wie groß ist die elektrische Feldstärke?

Nach Gl. (1.43) und (1.42) sind

$$Q = CU = 35,4 \cdot 10^{-12}\,\text{F} \cdot 220\,\text{V} = 7,79 \cdot 10^{-9}\,\text{C} \qquad E = U/l = 220\,\text{V}/0,5\,\text{mm} = 4,4\,\text{kV/cm}$$

c) Welche elektrische Energie ist im elektrischen Feld zwischen den Platten gespeichert?

Die Energie folgt aus Gl. (1.51)

$$W_e = \frac{1}{2} C U^2 = 0,5 \cdot 35,4 \cdot 10^{-12}\,\text{F} \cdot 220^2\,\text{V}^2 = 0,857 \cdot 10^{-6}\,\text{J}$$

d) Wie ändern sich C, Q und W_e, wenn der Kondensator statt Luft Kondensatorpapier ($\varepsilon_r = 5$) als Dielektrikum hat?

Nach vorstehendem Rechnungsgang beträgt die Kapazität C des Papierkondensators das Fünffache des Luftkondensators; entsprechend erhöhen sich auch die Werte von Q und W_e. Man erhält somit

$$C = 177\,\text{pF} \qquad Q = 39 \cdot 10^{-9}\,\text{C} \qquad W_e = 4,28 \cdot 10^{-6}\,\text{J}$$

e) Welche elektrische Leistung gibt dieser Kondensator beim Entladen innerhalb einer Entladezeit von 0,002 s im Mittel ab?

$$P = \frac{W_e}{t} = \frac{4,28 \cdot 10^{-6}\,\text{Ws}}{2 \cdot 10^{-3}\,\text{s}} = 2,14\,\text{mW}$$

Beispiel 1.25   Ein Kondensator (1 µF) wird nach Bild 1.40 über einen Widerstand (1 MΩ) von einer Gleichspannungsquelle (100 V) aufgeladen und dann über diesen Widerstand entladen. Man berechne und zeichne den zeitlichen Verlauf des Stromes i und der Kondensatorspannung u_C.

Nach Gl. (1.50d) ist $T = RC = 10^6\,\Omega \cdot 10^{-6}\,\text{s}/\Omega = 1\,\text{s}$. Somit wird nach Gl. (1.50e) und (1.50f) bei L a d u n g

$$u_C = 100\,\text{V}\,(1 - e^{-t/s}) \qquad i = \frac{100\,\text{V}}{10^6\,\Omega}\,e^{-t/s} = 100\,\mu\text{A} \cdot e^{-t/s}$$

Entsprechend ergibt sich mit den Gl. (1.52b) und (1.52c) bei E n t l a d u n g

$$u_C = 100\,\text{V} \cdot e^{-t/s} \qquad i = -100\,\mu\text{A} \cdot e^{-t/s}$$

Die Zahlenwerte sind in Tafel 1.42 berechnet; Bild 1.43 zeigt den zeitlichen Verlauf der beiden elektrischen Größen bei Ladung (a) und bei Entladung (b)

Tafel **1.42**

t in s	$e^{-t/s}$	$1 - e^{-t/s}$	Laden		Entladen	
			u_C in V	i in µA	u_C in V	i in µA
0	1	0	0	100	100	− 100
0,2	0,819	0,181	18,1	81,9	81,9	− 81,9
0,5	0,607	0,393	39,3	60,7	60,7	− 60,7
1	0,368	0,632	63,2	36,8	36,8	− 36,8
2	0,135	0,865	86,5	13,5	13,5	− 13,5
3	0,050	0,950	95,0	5,0	5,0	− 5,0
4	0,018	0,982	98,2	1,8	1,8	− 1,8
5	0,007	0,993	99,3	0,7	0,7	− 0,7
∞	0	1	100	0	0	0

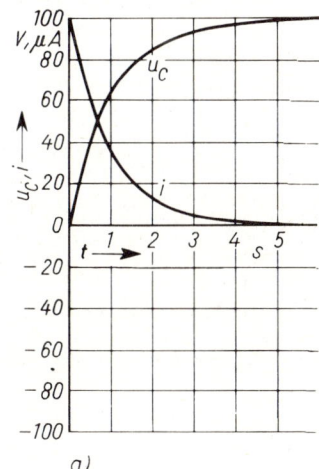 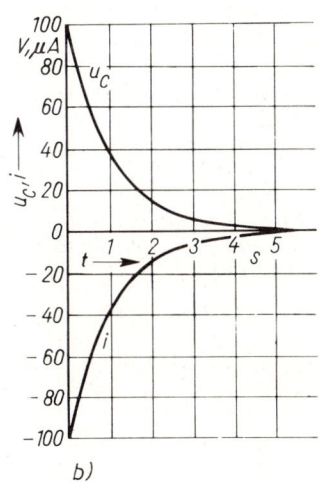

1.43 a)   b)

1.2.2 Magnetisches Feld

1.2.2.1 Wirkungen im magnetischen Feld

Natürliches Magnetfeld Ein magnetisches Feld ist der Raum, in dem die allgemein bekannten magnetischen Erscheinungen auftreten. Durch magnetische Kräfte des Feldes um einen Hufeisenmagneten (**1**.44) aus Stahl werden z. B. in dessen Nähe befindliche Eisenteile angezogen und festgehalten, eine im Magnetfeld der Erde befindliche Magnetnadel (Kompaß) wird in die geographische Nord-Süd-Richtung ausgerichtet. Die relativ schwachen Felder solcher natürlicher Magnete spielen in der Technik fast keine Rolle. Das magnetische Feld stellt man mit Hilfe von Feldlinien in Feldbildern dar.

Erzeugung starker Magnetfelder Zur Erzeugung von Kräften bzw. Drehmomenten und von elektrischen Spannungen (s. Abschn. 1.2.3) in elektrischen Maschinen, Transformatoren, Elektromagneten usw. benötigt man starke Magnetfelder – meist in Luft –, die

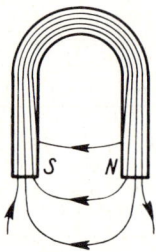

1.44
Feldbild eines Dauermagneten: Hufeisenmagnet

etwa 50 000mal stärker als das Magnetfeld der Erde sind. Diese Felder werden von den in den Wicklungen dieser Geräte fließenden elektrischen Strömen hervorgerufen. Die Ursache für das Entstehen der in der Technik benutzten Magnetfelder sind also die in den Wicklungen transportierten elektrischen Ladungen.

Der Ausbildung starker Magnetfelder in Luft mit einfachen gestreckten Leitern sind Grenzen gesetzt. Das um einen solchen Leiterdraht sich ausbildende Magnetfeld (**1**.45a) kann aber verstärkt werden, wenn man den Draht zu Windungen formt und viele solcher Windungen neben- und übereinander legt: Wicklung, Magnetspule oder Erregerspule (**1**.45b). Eine weitere wesentliche Verstärkung des Magnetfeldes erhält man, wenn aus dieser Luftspule eine Eisenspule gemacht wird. Hierzu schiebt man die Spule über eine möglichst in sich geschlossene Anordnung aus magnetisierbarem Eisen und gestaltet diese so, daß sich das Magnetfeld soweit wie möglich statt in Luft nunmehr in Eisen ausbildet (**1**.45c). Bei elektrischen Maschinen ist in dieser Anordnung zwischen rotierendem Läufer und Ständer, bei Elektromagneten zwischen Anker und Joch ein Luftspalt erforderlich, während bei Transformatoren der Eisenkern (aus Schenkeln und Jochen zusammengesetzt) völlig eisengeschlossen, also ohne Luftspalt ausgeführt werden kann.

Durch Vergrößern oder Verkleinern des Stroms in den Erregerspulen kann das Magnetfeld verändert (verstärkt oder geschwächt) werden. Dies wird besonders bei elektrischen Maschinen ausgenutzt, bei Gleichstrommotoren z. B. zur Drehzahlsteuerung.

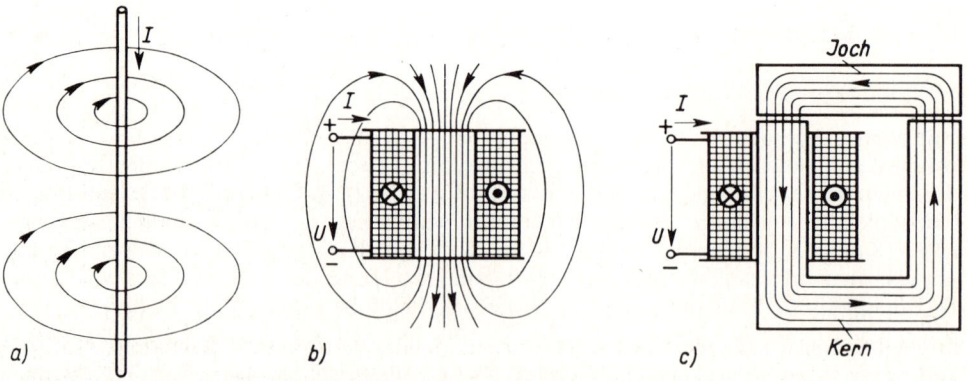

1.45 Magnetische Felder, Erzeugung und Darstellung

Magnetisch weiches Eisen, z. B. Elektroblech, verliert seinen Magnetismus nach Abschalten des Stromes durch die Erregerspule bis auf einen kleinen Rest (remanenter oder zurückbleibender Magnetismus) wieder. In magnetisch harten Werkstoffen, z. B. Stahlmagneten (**1**.44), bleibt dagegen der Magnetismus dann weitgehend erhalten (Dauermagnet oder permanenter Magnet).

1.2.2.2 Magnetische Feldstärke

Magnetfeld des stromdurchflossenen Leiters In einem Versuch nach Bild **1**.46a werden auf eine Ebene senkrecht zu einem zunächst stromlosen, gestreckten Leiter Eisenfeilspäne gestreut. Mehrere gleiche auf der Ebene aufgestellte Magnetnadeln stellen sich dann unter dem Einfluß des magnetischen Erdfeldes zunächst in Nord-Süd-Richtung ein. Leitet man nun durch den Leiter einen Strom I, so richten sich die Eisenfeilspäne längs Kreisen um den Mittelpunkt des Leiters aus, und die Magnetnadeln stellen sich tangential zu diesen Kreisen ein.

In der Umgebung des Leiters wird durch den elektrischen Strom also ein Magnetfeld hervorgerufen, dessen Feldlinien (Kraftlinien) konzentrische Kreise um den Mittelpunkt des Leiters darstellen. So wie das Schwerefeld der Erde durch Feldlinien (Gravitationslinien) und die Feldstärke $\vec{g}$, das elektrische Feld durch elektrische Feldlinien und die elektrische Feldstärke $\vec{E}$, wird das magnetische Feld durch magnetische Feldlinien dargestellt und durch den Vektor der m a g n e t i s c h e n F e l d - s t ä r k e $\vec{H}$ beschrieben.

Vektor der magnetischen Feldstärke $\vec{H}$ Allgemein ist die R i c h t u n g von $\vec{H}$ in einem beliebigen Punkt P durch die Tangente an die durch P gehende Feldlinie so vereinbart, daß in P der Nordpol einer Magnetnadel in die Richtung $\vec{H}$ weist. Im Fall des stromdurchflossenen Leiters kann die Feldrichtung aus der Stromrichtung nach der R e c h t s s c h r a u b e n r e g e l (oder Korkenzieherregel) bestimmt werden: Eine in Richtung des Stroms I vorgetriebene rechtsgängige Schraube gibt durch ihren Drehsinn die Richtung von $\vec{H}$ an (**1**.46). Hieraus folgt, daß sich bei Umkehr der Stromrichtung auch die Richtung von $\vec{H}$ umkehrt (**1**.46b); im Versuch nach Bild **1**.46a drehen sich die Magnetnadeln dann also um 180°.

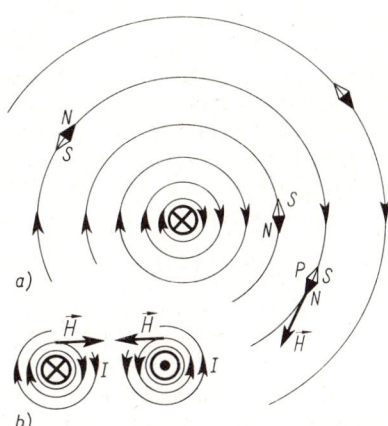

1.46
Magnetfeld des stromdurchflossenen Leiters
⊗ Strom tritt senkrecht in die Zeichenebene ein
⊙ Strom tritt senkrecht aus der Zeichenebene aus

Um den Betrag H der magnetischen Feldstärke an beliebigen Punkten P angeben zu können, kann man beispielsweise experimentell ermitteln, welches Drehmoment M erforderlich ist, um die Magnetnadel aus ihrer natürlichen tangentialen Lage herauszudrehen. Messungen in verschiedenen Punkten ergeben, daß das Drehmoment M proportional dem Leiterstrom I und umgekehrt proportional dem Abstand r der Punkte von der Leiterachse ist

$$M \sim H = c\,\frac{I}{r}$$

Setzt man $c = 1/2\pi$, so steht im Nenner $l = 2\pi r$, wobei l die Länge einer Feldlinie mit dem Radius r ist. Somit ergibt sich für den Betrag H der magnetischen Feldstärke

$$H = \frac{I}{l}\ \text{und daraus}\ I = Hl \tag{1.53}$$

Der Strom durch die von einer beliebigen magnetischen Feldlinie berandete Fläche (hier Kreisfläche) ist also gleich dem Produkt aus dem längs der Feldlinie konstanten Betrag H der magnetischen Feldstärke und der Länge l der betreffenden Feldlinie (**1**.47). Diese für das Magnetfeld des stromdurchflossenen Leiters gültige Aussage ist ein spezieller Fall des in Abschn. 1.2.2.4 noch allgemein zu besprechenden Durchflutungsgesetzes.

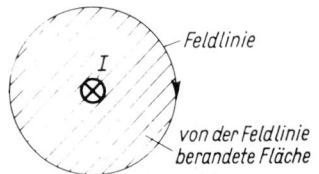

1.47
Zur Erläuterung des
Durchflutungsgesetzes

Die Einheit der magnetischen Feldstärke[1]) ist 1 A/m. In der Praxis wird H häufig in A/cm angegeben; es gilt 1 A/m = 0,01 A/cm.

Beispiel 1.26 Durch einen gestreckten Kupferdraht von 20 m Länge und 2 mm Durchmesser fließt der Strom 15 A. Man berechne und zeichne die magnetische Feldstärke $\vec{H}$ außerhalb und innerhalb des Leiters längs eines Strahls durch den Leitermittelpunkt.

Nach Bild **1**.48 tritt der Strom $I = 15$ A senkrecht aus der Zeichenebene und füllt den Leiterquerschnitt gleichmäßig aus (homogene Stromdichte im Leiter). Die magnetischen Feldlinien sind konzentrische Kreise um den Leitermittelpunkt; ihre Richtung ergibt sich nach der Rechtsschraubenregel im Gegensinn des Uhrzeigers.

Außerhalb des Leiters berandet jede beliebige Feldlinie mit dem Radius $r \geqq r_0$ eine Kreisfläche, durch die der Leiterstrom I fließt. Also gilt nach Gl. (1.53)

$$I = Hl = H\,2\pi r\ \text{und hieraus}\ H = I/2\pi r \tag{1.54}$$

Nach Gl. (1.54) kann der Verlauf der Feldstärke $\vec{H}$ außerhalb des Leiters in Bild **1**.48 gezeichnet werden (Hyperbel). Ihr maximaler Betrag H_0 ist an der Leiteroberfläche ($r = r_0$) vorhanden:

$$H_0 = \frac{I}{2\pi r_0} = \frac{15\ \text{A}}{2\pi \cdot 1 \cdot 10^{-3}\ \text{m}} = 2390\ \text{A/m} = 23{,}9\ \text{A/cm}$$

---

[1]) Alle Einheiten magnetischer Größen werden hier durch die kohärenten Einheiten des Internationalen Einheitensystems (Tafel **7**.34) angegeben.

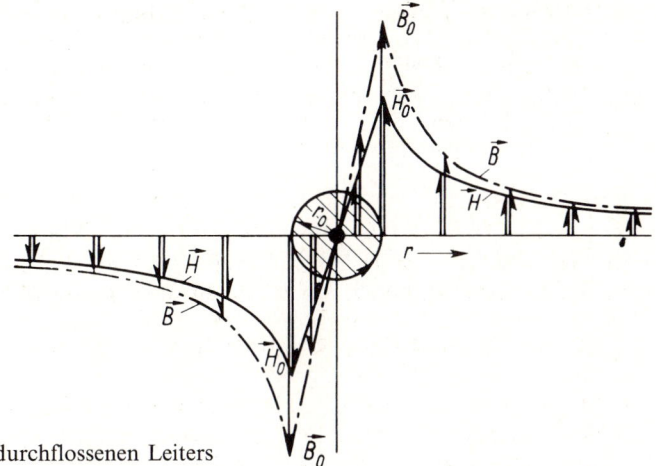

1.48
Feldverlauf des geraden stromdurchflossenen Leiters

Innerhalb des Leiters sind die Feldlinien ebenfalls Kreise um den Leitermittelpunkt. Eine beliebige Feldlinie mit dem Radius $r \leqq r_0$ berandet eine Kreisfläche πr^2, durch die der Strom $I\pi r^2/\pi r_0^2 = Ir^2/r_0^2$ fließt, da die Stromdichte im Leiter $S = I/(\pi r_0^2)$ ist, s. Gl. (1.18). Somit ist Gl. (1.53)

$$\frac{Ir^2}{r_0^2} = H \cdot 2\pi r \quad \text{und hieraus} \quad H = \frac{I}{2\pi r_0^2} r \qquad (1.55)$$

Im Leiter steigt die Feldstärke also nach Bild **1**.48 linear an (Ursprungsgerade).

An der Leiteroberfläche ($r = r_0$) ergibt sich mit Gl. (1.55) wieder derselbe Wert wie oben

$$H_0 = \frac{I}{2\pi r_0} = 2390 \text{ A/m} = 23{,}9 \text{ A/cm}.$$

1.2.2.3 Magnetische Flußdichte (Induktion)

Vektor der magnetischen Flußdichte $\vec{B}$ Wenn man den Raum um den stromdurchflossenen Leiter in Bild **1**.46a statt mit Luft ganz mit Eisen ausfüllt, den isolierten Leiter demnach beispielsweise in die Bohrung eines massiven Eisenzylinders einführt, ändert sich bei gleichem Strom I weder etwas an dem dort gezeigten Feldlinienverlauf noch an der Richtung von $\vec{H}$. Aber auch der Betrag H der Feldstärke bleibt nach Gl. (1.53) unbeeinflußt, da Strom I und Feldlinienlänge l gleichbleiben. Andererseits wurde der allgemein bekannte Einfluß vor allem des Eisens auf das Verhalten magnetischer Felder in der Einleitung von Abschn. 1.2.2 schon erwähnt. Demnach genügt es also offenbar nicht, ein Magnetfeld allein mit der magnetischen Feldstärke $\vec{H}$ zu beschreiben, vielmehr ist die Einführung einer zweiten magnetischen Feldgröße erforderlich, die den Unterschied zwischen Anordnungen mit Luft und mit Eisen erfaßt.

Diese zweite magnetische Feldgröße ist der Vektor der magnetischen Flußdichte $\vec{B}$, auch magnetische Induktion genannt.

Die Einheit der magnetischen Flußdichte (Induktion) ist 1 Tesla (1 T). Es gilt

$$1\,\text{T} = 1\,\text{Vs/m}^2 \tag{1.56}$$

Soweit anstelle von T noch die frühere Einheit Gauß (G) verwendet wird, gilt

$$1\,\text{G} = 10^{-4}\,\text{T} \text{ oder } 1\,\text{T} = 10^4\,\text{G} \tag{1.57}$$

Die Richtung von $\vec{B}$ ist an jedem Punkt dieselbe wie die von $\vec{H}$. Sie kann z. B. in Bild **1**.46 an jedem Punkt einer magnetischen Feldlinie durch die dort vorhandene Tangente nach der Rechtschraubenregel angegeben werden.

Der Betrag B richtet sich nach dem magnetischen Verhalten des Materials, in dem sich das Magnetfeld ausbildet (Luft, Eisen). Es wird durch dessen Permeabilität μ (magnetische Durchlässigkeit) ausgedrückt. Allgemein gilt für den Zusammenhang der beiden magnetischen Feldgrößen $\vec{B}$ und $\vec{H}$

$$\vec{B} = \mu\vec{H} \text{ und } B = \mu H \tag{1.58}$$

Die Permeabilität $\mu = B/H$ hat nach den vorstehenden Größengleichungen die Einheit $1\,\dfrac{\text{Vs/m}^2}{\text{A/m}} = 1\,\Omega\,\text{s/m}$.

Die Zusammensetzung mehrerer magnetischer Felder zu einem resultierenden Feld erfolgt für die Vektoren $\vec{B}$ und $\vec{H}$ an jedem Punkt nach den Gesetzen der Vektorenrechnung, also geometrisch, wie z. B. bei Kräften in der Mechanik.

Unmagnetische und magnetische Stoffe Im Vakuum und mit großer Annäherung auch in allen unmagnetischen Stoffen kann $\mu = \mu_0 = $ const gesetzt werden, so daß dann nach Gl. (1.58) gilt

$$\vec{B} = \mu_0\vec{H} \text{ mit den Beträgen } B = \mu_0 H \tag{1.59}$$

Für die Permeabilität des Vakuums, die magnetische Feldkonstante gilt

$$\mu_0 = 0{,}4\,\pi \cdot 10^{-6}\,\Omega\,\text{s/m} \approx 1{,}25 \cdot 10^{-6}\,\Omega\,\text{s/m} \tag{1.60}$$

Bei magnetischen Stoffen ist die Permeabilität μ weit größer (bis zu 1000-fach und mehr) als bei den unmagnetischen Stoffen ($\mu \gg \mu_0$). Dieselbe magnetische Feldstärke H ergibt also nach Gl. (1.58) eine weit größere Flußdichte B im Eisen als in Luft, wenn der gesamte Feldraum einmal ganz mit Eisen und dann ganz mit Luft ausgefüllt gedacht wird; es bilden sich demnach in Eisen gewissermaßen weit mehr Feldlinien als in Luft aus. Die Permeabilität μ ist aber für einen magnetischen Werkstoff keine feste Größe, sondern selbst wieder von der Feldstärke H abhängig. Der Zusammenhang wird durch die sog.

Magnetisierungskennlinie $B = f(H)$ (1.61)

des magnetischen Werkstoffes dargestellt. In Bild **1**.49 sind solche Magnetisierungskennlinien für einige besonders im Elektromaschinenbau verwendete Werkstoffe wiedergegeben.

Gelegentlich ist es zweckmäßig, als dimensionslose Größe die Permeabilitätszahl

$$\mu_\text{r} = \mu/\mu_0 \tag{1.62}$$

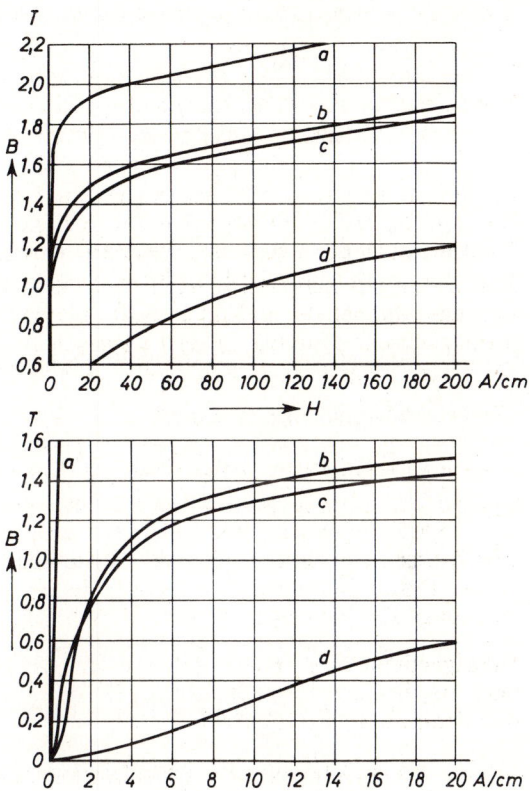

1.49
Magnetisierungskennlinien $B = f(H)$
a – Elektroblech, kornorientiert, in
Walzrichtung magnetisiert
b – Elektroblech (DIN 46 400) und
Stahlguß
c – Legiertes Blech (DIN 46 400)
d – Gußeisen

zu verwenden, so daß anstelle von Gl. (1.58) auch

$$\vec{B} = \mu_r \mu_0 \vec{H} \quad \text{und} \quad B = \mu_r \mu_0 H \tag{1.58a}$$

gesetzt werden kann. Für unmagnetische Stoffe gilt $\mu_r = 1$ nach Gl. (1.59), für magnetische Stoffe ist $\mu_r \gg 1$.

Beispiel 1.27 Man berechne und zeichne für das Magnetfeld des in Beispiel 1.26 behandelten stromdurchflossenen Leiters (Durchmesser $2r_0 = 2$ mm) die magnetische Flußdichte $\vec{B}$ außerhalb und innerhalb des Leiters längs eines Strahls durch den Leitermittelpunkt.

Da sich das Magnetfeld außerhalb und innerhalb des Leiters in unmagnetischen Stoffen (Luft bzw. Kupfer) ausbildet, gilt in beiden Fällen Gl. (1.59). Man erhält mit Gl. (1.54)

außerhalb des Leiters ($r \geqq r_0$)

$$B_0 = \mu_0 H = \frac{\mu_0 I}{2\pi r} \quad \text{(Hyperbel)},$$

an der Leiteroberfläche ($r = r_0$) den Wert

$$B_0 = \frac{\mu_0 I}{2\pi r_0} = \frac{0{,}4\pi \cdot 10^{-6}(\Omega s/m) \cdot 15 \, A}{2\pi \cdot 1 \cdot 10^{-3} \, m} = 3 \cdot 10^{-3} \, T;$$

innerhalb des Leiters ($r \leq r_0$) ergibt sich mit Gl. (1.55)

$$B = \mu_0 H = \frac{\mu_0 I}{2\pi r_0^2} r \quad \text{(Ursprungsgerade)},$$

an der Leiteroberfläche ($r = r_0$) derselbe Wert wie oben

$$B_0 = \frac{\mu_0 I}{2\pi r_0} = 3 \cdot 10^{-3} \text{ T.}$$

Nun kann in Bild **1**.48 auch die magnetische Flußdichte $\vec{B}$ längs des Strahls durch den Mittelpunkt des Leiters und damit für jeden beliebigen Wert von r errechnet und aufgetragen werden.

1.2.2.4   Magnetischer Fluß, Durchflutungsgesetz

Magnetischer Fluß   In Abschn. 1.2.2.2 wurde gezeigt, daß an jedem Punkt eines Magnetfeldes die Feldvektoren $\vec{H}$ und $\vec{B}$ gleiche Richtung haben. Die Bezeichnung magnetische Flußdichte für $\vec{B}$ und ihre Einheit 1 T = 1 Vs/m^2 deuten bereits darauf hin, daß sich der magnetische Fluß Φ eines homogenen Magnetfeldes ($B = $ const), der die Fläche A senkrecht durchsetzt, aus dem Produkt von Flußdichte B und Fläche A ergibt. Dann gilt für den magnetischen Fluß

$$\Phi = BA \tag{1.63}$$

Die Einheit des magnetischen Flusses ist 1 Vs = 1 Wb (Weber); nach Gl. (1.63) ist

$$1 \text{ T} \cdot 1 \text{ m}^2 = \frac{1 \text{ Vs}}{\text{m}^2} \text{ m}^2 = 1 \text{ Vs} = 1 \text{ Wb} \tag{1.64}$$

Für die Umrechnung auf die früher verwendete Einheit 1 Maxwell (M) gilt

$$1 \text{ Vs} = 10^8 \text{ M} \quad \text{bzw.} \quad 1 \text{ M} = 10^{-8} \text{ Vs} \tag{1.64a}$$

Bei inhomogenem Magnetfeld ($B \neq $ const) und beliebiger Lage der Fläche $\vec{A}$ zu den Feldlinien gilt allgemein

$$\Phi = \int \vec{B} \, d\vec{A} \tag{1.65}$$

Das Magnetfeld des stromdurchflossenen Leiters in Bild **1**.46a ist ein Beispiel für ein nicht homogenes Feld.

Beispiel 1.28   a) Man berechne den magnetischen Fluß Φ im Innern des stromdurchflossenen Leiters nach Beispiel 1.26, also durch eine Fläche, die von der Leiterachse und einer dazu parallelen Geraden im Abstand $r = r_0 = 1$ mm längs der Oberfläche des Leiters von der Leiterlänge $l = 20$ m gebildet wird.

Die mittlere Flußdichte im Leiterinnern ist (s. Beispiel 1.27) $B_0/2 = 1,5 \cdot 10^{-3}$ T. Durch die Fläche $A = l r_0 = 20$ m $\cdot 1 \cdot 10^{-3}$ m $= 20 \cdot 10^{-3}$ m^2 im Leiterinnern tritt nach Gl. (1.63) ein magnetischer Fluß mit dem folgenden Betrag hindurch

$$\Phi = BA = 1,5 \cdot 10^{-3} \text{ T} \cdot 20 \cdot 10^{-3} \text{ m}^2 = 30 \cdot 10^{-6} \text{ Vs.}$$

b) Man berechne den magnetischen Fluß außerhalb des Leiters durch Flächen, die von der Leiteroberfläche ($r = r_0 = 1$ mm) und von zur Leiterachse parallelen Geraden ($r = r_1$) gebildet werden. Die Rechnung ist für die folgenden Werte von r_1 durchzuführen: 1 cm, 10 cm, 1 m, 10 m.

Da das Magnetfeld außerhalb des Leiters inhomogen ist, muß der magnetische Fluß nach Gl. (1.65) ermittelt werden. Für das Flächenelement $dA = l\,dr$ ist $d\Phi = B\,dA$, somit

$$\Phi = \int B\,dA = \int_{r_0}^{r_1} \frac{\mu_0 I}{2\pi r} l\,dr = \frac{\mu_0 Il}{2\pi} \int_{r_0}^{r_1} \frac{dr}{r} = \mu_0 \frac{Il}{2\pi} \ln \frac{r_1}{r_0}$$

$$= 0{,}4\pi \cdot \frac{10^{-6}}{2\pi} \frac{\Omega s}{m} \, 15\,A \cdot 20\,m \cdot \ln \frac{r_1}{r_0} = 60 \left(\ln \frac{r_1}{r_0} \right) 10^{-6}\,Vs$$

Für $r_1 = 1\,cm$, $10\,cm$, $1\,m$ und $10\,m$ ergeben sich jetzt mit $r_0 = 1\,mm$ die folgenden Werte für den magnetischen Fluß, der vom Leiterstrom $I = 15\,A$ herrührt (das Magnetfeld der Stromrückleitung bleibt unberücksichtigt)

$$138 \cdot 10^{-6}\,Vs \qquad 276 \cdot 10^{-6}\,Vs \qquad 414 \cdot 10^{-6}\,Vs \qquad 552 \cdot 10^{-6}\,Vs$$

Durchflutungsgesetz   Nun kann das in Abschn. 1.2.2.2 schon speziell für das Magnetfeld eines stromdurchflossenen Leiters angewandte Durchflutungsgesetz $I = Hl$ auch in der allgemein gültigen Form $\Sigma I = \Sigma Hl$ erläutert werden, wie es zur Berechnung der magnetischen Kreise von elektrischen Maschinen, Elektromagneten, Magnetkupplungen usw. benötigt wird.

Als Beispiel dient ein Elektromagnet, wie er in Bild **1.**50a gezeichnet ist. Auf Grund des konstruktiven Aufbaus läßt sich leicht der Verlauf der in sich geschlossenen magnetischen Feldlinien in Anker und Joch angeben: Der in den Mittelschenkeln vorhandene magnetische Fluß Φ teilt sich aus Symmetriegründen in zwei gleiche Hälften auf die beiden Außenschenkel auf. Die eingezeichnete Richtung des Magnetfelds ergibt sich aus der Richtung des Spulenstromes I nach der Rechtsschraubenregerl (s. Abschn. 1.2.2.2).

Für die linke Hälfte des Elektromagneten ist in Bild **1.**50b eine der vielen Feldlinien, die m i t t l e r e Feldlinie, stellvertretend für den magnetischn Fluß $\Phi/2$, eingezeichnet. Damit ist nun auch hier wieder die von der (mittleren) Feldlinie berandete Fläche gegeben. Die Durchflutung ΣI durch diese Fläche ist durch die Summe der Ströme bestimmt, die unter Berücksichtigung ihrer Richtung durch die betrachtete Fläche fließen. Hat z.B. die Spule N in Reihe geschaltete Windungen, so wird Nmal der Spulenstrom I in gleicher Richtung durch die Fläche geführt, und zwar tritt er hier

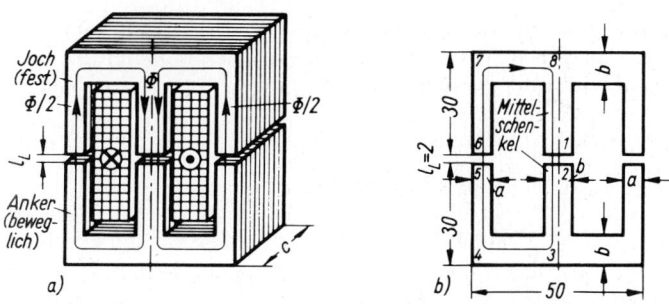

1.50 Elektromagnet (a) und Abmessungen der Blechlamellen (b)

entsprechend dem Symbol $\times$ von vorn in die Zeichenebene ein. Für die Durchflutung gilt dann

$$\Sigma I = IN \tag{1.66}$$

Würde der magnetische Fluß $\Phi/2$ in dem betrachteten Magnetteil an jeder Stelle längs der Feldlinie mit der Gesamtlänge l denselben Eisenquerschnitt A (eisengeschlossener Kreis) zur Verfügung haben, dann wäre nach Gl. (1.63) $B = $ const und damit nach Gl. (1.58) auch $H = $ const; dann würde $\Sigma I = Hl$ gelten. In dem betrachteten Fall ist aber H nicht konstant, da sowohl jede Querschnittsänderung die magnetische Flußdichte B ändert als auch das magnetische Material aus Eisen und Luft besteht, also nicht homogen ist.

Im allgemeinen Fall ist also die Feldstärke H längs der mittleren Feldlinie nicht konstant, sondern ändert sich in derselben Weise, wie sich die Fläche oder das Material, die dem magnetischen Fluß zur Verfügung stehen, ändern. Dann zerlegt man die mittlere Feldlinie durch die Teillängen $l_1, l_2, l_3, \ldots$ in einzelne Abschnitte (s. Punkte 1 bis 8 in Bild 1.50b), innerhalb denen Fläche und Material gleich sind. Innerhalb dieser Abschnitte sind dann auch die jeweiligen Beträge $H_1, H_2, H_2, \ldots$ der magnetischen Feldstärke konstant. Anstelle des Produktes Hl tritt dann

$$\Sigma Hl = H_1 l_1 + H_2 l_2 + H_3 l_3 + \ldots \tag{1.67}$$

Das Durchflutungsgesetz lautet somit in der allgemeinen Form

$$\boldsymbol{\Sigma I = \Sigma Hl} \quad \text{bzw.} \quad \Sigma I = \oint \vec{H} \cdot \mathrm{d}\vec{l} \tag{1.68), (1.69}$$

Die Druchflutung ΣI durch die von einer Feldlinie berandete Fläche ist also gleich der Summe der Produkte aus magnetischer Feldstärke und Teillänge der Feldlinie in den Teilabschnitten bzw. gleich dem Randintegral der magnetischen Feldstärke.

1.2.2.5 Magnetische Hysterese, Energie des Magnetfeldes

Hysterese, Remanenzinduktion, Koerzitivfeldstärke   Untersucht man meßtechnisch den in Bild 1.49 dargestellten Zusammenhang $B = f(H)$ für magnetische Werkstoffe genauer, dann erhält man, ausgehend vom unmagnetischen Zustand ($H = 0$, $B = 0$) des Werkstoffes, bei Steigerung der magnetischen Feldstärke H durch Steigerung des Erregerstroms die M a g n e t i s i e r u n g durch die gestrichelt gezeichnete N e u k u r v e in Bild 1.51. In ihrem oberen Teil läßt die Neukurve deutlich die magnetische S ä t t i g u n g erkennen.

Wird jetzt der Erregerstrom und damit H wieder bis auf $H = 0$ verringert, dann liegen nun die Beträge der magnetischen Flußdichte B über denen der Neukurve. Zu einem bestimmten Wert von H gehören also bereits zwei verschiedene Werte von B, je nach der „Vorgeschichte" des Eisens, d.h. je nachdem ob steigende oder fallende Magnetisierung vorliegt. Diese für alle ferromagnetischen Werkstoffe typische Erscheinung nennt man H y s t e r e s e.

In der Hysterese liegt zunächst die R e m a n e n z i n d u k t i o n B_r des Eisens begründet, bei der Feldstärke $H = 0$ bleibt also die magnetische Flußdichte B_r im Eisen zurück. Um den remanenten Magnetismus aufzuheben ($B = 0$), muß sodann durch Umkehrung des Erregerstroms eine der ursprünglichen Feldstärke entgegengerichtete magnetische Feldstärke, die K o e r z i t i v f e l d s t ä r k e H_K aufgebracht werden. Steigert

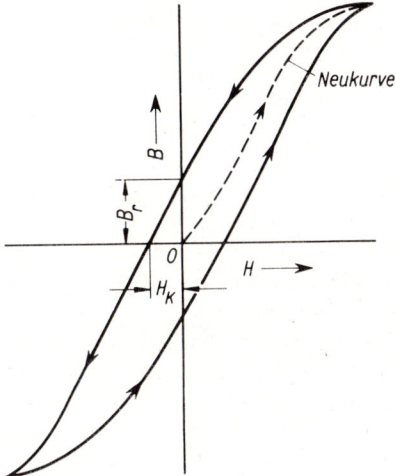

1.51
Magnetisierung einer Eisenlegierung mit Neukurve
und Hystereseschleife

man nun den Erregerstrom weiter bis zur Sättigung, senkt ihn anschließend wieder auf Null und steigert ihn schließlich wieder in der ursprünglichen Richtung, so durchläuft man entsprechend den eingezeichneten Pfeilen den ausgezogenen Kurvenzug, die Hystereseschleife.

Molekularmagnete Die beschriebenen magnetischen Erscheinungen können hinreichend erklärt werden, wenn man sich die Moleküle eines magnetischen Werkstoffes als molekular kleine Dauermagnete mit je einem Nord- und Südpol vorstellt. Im unmagnetischen Zustand sind die Molekularmagnete ungeordnet; die Magnetisierung längs der Neukurve bedeutet dann eine Ausrichtung der Molekularmagnete in die Feldrichtung von $\vec{H}$; bei Sättigung sind nahezu alle Molekularmagnete ausgerichtet. Bei abnehmender Erregung „klappen" infolge der inneren Reibung nicht alle Molekularmagnete wieder in den ungeordneten Anfangszustand „zurück", eine Restmagnetisierung bleibt bestehen, bei abgeschalteter Erregung sind demnach immer noch ausgerichtete Molekularmagnete vorhanden: Remanenz. Erst durch eine Erregung in umgekehrter Richtung wird der ungeordnete Zustand der Molekularmagnete wiederhergestellt, hierzu benötigt man die Koerzitivkraft.

Einige technische Anwendungen Die oben beschriebene Ummagnetisierung des Eisens zwischen positiven und negativen Maximalwerten der Strom- und Feldgrößen findet bei Wechselstromerregung fortwährend in schneller Folge statt. Bedingt durch die Reibung der Molekularmagnete im Eisen entsteht hierbei Wärme. Es läßt sich zeigen, daß diese Wärmeverluste proportional mit dem Flächeninhalt der Hystereseschleife ansteigen; man nennt sie deshalb Hystereseverluste.

Zur Herabsetzung der Verlustwärme und damit der durch sie bedingten höheren Betriebstemperatur der elektrischen Maschinen und Geräte, die magnetischen Wechselfeldern ausgesetzt sind, stellt man den Magnetkreis aus Werkstoffen mit möglichst schmaler Hystereseschleife her. Es werden daher Werkstoffe z. B. nach Bild **1**.49 verwendet; hier fallen die Äste der Hystereseschleife mit der Magnetisierungskurve fast zusammen.

Eine besondere technische Bedeutung erhielt die auch noch so geringe Remanenz dieser Werkstoffe für die Selbsterregung elektrischer Maschinen (Werner v.

Siemens, 1867), worauf in Abschn. 4.1.2.2 näher eingegangen wird. Auch Elektromagnete, z.B. in Relais oder Hubmagneten, werden aus solchen weichen magnetischen Werkstoffen hergestellt.

Permanent- oder Dauermagnete werden aus Materialien gefertigt, die eine möglichst breite Hystereseschleife besitzen. Neben einer hohen Remanenz ist vor allem eine große Koerzitivfeldstärke erwünscht, womit der Magnet unempfindlich gegen äußere Einflüsse (Fremdfelder, offener mag. Rückschluß) wird. Als Werkstoffe werden neben den altbewährten AlNiCo-Legierungen vor allem Erdalkali- und Eisenoxide (Ferrite), sowie in letzter Zeit zunehmend Legierungen der Seltenen Erden (Samarium-Kobaltmagnete) eingesetzt.

Energie des Magnetfeldes   Befindet sich in dem Volumen V eines Stoffes ein homogenes Magnetfeld mit den Größen H und B, so ist die magnetische Energie W_m im Volumen V

$$W_m = \frac{1}{2} BHV \qquad (1.70)$$

Setzt man B in Vs/m^2, H in A/m und V in m^3 ein, so ergibt sich W_m in $\dfrac{\text{Vs}}{\text{m}^2} \cdot \dfrac{\text{A}}{\text{m}} \text{m}^3$ = VAs = J. Sind die Feldgrößen im Volumen V nicht homogen, so ergibt sich W_m durch Summieren der Energieteile dW_m in den Volumenteilen dV

$$dW_m = \frac{1}{2} BH\,dV \qquad W_m = \int dW_m = \frac{1}{2} \int BH\,dV \qquad (1.70\,\text{a})$$

1.2.2.6   Zahlenbeispiele

Beispiel 1.29   Magnetfeld der Ringspule in Form der Luftspule. Der in den Beispielen 1.26 bis 1.28 betrachtete, vom Strom $I = 15$ A durchflossene, gestreckte Kupferleiter mit 20 m Länge und $2r_0 = 2$ mm Durchmesser ist nach Bild **1**.52 gleichmäßig auf einen Ring mit Kreisquerschnitt aus einem unmagnetischen Isoliermaterial aufgewickelt. Die Permeabilität μ dieses ringförmigen Spulenkörpers ist praktisch gleich der Permeabilität μ_0 der Luft.

a) Man berechne die magnetischen Feldgrößen H und B sowie den Fluß Φ im Innern der Ringspule.

Aus der in Bild **1**.52b gewählten Richtung des Stromes I durch die Windungen der Luftspule ergibt sich nach der Rechtsschraubenregel (**1**.46b) die Richtung des Magnetfeldes im Innern der Ringspule im Uhrzeigersinn. Das Magnetfeld bildet sich im Innern der Spule praktisch homogen aus, die magnetischen Feldlinien sind Kreise. Der mittlere Durchmesser einer Drahtwindung ist, wenn $d_a = 180$ mm und $d_i = 110$ mm ist

$$d_m = \frac{d_a - d_i}{2} + 2r_0 = \frac{(180 - 110)}{2} \text{ mm} + 2 \cdot 1 \text{ mm} = 37 \text{ mm}$$

Damit ergeben sich aus 20 m Leiterlänge $N = 20 \cdot 10^3 \text{ mm}/(\pi \cdot 37 \text{ mm}) = 172$ Windungen. Die mittlere Länge einer Feldlinie im Innern des Kreisringes beträgt

$$l = \frac{\pi(d_a + d_i)}{2} = \pi \cdot 145 \text{ mm} = 0,455 \text{ m}$$

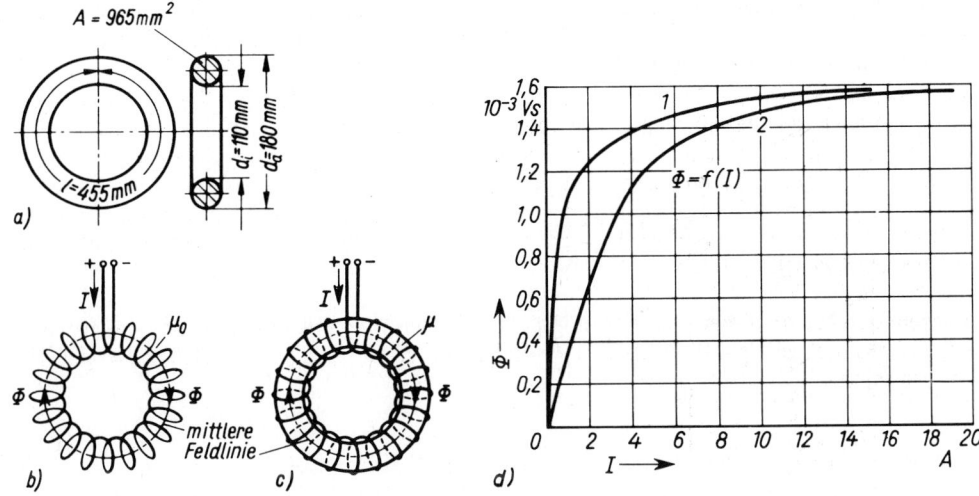

1.52 Ringspule, a) Abmessungen, b) Luftspule, c) Eisenspule, d) Magnetisierungskurven $\Phi = f(I)$ der Eisenspule ohne Luftspalt (1) und mit Luftspalt (2)

Durch die von der mittleren Feldlinie berandete Kreisfläche mit dem Durchmesser $(d_a + d_i)/2$ tritt Nmal der Strom I hindurch. Damit gilt nach Gl. (1.68)

$$H = \frac{IN}{l} = \frac{15\,\text{A} \cdot 172}{0,455\,\text{m}} = 5670\,\text{A/m}$$

Nach Gl. (1.59) und (1.60) wird damit

$$B = \mu_0 H = 0,4\pi \cdot 10^{-6}\,\frac{\Omega s}{m}\,5670\,\frac{A}{m} = 7,1 \cdot 10^{-3}\,\text{T}$$

Der magnetische Fluß Φ nimmt die Fläche $A = (\pi \cdot 35^2\,\text{mm}^2)/4 = 0,965 \cdot 10^{-3}\,\text{m}^2$ ein; damit wird nach Gl. (1.63) der Fluß

$$\Phi = BA = 7,1 \cdot 10^{-3}\,\text{T} \cdot 0,965 \cdot 10^{-3}\,\text{m}^2 = 6,85 \cdot 10^{-6}\,\text{Vs}$$

b) Wie kann der Betrag des magnetischen Flusses Φ im Innern der Luftspule gesteigert werden? Aus den Gl. (1.59), (1.63) und (1.68) folgt für die Luftspule

$$\Phi = BA = \mu_0 HA = \mu_0\,\frac{IN}{l}\,A$$

Da A und l festliegen, wächst der Fluß in der Spule proportional mit dem Produkt IN, der Durchflutung an. Eine Verstärkung des Magnetfeldes ist demnach bei der Luftspule nur durch Vergrößern des Spulenstromes I und Erhöhen der Windungszahl N (Spule mit mehreren Windungslagen übereinander) möglich.

Beispiel 1.30 Magnetfeld der Ringspule in Form der Eisenspule. Die Ringspule des vorstehenden Beispiels wird nun auf einen geschlossenen Ringkern aus Stahlguß gewickelt (1.52c).
a) Wie ändern sich die Werte von H, B und Φ gegenüber der Luftspule, wenn, wie dies hier angenommen werden darf, der gesamte Fluß im Stahlgußkern verläuft?

Aus Gl. (1.68) folgt wieder

$$H = \frac{IN}{l} = 5670\ \text{A/m} = 56{,}7\ \text{A/cm}$$

Aus der Magnetisierungskennlinie $B = f(H)$ für Stahlguß (1.49) ergibt sich für $H = 56{,}7$ A/cm die Flußdichte $B = 1{,}65$ T. Nach Gl. (1.63) erhält man

$$\Phi = BA = 1{,}65\ \text{T} \cdot 0{,}965 \cdot 10^{-3}\,\text{m}^2 = 1{,}59 \cdot 10^{-3}\ \text{Vs}$$

B und Φ sind somit bei der Eisenspule 232mal so groß wie bei der Luftspule: $\mu_r = 232$.

b) Man berechne die magnetischen Größen H, B und Φ im Innern des Eisenkerns in Abhängigkeit vom Spulenstrom I und stelle $\Phi = f(I)$ in einem Schaubild dar.

In Tafel 1.53 sind zunächst die Zahlenwerte der magnetischen Feldstärke $H = IN/l$ in Abhängigkeit vom Spulenstrom errechnet. Aus der Magnetisierungskennlinie für Stahlguß ergeben sich dann die zugehörigen Werte von B und damit schließlich $\Phi = BA$; die Funktionskurve $\Phi = f(I)$ ist in Bild 1.52d dargestellt (Kurve 1).

Tafel **1**.53   Berechnung der magnetischen Größen einer Eisenspule ohne und mit Luftspalt

ohne Luftspalt				mit Luftspalt				
I A	H A/cm	B T	Φ 10^{-3} Vs	$H_{Fe} l_{Fe}$ A	H_L A/cm	$H_L l_L$ A	IN A	I A
0	0	0	0	0	0	0	0	0
0,5	1,89	0,80	0,77	86	6400	320	406	2,36
2	7,56	1,30	1,25	344	10400	520	864	5,02
5	18,9	1,50	1,45	860	12000	600	1460	8,49
7,5	28,3	1,54	1,49	1290	12320	616	1906	11,08
10	37,8	1,58	1,52	1720	12640	632	2352	13,67
12,5	47,2	1,62	1,56	2150	12960	648	2798	16,27
15	56,7	1,65	1,59	2580	13200	660	3240	18,84

Man erkennt, daß – entsprechend dem Verlauf der Magnetisierungskennlinie für Stahlguß – die Flußdichte bis zu Werten von $B \leq 0{,}8$ T etwa proportional mit dem Spulenstrom ansteigt. Dann macht sich am Beginn des Knies der Magnetisierungskennlinie die sog. Sättigung des Eisens bemerkbar: die Kurve steigt weiterhin nur noch flacher an. Dies bedeutet, daß zur weiteren Steigerung des Magnetfeldes erheblich mehr Zuwachs an Durchflutung (Erregung) erforderlich wird als im unteren Teil der Kurve.

Bei elektrischen Maschinen werden anstatt massiver Stahlgußteile aus Elektroblech geschichtete (lamellierte) Kerne verwendet. Man wählt die Flußdichte im Luftspalt der Maschinen etwa 1 T bis 1,2 T. Legiertes Elektroblech wird für Transformatoren verwendet (Flußdichte in den Kernen bis etwa 1,5 T).

Es ist zeichnerisch schwerlich möglich, die in Beispiel 1.29a) erhaltene Magnetisierungsgerade $\Phi = f(I)$ für die Luftspule im Bild 1.52d einzutragen, da diese Gerade unmittelbar über der Abszisse liegt. Man erkennt auch hieraus, wie stark Eisen magnetisierbar ist.

c) Nun wird der Ringkern an einer Stelle aufgeschnitten, so daß dort ein Luftspalt mit der Länge $l_L = 0{,}5$ mm entsteht. Man berechne und zeichne wieder den funktionalen Zusammenhang zwischen dem Fluß Φ und dem Spulenstrom I.

Der magnetische Kreis besteht nun aus einem Eisen- und einem Luftabschnitt. Sieht man davon ab, daß sich die magnetischen Feldlinien zu einem geringen Teil auch außerhalb des Luftspaltquerschnittes ausbreiten, dann steht in beiden Abschnitten dem Fluß Φ derselbe Querschnitt zur Verfügung, d.h., in beiden Abschnitten ist B gleich groß: $B = B_{Fe} = B_L$. Das Durchflutungsgesetz Gl. (1.68) lautet nun

$$\Sigma I = \Sigma Hl \text{ oder } IN = H_{Fe}l_{Fe} + H_L l_L \tag{1.71}$$

Bei der Berechnung des magnetischen Kreises geht man zweckmäßig so vor, daß man für einen bestimmten magnetischen Fluß (4. Spalte der Tafel 1.53) aus der 2. Spalte $H = H_{Fe}$ entnimmt und den Durchflutungsanteil $H_{Fe} \cdot l_{Fe}$ im Eisen berechnet. Aus Gl. (1.59) ergibt sich $H_L = B/\mu_0$ und damit auch der Durchflutungsanteil $H_L l_L$ für den Luftspalt. Mit Gl. (1.71) läßt sich die notwendige Gesamtdurchflutung IN und hieraus der erforderliche Spulenstrom I ermitteln. In Bild 1.52d ist $\Phi = f(I)$ eingetragen, s. Kurve 2.

Beispielsweise ergibt sich in Tafel 1.53 für die Eisenspule mit Luftspalt in der zweiten Zeile für $\Phi = 0,77 \cdot 10^{-3}$ Vs, $B = 0,8$ T der folgende Berechnungsgang:

$$H_{Fe}l_{Fe} = 1,89\,(\text{A/cm}) \cdot 45,45\,\text{cm} = 86\,\text{A}$$

$$H_L = \frac{0,8\,\text{Vs/m}^2}{1,25 \cdot 10^{-6}\,\Omega\text{s/m}} = 0,64 \cdot 10^6\,\frac{\text{A}}{\text{m}} = 6400\,\frac{\text{A}}{\text{cm}} \qquad H_L l_L = 6400\,\frac{\text{A}}{\text{cm}} \cdot 0,05\,\text{cm}$$

$$= 320\,\text{A}$$

$$IN = (86 + 320)\,\text{A} = 406\,\text{A} \qquad I = 406\,\text{A}/172 = 2,36\,\text{A}$$

1.2.3 Kräfte und Spannungserzeugung im magnetischen Feld

1.2.3.1 Kräfte im Magnetfeld

Kräfte zwischen Magnetpolen An den senkrecht zur magnetischen Flußrichtung gelegenen Trennflächen verschiedener Stoffe in einem magnetischen Kreis, z.B. zwischen Eisen und Luft, treten magnetische Kräfte auf, die bei Elektromagneten, magnetischen Aufspannplatten, Bremslüftmagneten, elektromagnetischen Kupplungen, Schaltschützen, Relais usw. ausgenutzt werden. Den Betrag der dabei auftretenden Kraft kann man aus einer Energiebetrachtung herleiten.

Im Luftraum zwischen dem feststehenden Joch und dem beweglichen Anker eines Elektromagneten (1.54) ist ein homogenes Magnetfeld mit den Feldgrößen $\vec{H}$ und $\vec{B}$ vorhanden. Das Magnetfeld füllt das durch die Polfläche A und den Luftspalt l_L gebildete Volumen $V = A l_L$ gleichmäßig aus, so daß in ihm nach Gl. (1.70) die magnetische Energie

$$W_m = \frac{1}{2}\,BHAl_L$$

gespeichert ist. Da in Luft nach Gl. (1.59) $B = \mu_0 H$ gilt, wird

$$W_m = \frac{1}{2} \cdot \frac{B^2}{\mu_0}\,Al_L$$

Nähert sich der bewegliche Anker unter dem Einfluß der Kraft $\vec{F}_m$ um ein Stück dl dem Joch, so muß nach dem Energieprinzip die von $\vec{F}_m$ längs des Weges dl verrichtete Arbeit gleich der Abnahme der magnetischen Energie im Luftraum sein. Es gilt demnach

$$F_m\,dl = \frac{1}{2} \cdot \frac{B^2}{\mu_0}\,A\,dl$$

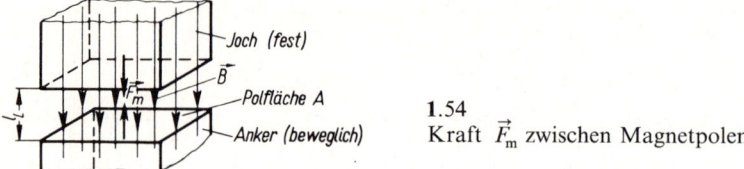

1.54
Kraft $\vec{F}_m$ zwischen Magnetpolen

Hieraus erhält man den Betrag dieser Kraft, die Zugkraftformel

$$F_\mathrm{m} = \frac{1}{2} \cdot \frac{B^2 A}{\mu_0}$$ (1.72)

oder als zugeschnittene Größengleichung

$$\frac{F_\mathrm{m}}{A} \approx 40 \left(\frac{B}{\mathrm{T}}\right)^2 \frac{\mathrm{N}}{\mathrm{cm}^2}$$ (1.72a)

Hieraus ergibt sich z. B. für $B = 1$ T (Tesla) eine Zugkraft von 40 N/cm².

Die magnetische Zugkraft eines Elektromagneten mit gegebener Polfläche A ist also nur von der Flußdichte B im Luftraum abhängig. Bei konstanter Erregung mit Gleichstrom steigt während des Anzugs des Ankers die Zugkraft an, da mit kleiner werdendem Luftspalt die Flußdichte B größer wird. Die Haltekraft, das ist die Kraft bei am Joch anliegendem Anker, beträgt meist ein Vielfaches der Anzugskraft (das ist die Kraft bei größtem Luftspalt) des Magneten.

Die Richtung der magnetischen Kraft $\vec{F}_m$ an den Trennflächen zwischen zwei Stoffen zeigt stets zum Stoff mit der kleineren Permeabilität hin, an den beiden Trennflächen des Magneten in Bild **1**.54 also in den Luftraum hinein. Diese Richtung ist unabhängig von der Feld- und damit auch der Stromrichtung in der Erregerspule des Magneten.

Kräfte auf stromdurchflossene Leiter im Magnetfeld   Ein vom Strom I durchflossener Leiter, dessen kreisförmigen Querschnitt Bild **1**.55 zeigt, befindet sich in einem homogenen Magnetfeld mit der Flußdichte $\vec{B}$. Nach Abschn. 1.2.2.1 ruft der Strom I ein Magnetfeld mit kreisförmigen Feldlinien hervor, deren Richtung sich nach der Rechtsschraubenregel (**1**.46b) ergibt. Beide Magnetfelder überlagern sich zu einem resultierenden Magnetfeld. Man erkennt unmittelbar aus der Richtung der Feldlinien, daß das ursprüngliche Magnetfeld in Bild **1**.55a rechts vom Leiter verstärkt, links aber geschwächt wird. Dabei wird auf den stromdurchflossenen Leiter eine magnetische Kraft $\vec{F}_m$ ausgeübt.

Die Richtung dieser Kraft $\vec{F}_m$ ergibt sich in Richtung des geschwächten Magnetfeldes (**1**.55a), $\vec{F}_m$ wirkt senkrecht zur Richtung des Stroms I und zur Richtung von $\vec{B}$.

Man kann die Richtung von $\vec{F}_m$ auch auf zwei weitere Arten ermitteln. Dreht man den Strompfeil I in Bild **1**.55b auf dem kürzesten Weg in die Richtung von $\vec{B}$, so erhält man den Drehsinn einer rechtsgängigen Schraube, die sich in Richtung von $\vec{F}_m$ bewegt. Als weitere Merkregel ist die Rechte-Hand-Regel (**1**.55c) bekannt.

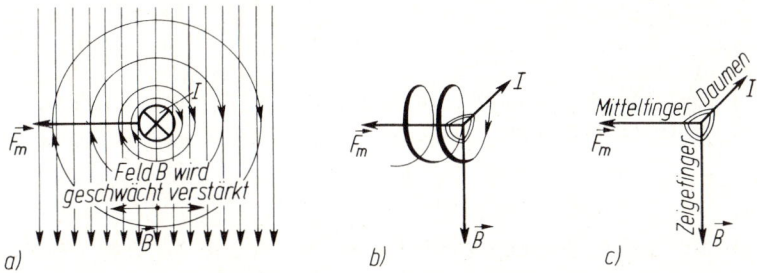

1.55 Magnetische Kraft $\vec{F}_\mathrm{m}$ auf einen stromdurchflossenen Leiter im Magnetfeld (a) und Bestimmung der Richtung der magnetischen Kraft $\vec{F}_\mathrm{m}$ nach der Rechtsschraubenregel (b) und
der „Rechte-Hand-Regel" (c)

Der Betrag F_m der magnetischen Kraft ist, wenn die Richtung des Leiters mit der
Länge l (identisch mit der Richtung des Stromes I) und die Feldlinien (identisch mit
der Richtung von $\vec{B}$) wie in Bild **1**.55a einen rechten Winkel $\alpha = 90°$ bilden

$$F_\mathrm{m} = BIl \tag{1.73}$$

Schließen Strompfeil I und $\vec{B}$ einen beliebigen Winkel α ein, so ist allgemein

$$F_\mathrm{m} = BIl \sin\alpha \tag{1.73a}$$

Kraftwirkung zwischen parallelen stromdurchflossenen Leitern Diese Wirkung kommt
nach Bild **1**.56 ebenfalls durch die Überlagerung zweier Magnetfelder zustande
und bewirkt, wie das Feldlinienbild unmittelbar erkennen läßt, zwischen den Leitern
Feldverstärkung, außerhalb der Leiter Feldschwächung. Verlaufen die beiden Leiter mit
dem Abstand a auf der Länge l parallel zueinander, so ruft der Strom I_1 des Leiters 1 am
Leiter 2 nach Beispiel 1.27 die Flußdichte

$$B_1 = \mu_0 H_1 = \frac{\mu_0 I_1}{2\pi a}$$

hervor, so daß auf den vom Strom I_2 durchflossenen Leiter 2 nach Gl. (1.73) die magnetische Kraft

$$F_\mathrm{m} = B_1 I_2 l = \frac{\mu_0 l}{2\pi a} I_1 I_2 \tag{1.74}$$

1.56
Magnetische Kräfte zwischen zwei parallelen
Leitern bei entgegengesetzter Stromrichtung

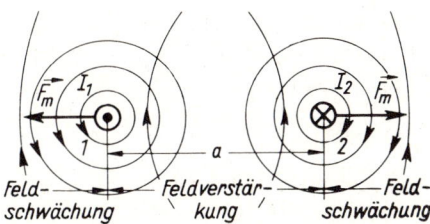

ausgeübt wird. Entsprechend ruft auch das Magnetfeld des Leiters 2 zusammen mit dem Magnetfeld des Leiters 1 an diesem dieselbe magnetische Kraft F_m hervor. Nach der Rechtsschraubenregel (1.55b) folgt, daß sich die beiden Leiter bei gleicher Stromrichtung mit der Kraft F_m anziehen, bei entgegengesetzter Stromrichtung (1.56) mit der Kraft F_m abstoßen.

1.2.3.2   Lenzsche Regel, Induktionsgesetz

Physikalischer Versuch. Nach Bild 1.57a ist an die Klemmen einer Luftspule mit N Windungen ein Widerstand R_a über einen Schalter angeschlossen. Zur Messung von Spannung u und Strom i dienen die eingezeichneten Meßinstrumente (entweder Zeigerinstrumente mit Nullpunkt in der Skalenmitte oder oszilloskopische Messung). Die von jeder Drahtwindung berandete Fläche umfaßt denselben magnetischen Fluß Φ, der durch die eingezeichneten magnetischen Feldlinien dargestellt wird. Die Herkunft dieses Magnetfeldes, das z.B. von einem (nicht gezeichneten) Elektromagneten stammen könnte, ist belanglos. Der Fluß Φ wird durch einen (nicht gezeichneten) Flußmesser gemessen und soll positiv gezählt werden, wenn die Feldlinien die Windungsflächen in der eingezeichneten Richtung von unten nach oben durchsetzen. Die positiven Zählrichtungen von u und i sind ebenfalls in Bild 1.57a durch die eingezeichneten Zählpfeile festgelegt.

Die Auswertung der durchgeführten Versuche liefert folgende Erkenntnisse:

Solange der Fluß Φ zeitlich konstant ist, sind $u = 0$ und $i = 0$. Wenn sich aber der Fluß Φ zeitlich ändert, d.h., solange er größer ($\mathrm{d}\Phi/\mathrm{d}t > 0$) oder solange er kleiner ($\mathrm{d}\Phi/\mathrm{d}t < 0$) wird, tritt an den Klemmen eine Spannung u auf und fließt durch den geschlossenen Stromkreis ein Strom i. Da Größe und Richtung von u und i durch die Messungen bei verschiedenen Versuchsbedingungen bekannt sind, ist der Nachweis der beiden folgenden wichtigen Gesetze möglich:

Lenzsche Regel Solange z.B. der Fluß ansteigt ($\mathrm{d}\Phi/\mathrm{d}t > 0$), z.B. wenn Φ in Bild 1.57a von unten nach oben größer wird, ist auch der Strom $i > 0$, fließt somit in Richtung des Stromzählpfeils und erzeugt durch die Drahtwindungsflächen selbst einen Fluß, der nach der Rechtsschraubenregel (1.46) von oben nach unten gerichtet ist, also entgegen der ihn auslösenden Flußänderung wirkt. Umgekehrt stellt sich bei abnehmendem Fluß ($\mathrm{d}\Phi/\mathrm{d}t < 0$) auch ein Strom $i < 0$ ein, der entgegen dem Stromzählpfeil fließt, so daß der von ihm erzeugte Fluß wiederum der ihn auslösenden Flußänderung entgegenwirkt.

Somit gilt die Lenzsche Regel:

Der induzierte Strom i wirkt immer der ihn hervorrufenden Flußänderung entgegen.

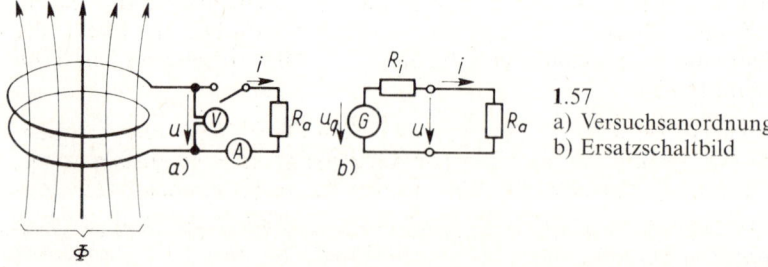

1.57
a) Versuchsanordnung
b) Ersatzschaltbild

Induktionsgesetz Die Ursache für den induzierten Strom i ist eine in den Drahtwindungen induzierte Spannung, die Quellenspannung u_q. Sie kann bei Leerlauf ($i = 0$, Schalter geöffnet) im obigen Versuch ebenfalls meßtechnisch bei verschiedenen Bedingungen ermittelt werden.

Mit den vereinbarten Zählrichtungen lautet das wichtige Induktionsgesetz

$$u_q = N \, d\Phi/dt \qquad (1.75)$$

Die induzierte Spannung u_q ist proportional der Windungszahl N der Spule und proportional der zeitlichen Flußänderung $d\Phi/dt$. (Dabei ist vorausgesetzt, daß durch alle N in Reihe geschalteten Windungen derselbe magnetische Fluß Φ hindurchtritt.)

Bild 1.57b zeigt das Ersatzschaltbild der Anordnung, wobei R_i der innere Widerstand der Spule und R_a der Widerstand des äußeren Stromkreises bedeuten. Nach der Maschenregel gilt für einen Umlauf $u_q = u + iR_i$. Bei Leerlauf ($i = 0$) wird $u = u_0 = u_q$. Man bezeichnet deshalb u_q nach DIN 1323 auch als Leerlaufspannung der Zweipolquelle. Setzt man noch $u = iR_a$, erhält man für den gesamten Stromkreis

$$i = \frac{u_q}{R_i + R_a} \qquad (1.76)$$

Mit Hilfe des Induktionsgesetzes können die an den Wicklungen von elektrischen Maschinen, Transformatoren usw. auftretenden Spannungen berechnet werden. Die geometrische Form der Wicklung kann beliebig sein. Insbesondere macht das Induktionsgesetz auch keine Voraussetzung darüber, wie der magnetische Fluß erzeugt wird und auf welche Art die Flußänderung in der Windungsfläche zustande kommt.

Beispiel 1.31 Nimmt der magnetische Fluß in einer Spule mit 20 Windungen in 0,5 s gleichmäßig von 4 Vs auf 7 Vs zu, dann ist in jeder Windung die Flußänderung $d\Phi = (7 - 4)$ Vs = 3 Vs und die zeitliche Flußänderung $d\Phi/dt = 3$ Vs/0,5 s = 6 V. Somit ist während der Dauer der Flußänderung nach Gl. (1.75) die Spannung an der Spule $u_q = N \, d\Phi/dt = 20 \cdot 6$ V = 120 V.

1.2.3.3 Spannungserzeugung durch Selbstinduktion, Induktivität

Selbstinduktion Eine einfache Möglichkeit, Flußänderungen in der Windungsfläche einer Spule zu bewirken, besteht darin, durch diese Spule aus einer Spannungsquelle u einen zeitlich sich ändernden Strom i zu schicken (1.58a). Die hierdurch bedingten Flußänderungen $d\Phi/dt$ induzieren ihrerseits in den einzelnen Windungen der Spule selbst Spannungen. Diese Erscheinung nennt man Selbstinduktion, weil die induzierte Spannung durch den Spulenstrom selbst, also ohne ein fremdes Magnetfeld hervorgebracht wird. Legt man die Zählpfeile on i und u wieder wie in Bild 1.57a fest, so ruft ein positiver Strom ($i > 0$) nach Abschn. 1.2.3.2 einen in Bild 1.58a im Uhrzeigersinn gerichteten Fluß im Innern der Spule ($\Phi > 0$) hervor. Fließt der Strom entgegen dem dort eingezeichneten Strompfeil ($i < 0$), so entsteht ein Fluß im Gegenuhrzeigersinn ($\Phi < 0$).

Ideale Spule An einer Spule mit N Windungen tritt nach Gl. (1.75) die Quellenspannung $u_q = N \, d\Phi/dt$ auf. Nimmt man eine widerstandslose Luftspule (ideale Spule, $R = 0$) an, so gilt beim Fließen eines Stromes i auch für die Klemmenspannung u der Spule

$$u = N \, d\Phi/dt$$

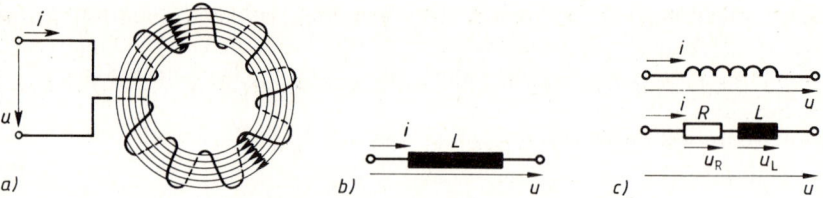

1.58 a) Selbstinduktion in einer Ringspule (Luftspule)
b) Ideale Spule, Induktivität L (Schaltzeichen nach DIN 40 900)
c) Wirkliche Spule, Schaltzeichen nach DIN 40 900 und Ersatzschaltung (Reihenschaltung von R und L)

Bei allen ausschließlich in Luft sich ausbildenden Magnetfeldern ist nach Abschn. 1.2.2.3 der Fluß Φ proportional dem ihn erregenden Strom i. Mit den oben hergeleiteten magnetischen Gesetzen

$$\Phi = BA \qquad B = \mu_0 H \qquad iN = Hl$$

erhält man

$$\Phi = BA = \mu_0 HA = \mu_0 \frac{NA}{l} i$$

Somit ergibt sich

$$u = N\frac{\mathrm{d}\Phi}{\mathrm{d}t} = \mu_0 \frac{N^2 A}{l}\frac{\mathrm{d}i}{\mathrm{d}t} \quad \text{oder} \quad \boldsymbol{u = L\frac{\mathrm{d}i}{\mathrm{d}t}} \qquad (1.77)$$

Diese Gleichung gibt den allgemein gültigen Zusammenhang zwischen den Augenblickswerten der Spannung u und des Stromes i einer idealen Spule an.

Induktivität   Die Größe L heißt I n d u k t i v i t ä t [1]) der Spule. Nach Gl. (1.77) folgt aus

$$L = \frac{u}{\mathrm{d}i/\mathrm{d}t} \quad \text{ihre Einheit} \quad \frac{1\,\mathrm{V}}{\mathrm{A/s}} = 1\,\Omega\mathrm{s} = 1\,\mathrm{H} \text{ (Henry)} \qquad (1.78)$$

Eine ideale Spule hat demnach die Induktivität 1 H, wenn bei einer zeitlichen Stromänderung von 1 A/s an den Klemmen der Spule die Spannung 1 V herrscht. Bild **1**.58 b zeigt das genormte Schaltzeichen für eine Induktivität L.
Für eine Ringspule in Form der Luftspule gilt nach der obigen Herleitung

$$\boldsymbol{L = \mu_0 \frac{N^2 A}{l}} \qquad (1.79)$$

In diesem Fall ist L eine feste Größe, die allein von der geometrischen Form (A, l) und der Windungszahl N der Spule abhängt. Bei Eisenspulen sind die Verhältnisse verwickelter. In Gl. (1.79) tritt anstelle von μ_0 die Permeabilität μ des Eisens, die nach

---

[1]) Man beachte den Wesensunterschied der Begriffe Induktion, Selbstinduktion (physikalische Erscheinungen) und Induktivität (wichtigste Kenngröße einer Spule).

der Magnetisierungskennlinie (**1**.49) von der Durchflutung und somit vom Strom abhängt.

Beispiel 1.32   Man berechne die Induktivitäten der 3 Spulenanordnungen in Abschn. 1.2.2.6 jeweils bei einem Spulenstrom $I = 15$ A.

Für die Luftspule in Beispiel **1.29** ergibt sich nach Gl. (1.79):

$$L_1 = \frac{\mu_0 N^2 A}{l} = 1{,}256 \cdot 10^{-6} \frac{\Omega s}{m} \cdot \frac{172^2 \cdot 0{,}965 \cdot 10^{-3} m^2}{0{,}455 \, m} = 0{,}0788 \, mH$$

Für die geschlossene Eisenspule in Beispiel **1.30**a) ergab sich bei $I = 15$ A der Wert $\mu_r = 232$. Somit

$$L_2 = \mu_r L_1 = 232 \cdot 0{,}0788 \, mH = 18{,}28 \, mH$$

Für die Eisenspule mit Luftspalt entnimmt man Bild **1**.52d), Kurve 2, bei $I = 15$ A den Wert $\Phi = 1{,}54 \cdot 10^{-3}$ Vs und damit $B = 1{,}60$ T. Durch Vergleich mit L_2 bei 1,65 T wird somit

$$L_3 = (1{,}60 \, T/1{,}65 \, T) \, 18{,}28 \, mH = 17{,}73 \, mH$$

Magnetische Energie   Nimmt eine Induktivität L in der Zeit dt die elektrische Energie $dW = u \, i \, dt$ auf, so muß nach dem Energieprinzip in derselben Zeit die magnetische Energie in der Spule um einen gleich großen Betrag dW_m zunehmen: $dW_m = dW$.

Mit Gl. (1.77) erhält man somit

$$dW_m = u \, i \, dt = L \frac{di}{dt} i \, dt = L \, i \, di$$

Durch Integration ergibt sich die magnetische Energie in einer Spule mit der Induktivität L beim Spulenstrom i

$$W_m = \frac{1}{2} L i^2 \tag{1.80}$$

Reale Spule   In einer nicht widerstandslosen Spule nach Bild **1**.58c (technische Spule, $R \neq 0$) tritt an der Induktivität L die Spannung $u_L = L \, di/dt$ Gl. (1.77) auf. Außerdem ist am Widerstand R der Spule nach dem Ohmschen Gesetz die Spannung $u_R = iR$ erforderlich, so daß nach der Maschenregel für die Klemmenspannung gilt

$$u = u_R + u_L \quad \text{oder} \quad u = iR + L \, di/dt \tag{1.81}$$

Das Ersatzschaltbild einer Luftspule mit Widerstand R besteht demnach aus einer Reihenschaltung von R und L. In Abschn. 1.3 werden die Gln. (1.77) und (1.81) auf Wechselstrom angewendet.

1.2.3.4   Transformatorische Spannungserzeugung

In ruhenden Spulen werden elektrische Spannungen durch Änderungen des magnetischen Flusses induziert. Die Flußänderungen werden ihrerseits durch veränderliche Ströme in den Wicklungen von Transformatoren hervorgerufen. Am Beispiel des idealen Transformators soll hier die transformatorische Spannungserzeugung erläutert werden.

Idealer Transformator   Ein geschlossener Eisenkern, aus geschichteten Elektroblechen zusammengesetzt, trägt zwei Spulen, die Primärspule mit N_1 Windungen und die Sekundärspule mit N_2 Windungen (**1**.59). Die Primärspule wird an die veränderliche Spannung u_1 angeschlossen.

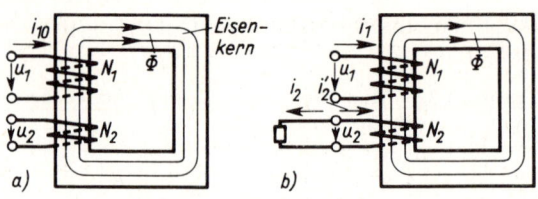

1.59

Transformator mit Eisenkern
a) bei Leerlauf, $i_2 = 0$
b) bei Belastung, $i_2 \neq 0$

Bei Leerlauf (**1.**59a) ist der Stromkreis der Sekundärspule offen. Die veränderliche Spannung u_1 ruft einen veränderlichen Strom i_{10} (Leerlauf- oder Magnetisierungsstrom des Transformators) hervor, so daß die Durchflutung $i_{10} N_1$ im Eisenkern den veränderlichen magnetischen Fluß Φ erzeugt (Zuordnung der Zählpfeile wieder nach Bild **1.**57). Die beiden Spulen sind widerstandslos angenommen ($R_1 = 0$, $R_2 = 0$); weiter wird vorausgesetzt, daß beide Spulen von demselben Fluß durchsetzt werden, daß somit keine Feldlinien als sog. Streufeldlinien ihren Weg durch die den Eisenkern umgebende Luft nehmen. Unter diesen Voraussetzungen sind nach dem Induktionsgesetz die an den Spulen auftretenden Spannungen u_{q1} bzw. u_{q2} den Klemmenspannungen u_1 bzw. u_2 gleich. Es gilt somit nach Gl. (1.75)

$$u_1 = u_{q1} = N_1\, \mathrm{d}\Phi/\mathrm{d}t \quad \text{und} \quad u_2 = u_{q2} = N_2\, \mathrm{d}\Phi/\mathrm{d}t$$

Hieraus folgt

$$\frac{u_1}{u_2} = \frac{N_1}{N_2} \tag{1.82}$$

Beim unbelasteten (leerlaufenden) Transformator verhalten sich also die Primär- und Sekundärspannungen wie die entsprechenden Windungszahlen.

Bei Belastung ist der Stromkreis der Sekundärspule über den Verbraucher geschlossen (**1.**59b), darin fließt der Strom i_2' (Zählpfeil wieder nach Bild **1.**57a zugeordnet). Auch hier gilt

$$u_1 = N_1\, \mathrm{d}\Phi/\mathrm{d}t$$

Es tritt also dieselbe Flußänderung $\mathrm{d}\Phi/\mathrm{d}t$ und damit auch derselbe zeitliche Verlauf des Flusses wie bei Leerlauf auf. Der magnetische Fluß Φ im Eisenkern wird aber nun von den Durchflutungen $i_1 N_1$ und $i_2' N_2$ hervorgerufen, also

$$i_1 N_1 + i_2' N_2 = i_{10} N_1$$

Legt man i_2 in umgekehrter Richtung wie i_2' fest ($i_2 = -i_2'$ nach Bild **1.**59b), so wird

$$i_1 N_1 - i_2 N_2 = i_{10} N_1 \quad \text{oder} \quad (i_1 - i_{10})\, N_1 = i_2 N_2$$

Vernachlässigt man den Leerlaufstrom i_{10} des Transformators gegenüber dem Belastungsstrom i_1 ($i_{10} \ll i_1$), dann ist

$$\frac{i_1}{i_2} = \frac{N_2}{N_1} \tag{1.83}$$

Durch Zusammenfassen der Gl. (1.82) und (1.83) erhält man beim idealen Transformator für das Übersetzungsverhältnis

$$\ddot{u} = \frac{N_1}{N_2} = \frac{u_1}{u_2} = \frac{i_2}{i_1} \tag{1.84}$$

Die Spannungen verhalten sich also wie die Windungszahlen, die Ströme umgekehrt wie die Windungszahlen der Spulen. Die Spule mit der größeren Spannung besteht demnach aus vielen Windungen dünnen Drahtes (kleiner Strom), die Spule mit der kleineren Spannung aus vergleichsweise wenig Windungen dicken Drahtes (großer Strom). Aus Gl. (1.84) folgt auch

$$u_1 i_1 = u_2 i_2 \quad \text{und deshalb} \quad P_{t1} = P_{t2} \tag{1.85}$$

Beim idealen Transformator ist also in jedem Augenblick die primär aufgenommene Leistung gleich der sekundär abgegebenen Leistung.

Nichtidealer Transformator   Der wirkliche Transformator in der Praxis unterscheidet sich in seinem Verhalten nur wenig vom idealen Transformator. In Abschn. 4.2 wird gezeigt, welche Einflüsse die Berücksichtigung der Widerstände der Spulen, des Leerlaufstroms, der Streufeldlinien und der Eisenverluste auf Wirkungsweise und Betrieb ausgeführter Transformatoren haben.

1.2.3.5   Rotatorische Spannungserzeugung

In rotierenden elektrischen Maschinen (Generatoren, Motoren) werden die Flußänderungen in den Spulenwindungen entweder durch Drehung der Spulen in einem ruhenden Magnetfeld oder Drehung des Magnetfeldes bei ruhenden Spulen hervorgerufen. Nach dem Induktionsgesetz, Gl. (1.75), werden dabei in den Spulen elektrische Spannungen induziert: rotatorische Spannungserzeugung.

In einem zeitlich konstanten, homogenen Magnetfeld mit der Flußdichte B befindet sich eine ebene Spule mit N Windungen, die um ihre Achse gedreht werden kann. (In Bild 1.60 ist zur Vereinfachung nur eine Windung dargestellt.) Wählt man in Bild 1.60a die positive Zählrichtungen für Φ und u wie in Bild 1.57a, dann tritt durch die Spulenfläche $A = ld$ in der gezeichneten Ausgangslage ($\alpha = 0$, $t = 0$) der maximale magnetische Fluß $\Phi_0 = -\Phi_{\max}$, wobei $\Phi_{\max} = BA = Bld$ ist. Wird die Spule mit konstanter Winkelgeschwindigkeit ω im Gegenuhrzeigersinn aus dieser Lage heraus gedreht, so daß sie nach einer Zeit t den Winkel $\alpha = \omega t$ mit der Ausgangslage

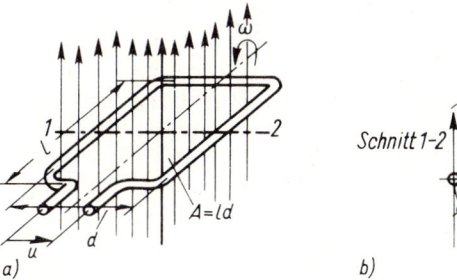

1.60
Rotatorische
Spannungserzeugung

bildet, so wird nach Bild **1**.60b der magnetische Fluß durch die Spulenfläche

$$\Phi = -\Phi_{max}\cos\alpha = -\Phi_{max}\cos\omega t \tag{1.86}$$

Nach dem Induktionsgesetz tritt an der sich drehenden Spule eine Spannung u_q auf, die bei Leerlauf gleich der Klemmenspannung u ist und über Schleifringe an den Bürsten abgenommen wird. Nach Gl. (1.75) wird

$$u = N\frac{d\Phi}{dt} = -N\Phi_{max}\frac{d(\cos\omega t)}{dt} = \omega N\Phi_{max}\sin\omega t \tag{1.87}$$

An der sich drehenden Spule tritt eine zeitlich sinusförmig verlaufende Spannung

$$\boldsymbol{u = \hat{u}\sin\omega t} \tag{1.88}$$

mit der Amplitude (dem Scheitelwert)

$$\hat{u} = \omega N\Phi_{max} \tag{1.89}$$

auf (technische Wechselspannung, s. Bild **1**.63).

Nach demselben Prinzip lassen sich elektrische Spannungen in elektrischen Maschinen erzeugen, wenn statt der hier betrachteten Anordnung mit ruhendem Magnetfeld und drehbarer Spule umgekehrt das Magnetfeld rotiert und die Spule fest angeordnet ist.

1.2.3.6 Wirbelströme

Entstehung der Wirbelströme   Nach dem Induktionsgesetz entsteht in einer Drahtwindung eine elektrische Spannung $u_q = d\Phi/dt$, wenn diese Windung einen zeitlich sich ändernden magnetischen Fluß umschließt. Da nach Abschn. 1.1.1.1 eine elektrische Spannung aber nur auftreten kann, wenn ein elektrisches Feld vorliegt, s. Gl. (1.3), folgt hieraus die wichtige Tatsache, daß gleichzeitig mit jedem sich ändernden Magnetfeld ein elektrisches Feld vorhanden sein muß.

Wird demnach z. B. ein Eisenkern von einem veränderlichen Magnetfeld durchsetzt, so wird in ihm auch ein elektrisches Feld hervorgerufen. Wie hier nicht näher begründet werden kann, sind die elektrischen Feldlinien geschlossene Linien, die senkrecht zu den Feldlinien des Magnetfeldes verlaufen. Im Eisenkern sind somit ringförmige elektrische Feldlinien zu denken, denen ihrerseits ebensolche Strömungslinien von der Stromdichte $\vec{S}$, die man in ihrer Gesamtheit Wirbelströme nennt, zuzuordnen sind (**1**.61). Im elektrischen Widerstand des Eisens treten demnach auch Wirbelstromverluste auf, die zu einer Erwärmung des Eisens führen.

Unterdrückung der Wirbelströme   Würde man in der elektrischen Energietechnik die Eisenkerne von Spulen, Transformatoren, elektrischen Maschinen und Geräten, in denen sich magnetische Wechselfelder ausbilden, als massive Bauteile ausführen, so würden sich die Wirbelströme wegen des relativ kleinen elektrischen Widerstandes dieser Bauteile mit ihren großen Querschnitten nahezu ungehindert ausbilden können; erhebliche Verluste und Erwärmungen wären die Folge. Um die mit der Frequenz wachsenden Verluste so klein wie möglich zu halten, baut man die Eisenkerne aus gegeneinander isolierten, dünnen Blechen auf, deren Berührungs-

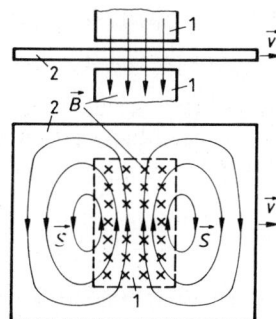

1.61
Wirbelströmung in einer zwischen den Polen 1 bewegten
Scheibe 2
(aus Moeller, Fricke, Frohne, Vaske: Grundlagen der
Elektrotechnik, 17. Aufl.)

flächen quer zu den elektrischen Feldlinien liegen: lamellierte Eisenkerne. So
ruft die an jedem Blech auftretende relativ kleine Spannung auch nur kleine Wirbelströme hervor. Verwendet man außerdem, insbesondere für Eisenspulen und Transformatoren, siliziumlegierte Bleche mit hohem spezifischen Widerstand (Elek-
trobleche), dann lassen sich die Wirbelstromverluste noch weiter herabsetzen.

In der Hochfrequenztechnik werden besondere Kerne, sog. Massekerne oder
Ferritkerne, verwendet. Erstere bestehen aus feinstem Eisenpulver, das durch einen thermoplastischen Kunststoff isolierend gebunden wird; die Ferritkerne bestehen aus sehr schlecht leitenden Eisenoxydgemischen, so daß dadurch die Bildung
von Wirbelströmen praktisch unmöglich ist.

Ausnutzung der Wirbelströme   Mit dem Auftreten von Wirbelströmen ist immer eine
Umwandlung von mechanischer oder elektriecher Energie in Wärme verbunden. Diese
ist nicht immer unerwünscht, sie wird vielmehr in der Technik auch vielseitig ausgenutzt.

Die bekannteste Anwendung für die Umwandlung mechanischer Energie in Wärme
ist die Wirbelstrombremse. Ihr Grundelement ist ein metallischer Körper, der
im Magnetfeld eines Dauermagneten oder Elektromagneten bewegt wird. Beispiele
hierfür sind:

Bremsscheibe im Luftspalt des Dauermagneten eines elektrischen Zählers,

Dämpferscheibe des beweglichen Meßwerkes im Luftspalt des Dauermagneten eines
elektrischen Meßinstrumentes,

Rotationskörper (z. B. Stahlzylinder) in einem durch einen Elektromagneten erregten
Magnetfeld einer Wirbelstrombremse (s. Abschn. 4.4.2).

Die Umwandlung elektrischer Energie in Wärme wird immer mehr bei der induktiven Erwärmung von Werkstücken beim Schmieden, Löten oder Härten ausgenutzt. Im Inneren einer Spule befindet sich das elektrisch leitende Werkstück. Die
Spule wird mit Wechselstrom möglichst hoher Frequenz erregt, um ein rasch sich
änderndes Magnetfeld und damit durch die entstehenden Wirbelströme eine hohe
Wärmekonzentration im Werkstück zu bekommen.

1.2.3.7   Zahlenbeispiele

Beispiel 1.33   Gegeben ist der in Bild 1.50 gezeigte Magnet eines Schaltschützes ($a = 6\,\text{mm}$, $b = 9\,\text{mm}$, $c = 25\,\text{mm}$); die Magnetspule hat $N = 4200$ Windungen.

a) Wie groß ist die Anzugskraft des Magneten (also die Kraft in der Ausgangsstellung für $l_\text{L} = 2\,\text{mm}$), wenn im Mittelschenkel die Flußdichte $B_\text{b} = 0{,}3\,\text{T}$ beträgt?

Die gesamte Anzugskraft $F_\text{m} = F_\text{b} + 2F_\text{a}$ ergibt sich aus Gl. (1.72a) zu

$$\frac{F_\text{m}}{\text{N}} \approx 40\left[\left(\frac{B_\text{b}}{\text{T}}\right)^2 \frac{A_\text{b}}{\text{cm}^2} + 2\left(\frac{B_\text{a}}{\text{T}}\right)^2 \frac{A_\text{a}}{\text{cm}^2}\right]$$

Die Flußdichten in den Luftspalten der beiden Außenschenkel betragen je

$$B_\text{a} = B_\text{b} \cdot \frac{b}{2a} = 0{,}3\,\text{T}\,\frac{9\,\text{mm}}{12\,\text{mm}} = 0{,}225\,\text{T}$$

Weiter wird

$$A_\text{a} = ac = 0{,}6\,\text{cm} \cdot 2{,}5\,\text{cm} = 1{,}5\,\text{cm}^2 \qquad A_\text{b} = bc = 0{,}9\,\text{cm} \cdot 2{,}5\,\text{cm} = 2{,}25\,\text{cm}^2$$

somit $\dfrac{F_\text{m}}{\text{N}} \approx 40\,[0{,}3^2 \cdot 2{,}25 + 2 \cdot (0{,}225)^2\, 1{,}5] = 40\,[0{,}2025 + 0{,}1519] \approx 14{,}2$ oder $F_\text{m} \approx 14{,}2\,\text{N}$.

b) Bei angezogenem Anker ist praktisch ein geschlossener Eisenkreis vorhanden. Durch den Wegfall der Luftspalte erhöht sich bei gleichem Spulenstrom der magnetische Fluß auf das Dreifache. Wie groß ist dann die Haltekraft des Magneten?

Nach Gl. (1.72a) ist $F_\text{m} \sim B^2$. Somit beträgt die Haltekraft 128 N, die neunfache Anzugskraft.

Beispiel 1.34   Auf dem Umfang des Ankers einer Gleichstrommaschine sind $N = 150$ Windungen der Ankerwicklung untergebracht. Das Magnetfeld mit der Flußdichte $B = 0{,}9\,\text{T}$ durchsetzt von jedem Leiter die wirksame Drahtlänge $l = 35\,\text{cm}$; der mittlere Windungsdurchmesser beträgt $d = 25\,\text{cm}$.

a) Man berechne die Kraft F_m auf jeden Leiter und das im Innern der Maschine erzeugte Drehmoment M_i, wenn der Leiterstrom 10 A beträgt.

Nach Gl. (1.73) wird auf jeden Leiter die Kraft F_m ausgeübt

$$F_\text{m} = BIl = 0{,}9\,\frac{\text{Vs}}{\text{m}^2} \cdot 10\,\text{A} \cdot 0{,}35\,\text{m} = 3{,}15\,\frac{\text{J}}{\text{m}} = 3{,}15\,\text{N}$$

Insgesamt befinden sich $z = 2N = 300$ Leiter im Magnetfeld. Somit wird die gesamte Umfangskraft $F = 300 \cdot 3{,}15\,\text{N} = 945\,\text{N}$ und das im Innern der Maschine erzeugte Drehmoment

$$M_\text{i} = F\frac{d}{2} = 945\,\text{N} \cdot 0{,}125\,\text{m} = 118{,}1\,\text{Nm}$$

b) Die Ankerwicklung besteht aus einem Ankerzweigpaar, d.h. aus zwei parallelgeschalteten Stromzweigen mit je 75 Windungen. Der Betrag des durch eine Windungsfläche hindurchtretenden magnetischen Flusses ändert sich bei einer Verschiebung des Ankers (1.62) aus der Stellung 1–1 in die Stellung 2–2, also um das Wegstück Δs, um $\Delta\Phi = 2 \cdot Bl\,\Delta s$. Somit gilt nach dem Induktionsgesetz für die in einer Windung erzeugte Spannung u_q und für die erzeugte Gesamtspannung U_q

$$u_\text{q} = \frac{\Delta\Phi}{\Delta t} = 2Bl\frac{\Delta s}{\Delta t} = 2Blv, \qquad U_\text{q} = 2NBlv.$$

c) Man berechne nun die Spannung u_q und die Gesamtspannung U_q, wenn die Maschine mit der Drehzahl $n = 750\,\text{min}^{-1}$ umläuft.

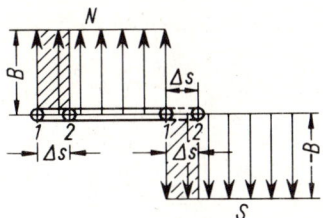

1.62
Bestimmung der Flußänderung $\Delta\Phi$ durch die bewegte Spule

Die Ankerumfangsgeschwindigkeit und damit die Geschwindigkeit der Leiter im Magnetfeld ist

$$v = r\omega = r2\pi n = 0,125\,\text{m} \cdot 2\pi \cdot \frac{750}{60\,\text{s}} = 9,81\,\frac{\text{m}}{\text{s}}$$

Somit wird die Spannung u_q je Windung und die Gesamtspannung U_q

$$u_q = \frac{\Delta\Phi}{\Delta t} = 2 \cdot 0,9\,\frac{\text{Vs}}{\text{m}^2} \cdot 0,35\,\text{m} \cdot 9,81\,\frac{\text{m}}{\text{s}} = 6,18\,\text{V}, \qquad U_q = 75 \cdot 6,18\,\text{V} = 463,5\,\text{V}.$$

1.2.4   Elektromagnetisches Feld

Ein elektromagnetisches Feld ist der Raum, in dem sowohl ein elektrisches Feld mit der elektrischen Feldstärke $\vec{E}$ als auch ein magnetisches Feld mit der magnetischen Feldstärke $\vec{H}$ vorhanden ist. Bildet man an einem Feldpunkt das von dem britischen Physiker John Henry Poynting 1884 angegebene und nach ihm benannte Vektorprodukt

Poynting-Vektor $\vec{S} = \vec{E} \times \vec{H}$ (1.90a)

dann ergibt sich die elektrische Leistung P als Fluß der Leistungsdichte $\vec{S}$ durch die Fläche $\vec{A}$ des elektromagnetischen Feldes, allgemein durch Integration des skalaren Produkts

elektrische Leistung $P = \int\limits_{A} \vec{S}\,\text{d}\vec{A}$ (1.90b)

Hieraus folgen für die elektrische Energieübertragung zwei immer wieder überraschende Tatsachen:

1. Elektrische Energie wird nicht durch die in den Leitern fließenden Ströme, also durch Elektronen übertragen, sondern über die isolierende Umgebung der Leiter, z.B. über die Luft um die Leiterseile einer Freileitung oder über die Isolierschicht um die Leiteradern eines Kabels,

2. ein meist geringer Energieanteil fließt von der isolierenden Umgebung in den Leiter, verursacht seine Erwärmung und wird deshalb zurecht als Energieverlust bzw. Leistungsverlust bezeichnet.

Beide „Behauptungen" werden nun am Beispiel der Energieübertragung mit einem Einleiterkabel bewiesen (s. auch Beispiel 1.35).

Leistungsverlust P_v in der Kabelader (Bild 1.63a)   In dem vom Strom I durchflossenen Leiter ist nach den Gln. (1.18) und (1.19) $E = \varrho I/A$ und nach Gl. (1.55) an der

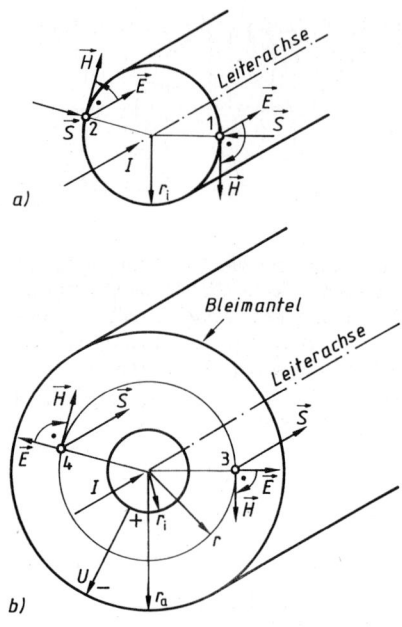

a)

b)

1.63
Einleiterkabel zur Übertragung elektrischer Energie
a) Kabelader vom Strom I durchflossen.
   Feldvektoren $\vec{E}$ und $\vec{H}$ sowie $\vec{S}$ an den Punkten
   1 und 2 der Leiteroberfläche
b) Isolierschicht mit Spannung U zwischen
   Kabelader und Bleimantel. Feldvektoren $\vec{E}$ und
   $\vec{H}$ sowie $\vec{S}$ an den Punkten 3 und 4 im Abstand r
   von der Leiterachse

Leiteroberfläche $H = I/2\pi r_i$. Nach den Bildern **1**.3a und **1**.48 sind $\vec{E}$ und $\vec{H}$ senk-recht, somit ist nach Gl. (1.90a) $\vec{S}$ auf der ganzen zylindrischen Leiteroberfläche $A_z = 2\pi r_i l$ radial zur Leiterachse hin gerichtet, so daß aus Gl. (1.90a)

$$S = EH = \frac{\varrho I}{A}\frac{I}{2\pi r_i} = \frac{I^2 \varrho}{A 2\pi r_i}$$

wird und aus Gl. (1.90b) sich für die aus der Isolationsschicht in die Kabelader flie-ßende Leistung ergibt

$$P_V = SA_z = \frac{I^2 \varrho}{A 2\pi r_i} 2\pi r_i l = \frac{I^2 \varrho l}{A} = I^2 R \quad \text{q.e.d.}$$

Energietransport in der Isolierschicht des Kabels (bild **1**.63b) Kabelader und Blei-mantel bilden die beiden Elektroden eines Zylinderkondensators bei Anlegen der Spannung U durch ihre elektrischen Ladungen $+ Q$ und $- Q$, in dessen Isolierschicht $(r_i < r < r_a)$ sich ein inhomogenes elektrisches Feld mit radialen Feldlinien und der elektrischen Feldstärke $E = U/r \ln r_a/r_i$ ausbildet. Das vom Leiterstrom I hervorge-rufene Magnetfeld setzt sich in der Isolierschicht bis zum Bleimantel mit der magne-tischen Feldstärke $H = I/2\pi r$ fort. $\vec{E}$ und $\vec{H}$ sind senkrecht, nach Gl. (1.90a) liegt $\vec{S}$ in Achsrichtung (Stromrichtung) und hat den Betrag

$$S = EH = \frac{UI}{r \ln(r_a/r_i)\cdot 2\pi r} = \frac{UI}{r^2\, 2\pi \ln r_a/r_i}$$

Bei Zerlegung der Isolationsfläche A_{is} in infinitesimale Kreisringe mit dem Umfang $2\pi r$ und der Stärke dr wird $dA_{is} = 2\pi r \, dr$ und man erhält durch Integration der Gl. (1.90b) die elektrische Leistung in der Isolationsschicht

$$P = \int\limits_{A_{is}} S \, dA_{is} = \int\limits_{r_i}^{r_a} \frac{UI \, 2\pi r \, dr}{r^2 \, 2\pi \ln r_a/r_i} = \frac{UI}{\ln r_a/r_i} \int\limits_{r_i}^{r_a} \frac{dr}{r} = UI \qquad \text{q.e.d.}$$

Beispiel 1.35 Das 200 km lange 400 kV-Einleiter-Unterwasserkabel der Hochspannungs-Gleichstrom-Übertragung (HGÜ), das 1989 im Bottnischen Meerbusen (Fenno-Skam) verlegt wurde, kann eine Nennleistung von 500 MW in beiden Richtungen übertragen, wobei jeweils das Seewasser als Rückleitung dient. Zwischen dem Cu-Leiter (1200 mm^2) und dem Bleimantel des Kabels befindet sich eine 17,5 mm starke Isolierschicht aus ölimprägniertem Zellulosepapier.

a) Man ermittle zunächst auf konventionelle Art und dann mit Vektoren den Leistungsverlust P_v im Kabel.

Es ist

$$I = P/U = 500 \text{ MW}/400 \text{ kV} = 1250 \text{ A}$$

$$R = \frac{\varrho l}{A} = \frac{200 \cdot 10^3}{56 \cdot 1200} \Omega = 2,976 \, \Omega$$

$$P_v = I^2 R = (1250 \text{ A})^2 \cdot 2,976 \, \Omega = 4,65 \cdot 10^6 \text{ W}; \quad p_v = \frac{4,65 \text{ MW}}{500 \text{ MW}} \cong 0,93\%$$

oder $\qquad U_v = IR = 1250 \text{ A} \cdot 2,976 \, \Omega = 3720 \text{ V}; \qquad u_v = \frac{3,72 \text{ kV}}{400 \text{ kV}} \cong 0,93\%$

Andererseits ist

$$E = \frac{\varrho I}{A} = \frac{1250}{56 \cdot 1200} \frac{\text{V}}{\text{m}} = 0,0186 \text{ V/m}$$

$$H = \frac{I}{2\pi r_i} = \frac{1250}{2\pi \cdot 19,54} \frac{\text{A}}{\text{mm}} = 10,20 \text{ A/mm}$$

$$S = EH = 0,0186 \cdot 10,2 \cdot 10^3 \text{ W/m}^2 = 0,19 \text{ kW/m}^2$$

mit $\qquad A_z = 2\pi r_i l = 2\pi \cdot 19,54 \cdot 10^{-3} \cdot 200 \cdot 10^3 \text{ m}^2 = 24\,555 \text{ m}^2$ wird

$$P_v = S \cdot A_z = 0,19 \cdot 24\,555 \text{ kW} = 4,66 \text{ MW}$$

b) Man vergleiche die mittlere elektrische Leistungsdichte in der Isolierschicht des Seekabels mit der mechanischen Leistungsdichte in der aus einem Monoblock geschmiedeten Antriebswelle von 0,8 m Durchmesser eines 1300 MW-Drehstromgenerators in einem Kernkraftwerk.

Seekabel:

$$A_{is} = \pi r_a^2 - A_{Cu} = \pi \cdot 47,05^2 \text{ mm}^2 - 1200 \text{ mm}^2 = 3101 \text{ mm}^2$$

$$S_K = P/A_{is} = 500 \cdot 10^3 \text{ kW}/3101 \text{ mm}^2 = 161,2 \text{ kW/mm}^2$$

Generatorwelle:

$$A_W = \pi \cdot 0,4^2 \text{ m}^2 = 0,503 \text{ m}^2 = 0,503 \cdot 10^6 \text{ mm}^2$$

$$S_W = P/A_W = 1,3 \cdot 10^6 \text{ kW}/0,503 \cdot 10^6 \text{ mm}^2 = 2,584 \text{ kW/mm}^2$$

Die Leistungsdichte in der Isolierschicht des Kabels ist das $S_K/S_W = 161,2/2,584 = 62,4\,$fache der Leistungsdichte im Stahl der Generatorwelle.

1.3   Wechselstrom und Drehstrom

Nach DIN 40108 unterscheidet man Gleichstromsysteme, in Abschn. 1.1 kurz „Gleichstrom" genannt, und Wechselstromsysteme, bei diesen das Einphasensystem – hier kurz „Wechselstrom" genannt (Abschn. 1.3.1 und 1.3.2) – und die Mehrphasensysteme, unter denen das dreiphasige Wechselstromsystem oder Drehstromsystem – hier kurz „Drehstrom" genannt (Abschn. 1.3.3) – die größte praktische Bedeutung hat (s. auch Tafel 7.11).

1.3.1   Wechselgrößen und Grundgesetze

1.3.1.1   Sinusförmige Wechselgrößen (Sinusgrößen)

In Abschn. 1.2.3.5 wird gezeigt, daß bei rotatorischer Spannungserzeugung in einem Generator eine zeitlich sinusförmig verlaufende, sich periodisch wiederholende Wechselspannung (**1**.64a) mit dem Augenblickswert

$$u = \hat{u} \sin \alpha = \hat{u} \sin \omega t \tag{1.91}$$

erzeugt wird, wobei $\hat{u}$ die Amplitude oder der Scheitelwert der Wechselspannung und $\alpha = \omega t$ der Phasenwinkel oder das Argument der Sinusfunktion ist[1]).

Periodendauer, Frequenz, Kreisfrequenz   Unter der Periodendauer T einer Wechselgröße (Wechselspannung u, Wechselstrom i) versteht man die Zeit für eine volle Periode, unter ihrer Frequenz $f = z/t$ den Quotienten aus der Zahl z der Perioden in der Zeitspanne t. Somit gilt auch

$$f = \frac{1}{T} \tag{1.92}$$

Zur Zeit $t = T$ ist $\omega T = 2\pi$ (**1**.64a), hieraus folgt $\omega = 2\pi/T$. Somit ist die Kreisfrequenz einer Wechselgröße

$$\omega = 2\pi f \tag{1.93}$$

Die Einheit der Frequenz f ist $1/s = 1$ Hertz = 1 Hz, die Einheit der Kreisfrequenz ω ist $1/s$.

Beispiel 1.36   Die Wechselspannungen in den Netzen der Kraftwerke haben in Deutschland einheitlich die mit höchster Genauigkeit konstant gehaltene Frequenz 50 Hz, also 50 Perioden pro Sekunde. Die Wechselspannung der Deutschen Bundesbahn hat die Frequenz $(50/3)$ Hz $= 16\frac{2}{3}$ Hz. Somit gelten für die vorkommenden „technischen" Wechselspannungen folgende Werte:

Öffentliche Versorgungsnetze	$f = 50$ Hz	$T = (1/50)$ s $= 0{,}02$ s	$\omega = 314$ s^{-1}
Bahnnetze der DB	$f = 16\frac{2}{3}$ Hz	$T = (3/50)$ s $= 0{,}06$ s	$\omega = 104{,}7$ s^{-1}

---

[1]) Eine sinusförmige elektrische Wechselgröße (Sinusgröße) wird im folgenden kurz Wechselgröße, z. B. Wechselspannung, Wechselstrom genannt.

Effektivwert Hierunter versteht man den über eine Periodendauer T gebildeten q u a d r a t i s c h e n   M i t t e l w e r t einer Wechselgröße. Liegt also z. B. eine Wechselspannung u bzw. ein Wechselstrom i mit den gegebenen Zeitfunktionen

$$u = \hat{u} \sin \omega t \qquad\qquad i = \hat{\imath} \sin \omega t \qquad\qquad (1.94)$$

vor, dann gilt für den Effektivwert U der Wechselspannung u bzw. den Effektivwert I des Wechselstroms i

$$U = \sqrt{\frac{1}{T} \int_0^T u^2 \, \mathrm{d}t} \qquad\qquad I = \sqrt{\frac{1}{T} \int_0^T i^2 \, \mathrm{d}t} \qquad\qquad (1.95)$$

Mathematisch erhält man durch Einsetzen von u und i aus Gl. (1.94) bei sinusförmigen Wechselgrößen allgemein die E f f e k t i v w e r t e

$$U = \frac{\hat{u}}{\sqrt{2}} = 0{,}707\,\hat{u} \qquad\qquad I = \frac{\hat{\imath}}{\sqrt{2}} = 0{,}707\,\hat{\imath} \qquad\qquad (1.96)$$

Wechselgrößen werden nach den Effektivwerten b e n a n n t, Spannungs- und Strommesser m e s s e n die Effektivwerte (Bild **1.**64 b); die Augenblickswerte u bzw. i in den Zeitschaubildern (**1.**64 a, **1.**66 a) können mit dem Oszilloskop dargestellt werden.

Nullphasenwinkel, allgemeine Gleichungen Mit den Gln. (1.96) lauten die Gln. (1.94) nun

$$u = \sqrt{2}\,U \sin \omega t \qquad\qquad i = \sqrt{2}\,I \sin \omega t$$

Bei der bisherigen Betrachtung war vorausgesetzt, daß die Zeitrechnung $t = 0$ jeweils beim positiven Nulldurchgang der Wechselgrößen beginnt. Wenn dies nicht der Fall ist, d. h. wenn bei $t = 0$ bei der Wechselspannung u ein Nullphasenwinkel φ_u, beim Wechselstrom i ein Nullphasenwinkel φ_i vorhanden ist, lauten die allgemeinen Gleichungen der Wechselgrößen

$$u = \sqrt{2}\,U \sin (\omega t + \varphi_\mathrm{u}) \qquad i = \sqrt{2}\,I \sin (\omega t + \varphi_\mathrm{i}) \qquad\qquad (1.97)$$

Beispiel 1.37 a) Wenn an den beiden Klemmen einer Steckdose (**1.**64 b) eine Wechselspannung 220 V, 50 Hz vorhanden ist, dann ist damit der Effektivwert $U = 220$ V und die Frequenz $f = 50$ Hz dieser Wechselspannung gemeint. Der Effektivwert entspricht dem Augenblickswert bei $t = T/8$ bzw. $\omega t = \pi/4 = 45°$ (Bild **1.**64 a), während die Amplitude bei $t = T/4 = 0{,}005$ s

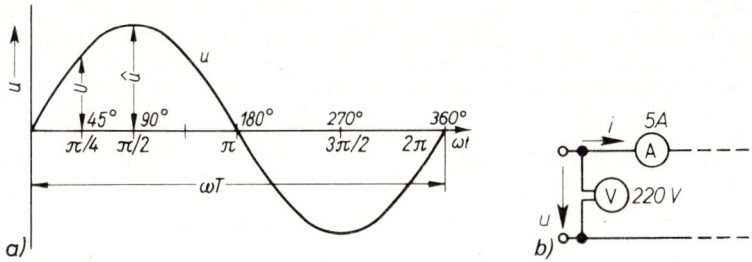

1.64 a) Zeitschaubild $u = f(\omega t)$ einer Wechselspannung nach Gl. (1.91)
b) Messung der Effektivwerte $U = 220$ V und $I = 5$ A

bzw. $\omega t = \pi/2 = 90°$ den weit größeren Wert $\hat{u} = \sqrt{2}\,U = \sqrt{2} \cdot 220\,\text{V} = 311\,\text{V}$ erreicht; es gilt dann $u = 311\,\text{V}\sin\omega t$.

Entsprechend hat z. B. ein Wechselstrom von 5 A den Effektivwert $I = 5\,\text{A}$, somit den Scheitelwert $\hat{\imath} = \sqrt{2}I = 7{,}07\,\text{A}$. Die Meßinstrumente in Bild **1.**64b zeigen die Effektivwerte 220 V bzw. 5 A an.

b) Die Zählpfeile für u und i (**1.**64b) geben jeweils die positiven Zählrichtungen dieser Größen an. Bei positivem u (zwischen 0 und $T/2$ bzw. 0 und π in **1.**64a) ist an der oberen Klemme Plus, an der unteren Klemme Minus; von $T/2$ bis T bzw. von π bis 2π ist die Polarität vertauscht (unten Plus, oben Minus) usw. Betrag und Richtung der Spannung ändern sich zeitlich (wechseln) nach einer Sinusfunktion: Wechselspannung. Entsprechend fließt ein Wechselstrom bei positivem i in der eingezeichneten Zählrichtung, bei negativem i entgegen dieser Richtung. Da diese Richtungsänderung bereits nach der kurzen Zeitspanne $T/2$ erfolgt, bewegen sich („schwingen") bei Wechselstrom die freien Elektronen im Leiter lediglich um ihre Ruhelage periodisch nach beiden Seiten.

1.3.1.2   Widerstand, Spule und Kondensator bei Wechselstrom

Spannungen, Ströme, Widerstände, Leitwerte, Phasenverschiebungswinkel

Es werden zunächst die Zusammenhänge zwischen den durch einen Widerstand, eine Spule und einen Kondensator fließenden Wechselströmen i und den an diesen 3 Bauteilen auftretenden Wechselspannungen u hergeleitet. Zu diesem Zweck wird von den Schaltbildern **1.**8a, **1.**38b, **1.**58b und den zugehörigen Grundgleichungen 1.9, 1.49b, 1.77 nach folgender Darstellung ausgegangen.

1.65a   **1.**65b   **1.**65c

$$u = iR \qquad\qquad u = L\,\mathrm{d}i/\mathrm{d}t \qquad\qquad u = (1/C)\int i\,\mathrm{d}t \qquad (1.98)$$

Fließt durch jedes der 3 Bauelemente der Strom

$$i = \sqrt{2}I \sin\omega t \qquad (1.99)$$

wobei in Gl. (1.97) $\varphi_i = 0$ gesetzt wird, dann erhält man aus den 3 obigen Grundgleichungen (1.98) durch Einsetzen von i

$$
\begin{aligned}
u = iR \qquad & u = L\,\mathrm{d}i/\mathrm{d}t & u &= (1/C)\int i\,\mathrm{d}t \\
& = \sqrt{2}IL\,\mathrm{d}(\sin\omega t)/\mathrm{d}t & &= \sqrt{2}I(1/C)\int \sin\omega t\,\mathrm{d}t \\
& = \sqrt{2}I\omega L\,\mathrm{d}(\sin\omega t)/\mathrm{d}\,\omega t & &= \sqrt{2}I(1/\omega C)\int \sin\omega t\,\mathrm{d}\,\omega t
\end{aligned}
$$

$$u = \sqrt{2}IR\sin\omega t \quad u = \sqrt{2}I\omega L\cos\omega t \qquad u = \sqrt{2}I(1/\omega C)(-\cos\omega t) \quad (1.100)$$

Da $\cos\alpha = \sin(\alpha + \pi/2)$ Da $-\cos\alpha = \sin(\alpha - \pi/2)$
gilt auch   gilt auch

$$u = \sqrt{2}U\sin\omega t \quad u = \sqrt{2}U\sin(\omega t + \pi/2) \qquad u = \sqrt{2}U\sin(\omega t - \pi/2) \quad (1.101)$$

Für die gesuchten Spannungen erhält man somit in den 3 Fällen die allgemeine Form

$$u = \sqrt{2}U\sin(\omega t + \varphi) \qquad (1.102)$$

Ergebnisse

1. Für die Effektivwerte der auftretenden Wechselspannungen und -ströme ergeben sich aus Gl. (1.100) und (1.101) die wichtigen Grundgesetze für Wechselstrom:

$$U = IR \qquad U = I\omega L = IX_L \qquad U = I\frac{1}{\omega C} = IX_C \qquad (1.103)$$

mit den Widerständen

$$R \qquad X_L = \omega L \qquad X_C = 1/\omega C \qquad (1.104)$$

oder in anderer Form die Gleichungen

$$I = UG \qquad I = U\frac{1}{\omega L} = UB_L \qquad I = U\omega C = UB_C \qquad (1.105)$$

mit den Leitwerten

$$G = 1/R \qquad B_L = \frac{1}{X_L} = \frac{1}{\omega L} \qquad B_C = \frac{1}{X_C} = \omega C \qquad (1.106)$$

Für die in den Normen festgelegten Formelzeichen und Namen gilt:

R–elek. Widerstand oder Wirkwiderstand G–elek. Leitwert oder Wirkleitwert
X_L–induktiver Blindwiderstand B_L–induktiver Blindleitwert
X_C–kapazitiver Blindwiderstand B_C–kapazitiver Blindleitwert

Das Ohmsche Gesetz gilt demnach in gleicher Form wie bei Gleichstrom auch für die Effektivwerte von Wechselspannung und Wechselstrom. Im Gegensatz zu R und G sind aber die Blindwiderstände X_L bzw. X_C und die Blindleitwerte B_L bzw. B_C von Spule und Kondensator frequenzabhängig.

2. Die Darstellung von Gl. (1.99) und (1.101) in Bild **1**.66a) zeigt, daß in den 3 Fällen die Phasenlage der Wechselspannung zum Wechselstrom verschieden ist. Bei einem Widerstand R werden die Größen $u_{(R)}$ und i immer gleichzeitig Null und erreichen ihre positiven und negativen Amplitudenwerte gleichzeitig: sie sind phasengleich oder in Phase. Im Gegensatz dazu sind sowohl bei der Spule $u_{(L)}$ und i als auch beim Kondensator $u_{(C)}$ und i nicht mehr in Phase, sondern phasenverschoben. Während zur Zeit $t = 0$ der Strom $i = 0$ ist, hat bei der Spule die Spannung $u_{(L)}$ bereits ihren positiven Maximalwert erreicht, die Spannung $u_{(C)}$ am Kondensator ist aber erst beim negativen Maximalwert angelangt.

Die Phasenlage wird durch den Phasenverschiebungswinkel φ ausgedrückt. Nach DIN 40110 ist φ als Winkel der Spannung gegen den Strom festgelegt:

$$\varphi = \varphi_u - \varphi_i \qquad (1.107)$$

Da in Gl. (1.99) $\varphi_i = 0$ gesetzt wurde, ergibt sich $\varphi = \varphi_u$ und damit folgen aus den Gln. (1.101) und (1.102) und aus Bild **1**.66a) die Phasenverschiebungswinkel bei

R	L	C	
$\varphi = 0°$	$\varphi = 90° = \dfrac{\pi}{2}$	$\varphi = -90° = -\dfrac{\pi}{2}$	(1.108)
Spannung und Strom in Phase	Spannung eilt Strom um 90° vor	Spannung eilt Strom um 90° nach	

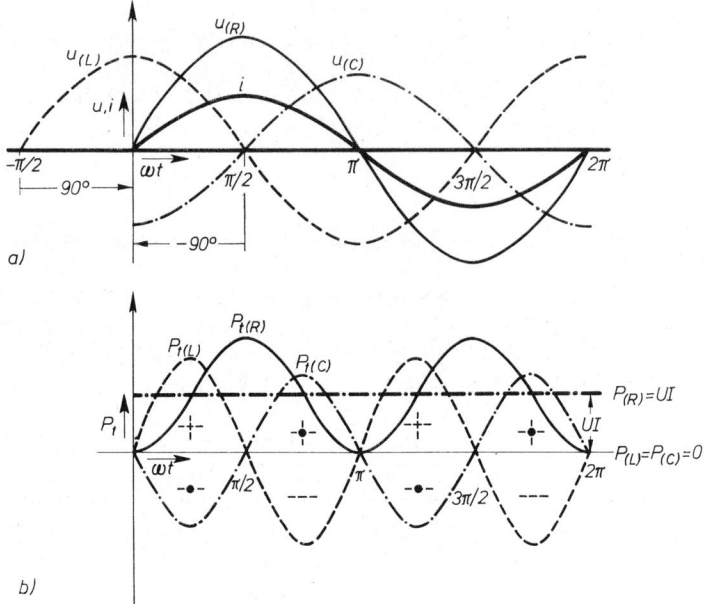

1.66 a) Zeitschaubilder von Wechselspannung und Wechselstrom bei R, L und C

b) Zeitschaubilder der Augenblickswerte P_t mit Angabe der Durchschnittswerte P bei R, L und C (siehe Seite 90)

Bei der vorstehenden Herleitung wurden idealisierte („reine") Zweipole sowohl als Spule (Induktivität L ohne R) und als Kondensator (Kapazität C ohne R) vorausgesetzt. Somit erhält man jeweils getrennt bei R die Wirkung des Strömungsfeldes, bei L die Wirkung des Magnetfeldes und bei C die Wirkung des elektrischen Feldes bei Wechselstrom.

Bemerkung: Statt des umständlichen Wortes „Phasenverschiebungswinkel" wird in Literatur und Praxis häufig „Phasenwinkel" verwendet. Dies ist nach Definition DIN 1311 T.1 unzulässig (s. auch Text bei Gl. 1.91). Wenn kein Irrtum möglich ist, wäre m.E. „Winkel" ausreichend.

Zahlenbeispiele

Beispiel 1.38 Ein Widerstand $R = 200\,\Omega$ wird an die sinusförmige Wechselspannung 220 V, 50 Hz angeschlossen (**1**.67). Man gebe die Wechselgrößen im Stromkreis an.

Für den Effektivwert des Wechselstromes ist nach Gl. (1.103)

$$I = U/R = 220\text{ V}/200\,\Omega = 1{,}1\text{ A}$$

Für die Amplituden der Wechselspannung und des Wechselstromes erhält man Gl. (1.96)

$$\hat{u} = \sqrt{2}\,U = \sqrt{2} \cdot 220\text{ V} = 311\text{ V} \qquad \hat{\imath} = \sqrt{2}\,I = \sqrt{2} \cdot 1{,}1\text{ A} = 1{,}56\text{ A}$$

Somit gelten als Zeitfunktionen der Wechselspannung Gl. (1.101) und des Wechselstroms Gl. (1.99) dieses Stromkreises

$$u = 311\text{ V }\sin\omega t \qquad i = 1{,}56\text{ A }\sin\omega t$$

Prinzipielle (nicht maßstäbliche) Darstellung durch die Kurven $u_{(R)}$ und i in Bild **1**.66a.

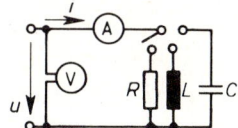

1.67
Messung der Effektivwerte U und I bei Anschluß von R, L und C

Beispiel 1.39 Eine Spule ($R = 0$) wird an ein Wechselspannungsnetz 220 V, 50 Hz angeschlossen (**1.67**); ein Wechselstrommeßgerät zeigt einen Strom von 2 A an. Welche Wechselgrößen treten im Stromkreis auf?

Nach Gl. (1.103) ergibt sich für die Induktivität L der Spule

$$L = U/I\omega = 220 \text{ V}/(2 \text{ A} \cdot 314 \text{ s}^{-1}) = 0,35 \text{ } \Omega\text{s} = 0,35 \text{ H}$$

Der Blindwiderstand X_L und der Blindleitwert B_L der Spule betragen

$$X_L = U/I = 220 \text{ V}/2 \text{ A} = 110 \text{ } \Omega$$
$$B_L = 1/X_L = 9{,}09 \cdot 10^{-3} \text{ S (Siemens)}$$

Für die Amplituden von Wechselspannung und Wechselstrom ergeben sich $\hat{u} = 311$ V und $\hat{\imath} = \sqrt{2} \cdot 2$ A $= 2{,}83$ A. Somit gelten folgende Zeitfunktionen für Wechselspannung Gl. (1.101) und Wechselstrom Gl. (1.99)

$$u = 311 \text{ V} \sin(\omega t + \pi/2) \quad i = 2{,}83 \text{ A} \sin \omega t$$

Prinzipielle (nicht maßstäbliche) Darstellung durch die Kurven $u_{(L)}$ und i in Bild **1.66**a.

Beispiel 1.40 Ein Kondensator wird an ein Wechselstromnetz 220 V, 50 Hz angeschlossen und ein Strom von 0,5 A gemessen (**1.67**). Wie groß sind Kapazität, kapazitiver Blindwiderstand und Blindleitwert, welchen Betrag haben die Amplituden von Spannung und Strom?

Nach Gl. (1.103) ergibt sich für die Kapazität des Kondensators

$$C = \frac{I}{U\omega} = \frac{0{,}5 \text{ A}}{220 \text{ V} \cdot 314 \text{ s}^{-1}} = 7{,}23 \cdot 10^{-6} \text{ s}/\Omega = 7{,}23 \text{ } \mu\text{F}$$

Der kapazitive Blindwiderstand und der Blindleitwert des Kondensators betragen

$$X_C = \frac{U}{I} = \frac{220 \text{ V}}{0{,}5 \text{ A}} = 440 \text{ } \Omega \quad B_C = 1/X_C = 2{,}27 \cdot 10^{-3} \text{ S}$$

Die Amplituden der Wechselspannung und des Wechselstroms sind $\hat{u} = 311$ V und $\hat{\imath} = \sqrt{2} \cdot 0{,}5$ A $= 0{,}707$ A. Somit gelten die folgenden Zeitfunktionen für Wechselspannung Gl. (1.101) und Wechselstrom Gl. (1.99)

$$u = 311 \text{ V} \sin(\omega t - \pi/2) \quad i = 0{,}707 \text{ A} \sin \omega t$$

Prinzipielle (nicht maßstäbliche) Darstellung durch die Kurven $u_{(C)}$ und i in Bild **1.66**a.

Beispiel 1.41 In der elektrischen Nachrichtentechnik spielt die Abhängigkeit der Wechselstromwiderstände und -leitwerte von der Frequenz eine wichtige Rolle.

a) Man berechne und stelle die Größen R, X_L und X_C aus den Beispielen 1.38 bis 1.40 abhängig von der Frequenz (bis 500 Hz) in einem Schaubild (**1.68**) maßstäblich dar.

Beispiel 1.38: $R = 200 \text{ } \Omega$ = konstant, also unabhängig von der Frequenz

Beispiel 1.39: $X_L = \omega L = 110 \text{ } \Omega$ bei 50 Hz; $X_L = 2\pi f L$ steigt proportional mit f an (Ursprungsgerade), also z. B. $X_L = 1100 \text{ } \Omega$ bei 500 Hz

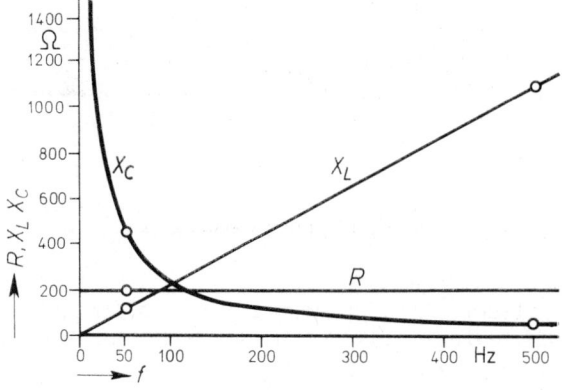

1.68
Frequenzverhalten von Wechsel-
stromwiderständen

Beispiel 1.40: $X_C = 1/\omega C = 440\ \Omega$ bei 50 Hz; $X_C = 1/2\pi f C$ verläuft umgekehrt proportional f (Hyperbel); für 25 Hz wird $X_C = 2\cdot 440\ \Omega = 880\ \Omega$, für 250 Hz wird $X_C = \frac{1}{5}$ $\cdot\ 440\ \Omega = 88\ \Omega$, für 500 Hz wird $X_C = 44\ \Omega$.

b) Welche Folgerungen können aus dem Ergebnis gezogen werden? Im Gegensatz zum frequenzunabhängigen, also konstanten Widerstand R sind X_L und X_C frequenzabhängig. Während die Spule bei Gleichstrom ($f = 0$) widerstandslos ist ($X_L = 0$) und damit wie ein Kurzschluß wirkt, wird X_L mit steigender Frequenz immer größer, der Strom der Spule demnach immer kleiner, also gedrosselt (Drosselspule); bei sehr hohen Frequenzen ($f \to \infty$) fließt fast kein Strom mehr ($I \to 0$). Umgekehrtes Frequenzverhalten wie die Spule zeigt der Kondensator: bei $f = 0$ wird $X_C \to \infty$ d.h. der Kondensator sperrt den Gleichstrom ($I = 0$), während bei sehr hohen Frequenzen X_C immer kleiner und damit der Stromdurchgang immer mehr erleichtert wird.

c) Die Ströme der 3 Bauelemente sind bei gleichem Effektivwert $U = 220$ V der Wechselspannung, aber den Frequenzen 10 Hz und 250 Hz zu ermitteln.

	10 Hz	50 Hz	250 Hz	
R	1,1 A	1,1 A	1,1 A	$I = U/R = $ konstant
L	10 A	2 A	0,4 A	$I = U/\omega L \sim 1/f$
C	0,10 A	0,5 A	2,5 A	$I = U\omega C \sim f$

d) Man überlege die Lösung der Zahlenbeispiele 1.38 bis 1.41 bei Betrachtung der entsprechenden Wechselstromleitwerte G, B_L und B_C (s. Gl. (1.106)).

1.3.1.3   Darstellung von Wechselgrößen im Zeigerbild

Herleitung der Zeigerbilder   Eine weitere, in der Wechselstromtechnik viel verwendete und besonders einfache Darstellung sinusförmiger Wechselspannungen und -ströme geschieht mit Hilfe der nun zu besprechenden Z e i g e r b i l d e r.

Der Augenblickswert $u = \sqrt{2}\,U \sin \omega t$ einer sinusförmigen Wechselspannung kann nach Bild **1**.69 a nämlich durch die Projektion eines S p a n n u n g s z e i g e r s dargestellt

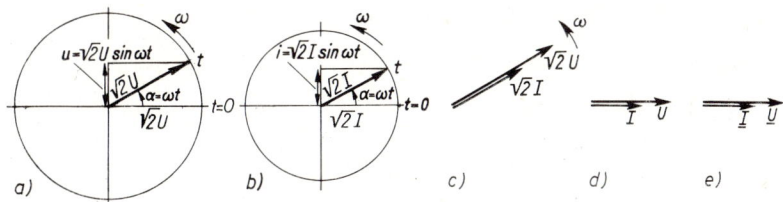

1.69 Entwicklung des Zeigerbildes für sinusförmige Wechselgrößen

werden, dessen Betrag gleich der Amplitude $\sqrt{2}\,U$ der Spannung ist und der mit der Kreisfrequenz ω vereinbarungsgemäß entgegengesetzt zum Uhrzeigersinn rotiert. Nach Bild **1.**69a gilt mit $\alpha = \omega t$ in jedem Augenblick

$$u = \sqrt{2}\,U \sin \alpha = \sqrt{2}\,U \sin \omega t \qquad\qquad (1.109)$$

Auf gleiche Weise läßt sich auch ein sinusförmiger Wechselstrom $i = \sqrt{2}\,I \sin \omega t$, wie er sich bei Anschluß eines Widerstandes R an eine Spannungsquelle ergibt, durch einen mit ω im Gegenuhrzeigersinn rotierenden S t r o m z e i g e r mit dem Betrag $\sqrt{2}\,I$ darstellen (**1.**69b). Da in diesem Fall Spannung und Strom in Phase sind ($\varphi = 0°$), decken sich im Zeigerbild beide Zeiger in jedem Augenblick (**1.**69c). Das Zeigerbild ersetzt vollwertig die viel umständlicher zu zeichnenden Zeitschaubilder (Liniendiagramm) nach der Art von Bild **1.**66, dort die Kurven $u_{(R)}$ und i.

Zeigerbild und Schaltplan   Der V o r t e i l des Z e i g e r b i l d e s erweist sich besonders bei der Berechnung von Wechselstromkreisen (s. Abschn. 1.3.2). Mit Rücksicht auf die praktische Verwendung ist es zweckmäßig, das Zeigerbild nach Bild **1.**69c noch zu vereinfachen. Da man mit den Effektivwerten von Spannungen und Strömen rechnet und Wechselstrominstrumente ebenfalls Effektivwerte anzeigen, liegt die Vereinbarung nahe, im Zeigerbild durch die Zeigerstrecken nicht die für ihre Herleitung benutzten Amplituden, sondern ebenfalls die Effektivwerte U und I darzustellen (**1.**69d). Die Orientierung der Zeiger in der Zeichenebene kann willkürlich gewählt werden, z. B. waagerecht wie in Bild **1.**69d. Weiter wird für alle Zeiger einheitlich vereinbart, daß sie im Gegenuhrzeigersinn mit der Kreisfrequenz ω rotieren, so daß der Drehpfeil für ω in Bild **1.**69d wegbleiben kann.

Schließlich ist es erforderlich, bei der Zusammensetzung mehrerer gleichartiger Zeiger (Spannungszeiger, Stromzeiger) außer ihren Beträgen auch ihre Phasenlage zu berücksichtigen. Sie werden also nicht algebraisch sondern wie Vektoren (z. B. Kräfte in der Mechanik) g e o m e t r i s c h a d d i e r t (s. Abschn. 1.3.2.1). Man trägt diesem Sachverhalt dadurch Rechnung, daß man die Zeiger nach DIN 5483 durch Unterstreichung des Formelbuchstabens mit $\underline{U}$ bzw. $\underline{I}$ kennzeichnet (**1.**69e). Schreibt man schließlich in den S c h a l t p l ä n e n an die Zählpfeile anstelle von u und i ebenfalls $\underline{U}$ bzw. $\underline{I}$, so stimmen die Bezeichnungen in den Schaltplänen und Zeigerbildern überein.

Zusammenfassung   In Tafel **1.**70 sind oben Schaltpläne und Zeigerbilder für Widerstand R, Induktivität L und Kapazität C dargestellt. Für den W i d e r s t a n d R decken sich Spannungs- und Stromzeiger, Spannung und Strom sind in Phase: $\varphi = 0°$. Bei der I n d u k t i v i t ä t L eilt die Spannung um den Phasenverschiebungs-

Tafel **1**.70   Zusammenfassende Darstellung

	Widerstand	Induktivität	Kapazität	Zweipol (passiv)
Schaltplan				
Zeigerbild				
Gesetz	$U = IR$ $I = UG$	$U = I\omega L = IX_{\mathrm{L}}$ $I = U/\omega L = UB_{\mathrm{L}}$	$U = I/\omega C = IX_{\mathrm{C}}$ $I = U\omega C = UB_{\mathrm{C}}$	$U = IZ$ $I = UY$
Widerstand	R	$X_{\mathrm{L}} = \omega L$	$X_{\mathrm{C}} = 1/\omega C$	Z
Leitwert	$G = 1/R$	$B_{\mathrm{L}} = 1/\omega L$	$B_{\mathrm{C}} = \omega C$	$Y = 1/Z$
Phasen-verschiebungs-winkel	$\varphi = 0°$	$\varphi = 90°$	$\varphi = -90°$	$90° \geqq \varphi \geqq -90°$
Leistung	$P = UI$	$P = 0$	$P = 0$	$P = UI \cos\varphi$
Blindleistung	$Q = 0$	$Q = UI$	$Q = -UI$	$Q = UI \sin\varphi$
Scheinleistung	$S = UI$	$S = UI$	$S = UI$	$S = UI$ $= \sqrt{P^2 + Q^2}$
Leistungsfaktor	$\cos\varphi = 1$	$\cos\varphi = 0$	$\cos\varphi = 0$	$\cos\varphi = P/S$
Arbeit	$W = UIt$	$W = 0$	$W = 0$	$W = P \cdot t$
Blindarbeit	$W_{\mathrm{q}} = 0$	$W_{\mathrm{q}} = UIt$	$W_{\mathrm{q}} = -UIt$	$W_{\mathrm{q}} = Q \cdot t$

winkel $\varphi = +90°$ dem Strom voraus; umgekehrt eilt bei einer Kapazität C die Spannung dem Strom um $\varphi = -90°$ nach.

Zweipol   Ein Verbraucher oder passiver Zweipol (s. S.8) nimmt elektrische Leistung aus dem Stromkreis auf; es ist $P > 0$, im Grenzfall $P = 0$. Man kann deshalb nicht nur die 3 Bauteile R, L und C für sich getrennt darstellen, sondern jede beliebige, aus passiven Zweipolen zusammengesetzte Wechselstromschaltung mit 2 (äußeren) Klemmen als passiven Zweipol (s. letzte Spalte in Tafel **1**.70) behandeln. Durch die Größe

$$Z = U/I \tag{1.110}$$

den Scheinwiderstand des Zweipols, und den Phasenverschiebungswinkel φ des Zweipols liegt auch das Zeigerbild fest. Bei einem passiven Zweipol liegt φ zwischen $+90°$ und $-90°$; das Schaltzeichen für Z nach DIN 40712 (Tafel **1**.70) gilt für beliebigen Winkel φ.

Entsprechend der Definition der Blindleitwerte Gl. (1.106) ist der Kehrwert des Scheinwiderstands Z als Scheinleitwert Y definiert, so daß allgemein gilt

$$Y = 1/Z \tag{1.111}$$

Somit gilt auch allgemein für einen Zweipol

$$U = IZ \quad \text{und} \quad I = UY \tag{1.112}$$

1.3.1.4 Leistung, Leistungsfaktor, Arbeit

Augenblickswert der Leistung, Wirkleistung Zur Ermittlung der Leistung bei Wechselstrom geht man von dem allgemein gültigen Gesetz für den Augenblickswert P_t der elektrischen Leistung entsprechend Gl. (1.7) aus:

$$P_t = ui \tag{1.113a}$$

Setzt man aus Gl. (1.97)

$$u = \sqrt{2}\,U \sin(\omega t + \varphi_u) \quad i = \sqrt{2}I \sin(\omega t + \varphi_i)$$

in Gl. (1.113a) ein, erhält man mit Gl. (1.107) unter Zuhilfenahme der Beziehung

$$\sin\alpha \cdot \sin\beta = (1/2)\left[\cos(\alpha - \beta) - \cos(\alpha + \beta)\right]$$
$$P_t = \sqrt{2}\,U \sin(\omega t + \varphi_u)\,\sqrt{2}I \sin(\omega t + \varphi_i)$$
$$= 2UI(1/2)\left[\cos\varphi - \cos(2\omega t + \varphi_u + \varphi_i)\right]$$

und damit die allgemeingültige Gleichung für einen Zweipol

$$P_t = UI \cos\varphi - UI \cos(2\omega t + \varphi_u + \varphi_i)$$
$$P_t = \quad P \quad - \quad P_\sim \tag{1.113b}$$

Der Augenblickswert P_t der elektrischen Leistung setzt sich somit aus zwei Anteilen zusammen:

dem D u r c h s c h n i t t s w e r t P oder zeitlich linearen Mittelwert der Leistung, den man

Wirkleistung $P = UI \cos\varphi$ $\tag{1.114}$

oder auch kurz nur L e i s t u n g nennt und

dem W e c h s e l a n t e i l $P_\sim$ der Leistung, der mit der Amplitude UI und der doppelten Frequenz des Wechselstroms um die Wirkleistung P sinusförmig schwingt, im Mittel also keinen Beitrag zur Leistung liefert. Man beachte, daß für die von einem Zweipol aufgenommene Leistung P bei Gleichstrom das Produkt UI, bei Wechselstrom aber das Produkt $UI \cos\varphi$ maßgebend ist.

Beispiel 1.42 a) Man ermittle P_t und P bei $\varphi_i = 0$ allgemein für R, L und C, stelle die Ergebnisse in einm Zeitschaubild (Bild **1.**66b) dar und deute sie physikalisch.
Aus Gl. (1.113b) ergibt sich mit Gl. (1.108) für $R(\varphi = 0°, \cos\varphi = 1)$:

$$P_t = UI - UI \cos 2\omega t \quad P = UI$$

Es ergibt sich dieselbe Leistungsgleichung $P = UI$ wie bei Gleichstrom, so daß mit Gl. (1.103) auch bei Wechselstrom $P = I^2 R = U^2/R$ gilt. Ein Widerstand R nimmt demnach bei einer Gleichspannung U und einer Wechselspannung mit dem Effektivwert U denselben Gleichstrom I bzw. Wechselstrom I (Effektivwert) und damit auch dieselbe elektrische Leistung P auf (Bild **1.**66b). Weiter wird

für $\quad L(\varphi = 90°, \cos\varphi = 0)$: $P_t = 0 - UI \cos(2\omega t + 90°) = UI \sin 2\omega t \qquad P = 0$
für $\quad C(\varphi = -90°, \cos\varphi = 0)$: $P_t = 0 - UI \cos(2\omega t - 90°) = -UI \sin 2\omega t \qquad P = 0$

Für L und C wird je $P = 0$, d.h. in beiden Fällen wird im Mittel weder Leistung aufgenommen noch abgegeben. Während der positiven Augenblickswerte ($P_t > 0$ oberhalb der Zeitachse in Bild **1.**66b) wird aus dem Netz elektrische Energie zum Aufbau des Magnetfeldes der Spule bzw. des elektrischen Feldes des Kondensators entnommen. Diese Energie wird während der negativen Augenblickswerte ($P_t < 0$ unterhalb der Zeitachse) beim Abbau des Magnetfeldes der Spule bzw. des elektrischen Feldes im Kondensator wieder restlos in das Netz zurückgeliefert. Diese Verhältnisse lassen sich auch physikalisch mit dem Energieprinzip erklären, da sowohl Spule als auch Kondensator ohne Verluste (ohne R) angenommen wurden.

b) Man ermittle P und P_t speziell für die Beispiele 1.38 bis 1.40

Widerstand R: $P = UI = 220\,\text{V} \cdot 1{,}1\,\text{A} = 242\,\text{W}$; $P_t = 242\,\text{W} - 242\,\text{W}\cos 2\omega t$

Induktivität L: $P = 0$; $P_t = 220\,\text{V} \cdot 2\,\text{A} \sin 2\omega t$ $= 440\,\text{W}\sin 2\omega t$

Kapazität C: $P = 0$; $P_t = -220\,\text{V} \cdot 0{,}5\,\text{A} \sin 2\omega t$ $= -110\,\text{W}\sin 2\omega t$

c) Man zeichne maßstäbliche Zeitschaubilder $P_t = f(t)$ entsprechend Bild **1.**66b.

Blindleistung, Scheinleistung, Leistungsfaktor   Außer der Leistung P (Wirkleistung) sind nun bei Wechselstrom die zwei weiteren Leistungsgrößen B l i n d l e i s t u n g und S c h e i n l e i s t u n g definiert, die k e i n e   p h y s i k a l i s c h e   R e a l i t ä t haben und nur zweckmäßig gewählte R e c h e n g r ö ß e n sind. Für einen Zweipol ist definiert

Blindleistung $Q = UI \sin\varphi$ (1.115)

Scheinleistung $S = UI$ (1.116)

Somit ergibt sich zusammenfassend [1])

$$P = UI\cos\varphi = S\cos\varphi;\quad Q = UI\sin\varphi = S\sin\varphi;\quad S = UI = \sqrt{P^2 + Q^2}$$
(1.117)

Die Einheit aller drei Leistungsgrößen sind nach obigen Definitionen $1\,\text{W} = 1\,\text{VA}$. Um die 3 Größen deutlich voneinander zu unterscheiden, wird nach DIN 1301 in der Praxis nur die Wirkleistung P in Watt (W), dagegen die Scheinleistung S in Volt-Ampere (VA) und die Blindleistung in Var (var) angegeben [2]). Es gilt $1\,\text{W} = 1\,\text{VA}$ $= 1\,\text{var}$.

A l l g e m e i n ist das Verhältnis des Betrags der Wirkleistung zur Scheinleistung der

Leistungsfaktor $\lambda = \dfrac{|P|}{S} \leq 1$ (1.118a)

Im Fall der hier betrachteten S i n u s g r ö ß e n folgt damit aus Gl. (1.117) für den

Leistungsfaktor $\lambda = |\cos\varphi|$ (1.118b)

der in der elektrischen Energietechnik besondere Bedeutung hat (Abschn. 1.3.2).

Leistungsdreieck   Aus dem Zeigerbild eines Zweipols (**1.**71a) läßt sich mit gleichem Winkel φ sofort ein rechtwinkliges L e i s t u n g s d r e i e c k (**1.**71b) mit den 3 definierten Leistungsgrößen P, Q, S des Zweipols zeichnen, wie aus den Gln. (1.117) folgt.

---

[1]) Nach DIN 1304 und DIN 40121 sind für die Blindleistung auch die Formelzeichen P_q oder P_b, für die Scheinleistung auch das Formelzeichen P_s möglich.
[2]) Die wenig glücklich gewählte Einheit Var (sprich „war") mit dem Einheitenzeichen var wird aus dem englischen Volt-Ampere-reactive ($=$ blind, wattlos) hergeleitet.

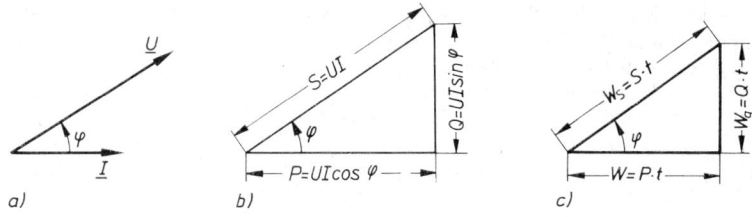

1.71 Zweipol. a) Zeigerbild b) Leistungsdreieck c) Arbeitsdreieck

Beispiel 1.43 Für R, L und C ergeben sich allgemein die Werte P, Q und S nach Tafel **1.**70 wie folgt:

$R(\varphi = 0°,$ $\sin \varphi = 0,$ $\cos \varphi = 1):$ $P = UI$ $Q = 0$ $S = UI$

$L(\varphi = 90°,$ $\sin \varphi = 1,$ $\cos \varphi = 0):$ $P = 0$ $Q = UI$ $S = UI$

$C(\varphi = -90°,$ $\sin \varphi = -1,$ $\cos \varphi = 0):$ $P = 0$ $Q = -UI$ $S = UI$

Für die Beispiele 1.38 bis 1.40 erhält man

$R:$ $P = 242\ \text{W}$ $Q = 0$ $S = 242\ \text{VA}$ $\cos \varphi = 1{,}0$

$L:$ $P = 0$ $Q = 440\ \text{var}$ $S = 440\ \text{VA}$ $\cos \varphi = 0$

$C:$ $P = 0$ $Q = -110\ \text{var}$ $S = 110\ \text{VA}$ $\cos \varphi = 0$

Arbeit, Blindarbeit Die elektrische Arbeit ergibt sich auch bei Wechselstrom aus dem Produkt von Leistung und Zeitspanne

$$\textbf{Arbeit (Wirkarbeit)}\ \ W = P \cdot t \tag{1.119}$$

Entsprechend der Blindleistung Q ist wiederum ohne jede physikalische Realität definiert

$$\textbf{Blindarbeit}\ \ W_{\text{q}} = Q \cdot t \tag{1.120a}$$

Die weitere Definition

$$\textbf{Scheinarbeit}\ \ W_{\text{s}} = S \cdot t \tag{1.120b}$$

als Produkt von Scheinleistung und Zeitspanne wird voraussichtlich zusammen mit den bisher schon praktisch verwendeten Arbeitsgrößen W und W_{q} erstmals in die erweiterte Norm DIN 40110 Teil 1 aufgenommen werden.

Im Arbeitsdreieck (**1.**71c), das dem Leistungsdreieck (Bild **1.**71b) ähnlich ist, sind W und W_{q} die beiden Katheten, W_{s} die Hypothenuse. Nach den vorstehenden Ausführungen ist für W die SI-Einheit $1\ \text{Ws}\ (= 1\ \text{J})$ und für W_{q} die SI-Einheit $1\ \text{var s}$ in Gebrauch; für W_{s} empfiehlt sich $1\ \text{VA s}$. In der elektrischen Energiewirtschaft wird bei der Messung der Wirkarbeit mit dem kWh-Zähler die Einheit $1\ \text{kWh}\ (= 3{,}6 \cdot 10^6\ \text{W s})$ verwendet, während bei der Messung der Blindarbeit mit dem kvarh-Zähler, z.B. in Hochspannungsanlagen von Industriebetrieben, die entsprechende Einheit $1\ \text{kvarh}$ $(= 3{,}6 \cdot 10^6\ \text{var s})$ bei der Verrechnung der Stromkosten auftritt.

Man erkennt, daß sich die Blindleistung und die Blindarbeit bei der Spule positiv, beim Kondensator negativ ergeben. Läuft demnach ein kvarh-Zähler bei induktiver Blindleistung z.B. rechts herum, so muß er bei kapazitiver Blindleistung links herum laufen, falls im Zähler keine Rücklaufhemmung eingebaut ist. Heben sich induktive und kapazitive Blindleistung gerade auf, so steht der kvarh-Zähler still. Im praktischen Sprachgebrauch spricht man meist von Blind-leistungaufnahme bzw. -abgabe eines Zweipols. Man versteht dann unter Blindleistungsauf-nahme induktive Blindleistung ($Q > 0$), unter Blindleistungsabgabe kapazitive Blindleistung ($Q < 0$) und spricht dementsprechend von Aufnahme bzw. Bezug von Blindarbeit ($W_q > 0$) oder von Abgabe bzw. Lieferung von Blindarbeit ($W_q < 0$).

Beispiel 1.44   a) Man gebe für die 3 Schaltelemente von Beispiel 1.43 die Arbeit W und die Blindarbeit W_q an, wenn sie je 4 Stunden in Betrieb sind.

Widerstand R: $W = 0{,}242\ \text{kW} \cdot 4\ \text{h} = 0{,}968\ \text{kWh}$; $W_q = 0$

Induktivität L: $W = 0$; $W_q = 0{,}44\ \text{kvar} \cdot 4\ \text{h} = 1{,}76\ \text{kvarh}$ (Aufnahme von Blindarbeit)

Kapazität C: $W = 0$; $W_q = -\,0{,}110\ \text{kvar} \cdot 4\ \text{h} = -\,0{,}440\ \text{kvarh}$ (Abgabe von Blindarbeit)

b) Welche Arbeit zeigt der kWh-Zähler, welche Blindarbeit der kvarh-Zähler an, wenn bei ei-nem Abnehmer alle 3 Schaltelemente gleichzeitig in Betrieb sind?

$W = 0{,}968\ \text{kWh}$; $W_q = (1{,}76 - 0{,}440)\ \text{kvarh} = 1{,}320\ \text{kvarh}$ (Aufnahme von Blindarbeit)

c) Welche Leistungsgrößen, welcher Netzstrom und Phasenverschiebungswinkel ergeben sich ins-gesamt, wenn die 3 Schaltelemente gleichzeitig eingeschaltet sind?

$$P = \Sigma P = 242\ \text{W};\quad Q = \Sigma Q = (440 - 110)\ \text{var} = 330\ \text{var};$$
$$S = \sqrt{P^2 + Q^2} = \sqrt{242^2 + 330^2}\ \text{VA} = 409\ \text{VA}$$
$$I = S/U = 409\ \text{VA}/220\ \text{V} = 1{,}86\ \text{A};\quad \cos\varphi = P/S = 242/409 = 0{,}592;\quad \varphi = 53{,}7°.$$

d) Man zeichne Zeigerbild, Leistungs- und Arbeitsdreieck maßstäblich auf.

1.3.2   Wechselstromkreise

1.3.2.1   Kirchhoffsche Regeln bei Wechselstrom

Knotenregel und Maschenregel   Bei Gleichstrom gilt für die Ströme am Knoten-punkt einer elektrischen Schaltung nach Gl. (1.20) die Knotenregel $\Sigma I_{zu} = \Sigma I_{ab}$ und für die Spannungen in einem geschlossenen Stromkreis (Masche) nach Gl. (1.22) die Maschenregel $\Sigma U = 0$.

Allgemein gelten die Kirchhoffschen Regeln für die Augenblickswerte der Wechsel-ströme i und der Wechselspannungen u von beliebigem zeitlichem Verlauf, also nicht nur für die Sinusform. Demnach lautet die Knotenregel

$$\Sigma i_{zu} = \Sigma i_{ab} \tag{1.121}$$

und die Maschenregel

$$\Sigma u = 0 \tag{1.122}$$

Die Regeln für Gleichstrom, Gl. (1.20) und (1.22), sind also Spezialfälle der allgemein gültigen Regeln nach Gl. (1.121) und (1.122).

Zusammensetzung von Zeigern   Bei Wechselstrom erfordert demnach die Knoten-regel die Zusammensetzung der Augenblickswerte von Wechselströmen, die Maschen-regel die Zusammensetzung der Augenblickswerte von Wechselspannungen. Bei sinusförmigem Verlauf der Wechselgrößen ist die rechnerische Durchführung

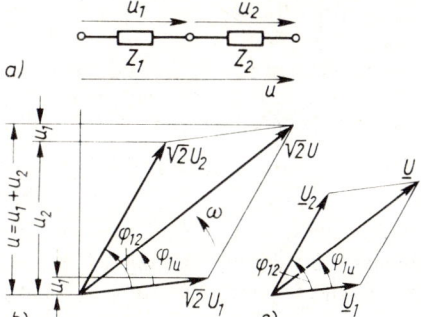

1.72
Zusammensetzung sinusförmiger Wechselspannungen $u = u_1 + u_2$
a) Schaltplan
b) Zusammensetzung rotierender Spannungszeiger
c) geometrische Zusammensetzung der Zeiger
   $\underline{U} = \underline{U}_1 + \underline{U}_2$

mit Hilfe der Strom- und Spannungsgleichungen weit mühsamer als diejenige mit Hilfe ihrer Zeiger, die nunmehr erläutert wird.

In einer Wechselstromschaltung (**1.**72a) liegen an zwei Scheinwiderständen zwei sinusförmige Wechselspannungen gleicher Frequenz mit den Effektivwerten U_1 und U_2, die zunächst mit den Zählpfeilen u_1 und u_2 im Schaltbild angegeben sind. Die Spannungen sind gegeneinander um den Winkel φ_{12} versetzt. Gesucht sind der Effektivwert U und der Winkel φ_{1u} der Wechselspannung u gegen u_1. Es gilt nach der Maschenregel, Gl. (1.122)

$$u = u_1 + u_2 \tag{1.123}$$

In Abschn. 1.3.1.3 wurde bei der Erläuterung der Zeigerbilder bereits gezeigt, daß die Projektion eines Zeigers, dessen Betrag der Amplitude der betreffenden Wechselgröße entspricht, auf der Ordinate ihren jeweiligen Augenblickswert darstellt (**1.**69a und b). Für die Zeiger $\sqrt{2}U_1$ und $\sqrt{2}U_2$ ergeben sich die Augenblickswerte u_1 und u_2 in einem beliebigen Zeitpunkt nach Bild **1.**72b. Setzt man den Zeiger $\sqrt{2}U_1$ durch Parallelverschieben an der Spitze des Zeigers $\sqrt{2}U_2$ an, so ergibt sich der Zeiger $\sqrt{2}U$, dessen Projektion auf die Ordinate $u = u_1 + u_2$ ist. Demnach ist $\sqrt{2}U$ der gesuchte Spannungszeiger. Führt man jetzt noch die in Bild **1.**69e vereinbarte Zeigerdarstellung ein, so erhält man nach Bild **1.**72c

$$\underline{U} = \underline{U}_1 + \underline{U}_2 \tag{1.124}$$

Z e i g e r werden also, wie in Abschn. 1.3.1.3 bereits erwähnt, wie Vektoren g e o - m e t r i s c h, d. h. unter Berücksichtigung ihres Betrags u n d ihrer Richtung zusammengesetzt. Deshalb verwendet man in allen Schaltplänen von Wechselstromschaltungen, die berechnet werden sollen, Zeiger $(\underline{U}, \underline{I})$ anstelle der Zählpfeile (u, i).

Zeichnet man die Zeiger $\underline{U}_1$ und $\underline{U}_2$ hinsichtlich ihrer Phasenlage zueinander maßstäblich auf (**1.**72c) so können die Effektivwerte U und der Winkel φ_{1u} der gesuchten Spannung einfach auf graphischem Wege (mit Hilfe von Maßstab und Winkelmesser) ermittelt werden. Eine rechnerische Lösung wäre wie folgt durchzuführen:

$$U = \sqrt{U_1^2 + U_2^2 + 2U_1U_2\cos\varphi_{12}} \qquad \cos\varphi_{1u} = \frac{U^2 + U_1^2 - U_2^2}{2UU_1}$$

Die graphische Zusammensetzung von Stromzeigern erfolgt auf entsprechende Weise.

Zusammensetzung   Die Zusammensetzung sinusförmiger Spannungen und Ströme ist durchzuführen

algebraisch für die Augenblickswerte z.B.

$$u = u_1 + u_2 + \cdots \text{ bzw. } i = i_1 + i_2 + \cdots$$

geometrisch für die Zeiger

$$\underline{U} = \underline{U}_1 + \underline{U}_2 + \cdots \text{ bzw. } \underline{I} = \underline{I}_1 + \underline{I}_2 + \cdots$$

Man erhält demnach die Kirchhoffschen Regeln bei sinusförmigen Wechselgrößen endgültig in der Schreibweise mit Strom- und Spannungszeigern

$$\text{Knotenregel } \Sigma \underline{I}_{zu} = \Sigma \underline{I}_{ab} \tag{1.125}$$

$$\text{Maschenregel } \Sigma \underline{U} = 0 \tag{1.126}$$

Man beachte: Die Kirchhoffschen Regeln gelten bei Wechselstrom für die Zeiger (nicht für ihre Beträge!). Die Zeiger sind geometrisch (wie Vektoren) zusammenzusetzen.

In den folgenden Abschnitten werden Wechselstromkreise mit Hilfe der Kirchhoffschen Regeln behandelt.

1.3.2.2   Wechselstromschaltungen mit R, L und C

Zunächst wird an 5 Beispielen gezeigt, wie Zweipolschaltungen mit Widerständen, Spulen und Kondensatoren mit Hilfe der Zeigerbilder berechnet werden.

Beispiel 1.45   Reihenschaltung von R und L

Ein Widerstand R und eine Induktivität L sind nach Bild 1.73a in Reihe an ein Wechselstromnetz angeschlossen. Die Wechselspannung hat den Effektivwert U und die Kreisfrequenz $\omega = 2\pi f$. Gesucht sind Betrag (I) des von der Schaltung aufgenommenen Netzstromes, der Phasenverschiebungswinkel (φ) der Netzspannung gegen den Netzstrom sowie die von dem Zweipol aufgenommenen Leistungen.

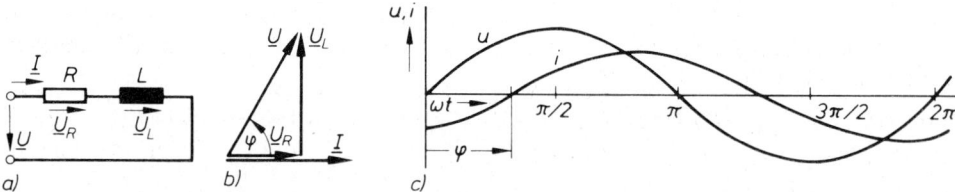

1.73 Reihenschaltung von R und L.   a) Schaltplan   b) Zeigerbild   c) Zeitschaubild

Schaltplan, Zeigerbild   Zunächst werden sämtliche in der Schaltung auftretenden Spannungen und Ströme mit ihren Zählpfeilen (ohne Beschriftung) in den Schaltplan eingetragen. Die Zuordnung und Beschriftung der Spannungszeiger U_R am Widerstand R und U_L an der Induktivität L zum gemeinsamen Stromzeiger $\underline{I}$ erfolgt nach Tafel 1.70.

Nach der Maschenregel, Gl. (1.126), $\Sigma \underline{U} = 0$ folgt für einen Umlauf im Uhrzeigersinn

$$\underline{U}_{\mathrm{R}} + \underline{U}_{\mathrm{L}} - \underline{U} = 0 \quad \text{oder} \quad \underline{U} = \underline{U}_{\mathrm{R}} + \underline{U}_{\mathrm{L}} \tag{1.127}$$

Diese Gleichung von Spannungszeigern ist nun im Zeigerbild darzustellen. Man
geht hierbei von einer im Schaltbild auftretenden gemeinsamen Wechselgröße aus.
Bei einer Reihenschaltung ist dies immer ein Strom, der im vorliegenden Fall für R
und L gemeinsam ist. Der Stromzeiger $\underline{I}$ wird im Zeigerbild z. B. von links nach
rechts gezeichnet (**1**.73b). Dann liegt nach Tafel **1**.70 der Spannungszeiger $\underline{U}_{\mathrm{R}}$ in
Phase mit dem Stromzeiger.

Nach Gl. (1.127) ist an den Zeiger $\underline{U}_{\mathrm{R}}$ der Zeiger $\underline{U}_{\mathrm{L}}$ anzusetzen; $\underline{U}_{\mathrm{L}}$ eilt nach Tafel **1**.70
dem Strom $\underline{I}$ durch die Spule um 90° voraus, weist im Zeigerbild also senkrecht nach
oben. Somit ergibt die nach Gl. (1.127) geometrisch durchzuführende Addition den
Spannungszeiger $\underline{U}$ der Netzspannung. Nun kann auch der Phasenverschiebungswinkel φ im Zeigerbild angegeben werden, der vom Stromzeiger zum Spannungszeiger
nach Gl. (1.107) weist.

Berechnung   An Hand des Zeigerbildes können Netzstrom I und Winkel φ aus dem
rechtwinkligen Spannungsdreieck ermittelt werden. Der folgende Rechengang enthält
die Beträge der Zeiger, also ihre Effektivwerte. Nach Tafel **1**.70 ist

$$U_{\mathrm{R}} = IR \quad \text{und} \quad U_{\mathrm{L}} = I\omega L \tag{1.128}$$

Aus dem rechtwinkligen Spannungsdreieck in Bild **1**.73b erhält man $U = \sqrt{U_{\mathrm{R}}^2 + U_{\mathrm{L}}^2}$
oder

$$U = I\sqrt{R^2 + (\omega L)^2} \tag{1.129}$$

Der Scheinwiderstand der Schaltung ergibt sich nach Gl. (1.110) $Z = U/I$ oder

$$Z = \sqrt{R^2 + (\omega L)^2} \tag{1.130}$$

Schließlich errechnet man den Phasenverschiebungswinkel aus dem Zeigerbild

$$\tan \varphi = \frac{U_{\mathrm{L}}}{U_{\mathrm{R}}} = \frac{\omega L}{R} \tag{1.131}$$

Mit den Gl. (1.129) und (1.131) sind I und φ bekannt. Somit lassen sich auch die
Spannungen U_{R} und U_{L} nach Gl. (1.128) berechnen. In Zahlenbeispielen können nun
auch die Gleichungen für Netzspannung u und Netzstrom i zahlenmäßig angegeben
werden, zweckmäßig in der Form

entweder mit $\varphi_{\mathrm{i}} = 0$: $u = \sqrt{2}\,U \sin(\omega t + \varphi)$ $i = \sqrt{2}\,I \sin \omega t$ (Bild **1**.73c)
oder mit $\varphi_{\mathrm{u}} = 0$: $u = \sqrt{2}\,U \sin \omega t$ $i = \sqrt{2}\,I \sin(\omega t - \varphi)$

und die zugehörigen Zeitschaubilder $u = f(t)$ und $i = f(t)$ maßstäblich gezeichnet
werden.

Nach Tafel **1**.70 sind sodann die von der Schaltung aufgenommenen Leistungen P, Q
und S zu berechnen:

$$P = UI \cos \varphi \quad Q = UI \sin \varphi \quad S = UI$$

Schließlich folgt nach Tafel **1**.70 für die Arbeit

$$W = Pt \quad \text{und für die Blindarbeit} \quad W_{\mathrm{q}} = Qt$$

Kontrolle der Berechnung Nach dem Energieprinzip muß die im Widerstand R auftretende Leistung $P_R = U_R I \cdot \cos \varphi_R = I^2 R = U_R^2/R$ gleich der vom Netz gelieferten Leistung P und die in der Spule auftretende Blindleistung $Q_L = U_L I \cdot \sin \varphi_L = I^2 \omega L = U_L^2/\omega L$ gleich der vom Netz gelieferten Blindleistung Q sein.

Zusammenfassung Die hier ausführlich dargestellte systematische Ermittlung der wichtigsten Wechselgrößen in vier Stufen

1. Entwerfen des Schaltplanes mit Zeigerangabe an den Zählpfeilen
2. Anschreiben der Kirchhoffschen Regeln
3. Aufzeichnen des Zeigerbildes
4. Berechnung des Beträge und des Phasenverschiebungswinkels

wird in den folgenden Beispielen einheitlich angewendet.

Beispiel 1.46   Reihenschaltung von R und C

Wie oben für die Reihenschaltung von R und L geschehen, zeichnet man die Zählpfeile für Strom I und Spannungen U, U_R und U_C in den Schaltplan des Zweipols ein (**1.74**a). Nach der Maschenregel, Gl. (1.126), ist

$$U = U_R + U_C \tag{1.132}$$

Beim Aufzeichnen des Zeigerbildes (**1.74**b) dieser Reihenschaltung geht man wieder vom Stromzeiger I aus; U_R liegt in Phase mit I, während nach Tafel **1.70** der Spannungszeiger U_C am Kondensator dem Stromzeiger I um 90° nacheilt. Setzt man den Spannungszeiger U_C an die Zeigerspitze von U_R an, so erhält man nach Gl. (1.132) den Spannungszeiger U der Netzspannung. Der Phasenverschiebungswinkel φ ist negativ, die Spannung U eilt dem Strom I nach.

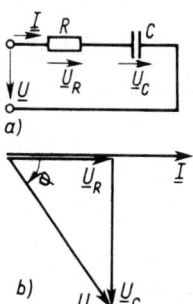

a)

b)   **1.74**
Schaltplan und Zeigerbild für eine Reihenschaltung von R und C

Die Beträge der Zeiger sind nach Tafel **1.70** $U_R = IR$ und $U_C = I/\omega C$. Aus dem rechtwinkligen Spannungsdreieck ergeben sich hiermit

$$U = \sqrt{U_R^2 + U_C^2} = I \sqrt{R^2 + \left(\frac{1}{\omega C}\right)^2}, \quad Z = \sqrt{R^2 + \left(\frac{1}{\omega C}\right)^2} \tag{1.133}$$

$$\tan \varphi = -\frac{U_C}{U_R} = -\frac{1}{R \omega C} \tag{1.134}$$

Kontrolle: Es muß $P = UI \cos \varphi = U_R I \cos \varphi_R = U_R I = I^2 R = U_R^2/R$ und $Q = UI \sin \varphi = U_C I \sin \varphi_C = -U_C I = -I^2/\omega C = -U_C^2 \omega C$ sein.

Beispiel 1.47   Parallelschaltung von *R* und *L*

Der Schaltplan **1.**75a mit der für *R* und *L* gemeinsamen Spannung $\underline{U}$ enthält die Ströme $\underline{I}$ (Netzstrom), $\underline{I}_R$ und $\underline{I}_L$, die wieder nach Tafel **1.**70 der Spannung $\underline{U}$ zuzuordnen sind. Die Knotenregel, Gl. (1.125), ergibt

$$\underline{I} = \underline{I}_R + \underline{I}_L \qquad\qquad (1.135)$$

Bei der Aufzeichnung des Zeigerbildes (**1.**75b) geht man von dem gemeinsamen Spannungszeiger $\underline{U}$ aus; $\underline{I}_R$ liegt in Phase mit $\underline{U}$. An die Pfeilspitze von $\underline{I}_R$ ist nach Gl. (1.135) der Strom $\underline{I}_L$ durch die Induktivität, der dem Spannungszeiger $\underline{U}$ um 90° nacheilt, einzutragen, so daß sich der Zeiger des Netzstromes $\underline{I}$ ergibt. Die Netzspannung $\underline{U}$ eilt dem Netzstrom $\underline{I}$ um den Phasenverschiebungswinkel φ vor, φ ist demnach positiv.

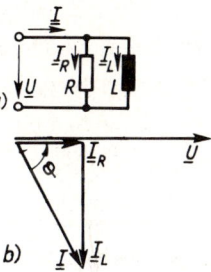

1.75
Schaltplan und Zeigerbild für eine Parallelschaltung von *R* und *L*

Die Beträge der Zeiger sind nach Tafel **1.**70 $I_R = UG$ und $I_L = UB_L$. Aus dem rechtwinkligen Stromdreieck (**1.**75b) ergeben sich dann

$$I = \sqrt{I_R^2 + I_L^2} = U\sqrt{G^2 + B_L^2}; \quad Y = I/U = \sqrt{G^2 + B_L^2} \qquad (1.136)$$

$$\tan\varphi = \frac{I_L}{I_R} = \frac{B_L}{G} = \frac{R}{\omega L} \qquad\qquad (1.137)$$

Beispiel 1.48   Parallelschaltung von *R* und *C*

Bild **1.**76a zeigt die Schaltung mit dem Spannungspfeil $\underline{U}$ und den Strompfeilen $\underline{I}$ (Netzstrom), $\underline{I}_R$ und $\underline{I}_C$. Die Knotenregel, Gl. (1.125), ergibt

$$\underline{I} = \underline{I}_R + \underline{I}_C \qquad\qquad (1.138)$$

Ausgehend vom gemeinsamen Spannungszeiger $\underline{U}$ ergeben sich im Zeigerbild **1.**76b der Stromzeiger $\underline{I}_R$ in Phase mit $\underline{U}$ und der Stromzeiger $\underline{I}_C$ um 90° dem Spannungszeiger $\underline{U}$ voreilend. Nach Gl. (1.138) folgt der Stromzeiger $\underline{I}$ durch geometrische Addition, so daß sich φ negativ ergibt.

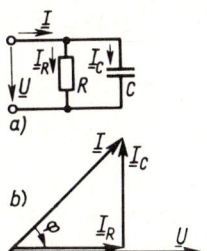

1.76
Schaltplan und Zeigerbild für eine Parallelschaltung von *R* und *C*

Aus dem rechtwinkligen Stromdreieck (**1**.76b) erhält man mit den Beträgen $I_R = UG$ und $I = UB_C$ (Tafel **1**.70)

$$I = \sqrt{I_R^2 + I_C^2} = U\sqrt{G^2 + B_C^2}; \quad Y = \sqrt{G^2 + B_C^2} \tag{1.139}$$

$$\tan\varphi = -\frac{I_C}{I_R} = -\frac{B_C}{G} = -R\omega C \tag{1.140}$$

Beispiel 1.49   Zusammengesetzte Schaltung

Als Beispiel wird eine aus den drei Schaltelementen R, L und C zusammengesetzte Schaltung (**1**.77a) untersucht. In ihr treten die Spannungen U, U_R und die an L und C gemeinsame Spannung U_{LC} sowie die drei Ströme I (Netzstrom), I_L und I_C auf. Die Knotenregel, Gl. (1.125), ergibt

$$I = I_L + I_C \tag{1.141}$$

und aus der Maschenregel, Gl. (1.126), folgt

$$U = U_{LC} + U_R \tag{1.142}$$

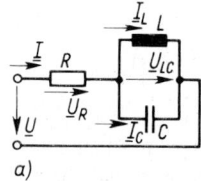

a)

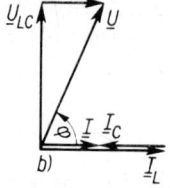

b)

1.77
Schaltplan und Zeigerbild für eine zusammengesetzte Schaltung

Nun sind je eine Gleichung für Stromzeiger und für Spannungszeiger im Zeigerbild darzustellen. Beim Aufzeichnen des Zeigerbildes **1**.77b geht man von der an L und C gemeinsamen Spannung U_{LC} aus. Der Stromzeiger I_L eilt dem Spannungszeiger U_{LC} um 90° nach, der Stromzeiger I_C eilt dem Zeiger U_{LC} um 90° vor, so daß sich nach Gl. (1.141) der Stromzeiger I des Netzstromes ergibt. Da der Netzstrom I durch den Widerstand R fließt, liegt U_R in Phase mit I, so daß man nach Gl. (1.142) den Zeiger U der Netzspannung erhält.

Nach Tafel **1**.70 ist

$$U_R = IR \quad I_L = U_{LC}B_L \quad I_C = U_{LC}B_C$$

Somit wird

$$I = I_L - I_C = U_{LC}(B_L - B_C)$$

und hieraus

$$U_{LC} = \frac{I}{(1/\omega L) - \omega C} = \frac{I\omega L}{1 - \omega^2 LC}$$

Aus dem rechtwinkligen Spannungsdreieck (**1**.77 b) folgt $U = \sqrt{U_R^2 + U_{LC}^2}$, somit sind Netzspannung, Scheinwiderstand und Phasenverschiebungswinkel

$$U = I \sqrt{R^2 + \left(\frac{\omega L}{1 - \omega^2 L C}\right)^2} \; ; \quad Z = \sqrt{R^2 + \left(\frac{\omega L}{1 - \omega^2 L C}\right)^2} \qquad (1.143)$$

$$\tan \varphi = \frac{U_{LC}}{U_R} = \frac{\omega L}{R(1 - \omega^2 L C)} \qquad (1.144)$$

Graphisch-rechnerische Lösungsmethode   Schon aus der rechnerischen Behandlung der relativ einfachen Schaltung nach Bild **1**.77 a ist zu ersehen, daß bei zusammengesetzten Wechselstromschaltungen mit drei und mehr Schaltelementen Berechnungen mit Hilfe des Zeigerbildes immer umständlicher werden. Es soll deshalb noch kurz besprochen werden, wie man die Berechnung vereinfachen kann. Aus den Ergebnissen für die Schaltungen in Bild **1**.73 a bis **1**.77 a, beispielsweise aus Gl. (1.143), erkennt man, daß der Netzstrom I proportional mit der Netzspannung U ansteigt. Dies ist auch nicht anders zu erwarten, da jede Schaltung einen festen Scheinwiderstand Z hat und der Strom $I = U/Z$ nach Gl. (1.110) der Spannung proportional ist. Wenn demnach für eine vorgegebene Netzspannung U' der Netzstrom I' bekannt ist, ergibt sich der bei der tatsächlichen Netzspannung U fließende Strom I aus $Z = U'/I' = U/I$, nämlich

$$I = \frac{U}{U'} \cdot I' \qquad (1.145)$$

Man geht deshalb bei zusammengesetzten Wechselstromschaltungen so vor, daß man das Zeigerbild maßstäblich (Strom- und Spannungsmaßstäbe wählen) unter der Annahme einer frei gewählten Größe aufzeichnet. Man wählt z. B. für eine Schaltung nach Bild **1**.77 $U'_{LC} = 100$ V und erhält dann eine Netzspannung $\underline{U}'$ (Betrag U'), einen Netzstrom $\underline{I}'$ (Betrag I') und den Phasenverschiebungswinkel φ. Die vorhandene Netzspannung hat tatsächlich aber den Betrag U. Um nun den tatsächlichen Netzstrom I und auch alle weiteren tatsächlich auftretenden Teilströme und -spannungen zu erhalten, braucht man nur ihre im maßstabsgerechten Zeigerbild auftretenden Beträge nach Gl. (1.145) mit U/U' zu multiplizieren. Da dies lediglich einer Maßstabsänderung gleichkommt, bleiben die Winkel erhalten (s. Beispiel 1.54).

1.3.2.3   Schwingkreise

Je nach der Anordnung von L und C im Schaltplan unterscheidet man Reihenschwingkreise (**1**.78 a) und Parallelschwingkreise (**1**.79 a). Die sich für diese beiden Resonanzkreise ergebenden Verhältnisse werden im folgenden gegenübergestellt:

Reihenschwingkreis	**Parallelschwingkreis**
Zeichnet man in die Schaltpläne die auftretenden Spannungen und Ströme	
$\underline{U}, U_R, U_L, U_C, \underline{I}$	$\underline{U}, \underline{I}, I_R, I_L, I_C$
ein, so ergibt sich nach der	
Maschenregel, Gl. (1.126)	Knotenregel, Gl. (1.125)
$\underline{U} = \underline{U}_R + \underline{U}_L + \underline{U}_C$	$\underline{I} = \underline{I}_R + \underline{I}_L + \underline{I}_C$
Beim Aufzeichnen der Zeigerbilder **1**.78 b und **1**.79 b geht man vom	
gemeinsamen Stromzeiger $\underline{I}$	gemeinsamen Spannungszeiger $\underline{U}$
aus. Die Phasenlage der	
Spannungszeiger $\underline{U}_R, \underline{U}_L, \underline{U}_C$ zum Stromzeiger $\underline{I}$	Stromzeiger $\underline{I}_R, \underline{I}_L, \underline{I}_C$ zum Spannungszeiger $\underline{U}$

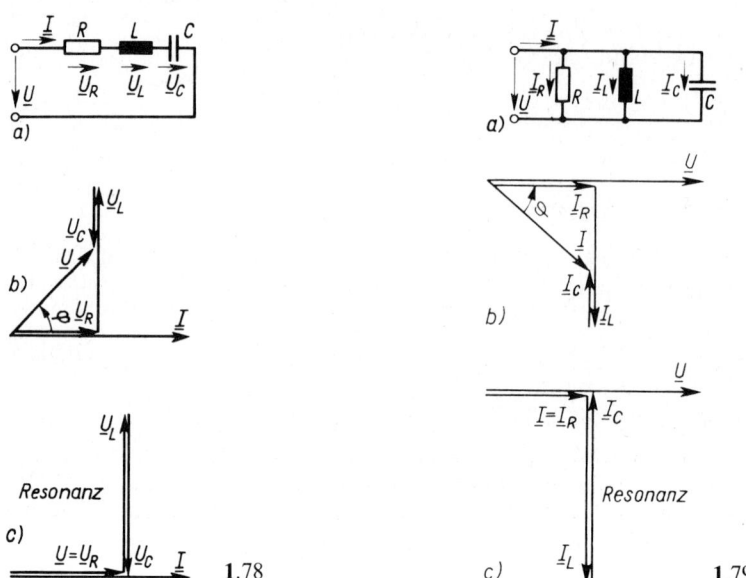

1.78   1.79

liegt nach Tafel **1.**70 fest, so daß sich durch geometrische Addition der

Zeiger $\underline{U}$ der Netzspannung   Zeiger $\underline{I}$ des Netzstromes

und die Phasenverschiebungswinkel φ, jeweils vom Zeiger $\underline{I}$ des Netzstroms zum Zeiger $\underline{U}$ der Netzspannung ergeben. Aus den rechtwinkligen Dreiecken in den Zeigerbildern folgen

$$U = \sqrt{U_R^2 + (U_L - U_C)^2} \qquad\qquad I = \sqrt{I_R^2 + (I_L - I_C)^2}$$

$$U_R = IR \quad U_L = I\omega L \quad U_C = I/\omega C \qquad I_R = UG \quad I_L = UB_L \quad I_C = UB_C$$

Somit erhält man

$$U = I\sqrt{R^2 + \left(\omega L - \frac{1}{\omega C}\right)^2} \qquad (1.146) \quad I = U\sqrt{G^2 + (B_L - B_C)^2} \qquad (1.147)$$

und die Phasenverschiebungswinkel φ aus

$$\tan\varphi = \frac{U_L - U_C}{U_R} = \frac{\omega L - \dfrac{1}{\omega C}}{R} \qquad (1.146\,\text{a}) \quad \tan\varphi = \frac{I_L - I_C}{I_R} = \frac{B_L - B_C}{G} \qquad (1.147\,\text{a})$$

Resonanz   Die Gl. (1.146) bzw. (1.147) zeigen, daß bei gegebener Netzspannung U und gegebenem Widerstand R der Netzstrom I bei

Reihenresonanz	**Parallelresonanz**
den Maximalwert $I_{max} = U/R$	den Minimalwert $I_{min} = U/R$

annimmt, wenn $\omega L - \dfrac{1}{\omega C} = 0 \qquad\qquad \dfrac{1}{\omega L} - \omega C = 0$

wird, d. h., wenn in beiden Fällen die Bedingung

$$\omega^2 LC = 1 \tag{1.148a}$$

oder, da $\omega = 2\pi f$ ist, die Bedingung

$$f = \frac{1}{2\pi\sqrt{LC}} \tag{1.148b}$$

erfüllt ist. Die Gl. (1.148a) und (1.148b), die beide dasselbe aussagen, heißen Thomson'sche Formeln. In beiden Schaltungen wird bei Resonanz der Netzstrom – abgesehen von der Netzspannung U – nur durch den Widerstand R bestimmt. Im Zeigerbild **1**.78c heben sich die Teilspannungen U_L und U_C, im Zeigerbild **1**.79c die Teilströme I_L und I_C gegenseitig auf. Es gilt

$$\underline{U}_L = -\underline{U}_C \text{ somit } \underline{U} = \underline{U}_R \qquad \underline{I}_L = -\underline{I}_C \text{ somit } \underline{I} = \underline{I}_R$$
$$U_L = U_C \quad\ \text{ somit } U = U_R \qquad I_L = I_C \quad\ \text{ somit } I = I_R$$

Aus den Bildern **1**.78c und **1**.79c folgt, daß die Effektivwerte dieser Teilspannungen bzw. Teilströme weit größer als der Effektivwert der Netzspannung U bzw. des Netzstroms I sein können. Diese bei Resonanz auftretenden Verhältnisse widersprechen aber nicht den physikalischen Gesetzen der Wechselstromlehre. Zeichnet man beispielsweise in beiden Fällen die Zeitschaubilder aller Spannungen und Ströme auf, so sind die Kirchhoffschen Gesetze für die Augenblickswerte, Gl. (1.121) und (1.122), in jedem Zeitpunkt erfüllt.

In beiden Resonanzfällen sind Spannungszeiger $\underline{U}$ und Stromzeiger $\underline{I}$ in Phase, d.h., es ist

$$\varphi = 0° \tag{1.149}$$

Dieses Ergebnis läßt sich auch aus den Gl. (1.146a) und (1.147a) herleiten. Ist aber $\varphi = 0°$, so wird $\cos\varphi = 1$ und $\sin\varphi = 0$, d.h., es wird bei Resonanz

$$P = UI \quad Q = 0 \quad S = P \tag{1.150}$$

Blindstromkompensation Die Resonanzschaltungen nehmen bei Resonanz also nur Wirkleistung aus dem Netz auf, während sich die induktiven Blindleistungen der Spulen und die kapazitiven Blindleistungen der Kondensatoren gegenseitig aufheben. Nimmt z.B. ein induktiv wirkender Zweipol (Motor, Leuchtstofflampe u. dgl.) bei Anschluß an ein Wechselstromnetz den nacheilenden Strom $\underline{I}_L$ auf ($\varphi > 0$), so kann durch Parallelschalten eines Kondensators zu dem betreffenden Gerät (**1**.80a) erreicht werden, daß dem Netz nur Wirkleistung entnommen wird. Der Blindstrom des Geräts wird nach Bild **1**.80b durch den Kondensatorstrom I_C kompensiert (Blindstromkompensation), so daß Gerät samt Kondensator den Strom $\underline{I}$ aufnehmen und damit für das Netz reine Wirklast darstellen (Verbesserung des Leistungsfaktors $\cos\varphi$).

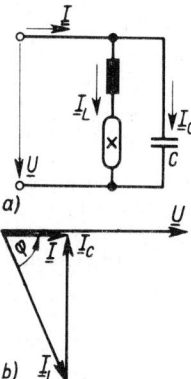

a)

b)

1.80
Blindstromkompensation einer Leuchtstofflampe

Rundfunk Bei beiden Schwingkreisschaltungen nach Bild 1.78 und 1.79 läßt sich nach Gl. (1.148b) Resonanz durch Verändern der Induktivität L bzw. der Kapazität C einstellen. Beim Rundfunkempfang wird die Eigenfrequenz f der im Gerät vorhandenen Schwingungskreise z. B. meist durch Verändern von C (Drehkondensatoren) auf die Sendefrequenz f_s des Senders eingestellt, der empfangen werden soll ($f = f_\mathrm{s}$). Es kann erreicht werden, daß die gleichzeitig von der Antenne empfangenen Wellen anderer Sender mit eng benachbarten Frequenzen so stark unterdrückt werden, daß ein störungsfreier Empfang des gewünschten Senders möglich ist.

Analogie zu mechanischen Schwingungen Schließlich sei noch die Analogie zwischen elektrischen und mechanischen Schwingkreisen, wie sie z. B. auch in der Schwingungslehre behandelt werden, an einem Beispiel erläutert.

Einem elektrischen Reihenschwingkreis nach Bild 1.81a entspricht ein mechanischer Schwingkreis (1.81b), der aus einer Masse m, einer geschwindigkeitsproportional wirkenden Bremse (Dämpfungskonstante ϱ) und einer Feder (Federkonstante c) besteht und von einer äußeren Kraft (Augenblickswert f) erregt wird.

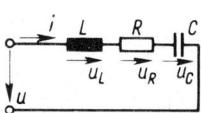   1.81a

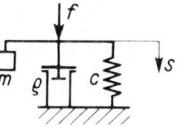   1.81b

Spannungsgleichung nach der Maschenregel ($\Sigma u = 0$)	Kräftegleichung nach dem Gleichgewicht der Kräfte ($\Sigma f = 0$)

$$u_\mathrm{L} + u_\mathrm{R} + u_\mathrm{C} = u \qquad (1.151)$$

$$f_\mathrm{m} + f_\varrho + f_\mathrm{c} = f \qquad (1.152)$$

Für die Teilspannungen gelten

$$u_\mathrm{L} = L\, \mathrm{d}i/\mathrm{d}t = L\, \mathrm{d}^2 q/\mathrm{d}t^2$$
$$u_\mathrm{R} = Ri = R\, \mathrm{d}q/\mathrm{d}t$$
$$u_\mathrm{C} = \frac{1}{C}\int i\, \mathrm{d}t = \frac{1}{C}\,q$$

da $\quad i = \mathrm{d}q/\mathrm{d}t, \; \mathrm{d}i/\mathrm{d}t = \mathrm{d}^2 q/\mathrm{d}t^2$ und
$\int i\, \mathrm{d}t = q$ ist.

Für die Teilkräfte gelten

Massenkraft $\quad f_\mathrm{m} = ma = m\, \mathrm{d}^2 s/\mathrm{d}t^2$
Dämpfungskraft $\quad f_\varrho = \varrho v = \varrho\, \mathrm{d}s/\mathrm{d}t$
Federkraft $\quad f_\mathrm{s} = cs$

da $v = \mathrm{d}s/\mathrm{d}t, \quad a = \dfrac{\mathrm{d}v}{\mathrm{d}t} = \dfrac{\mathrm{d}^2 s}{\mathrm{d}t^2}$ ist.

Somit folgt für Gl. (1.151)   Somit folgt für Gl. (1.152)

$$L\frac{d^2q}{dt^2} + R\frac{dq}{dt} + \frac{1}{C}q = u \qquad (1.153)$$ $$m\frac{d^2s}{dt^2} + \varrho\frac{ds}{dt} + cs = f \qquad (1.154)$$

Der Aufbau dieser Differentialgleichungen stimmt vollkommen überein: den elektrischen Spannungen entsprechen mechanische Kräfte, der Ladung q entspricht der Weg s, dem Strom i die Geschwindigkeit v. Somit können auch die Ergebnisse der Behandlung des elektrischen Schwingkreises bei zeitlich sinusförmiger Änderung der Spannung u auf den Fall übertragen werden, daß sich die erregende Kraft f des mechanischen Schwingkreises zeitlich sinusförmig ändert. Dieser Fall spielt in der Regelungstechnik bei der Untersuchung des Zeitverhaltens der Regelkreisglieder nach der Frequenzgangmethode eine wichtige Rolle.

1.3.2.4 Komplexe Berechnung von Wechselstromschaltungen

Die Berechnung von Wechselstromschaltungen nach Abschn. 1.3.2 mit Hilfe des geometrischen Zeigerbilds und algebraischer Berechnung wird umso umfangreicher und schwieriger, je mehr Knoten und Maschen im Schaltplan vorhanden sind.

Einfacher ist der Lösungsweg mit Hilfe der komplexen Rechnung, die auch im Maschinenbau, z.B. in der Schwingungslehre und in der Regelungstechnik mit Vorteil angewandt wird. Sie soll hier erläutert und anhand einiger Beispiele mit der oben behandelten Berechnung mit Hilfe von Zeigerbildern verglichen werden. Das Rechnen mit komplexen Zahlen muß dabei als bekannt vorausgesetzt werden.

Komplexe Zahlen In der Gauß'schen Zahlenebene (**1.**82) mit der waagrechten Achse für die reellen Zahlen und der senkrechten Achse für die imaginären Zahlen ($j = \sqrt{-1}$) kann man eine komplexe Zahl $\underline{z}$ durch einen Punkt P oder durch einen Pfeil (Strahl) vom Nullpunkt zum Punkt P mathematisch in zwei Formen darstellen:

Komponentenform

$$\underline{z} = a + jb = \mathrm{Re}\,\underline{z} + j\,\mathrm{Im}\,\underline{z} \qquad (1.155)$$

Hierin ist $a = \mathrm{Re}\,\underline{z}$ der Realteil, $b = \mathrm{Im}\,\underline{z}$ der Imaginärteil der komplexen Zahl $\underline{z}$.

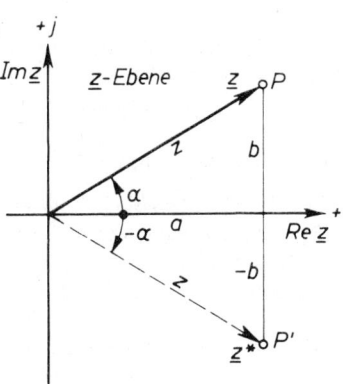

1.82
Gauß'sche Zahlenebene. Komplexe Zahl $\underline{z}$
und konjugiert komplexe Zahl $\underline{z}^*$

Exponentialform

$$\underline{z} = z \cdot e^{j\alpha} = z\cos\alpha + jz\sin\alpha \tag{1.156}$$

Für den Betrag z und den Winkel α von der positiven reellen Achse zum Strahl $\underline{z}$ gelten die Beziehungen (s. Bild **1**.82):

$$z = \sqrt{a^2 + b^2} \quad a = z\cos\alpha \quad b = z\sin\alpha \quad \tan\alpha = b/a \tag{1.157}$$

Damit ergibt sich mit Hilfe der Euler'schen Gleichung

$$e^{j\alpha} = \cos\alpha + j\sin\alpha$$

aus der Komponentenform Gl. (1.155) die Exponentialform Gl. (1.156).
Für die zu $\underline{z}$ konjugiert komplexe Zahl $\underline{z}^*$ (Punkt P′ in Bild **1**.82) gilt

$$\underline{z}^* = a - jb = z \cdot e^{-j\alpha} \tag{1.158}$$

Beispiel 1.50 a) Die quadratische Gleichung $5x^2 - 2x + 2 = 0$ hat die Lösungen $\underline{z}$ und $\underline{z}^*$. Man gebe beide Lösungen in der Komponenten- und Exponentialform an.

$$5x^2 - 2x + 2 = 0; \quad x_{12} = \frac{2 \pm \sqrt{4 - 40}}{10} = \frac{2 \pm \sqrt{-36}}{10} = \frac{2 \pm j6}{10} = 0{,}2 \pm j0{,}6$$

$$\underline{z} = 0{,}2 + j0{,}6; \quad z = \sqrt{0{,}2^2 + 0{,}6^2} = 0{,}632; \quad \tan\alpha_1 = 0{,}6/0{,}2 = 3; \quad \alpha_1 = 71{,}6°; \quad \underline{z} = 0{,}632\, e^{j71{,}6°}$$

$$\underline{z}^* = 0{,}2 - j0{,}6; \quad z = \sqrt{0{,}2^2 + 0{,}6^2} = 0{,}632; \quad \tan\alpha_2 = -3; \quad \alpha_2 = -71{,}6°; \quad \underline{z}^* = 0{,}632\, e^{-j71{,}6°}$$

b) Gegeben $\underline{z} = 3 - j4$. Somit ist $a = 3$; $b = -4$; $z = 5$; $\tan\alpha = -4/3$; $\cos\alpha = 0{,}6$; $\sin\alpha = -0{,}8$; $\alpha = -53°$; $\underline{z} = 5 \cdot e^{-j53°}$ und $\underline{z}^* = 3 + j4$; $\underline{z}^* = 5 \cdot e^{j53°}$

c) Einige Rechenregeln: $e^{j0} = 1$; $e^{j90°} = j$; $e^{-j90°} = -j$; $j^2 = -1$; $1/j = -j$

d) Addieren und Subtrahieren komplexer Zahlen erfolgt zweckmäßig in Komponentenform

$$\underline{z} = \underline{z}_1 - \underline{z}_2 + \underline{z}_3 = (a_1 + jb_1) - (a_2 + jb_2) + (a_3 + jb_3)$$
$$= (a_1 - a_2 + a_3) + j(b_1 - b_2 + b_3) = a + jb$$

e) Multiplizieren und Dividieren komplexer Zahlen erfolgt zweckmäßig in Exponentialform

$$\underline{z} = \frac{\underline{z}_1 \cdot \underline{z}_2}{\underline{z}_3} = \frac{z_1 \cdot e^{j\alpha_1} \cdot z_2 \cdot e^{j\alpha_2}}{z_3 \cdot e^{j\alpha_3}} = \frac{z_1 \cdot z_2}{z_3} e^{j(\alpha_1 + \alpha_2 - \alpha_3)} = z e^{j\alpha}$$

f) Komplexe Nenner von Brüchen macht man reell, indem man Zähler und Nenner mit dem konjugiert komplexen Nenner multipliziert, z. B.

$$\underline{z} = \frac{a_1 + jb_1}{a_2 - jb_2} = \frac{(a_1 + jb_1)(a_2 + jb_2)}{(a_2 - jb_2)(a_2 + jb_2)} = \frac{(a_1 a_2 - b_1 b_2) + j(a_1 b_2 + a_2 b_1)}{a_2^2 + b_2^2} = a + jb$$

Komplexe Spannungen und Ströme   Die Darstellung komplexer Zahlen in der Gaußschen Zahlenebene wird zunächst auf die komplexe Darstellung der Spannungs- und Stromzeiger angewandt. Zu diesem Zweck ordnet man komplexe Spannungs- und Stromebenen nach Bild **1**.83 an, wieder mit positiv reellen Achsen nach rechts ($+$) und positiv imaginären Achsen nach oben (j). Überträgt man nun die Zeigerbilder für R, L und C (z. B. aus Tafel **1**.70) in diese Darstellung, dann können Spannungs- und Stromzeiger wie folgt dargestellt werden, je nachdem, ob man die Stromzeiger

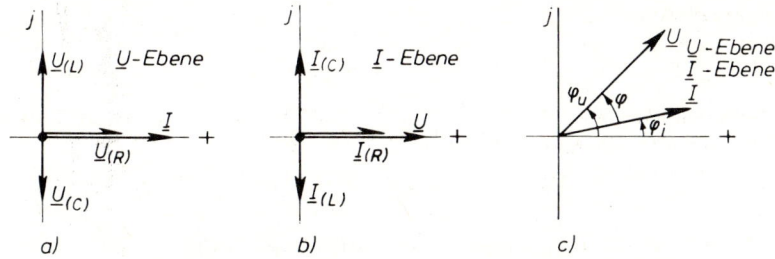

1.83 Darstellung der Zeigerbilder in der komplexen $\underline{U}$- und $\underline{I}$-Ebene
  a) $\underline{I}$-Zeiger in positiv reeller Achse der $\underline{U}$-Ebene
  b) $\underline{U}$-Zeiger in positiv reeller Achse der $\underline{I}$-Ebene
  c) allgemein für Zweipol $\underline{U} = \mathrm{Re}\,\underline{U} + \mathrm{j}\,\mathrm{Im}\,\underline{U},\ \underline{I} = \mathrm{Re}\,\underline{I} + \mathrm{j}\,\mathrm{Im}\,\underline{I}$

($\underline{I}$ in Bild **1.**83a) oder die Spannungszeiger ($\underline{U}$ in Bild **1.**83b) in die positiv reellen Achsen legt:

$$\underline{I} = I\mathrm{e}^{\mathrm{j}0°} = I; \quad \underline{U}_{(\mathrm{R})} = U\mathrm{e}^{\mathrm{j}0°} = \underline{I}R; \quad \underline{U}_{(\mathrm{L})} = U\mathrm{e}^{\mathrm{j}90°} = \mathrm{j}\underline{I}\omega L; \quad \underline{U}_{(\mathrm{C})} = U\mathrm{e}^{-\mathrm{j}90°} = -\mathrm{j}\underline{I}/\omega C$$

$$\text{1.83a}$$

$$\underline{U} = U\mathrm{e}^{\mathrm{j}0°} = U; \quad \underline{I}_{(\mathrm{R})} = I\mathrm{e}^{\mathrm{j}0°} = \underline{U}/R; \quad \underline{I}_{(\mathrm{L})} = I\mathrm{e}^{-\mathrm{j}90°} = -\mathrm{j}\underline{U}/\omega L; \quad \underline{I}_{(\mathrm{C})} = I\mathrm{e}^{\mathrm{j}90°} = \mathrm{j}\underline{U}\omega C$$

$$\text{1.83b}$$

Bei beliebiger Lage der Zeiger gilt für R, L, C:

$$\underline{U} = \underline{I}R \qquad \underline{U} = \mathrm{j}\underline{I}\omega L = \mathrm{j}\underline{I}X_{\mathrm{L}} \qquad \underline{U} = -\mathrm{j}\underline{I}/\omega C = -\mathrm{j}\underline{I}X_{\mathrm{C}}$$

$$\underline{I} = \underline{U}G \qquad \underline{I} = -\mathrm{j}\underline{U}/\omega L = -\mathrm{j}\underline{U}B_{\mathrm{L}} \qquad \underline{I} = \mathrm{j}\underline{U}\omega C = \mathrm{j}\underline{U}B_{\mathrm{C}} \qquad (1.159)$$

Somit kann hier und allgemein bei einem Zweipol, bei dem die beiden Zeiger $\underline{U} = U\mathrm{e}^{\mathrm{j}\varphi_{\mathrm{u}}}$ und $\underline{I} = I\mathrm{e}^{\mathrm{j}\varphi_{\mathrm{i}}}$ in beliebiger Richtung liegen (Bild **1.**83c) und nach Gl. (1.107) den Phasenverschiebungswinkel $\varphi = \varphi_{\mathrm{u}} - \varphi_{\mathrm{i}}$ einschließen, gesetzt werden:

$$\underline{U} = \underline{I}\underline{Z} \quad \underline{I} = \underline{U}\underline{Y} \quad \underline{Y} = 1/\underline{Z} \qquad (1.160)$$

Komplexe Widerstände und Leitwerte Die komplexe Berechnung von Wechselstromschaltungen läuft darauf hinaus, die komplexen Größen („Operatoren") $\underline{Z}$ bzw. $\underline{Y}$ des Zweipols zu bestimmen. Durch Vergleich der Gln. (1.159) und (1.160) ergibt sich, daß allgemein der **komplexe Widerstand** $\underline{Z} = \underline{U}/\underline{I}$ durch

$$\underline{Z} = R + \mathrm{j}(X_{\mathrm{L}} - X_{\mathrm{C}}) \text{ bzw. } \underline{Z} = \frac{U\mathrm{e}^{\mathrm{j}\varphi_{\mathrm{u}}}}{I\mathrm{e}^{\mathrm{j}\varphi_{\mathrm{i}}}} = Z\mathrm{e}^{\mathrm{j}\varphi}$$

mit

$$\qquad (1.161)$$

$$Z = U/I = \sqrt{R^2 + (X_{\mathrm{L}} - X_{\mathrm{C}})^2} \text{ und } \varphi = \mathrm{Arc}\tan\frac{X_{\mathrm{L}} - X_{\mathrm{C}}}{R},$$

der **komplexe Leitwert** $\underline{Y} = \underline{I}/\underline{U} = 1/\underline{Z}$ durch

$$\underline{Y} = G + \mathrm{j}(B_{\mathrm{C}} - B_{\mathrm{L}}) \text{ bzw. } \underline{Y} = \frac{1}{Z \cdot \mathrm{e}^{\mathrm{j}\varphi}} = Y\mathrm{e}^{-\mathrm{j}\varphi}$$

mit

$$Y = I/U = \sqrt{G^2 + (B_{\mathrm{L}} - B_{\mathrm{C}})^2} \text{ und } \varphi = \mathrm{Arc}\tan\frac{B_{\mathrm{L}} - B_{\mathrm{C}}}{G} \qquad (1.162)$$

angegeben werden kann. Die Lösungen $\underline{Z}$ bzw. $\underline{Y}$ stellen für einen Zweipol in der komplexen $\underline{Z}$- bzw. $\underline{Y}$-Ebene jeweils einen einzigen Punkt bzw. Ursprungsstrahl dar (Bild **1**.85).

Zusammenfassung Die bei Gleichstrom für Ohm'sche Widerstände bzw. Leitwerte hergeleiteten Regeln der Reihen- und Parallelschaltung (1.25a, 1.26a) gelten bei Wechselstrom für die komplexen Scheinwiderstände bzw. Scheinleitwerte.

Bei einer R e i h e n s c h a l t u n g addieren sich die einzelnen komplexen Widerstände

$$\underline{Z} = \underline{Z}_1 + \underline{Z}_2 + \underline{Z}_3 + \cdots = \Sigma R + j[\Sigma X_L - \Sigma X_C] \tag{1.163a}$$

bei einer P a r a l l e l s c h a l t u n g addieren sich die einzelnen komplexen Leitwerte

$$\underline{Y} = \underline{Y}_1 + \underline{Y}_2 + \underline{Y}_3 + \cdots = \Sigma G + j[\Sigma B_C - \Sigma B_L] \tag{1.163b}$$

Bei z u s a m m e n g e s e t z t e n   S c h a l t u n g e n wird schrittweise mit Hilfe der Gln. (1.163a) und (1.163b) der Lösungsweg gefunden.

Bei den Netzumwandlungen $\curlywedge$ in $\triangle$ bzw. $\triangle$ in $\curlywedge$ treten in Bild **1**.19 und Gl. (1.28) an die Stelle der Ohm'schen Widerstände R die komplexen Widerstände $\underline{Z}$ in den Stromzweigen, so daß z. B. entsprechend Gl. (1.28) sofort bei Wechselstrom folgt:

$$\underline{Z}_{12} = \underline{Z}_{10} + \underline{Z}_{20} + \frac{\underline{Z}_{10} \cdot \underline{Z}_{20}}{\underline{Z}_{30}} \text{ bzw. } \underline{Z}_{10} = \frac{\underline{Z}_{12} \cdot \underline{Z}_{31}}{\underline{Z}_{12} + \underline{Z}_{23} + \underline{Z}_{31}}$$

Beispiel 1.51   a) Man stelle entsprechend Tafel **1**.70 die Ergebnisse für komplexe Berechnung zusammen.

Tafel **1**.84   Zusammenstellung für komplexe Berechnung

	R	L	C	Zweipol (passiv)
Gesetz	$\underline{U} = \underline{I}R$ $\underline{I} = \underline{U}G$	$\underline{U} = j\underline{I}X_L$ $\underline{I} = -j\underline{U}B_L$	$\underline{U} = -j\underline{I}X_C$ $\underline{I} = j\underline{U}B_C$	$\underline{U} = \underline{I}\underline{Z}$ $\underline{I} = \underline{U}\underline{Y}$
Widerstand	R	$j\omega L = jX_L$	$-j\dfrac{1}{\omega C} = -jX_C$	$\underline{Z} = R + j(X_L - X_C) = Z \cdot e^{j\varphi}$
Leitwert	G	$-j\dfrac{1}{\omega L} = -jB_L$	$j\omega C = jB_C$	$\underline{Y} = G + j(B_C - B_L) = Y \cdot e^{-j\varphi}$

b) Man zeichne die Ergebnisse der Beispiele 1.45 bis 1.49 von Wechselstromschaltungen in die komplexe $\underline{Z}$- und $\underline{Y}$-Ebene ein und erläutere, wie die komplexe Berechnung durchgeführt wird. Man trägt auf den reellen Achsen (Bild **1**.85a und b) nach rechts R bzw. G ab, auf den imaginären Achsen nach oben jX_L bzw. jB_C, nach unten $-jX_C$ bzw. $-jB_L$, wie es auch durch die Schaltsymbole an den Achsen dargestellt ist. Nun erhält man

für die Reihenschaltung von R und L (entspr. Bild **1**.73)

$$\underline{Z}_1 = R + jX_L; \quad Z_1 = \sqrt{R^2 + X_L^2}; \quad \tan \varphi_1 = X_L/R = \omega L/R,$$

für die Reihenschaltung von R und C (entspr. Bild **1**.74)

$$\underline{Z}_2 = R - jX_C; \quad Z_2 = \sqrt{R^2 + X_C^2}; \quad \tan \varphi_2 = -X_C/R = -1/R\omega C$$

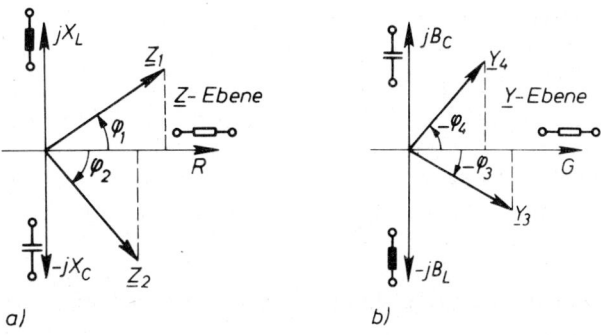

1.85 a) Ermittlung von $\underline{Z} = Z \cdot \mathrm{e}^{\mathrm{j}\varphi}$ bei Reihenschaltungen
b) Ermittlung von $\underline{Y} = Y \cdot \mathrm{e}^{-\mathrm{j}\varphi}$ bei Parallelschaltungen

für die Parallelschaltung von R und L (entspr. Bild **1.75**)

$$\underline{Y}_3 = G - \mathrm{j}B_\mathrm{L}; \quad Y_3 = \sqrt{G^2 + B_\mathrm{L}^2}; \quad \tan(-\varphi_3) = -B_\mathrm{L}/G; \quad \tan\varphi_3 = B_\mathrm{L}/G = R/\omega L$$

für die Parallelschaltung von R und C (entspr. Bild **1.76**)

$$\underline{Y}_4 = G + \mathrm{j}B_\mathrm{C}; \quad Y_4 = \sqrt{G^2 + B_\mathrm{C}^2}; \quad \tan(-\varphi_4) = B_\mathrm{C}/G; \quad \tan\varphi_4 = -B_\mathrm{C}/G = -R\omega C.$$

Die ermittelten Werte sind in die Bilder **1.85**a und b eingetragen; es ergeben sich dieselben Ergebnisse wie in Abschn. 1.3.2.2.

Für die zusammengesetzte Schaltung (Bild **1.77**a) erhält man den komplexen Widerstand $\underline{Z}$, wenn man zum Widerstand R den Ersatzwiderstand der Parallelschaltung von L und C addiert. Es wird somit

$$\underline{Z}_5 = R + \frac{1}{-\mathrm{j}B_\mathrm{L} + \mathrm{j}B_\mathrm{C}} = R + \frac{\mathrm{j}}{B_\mathrm{L} - B_\mathrm{C}} = R + \mathrm{j}\frac{1}{\dfrac{1}{\omega L} - \omega C} = R + \mathrm{j}\frac{\omega L}{1 - \omega^2 LC}$$

$$Z_5 = \sqrt{R^2 + \left(\frac{\omega L}{1 - \omega^2 LC}\right)^2} \quad \tan\varphi_5 = \frac{\omega L}{R(1 - \omega^2 LC)} \qquad \text{(Ergebnisse wie in 1.3.2.2)}$$

Ist $(1 - \omega^2 LC) \gtrless 0$, wird $\tan\varphi \gtrless 0$, d.h. $\underline{Z}_5$ liegt in Bild **1.85**a im Quadranten von $\underline{Z}_1$ $(\underline{Z}_2)$.

Komplexe Leistung Es liegt nahe, abschließend auch ein einfaches Verfahren zur komplexen Berechnung der Wechselstromleistungen S, P und Q Gl. (1.117) herzuleiten. Probiert man es mit dem Produkt $\underline{U} \cdot \underline{I}$ so erhält man

$$\underline{U}\underline{I} = U\mathrm{e}^{\mathrm{j}\varphi_\mathrm{u}} \cdot I\mathrm{e}^{\mathrm{j}\varphi_\mathrm{i}} = UI\mathrm{e}^{\mathrm{j}(\varphi_\mathrm{u} + \varphi_\mathrm{i})}$$

Der Ansatz $\underline{U}\underline{I}$ ist deshalb nicht brauchbar, weil im Ergebnis ein Winkel $\varphi_\mathrm{u} + \varphi_\mathrm{i}$ statt des Phasenverschiebungswinkels φ auftritt. Nimmt man aber bei der Produktbildung der Zeiger den zu $\underline{I}$ konjugiert komplexen Stromzeiger $\underline{I}^* = I\mathrm{e}^{-\mathrm{j}\varphi_\mathrm{i}}$ zu Hilfe, dann wird

$$\underline{S} = \underline{U}\underline{I}^* = U\mathrm{e}^{\mathrm{j}\varphi_\mathrm{u}} \cdot I\mathrm{e}^{-\mathrm{j}\varphi_\mathrm{i}} = UI\mathrm{e}^{\mathrm{j}(\varphi_\mathrm{u} - \varphi_\mathrm{i})} = S\mathrm{e}^{\mathrm{j}\varphi}$$

wobei $S = U \cdot I$ nach Gl. (1.116) und $\varphi = \varphi_\mathrm{u} - \varphi_\mathrm{i}$ nach Gl. (1.107) gesetzt wurde. Man erhält somit für die komplexe Leistung

$$\underline{S} = \underline{U}\underline{I}^* = S\mathrm{e}^{\mathrm{j}\varphi} = S\cos\varphi + \mathrm{j}S\sin\varphi = P + \mathrm{j}Q \qquad (1.164)$$

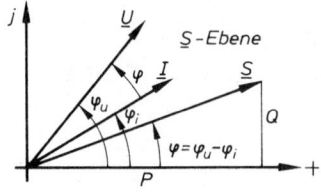

1.86
Darstellung der komplexen Leistung $\underline{S} = P + jQ$

wobei Scheinleistung S, Wirkleistung P und Blindleistung Q nach Gl. (1.117) eingeführt wurden. Legt man in der Darstellung (Bild **1**.86) der komplexen $\underline{S}$-Ebene wieder
die positiv reelle Achse nach rechts und die positiv imaginäre Achse nach oben, dann
ergeben sich die drei Leistungsgrößen aus dem gegebenen Zeigerbild ($\underline{U}, \underline{I}$) nach Gl.
(1.164).

Beispiel 1.52   Von einem Zweipol ist belannt: $U = 220$ V, $\varphi_u = 75°$; $I = 5$ A, $\varphi_i = 45°$. Man bestimme die 3 Leistungsgrößen dieses Zweipols.
Man erhält

$$\underline{S} = UI e^{j(\varphi_u - \varphi_i)} = 220 \text{ V} \cdot 5 \text{ A} e^{j30°} = 1100 \text{ VA} (\cos 30° + j \sin 30°)$$
$$\underline{S} = P + jQ = (953 + j550) \text{ VA}; \quad S = 1100 \text{ VA}, \quad P = 953 \text{ W}, \quad Q = 550 \text{ var}.$$

1.3.2.5   Wechselstrommessungen

Wechselspannung und Wechselstrom   Für Messungen in Wechselstromkreisen werden
in der Regel Dreheiseninstrumente (Wirkungsweise s. Abschn. 3.2.1.2) verwendet.
Als tragbare Instrumente werden mit Vorteil die universell anwendbaren Vielfachinstrumente benutzt, die durch einfaches Umschalten auf verschiedene Meßbereiche eingestellt werden können. Bezüglich Eigenverbrauch, Auswahl und Benutzung der
Spannungs- und Strommesser gilt das schon in Abschn. 1.1.2.5 Gesagte.
Meßbereicherweiterungen. Den Meßbereich von Spannungsmessern kann
man wie bei Gleichspannung durch Vorschalten von passenden Widerständen erweitern. Es ist aber darauf zu achten, daß die Induktivität dieser Widerstände vernachlässigbar klein gehalten wird. Dies wird z. B. durch eine bifilare Wicklung erreicht,
indem man den Leiter doppelt nimmt, also in der Mitte umbiegt und auf den
Wicklungskörper wickelt. Sonst wird das Meßergebnis frequenzabhängig verfälscht.
Den Meßbereich von Strommessern kann man nicht wie bei Gleichstrommessungen durch passende Nebenwiderstände erweitern. Die Verteilung des zu messenden Stromes auf die Meßwerkspule und den parallel geschalteten Nebenwiderstand
(Shunt) ist ebenfalls frequenzabhängig und liefert für verschiedene Frequenzen des
zu messenden Stromes wieder Fehlanzeigen. Man benutzt deshalb zur Erweiterung
des Meßbereiches von Wechselstrommessern Stromwandler, die in Abschn. 3.2.2.7
besprochen werden.

Leistung und Arbeit   Die Wirkleistung $P = UI \cos \varphi$ wird von dem in Abschn.
3.2.1.4 beschriebenen elektrodynamischen Leistungsmesser angezeigt, der
nach Bild **1**.28c in den Wechselstromkreis eingeschaltet wird. Die Meßbereicherweiterung wird im Spannungspfad durch Vorschalten eines Widerstandes, im
Strompfad durch einen Stromwandler durchgeführt.

Blindleistung und Leistungsfaktor. Häufig verzichtet man auf eine unmittelbare Messung der Blindleistung und des Leistungsfaktors. Hat man die Wechselgrößen U, I und P gemessen, so ergeben sich durch Rechnung nach den Gleichungen in Abschn. 1.3.1.4

$$S = UI \qquad \cos \varphi = P/S \qquad Q = S \sin \varphi$$

Blindleistung und Leistungsfaktor können aber auch direkt durch Blindleistungsmesser und Leistungsfaktormesser angezeigt werden.

Die elektrische Arbeit (Wirkarbeit) mißt man bei Wechselstrom mit Induktionszählern. Ohne auf ihre Wirkungsweise hier näher einzugehen, sei erwähnt, daß wie bei Gleichstrom (s. Abschn. 1.1.2.5) die Drehzahl n des Zählers proportional der entnommenen elektrischen Leistung P ist: $n \sim P$. Somit ist die Zahl z der in einer bestimmten Zeit t zurückgelegten Umdrehungen $z = nt$ der Zählerscheibe proportional der in dieser Zeit über den Zähler geführten elektrischen Arbeit $W = Pt$, also $z \sim W$. – Für die Messung der Blindarbeit können ebenfalls Induktionszähler in Verbindung mit Kunstschaltungen verwendet werden.

Frequenz In den öffentlichen Hoch- und Niederspannungsnetzen wird die Frequenz durch Regelung der Turbinendrehzahlen in den Kraftwerken konstant gehalten und ist damit bekannt (50 Hz). Soll die Frequenz aber z.B. in Eigenanlagen gemessen werden, so verwendet man meist Zungenfrequenzmesser (**1**.87a). Stahlzungen, deren Eigenfrequenzen zwischen etwa 45 Hz bis 55 Hz liegen, werden durch das Magnetfeld einer Spule, die an das Wechselspannungsnetz wie ein Spannungsmesser angeschlossen wird, erregt. Diejenige Stahlzunge, deren Eigenfrequenz mit der des Spulenstroms übereinstimmt, schwingt infolge Resonanzwirkung am stärksten. Benachbarte Stahlzungen schwingen meist etwas mit, so daß auch Zwischenwerte geschätzt werden können (**1**.87b).

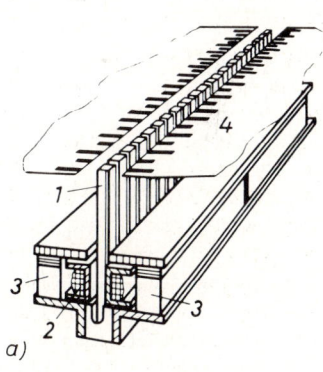

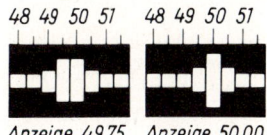

1.87
a) Zungenfrequenzmesser
  1 Stahlzungen   3 Permanentmagnete
  2 Erregerspule   4 Skala
b) Skalenbild bei der Messung (Anzeige in Hz)

1.3.2.6   Zahlenbeispiele

Beispiel 1.53   Eine Luftspule entnimmt einem Gleichspannungsnetz von 24 V den Strom 1,2 A, einem Wechselspannungsnetz von 220 V, 50 Hz den Strom 2,2 A.

a) Es sollen die Ersatzschaltbilder für Gleich- und Wechselstrom mit eingezeichneten Meßinstrumenten für Strom und Spannung entworfen werden.

Die Ersatzschaltung der Luftspule ist nach Bild 1.73a eine Reihenschaltung von R und L. Zur Messung von Spannung und Strom werden deshalb nach Bild 1.88 Gleich- und Wechselstrommeßinstrumente in der hierfür erforderlichen Weise geschaltet.

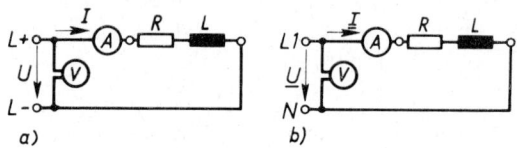

a)   b)

1.88 Ersatzschaltbilder einer Luftspule mit den genormten Anschlußbezeichnungen am Netz bei Gleichstrom (a) und Wechselstrom (b)

b) Es sind Wirkwiderstand R, Induktivität L und Phasenwinkel φ der Luftspule zu berechnen. Nach Gl. (1.134) ist der Spulenstrom

$$I = \frac{U}{\sqrt{R^2 + (\omega L)^2}}$$

Für Gleichstrom ist $f = 0$, mithin auch $\omega = 0$ und somit $I = U/R$; der Wirkwiderstand der Spule ist dann

$$R = \frac{U}{I} = \frac{24 \text{ V}}{1,2 \text{ A}} = 20 \text{ } \Omega$$

Für Wechselstrom erhält man aus Gl. (1.130) für den Scheinwiderstand

$$Z = \frac{U}{I} = \frac{220 \text{ V}}{2,2 \text{ A}} = 100 \text{ } \Omega$$

Der induktive Blindwiderstand der Spule ist

$$\omega L = \sqrt{Z^2 - R^2} = \sqrt{(100 \text{ } \Omega)^2 - (20 \text{ } \Omega)^2} = 98 \text{ } \Omega$$

Somit beträgt die Induktivität

$$L = \frac{98 \text{ } \Omega}{314 \text{ s}^{-1}} = 0,312 \text{ H}$$

Den Phasenverschiebungswinkel erhält man aus Gl. (1.131)

$$\tan \varphi = \frac{\omega L}{R} = \frac{98 \text{ } \Omega}{20 \text{ } \Omega} = 4,9$$

$$\varphi = 78,5°$$

Der Leistungsfaktor ist also $\cos \varphi = 0,2$.

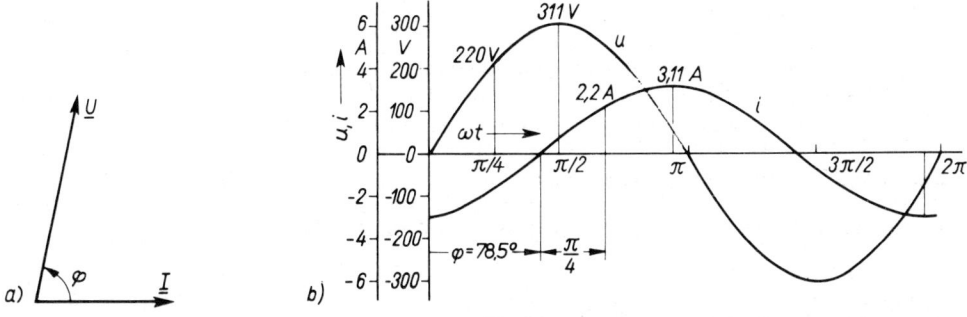

1.89 Zeigerbild (a) und Zeitschaubilder $u, i = f(t)$ einer Luftspule (b)

c) Es sind ein Zeigerbild und Zeitschaubilder für Strom und Spannung zu entwerfen.
Das Zeigerbild ist in Bild **1.**89a nach den Ausführungen in Abschn. 1.3.2.2 gezeichnet. Den Zeitschaubildern (**1.**89b) liegen die folgenden Zeitfunktionen zugrunde:

$$u = 311 \text{ V} \sin \omega t \ \text{ mit } \ \hat{u} = \sqrt{2}\,U = \sqrt{2} \cdot 220 \text{ V} = 311 \text{ V}$$

$$i = 3{,}11 \text{ A} \sin(\omega t - 78{,}5°) \ \text{ mit } \ \hat{\imath} = \sqrt{2}\,I = \sqrt{2} \cdot 2{,}2 \text{ A} = 3{,}11 \text{ A}$$

d) Man berechne die Leistungen P, Q und S der Luftspule sowie die dem Wechselstromnetz
entnommene Arbeit W und Blindarbeit W_q, wenn die Schaltung 9 Stunden in Betrieb ist.
Nach Gl. (1.117) ist die Wirkleistung

$$P = UI \cos \varphi = 220 \text{ V} \cdot 2{,}2 \text{ A} \cdot 0{,}2 = 96{,}8 \text{ W}$$

Zur Kontrolle: Die Wirkleistung entspricht der im Wirkwiderstand R in Wärme umgewandel-
ten elektrischen Energie. Somit ist ebenfalls

$$P = I^2 R = (2{,}2 \text{ A})^2 \cdot 20 \ \Omega = 96{,}8 \text{ W}$$

Nach Gl. (1.117) wird die Blindleistung

$$Q = UI \sin \varphi = 220 \text{ V} \cdot 2{,}2 \text{ A} \cdot 0{,}98 = 474 \text{ var}$$

Zur Kontrolle

$$Q = I^2 \omega L = (2{,}2 \text{ A})^2 \cdot 98 \ \Omega = 474 \text{ var}$$

Nach Gl. (1.117) ist die Scheinleistung

$$S = UI = 220 \text{ V} \cdot 2{,}2 \text{ A} = 484 \text{ VA}$$

Kontrolle nach Gl. (1.117)

$$S = \sqrt{P^2 + Q^2} = \sqrt{(96{,}8)^2 + (474)^2} \text{ VA} = 484 \text{ VA}$$

Nach Gl. (1.119) ist die Wirkarbeit

$$W = Pt = 0{,}0968 \text{ kW} \cdot 9 \text{ h} = 0{,}87 \text{ kWh}$$

Mit Gl. (1.120) erhält man für die Blindarbeit

$$W_q = Qt = 0{,}474 \text{ kvar} \cdot 9 \text{ h} = 4{,}27 \text{ kvarh}$$

e) Welcher Widerstand R_1 muß in Bild 1.88b zusätzlich in Reihe mit der Luftspule geschaltet werden, damit der Netzstrom auf 0,7 A zurückgeht?

Die beiden in Reihe geschalteten Widerstände R und R_1 können zum Gesamtwiderstnd $R + R_1$ zusammengefaßt werden. Dann ist nach Gl. (1.129)

$$U = I \sqrt{(R + R_1)^2 + (\omega L)^2} \text{ und } R_1 = \sqrt{(U/I)^2 - (\omega L)^2} - R$$

Der erforderliche Vorwiderstand ist mithin

$$R_1 = \sqrt{(220 \text{ V}/0,7 \text{ A})^2 - (98 \text{ }\Omega)^2} - 20 \text{ }\Omega = (299 - 20) \text{ }\Omega = 279 \text{ }\Omega$$

Beispiel 1.54 Gegeben ist die Schaltung nach Bild 1.90a mit $C = 220 \text{ µF}$, $R_1 = 20 \text{ }\Omega$, $\omega L = 40 \text{ }\Omega$, $R_2 = 5 \text{ }\Omega$. Gesucht sind Teilspannungen und -ströme sowie Leistungen und Leistungsfaktor für die Netzspannung $U = 220 \text{ V}$, 50 Hz.

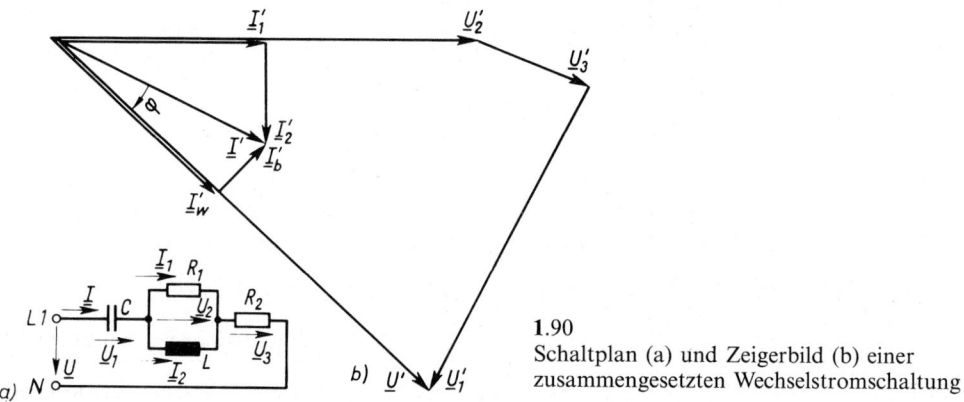

1.90
Schaltplan (a) und Zeigerbild (b) einer zusammengesetzten Wechselstromschaltung

a) In das Schaltbild werden sämtliche auftretenden Spannungen U, U_1, U_2, U_3 und Ströme I, I_1, I_2 eingetragen. dann gilt

nach der Knotenregel $I = I_1 + I_2$ (1) und nach der Maschenregel $U = U_1 + U_2 + U_3$ (2)

b) Man zeichnet das Zeigerbild, ausgehend von dem R_1 und L gemeinsamen Spannungszeiger U_2', nimmt zunächst $U_2' = 100 \text{ V}$ an und wählt als bequemen Maßstab z.B. 1 cm $\hat{=}$ 20 V, 1 cm $\hat{=}$ 2 A.

Dann gilt für die Ströme durch R_1 und L für $U_2' = 100 \text{ V}$

$$I_1' = U_2'/R_1 = 100 \text{ V}/20 \text{ }\Omega = 5 \text{ A} \qquad\qquad I_1' \text{ ist in Phase mit } U_2'$$

$$I_2' = U_2'/\omega L = 100 \text{ V}/40 \text{ }\Omega = 2,5 \text{ A} \qquad I_2' \text{ eilt } U_2' \text{ um } 90° \text{ nach}$$

Nach Gl. (1) ergibt sich für den Stromzeiger I' der Betrag (Kontrolle anhand des Zeigerbildes)

$$I' = \sqrt{I_1'^2 + I_2'^2} = \sqrt{5^2 + 2,5^2} \text{ A} = 5,6 \text{ A}$$

Somit werden die Spannungen an R_2 und an C

$$U_3' = I' R_2 = 5,6 \text{ A} \cdot 5 \text{ }\Omega = 28 \text{ V} \qquad\qquad U_3' \text{ ist in Phase mit } I'$$

$$U_1' = \frac{I'}{\omega C} = \frac{5,6 \text{ A}}{314 \text{ s}^{-1} \cdot 220 \cdot 10^{-6} \text{ F}} = 81 \text{ V} \qquad U_1' \text{ eilt } I' \text{ um } 90° \text{ nach}$$

Den Betrag des Spannungzeigers U' nach Gl. (2) entnimmt man der Zeichnung und findet $U' = 124$ V.

c) Da die tatsächliche Netzspannung $U = 220$ V ist, müssen sämtliche vorstehend ermittelten Ströme und Spannungen nach Gl. (1.145) mit $U/U' = 220\,\text{V}/124\,\text{V} = 1,77$ multipliziert werden, um die wirklich auftretenden Teilspannungen und Teilströme zu erhalten. Somit sind

$$U_2 = 177\ \text{V} \quad I_1 = 8,85\ \text{A} \quad I_2 = 4,43\ \text{A} \quad I = 9,9\ \text{A} \quad U_3 = 49,7\ \text{V} \quad U_1 = 144\ \text{V}$$

d) Den Phasenverschiebungswinkel entnimmt man Bild **1**.90b, nämlich $\varphi = -16°$ (voreilender Strom). Somit wird $\cos\varphi = 0,96$, $\sin\varphi = -0,29$. Dann sind die Leistungen

$$S = UI = 220\ \text{V} \cdot 9,9\ \text{A} = 2180\ \text{VA} = 2,18\ \text{kVA}$$

$$P = S\cos\varphi = 2,18 \cdot 0,96\ \text{kW} = 2,10\ \text{kW}$$

$$Q = S\sin\varphi = -2,18 \cdot 0,29\ \text{kvar} = -0,63\ \text{kvar} \quad \text{(Blindleistungsabgabe)}$$

e) Man berechne mit komplexer Rechnung I und φ. Nach Tafel **1**.84 gilt für Bild **1**.90a:

$$\underline{Z} = -\,jX_C + \frac{1}{G_1 - jB_L} + R_2 = R_2 + \frac{G_1 + jB_L}{G_1^2 + B_L^2} - jX_C$$

$$= R_2 + \frac{G_1}{G_1^2 + B_L^2} + j\left(\frac{B_L}{G_1^2 + B_L^2} - X_C\right)$$

$$\underline{Z} = 5\ \Omega + \frac{0,05}{0,05^2 + 0,025^2}\ \Omega + j\left(\frac{0,025}{0,05^2 + 0,025^2} - \frac{10^6}{314 \cdot 220}\right)\Omega$$

$$= 5\ \Omega + 16\ \Omega + j(8 - 14,47)\ \Omega = 21\ \Omega - j6,47\ \Omega;$$

$$Z = \sqrt{21^2 + 6,47^2}\ \Omega = 21,97\ \Omega; \quad I = U/Z = 220\ \text{V}/21,97\ \Omega = 10\ \text{A}.$$

$$\varphi = \text{Arc tan} -6,47/21 = \text{Arc tan} -0,308 = -17,15°. \quad \text{Ergebnisvergleich mit c) und d).}$$

Beispiel 1.55 Vier Quecksilber-Hochdrucklampen für 220 V, 450 W, 3,7 A sollen in der Montagehalle einer Fabrik getrennt geschaltet werden können. Der Blindstrom jeder Lampe ist durch je einen Kondensator zu kompensieren.

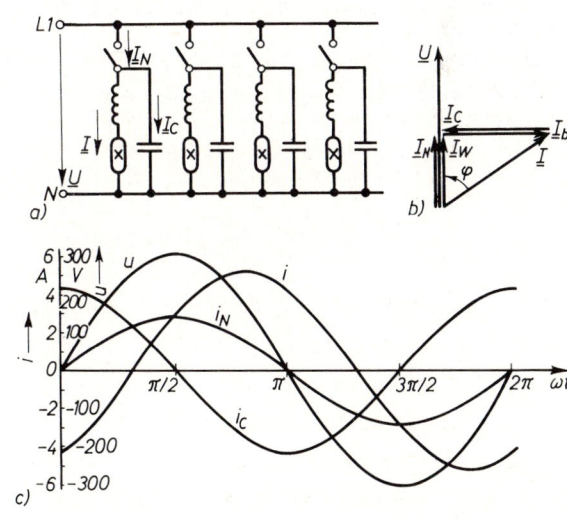

1.91
Blindstromkompensierte
Beleuchtungsanlage (a) mit
Zeigerbild (b) und
Zeitschaubild (c)

a) Der Schaltplan der Beleuchtungsanlage ist zu entwerfen.

Die in Parallelschaltung an das Stromversorgungsnetz nach Bild **1**.91a angeschlossenen Stromkreise der vier Lampen können durch je einen Schalter unabhängig voneinander ein- und ausgeschaltet werden. Jeder Stromkreis enthält einen Stromzweig mit Lampe und vorgeschalteter Stabilisierungsdrossel; in einem parallel geschalteten Stromzweig liegt der zugehörige Kondensator zur Kompensation des Blindstroms.

b) Mit Hilfe des Zeigerbildes eines Lampenstromkreises soll die Größe des zugehörigen Kondensators bestimmt werden.

Eine Quecksilber-Hochdrucklampe samt Vorschaltdrossel nimmt Wirk- und Blindleistung auf. Das Ersatzschaltbild des Lampenstromkreises ist nach Bild **1**.73 eine Reihenschaltung von R und L. Aus $P = U I \cos \varphi$ erhält man den Phasenverschiebungswinkel

$$\cos \varphi = \frac{P}{UI} = \frac{450 \text{ W}}{220 \text{ V} \cdot 3,7 \text{ A}} = 0,555 \qquad \varphi = 56,3°$$

Jetzt kann das Zeigerbild des Lampenstromkreises gezeichnet werden (**1**.91b). Zerlegt man den Stromzeiger $\underline{I}$ in Wirkstrom I_w und Blindstrom I_b, so werden die Beträge von Wirk- und Blindstrom

$$I_w = I \cos \varphi = 3,7 \text{ A} \cdot 0,555 = 2,05 \text{ A}$$

$$I_b = I \sin \varphi = 3,7 \text{ A} \cdot 0,83 = 3,08 \text{ A}$$

Schaltet man den Kondensator parallel (**1**.91a), so nimmt dieser einen der Spannung $\underline{U}$ um 90° voreilenden Strom $\underline{I}_C$ auf. Wählt man die Kapazität des Kondensators so groß, daß $I_C = I_b$ wird, so heben sich die Stromzeiger $\underline{I}_b$ und $\underline{I}_C$ im Zeigerbild auf. Der Netzstrom $\underline{I}_N$ ist dann gleich dem Wirkstrom $\underline{I}_w$, der Phasenverschiebungswinkel $\varphi = 0°$ und der Leistungsfaktor $\cos \varphi = 1,0$.

Aus $I_b = I_C$ folgt $3,08 \text{ A} = U\omega C$ und hieraus

$$C = \frac{3,08 \text{ A}}{220 \text{ V} \cdot 314 \text{ s}^{-1}} = 44,5 \cdot 10^{-6} \text{ F} = 44,5 \text{ μF}$$

Die Blindleistung e i n e s Kondensators beträgt

$$Q = - U I_C = - 220 \text{ V} \cdot 3,08 \text{ A} = - 667 \text{ var} = - 0,677 \text{ kvar}$$

c) Die Zeitschaubilder der Netzspannung und der in Bild **1**.91b auftretenden drei Ströme sollen gezeichnet werden.

Netzspannung

$$\hat{u} = \sqrt{2} U = \sqrt{2} \cdot 220 \text{ V} = 311 \text{ V} \qquad u = 311 \text{ V} \sin \omega t$$

Netzstrom

$$\hat{i}_N = \sqrt{2} I_N = \sqrt{2} \cdot 2,05 \text{ A} = 2,90 \text{ A} \qquad i_N = 2,90 \text{ A} \sin \omega t$$

Lampenstrom

$$\hat{i} = \sqrt{2} I = \sqrt{2} \cdot 3,7 \text{ A} = 5,23 \text{ A} \qquad i = 5,23 \text{ A} \sin (\omega t - 56,3°)$$

Kondensatorstrom

$$\hat{i}_C = \sqrt{2} I_C = \sqrt{2} \cdot 3,08 \text{ A} = 4,36 \text{ A} \qquad i_C = 4,36 \text{ A} \cos \omega t$$

Aus dem Zeitschaubild (**1**.91c) erkennt man, daß die Knotenregel $i_N = i + i_C$ für die Augenblickswerte der Ströme in jedem beliebigen Zeitpunkt erfüllt ist.

Der Netzstrom läßt sich durch die Kompensation je Lampe von 3,7 A auf 2,05 A, also um 44,5% senken. Die Zuleitungen vom Speisepunkt werden also entlastet und die mit dem Strom quadratisch steigenden Stromwärmeverluste in den Zuleitungen werden auf das $(2,05\,\text{A}/3,7\,\text{A})^2 = 0,308$fache, d. h. um fast 70% gesenkt.

d) Welche jährlichen Stromkosten entstehen für einen Hochspannungsabnehmer bei Ausführung der Beleuchtungsanlage ohne Blindstromkompensation, wenn mit 2200 Betriebsstunden je Lampe und den Tarifen 16 Pf/kWh und 2,4 Pf/kvarh gerechnet werden muß?

Kosten für die Wirkarbeit

$$K_\text{w} = 4 \cdot 0,45\,\text{kW} \cdot 2200\,\text{h} \cdot 0,16\,\text{DM/kWh} = 633,6\,\text{DM}$$

Kosten für die Blindarbeit

$$K_\text{b} = 4 \cdot 0,677\,\text{kvar} \cdot 2200\,\text{h} \cdot 0,024\,\text{DM/kvarh} = 141,0\,\text{DM}$$

jährliche Gesamtkosten somit

$$K = K_\text{w} + K_\text{b} = 774,6\,\text{DM}$$

e) In welcher Zeit macht sich die Durchführung der Blindstromkompensation für den Hochspannungabnehmer bei einem Anschaffungspreis der Kondensatoren von 85 DM/kvar (ohne Berücksichtigung von Kapitaldienst usw.) bezahlt?

Die vier erforderlichen Kondensatoren haben insgesamt die Blindleistung $4 \cdot 0,677\,\text{kvar} = 2,71\,\text{kvar}$ und kosten somit

$$K_\text{C} = 2,71\,\text{kvar} \cdot 85\,\text{DM/kvar} = 230,3\,\text{DM}$$

Da die errechneten Blindstromkosten von 141 DM/Jahr entfallen, sind die Anschaffungskosten nach $230/141 = 1,63$ Jahren abgedeckt.

Beispiel 1.56   Jeder der vier Fahrmotoren einer elektrischen Lokomotive hat bei der Nennleistung 810 kW den Leistungsfaktor $\cos = 0,87$ und den Wirkungsgrad $\eta = 91\%$; Frequenz $f = 16\frac{2}{3}$ Hz.

Die Primärspule des Transformators der Lokomotive wird von der zwischen Fahrdraht und Schiene vorhandenen Wechselspannung $U_1 = 15000$ V gespeist. Von der Sekundärwicklung des Transformators wird bei Nennlast die Wechselspannung $U_2 = 600$ V an die vier parallel geschalteten Fahrmotoren gelegt (**1.92**).

a) Der Prinzipschaltplan der elektrischen Lokomotive ist zu entwerfen (s. Bild **1.92**).

b) Man berechne bei Nennlast den Strom eines Fahrmotors sowie den der Fahrleitung insgesamt entnommenen Strom.

Von einem Fahrmotor abgegebene Leistung

$$P_2 = 810\,\text{kW}$$

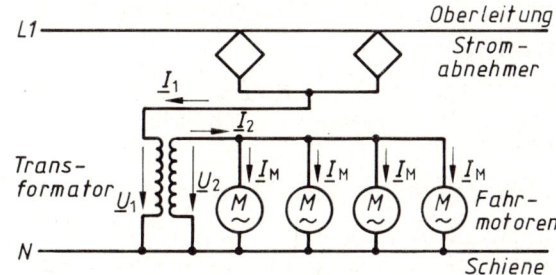

1.92
Einphasen-Wechselstromlokomotive mit vier Fahrmotoren (Prinzipschaltplan)

von einem Fahrmotor aufgenommene Leistung

$$P_1 = P_2/\eta = 810 \text{ kW}/0,91 = 890 \text{ kW}$$

Nach Gl. (1.117) ist der Motorstrom

$$I_M = \frac{P_1}{U_2 \cos \varphi} = \frac{890 \cdot 10^3 \text{ W}}{600 \text{ V} \cdot 0,87} = 1700 \text{ A}$$

Somit wird der Sekundärstrom des Transformators

$$I_2 = 4 I_M = 4 \cdot 1700 \text{ A} = 6800 \text{ A}$$

Nimmt man einen idealen Transformator (s. Abschn. 1.2.3.4) an, so ergibt sich für den Primärstrom des Transformators

$$I_1 = \frac{U_2}{U_1} I_2 = \frac{600 \text{ V}}{15\,000 \text{ V}} 6800 \text{ A} = 272 \text{ A}$$

1.3.3   Drehstrom

1.3.3.1   Erzeugung von Drehstrom. Drehstromschaltungen

Erzeugung von Drehstrom   In Abschn. 1.2.3.5 wurde gezeigt, wie z. B durch Drehung einer Spule in einem zeitlich konstanten, homogenen Magnetfeld eine sinusförmige Wechselspannung nach Gl. (1.88) erzeugt wird. Nach demselben Prinzip wird die rotatorische Spannungserzeugung auch bei Drehstrom (Dreiphasen-Wechselstrom) durchgeführt.

Entsprechend der Anordnung in Bild 1.60a sind in Bild 1.93a drei gleiche Spulen vorhanden, deren Anschlüsse nach VDE 0570 bezeichnet werden, d. h. ihre Anfänge mit U1, V1, W1 und ihre Enden mit U2, V2, W2. Die Spulen sind um eine gemeinsame Achse drehbar und räumlich gegeneinander jeweils um 120° versetzt angeordnet. Dreht man die Spulen im homogenen Magnetfeld mit der Winkelgeschwindigkeit ω, so wird nach dem Induktionsgesetz in jeder von ihnen eine sinusförmige Wechselspannung von gleicher Frequenz und gleichem Effektivwert erzeugt. Durch die räumliche Versetzung der Spulen um 120° gegeneinander sind aber die drei Wechselspannungen zeitlich um $t = T/3$ bzw. $\omega t = 2\pi/3$ oder 120° gegeneinander phasenverschoben. Bild 1.93b zeigt das zugehörige Zeitschaubild, Bild 1.93c das Zeigerbild der 3 Wechselspannungen.

Unter Drehstrom oder Dreiphasen-Wechselstrom versteht man demnach ein System von 3 sinusförmigen Wechselspannungen mit gleicher Frequenz und gleichem Effektivwert, die zeitlich gegeneinander jeweils um $T/3$ bzw $2\pi/3$ oder 120° phasenverschoben sind.

Mit Drehstrom kann ein räumlich umlaufendes magnetisches Feld, ein sogenanntes Drehfeld, erzeugt werden (Abschn. 4.3.1). Daher hat der Drehstrom seinen Namen.

Bei der technischen Ausführung in Drehstrommaschinen (s. z. B. Bild 4.37) besteht die im Ständer untergebrachte Drehstromwicklung aus 3 gleichen Strängen, jeder Strang besteht aus mehreren gleich vielen Spulen (s) und jede Spule aus mehreren, gleich vielen Windungen (w). Jeder Strang hat daher $N_{st} = s \cdot w$ in Reihe geschalteter Windungen. Insgesamt sind damit

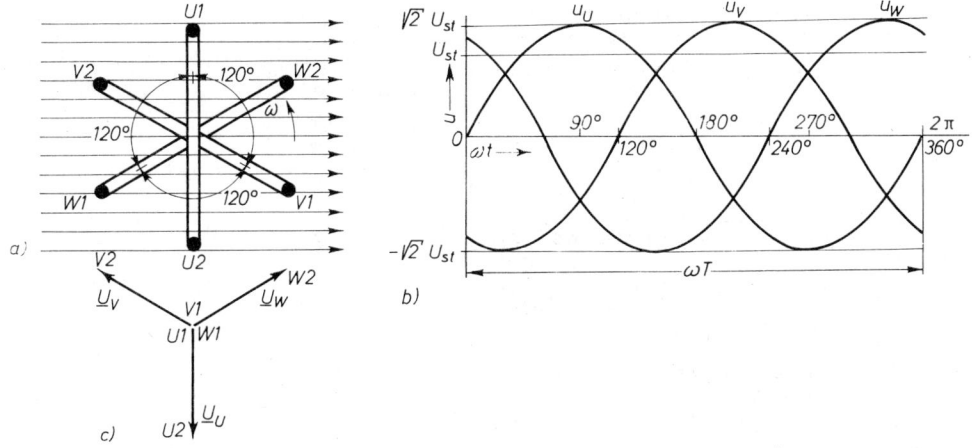

1.93 Erzeugung (a) der drei sinusförmigen Wechselspannungen (Strangspannungen), Zeitschaubild (b) und Zeigerbild (c)

$3 N_{st}$ Windungen gleichmäßig über den Umfang des Ständers verteilt angeordnet. Bei Drehstrom-Synchrongeneratoren (Bild **4**.57) rotiert das Magnetfeld mit dem Läufer (feste Wicklung, rotierendes Magnetfeld).

Die in einem Strang erzeugte Wechselspannung hat nach Gl. (1.87) die Amplitude

$$\hat{u}_{st} = \sqrt{2}\, U_{st} = \omega N_{st}\, \Phi_{max}$$

Somit lauten die Gleichungen der 3 Strangspannungen

Strang U1–U2   Strang V1–V2   Strang W1–W2

$u_U = \sqrt{2}\, U_{st} \sin \omega t \quad u_V = \sqrt{2}\, U_{st} \sin(\omega t - 120°) \quad u_W = \sqrt{2}\, U_{st} \sin(\omega t - 240°)$ (1.165)

wobei U_{st} der Effektivwert der Strangspannung und $\omega = 2\pi f$ ihre Kreisfrequenz ist.

Die genormte zeitliche Reihenfolge der 3 Strangspannungen, ihre Phasenfolge, ist UVW.

Verkettung der drei Stränge Die 6 Anschlußpunkte der drei Stränge sind am Anschlußkasten von Drehstrommaschinen (Bild **1**.94a) in der Reihenfolge U1, V1, W1 und W2, U2, V2 angeordnet. Man könnte nun die drei Strangspannungen des Drehstromsystems über 6 Leiter, ausgehend von den 6 Anschlußpunkten des Generators, zu den Verbrauchern führen. Durch geeignete Zusammenschaltung, Verkettung der drei Stränge genannt, ist es jedoch möglich, mit weniger als 6 Leitern auszukommen, wie nun gezeigt wird.

Sternschaltung (⋏) Verbindet man am Anschlußkasten des Generators die drei Strangenden U2, V2, W2 miteinander (**1**.94a), so werden die drei Strangspannungen in diesem Punkt, dem Sternpunkt, miteinander verkettet. In Bild **1**.95 ist die dann vorhandene Sternschaltung der drei Stränge gezeigt, weil die Zeiger der Strangspannungen einen Spannungsstern bilden. Die von den Stranganfängen U1, V1, W1 ausgehenden Leiter werden (DIN 40108) als Außenleiter L1, L2, L3

neu	L1	L2	L3	N	U1	U2	V1	V2	W1	W2
alt	R	S	T	Mp	U	X	V	Y	W	Z

a)   b)   c)

1.94 Genormte Anordnung der Anschlüsse am Anschlußkasten bei Drehstrommaschinen und -geräten
L1. L2, L3 – Außenleiter, N-Neutralleiter
a) waagrechte Verbindungen W2–U2–V2 bei Sternschaltung ($\curlywedge$)
b) senkrechte Verbindungen U1–W2, V1–U2, W1–V2 bei Dreieckschaltung ($\triangle$)
c) neue und alte Anschluß- und Leiterbezeichnungen

bezeichnet (Drehstrom-Dreileiternetz). Wenn zusätzlich auch der vom Stern-punkt ausgehende Sternpunktleiter (Neutralleiter N) mitgeführt wird, ergibt sich ein Drehstrom-Vierleiternetz, wie es als Niederspannungsnetz heute aus-schließlich der öffentlichen Stromversorgung dient.

Dreieckschaltung ($\triangle$)   Verbindet man am Anschlußkasten des Generators die An-schlüsse senkrecht miteinander (Bild **1**.94b), dann werden die drei Stränge so mitein-ander verkettet, daß immer das Ende eines Strangs mit dem Anfang des folgenden Strangs verbunden wird; z. B. wird durch die Verbindungslasche U2–V1 das Ende U2 des ersten Strangs mit dem Anfang V1 des zweiten Strangs verbunden usf. Diese in sich geschlossene Ringschaltung der drei Strangspannungen ist technisch möglich, weil dabei die Zeiger der drei Strangspannungen im Zeigerbild (**1**.96) ein gleichseiti-ges Spannungsdreieck bilden, so daß $\underline{U}_U + \underline{U}_V + \underline{U}_W = 0$ folgt. Natürlich ist dann auch in jedem beliebigen Augenblick des Zeitschaubildes (**1**.93b) die Summe der Augenblickswerte der drei Strangspannungen $u_U + u_V + u_W = 0$, was auch rech-nerisch aus Gl. (1.165) folgt. Mit den von den drei Anschlußstellen ausgehenden Außenleitern L1, L2 und L3 erhält man ein Drehstrom-Dreileiternetz, wie es vorwiegend bei Hochspannung angewandt wird.

Anwendungen   Die vorstehend beschriebene Stern- und Dreieckschaltung von 3 unter sich glei-chen Strängen (symmetrischer Aufbau) wird praktisch sowohl bei der Erzeugung elektrischer Energie in Drehstromgeneratoren als auch im Zuge der Fortleitung und Verteilung der Ener-gie in den Primär- und Sekundärwicklungen von Drehstromtransformatoren und vor allem bei der an die Drehstromnetze angeschlossenen Vielzahl von Drehstromverbauchern, insbesondere bei den Wicklungen von Drehstrommotoren angewandt. Die dabei gemeinsam auf-tretenden elektrischen Größen werden nun besprochen.

1.3.3.2   Elektrische Größen bei Stern- und Dreieckschaltung

Spannungen

Sternschaltung   Zeichnet man die im Drehstrom-Vierleiternetz zur Verfügung ste-henden drei Spannungen zwischen je einem Außenleiter und dem Sternpunktleiter, Sternspannungen genannt, in Bild **1**.95 ein, so sind diese gleich den drei entspre-chenden Strangspannungen

$$\underline{U}_{1N} = \underline{U}_U \qquad \underline{U}_{2N} = \underline{U}_V \qquad \underline{U}_{3N} = \underline{U}_W$$

Bei einem symmetrischen Drehstromsystem sind die Effektivwerte $U_\curlywedge$ der Sternspannungen daher gleich den Effektivwerten U_{st} der Strangspannungen

$$U_\curlywedge = U_{st} \tag{1.166}$$

Zwischen jedem Außenleiter und dem Sternpunktleiter steht eine sinusförmige Wechselspannung mit dem Betrag $U_\curlywedge$ (Sternspannung) zur Verfügung.

Außer den 3 Sternspannungen sind zwischen den Außenleitern noch weitere 3 Wechselspannungen verfügbar, die man Außenleiter- oder Dreieckspannungen nennt.

Die Zeiger der Dreieckspannungen bilden ein gleichseitiges Spannungsdreieck, das den Spannungsstern umschließt. Auch die Dreieckspannungen sind gegeneinander um 120° phasenverschoben. Aus dem gleichseitigen Spannungsdreieck ergibt sich weiterhin, daß z.B. die Dreiecksspannung U_{12} der Sternspannung $U_{1N} = U_U$ um 30° voreilt. Aus Bild 1.95 erhält man auch den Effektivwert U der Dreieckspannungen. Betrachtet man das durch U1, N, V1 gebildete gleichschenklige Dreieck, so wird $U = U_{12} = 2 U_\curlywedge \cos 30° = 2 U_\curlywedge \sqrt{3}/2$ oder allgemein

$$U = \sqrt{3}\, U_\curlywedge \tag{1.167}$$

Die 3 Dreieckspannungen U sind also $\sqrt{3}$ mal so groß wie die 3 Sternspannungen $U_\curlywedge$.

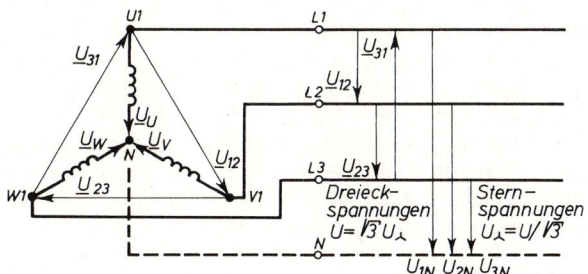

1.95
Sternschaltung der 3 Stränge.
Spannungsstern mit Sternspannungen ($U_\curlywedge$) und Spannungsdreieck mit Dreieckspannungen (U)

Beispiel 1.57 Ist in einem Drehstrom-Vierleiternetz die Sternspannung $U_\curlywedge = 220$ V, so ist die Dreieckspannung $U = \sqrt{3} \cdot 220$ V $= 380$ V. Ein solches Drehstrom-Vierleiternetz hat die Bezeichnung $3 \times 380/220$ V oder $380/220$ V. In diesem Vierleiternetz stehen Spannungen von 220 V und 380 V zur Verfügung. Wird der Sternpunktleiter im Netz nicht mitgeführt, so erhält man ein Dreileiternetz, bei dem nur die Dreieckspannungen zur Verfügung stehen. Ein solches Dreileiternetz bezeichnet man z.B. als 10 kV-Netz, wobei 10 kV die Dreieckspannung („Drehspannung") zwischen je zwei Außenleitern ist.

Dreieckschaltung   Es treten nur die in Bild 1.96 eingezeichneten Dreieckspannungen (keine Sternspannungen) auf, und es ist

$$U_{12} = U_U \qquad U_{23} = U_V \qquad U_{31} = U_W$$

Die Effektivwerte U der Dreieckspannungen sind gleich den Effektivwerten U_{st} der Strangspannungen

$$U = U_{st} \tag{1.168}$$

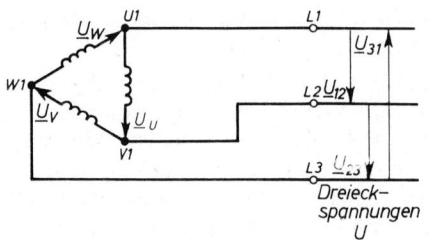

1.96
Dreieckschaltung der 3 Stränge.
Spannungsdreieck mit Dreieckspannungen (U)

Man erhält bei Dreieckschaltung also lediglich ein gleichsieitiges Spannungsdreieck
(**1.96**) mit 3 gleich großen Spannungen, je vom Betrag U.

Ströme

An die drei Außenleiter L1, L2, L3 eines Drehstrom-Dreileiternetzes oder -Vierlei-
ternetzes werden die Drehstromverbraucher in Stern- bzw. Dreieckschaltung angeschlossen (**1.97** und **1.98**). In beiden Schaltungen sind am Anschlußkasten des Ver-

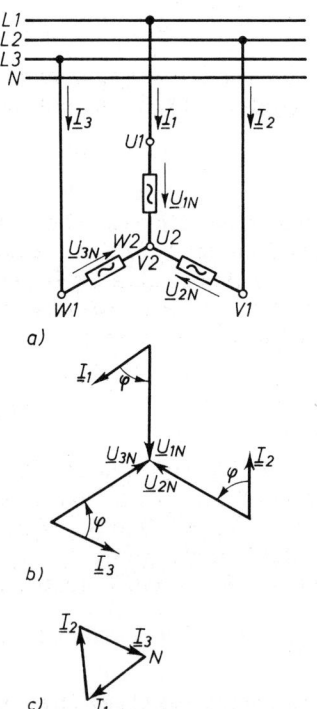

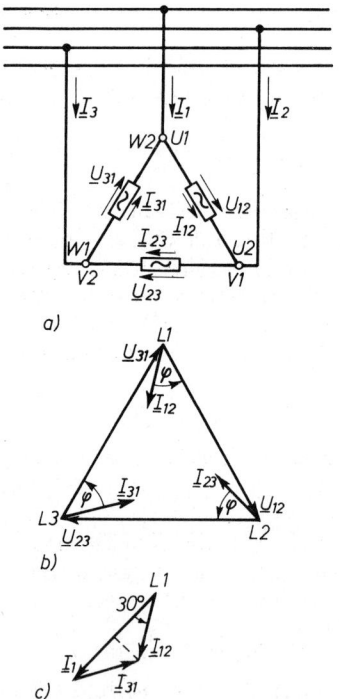

1.97 a) Sternschaltung eines symmetrischen
    Drehstromverbrauchers
  b) Zeigerbild
  c) Addition der Stromzeiger am Sternpunkt

1.98 a) Dreieckschaltung eines symmetrischen
    Drehstromverbrauchers
  b) Zeigerbild
  c) Ermittlung des Leiterstromes I_1

brauchers dieselbe Anordnung und Bezeichnung der Anschlüsse wie am Generator (**1**.94) gültig.

Wir beschränken unsere Betrachtungen auf s y m m e t r i s c h e   B e l a s t u n g des Drehstromnetzes. An das Drehstromnetz sollen also nur Verbraucher angeschlossen werden, die aus drei g l e i c h e n Strängen bestehen, z. B. aus drei gleichen Wicklungssträngen in Drehstrommotoren, drei gleichen Heizspulen in einem Elektroofen, drei gleichen Kondensatoren einer Kondensatorenbatterie. Jeder Strang eines Drehstromverbrauchers kann dann als Z w e i p o l mit bekanntem Scheinwiderstand Z und Phasenverschiebungswinkel φ (Tafel **1**.70, letzte Spalte) dargestellt werden. Ist U_{st} die Strangspannung, dann gilt nach Gl. (1.112) für den Effektivwert des S t r a n g - s t r o m s allgemein:

$$I_{st} = U_{st}/Z \tag{1.169}$$

φ ist der Phasenverschiebungswinkel der Strangspannung gegen den Strangstrom.

Sternschaltung   Hier bilden die drei zusammengeschlossenen Strangenden W2, U2, V2 den Sternpunkt (**1**.97a), so daß an den Strängen die Sternspannungen U_{1N}, U_{2N}, U_{3N} liegen. Nach Gl. (1.166) und (1.167) ist der Effektivwert jeder Strangspannung

$$U_{st} = U_{\perp} = U/\sqrt{3} \tag{1.170}$$

Man erhält das in Bild **1**.97b gezeichnete Zeigerbild für die drei Strangspannungen und die drei S t r a n g s t r ö m e I_1, I_2, I_3. Nach der Knotenregel, angewandt auf den Sternpunkt, gilt

$$I_1 + I_2 + I_3 = 0$$

Die drei Stromzeiger bilden im Zeigerbild **1**.97c ein gleichseitiges Dreieck. Die geometrische Addition der drei Zeiger ergibt also den Strom Null, weil die Summe der drei Strangströme in jedem Augenblick Null ist, wie dies aus Bild **1**.93c auch für die Ströme folgt. Bezeichnet man allgemein den Effektivwert der A u ß e n l e i t e r s t r ö m e mit I, so gilt, da bei der Sternschaltung die Strangströme gleich den Strömen in den Außenleitern sind, mit Gl. (1.169) und Gl. (1.170)

$$I = I_{st} = U_{st}/Z = U/\sqrt{3}Z \tag{1.171}$$

Dreieckschaltung   Bei der Dreieckschaltung (1.98a) liegen an den Strängen die Dreieckspannungen U_{12}, U_{23}, U_{31} des Drehstromnetzes; nach Gl. (1.168) ist somit der Effektivwert jeder Strangspannung $U_{st} = U$. Man erhält das in Bild **1**.98b gezeichnete Zeigerbild für die drei Strangspannungen und die drei Strangströme I_{12}, I_{23}, I_{31}. Die aus dem Netz entnommenen Außenleiterströme I_1, I_2, I_3 erhält man aus Bild **1**.98a nach der Knotenregel

$$I_1 = I_{12} - I_{31} \qquad I_2 = I_{23} - I_{12} \qquad I_3 = I_{31} - I_{23}$$

Bildet man z. B. I_1 im Zeigerbild **1**.98c, so erhält man ein gleichschenkliges Dreieck, dessen Schenkel gleich den Strangströmen I_{st} sind. Somit ergibt sich nach Gl. (1.169) und (1.168) für die Effektivwerte der S t r a n g s t r ö m e (I_{st}) und der A u ß e n l e i t e r - s t r ö m e (I)

$$I_{st} = U/Z \qquad I = \sqrt{3}I_{st} = \sqrt{3}U/Z \tag{1.172}, (1.173)$$

Leistungen, Leistungsfaktor, Arbeit

Allgemein gilt für die Leistung (Wirkleistung) eines Stranges nach Gl. (1.117)

$$P_{st} = U_{st} I_{st} \cos \varphi$$

Somit ist die gesuchte D r e h s t r o m l e i s t u n g

$$P = 3 P_{st} = 3 U_{st} I_{st} \cos \varphi \tag{1.174}$$

Bei S t e r n s c h a l t u n g ergibt sich mit Gl. (1.170) und Gl. (1.171) hieraus

$$P = 3 \frac{U}{\sqrt{3}} I \cos \varphi = \sqrt{3} \, UI \cos \varphi$$

bei D r e i e c k s c h a l t u n g entsprechend mit den Gl. (1.168) und (1.173)

$$P = 3 U \frac{I}{\sqrt{3}} \cos \varphi = \sqrt{3} \, UI \cos \varphi$$

Allgemein gelten somit bei Drehstrom, symmetrisches Netz und symmetrische Belastung vorausgesetzt, für Stern- und Dreieckschaltung die folgenden Gleichungen: L e i s t u n g (W i r k l e i s t u n g).

$$P = \sqrt{3} \, UI \cos \varphi \tag{1.175}$$

B l i n d l e i s t u n g. Für die Blindleistung eines Stranges ergibt sich nach Gl. (1.115) $Q_{st} = U_{st} \cdot I_{st} \sin \varphi$. Für die Blindleistung aller drei Stränge ist somit in die vorstehende Leistungsgleichung $\sin \varphi$ statt $\cos \varphi$ einzusetzen, und man erhält

$$Q = \sqrt{3} \, UI \sin \varphi \tag{1.176}$$

S c h e i n l e i s t u n g. Entsprechend erhält man für die Scheinleistung eines Stranges $S_{st} = U_{st} I_{st}$ und damit für die Scheinleistung aller drei Stränge

$$S = \sqrt{3} \, UI = \sqrt{P^2 + Q^2} \tag{1.177}$$

Man beachte sehr genau, daß in den vorstehenden drei Leistungsgleichungen bedeuten:

U – Dreieckspannung des Drehstromnetzes,
I – Strom in einem Außenleiter des Drehstromnetzes,
φ – Phasenverschiebungswinkel der Strangspannung gegen den Strangstrom.

L e i s t u n g s f a k t o r. Entsprechend Gl. (1.118b) erhält man auch für Sinusgrößen bei Drehstrom aus den vorstehenden Gleichungen

$$\lambda = \frac{|P|}{S} = |\cos \varphi| \tag{1.178}$$

A r b e i t (W i r k a r b e i t), B l i n d a r b e i t und S c h e i n a r b e i t. Diese sind mit den Gl. (1.175) bis (1.177)

$$W = Pt \qquad W_q = Qt \qquad W_s = St \tag{1.179}$$

Augenblickswert der Drehstromleistung Aus den Gl. (1.113b) und (1.165) folgt, daß für die Augenblickswerte der Leistungen in den 3 Strängen (UVW) gilt:

$$P_{t_U} = P_{st} - U_{st} I_{st} \cos(2\omega t + \varphi_u + \varphi_i)$$
$$P_{t_V} = P_{st} - U_{st} I_{st} \cos(2\omega t + \varphi_u + \varphi_i - 120°)$$
$$P_{t_W} = P_{st} - U_{st} I_{st} \cos(2\omega t + \varphi_u + \varphi_i - 240°)$$

Somit ergibt sich für den Augenblickswert der Drehstromleistung

$$P_t = P_{t_U} + P_{t_V} + P_{t_W} = 3P_{st} - U_{st} I_{st} \cdot [\cos(2\omega t + \varphi_u + \varphi_i) + \cos(2\omega t + \varphi_u + \varphi_i - 120°) + \cos(2\omega t + \varphi_u + \varphi_i - 240°)]$$

Da der Wert der eckigen Klammer in jedem Zeitpunkt 0 ist, folgt mit Gl. (1.174)

$$P_t = 3P_{st} = 3U_{st} I_{st} \cos\varphi = P \tag{1.180}$$

d.h. der Augenblickswert der Drehstromleistung ist konstant.

Beispiel 1.58 Ein symmetrischer Drehstromverbraucher mit dem Scheinwiderstand Z je Strang und dem Phasenwinkel φ der Strangspannung gegen den Strangstrom wird an ein Drehstromnetz mit der Dreieckspannung U zuerst in Stern- und dann in Dreieckschaltung angeschlossen. Man ermittle und vergleiche die auftretenden Spannungen, Ströme und Leistungen in beiden Schaltungen (Tafel 1.99).

Bei Dreieckschaltung sind die Strangspannungen und damit auch die Strangströme $\sqrt{3}$mal so groß wie bei der Sternschaltung. Somit sind die Leistungen und die Ströme in den Außenleitern bei Dreieckschaltung 3mal so groß wie bei Sternschaltung des Verbrauchers.

Tafel 1.99 Spannungen, Ströme und Leistungen bei Stern- und Dreieckschaltung eines symmetrischen Drehstromverbrauchers (je Strang Z, φ).

	Sternschaltung $\curlywedge$		Dreieckschaltung $\triangle$		Verhältnis $\curlywedge : \triangle$
Strangspannung U_{st}	$\dfrac{U}{\sqrt{3}}$	Gl. (1.166) Gl. (1.167)	U	Gl. (1.168)	$1:\sqrt{3}$
Strangstrom I_{st}	$\dfrac{U}{\sqrt{3}Z}$	Gl. (1.171)	$\dfrac{U}{Z}$	Gl. (1.172)	$1:\sqrt{3}$
Außenleiterstrom I	$\dfrac{U}{\sqrt{3}Z}$	Gl. (1.171)	$\dfrac{\sqrt{3}U}{Z}$	Gl. (1.173)	$1:3$
Leistung P	$\dfrac{U^2}{Z}\cos\varphi$	Gl. (1.175)	$\dfrac{3U^2}{Z}\cos\varphi$	Gl. (1.175)	$1:3$
Blindleistung Q	$\dfrac{U^2}{Z}\sin\varphi$	Gl. (1.176)	$\dfrac{3U^2}{Z}\sin\varphi$	Gl. (1.176)	$1:3$
Scheinleistung S	$\dfrac{U^2}{Z}$	Gl. (1.177)	$\dfrac{3U^2}{Z}$	Gl. (1.177)	$1:3$

1.3.3.3   Drehstrommessungen

Zur Messung elektrischer Größen bei Drehstrom werden Dreheisen-Meßinstrumente
wie für Wechselstrom (s. Abschn. 1.3.2.4) verwendet.

Symmetrisches Netz und symmetrische Belastung   Symmetrisches Netz bedeutet, daß
die Dreieckspannungen und bei Vierleiternetzen auch die Sternspannungen unter sich
gleich groß sind. Es ist dann das in Bild **1**.95 dargestellte Zeigerbild gegeben. Symmetrische Belastung kann bei Stern- oder Dreieckschaltung angenähert angenommen
werden, wenn Messungen z.B. an Drehstromgeneratoren und -motoren, an Dreh-
stromöfen usw. durchgeführt werden. In diesen Fällen kann vorausgesetzt werden,
daß die drei Stränge unter sich gleich sind (Z, φ).

Spannungen und Ströme. In Dreileiternetzen genügt die Messung einer Dreieckspannung U zwischen zwei beliebigen Außenleitern; bei Vierleiternetzen (**1**.100)
kann außerdem eine Sternspannung $U_\lambda = U/\sqrt{3}$ zwischen einem beliebigen Außenleiter und dem Sternpunktleiter gemessen werden. Mißt man noch den Außenleiterstrom I in einem beliebigen Außenleiter, so kann bereits die Sheinleistung $S = \sqrt{3}\,UI$
errechnet werden.

Leistung. Bei Vierleiternetzen kann die Drehstromleistung aus der Anzeige eines
Wattmeters ermittelt werden. Durchfließt die Stromspule des Wattmeters ein beliebi-
ger Außenleiterstrom und wird der Spannungspfad des Wattmeters zwischen diesen
Außenleiter und den Sternpunktleiter gelegt (**1**.100), dann zeigt das Wattmeter bei
Stern- und Dreieckschaltung die Leistung P_{st} eines Stranges an. Verdreifacht man
den angezeigten Wert, erhält man die Drehstromleistung $P = 3P_{st}$.

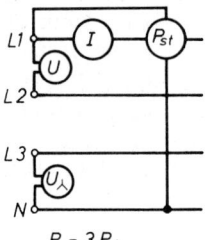

1.100
Messungen an einem symmetrischen Drehstrom-Vierleiternetz

Da die Scheinleistung aus der Messung von Spannung und Strom bekannt ist, können der Leistungsfaktor $\cos\varphi = P/S$ und die Blindleistung $Q = S\sin\varphi$ angegeben
werden. Bei Dreileiternetzen wird dieses Verfahren umständlicher, da der Sternpunktleiter für den Anschluß des Spannungspfades des Wattmeters fehlt.

Für genauere Messungen empfiehlt sich das vorstehend beschriebene einfache Verfahren nicht,
da dann mit Sicherheit symmetrisches Drehstromnetz und symmetrische Belastung nicht vorausgesetzt werden können. Die Belastung wird z.B. unsymmetrisch, wenn an ein Drehstrom-
Vierleiternetz außer Drehstromverbrauchern auch Wechselstromverbraucher angeschlossen sind.
In solchen Fällen werden deshalb besser die folgenden Meßverfahren angewendet.

Unsymmetrisches Netz und unsymmetrische Belastung   In einem unsymmetrischen
Drehstromnetz bilden die Zeiger der Dreieckspannungen und auch der Außenleiterströme im Zeigerbild nicht mehr gleichseitige Dreiecke, da ihre Beträge unter sich

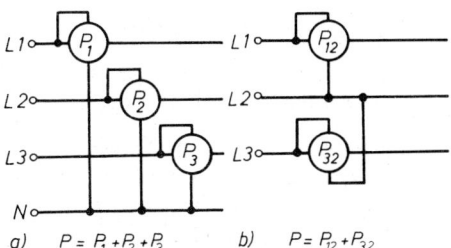

1.101
Leitungsmessungen
a) am Vierleiternetz   b) am Dreileiternetz

a) $P = P_1 + P_2 + P_3$ b) $P = P_{12} + P_{32}$

nicht gleich groß sind. Bei Vierleiternetzen sind i. allg. die drei Sternspannungen nicht mehr gleich groß, der Strom im Sternpunktleiter ist nicht Null.

Leistung. Bei Vierleiternetzen wird nach Bild 1.101a die Leistung eines jeden Stranges gemessen, so daß sich die Drehstromleistung aus der Summe der Anzeigen der drei Wattmeter ergibt. Die in Niederspannungsnetzen eingebauten Leistungsmesser erhalten drei Meßwerke mit gemeinsamer Achse der beweglichen Meßwerksysteme.

Bei Dreileiternetzen oder bei Anschluß eines Drehstromverbrauchers an die drei Außenleiter eines Vierleiternetzes wird zur Leistungsmessung die Zwei-Wattmeter-Methode (Aron-Schaltung, Bild 1.101b) angewendet. Dabei genügen zwei Wattmeter zur Bestimmung der Drehstromleistung. Liegen die Stromspulen der Wattmeter in den Außenleitern L1 und L3, so sind die Spannungspfade der Wattmeter zwischen diese Außenleiter und den noch freien Außenleiter L2 anzuschließen. Die Drehstromleistung P ergibt sich dann aus der Summe der beiden Wattmeteranzeigen.

Werden die beweglichen Meßorgane der beiden Wattmeter mechanisch durch eine gemeinsame Achse gekuppelt, dann summieren sich ihre Anzeigen. Ein solcher Leistungsmesser enthält in einem Gehäuse beide Meßwerke; an seiner Skala kann die Drehstromleistung P direkt abgelesen werden.

Arbeit. Bei Dreileiternetzen arbeiten nach der Zwei-Wattmeter-Methode (1.101b) die Meßwerke von zwei Wechselstromzählern auf je eine Ankerscheibe. Die beiden Ankerscheiben sitzen auf einer gemeinsamen Achse und treiben das Zählwerk an. Entsprechend werden bei Vierleiternetzen Drehstromzähler mit drei Meßwerken (Schaltung nach Bild 1.101a) verwendet.

1.3.3.4   Zahlenbeispiele

Beispiel 1.59 Ein Drehstromofen nimmt bei Dreieckschaltung und Anschluß an das Drehstromnetz 380/220 V die Leistung 10 kW auf.

a) Der Widerstand eines Heizstranges ist zu berechnen.

An jedem Strang liegt bei der Dreieckschaltung die Strangspannung $U = 380$ V. Somit ist die Leistung aller 3 Stränge $P_\triangle = 3\,U^2/R$. Hieraus folgt der gesuchte Widerstand

$$R = \frac{3\,U^2}{P_\triangle} = \frac{3 \cdot (380 \text{ V})^2}{10\,000 \text{ W}} = 43{,}3 \; \Omega$$

b) Wie groß sind die Außenleiter- und Strangströme bei Dreieckschaltung?

Strangstrom

$$I_{\text{st}} = \frac{U}{R} = \frac{380 \text{ V}}{43{,}3 \; \Omega} = 8{,}78 \text{ A}$$

Außenleiterstrom

$$I = \sqrt{3}\,I_{st} = \sqrt{3} \cdot 8,78 \text{ A} = 15,2 \text{ A}$$

Kontrolle

$$P_\triangle = \sqrt{3}\,U I \cos\varphi = \sqrt{3} \cdot 380 \text{ V} \cdot 15,2 \text{ A} \cdot 1 = 10\,000 \text{ W} = 10 \text{ kW}$$

c) Wie groß ergeben sich zum Vergleich die elektrischen Größen bei Sternschaltung?

An jedem Strang liegt bei dieser Schaltung die Spannung $U_\curlywedge = 220$ V. Somit ist die Leistung der drei Stränge

$$P_\curlywedge = 3\,U_\curlywedge^2 / R$$

Mit $U_\curlywedge = U/\sqrt{3}$ ist

$$P_\curlywedge = \frac{U^2}{R} = \frac{(380 \text{ V})^2}{43,3 \,\Omega} = 3330 \text{ W} = 3,33 \text{ kW} \quad \text{also } P_\curlywedge = \frac{1}{3}\,P_\triangle$$

Für den Außenleiterstrom (Strangstrom) gilt

$$I = I_{st} = \frac{U_\curlywedge}{R} = \frac{220 \text{ V}}{43,3 \,\Omega} = 5,07 \text{ A} \quad \text{also } I_\curlywedge = \frac{1}{3}\,I_\triangle$$

Leistungskontrolle

$$P_\curlywedge = \sqrt{3}\,U I \cos\varphi = \sqrt{3} \cdot 380 \text{ V} \cdot 5,07 \text{ A} \cdot 1 = 3330 \text{ W} = 3,33 \text{ kW}$$

d) Für Stern- und Dreieckschaltung ist ein maßstäbliches Zeigerbild mit Strangspannungen, Strangströmen und Außenleiterströmen zu entwerfen.

Da reine Wirklast vorliegt, sind jeweils die Strangspannungen und Strangströme in Phase. Die Außenleiterströme sind somit bei beiden Schaltungen in Phase mit den entsprechenden Sternspannungen (**1.102**).

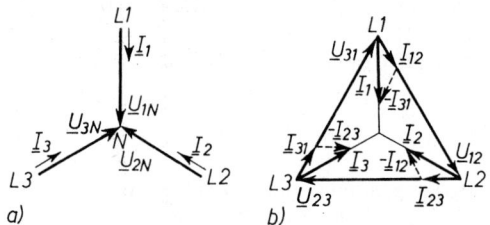

1.102
Zeigerbilder für Sternschaltung (a)
und Dreieckschaltung (b)

Beispiel 1.60   Von einem Drehstrommotor, der an ein 380/220 V-Netz in Dreieckschaltung anzuschließen ist, sind für Nennlast folgende Daten bekannt: Leistung 11 kW, Drehzahl 1455 min^{-1}, Leistungsfaktor $\cos\varphi = 0,85$, Wirkungsgrad $\eta = 81,5\%$.

a) Schaltplan und Schaltung am Anschlußkasten sind zu entwerfen.

Bild **1.103** zeigt die anhand der Bilder **1.94**, **1.96** und **1.98** hergestellte Schaltung.

b) Außenleiterstrom und Strangstrom bei Nennbetrieb sind zu berechnen, und das Zeigerbild für einen Motorstrang ist zu zeichnen.

Da die vom Motor abgegebene Leistung $P_2 = 11$ kW beträgt, ist die vom Motor aufgenommene Leistung

$$P_1 = P_2/\eta = 11 \text{ kW}/0,815 = 13,5 \text{ kW}$$

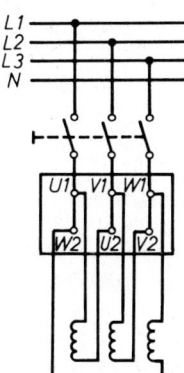

1.103
Schaltplan mit Schalter und Anschlußkasten eines
Drehstrommotors für Dreieckschaltung

Aus Gl. (1.175) folgt für den Außenleiterstrom

$$I = \frac{P_1}{\sqrt{3}\,U\cos\varphi} = \frac{13\,500\ \text{W}}{\sqrt{3}\cdot 380\ \text{V}\cdot 0{,}85} = 24{,}1\ \text{A}$$

Der Strangstrom ergibt sich aus Gl. (1.173)

$$I_{st} = \frac{I}{\sqrt{3}} = \frac{24{,}1\ \text{A}}{\sqrt{3}} = 13{,}9\ \text{A}$$

Mit Hilfe dieser Größen kann das Zeigerbild **1.104**a gezeichnet werden.
c) Die bei Nennbetrieb benötigte Blind- und Scheinleistung, der Leistungsverlust und das Drehmoment des Motors sind zu ermitteln.
Nach Gl. (1.177) ist

$$S = \sqrt{3}\,UI = \sqrt{3}\cdot 380\ \text{V}\cdot 24{,}1\ \text{A} = 15\,900\ \text{VA} = 15{,}9\ \text{kVA}$$

Damit folgt aus Gl. (1.176), da $\sin\varphi = 0{,}527$ wird

$$Q = S\sin\varphi = 15{,}9\cdot 0{,}527\ \text{kvar} = 8{,}38\ \text{kvar}$$

Der Leistungsverlust des Motors ist

$$P_v = P_1 - P_2 = (13{,}5 - 11)\ \text{kW} = 2{,}5\ \text{kW}$$

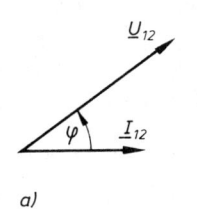

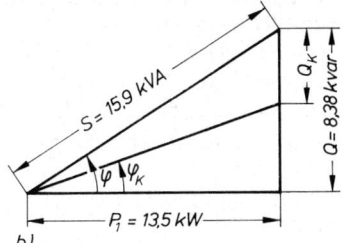

1.104
Drehstrommotor
a) Zeigerbild für einen Strang
b) Leistungsdreieck

Das Drehmoment des Motors errechnet man z. B. aus Gl. (1.24b)

$$M_N/\text{Nm} = \frac{P_{2N}/\text{W}}{0{,}1047\, n_N/\text{min}^{-1}} = \frac{11\,000}{0{,}1047 \cdot 1455} = 72{,}2 \quad \text{somit } M_N = 72{,}2 \text{ Nm}$$

d) Welche Stromkosten entstehen bei Nennlast je Stunde bei den Tarifen 15 Pf/kWh und 2 Pf/kvarh?

Elektrische Arbeit in einer Stunde

$$W = P_1 t = 13{,}5 \text{ kW} \cdot 1 \text{ h} = 13{,}5 \text{ kWh}$$

Elektrische Blindarbeit in einer Stunde

$$W_q = Q t = 8{,}38 \text{ kvar} \cdot 1 \text{ h} = 8{,}38 \text{ kvarh}$$

Stromkosten in einer Stunde

$$K = 13{,}5 \cdot 15 \text{ Pf} + 8{,}38 \cdot 2 \text{ Pf} = 219 \text{ Pf} = 2{,}19 \text{ DM}$$

e) Zu ermitteln ist die Blindleistung einer Kondensatorenbatterie, die den Leistungafaktor der Anlage bei Nennbetrieb des Motors auf $\cos\varphi_K = 0{,}95$ verbessern soll.

Zeichnet man mit den bekannten Größen $P_1 = 13{,}5$ kW und $Q = 8{,}38$ kvar das Leistungsdreieck auf (**1.**104b), so ergibt sich als Hypothenuse des rechtwinkligen Dreiecks die bereits ermittelte Scheinleistung $S = 15{,}9$ kVA. Trägt man, $\cos\varphi_K = 0{,}95$ entsprechend, $\varphi_K = 18{,}2°$ in Bild **1.**104 ein, so ergibt sich aus diesem Bild die erforderliche Kondensatorenleistung $Q_K = -4$ kvar.

$$Q_K = -Q + P_1 \tan\varphi_K = -8{,}38 \text{ kvar} + 13{,}5 \cdot 0{,}329 \text{ kvar} = -3{,}94 \text{ kvar} \approx -4 \text{ kvar}$$

f) Die Kapazitäten $C_\curlywedge$ und $C_\triangle$ bei Stern- und Dreieckschaltung der Kondensatoren sind zu berechnen. Aus Tafel **1.**99 erhält man mit $Q = Q_K$, $Z = 1/\omega C$ und $\sin\varphi = -1$

bei Sternschaltung

$$Q_K = -U^2\omega C_\curlywedge \text{ hieraus } C_\curlywedge = -\frac{Q_K}{U^2\omega} = \frac{4000 \text{ VA}}{380^2 \text{ V}^2 \cdot 314 \text{ s}^{-1}} = 88{,}2 \cdot 10^{-6} \text{ F} = 88{,}2 \text{ μF}$$

bei Dreieckschaltung

$$Q_K = -3U^2\omega C_\triangle \text{ somit } 3C_\triangle = C_\curlywedge \text{ oder } C_\triangle = \frac{1}{3}C_\curlywedge = 29{,}4 \text{ μF}$$

Beispiel 1.61   In einer Fabrik sind am 380/220 V-Netz drei Abnehmergruppen installiert (**1.**105a):

  I) 60 Motoren zu je 2,2 kW $\cos\varphi_I = 0{,}82$ $\eta = 79{,}5\%$

 II) 20 Motoren zu je 5,15 kW $\cos\varphi_{II} = 0{,}84$ $\eta = 81\%$

III) Elektrowärmegeräte 40 kW $\cos\varphi_{III} = 1{,}0$

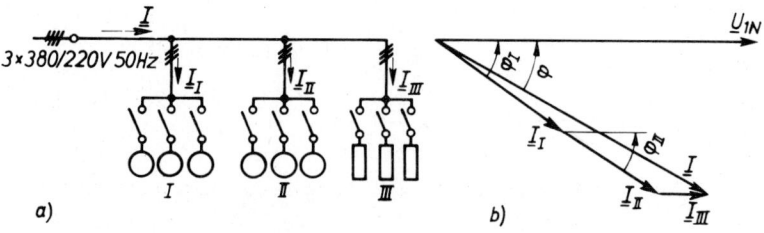

1.105 a) Schaltplan der Abnehmergruppen I, II, III einer Fabrik (vereinfacht)
      b) Zeigerbild für den Außenleiter L1 des Drehstromnetzes

Es kann vereinfacht angenommen werden, daß bei der Höchstbelastung 60% der Motoren mit Nennlast und alle Elektrowärmegeräte in Betrieb sind.

a) Höchstbelastung. Gesamtstrom und Leistungafaktor sind zu ermitteln.

Die aufgenommene elektrische Leistung beträgt für

Gruppe I   60% von 60 Motoren = 36 Stück zu je 2,2 kW $\dfrac{36 \cdot 2,2}{0,795}$ kW = 99,6 kW

Gruppe II   60% von 20 Motoren = 12 Stück zu je 5,15 kW $\dfrac{12 \cdot 5,15}{0,81}$ kW = 76,2 kW

Gruppe III   100% der Leistung der Elektrowärmegeräte   = 40,0 kW

Insgesamt auftretende Wirklast $P = 215,8$ kW

Die aufgenommene Blindleistung ist

$$Q = S \sin \varphi = \frac{P}{\cos \varphi} \sin \varphi = P \tan \varphi$$

Somit wird die Blindleistung für   Gruppe I $99,6 \cdot 0,698$ kvar = 69,5 kvar

Gruppe II $76,2 \cdot 0,646$ kvar = 49,3 kvar

Gruppe III   —

insgesamt auftretende Blindlast $Q = 118,8$ kvar

Dann wird die Scheinleistung nach Gl. (1.177)

$$S = \sqrt{P^2 + Q^2} = \sqrt{215,8^2 + 118,8^2} \text{ kVA} = 246 \text{ kVA}$$

und man erhält aus Gl. (1.177)

$$I = \frac{S}{\sqrt{3}\,U} = \frac{246 \text{ kVA}}{\sqrt{3} \cdot 380 \text{ V}} = 0,372 \text{ kA} = 372 \text{ A}$$

Der Leistungsfaktor ist

$$\cos \varphi = \frac{P}{S} = \frac{215,8}{246} = 0,878$$

b) Die Sternspannung $\underline{U}_{1N}$ und die drei Anteile $\underline{I}_I$, $\underline{I}_{II}$ und $\underline{I}_{III}$ des Außenleiterstromes $\underline{I}$ sind in einem Zeigerbild darzustellen.

Die gesamten Anteile addieren sich zum Leiterstrom $\underline{I} = \underline{I}_I + \underline{I}_{II} + \underline{I}_{III}$. Die Beträge der Ströme sind

$$I_I = \frac{99\,600 \text{ W}}{\sqrt{3} \cdot 380 \text{ V} \cdot 0,82} = 184 \text{ A} \quad \text{aus } \cos \varphi_I = 0,82 \text{ ergibt sich } \varphi_I = 34,9°$$

$$I_{II} = \frac{76\,200 \text{ W}}{\sqrt{3} \cdot 380 \text{ V} \cdot 0,84} = 137,5 \text{ A} \quad \text{aus } \cos \varphi_{II} = 0,84 \text{ ergibt sich } \varphi_{II} = 32,9°$$

$$I_{III} = \frac{40\,000 \text{ W}}{\sqrt{3} \cdot 380 \text{ V}} = 60,6 \text{ A} \quad \text{aus } \cos \varphi_{III} = 1 \text{ ergibt sich } \varphi_{III} = 0°$$

Aus einem Zeigerbild nach Bild **1**.105b in genügend großer Darstellung wurden zur Kontrolle abgelesen

$I = 370$ A   Rechenwert unter a) $I = 372$ A

$\cos \varphi = 0,875$ Rechenwert unter a) $\cos \varphi = 0,878$

c) Welche Wirkleistung P_1 darf bei Blindstromkompensation auf $\cos \varphi_K = 1{,}0$ zusätzlich auftreten, ohne daß der zulässige Belastungsstrom $I = 372$ A überschritten wird?

Die erforderliche Kondensatorenbatterie muß die Blindleistung Q vollständig kompensieren. Somit ist die von den Kondensatoren aufzunehmende Blindleistung $Q_K = -Q = -118{,}8$ kvar. Die gesamte Wirkleistung bei einem Leiterstrom $I = 372$ A beträgt dann

$$P_{\text{ges}} = \sqrt{3}\, UI \cos \varphi_K = \sqrt{3} \cdot 380 \text{ V} \cdot 372 \text{ A} \cdot 1{,}0 = 246 \text{ kW}$$

Diese Leistung ist also gleich der bisherigen Scheinleistung S, so daß zusätzlich eine Wirkleistung

$$P_1 = P_{\text{ges}} - P = (246 - 215{,}8) \text{ kW} = 30{,}2 \text{ kW}$$

auftreten darf.

2   Elektronik

Zur Elektronik, dem jüngsten Teilgebiet der Elektrotechnik, zählt man die Vorgänge und Bauelemente, welche die Bewegung elektrischer Ladungsträger in Halbleitern und Gasen technisch ausnutzen, außerdem die mit Halbleiterbauelementen und den klassischen Bauteilen (Widerstände, Kondenatoren und Spulen) gebildeten Schaltungen. Durch die großen Fortschritte in der Halbleitertechnologie, die heute vom preiswerten Einzelbaustein z. B. einer Diode bis zur hochintegrierten Schaltung in einem Gehäuse eine fast unüberschaubare Vielzahl von Bauteilen bereitstellt, hat die Elektronik alle Bereiche der Elektrotechnik erfaßt. Der Schwerpunkt der Anwendung liegt jedoch in der Nachrichtentechnik (Informations- und Unterhaltungselektronik), der elektrischen Meßtechnik, der Regelungstechnik und der Stromrichteranlagen (Leistungselektronik). Ein weiter expandierendes Teilgebiet ist ferner immer noch die elektronische Datenverarbeitung (EDV, Mikroprozessortechnik).

Die nachstehenden Abschnitte sollen eine Einführung in das Gebiet der Elektronik geben und damit auch dem Ingenieur nichtelektrotechnischer Fachbereiche das erforderliche Grundlagenwissen vermitteln. Dazu werden zunächst die wichtigsten elektronischen Bauelemente mit ihrer Wirkungsweise und ihren typischen Daten vorgestellt und danach einfache Baugruppen, die häufig Bausteine umfangreicher Schaltungen sind, behandelt.

2.1   Grundlagen und Bauelemente der Elektronik

2.1.1   Allgemeine elektrische Bauelemente

2.1.1.1   Widerstände

Ohmsche Widerstände sind mit die wichtigsten Bestandteile elektronischer Schaltungen. Ihr Größenbereich umfaßt etwa $10^{-2}\,\Omega$ bis $10^9\,\Omega$, wobei je nach zulässiger Belastung sehr verschiedene Ausführungen üblich sind. Allgemein unterscheidet man zwischen Widerständen mit einem Festwert und verstellbaren Widerständen.

Bauarten von Festwiderständen Bei Drahtwiderständen ($0,1\,\Omega$ bis $10^5\,\Omega$) wird ein Leiter aus einer Chrom-Nickellegierung über ein Keramikrohr gewickelt und mit einer Schutzglasur abgedeckt. Bei Betriebstemperaturen bis ca. 400 °C können dadurch auch bei Verlustleistungen von über hundert Watt noch relativ kleine Baugrößen erreicht werden.

Bei Schichtwiderständen ($10\,\Omega$ bis $10^9\,\Omega$) bringt man auf einem Keramikkörper eine einige µm starke leitfähige Schicht aus Metall, Kohle oder Metalloxid auf. Der Leistungsbereich liegt hier vorwiegend zwischen 0,1 W bis 2 W.

Massewiderstände werden durch Pressen einer homogenen Widerstandsmasse mit einem Bindemittel hergestellt, wobei man die Anschlußdrähte mit aufnimmt.

Widerstandsdaten Festwiderstände werden durch ihren Nennwiderstand mit einem zulässigen Toleranzbereich und die Belastbarkeit bestimmt. Die Abstufung der verfügbaren Nennwiderstände erfolgt nach internationalen IEC-Normreihen, wobei meist die Stufungen E6($\pm\,20\%$), E12($\pm\,10\%$) und E24($\pm\,5\%$) mit 6 bzw. 12 oder 24 Werten pro Dekade und den in Klammern angegebenen Toleranzen ausreichen.

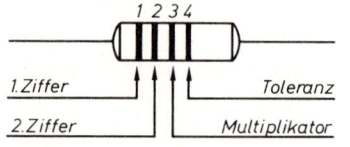

2.1
Farbkennzeichnung von Widerständen (Farbcode mit 4 Ringen)

	Widerstandswert in Ohm			
	1. Ring =	2. Ring =	3. Ring =	4. Ring =
Farbe	1. Ziffer	2. Ziffer	Multiplikator	Toleranz in %
schwarz	0	0	10^0	−
braun	1	1	10^1	$\pm\,1$
rot	2	2	10^2	$\pm\,2$
orange	3	3	10^3	−
gelb	4	4	10^4	−
grün	5	5	10^5	$\pm\,0,5$
blau	6	6	10^6	−
violett	7	7	10^7	−
grau	8	8	10^8	−
weiß	9	9	10^9	−
gold	−	−	10^{-1}	$\pm\,5$
silber	−	−	10^{-2}	$\pm\,10$
keine	−	−	−	$\pm\,20$

Die Kennzeichnung der Widerstände geschieht entweder durch einen Aufdruck oder mit Hilfe eines Code (DIN 41 429) und umlaufenden Farbringen (Bild **2.1**). Zur eindeutigen Bestimmung liegen die Ringe aus der Mitte versetzt. Für die Belastbarkeit der Widerstände gibt es ebenfalls eine Stufung mit Nennwerten von z.B. 0,05 W, 0,1 W, 0,25 W, 0,5 W usw. Der jeweilige Wert wird vom Hersteller bis zu einer oberen Umgebungstemperatur (z.B. 40 °C) garantiert.

Verstellbare Widerstände S c h i e b e w i d e r s t ä n d e oder Drehwiderstände werden als veränderliche Vorwiderstände oder als Spannungsteiler (P o t e n t i o m e t e r) eingesetzt. Für geringere Ansprüche und Belastungen verwendet man offene Kohleschichtpotentiometer ($10^2\,\Omega$ bis $10^7\,\Omega$) mit einem Kohlestift als Abgriff. Höherwertige Ausführungen haben einen Drahtwiderstand (10 Ω bis $10^4\,\Omega$) und einen Metallschleifkontakt.

Der über den Abgriff einstellbare Widerstand eines Potentiometers muß nicht linear mit der Verstellung zunehmen. Durch Abstufung des Leiterquerschnitts gibt es Ausführungen mit logarithmischem oder exponentiellem Verlauf des Ohmwertes in Abhängigkeit vom Drehwinkel.

Beispiel 2.1 Aus einem Gerät wird ein defekter Schichtwiderstand mit der Belastbarkeit 0,5 W und der Farbfolge braun−grün−orange−silber ausgebaut. Der Widerstand ist zu bestimmen und die maximal zulässige Betriebsspannung anzugeben.

Nach Bild **2**.1 gilt die Zuordnung:

braun – grün – orange – silber $\qquad$ Ohmwert
$\quad$ 1 $\quad\quad$ 5 $\quad\quad$ 10^3 $\quad$ $\pm\,10\%$ $\;=\;$ $15\,\text{k}\Omega \pm 10\%$

Nach Gl. (1.17b) ist die Verlustleistung $P = U^2/R$ und damit

$$U = \sqrt{P \cdot R} = \sqrt{0{,}5\ \text{W} \cdot 15 \cdot 10^3\ \Omega} = 86{,}6\ \text{V}$$

2.1.1.2 Spulen

Alle Spulen, die in vielfältigen Bauarten hergestellt werden, stellen keine reinen Induktivitäten dar, sondern besitzen entsprechend ihrem Drahtquerschnitt auch einen Widerstand R_L. Als Ersatzschaltung einer realen Spule entsteht damit die Reihenschaltung von L und R_L mit den Beziehungen nach Abschn. 1.3.2.2.

Eisenkernspulen Durch einen ferromagnetischen Kern mit seiner Permeabilität $\mu \gg \mu_0$, den man bei netzfrequenten Anwendungen meist aus Dynamoblech ausführt, läßt sich nach Gl. (1.79) die Induktivität wesentlich vergrößern. Wegen der gekrümmten Magnetisierungskennlinie infolge der Sättigung im Eisenweg wird L allerdings stromabhängig.

Gestalt und Abmessungen der 0,1 mm bis 0,5 mm dicken, isolierten Bleche sind in DIN 41 302 genormt. Hier werden für jede Schnittart und Baugröße Angaben über die zulässige Belastung und Ausführung der Wicklung gemacht (Bild **2**.2).

2.2
Kernbleche nach DIN 41 302
a) UI-Schnitt
b) EI-Schnitt
c) M-Schnitt

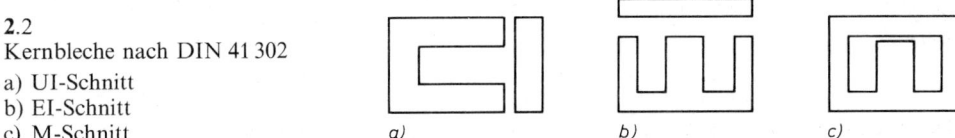

a) $\qquad\qquad$ *b)* $\qquad\qquad$ *c)*

Durch die periodische Ummagnetisierung und induzierte Wirbelströme in den Blechen entstehen bei Wechselstrombetrieb mit den Anteilen Hystereseverluste und Wirbelstromverluste sogenannte Eisenverluste. Sie betragen bei einer Wechselmagnetisierung mit $B = 1{,}5$ Tesla, 50 Hz je nach Blechqualität etwa 1 W/kg bis 10 W/kg.

Ferritkernspulen Bei Frequenzen im kHz-Bereich werden bei aus Blechen geschichteten Kernen die Eisenverluste zu groß. Man verwendet daher bis zu Frequenzen von 10 MHz gesinterte Ferritkerne. Diese bestehen aus keramischen Werkstoffen hoher Permeabilität (Eisen-, Nickeloxid) und sehr geringer elektrischer Leitfähigkeit, die in die gewünschte Form gepresst werden.

Luftspulen Bei sehr hohen Frequenzen, wo meist Induktivitäten von nur wenigen µH erforderlich sind, kommen reine Luftspulen zum Einsatz. Das gleiche gilt auch dann für 50 Hz-Anwendungen, wenn ein Induktivitätswert z. B. 100 mH völlig lastunabhängig eingehalten werden muß.

2.1.1.3   Kondensatoren

Nach Abschn. 1.2.1.1 besteht ein Kondensator aus zwei leitenden Schichten (Platten) mit den beiden Anschlüssen und einer Zwischenisolation (Dielektrikum). Die technische Verwirklichung dieses einfachen Prinzips erfolgt in sehr unterschiedlichen Ausführungsformen. Soweit erforderlich, kommt dies auch im Schaltzeichen (Bild **2**.3) zum Ausdruck.

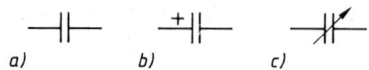

a)   b)   c)

2.3 Schaltzeichen für Kondensatoren

  a) allgemein
  b) gepolt, z. B. Elektrolyt-Kondensator
  c) einstellbar

Wickelkondensatoren In der Bauform als P a p i e r k o n d e n s a t o r (bis 10 µF) werden zwei Metallfolien durch isolierende Papierzwischenlagen getrennt und zu einem Wickel aufgerollt (Bild **2**.4). Ersetzt man das Papier durch eine Kunststoffolie, so spricht man von einem K u n s t s t o f f - F o l i e n k o n d e n s a t o r (bis 100 µF). Anstelle der Metallfolien kann man die leitende Schicht auch beidseitig auf das Dielektrikum aufdampfen, womit man besonders kleine Abmessungen erhält. Kondensatoren mit einem auf die Papier- oder Kunststoffisolation aufgedampften Metallbelag (M P - oder M K - K o n d e n s a t o r e n) sind selbstheilend. Bei einem inneren Durchschlag verdampft infolge der kurzzeitig sehr hohen Stromdichte der Metallbelag an der Schadenstelle, womit diese isoliert wird und der Kondensator betriebsbereit bleibt.

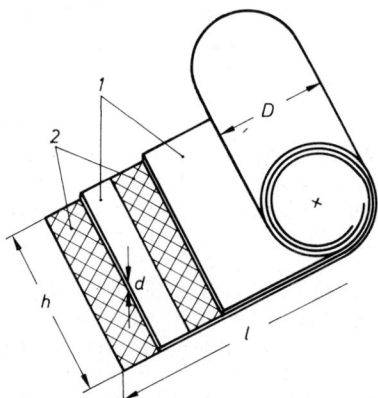

2.4
Aufbau eines MP- oder MK-Kondensators
1 Papier- oder Kunststoffisolierung, 2 Metallbelag

Elektrolytkondensatoren Der A l u m i n i u m e l k o besteht aus einem Wickel von zwei Alufolien, zwischen denen sich ein mit dem Elektrolyt getränktes Papier befindet. Bei der Herstellung wird durch einen elektrolytischen Strom (Formierung) auf der Anodenfolie eine nichtleitende Schicht aus Aluminiumoxid erzeugt, welche dann das Dielektrikum bildet. Der Elektrolyt mit der Katodenfolie wird zur zweiten Kondensatorplatte. Aufgrund der hohen Dielektrizitätskonstanten des Oxides ($\varepsilon_r \approx 8$) und der geringen Schichtdicke $< 1\,\mu$m können Kapazitätswerte bis ca. $50\,000\,\mu$F erreicht werden.

Tantal-Elkos entstehen im Prinzip nach der gleichen Technik. Sie haben bei derselben Kapazität noch geringere Abmessungen, sind aber teurer.

Elektrolytkondensatoren gibt es bis zu Nennspannungen von etwa 500 V. Sie dürfen nur mit Gleichspannung und richtiger Polung (Bild **2**.3 b) betrieben werden, da sich anderenfalls die Oxidschicht abbaut und der Kondensator dann zerstört wird. Falsch gepolte Elkos können explodieren!

Drehkondensatoren Die Ausführung erfolgt meist so, daß ein bewegliches Al-Plattenpaket in ein feststehendes kammartig hereingedreht wird. Man ändert dadurch die wirksame Plattenfläche und kann durch passende Formgebung auch den Verlauf $C = \mathrm{f}(\alpha)$ in Abhängigkeit vom Drehwinkel α beeinflussen. Drehkondensatoren gibt es bis etwa 500 pF.

Beispiel 2.2 Ein becherförmiger MP-Kondensator (Aufbau nach Bild **2**.4) habe den äußeren Wickeldurchmesser $D = 30$ mm und eine Höhe $h = 80$ mm. Das Dielektrikum mit $\varepsilon_r = 4,5$ sei $d = 0,05$ mm dick. Es ist die Kapazität des Kondensators zu berechnen, wobei die Stärke der aufgedampften Metallbeläge vernachlässigt werden kann.

Bei einer Länge l der abgewickelten Papierisolation gilt für die Plattenfläche $A = l \cdot h$ und wegen der doppelten Schichtung für die Kapazität nach Gl. (1.45)

$$C = \varepsilon_r \cdot \varepsilon_0 \cdot \frac{A}{d} = \varepsilon_r \cdot \varepsilon_0 \cdot \frac{2l \cdot h}{d}$$

Für den zylindrischen Querschnitt des Wickels gilt bei 100 % Füllung die Bedingung

$$\frac{\pi}{4} D^2 = 2d \cdot l$$

Damit wird

$$C = \varepsilon_r \cdot \varepsilon_0 \cdot \frac{\pi \cdot D^2 \cdot h}{4d^2} = 4,5 \cdot 8,85 \cdot 10^{-15}\,\frac{\mathrm{F}}{\mathrm{mm}} \cdot \frac{\pi \cdot (30\,\mathrm{mm})^2 \cdot 80\,\mathrm{mm}}{4 \cdot (0,05\,\mathrm{mm})^2}$$

$$C = 0,9\,\mu\mathrm{F}$$

2.1.2   Grundbegriffe der Halbleitertechnik

Für den praktischen Einsatz von Halbleiterbauelementen ist es nicht unbedingt erforderlich, ihren teils komplizierten Leitungsmechanismus zu überblicken. Es genügt meist, die Wirkungsweise des Bauteils zu kennen und bei Auslegung einer Schaltung die Kennwerte und Belastungsgrenzen zu beachten. Trotzdem sollen nachstehend einige grundlegende Erscheinungen der Halbleitertechnik, die in den meisten Bauelementen gleichartig auftreten, behandelt werden. Dies erleichtert es, einige typische Eigenschaften wie die Empfindlichkeit gegen Überlastung oder das Temperaturverhalten zu verstehen.

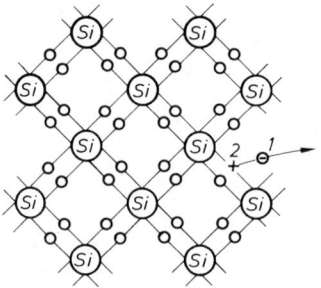

2.5
Schema eines reinen Si-Kristalls mit Eigenleitfähigkeit
1 freies Elektron, 2 Fehlstelle oder Defektelektron

2.1.2.1   Trägerbewegung in Halbleitern

Eigenleitfähigkeit Halbleiterwerkstoffe haben meist einen kristallinen Aufbau mit einer regelmäßigen Anordnung der Atome in einer Gitterstruktur. Bei den wichtigsten jeweils vierwertigen Elementen Silizium und Germanium stellt jedes der vier Valenzelektronen die Bindung zu einem Nachbaratom her und ist damit zunächst in Kristallgitter gebunden. In der Ebene dargestellt, ergibt dies ein Schema nach Bild **2.**5 mit einer Elektronenpaarbindung nach allen vier Seiten. Der reine Kristall besitzt in diesem Zustand keine freien Ladungsträger und ist daher ein idealer Isolator.

Bei Temperaturen > 0 K brechen nun durch die Wärmeschwingungen der Atome einzelne Paarbindungen auf, womit die betreffenden Elektronen als frei bewegliche negative Ladungsträger zur Verfügung stehen. Jedes freie Elektron hinterläßt an seinem Platz eine Fehlstelle (Loch, Defektelektron), die als positive Elementarladung wirkt. Durch die Bewegung der Elektronen werden einige Fehlstellen wieder besetzt (Rekombination) und an anderer Stelle entstehen so neue Löcher. Auf diese Weise wandern sowohl positive wie negative Ladungsträger und es besteht eine Eigenleitfähigkeit, die bei 20 °C etwa den Wert $\gamma_{Si} = 5 \cdot 10^{-4}$ S/m hat und mit der Temperatur stark ansteigt (Kupfer etwa $\gamma_{Cu} = 5 \cdot 10^7$ S/m). Man bezeichnet die Bildung der freien Ladungsträger durch die Wärmeenergie als thermische Generation (Bild **2.**5).

2.1.2.2   Störstellenleitfähigkeit

Dotieren Durch kontrollierte Verunreinigung des reinen Si-Kristalls mit dreiwertigen Elementen (Indium, Aluminium) oder fünfwertigen (Arsen, Phosphor) läßt sich die Leitfähigkeit des Halbleitermaterials stark verändern. Je nach den gewünschten Eigenschaften dotiert man Fremdatome zu Eigenatome in einem Verhältnis 1 zu 10^4 bis 10^8, wodurch die Leitfähigkeit in weiten Grenzen eingestellt werden kann. Man bezeichnet die fünfwertigen Elemente, die ein überschüssiges Elektron in das Kristallgitter einbringen, als Donatoren (Spender) und die dreiwertigen, denen ein Bindungselektron fehlt, als Akzeptoren.

N-Leitung Die Wirkung eines fünfwertigen Fremdatoms im vierwertigen Si-Kristall ist in Bild **2.**6a dargestellt. Das fünfte Valenzelektron findet in der vierwertigen Gitterstruktur keine feste Bindung, kann sich daher von seinem Atom (Donator) lösen und steht als freier Ladungsträger zur Verfügung. Das gleiche erfolgt bei den an-

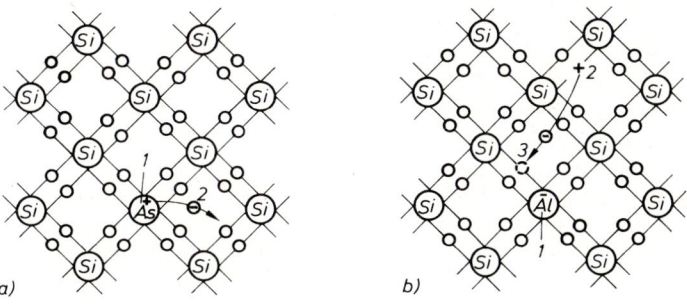

2.6 Schema eines dotierten Si-Kristalls

  a) N-Leitung
    1 fünfwertiges Fremdatom (Arsen), 2 Elektron, freie negative
    Ladung
  b) P-Leitung
    1 dreiwertiges Fremdatom (Aluminium), 2 Defektelektron,
    freie positive Ladung, 3 vervollständige Bindung

deren Fremdatomen, so daß insgesamt eine Vielzahl freier negativer Ladungsträger (N-Leitung) vorhanden sind.

Durch den Verlust eines Valenzelektrons besitzt das Arsenatom in Bild **2**.6a eine positive Elementarladung (pos. Ion) nach außen, die allerdings im Kristallgitter ortsgebunden ist. Insgesamt ist der Halbleiter aber nach wie vor elektrisch neutral, da sich die negativen Ladungen der freien Elektronen und die positiven der Gitterionen gegenseitig aufheben.

P-Leitung   Im Falle der Dotierung mit Akzeptoren wie z. B. Aluminium in Bild **2**.6b können, da nur drei Valenzelektronen vorhanden sind, nicht alle Paarbindungen im Kristallgitter erzeugt werden. In der einen unvollständigen Bindung verbleibt ein Loch oder Defektelektron übrig.

Kommt ein infolge der Wärmebewegung freies Elektron an so eine unvollständige Bindung, so kann es diese schließen, reißt aber damit an seiner eigentlichen Stelle ein Loch auf. Unter der Wirkung einer äußeren elektrischen Spannung wird die Elektronenbewegung in Richtung zum Pluspol erfolgen, womit die Löcher zwangsläufig in die Gegenrichtung und damit zum negativen Pol wandern. Sie verhalten sich also wie positive Ladungen. Das Dotieren mit Akzeptoren führt damit zu freien positiven Ladungsträgern (P-Leitung), während entsprechend das dreiwertige Fremdatom nach Vervollständigung seiner Bindungspaare eine ortsfeste negative Ladung trägt. Insgesamt ist der Halbleiter nach außen hin wieder elektrisch neutral.

2.1.2.3 PN-Übergang

Raumladungszone   Werden in eine dünne Siliziumscheibe von der einen Seite fünfwertige Fremdatome, von der anderen dreiwertige eindiffundiert, so stehen sich im Innern je ein Bereich mit P-Leitung und mit N-Leitung gegenüber (Bild **2**.7a). In der Grenzschicht (PN-Übergang) können nun die jeweils freien Ladungsträger durch die Wärmebewegung aus ihrem Überschußgebiet zur anderen Seite wandern (Ladungsträgerdiffusion) und sich damit im Bereich dieses Übergangs neutralisieren. Zurück bleiben auf beiden Seiten die ortsfesten Ionen des Gitters, d. h. in der N-Zone entsteht eine positive Raumladung und in der P-Zone eine negative Raumladung mit der Gesamtdicke d_0.

Wie bei einem Kondensator bilden die räumlich getrennten ortsfesten Ladungen des PN-Übergangs ein elektrisches Feld aus, das den weiteren Übertritt von freien Ladungsträgern behindert und so nach dem Aufbau einer R a u m l a d u n g s z o n e der Dicke d_0 zu einem Gleichgewichtszustand führt. Dem elektrischen Feld der Raumladung entspricht eine Potentialdifferenz zwischen dem P- und dem N-Gebiet, die man als D i f f u s i o n s s p a n n u n g U_D bezeichnet und die bei Silizium 0,6 V bis 0,7 V beträgt.

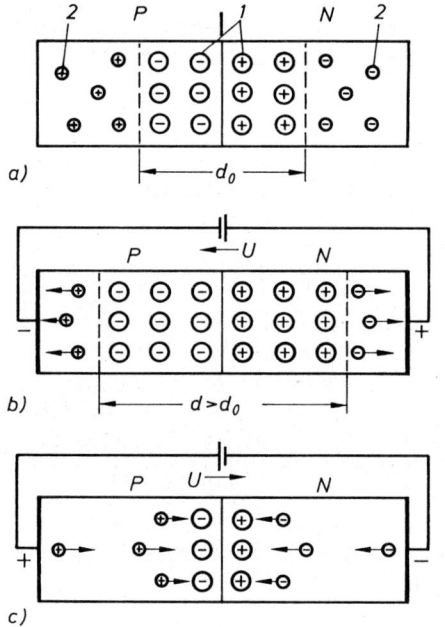

2.7
Verhalten eines PN-Übergangs
a) ohne äußere Spannung
   1 ortsfeste Ionen im Gitter (Raumladung),
   2 freie Ladungen
b) äußere Spannung in Sperrichtung
c) äußere Spannung in Durchlaßrichtung

2.1.2.4   Eigenschaften der Sperrschicht

Sperr- und Durchlaßrichtung   Wird ein PN dotiertes Siliziumplättchen über die seitlichen Anschlüsse an eine äußere Spannung angeschlossen, so erhält man die Zustände nach Bild **2**.7b und c.

Erfolgt die Polung nach Bild **2**.7b, so werden sich die freien Ladungsträger beider Gebiete jeweils zu den Anschlüssen hin bewegen, die Elektronen der N-Seite zum Pluspol und die positiven Ladungen zum Minuspol der Spannungsquelle. Damit verbreitert sich die von beweglichen Ladungsträgern freie Raumladungszone auf d, was den Widerstand des Übergangs stark erhöht. Trotz äußerer Spannung kann nur ein sehr kleiner Strom fließen, man sagt, daß das Bauelement in S p e r r r i c h t u n g betrieben wird.

Polt man die äußere Spannung mit dem Minuspol an der N-Seite, so werden sich diesmal die freien positiven und negativen Ladungen jeweils in Richtung auf den PN-Übergang bewegen. Dieser wird so mit Ladungsträgern überschwemmt und verringert seinen Durchlaßwiderstand um viele Zehnerpotenzen. Der Halbleiter ist damit niederohmig, er wird in Durchlaßrichtung betrieben und muß durch einen Vorwiderstand vor einem Kurzschluß geschützt werden.

Ein Halbleiter mit einem PN-Übergang besitzt also Ventileigenschaften und stellt somit eine Diode dar, wobei das Schaltzeichen mit der Durchlaßrichtung und der PN-Aufbau einander nach Bild **2**.8 zugeordnet sind.

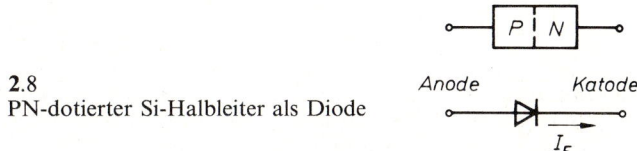

2.8
PN-dotierter Si-Halbleiter als Diode

Sperrstrom   Bei in Sperrichtung gepolter Spannung am PN-Übergang können mit den Elektronen des N-Bereichs und den positiven Ladungen des anderen zwar die sogenannten Majoritätsträger nicht fließen, wohl aber negative Ladungen im P-Bereich und umgekehrt. Solche Minoritätsträger sind infolge Verunreinigungen und vor allem durch die Eigenleitung vorhanden und bilden den Sperrstrom der Diode. Sein Wert ist normalerweise sehr geing (µA), steigt aber bei Erwärmung stark an.

Durchbruchspannung   Steigert man die an einem PN-Halbleiter in Sperrichtung gepolte Spannung stetig, so wächst der Sperrstrom zunächst nur langsam an. Überschreitet die elektrische Feldstärke im Bereich des PN-Übergangs aber einen kritischen Wert, so werden die den Sperrstrom bildenden freien Ladungsträger so stark beschleunigt, daß sie weitere Valenzelektronen aus ihren Doppelbindungen herausschlagen können. Es entsteht dann bei der entsprechenden Durchbruchspannung ein lawinenartiger Anstieg des Sperrstromes, der zur Zerstörung des Halbleiters führt.

2.1.3   Halbleiterbauelemente ohne Sperrschicht

2.1.3.1   Thermistoren

Unter der Bezeichnung Thermistor (von **therm**al sensitive res**istor**) faßt man alle Halbleiterwiderstände zusammen, die ihren Ohmwert bei Erwärmung um mehrere Zehnerpotenzen ändern. Es handelt sich hierbei um Gemische verschiedener Metalloxide, die in Scheiben- oder Stabform gesintert werden.

Heißleiter   Diese auch NTC-Widerstände genannten Bauelemente besitzen einen sehr großen negativen Temperaturbeiwert und damit Kennlinien nach Bild **2**.9. Der Widerstand R_{20} bei 20 °C liegt im Bereich 10 Ω bis 500 kΩ. Je nach Anwendung unterscheidet man zwischen fremdbeheizten Heißleitern und solchen, die durch ihren eigenen Laststrom erwärmt werden.

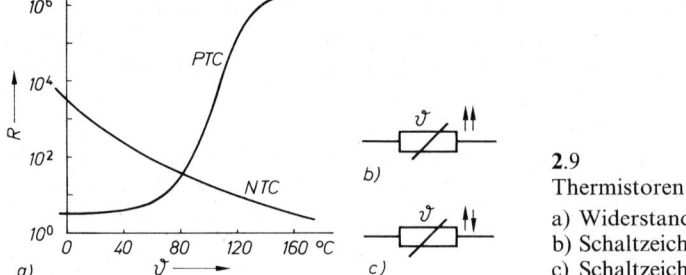

a)

b)

c)

2.9
Thermistoren
a) Widerstandskennlinien
b) Schaltzeichen eines PTC-Widerstandes
c) Schaltzeichen eines NTC-Widerstandes

Anwendungen Meßheißleiter eignen sich für alle Aufgaben der Temperaturmessung und -überwachung, z. B. bei thermischem Überlastungsschutz elektrischer Geräte. Kompensationsheißleiter werden zur Temperaturstabilisierung von elektronischen Schaltungen eingesetzt. Anlaßheißleiter dienen zur Unterdrückung von Einschaltstromstößen vor allem bei Kleinmotoren. Ihr Ohmwert sinkt durch die Eigenerwärmung infolge des Laststromes innerhalb weniger Sekunden um Zehnerpotenzen. Mit demselben Prinzip lassen sich auch Anzugs- und Abfallverzögerungen von Relais verwirklichen.

Beispiel 2.3 Auf der Spule eines Relais sind die Daten $U = 12$ V, $R = 750\ \Omega$ angegeben. Zur Anzugsverzögerung wird nach Bild 2.10 ein Heißleiter mit dem Widerstand $R_{20} = 5$ kΩ bei 20 °C und der zulässigen Verlustleistung $P_v = 64$ mW in Reihe geschaltet. Wie groß darf der Heißleiterwiderstand R_H im Dauerbetrieb höchstens sein, wenn er nicht wie im Bild angegeben bei eingeschaltetem Relais überbrückt werden kann? Welche Spannung U_B ist an die Schaltung anzulegen und welcher Strom I_0 fließt bei noch kaltem Halbleiter?

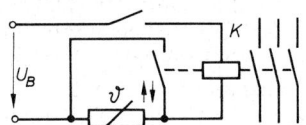

2.10
NTC-Widerstand zur Anzugsverzögerung eines Relais K

Erforderlicher Betriebsstrom des Relais

$$I = \frac{U}{R} = \frac{12\ \text{V}}{750\ \Omega} = 16\ \text{mA}$$

Die Verlustleistung des Heißleiters bei Betrieb ist $P_v = I^2 \cdot R_H$, damit

$$R_H = \frac{P_v}{I^2} = \frac{64\ \text{mW}}{(16\ \text{mA})^2} = 250\ \Omega$$

Erforderliche Betriebsspannung

$$U_B = I(R + R_H) = 16\ \text{mA}(750\ \Omega + 250\ \Omega) = 16\ \text{V}$$

Relaisstrom bei kaltem Halbleiter

$$I_0 = \frac{U_B}{R + R_{20}} = \frac{16\ \text{V}}{5750\ \Omega} = 2,78\ \text{mA}$$

Kaltleiter   Diese PTC-Widerstände mit großem positivem Temperaturbeiwert (Bild **2**.9) können ebenfalls entweder im Bereich der Fremderwärmung oder der Eigenerwärmung eingesetzt werden. Im ersten Fall handelt es sich wieder um Temperaturfühler für Aufgaben der Meß- und Regelungstechnik, im anderen um alle Arten des Überlastungsschutzes.

Eigenerwärmte Kaltleiter werden häufig als Niveauregler in Öl- und Kraftstofftanks eingesetzt (Bild **2**.11). Hat die Flüssigkeit den PTC-Widerstand erreicht, so kühlt er sich durch die dann bessere Wärmeabgabe rasch ab und verringert dadurch seinen Ohmwert wesentlich. Die erzielte Stromänderung dient dann zur Signalgabe.

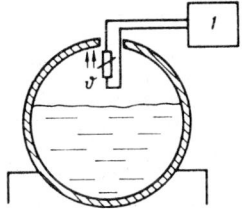

2.11
PTC-Widerstand als Grenzstandmelder
1 Signalgeber

2.1.3.2   Varistoren

Auf der Basis von Siliziumkarbid oder Zinkoxid lassen sich Bauelemente herstellen, deren Widerstand beim Überschreiten einer bestimmten A n s p r e c h s p a n n u n g U_N stark sinkt. Dadurch entstehen I/U-Kennlinien nach Bild **2**.12 mit einem ausgeprägten Knick bei U_N.

Bei modernen Metalloxid-Varistoren bricht der Widerstand beim Überschreiten der Ansprechspannung von über 1 MΩ in weniger als 50 ns auf einige Ohm zusammen. Sie eignen sich dadurch sehr gut zum Schutz empfindlicher elektronischer Schaltungen vor kurzzeitigen Überspannungen, die sie auf den Ansprechwert begrenzen. Bei der Auslegung ist darauf zu achten, daß der Varistor weder im Normalbetrieb bei $U < U_N$ noch bei einem Überspannungsstoß überlastet wird. Richtwerte dafür sind eine mögliche Energieabsorption von 1 Ws bis 100 Ws und eine Dauerbelastbarkeit von 0,1 W bis 1 W je nach Baugröße.

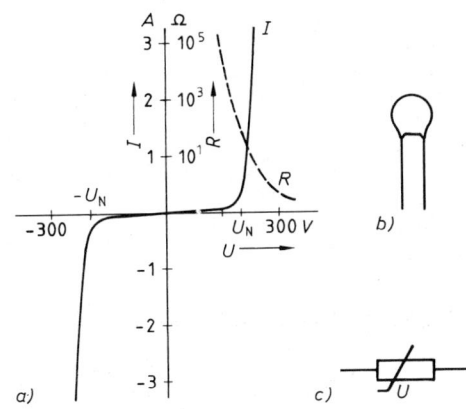

2.12
Varistoren
a) I/U- und Widerstandskennlinie
b) Bauform
c) Schaltzeichen

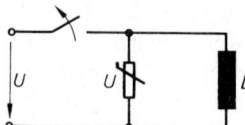

2.13
Überspannungsschutz durch einen Varistor

Beispiel 2.4 Für welche Energieabsorption muß der Varistor in Bild **2**.13, der die Überspannung beim Abschalten der Induktivität L begrenzen soll, ausgelegt sein? Es ist $U = 220$ V, 50 Hz, $L = 200$ mH.

Der Varistor muß die magnetische Energie der Spule im ungünstigsten Schaltaugenblick, d. h. bei Strommaximum $\hat{\imath}$ aufnehmen können.

Nach Gl. (1.103) ist

$$\hat{\imath} = \frac{\sqrt{2} \cdot U}{\omega L} = \frac{\sqrt{2} \cdot 220\ \text{V}}{314\ \text{s}^{-1} \cdot 0,2\ \text{H}} = 4,95\ \text{A}$$

Damit gilt nach Gl. (1.80) für die magnetische Energie W

$$W = \frac{1}{2} L \hat{\imath}^2 = \frac{1}{2} \cdot 0,2\ \text{H} \cdot (4,95\ \text{A})^2 = 2,45\ \text{Ws}$$

2.1.3.3 Fotowiderstände

Bei diesen Bauelementen aus Mischkristallen (CdS, PbS) wird durch die Lichteinstrahlung über ein Glasfenster im Gehäuse die Zahl der freien Ladungsträger erhöht, womit sich der Ohmsche Widerstand stark verringert. In Abhängigkeit von der Beleuchtungsstärke E erreicht man Kennlinien nach Bild **2**.14a. Je nach verwendetem Material erhält man eine unterschiedliche spektrale Empfindlichkeit S (Bild **2**.14b), deren Maximum nicht innerhalb des sichtbaren Wellenbereichs (0,35 µm bis 0,75 µm) liegen muß. Die Ansprechzeiten betragen bei Helligkeitsänderungen einige ms.

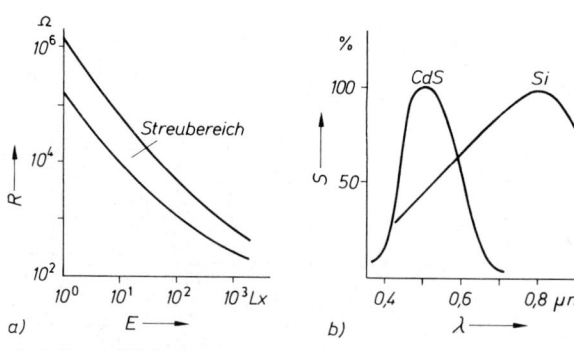

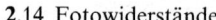

2.14 Fotowiderstände
   a) Kennlinienfeld
   b) spektrale Empfindlichkeit
   c) Schaltzeichen

Anwendungen Fotowiderstände haben zulässige Verlustleistungen von etwa 50 mW bis 2 W und werden sehr vielfältig eingesetzt. Hauptanwendungsgebiete sind Lichtschranken aller Art, Dämmerungsschalter und z. B. Flammwächter bei Ölbrennern.

2.1.3.4 Magnetfeldabhängige Bauelemente

Hallsonden Werden längliche, dünne Plättchen aus Indiumarsenid oder verschiedenen anderen Halbleitermaterialien (Bild **2**.15) in Längsrichtung von einem Steuerstrom I_S durchflossen und gleichzeitig senkrecht zur Fläche von einem Magnetfeld der Dichte B durchsetzt, so entsteht zwischen den seitlichen Anschlüssen eine H a l l - s p a n n u n g U_H genannte Potentialdifferenz, die sich nach

$$U_H = \frac{R_H}{d} \cdot B \cdot I_S = c_H \cdot B \cdot I_S \qquad (2.1)$$

errechnet. Ursache dieses Halleffektes ist die Ablenkung der Ladungsträger des Steuerstromes im Magnetfeld. Der Faktor c_H ergibt sich aus der Hallkonstanten R_H des Materials und der Plättchendicke d, er beträgt etwa $c_H = 1 \text{ V}/(\text{A} \cdot \text{T})$. Bei Steuerströmen von $I_S = 100 \text{ mA}$ und der Felddichte $B = 1 \text{ T}$ erhält man also eine Hallspannung $U_H = 100 \text{ mV}$.

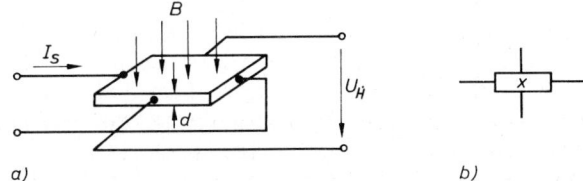

2.15
Hallsonden
a) Bauform und Anschlüsse
b) Schaltzeichen

Aufgrund ihrer kleinen Abmessungen von $< 1 \text{ cm}^2$ Fläche und $< 1 \text{ mm}$ Dicke können Hallsonden im Luftspalt elektrischer Maschinen zur Magnetfeldmessung eingesetzt werden. Erzeugt man nach Bild **2**.16 das Magnetfeld durch einen beliebigen Strom I_d, so wird bei geeigneter Auslegung $B \sim I_d$ und damit die Hallspannung $U_H = C \cdot I_S \cdot I_d$, womit die H a l l s o n d e a l s M u l t i p l i k a t o r arbeitet. Diese Technik wird z. B. zur potentialfreien Gleichstrommessung verwendet (Beispiel 2.5).

Beispiel 2.5 Zur potentialfreien Messung eines Gleichstromes $I_d = 20 \text{ A}$ wird die Anordnung nach Bild **2**.16 aus einer Ringspule mit Luftspalt $\delta = 1 \text{ mm}$ und einer eingebauten Hallsonde

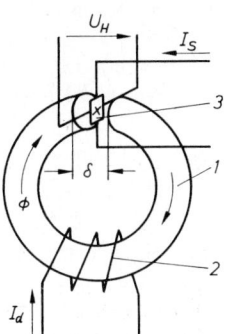

2.16
Potentialfreie Gleichstrommessung mit einer Hallsonde
1 Ringkern, 2 Spule, 3 Hallsonde

verwendet. Für die Hallspannung gilt $U_H = c_H \cdot B \cdot I_S$, wobei $c_H = 0,8$ V/(A $\cdot$ T) ist und ein konstanter Steuerstrom $I_S = 500$ mA eingestellt wird.

Welche Windungszahl N muß die Spule erhalten, wenn der magnetische Widerstand des Eisenwegs vernachlässigbar ist und bei $I_d = 20$ A eine Hallspannung $U_H = 200$ mV auftreten soll?

Bei den gestellten Bedingungen muß bei $I_d = 20$ A eine Felddichte

$$B = \frac{U_H}{c_H \cdot I_S} = \frac{0,2 \text{ V}}{0,8 \text{ V/(A} \cdot \text{T)} \cdot 0,5 \text{ A}} = 0,5 \text{ T}$$

in der Spule auftreten.

Zwischen Felddichte und Spulenstrom gilt nach Abschn. 1.2.2.3 die Zuordnung

$$B = \mu_0 \cdot H = \mu_0 \cdot \frac{N \cdot I_d}{\delta}$$

Die erforderliche Windungszahl der Spule wird

$$N = \frac{B \cdot \delta}{\mu_0 \cdot I_d} = \frac{0,5 \text{ Vs} \cdot 10^{-3} \text{ m}}{\text{m}^2 \cdot 1,25 \cdot 10^{-6} \text{ }\Omega\text{s/m} \cdot 20 \text{ A}}$$

$$N = 20 \text{ Wdg.}$$

Feldplatten   Dies sind Halbleiterwiderstände z.B. aus Indiumarsenid, die meist mäanderförmig auf einen Träger aufgebracht werden. Befindet sich die stromdurchflossene Feldplatte in einem Magnetfeld, so werden die Strombahnen aus ihrem geraden Weg abgelenkt und so verlängert. Der Widerstand des Bauteils ist damit feldabhängig und erreicht von einem Grundwert von 10 Ω bis 10 kΩ bei $B = 0$ etwa den zehnfachen Wert bei $B = 1$ T.

Anwendungen   Feldplatten wie auch Hallsonden werden vor allem zur Messung magnetischer Felder und zur magnetfeldabhängigen Signalgabe eingesetzt.

2.1.3.5   Flüssigkristallzellen

Als Flüssigkristalle bezeichnet man bestimmte organische Verbindungen mit kristalliner Struktur, deren optische Eigenschaften sich im elektrischen Feld ändern. Auf der Grundlage dieses Effektes lassen sich sogenannte LCD-Anzeigesysteme (Liquid Cristal Display) aufbauen, deren Bausteine Flüssigkristallzellen (Bild **2**.17) sind.

Zwei Glasplatten mit Polarisationsfiltern an den Außenseiten schließen eine ca. 10 µm dicke Flüssigkristallschicht ein. An den Innenseiten befinden sich Elektroden, die bei angelegter Spannung in ihrem Bereich ein elektrisches Feld E in der Schicht erzeugen. Je nach Anordnung der Filter und der Beleuchtungstechnik erscheint dann das Symbol hell oder dunkel gegenüber der Umgebung, während sich alle nichterregten Teile nicht hervorheben.

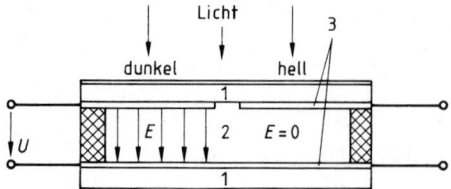

2.17

Aufbau einer Flüssigkristallzelle

1 Glasplatte mit Polarisationsfilter,
2 Flüssigkristallschicht, 3 Elektroden

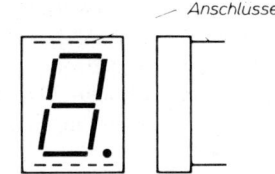

Anschlusse

2.18
7-Segment-Anzeige für Dezimalzahlen

Zur Wiedergabe von Dezimalzahlen in Digitalanzeigen verbindet man mehrere Zellen zu einer 7-Segment-Einheit (Bild **2**.18). Im Vergleich zur Leuchtdiodentechnik benötigt eine LCD-Anzeige wesentlich weniger Leistung. Die Stromaufnahme für eine mehrstellige Ziffer beträgt bei Betriebsspannungen von 5 V bis 8 V nur ca. 10 µA. LCD-Anzeigen haben sich daher bei batterieversorgten Geräten wie Uhren, Multimetern und Taschenrechnern durchgesetzt.

2.1.4   Halbleiterbauelemente mit Sperrschichten

2.1.4.1   Dioden

Der Aufbau einer Diode aus einem P- und N-dotierten Halbleiterkristall (Silizium oder Germanium) und ihr grundsätzliches Verhalten wurden bereits in Abschn. 2.1.2 erläutert. Je nach Einsatzbereich unterscheidet man sehr verschiedene Ausführungen und Leistungen.

Gleichrichterdioden   Das Verhalten einer Diode wird durch die Strom-Spannungskennlinie für beide Stromrichtungen bestimmt. Man unterscheidet zwischen D u r c h l a ß b e r e i c h (Index F – forward, vorwärts) und S p e r r b e r e i c h (Index R – reverse, rückwärts) und erhält für die wichtigen Siliziumdioden ein Diagramm nach Bild **2**.19. In Durchlaßrichtung wird der niederohmige Bereich (steiler Kennlinienast) erst mit Überschreiten der Schwell- oder Schleusenspannung U_s erreicht, da zunächst die Diffusionsspannung des PN-Übergangs überwunden werden muß. Für Germaniumdioden gilt etwa $U_s = 0,3$ V, für Siliziumdioden $U_s = 0,7$ V.

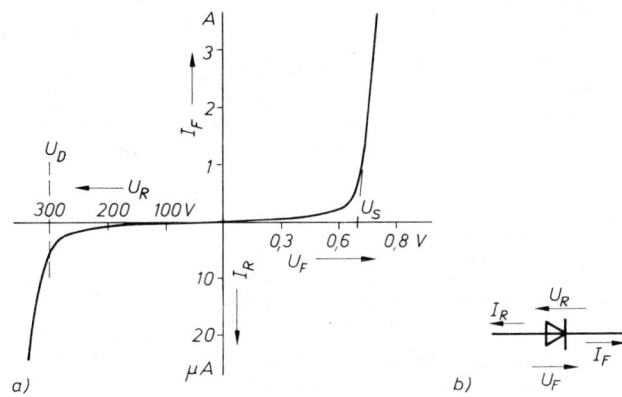

2.19
Gleichrichterdioden

a) Kennlinien für Sperr-
   und Durchlaßrichtung
b) Schaltzeichen

Für die Sperrkennlinie in Bild **2**.19 gilt ein völlig anderer Maßstab. Der Sperrstrom I_R steigt mit der Spannung U_R nur wenig an und liegt im Bereich von µA (Sperrwiderstände 1 MΩ bis 10^3 MΩ) bis mit der Durchbruchspannung U_D die Belastungsgrenze erreicht ist. Der Sperrstrom ist stark von der Temperatur des PN-Übergangs (Sperrschichttemperatur), die bei Silizium etwa maximal 180 °C betragen darf, abhängig. Man kann ungefähr pro 10 °C Temperaturanstieg mit einer Verdopplung von I_R rechnen.

Bauarten und Einsatz   Gleichrichterdioden werden heute für Sperrspannungen von etwa 10 V bis 3 kV bei Durchlaßströmen von 10 mA bis 1000 A gebaut. Entsprechend unterschiedlich sind auch die technischen Ausführungen. Bis zu Strömen von einigen Ampere verwendet man meist D r a h t d i o d e n (Bild **2**.20a), die direkt in die Schaltung eingelötet werden. Bei Werten unter 100 A kommen S c h r a u b d i o d e n (Bild **2**.20b) zum Einsatz, die auf einen eigenen Kühlkörper montiert sind. Darüber hinaus gibt es großflächige S c h e i b e n d i o d e n (Bild **2**.20c), die eine äußere Wasserkühlung erhalten.

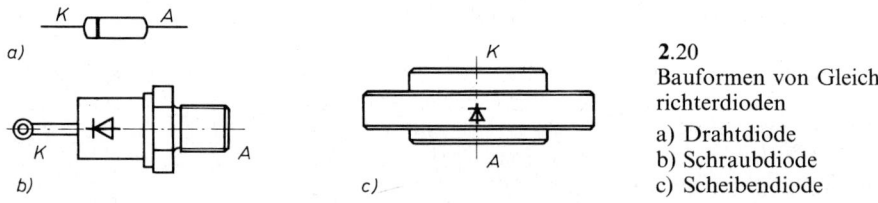

2.20
Bauformen von Gleichrichterdioden

a) Drahtdiode
b) Schraubdiode
c) Scheibendiode

Anwendungen   Der Einsatzbereich umfaßt alle Aufgaben der Gleichrichtung von Wechselströmen von der Demodulationsstufe eines Nachrichtengeräts mit kleinsten Strömen bis zu großen Stromrichtern der Anlagentechnik. Für diesbezügliche Schaltungen sei auf die Abschn. 2.2.1 und 6.3 verwiesen.

Die Verluste einer Leistungsdiode liegen unter 1 % der Anschlußleistung, trotzdem muß man zur Abfuhr der Verlustwärme besondere Maßnahmen treffen (s. Abschn. 2.1.6). Da das Halbleiterplättchen unter 1 mm stark ist, besitzt es fast keine innere Wärmekapazität, womit jede Überlastung sofort die Sperrschichttemperatur unzulässig erhöht. Damit kommt bei allen Leistungshalbleitern dem Ü b e r s t r o m s c h u t z eine besondere Bedeutung zu.

Selengleichrichter   Neben den Germanium- und vor allem Siliziumdioden sind auch heute noch die älteren Selengleichrichter im Einsatz. Die Sperrschicht entsteht hier im Grenzbereich zwischen einer aufgedampften Selenschicht und einer Zinn-Cadmiumelektrode (Bild **2**.21). Mit Rücksicht auf die geringe zulässige Sperrspannung

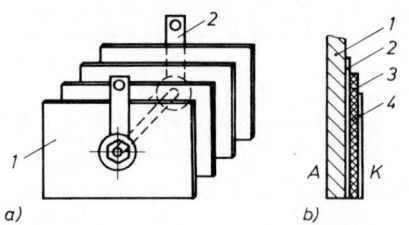

2.21
Selengleichrichter

a) Reihenschaltung mehrerer Zellen zu einer Säule
   1 Selenzelle, 2 Anschlüsse
b) Aufbau einer Selenzelle
   1 Fe-Trägerplatte, 2 Ni-Zwischenschicht,
   3 Selenschicht, 4 SnCd-Elektrode

von etwa 25 V und die Strombelastung von 0,3 A/cm² erhält man großflächige Platten mit Reihenschaltungen einzelner Zellen.

Z-Dioden Bei diesen auch Zenerdioden genannten Bauelementen ist der Knick in der Sperrkennlinie besonders stark ausgeprägt und die Ausführung so, daß ein Betrieb auf dem steilen Ast der Sperrkennlinie zulässig wird (Bild **2**.22).

Z-Dioden gibt es für Durchbruchspannungen von $U_z = 2$ V bis 200 V und zulässige Verlustleistungen von $P_v = 10$ mW bis 5 W. Einsatzgebiete sind S c h a l t u n g e n   z u r   A m p l i t u d e n b e g r e n z u n g von Spannungen bei Netzgeräten oder zur Bildung von Referenzspannungen (s. Beispiel 2.6).

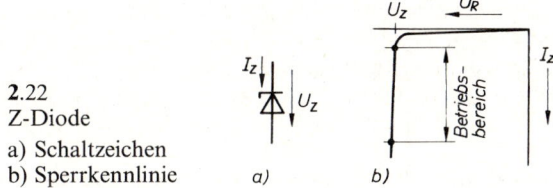

2.22
Z-Diode

a) Schaltzeichen
b) Sperrkennlinie

In Bild **2**.23 ist die grundsätzliche Schaltung einer Z-Diode zur Spannungsbegrenzung angegeben. Da bei $u_1 > U_z$ der Strom entsprechend dem steilen Ast der Kennlinie sofort unzulässig ansteigt, muß ein Schutzwiderstand R vorgesehen werden. Dieser nimmt mit $u_R = u_1 - U_z$ den Spannungsüberschuß auf und begrenzt damit den Strom der Z-Diode auf Werte innerhalb des Betriebsbereiches.

Ohne Kondensator C in Bild **2**.23 entsteht aus der gleichgerichteten Wechselspannung u_1 der abgeflachte Verlauf mit einer Amplitudenbegrenzung auf den Ansprechwert U_z. Wird die Eingangsspannung dagegen durch die Kapazität C so vorgeglättet, daß stets $u_1 > U_z$ ist (Bild **2**.23c), erhält man am Ausgang die konstante Spannung $u_2 = U_z$.

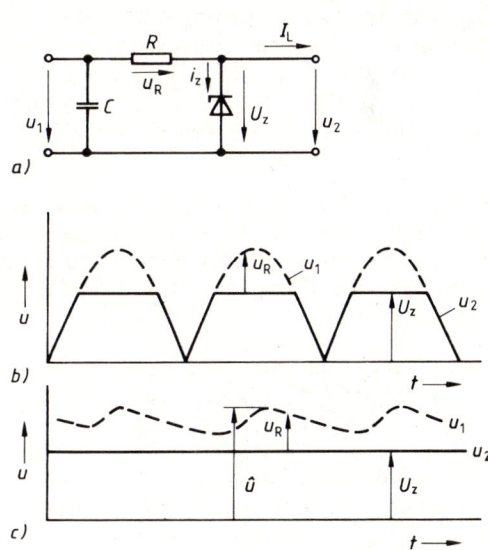

2.23
Spannungsbegrenzung durch eine Z-Diode

a) Schaltung
b) Spannungen ohne Kondensator
c) Spannungen mit Kondensator

Beispiel 2.6   Zur Begrenzung einer pulsierenden Gleichspannung mit $\hat{u} = 24$ V (Bild **2**.23), die durch einen Kondensator C nicht genügend geglättet ist, soll eine Z-Diode mit den Daten $U_z = 15$ V, $P_v = 150$ mW verwendet werden. Der Ausgangsstrom der Schaltung sei $I_L = 20$ mA. Es ist der Schutzwiderstand R so anzulegen, daß die Z-Diode nicht überlastet wird.

Zulässiger Z-Diodenstrom $I_{z\,max} = P_v / U_z = 150$ mW/15 V $= 10$ mA. Dieser Strom tritt auf, wenn $u_1 = \hat{u}$ ist, wobei der Strom I_R im Widerstand

$$I_R = I_L + I_{z\,max} = 20 \text{ mA} + 10 \text{ mA} = 30 \text{ mA}$$

beträgt. Der Widerstand muß in diesem Augenblick die Spannung $U_R = \hat{u} - U_z$ aufnehmen. Es gilt damit

$$R = \frac{\hat{u} - U_z}{I_R} = \frac{24 \text{ V} - 15 \text{ V}}{30 \text{ mA}} = 300 \ \Omega$$

Maximale Verlustleistung im Widerstand

$$P_R = I_R^2 \cdot R = (30 \text{ mA})^2 \cdot 300 \ \Omega = 0{,}27 \text{ W}$$

Fotodioden   Ermöglicht man bei Dioden eine Lichteinstrahlung auf die Sperrschicht, so können sich durch die Energie der aufgenommenen Lichtquanten (Photonen) Elektronen aus den Gitterverbindungen lösen. Zusammen mit den zugehörigen Fehlstellen entstehen damit freie Ladungsträgerpaare, die durch das elektrische Feld der Raumladungszone im PN-Übergang getrennt werden und eine Leerlaufspannung U_0 bilden (Bild **2**.24).

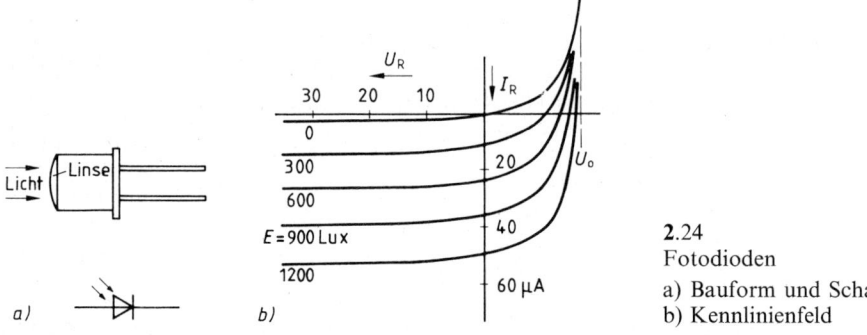

2.24
Fotodioden
a) Bauform und Schaltzeichen
b) Kennlinienfeld

Betreibt man das Bauelement mit einer Betriebsspannung U_R in Sperrichtung, so erhält man eine Fotodiode, deren Sperrstrom entsprechend dem angegebenen Kennlinienfeld proportional zur Beleuchtungsstärke E ansteigt. Im Gegensatz zum Fotowiderstand entsteht fast keine Anzeigeträgheit, so daß der Sperrstrom auch noch Lichtwechseln im MHz-Bereich folgt. Fotodioden eignen sich daher sehr gut für alle Aufgaben der Steuerungstechnik.

Fotoelemente   Aufgrund ihrer Leerlaufspannung U_0 kann eine Fotodiode auch eigenständig als Generator eingesetzt werden. Man bezeichnet sie in dieser Anwendung als Fotoelement und betreibt sie in der Meß- und Steuerungstechnik (Belichtungsmesser) meist mit $R_L = 0$ im Kurzschluß (Bild **2**.25).

2.25

Fotoelement und Solarzelle

a) Schaltung und Zeichen
b) Kennlinienfeld der Solarzelle
   g Widerstandsgerade,
   A Arbeitspunkt

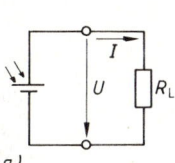

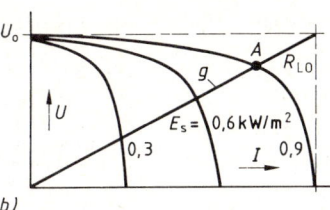

a)   *b)*

Solarzellen Großflächige Fotoelemente werden als Solarzellen zur Erzeugung elektrischer Energie aus Sonnenstrahlen (Fotovoltaik) eingesetzt. Da die Spannung pro Zelle mit $U_0 \leqq 0{,}5$ V nur den Wert der Diffusionsspannung U_D des PN-Übergangs erreicht, schaltet man in der Praxis viele Zellen in Reihe.

Die Betriebskennlinie $U = f(I)$ eines derartigen Solarmoduls wird meist in Abhängigkeit von der Bestrahlungsstärke E_s des Sonnenlichts angegeben, die maximal etwa 1 kW/m² beträgt (Bild **2**.25b). Der Arbeitspunkt bei Belastung mit einem Widerstand R_L ergibt sich dann durch den Schnittpunkt mit der Geraden $U = I \cdot R_L$. Die optimale Abgabeleistung erhält man bei R_{L0}, sie beträgt bei Wirkungsgraden von ca. 10% maximal 100 W pro m² Solarfläche. Der Einsatz von Solarmodulen reicht heute vom Taschenrechner über die Versorgung entlegener Anlagen der Fernmeldetechnik bis zum Foto-Voltaik-Kraftwerk mit mehreren 100 kW Leistung.

Beispiel 2.7 Für ein Projekt „Wasserstoff-Technologie" soll in einem wüstenähnlichen Gebiet ein großes Solarkraftwerk geplant werden. Als Spitzenwert sind $P = 1000$ MW, d.h. die Leistung eines Generators aus einem Kernkraftwerk vorgesehen.

Es ist der Flächenbedarf A_F abzuschätzen.

Bei einer maximalen Bestrahlungsstärke $E_s = 1$ kW/m² und einem Umwandlungswirkungsgrad $\eta = 0{,}1$ ergibt sich die reine Solarfläche zu

$$A_s = \frac{P}{E_s \cdot \eta} = \frac{10^6 \text{ kW}}{1 \text{ kW/m}^2 \cdot 0{,}1} = 10^7 \text{ m}^2$$

Wegen der Installationen, Verkehrswege usw. sei für das Gelände der 1,6fache Wert von A_s erforderlich.

$$A_F = 1{,}6 A_s = 1{,}6 \cdot 10^7 \text{ m}^2 = 16 \text{ km}^2 = 4 \text{ km} \times 4 \text{ km}$$

Leuchtdioden Diese auch Lumineszenzdioden oder LED (Licht emittierende Diode) genannten Zweischichthalbleiter (Bild **2**.26) werden in Durchlaßrichtung betrieben, so daß Elektronen in die P-Zone befördert werden. Dort kommt es mit den Fehlstellen zu Rekombinationen, bei denen Energie in Form von Lichtstrahlung frei wird. Die Lichtstärke wächst mit dem Diodenstrom, je nach Kristallmaterial sind verschiedene Leuchtfarben erreichbar.

2.26
Schaltzeichen einer Leuchtdiode

Leuchtdioden reagieren fast trägheitslos, so daß noch Stromimpulse von Nanosekundendauer umgewandelt werden können. Anwendungen sind Anzeigesysteme, Lichtschranken und optoelektrische Koppelbausteine (Optokoppler, s. Abschn. 2.1.4.4).

2.1.4.2   Bipolare Transistoren

Aufbau   Diese „normalen" Transistoren – im Unterschied zu den Feldeffekttransistoren – bestehen mit meist Silizium aber auch Germanium als Ausgangsmaterial aus einer NPN- oder PNP-Schichtenfolge. Sie besitzen daher zwei PN-Übergänge, die unterschiedlich gepolt sind, worauf sich die genauere Bezeichnung bipolarer Transistor bezieht.

Den prinzipiellen Aufbau eines NPN-Transistors und die sich aus den beiden PN-Übergängen ergebende Diodenersatzschaltung zeigt Bild **2**.27. Die drei Anschlüsse werden mit C-Kollektor, B-Basis und E-Emitter bezeichnet und wie angegeben an Gleichspannung angeschlossen. Wichtig für die Funktion des Transistors ist es, daß die mittlere (Basis)-Schicht mit $< 50\,\mu\text{m}$ sehr schmal und nur schwach dotiert ausgeführt wird.

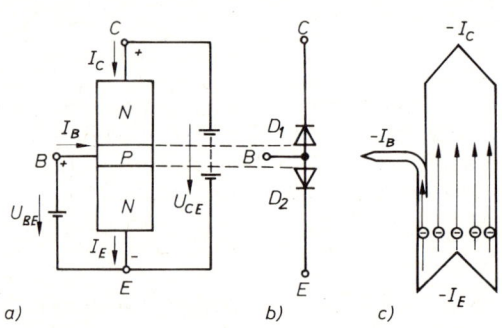

2.27
Wirkungsweise bipolarer Transistoren
a) Aufbau und Schaltung eines NPN-Transistors
b) Diodenersatzschaltung
c) Stromaufteilung

Wirkungsweise   Legt man den Transistor nur mit den Anschlüssen Kollektor und Emitter an die Spannung U_{CE} (Bild **2**.27a), so arbeitet die Diode D_1 in Sperrichtung, womit der Transistor sehr hochohmig ist und nur ein kleiner Sperrstrom I_{CEO} fließen kann. Die Elektronen des Emitter-N-Gebietes können trotz der Polung von D_2 in Durchlaßrichtung die mittlere P-Schicht nicht erreichen, da sie bei $U_{BE} = 0\,\text{V}$ die Diffusionsspannung $U_D \approx 0{,}7\,\text{V}$ der Raumladungszone nicht überwinden. Schaltet man nun aber zusätzlich eine Basis-Emitterspannung U_{BE} von etwa $0{,}7\,\text{V}$ zu, so wird die Sperrschicht D_2 entsprechend der Diodenkennlinie niederohmig, womit ein Elektronenstrom vom Emitter in die Basiszone gelangen kann (emittieren = aussenden). Da diese dünn und nur schwach dotiert ist, können in der P-Schicht nur wenige Elektronen rekombinieren, so daß der Hauptanteil (90 % bis über 99 %) in die Sperrschicht Basis-Kollektor gelangt und dort durch das elektrische Feld zum Pluspol, d.h. dem Kollektoranschluß beschleunigt. Der Kollektor „sammelt" die ankommenden negativen Ladungsträger ein. Die wenigen zum Pluspol der Spannung U_{BE} abfließenden Elektronen bilden den Basisstrom.

Betrachtet man entgegen der klassischen Stromrichtung den Elektronenstrom, so ergibt sich für einen NPN-Transistor eine Stromaufteilung nach Bild **2**.27c. Da der Kollektorstrom I_C aus den die Basiszone überquerenden negativen Ladungsträgern besteht, diese aber erst durch eine Basis-Emitterspannung U_{BE} ermöglicht werden, welche die Sperrschicht D_1 öffnet, läßt sich der Transistorstrom I_C über die Spannung U_{BE} steuern. Anstelle von U_{BE} führt man meist den Basisstrom I_B ein und kann dann eine Gleichstrom-Verstärkung $B = I_C/I_B$ angeben. Der Wert liegt etwa im Bereich $B = 10$ bis 10^3.

Bei einem PNP-Transistor sind durch die andere Schichtenfolge beide PN-Übergänge und damit die Ersatzdioden gerade umgekehrt gepolt. Entsprechend muß auch der Spannungsanschluß umgekehrt werden, d.h. an den Klemmen B und C liegt nun der Minuspol der Gleichspannung. Bei der Betrachtung des Leistungsmechanismus sind die Elektronen durch Defektelektronen also freie positive Ladungsträger zu ersetzen.

Bezeichnungen In Bild **2**.28 sind die Schaltzeichen beider Transistortypen angegeben und gleich die genormten Zählpfeilrichtungen für alle Ströme und Spannungen eingetragen. Werden wie beim PNP-Transistor andere Polaritäten nötig, so ist dies in Diagrammen und bei Datenangaben durch negative Werte berücksichtigt. Im Folgenden wird wegen der Übereinstimmung mit den positiven Zählrichtungen meist der NPN-Transistor behandelt.

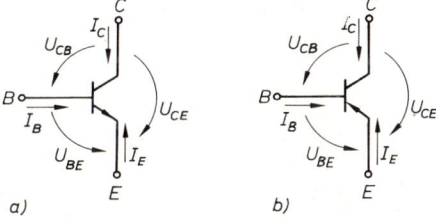

2.28
Schaltzeichen und Zählpfeile bei Transistoren
a) NPN-Transistor
b) PNP-Transistor

Bauformen und Nenndaten Transistoren gibt es in einer sehr großen Typenvielfalt, die sich aus dem breiten Anwendungsfeld von der Rundfunk- und Fernsehtechnik bis zur Leistungselektronik erklärt. Zur Kennzeichnung wird ein allgemeines Bezeichnungsschema für Halbleiter mit 2 bis 3 Buchstaben und nachgestellten Ziffern verwendet. Ist der erste Buchstabe A, so liegt Germanium als Ausgangsmaterial vor, bei B ist es Silizium. Der zweite Buchstabe kennzeichnet den Anwendungsbereich, z.B. C für Tonfrequenzbereich, U bei Leistungsschalttransistoren.

In Bild **2**.29 sind drei Bauformen mit für ihren Leistungsbereich typischem Bild angegeben. Bei kleineren Verlustleistungen wird ein Kunststoffmantel verwendet, danach ein Metallgehäuse, das zur besseren Wärmeabgabe auch einen Kühlstern tragen kann (s. Abschn. 2.1.6). Transistoren des oberen Leistungsbereichs (Bild **2**.29c) werden fest auf einen Kühlkörper montiert.

Transistoren gibt es heute etwa in einem Leistungsbereich von $U_{CE} = 6$ V bis 1200 V und $I_C = 10$ mA bis 60 A. Die oberen Werte sind vor allem für den Einsatz als elektronischer Schalter von Bedeutung.

Kennlinien Der Zusammenhang zwischen den verschiedenen Transistorströmen und -spannungen wird in den Datenblättern durch Kennlinien dargestellt. Wichtig sind vor allem die

Steuerkennlinie	$I_C = f(I_B)$	nach Bild **2**.30a
Eingangskennlinie	$I_B = f(U_{BE})$	nach Bild **2**.30b
Ausgangskennlinie	$I_C = f(U_{CE})$	nach Bild **2**.30c

wobei die angegebenen Werte für einen Transistor kleinerer Leistung gelten.

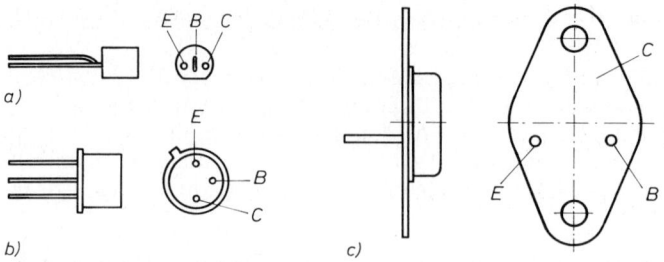

2.29 Bauformen von Transistoren
   a) Kunststoffmantel, $U_{CE} = 12$ V, $I_C = 10$ mA
   b) Metallgehäuse, 20 V, 0,5 A
   c) Leistungstransistor 40 V, 5 A

Aus der Steuerkennlinie lassen sich zwei Stromverstärkungen berechnen. Man bezeichnet als
Gleichstromverstärkung

$$B = \frac{I_C}{I_B} \quad \text{für } U_{CE} \text{ konstant} \tag{2.2}$$

Stromverstärkungsfaktor

$$\beta = \frac{\Delta I_C}{\Delta I_B} \quad \text{für } U_{CE} \text{ konstant} \tag{2.3}$$

Der Wert β wird für die Wechselstromverstärkung benötigt und ist wegen der Krümmung der Steuerkennlinie nur etwa gleich B.
Die Eingangskennlinie entspricht der Durchlaßkennlinie einer Diode mit einer Schwellspannung U_S, die für Si-Transistoren wieder 0,6 V bis 0,7 V, bei Germanium

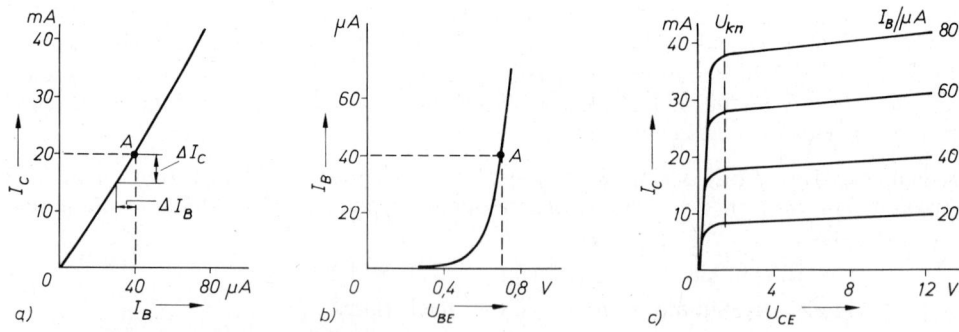

2.30 Kennlinien bipolarer Transistoren
   a) Steuerkennlinie, b) Eingangskennlinie, c) Ausgangskennlinienfeld

als Ausgangsmaterial 0,3 V bis 0,4 V beträgt. Aus der Eingangskennlinie kann man den
Eingangswiderstand

$$R_{BE} = \frac{U_{BE}}{I_B} \quad \text{für } U_{CE} \text{ konstant} \tag{2.4}$$

Differentiellen Eingangswiderstand

$$r_{BE} = \frac{\Delta U_{BE}}{\Delta I_B} \quad \text{für } U_{CE} \text{ konstant} \tag{2.5}$$

entnehmen.

Letzterer ist für die Belastung einer Wechselspannungsquelle am Eingang maßgebend. Im Ausgangskennlinienfeld (Bild 2.30c) ist oberhalb einer Kniespannung U_{Kn} der Einfluß der Spannung U_{CE} auf den Kollektorstrom gering. Dies bedeutet, daß der Differentielle Ausgangswiderstand

$$r_{CE} = \frac{\Delta U_{CE}}{\Delta I_C} \quad \text{für } I_B \text{ konstant} \tag{2.6}$$

groß ist.

Der Grund für den flachen Verlauf der Kurven $I_C = f(U_{CE})$ liegt darin, daß mit $U_{CE} > U_{Kn}$ fast alle vom Emitter bereitgestellten Ladungsträger, abzüglich des Basisanteils vom Kollektor erfaßt werden.

Beispiel 2.8 Der mit seinen Kennlinien in Bild 2.30 angegebene Transistor habe in A seinen Arbeitspunkt.

a) Es sind Gleichstromverstärkung B und der Eingangswiderstand R_{BE} zu bestimmen.

Nach Bild 2.30 sind $U_{BEA} = 0,7$ V, $I_{BA} = 40$ µA, $I_{CA} = 20$ mA

Damit gilt nach Gl. (2.2) und (2.4)

$$B = \frac{I_C}{I_B} = \frac{20 \text{ mA}}{40 \text{ µA}} = 500$$

$$R_{BE} = \frac{U_{BE}}{I_B} = \frac{0,7 \text{ V}}{40 \text{ µA}} = 17,5 \text{ k}\Omega$$

b) Welcher Vorwiderstand R_B ist der Basis vorzuschalten, damit bei einer Betriebsspannung $U_B = 6$ V der eingetragene Arbeitspunkt A erreicht wird?

Mit $U_{BEA} = 0,7$ V muß der Vorwiderstand die Spannung

$$U_R = U_B - U_{BEA} = 6 \text{ V} - 0,7 \text{ V} = 6,3 \text{ V}$$

aufnehmen. Mit $I_{BA} = 40$ µA gilt dann

$$R_B = \frac{U_R}{I_B} = \frac{6,3 \text{ V}}{40 \text{ µA}} = 157,5 \text{ k}\Omega$$

2.1.4.3 Feldeffekttransistoren

Diese auch kurz FET genannten Bauelemente sind unipolare Transistoren, da die PN-Übergänge gleichgepolt betrieben werden. Mit dem Sperrschicht-FET und dem Isolierschicht-FET unterscheidet man zwei grundsätzliche Bauformen, innerhalb deren es wieder Untergruppen gibt. Der entscheidende Unterschied zum bipolaren Transistor besteht darin, daß der Ausgangsstrom über ein von der Eingangsspannung erzeugtes elektrisches Feld gesteuert wird, was nahezu leistungslos erfolgt. Feldeffekttransistoren haben daher einen sehr hohen Eingangswiderstand von $> 10^9\ \Omega$.

Sperrschicht-FET   Bild 2.31 zeigt den prinzipiellen Aufbau eines Sperrschicht-FET mit N-Kanal und das Prinzip der Ansteuerung. Die Anschlüsse werden mit S (Source-Quelle), D (Drain-Abfluß) und G (Gate-Tor) bezeichnet und entsprechen in dieser Reihenfolge den Klemmen Emitter, Kollektor und Basis des bipolaren Transistors.

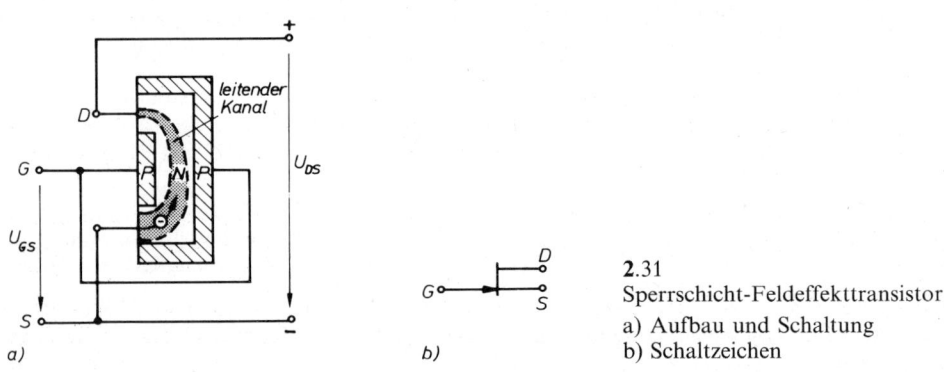

2.31
Sperrschicht-Feldeffekttransistor
a) Aufbau und Schaltung
b) Schaltzeichen

Bei $U_{GS} = 0$ sind bereits wegen der positiven Spannung am Drainanschluß beide PN-Übergänge in Sperrichtung gepolt, womit der N-Kanal beidseitig durch die hochohmige Zone des Sperrbereichs eingeschnürt wird. Trotzdem fließt entsprechend der Leitfähigkeit der Strombahn in Bild 2.31 ein Elektronenstrom I_D. Wird nun $U_{GS} < 0$ eingestellt, so wird das Gatepotential negativ und die beidseitigen PN-Übergänge geraten noch weiter in den Sperrbereich. Die ladungsfreie und so hochohmige Zone verbreitert sich, so daß der Bahnwiderstand zwischen den Anschlüssen D und S ansteigt und der Drainstrom I_D entsprechend sinkt. Man erhält damit für einen Feldeffekttransistor Kennlinien nach Bild 2.32, in denen des bipolaren Transistors prinzipiell ähnlich sind, wenn man anstelle des Basisstromes I_B die Steuerspannung U_{GS} setzt.

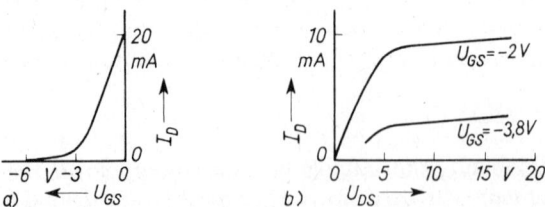

2.32
Kennlinien des Sperrschicht-FET
a) Steuerkennlinie
b) Ausgangskennlinienfeld

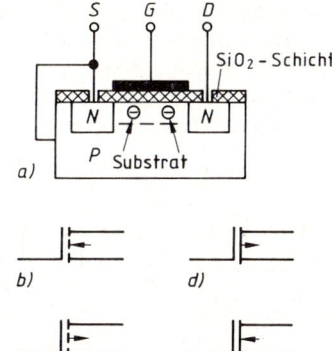

2.33
Isolierschicht-FET

a) Aufbau des N-Kanal-Anreicherungstyp
b) N-Kanal-Anreicherungstyp
c) P-Kanal-Anreicherungstyp
d) P-Kanal-Verarmungstyp
e) N-Kanal-Verarmungstyp

Isolierschicht-FET   Diese auch nach ihrer Technologie MOS-FET (Metal-Oxide-Semiconductor) genannten Transistoren erhalten zwischen Gateanschluß und dem P-Material eine hochisolierende Siliziumoxidschicht, wodurch man noch höhere Eingangswiderstände bis $10^{14}\,\Omega$ erreicht.

MOS-FET gibt es in vier Grundausführungen, die sich auch in ihrem Schaltzeichen (Bild **2**.33) unterscheiden. Die Kennlinien gleichen prinzipiell denen des Sperrschicht-FET.

In der Ausführung als N-Kanal-Anreicherungstyp sind in das P-leitende Grundmaterial (Substrat) zwei N-Inseln mit dem Drain- und Sourceanschluß eindotiert. Die Gateelektrode G ist als Metallbelag auf die SiO_2-Isolierschicht aufgedampft (Bild **2**.33). Ohne Gatespannung U_{GS} kann sich zwischen den Anschlüssen S und D nur der Sperrstrom des PN-Übergangs ausbilden. Erhält das Gate dagegen mit $U_{GS} > 0$ ein positives Potential gegen Source und Substrat, so werden Elektronen (Minoritätsträger in der P-Schicht) bis unter die SiO_2-Isolierung angezogen und bilden quer zu den N-Inseln durch Anreicherung eine leitende Brücke. Damit kann jetzt ein Drainstrom I_D fließen, dessen Stärke über die Gatespannung fast leistungslos steuerbar ist.

Der sehr hohe Eingangswiderstand der MOS-FET hat zur Folge, daß z. B. durch Berühren aufgebrachte elektrische Ladungen Q nicht abfließen. An der Eingangskapazität C zwischen Gateelektrode und Substrat kann dadurch nach $U = Q/C$ leicht eine unzulässige Überspannung entstehen, welche die Isolierschicht und damit den Transistor zerstört. Für die Verarbeitung von MOS-FET sind daher besondere Schutzmaßnahmen erforderlich.

Einsatz von FET   Aufgrund der sehr kleinen Ansteuerleistung werden FET gerne für die erste Stufe von Verstärkern eingesetzt. Ihr Anwendungsbereich hat sich in jüngster Zeit jedoch bis in den Bereich der Leistungselektronik ausgedehnt, da man inzwischen Werte von $U_{DS} = 600$ V und $I_D = 10$ A erreicht. Auch in integrierten Schaltungen werden bevorzugt FET verwirklicht.

IGBT-Baustein   Um die Vorteile der beiden Transistortypen, nämlich die fast leistungslose Ansteuerbarkeit des MOS-FET mit der hohen Strombelastbarkeit des bipolaren Transistors zu verbinden, wurde in den letzten Jahren der IGBT (Insulated

Gate Bipolar Transistor) entwickelt. In dem integrierten Baustein wirkt der über die Gatespannung gesteuerte Drainstrom direkt auf die Basis des ausgangsseitigen bipolaren Teils und bestimmt so den Kollektorstrom. IGBTs werden zunehmend in der Leistungselektronik als Stellglied eingesetzt und erreichen etwa die Kenndaten der bipolaren Transistoren.

2.1.4.4   Optoelektronische Bauelemente

Fototransistoren   Bei diesen Transistoren erfolgt die Steuerung durch Lichteinfall auf die Basis-Kollektorsperrschicht, womit die Beleuchtungsstärke E die Rolle des Basisstromes bipolarer Transistoren übernimmt (Bild 2.34). Wird trotzdem der Basisanschluß herausgeführt, so kann der Arbeitspunkt durch einen entsprechenden Gleichstrom I_{BA} eingestellt werden.

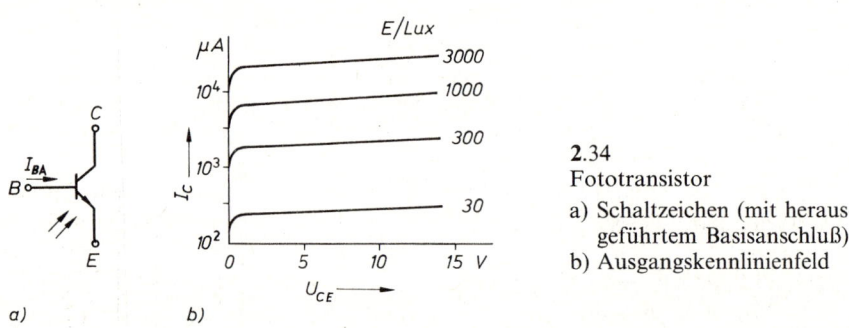

2.34
Fototransistor
a) Schaltzeichen (mit herausgeführtem Basisanschluß)
b) Ausgangskennlinienfeld

Im Vergleich zu Fotoelementen erhält man etwa die 100 bis 1000fache Verstärkung, so daß der Ausgangsstrom z. B. direkt ein Relais betätigen kann.

Optokoppler   Optoelektronische Koppler gestatten eine rückwirkungsfreie, nicht-galvanische Kopplung zweier elektrischer Baugruppen. Dies ist z. B. dann von großem Vorteil, wenn der informationsverarbeitende Logikteil einer Steuerung auf einem niederen Spannungsniveau arbeitet wie der Leistungsteil.

Optokoppler bestehen prinzipiell aus der Kombination Lichtsender-Lichtempfänger z. B. in der Anordnung nach Bild 2.35 mit Leuchtdiode und Fototransistor. Kennwerte sind die Isolationsspannung, die etwa 500 V bis 2,5 V beträgt und das Stromübertragungsverhältnis von 0,2 bis 4. Typische Werte sind $I_F = 60$ mA, $I_C = 100$ mA, $U_{CE} = 70$ V.

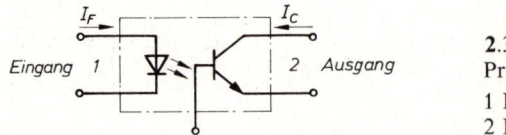

2.35
Prinzip eines Optokopplers
1 Leuchtdiode als Sender,
2 Fototransistor als Empfänger

2.1.4.5 Thyristoren

Während ein Transistor als ein über den Steuerstrom kontinuierlich einstellbarer Widerstand mit den idealen Grenzwerten $R_{CE} = 0$ und ∞ aufgefaßt werden kann, sind mit einem Thyristor nur die zwei Schalterzustände „Ein" und „Aus" erreichbar. Thyristoren sind damit elektronische Schalter, die bis zu Frequenzen von einigen kHz eingesetzt werden können.

Aufbau und Wirkungsweise Thyristoren bestehen aus einer Folge von je zwei P- und N-Schichten mit den Anschlüssen nach Bild **2.36**. Die äußeren Zonen mit der Anode (A) und Katode (K) sind stark dotiert (ca. 10^{19} Fremdatome/cm^3), die inneren mit der Steuerelektrode (Gate-G) an der P-Schicht nur schwach (10^{14} Fremdatome/cm^3). Der Aufbau besitzt damit drei PN-Übergänge, was zu der angegebenen Diodenersatzschaltung führt.

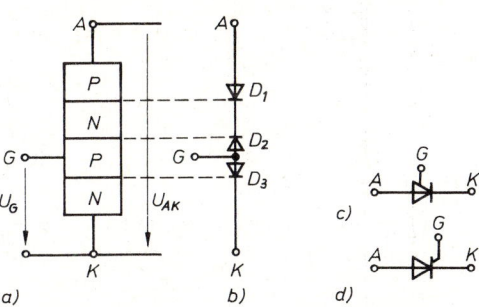

2.36
Thyristor
a) Aufbau und Anschlüsse
b) Diodenersatzschaltung
c) Schaltzeichen, allgemein
d) Schaltzeichen, Ansteuerung
   zwischen G und K

Ohne eine Ansteuerung wird ein Thyristor danach unabhängig von der Polarität der zwischen Anode und Katode angelegten Spannung U_{AK} sperren. Ist $U_{AK} > 0$, so sperrt D_2 (Blockierrichtung), bei $U_{AK} < 0$ sperren D_1 und D_3 (Sperrichtung). In beiden Fällen fließt nur ein kleiner Sperrstrom I_R.

Legt man zwischen Gate und Katode eine positive Steuerspannung U_G an, wobei gleichzeitig $U_{AK} > 0$ sein muß, so wirkt die Schichtenfolge NPN wie ein aufgesteuerter Transistor. Die Sperrschicht D_2 wird mit Ladungsträgern überschwemmt und damit niederohmig, womit der Thyristor insgesamt leitend ist. Dieser Zustand bleibt auch nach Abschalten der Steuerspannung erhalten, solange nur der äußere Kreis einen genügend großen Laststrom aufrechterhält. Erst wenn dieser unter einen typischen Haltestrom sinkt, verliert der Thyristor wieder seine Leitfähigkeit und schaltet damit den Kreis aus. Ein Einschalten kann nur durch eine erneute Ansteuerung über den Gate-Anschluß erfolgen, wobei ein genügend langer Stromimpuls ausreicht, gleichzeitig muß eine positive Anoden-Katodenspannung anliegen.

Insgesamt stellt ein Thyristor damit eine Diode dar, die erst durch einen Steuerimpuls eingeschaltet werden muß. Das Ausschalten erfolgt mit dem nächsten Stromnulldurchgang selbsttätig. Dieses grundsätzliche Verhalten soll am Beispiel der Schaltung von Bild **2.37** verdeutlicht werden.

Während der positiven Halbschwingung der Netzspannung u_1 bezogen auf die Durchlaßrichtung kann der Thyristor durch einen Stromimpuls im Bereich $0° \leq \alpha \leq 180°$ eingeschaltet werden. Man bezeichnet α als Steuerwinkel. Solange der Laststrom

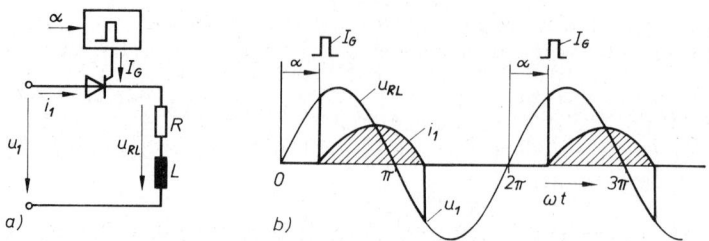

2.37 Betriebsverhalten eines Thyristors
   a) Thyristor im Wechselstromkreis mit RL-Belastung
   b) Diagramme von Strom und Spannungen

i_1 fließt – hier wegen der Induktivität L über den Nulldurchgang der Spannung u_1 hinaus – bleibt der Thyristor leitend und der betreffende Teil der Netzspannung liegt mit $u_{RL} = u_1$ am Verbraucher.

Durch die Wahl des Steuerwinkels α läßt sich der Anteil der Netzspannung u_1, welcher am Verbraucher anliegt, im Bereich $0 \leqq U_{RL} \leqq U_1$ einstellen. Da dies durch Anschneiden der Sinusschwingung erfolgt, bezeichnet man diese Technik als A n schnittsteuerung.

Über einen Zündimpuls gesteuerte Thyristoren sind die wichtigsten Stellglieder der heutigen Stromrichterschaltungen zur Erzeugung von Gleichspannungen und netzfremden Wechselspannungen. Sie sind damit mit die häufigsten Bauelemente der Leistungselektronik (s. Abschn. 6.3).

Anwendungen   Als elektronische Schalter für Leistungen $> 1\,\text{kW}$ in Gleich-, Wechsel- und Umrichterschaltungen.

Kennlinien   Da ein Thyristor in Richtung Anode-Katode sowohl sperrend wie leitend sein kann, hat sein Kennlinienfeld insgesamt drei Äste (Bild **2**.38). Durch den Steuerimpuls I_G wird von der B l o c k i e r k e n n l i n i e *2* auf die D u r c h l a ß k e n n l i n i e *1* umgeschaltet. Die S p e r r k e n n l i n i e *3* entspricht der einer Diode.

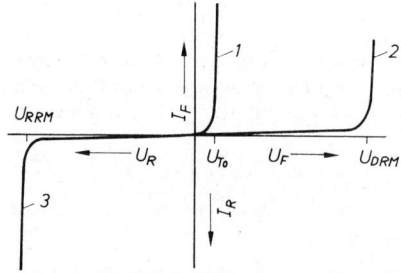

2.38 Kennlinienfeld eines Thyristors
      1 Durchlaßkennlinie, 2 Blockierkennlinie, 3 Sperrkennlinie

Zur Kennzeichnung der Eigenschaften eines Thyristors sind eine Vielzahl von Kenn-
und Grenzwerten festgelegt, von denen nachstehend die Wichtigsten aufgeführt werden:

Periodische Spitzensperrspannung U_{DRM}, $U_{RRM} = 100$ V bis 4 kV
Höchstzulässige Augenblickswerte von periodischen Spannungen in Schaltrichtung
(U_{DRM}) oder Sperrrichtung (U_{RRM}).

Dauergrenzstrom $I_{TAVM} = 1$ A bis 500 A (1000 A)
Arithmetischer Mittelwert des höchsten zulässigen Durchlaßstromes unter definierten
Bedingungen.

Haltestrom $I_H = 20$ mA bis 0,6 A
Kleinster Wert des Durchlaßstromes, bei dem der leitende Zustand erhalten bleibt.

Sperrstrom I_D, $I_R = 1$ mA bis 80 mA
Es werden die Werte für die Spannungen U_{DRM}, U_{RRM} angegeben.

Schleusenspannung $U_{TO} \approx 1$ V
Entspricht der Schwellspannung U_S einer Diode.

Zündstrom $I_{GT} = 10$ mA bis 300 mA
Wert des Steuerstromes, der zum sicheren Einschalten (Zünden) erforderlich ist.

Freiwerdezeit $t_q = 10$ µs bis 200 µs
Erforderliche Mindestwartezeit zwischen Stromnulldurchgang und der Wiederkehr
einer positiven Sperrspannungsbeanspruchung.

Die Freiwerdezeit, innerhalb der nach einem Nulldurchgang des Laststromes durch
Abbau der freien Ladungsträgerkonzentration in der PN-Schicht die Sperrfähigkeit
erneuert wird, bestimmt die zulässige Frequenz beim Einsatz eines Thyristors im
Wechselstromkreis. Bei einer sinusförmigen Netzspannung und ohmscher Belastung
liegt zwischen dem Stromnulldurchgang und dem Beginn der nächsten positiven
Halbschwingung die Zeitspanne $\Delta t = T/2$ (T Periodendauer). Setzt man zur Sicherheit $\Delta t = 2t_q$, so errechnet sich die zulässige obere Frequenz der Netzspannung aus

$$2t_q = \frac{T}{2}, \quad f_{max} = \frac{1}{T}$$

$$f_{max} = \frac{1}{4t_q} = 5 \text{ kHz bis } 25 \text{ kHz } (t_q = 50 \text{ µs bis } 10 \text{ µs}) \tag{2.7}$$

Bei induktiver Belastung liegen Stromnulldurchgang und Wiederkehr der positiven
Netzspannung noch näher beieinander, so daß der zulässige Frequenzwert weiter
sinkt (s. Beispiel 2.9).

Beispiel 2.9 Ein Thyristor soll in einem Wechselstromkreis mit $f = 5$ kHz und einem induktiven
Verbraucher als Schalter eingesetzt werden. Welche Freiwerdezeit t_q muß gewährleistet sein,
wenn zwischen Stromnulldurchgang und der positiven Halbschwingung der Netzspannung eine
Zeitspanne $\Delta t = 1,5 t_q$ einzuhalten ist?
Bei einer Induktivität L eilt die Spannung u_N dem Strom i_L um den Winkel $\varphi = 90°$ vor (Bild
1.65), womit zwischen $i_L = 0$ und $u_N > 0$ die Zeitspanne $\Delta t = T/4$ liegt. Damit wird

$$t_q \geq \frac{\Delta t}{1,5} = \frac{T}{4 \cdot 1,5} = \frac{1}{6f}$$

$$t_q \geq \frac{1}{6 \cdot 5 \cdot 10^3 \text{ Hz}} = 33,3 \text{ µs}$$

Triac Will man mit Thyristoren einen Wechselstrom steuern, so muß man, da ein Stromfluß nur in der Durchlaßrichtung möglich ist, zwei Bauelemente gegenparallelschalten (Bild **2**.39a). Jeder Thyristor benötigt dabei seine eigene Steuerstromversorgung, die zudem, da die Steuerelektroden auf verschiedenen Potentialen liegen, galvanisch getrennt auszuführen sind.

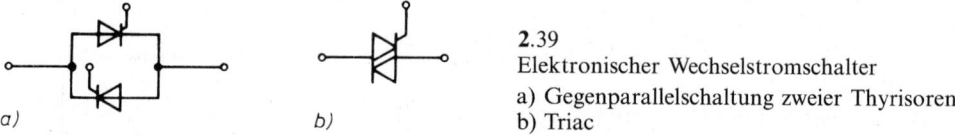

a)   b)

2.39
Elektronischer Wechselstromschalter
a) Gegenparallelschaltung zweier Thyrisoren
b) Triac

Dieser Aufwand läßt sich bis zu Leistungen von einigen kW durch den Einsatz eines Triac (Triode for alternating current) umgehen. Ein Triac (Bild **2**.39b) vereinigt in einem Aufbau die beiden gegenparallelen Thyristoren und kann für beide Durchlaßrichtungen über eine Steuerelektrode eingeschaltet werden. Es lassen sich dadurch sehr einfache Schaltungen für den Betrieb von Wechselstromverbrauchern mit variabler Spannung (Dimmerschaltungen) aufbauen.

Abschaltbare Thyristoren Diese GTO-Thyristoren (Bild **2**.40) (gate turn off) können durch einen negativen Steuerstrom, der mindestens 20% des Durchlaßwertes erreichen muß, auch ausgeschaltet werden. Abschaltbare Thyristoren können damit wie Schalttransistoren einen Stromkreis ein- und ausschalten. Dadurch lassen sich bislang sehr aufwendige Schaltungen mit Zwangskommutierung z.B. für Frequenzumrichter wesentlich einfacher aufbauen. Die Entwicklung ist hier noch nicht abgeschlossen, derzeit liegen die Leistungsdaten etwa bei $U_{DRM} = 2500$ V, $I_F = 2000$ A.

2.40
Abschaltbarer Thyristor

2.1.5   Elektronen- und Gasentladungsröhren

2.1.5.1   Elektronenröhren

Nach Abschn. 1.1.1.1 befinden sich zwischen dem Ionengitter eines Metalls eine Vielzahl freier Elektronen (Elektronengas). Führt man nun einer Leiterelektrode, die in einen luftleeren Glaskolben eingebracht wird, z.B. durch Erwärmung genügend Energie zu, so können freie Elektronen das Metall verlassen und an der Oberfläche der Elektrode eine Elektronenwolke bilden. Man bezeichnet diesen Vorgang als Thermoemission und muß dazu die Elektrode auf über 750 °C erhitzen. Dies kann entweder durch einen direkten Heizstrom oder indirekt über einen Heizwendel erfolgen. Die heiße Elkektrode bezeichnet man als Glühkatode.

Hochvakuumröhren Umgibt man die Glühkatode mit einer zylindrischen Anode und schließt diese an den Pluspol einer äußeren Spannungsquelle an (Bild **2**.41), so werden die Elektronen von der Katode abgesaugt und es fließt ein ständiger Strom. Da die Elektronen nur von der Katode emittiert werden können, besteht eine Ventilwirkung, d.h. der Aufbau wirkt als Diode. Derartige Röhren wurden vor der Entwick-

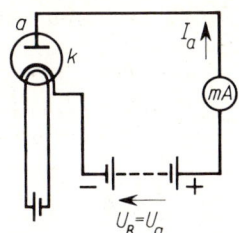

2.41
Schaltung einer Elektronenröhre
Diode, Kathode indirekt beheizt, a Anode, k Kathode

lung der Halbleiterbauelemente allgemein als Gleichrichter eingesetzt, während sich ihr Einsatz heute auf Sonderzwecke z. B. im Hochfrequenzbereich beschränkt.

Bringt man in den Raum zwischen Katode und Anode eine wendelförmig gestaltete dritte Elektrode Gitter genannt ein, so erhält man eine T r i o d e. Durch ein negatives Gitterpotential zur Katode hin kann der Elektronenfluß fast leistungslos gesteuert werden, so daß die Triode als Verstärker eingesetzt werden kann. Verstärkerröhren mit teilweise weiteren Elektroden (Pentode) waren, bevor Transistoren zur Verfügung standen, wichtige Bauteile der Nachrichtentechnik (Radioröhren).

Röntgenröhre Bild **2**.42 zeigt eine Sonderform der Diode, die Röntgenröhre. Sie dient der Erzeugung von R ö n t g e n s t r a h l e n, die entstehen, wenn Elektronen auf die meistens aus Wolfram hergestellte Anode treffen. Die I n t e n s i t ä t der Röntgenstrahlen ist proportional dem Anodenstrom, also der Katodenemission, die durch Ändern der Heizspannung U_H verstellt werden kann. Die D u r c h d r i n g u n g s - f ä h i g k e i t (Härte) ist von der Geschwindigkeit der Elektronen und damit von der Anodenspannung U_a abhängig und durch diese einstellbar.

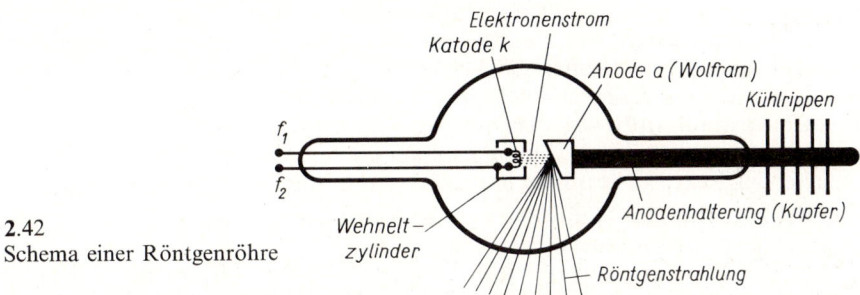

2.42
Schema einer Röntgenröhre

Anwendungen Röntgenstrahlen werden nicht nur in der Medizin für Diagnostik und Therapie, sondern auch in der Technik und zwar vorwiegend zur zerstörungsfreien Werkstoffprüfung verwendet. Das auf Inhomogenitäten, z. B. Blasen, Lunker und Risse zu untersuchende Werkstück wird dabei von Röntgenstrahlen durchsetzt. Die durchgelassenen Strahlen treffen auf einen fotografischen Film, der durch die Röntgenstrahlen wie durch sichtbares Licht geschwärzt wird. Da die Röntgenstrahlen vom Prüfling etwa proportional zu dessen durchstrahlter Masse geschwächt werden, ergeben Blasen oder Risse eine geringere Schwächung als ihre homogene Umgebung, so daß die Fehler auf dem Film dunkel auf hellerem Grund erscheinen.

Elektronenstrahlröhren Während in der normalen Elektronenröhre die Elektronen ungeordnet von der Katode zur Anode fließen, in dem Raum zwischen diesen also eine Wolke bilden, werden sie in der Elektronenstrahlröhre, auch B r a u n s c h e R ö h r e

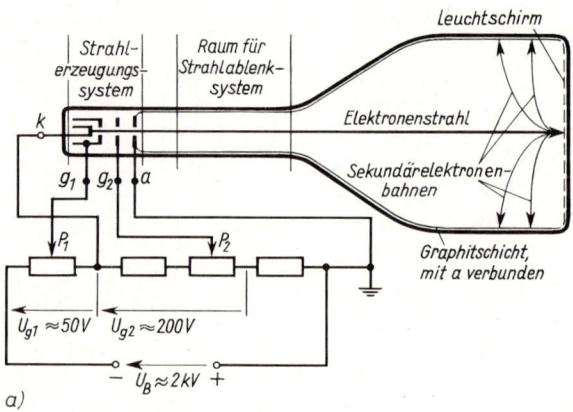

a)

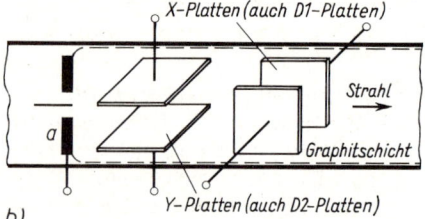

b)

2.43
Elektronenstrahlröhre

a) Aufbau mit Strahlerzeugung
b) Elektrisches Ablenksystem

(1897) genannt, nach ihrem Austritt aus der Katode im Strahlerzeugungssystem zu einem Strahl gebündelt. Dieses System (**2**.43a) besteht aus mehreren Blenden, die gegenüber der Katode verschiedenes Potential haben. Dadurch entstehen zwischen den Blenden inhomogene elektrische Felder, die als elektrische Linsen (Busch 1926) auf bewegte Elektronen ähnlich wirken wie Glaslinsen auf Licht. Der gebündelte Elektronenstrahl trifft auf den auf der Innenseite des Kolbenbodens angebrachten Leuchtschirm und regt ihn zum Leuchten an. Auf dem Leuchtschirm entsteht ein leuchtender Fleck, dessen Durchmesser vom Strahldurchmesser abhängt.

Die zum Betrieb der Röhre notwendigen Spannungen werden über Spannungsteiler einer Hochspannungsquelle entnommen. Mit dem Spannungsteiler P_2 stellt man die Strahlschärfe (Fokussierung), mit P_1 die Strahlstromstärke und damit die Helligkeit des Leuchtpunktes (Intensität) ein. Die Elektrode g_1, Wehnelt-zylinder genannt, hat hier die Funktion des Gitters in der Triode.

Da jedes Elektron eine negative elektrische Ladung trägt, müssen in einem senkrecht zur Bewegungsrichtung der Strahlelektronen wirkenden elektrischen Feld Kräfte auf die Elektronen einwirken. Diese verschieben den Spurpunkt des Strahls auf dem Leuchtschirm, der Strahl wird abgelenkt: elektrische Strahlablenkung. Auch ein senkrecht zur Strahlrichtung wirkendes magnetisches Feld bewirkt eine Ablenkung des Strahles, da jedes bewegte Elektron auch von einem magnetischen Feld umgeben ist (s. Abschn. 1.2.2.1): magnetische Strahlablenkung.

Die Vorrichtungen zur Erzeugung der Ablenkfelder nennt man Strahlablenksysteme; sie werden an der in Bild **2**.43a gekennzeichneten Stelle vorgesehen. Die magnetischen Ablenksysteme werden als passend geformte Spulen außerhalb der

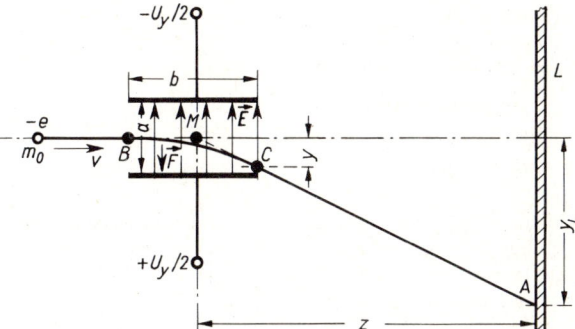

2.44
y-Ablenksystem einer
Elektronenröhre
L Leuchtschirm,
A Punkt auf dem Schirm

Röhre, die elektrischen Ablenksysteme jedoch in Form von Zweiplattenkondensatoren innerhalb der Röhre angebracht (**2.**43b). Letztere ergeben Ablenkmöglichkeiten in zwei senkrecht aufeinanderstehenden Richtungen (*x*- und *y*-Richtung). Bild **2.**44 zeigt das *y*-Ablenksystem nochmals allein. Tritt ein Elektron mit der Masse m_0, der Ladung $-e$ und der Geschwindigkeit $v \sim \sqrt{U_a}$ bei *B* in das homogene Ablenkfeld mit der Feldstärke *E* ein, so wirkt auf dieses die Kraft $\vec{F}$. Es fliegt unter deren Einfluß auf einer Parabelbahn bis *C*. Diese entspricht der beim horizontalen Wurf auftretenden und kann in analoger Weise berechnet werden. Nach dem Austreten des Elektrons aus dem Ablenksystem befindet es sich in einem praktisch feldfreien Raum, so daß seine Bahnkurve über die Strecke *CA* die Parabeltangente im Punkt *C*, also eine Gerade ist.

2.1.5.2   Gasentladungsröhren

Stoßionisation   Befindet sich in einer Zweipolröhre eine geringe Gasmenge, so werden bei anliegender Spannung die aus der Katode emittierten Elektronen auf ihrem Weg zur Anode auf Gasmoleküle treffen. Ist die Anoden-Katodenspannung genügend groß, so reicht die kinetische Energie der beschleunigten Elektronen aus, um beim Auftreffen auf ein Gasmolekül ein weiteres Elektron freizusetzen. Man bezeichnet diesen Vorgang, bei dem das Molekül zu einem positiven Ion wird, als Stoßionisation.

Ab einer bestimmten Betriebsspannung, der Zündspannung, steigt durch die vermehrt auftretende Stoßionisation die Zahl der freien Ladungsträger lawinenartig an, womit eine selbständige Gasentladung erreicht ist. Da nicht jeder Aufprall zur Auslösung eines weiteren Elektrons führt, sondern diese ihre gewonnene Energie teils auch als Lichtstrahlung abgeben, ist die Gasentladung stets leuchtend.

Ionenröhren   Die Gasentladung wird in einigen Bauformen von Ionenröhren technisch genutzt. Am bekanntesten sind die Gastrioden (Thyratrons) und die Ignitrons. Beide besitzen außer der Anode und Katode eine Steuerelektrode (Gitter), womit der Zündzeitpunkt innerhalb der positiven Halbschwingung einer äußeren Wechselspannung eingestellt werden kann. Es handelt sich bei diesen Ionenröhren damit um steuerbare Gleichrichter mit einem Verhalten ähnlich dem eines Thyristors, der diese Gasröhren auch weitgehend abgelöst hat.

Anwendungen

Glimmlampen werden auch heute noch zur Signalanzeige verwendet, obwohl hier inzwischen die LED-Dioden (s. Abschn. 2.1.4.1) vorherrschen.

Leuchtröhren und Leuchtstoffröhren Leuchtröhren werden, je nach der gewünschten Lichtfarbe, mit verschiedenen Gasen gefüllt; das von den angeregten Gasatomen emittierte Licht wird unmittelbar ausgenützt. Hauptanwendungsgebiet ist die Reklamebeleuchtung.

In den Leuchtstoffröhren, die stets mit Hg-Dampffüllung arbeiten, wird deren sehr starke Ultraviolettstrahlung durch den auf der Innenseite der Glasröhre angebrachten Leuchtstoff in sichtbares Licht umgewandelt. So ist es möglich – gegebenenfalls durch Mischung verschiedener Leuchtstoffe –, jede gewünschte Lichtfarbe zu erzeugen. Hauptanwendungsgebiete sind Reklamebeleuchtung und Beleuchtung von Theatern, Kinos, Hörsälen u. a.

Leuchtstofflampen unterscheiden sich von den Leuchtstoffröhren nur durch die Art der verwendeten Elektroden. Während die Leuchtstoffröhren zylinderförmige Elektroden aus Eisenblech haben, benützt man bei den Leuchtstofflampen mit Oxiden überzogene Wolframwendeln, die im Betrieb durch die kinetische Energie der aufprallenden Ladungsträger auf der für thermische Elektronenemission notwendigen Temperatur gehalten werden. Auf die Emissionstemperatur werden sie beim Einschalten in der Schaltung **2.45** gebracht. Der Starter St ist eine kleine Glimmlampe, deren eine Elektrode aus einem Bimetallstreifen besteht. Wird Netzspannung angelegt, so liegt diese über die Oxidelektroden und die Drosselspule Dr am Starter St, der zündet. (Die Leuchtstofflampe kann nicht zünden, da ihre Zündspannung bei kalten Oxidelektroden weit über dem Scheitelwert der Netzspannung liegt.) Durch den Stromdurchgang wird der Starter so stark erwärmt, daß sich durch Verbiegen der Bimetallelektrode die beiden Elektroden des Starters berühren. Durch den jetzt starken Strom werden die Oxidelektroden auf Emissionstemperatur aufgeheizt. Der Starter kühlt sich, da stromlos, ab, die Bimetallelektrode biegt sich zurück und der starke Strom wird unterbrochen. Die dadurch entstehende hohe Selbstinduktionsspannung zündet die Leuchtstofflampe. Da deren Brennspannung mit 100 V weit unter der Zündspannung des Starters liegt, bleibt dieser stromlos. Der kleine Kondensator C_{st} verbessert die Schalteigenschaften des Starters.

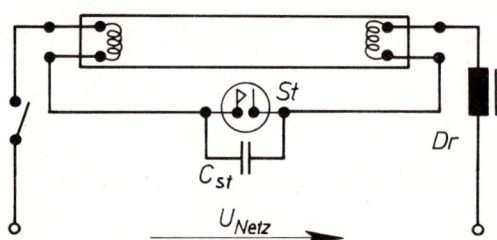

2.45
Schaltplan einer Leuchtstofflampe

Die Verwendung von Oxidkatoden ermöglicht den Betrieb der Leuchtstofflampen direkt am 220 V-Netz, während Leuchtröhren und Leuchtstoffröhren je nach Länge Spannungen zwischen etwa 500 V und 6000 V benötigen. Leuchtstofflampen sind heute neben den Glühlampen die wichtigsten Lichtquellen. Sie haben gegenüber Glühlampen gleicher Leistungsaufnahme sechsfache Lebensdauer und ergeben etwa den dreifachen Lichtstrom.

Seit einigen Jahren werden Kompakt-Leuchtstofflampen mit dem Glühlampensockel E 27 und eingebauter Vorschaltelektronik angeboten. Diese Alternative zur klassischen Glühlampe hat etwa die achtfache Lebensdauer und spart bis zu 80 % Energie.

Quecksilberhochdrucklampen, Natriumdampflampen und **Xenonlampen** können für sehr große Leistungen gebaut werden. Sie ergeben dementsprechnd starke Lichtströme bei sehr gutem Wir-

kungsgrad und langer Lebensdauer. Hauptanwendungsgebiete sind: Beleuchtung von Fabrikhallen und Fabrikhöfen, Straßen und Plätzen, Bahnhof- und Hafenanlagen, Flutlichtanlagen in
Sportstadien.

Spannungsanzeigeröhren Diese ≈ 20 mm langen Glimmröhren werden z. B. in den Griff eines
Schraubendrehers eingebaut. Mit der Schraubendreherklinge ist ein Pol verbunden. Der andere
Pol liegt über einen eingebauten Widerstand ($R = 1\,\text{M}\Omega$) an einem am Griff so angebrachten
Kontakt, daß dieser beim Anfassen mit der Hand verbunden wird. Berührt man mit der
Schraubendreherklinge den auf Spannung zu prüfenden Gegenstand, so bildet man über Glimmlampe, Widerstand und Körper einen Stromkreis, in dem bei 220 V Spannung ein Strom von
der Größenordnung 0,1 mA fließt. Durch diesen entsteht auf der drahtförmigen Elektrode
Glimmlicht, dessen Länge der Spannung proportional ist. Merkbare physiologische Wirkungen treten bei dieser Stromstärke nicht auf. Die „Reizschwelle", d. h. die Stromstärke, bei
der merkbare physiologische Wirkungen (Elektrisieren) auftreten, ist für $f = 50$ Hz etwa 0,5 mA
bis 1,0 mA; gefährlich werden könnten nur Stromstärken über 10 mA.

2.1.6   Kühlung und Schutzmaßnahmen bei Halbleiterbauelementen

2.1.6.1   Verluste und Erwärmung

Das dotierte Siliziumplättchen, das den aktiven Teil eines Halbleiterbauelementes bildet, besitzt bei einer Stärke von $< 0,5$ mm und einer Fläche von einigen mm^2 nur
eine sehr geringe Masse. Dies bedeutet, daß es eine entprechend k l e i n e W ä r m e -
k a p a z i t ä t aufweist und damit jede Vergrößerung der Verlustleistung fast augen-
blicklich zu einer höheren Sperrschichttemperatur ϑ_J führt. Hier sind jedoch vor
allem mit Rücksicht auf ein sicheres Sperrverhalten des PN-Übergangs je nach Bau-
element nur Werte von $\vartheta_J = 120\,°\text{C}$ bis $200\,°\text{C}$ zulässig. Die Erwärmungskontrolle ist
daher eine wichtige Aufgabe, die bei Halbleiterbauelementen mit Hilfe des Wärme-
widerstandes R_{th} vorgenommen wird.

Wärmewiderstand Im stationären Zustand herrscht für einen Körper mit der Verlustleistung P_v und der Kühlfläche O Gleichgewicht zwischen erzeugter Wärme und
Abgabe an die Umgebung. Es gilt die Gleichung

$$\Delta \vartheta = \frac{P_v}{\alpha \cdot O} \qquad\qquad (2.8)$$

worin α die Wärmeabgabeziffer in W/(m$^2 \cdot$ K) und $\Delta \vartheta$ die Übertemperatur zur Umgebung bedeuten.

Den Vorgang des W ä r m e t r a n s p o r t s kann man in Analogie zum elektrischen
Stromkreis nach Bild **2**.46 beschreiben. Während im elektrischen Kreis für den
Strom I durch den Widerstand R eine Spannungsdifferenz $\Delta U = U_1 - U_2$ erforderlich ist, kann die Abgabe einer Verlustleistung P_v nur durch eine Temperaturdifferenz
$\Delta \vartheta = \vartheta_1 - \vartheta_2$ erreicht werden. Welche Temperatur dabei der die Wärme abgebende

2.46
Analogie zwischen elektrischem Stromkreis
und Wärmeleitung

a) elektrischer Kreis
b) Wärmeleitung

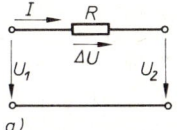
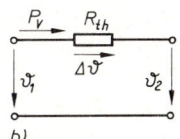

Körper annimmt, ist außer von P_v selbst von den Kühlbedingungen, die man in einem Wärmewiderstand R_{th} zusammenfaßt, abhängig. Nach Bild **2**.46 b gilt dann

$$\vartheta_1 - \vartheta_2 = \Delta\vartheta = R_{th} \cdot P_v \quad (\text{analog } \Delta U = R \cdot I) \tag{2.9}$$

und man erhält im Vergleich mit Gl. (2.8) für den Wärmewiderstand

$$R_{th} = \frac{\Delta\vartheta}{P_v} = \frac{1}{\alpha \cdot O} \tag{2.10}$$

In den Datenangaben für einen Halbleiter sind fast immer auch die Werte für R_{th} enthalten, so daß entweder bei gegebenen Verlusten die Erwärmung kontrolliert oder die zulässige Verlustleistung bestimmt werden kann. Kleine Transistoren haben z. B. Wärmewiderstände von etwa $R_{thJU} = 200$ K/W, wobei dieser Wert die Wärmeabgabe von der Sperrschicht (Index J für junction) mit der Temperatur $\vartheta_1 = \vartheta_J$ bis zur Umgebung (Index U) mit der Temperatur $\vartheta_2 = \vartheta_U$ umfaßt.

2.1.6.2   Kühlkörper

In vielen Fällen reicht die natürliche Wärmeabgabe des Bauteils über sein Gehäuse nicht aus, sondern die kühlende Oberfläche muß vergrößert werden. Man verwendet dazu aufsteckbare Kühlsterne oder gerippte Alu-Profile (Bild **2**.47), auf welchen der Halbleiter bei gutem Wärmekontakt (Wärmeleitpaste) befestigt wird. Für jeden dieser Kühlkörper, welche die Wärmeabgabe von der Gehäuseoberfläche mit der Temperatur ϑ_C (Index C für case) zur Umgebung übernehmen, gelten je nach Abmessungen bestimmte Wärmewiderstände etwa im Bereich $R_{thCU} = 60$ K/W bis 5 K/W.

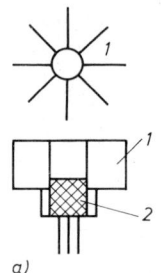
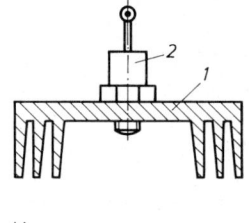

a)   *b)*

2.47
Einsatz von Kühlkörpern
a) Kühlstern auf einem Transistorgehäuse
   1 Blechstern, 2 Transistor
b) Diode mit Kühlkörper
   1 Al-Rippenprofil, 2 Schraubdiode

Für den Betrieb mit Kühlkörper geben die Hersteller für ein Halbleiterbauteil neben dem Gesamtwert R_{thJU} auch einen Wärmewiderstand R_{thJC} an, der nur die Wärmeleitung von der Sperrschicht zur Gehäuseoberfläche, also nicht den Übergang zur Umgebungsluft erfaßt. Zur Berechnung der Erwärmung bei Verwendung eines Kühlkörpers muß man dann den Gesamtwert $R_{thJU} = R_{thJC} + R_{thCU}$ verwenden, der aber wesentlich kleiner als der Wert R_{thJU} des Bauelementes selbst ist (s. Beispiel 2.10).

Thermisches Ersatzschaltbild   Die Erwärmungsberechnung mit Wärmewiderständen führt nach Bild **2**.48 zu einer Ersatzschaltung, in der alle Temperaturen ϑ verschiedenen Spannungspotentialen vergleichbar sind. Der Wärmestrom (Verlustleistung P_v) fließt über die Reihenschaltung der Wärmewiderstände zur Umgebung (Masse) ab und ergibt an den einzelnen Meßstellen Zwischentemperaturen.

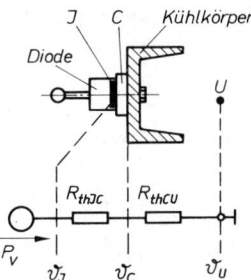

2.48
Erwärmungsberechnung mit thermischen Widerständen
J Halbleitertablette (junction), U Umgebungsluft,
C Gehäuse (case)

Beeinflussen sich durch entsprechenden Aufbau mehrere Bauteile gegenseitig in ihrer Erwärmung, so wird das Ersatzschaltbild vermascht und zu einem W ä r m e q u e l l e n - n e t z. Alle Verlustquellen sind miteinander über die Wärmewiderstände ihrer Bauteile und Kühlkörper verbunden, so daß ein Aufbau entsteht, der einem Widerstandsnetzwerk mit verteilten Stromquellen entspricht.

Beispiel 2.10   Ein Transistor habe die Verlustleistung $P_v = 1{,}5$ W und die Wärmewiderstände $R_{\text{thJU}} = 150$ K/W und $R_{\text{thJC}} = 30$ K/W.
a) Welche Sperrschichttemperatur ϑ_J wird ohne Kühlkörper bei einer Umgebungstemperatur $\vartheta_U = 30\,°\text{C}$ erreicht?
Nach Gl. (2.9) gilt mit $\vartheta_1 = \vartheta_J$ und $\vartheta_2 = \vartheta_U$

$$\vartheta_J = R_{\text{thJU}} \cdot P_v + \vartheta_U = 150\ \text{K/W} \cdot 1{,}5\ \text{W} + 30\,°\text{C} = 255\,°\text{C}\,!$$

b) Es ist ein Kühlkörper auszuwählen, der eine Sperrschichttemperatur $\vartheta_J \leqq 150\,°\text{C}$ gewährleistet.
Erforderlich ist mit $\Delta\vartheta = \vartheta_J - \vartheta_U = 150\,°\text{C} - 30\,°\text{C} = 120$ K

$$R_{\text{thJU}} \leqq \frac{\Delta\vartheta}{P_v} = \frac{120\ \text{K}}{1{,}5\ \text{W}} = 80\ \text{K/W}$$

$$R_{\text{thJU}} = R_{\text{thJC}} + R_{\text{thCU}}$$

$$R_{\text{thCU}} = 80\ \text{K/W} - 30\ \text{K/W} = 50\ \text{K/W}$$

c) Welche Temperatur ϑ_C nimmt das Gehäuse des Halbleiters an? Nach Bild **2.48** ist

$$\vartheta_C = P_v \cdot R_{\text{thCU}} + \vartheta_U = 1{,}5\ \text{W} \cdot 50\ \text{K/W} + 30\,°\text{C}$$

$$\vartheta_C = 105\,°\text{C}$$

2.1.6.3   Schutzmaßnahmen für Halbleiter

Überstromschutz   In einer Elektronikschaltung kann die u. U. große Anzahl von Einzelhalbleitern wie Dioden, Transistoren usw. nicht einzeln geschützt werden. Man nimmt in Kauf, daß im Falle eines Fehlers Bauteile zerstört werden und sieht allenfalls über eine Logik eine Abschaltung vor, um Sekundärschäden durch einen Fehlbetrieb zu vermeiden. Die ganze Baugruppe wird lediglich am Eingang beim Netzgerät abgesichert.
In der Leistungselektronik sichert man dagegen die wenigen Dioden oder Thyristoren des Stellgliedes einzeln (Zellensicherung) oder in Gruppen ab. Auf Grund der hohen

Überlastempfindlichkeit muß man spezielle überflinke Sicherungen oder entsprechende Automaten verwenden, die auf die zulässige Stoßbelastung der Halbleiter abgestimmt sind.

Überspannungsschutz Halbleiterbauelemente sind auch gegen Spannungsbeanspruchungen über den zulässigen Spitzenwert, die durch atmosphärische Einflüsse, Schalthandlungen im Netz oder auch aus der eigenen Schaltung heraus entstehen können, sehr empfindlich. Elektronische Steuerschaltungen erhalten daher meist auf der Netzseite einen Eingangsschutz, während man die Dioden und Thyristoren großer Leistung wiederum einzeln schützt.

Für den wirksamen Überspannungsschutz gibt es eine ganze Reihe von Bauteilen und Schaltungen, von denen Bild **2**.49 einige Möglichkeiten zeigt. Wichtigste Schutzelemente sind die in Abschn. 2.1.3 besprochenen Varistoren und RC-Glieder, welche die Energie des Überspannungsimpulses aufnehmen und damit vom Halbleiter fernhalten sollen.

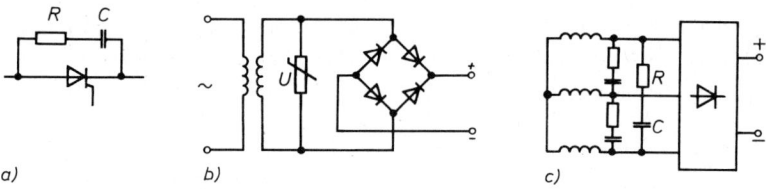

a)   *b)*   *c)*

2.49 Überspannungsschutz bei Halbleitern
   a) RC-Beschaltung eines Thyristors
   b) Schutz einer B2-Brücke mit Varistor
   c) RC-Eingangsbeschaltung eines Gleichrichters

2.2   Baugruppen der Elektronik

2.2.1   Gleichrichterschaltungen

Gleichrichterschaltungen sind statische Umformer, die mit Hilfe der Ventilwirkung von Dioden oder Thyristoren aus dem Wechselstromnetz Gleichspannungen erzeugen. Da diese immer aus Anteilen der Sinusspannungen gebildet werden, entsteht nie eine reine Gleichspannung, wie sie z. B. eine Batterie liefert. Dem Gleichspannungsmittelwert U_g, wie ihn ein Drehspulinstrument anzeigt, ist stets eine nichtsinusförmige Wechselspannung überlagert, wobei deren Effektivwert $U_ü$ und die Grundfrequenz $f_ü$ von der gewählten Gleichrichterschaltung abhängen. Jeder Gleichrichter erzeugt damit eine Gleichspannung mit einer charakteristischen Welligkeit

$$w_u = \frac{U_ü}{U_g} \tag{2.11}$$

Die erreichbaren Werte sind bei den einzelnen Schaltungen angegeben.

2.2.1.1   Wechselstromschaltungen

Für Anschluß an das Wechselstromnetz der Frequenz f gibt es die in Bild **2**.50 angegebenen drei Grundschaltungen. In allen Schaltungen sei der gleiche Netztransformator eingesetzt, d.h. die Spannung zwischen den Klemmen *1* und *2* ist jeweils
gleich groß. Für die nachstehenden Diagramme und Formeln gilt jeweils die Vereinfachung verlustfreier Bauelemente und rein ohmsche Last.

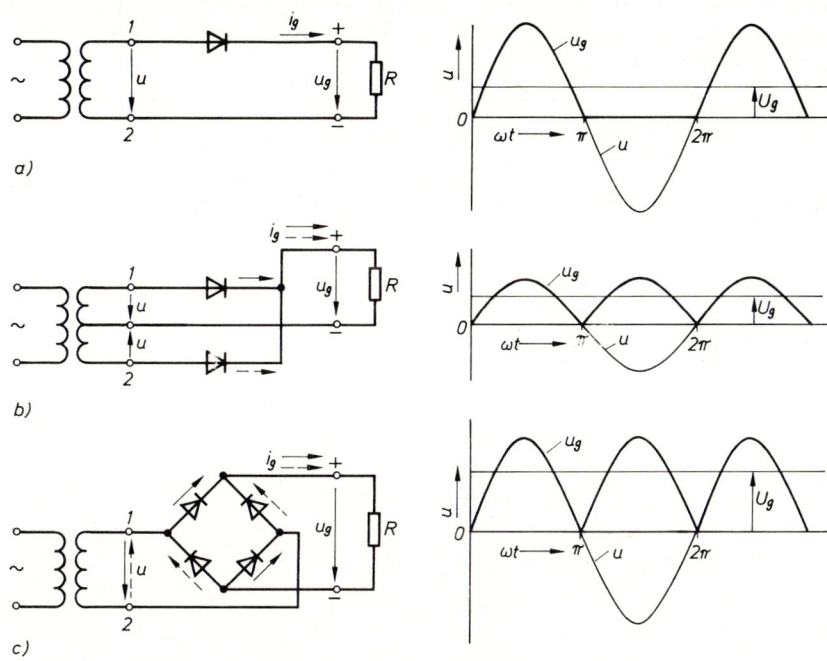

2.50 Gleichrichterschaltungen für Wechselstromanschluß. Aufbau und Spannungsdiagramme.

   a) Einpuls-Mittelpunktschaltung (M1), b) Zweipuls-Mittelpunktschaltung (M2), c) Zweipuls-Brückenschaltung (B2)

Einpuls-Mittelpunktschaltung (M1)   Bei dieser M1-Schaltung (früher Einwegschal-
tung) kann der Strom i_g nur in der positiven Halbschwingung der Wechselspannung
u fließen, wenn dann jeweils die Diode in Durchlaßrichtung beansprucht wird. Die
Gleichspannung u_g hat damit den Verlauf nach Bild **2**.50a und lückt zwischen zwei
Sinusbögen. Der Mittelwert U_g ist entsprechend gering, die Welligkeit groß. Im einzelnen gilt

$$U_g = \frac{\sqrt{2}}{\pi} \cdot U \qquad w_u = 1{,}21 \qquad f_{\ddot{u}} = f \qquad\qquad (2.12)$$

Zweipuls-Mittelpunktschaltung (M2)   Man benötigt einen Transformator mit Mittelanzapfung (Bild **2**.50b), wobei in der positiven Halbschwingung der Sekundärspannung die obere Diode den Laststrom i_g führt, in der negativen die untere. Die Sekun-

därwicklung ist also jeweils nur zur Hälfte belastet und die Gleichspannung besteht im Vergleich zur M1-Schaltung aus aneinandergereihten Sinusbögen der halben Amplitude. Bezeichnet man mit U den Spannungswert zur Mittelanzapfung, so gilt

$$U_g = \frac{2\sqrt{2}}{\pi} \cdot U \qquad w_u = 0,483 \qquad f_\ddot{u} = 2f \tag{2.13}$$

Zweipuls-Brückenschaltung (B2)   Sie ist die wichtigste Wechselstromschaltung und nutzt in jeder Halbschwingung die volle Sekundärwicklung des Transformators aus (Bild **2**.50c). Es gilt

$$U_g = \frac{2\sqrt{2}}{\pi} U \qquad w_u = 0,483 \qquad f_\ddot{u} = 2f \tag{2.14}$$

Anwendungen   Zur Stromversorgung elektronischer Schaltungen in Radio- und Fernsehgeräten, Steuerungen und Reglern. Am häufigsten wird die B2-Schaltung eingesetzt.

Beispiel 2.11   Zur Versorgung eines Verbrauchers mit einer welligen Gleichspannung von $U_g = 24$ V wird eine B2-Schaltung nach Bild **2**.50c eingesetzt und an 220 V Wechselspannung angeschlossen. Für welche sekundäre Leerlaufspannung U_{20} muß der Netztransformator ausgeführt werden, wenn bei Belastung mit 5 % Spannungsfall im Transformator und mit $U_D = 1$ V pro Diode zu rechnen ist?

Für die erforderliche Wechselspannung der verlustfreien Schaltung gilt Gl. (2.14) und damit unter Beachtung der Durchlaßspannung U_D

$$U = \frac{\pi}{2\sqrt{2}} U_g + 2 U_D = \frac{\pi}{2\sqrt{2}} 24 \text{ V} + 2 \text{ V} = 28,7 \text{ V}$$

Leerlaufspannung des Transformators

$$U_{20} = 1,05 U = 1,05 \cdot 28,7 \text{ V} = 30,1 \text{ V}$$

2.2.1.2   Drehstromschaltungen

Drehstromschaltungen werden bei großen Anschlußleistungen erforderlich, wobei die Ausführungen nach Bild **2**.51 am häufigsten zum Einsatz kommen. Zur weiteren Verminderung der Welligkeit werden gelegentlich auch Schaltungen mit zwei Transformator-Sekundärwicklungen ausgeführt.

Dreipuls-Mittelpunktschaltung (M3)   Über die Dioden werden nacheinander die drei Sternspannungen u_{1N}, u_{2N}, u_{3N} mit dem Effektivwert U an die Belastung R gelegt, wobei immer die Wicklung mit den positivsten Spannungswerten im Betrieb ist. Es gilt

$$U_g = \frac{3\sqrt{6}}{2\pi} \cdot U = 1,17 U \qquad w_u = 0,183 \qquad f_\ddot{u} = 3f \tag{2.15}$$

Sechspuls-Brückenschaltung (B6)   Bei dieser auch kurz Drehstrombrücke genannten Schaltung fließt der Laststrom immer über zwei Wicklungsstränge, d.h. es wird die

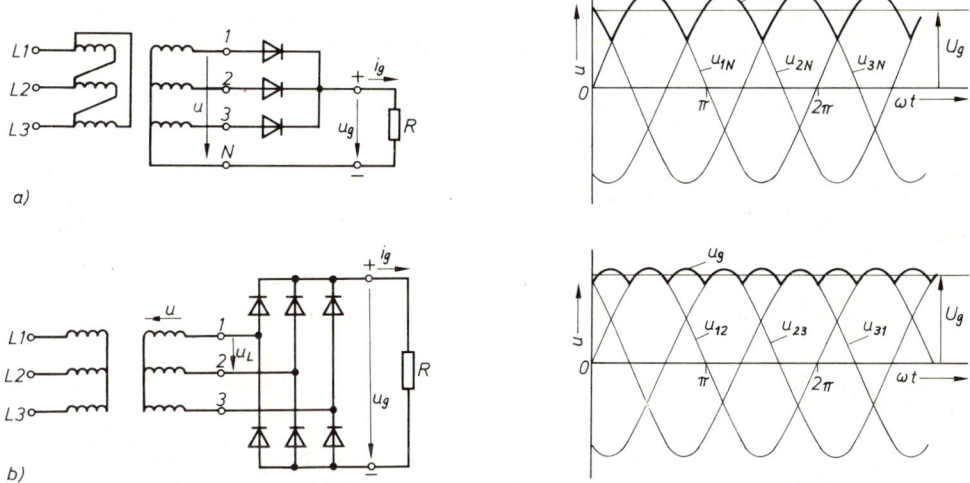

2.51 Gleichrichterschaltungen für Drehstromanschluß. Aufbau und Spannungsdiagramme.
   a) Dreipuls-Mittelpunktschaltung (M3), b) Sechspuls-Brückenschaltung (B6)

Außenleiterspannung $u_L = \sqrt{3} \cdot u$ gleichgerichtet. Mit dem Effektivwert U der Sternspannung gilt

$$U_g = \frac{3\sqrt{6}}{\pi} \cdot U = 2,34\,U \qquad w_u = 0,042 \qquad f_{ü} = 6f \tag{2.16}$$

Anwendungen   Vor allem die B6-Schaltung wird in der Leistungselektronik zur Versorgung elektrischer Antriebe, für Elektrolyseanlagen bis zu den höchsten Leistungen eingesetzt. Im Kfz erhält die Drehstromlichtmaschine einen B6-Gleichrichter.

2.2.1.3   Glättungs- und Siebglieder

Kondensatorglättung   Die in den Schaltungen nach Bild **2**.50 erzeugten Gleichspannungen haben für die direkte Versorgung einer Elektronikbaugruppe meist eine zu
hohe Welligkeit. Man bezeichnet diesen Gesamtwert $U_{ü}$ aller Wechselanteile auch
als B r u m m s p a n n u n g , da sie z. B. in Radiogeräten einen entsprechenden Brumm-
ton hervorrufen können.

Die erste Maßnahme zur Erzielung einer sauberen Gleichspannung stellt die Verwendung eines Glättungs- oder Ladekondensators C_L dar, der nach Bild **2**.52 die
Gleichspannung der Brückenschaltung stützt. Ist mit $u > u_g$ die Eingangsspannung
u größer als die des Kondensators, so wird C_L über die Diodenschaltung aufgeladen.
Dabei fließt mit i_D nach Bild **2**.52b in der kurzen Ladezeit Δt über die Dioden außer
dem Laststrom i_g ein impulsförmiger Ladestrom. In den Zeiten $u < u_g$ sperren die
Dioden und der Kondensator liefert den Laststrom, womit er sich wieder teilweise
entlädt. Im welchem Umfang dies erfolgt und wieweit dabei die Spannung u_g absinkt,
ist von der Zeitkonstanten $\tau = R \cdot C_L$ abhängig.

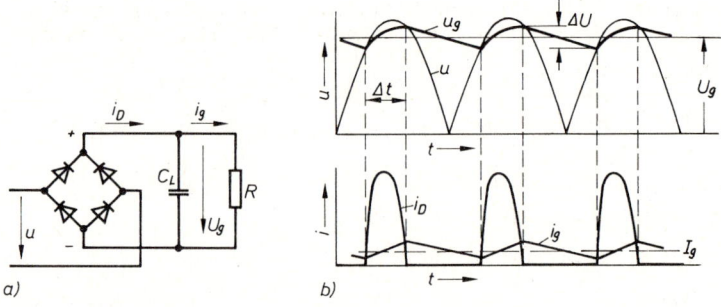

2.52 Spannungsglättung mit einem Kondensator
a) Schaltung
b) Diagramme

Insgesamt ändert sich die Ausgangsspannung nur noch um ΔU bei einem Mittelwert U_g, wobei ΔU durch eine entsprechende Kondensatorkapazität sehr klein gemacht werden kann. Vereinfacht man die Schwankung von u_g um den Mittelwert zu einer Sinuskurve, so läßt sich mit

$$U_{ü} \approx \frac{\Delta U}{2\sqrt{2}} \qquad (2.17)$$

ein Bezug zur Brummspannung $U_{ü}$ angeben.

Bei bekannten Schaltungsdaten kann man den Wert ΔU über die dem Kondensator entnommene Ladung durch den Strommittelwert I_g während der Entladungszeit t_E bestimmen. Nimmt man vereinfacht als Entladezeit eine Halbperiode an, so gilt $t_E = T/2$ und der Kondensator muß die Ladung $Q = I_g \cdot t_E = I_g \cdot T/2$ abgeben, wobei seine Spannung um ΔU sinkt. Es gilt dann

$$Q = C \cdot U$$
$$I_g \cdot T/2 = C_L \cdot \Delta U \qquad T = 1/f$$
$$\Delta U = \frac{I_g}{2f \cdot C_L} \qquad (2.18)$$

Bei sehr geringer Belastung erhält man mit $I_g \to 0$ auch $\Delta U = 0$ und damit ohne Beachtung der Schwellspannung der Dioden $U_g = \sqrt{2}U$, womit sich der Kondensator auf den Scheitelwert der Netzspannung auflädt.

Beispiel 2.12   Zur Versorgung einer Elektronikschaltung mit $U_g = 24$ V aus dem 50 Hz-Netz soll eine B2-Schaltung mit C-Glättung eingesetzt werden. Der Laststrom sei $I_g = 20$ mA, als Abweichung vom Mittelwert $U_g = 24$ V sei $\pm 5\%$ zulässig.

a) Welcher Kondensator C_L ist zu wählen?

Mit 5% Abweichung vom Mittelwert gilt $\Delta U = 2 \cdot 0,05 \cdot U_g = 0,1 \cdot 24$ V $= 2,4$ V. Damit benötigt man nach Gl. (2.18) einen Kondensator

$$C_L = \frac{I_g}{2f \cdot \Delta U} = \frac{20 \text{ mA}}{2 \cdot 50 \text{ Hz} \cdot 2,4 \text{ V}} = 83,3 \text{ μF}$$

b) Welche Sekundärspannung U_2 muß der Transformator abgeben, wenn etwa $\hat{u}_g = \hat{u}$ gilt und der Spannungsfall an den beiden in Reihe geschalteten Dioden zusammen $2U_D = 1,5$ V beträgt?

Nach Bild **2**.52b gilt bei $\hat{u}_g = \hat{u}$

$$U_g = \hat{u} - \frac{1}{2}\Delta U \quad \text{und} \quad \frac{1}{2}\Delta U = 0{,}05\,U_g$$

$$\hat{u} = 1{,}05\,U_g$$

Scheitelwert der Sekundärspannung

$$\hat{u}_2 = \hat{u} + 2U_D = 1{,}05\,U_g + 2U_D = 26{,}7 \text{ V}$$

Effektivwert der Sekundärspannung

$$U_2 = \hat{u}/\sqrt{2} = 26{,}7\text{ V}/\sqrt{2} = 18{,}9 \text{ V}$$

L-Glättung Bei den in der Leistungselektronik möglichen großen Lastströmen würde zur Glättung der Gleichspannung nach Gl. (2.18) eine unwirtschaftlich große Kapazität erforderlich. Man verwendet daher vor allem bei Schaltungen zur Versorgung von Gleichstromantrieben (s. Abschn. 6.3.1) eine Glättungsdrosselspule L nach Bild **2**.53. Sie wird gleichstromseitig in Reihe mit der Belastung (Motor) geschaltet und übernimmt durch ihren Blindwiderstand $X_L = 2\pi f L$ den Wechselanteil u_L in der Gleichrichterspannung u_g. Die Ausgangsspannung hat damit nur noch eine geringe Welligkeit.

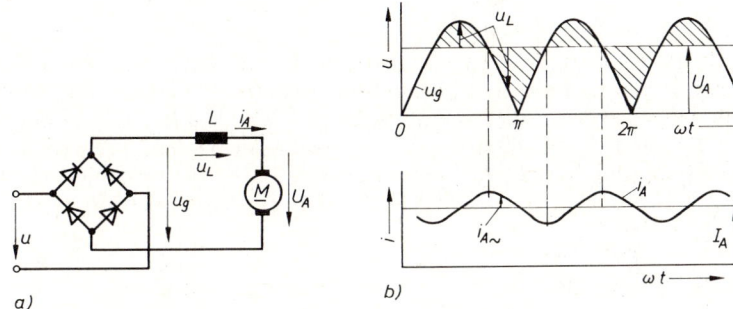

2.53 Stromglättung mit einer Induktivität
a) Schaltung
b) Diagramme

Während eine C-Glättung um so wirksamer wird, je geringer der Laststrom ist, bleibt die L-Glättung im Leerlauf ohne Wirkung. Der Wechselspannungsanteil u_L kann nämlich nur dann von der Drosselspule übernommen werden, wenn nach

$$u_L = L\frac{\mathrm{d}i_{A\sim}}{\mathrm{d}t}$$

ein entsprechender kleiner Wechselstrom $i_{A\sim}$ im Laststromkreis auftritt. Bei einer großen Induktivität L wird die Amplitude $\hat{i}_{A\sim}$ dann so gering, daß fast nur der Gleichstrommittelwert I_A in Erscheinung tritt.

Siebschaltungen Will man die nach Einbau eines Glättungskondernsators C_L noch vorhandene Brummspannung $U_ü$ weiter verringern, so kann man ein Siebglied nach Bild **2**.54 nachschalten. Diese RC- oder LC-Kombinationen wirken als Tiefpaß, der eine Wechselspannung $U_{ü1}$ um einen mit der Frequenz $f_ü$ größer werdenden Siebfaktor

$$s = \frac{U_{ü1}}{U_{ü2}} \qquad (2.19)$$

reduziert.

Mit den Beziehungen in Abschn. 1.3.2 erhält man:

RC-Tiefpaß   LC-Tiefpaß

$$s = \sqrt{(\omega RC)^2 + 1} \qquad\qquad s = \omega^2 LC - 1 \qquad (2.20)$$

Für die Kreisfrequenz ist $\omega = 2\pi \cdot f_ü$ zu setzen.

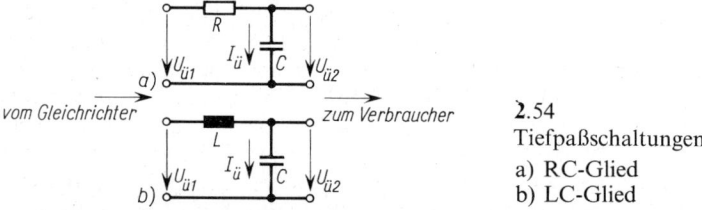

vom Gleichrichter   zum Verbraucher

2.54
Tiefpaßschaltungen
a) RC-Glied
b) LC-Glied

In der Praxis werden zum Ablocken von unerwünschten Wechselspannungsanteilen oder hochfrequenten Störimpulsen fast immer LC-Tiefpässe verwendet. Sie sind nach Gl. (2.20) mit $s \sim \omega^2$ wirksamer und vermeiden die Stromwärmeverluste des Verbraucherstromes im Widerstand R. LC-Schaltungen stellen jedoch einen Reihenschwingkreis dar, so daß bei der Dimensionierung mögliche Resonanzfrequenzen beachtet werden müssen.

2.2.1.4 Netzgeräte

Zur Versorgung einer elektronischen Schaltung mit einer gut gesiebten Gleichspannung verwendet man zwischen Wechselstromanschluß und Elektronik ein Netzgerät. Eine Standardschaltung hierfür, die aus den besprochenen Komponenten Gleichrichter-Glättungskondensator-Siebglied aufgebaut ist, zeigt Bild **2**.55.

Nach dem Siebglied kann man bei Bedarf noch eine elektronische Regelschaltung z. B. nach Bild **2**.65 vorsehen, durch welche die Restwelligkeit um eine Größenordnung verkleinert und die abgegebene Gleichspannung fast unabhängig vom Belastungsstrom (zwischen Null und Vollast) und Netzspannungsschwankungen ($\pm$ 10%) auf 1% bis 2% konstant gehalten werden kann.

Anwendungen Netzgeräte sind in allen elektronischen oder nachrichtentechnischen Geräten enthalten, die nicht aus Batterien gespeist werden, z. B. Oszilloskopen, Zählgeräten, EDV-Anlagen, Rundfunk- und Fernsehgeräten. Sie können grundsätzlich für jede gewünschte Spannung bzw. Stromstärke gebaut werden. Besonders wichtig sind Netzgeräte für einstellbare Spannungen in Laboratorien zum Betrieb von Versuchsgeräten.

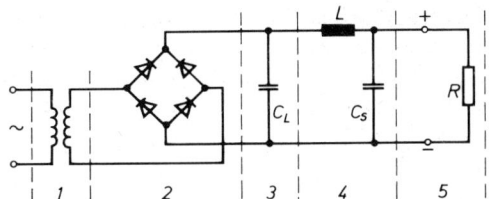

2.55
Netzanschlußgerät

1 Eingangstransformator
2 Gleichrichter
3 Glättungskondensator
4 Siebglied
5 Belastung

Schaltnetzteile Bei konventionellen Netzgeräten (Bild **2**.55) werden das Bauvolumen im wesentlichen durch die Abmessungen des 50 Hz-Transformators bestimmt und in Verbindung mit dem elektronischen Spannungsregler Wirkungsgrade von ca. 50% erreicht. Jeweils günstigere Eigenschaften haben hier Netzgeräte neuer Technik, die unter der Bezeichnung Schaltnetzteile (SNT) immer häufiger eingesetzt werden (Fernsehgeräte, EDV-Anlagen).

Grundgedanke ist es, die galvanische Trennung und die Transformation auf kleine Spannungswerte nicht bei 50 Hz sondern bei Frequenzen $f = 10$ kHz bis 40 kHz durchzuführen. Da die übertragbare Leistung eines Transformators proportional mit der Frequenz ansteigt, benötigt dieser dann nur noch geringe Abmessungen. Das SNT enthält damit die in Bild **2**.56 dargestellten Baugruppen. Der Eingangsgleichrichter 1 erzeugt unmittelbar aus dem 220 V-Netz eine Gleichspannung, die dann über einen Schalttransistor 2 z.B. im 20 kHz-Takt als Rechteckspannung an den Transformator 3 gelegt wird. Die erneute Gleichrichtung und Glättung 4 erfordert dann nach Gl. (2.18) wegen der hohen Frequenz nur wenig Aufwand. SNT sind trotz der zusätzlichen Elektronik preisgünstig und erreichen Wirkungsgrade von ca. 80%.

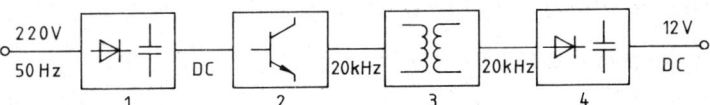

2.56 Baugruppen eines Schaltnetzteils SNT
    1 Eingangsgleichrichter mit Glättung, 2 Schalttransistor zur Taktung, 3 Transformator,
    4 Ausgangsgleichrichter mit Glättung

2.2.2 Spannungsumformung durch RC-Glieder

Die Frequenzabhängigkeit des kapazitiven Widerstandes $X_C = 1/\omega C$ einer RC-Schaltung bewirkt, daß eine aus Anteilen verschiedener Frequenzen bestehende Eingangsspannung am Ausgang der Schaltung eine andere Kurvenform besitzt. Am deutlichsten wird diese Erscheinung beim Aufschalten einer Rechteckspannung, aus der man je nach Anordnung von R und C typische Spannungsformen erhält.

2.2.2.1 Differenzierglied

In der Schaltung nach Bild **2**.57 ist ein Kondensator C über einen Widerstand R an eine Rechteckspannung u_1 der Periodendauer T angeschlossen. Nach Abschn. 1 wird damit in jeder Halbschwingung eine Ladestrom i_C fließen, der den Kondensator mit

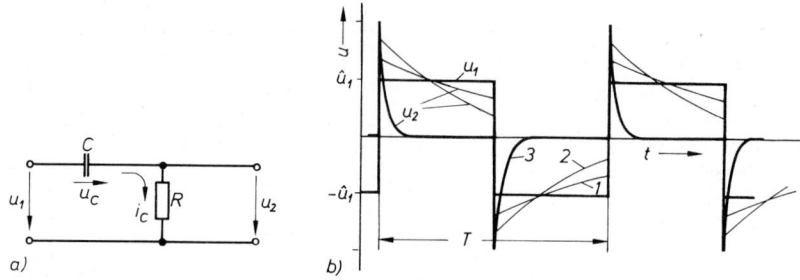

2.57 RC-Differenzierglied
  a) Schaltung b) Spannungsdiagramme

der Zeitkonstanten $\tau = R \cdot C$ exponentiell auf die Spannung u_C bis maximal $\pm \hat{u}_1$ auflädt. Nach jedem Vorzeichenwechsel von u_1 führt dann der Kondensator durch die Ladung mit der vorherigen Polarität eine Spannung, die sich nun zu u_1 addiert, womit er als zusätzliche Spannungsquelle wirkt. Am Widerstand R und so auch am Ausgang der Schaltung tritt die erhöhte Spannung $u_2 = \pm (u_1 + u_C)$ auf, deren Strom $i_C = u_2/R$ den Kondensator erneut umlädt.

Für den genauen Verlauf der Ausgangsspannung u_2 ist der Wert der Zeitkonstanten τ maßgebend. Je größer τ gewählt wird, um so weniger ist der Kondensator jeweils aufgeladen und um so mehr nähert sich der Verlauf von u_2 der Rechteckform der Eingangsspannung (Bild **2.**57b, Kurve 1). Wählt man dagegen $\tau \ll T$, so erreicht die Kondensatorspannung rasch innerhalb der Halbschwingung von u_1 den Endwert $u_C = \pm \hat{u}_1$, wonach mit dem Ladestrom i_C auch die Spannung u_2 zu Null wird. Im Augenblick des Polaritätswechsels gilt $u_2 = \pm 2\hat{u}_1$, danach fällt die Spannung steil ab. Mit der Auslegung $\tau = R \cdot C \ll T = \dfrac{1}{f}$ oder

$$R \cdot C \lll \frac{1}{f} \tag{2.21}$$

lassen sich also aus einer Rechteckspannung mit der Frequenz f durch die RC-Schaltung N a d e l i m p u l s e erzeugen (Kurve 3). Da diese nur während der Flanken der Rechteckspannung auftreten, stellt ihr Verlauf idealisiert die Differentiation der Eingangskurve dar. Man bezeichnet daher die Schaltung nach Bild **2.**57 als Differenzierglied.

2.2.2.2   Integrierglied

Vertauscht man nach Bild **2.**58 die Anordnung von Kondensator und Widerstand gegenüber dem Differenzierglied, so ergibt sich aus der Rechteckspannung am Eingang ein Dreiecksverlauf. Man verwendet für die Ausgangsspannung u_2 direkt die sich während jedes Ladevorgangs aufbauende Kondensatorspannung, deren Verlauf wieder von der Zeitkonstanten $\tau = R \cdot C$ bestimmt wird. Ist $\tau \ll T$, so ergibt sich ein vorne abgerundeter Rechteckverlauf (Bild **2.**58b, Kurve 1), da der Kondensator bereits innerhalb einer Halbperiode voll auf den Scheitelwert u_1 aufgeladen wird. Wählt man dagegen $\tau > T$, so steigt die Spannung entsprechend dem Anfang der e-Funk-

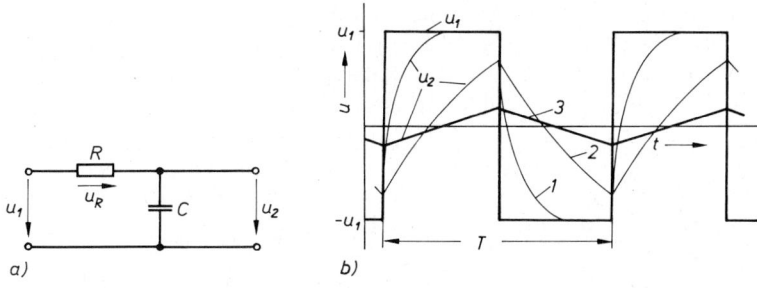

2.58 RC-Integrierglied
a) Schaltung b) Spannungsdiagramme

tion fast linear an, und die Ausgangsspannung u_2 erhält einen Dreiecksverlauf (Kurve 3). Als Bedingung für diese Integration der Eingangsspannung gilt mit $\tau > T$

$$RC > \frac{1}{f} \qquad (2.22)$$

2.2.2.3 Weitwinkelphasenschieber

Mitunter ist es erforderlich, eine sinusförmige Wechselspannung ohne die Amplitude zu ändern, in ihrer Phasenlage zu den Winkel $0° \leq \varphi \leq 180°$ zu drehen. Hierzu eignet sich besonders die Brückenschaltung nach Bild 2.59, in welcher der Phasenwinkel φ der Ausgangsspannung U_2 über die Stellung des Potentiometers R_P bestimmt werden kann.

Die Wirkungsweise der Schaltung ergibt sich aus dem Zeigerbild 2.59b. Die Sekundärspannung $U_{12} = 2 \cdot U_1$ des Transformators liegt an dem RC-Glied, wobei wegen der $90°$-Phasenverschiebung zwischen den Spannungen U_R und U_C die Ortskurve des Punktes 3 der Thaleskreis über U_{12} ist. Mit $R_P = 0$ wird auch $U_R = 0$ und der Punkt 3 liegt an der Stelle 2, womit der Winkel φ zu Null wird. Mit größerem Widerstand wandert der Punkt 3 in Richtung nach 1 und φ wird entsprechend größer. Bei $R_P \gg 1/\omega C$ ist praktisch $\varphi = 180°$ erreicht.

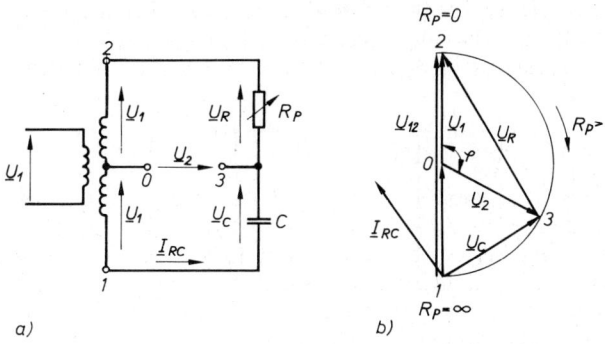

2.59 Weitwinkelphasenschieber
a) Schaltung b) Zeigerdiagramm der Spannungen

Für die Belastung des Ausgangs mit den Klemmen 0 und 3 durch einen Strom I_2 ist zu beachten, daß $I_2 \ll I_{RC}$ bleibt, da das Diagramm in Bild **2**.59 streng nur im Leerlauf gültig ist. Bei zu großem Laststrom ändert sich mit dem Phasenwinkel φ auch die Amplitude der Ausgangsspannung $\underline{U}_2$.

Beispiel 2.13 Aus einer 10 kHz-Rechteckspannung soll über ein Differenzierglied nach Bild **2**.57 eine Folge von Nadelimpulsen erzeugt werden. Welcher Widerstand R ist bei $C = 0,1\ \mu\text{F}$ vorzusehen?

Nach Gl. (2.21) wird $RC = 0,1/f$ gewählt, damit ist

$$R = \frac{1}{10 f \cdot C} = \frac{1}{10 \cdot 10^4\,\text{Hz} \cdot 10^{-7}\,\text{s}/\Omega} = 100\ \Omega$$

2.2.3   Verstärker

Verstärker sind elektronische Schaltungen, welche die Amplitude einer elektrischen Eingangsgröße (Strom oder Spannung) so vergrößern, daß sie danach bequem gemessen, weiterverarbeitet oder nutzbar gemacht werden kann. Grundelemente sind immer bipolare Transistoren oder FET, wobei diese wie im Operationsverstärker auch innerhalb eines IC-Bausteins realisiert sein können.

Wird zur Verstärkung nur ein kleiner und damit geradliniger Teil der Verstärkerkennlinie ausgenutzt, so spricht man von einem K l e i n s i g n a l v e r s t ä r k e r (Verstärker im A-Betrieb). L e i s t u n g s v e r s t ä r k e r nutzen vielfach die ganze Kennlinie aus, benötigen dann jedoch für jede Halbschwingung eines Wechselstromsignals eine eigene Endstufe (Verstärker im B-Betrieb, G e g e n t a k t v e r s t ä r k e r). Je nach Stromart unterscheidet man ferner grundsätzlich G l e i c h s p a n n u n g s v e r s t ä r k e r und W e c h s e l s p a n n u n g s v e r s t ä r k e r.

2.2.3.1   Transistorgrundschaltungen

Transistoren können grundsätzlich in drei Grundschaltungen eingesetzt werden, die jeweils ihre besonderen Eigenschaften aufweisen und entsprechende Verwendung finden. Bild **2**.60 zeigt die Zusammenstellung für bipolare Transistoren, für FET gelten analoge Schaltungen. Die Bezeichnung kennzeichnet jeweils den Anschluß, der sowohl für die Eingangs- wie die Ausgangsseite gilt, wobei für die Kollektorschaltung der für Wechselströme kurzgeschlossene Weg über die Batterieversorgung mit

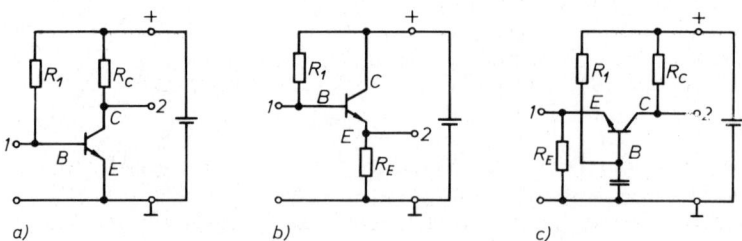

a)   b)   c)

2.60 Transistorgrundschaltungen
   a) Emitterschaltung b) Kollektorschaltung c) Basisschaltung

der Spannung U_B gilt. Die weitaus wichtigste Schaltung für den Aufbau von Verstärkern ist die Emitterschaltung, deren Technik im folgenden näher betrachtet werden soll.

2.2.3.2 Emitterschaltung

Am Beispiel der Emitterschaltung nach Bild **2**.61 soll das Prinzip der Spannungsverstärkung mit einem Transistor dargestellt werden. An den Eingang *1* ist die Signalquelle mit der zu verstärkenden Wechselspannung u_1 angeschlossen. Damit beide Halbschwingungen verarbeitet werden können, muß der Betriebspunkt des Verstärkers ohne Eingangssignal, der Arbeitspunkt A etwa in der Mitte des Kennlinienfeldes (Bild **2**.61 b und c) liegen. Die Wechselspannung u_1 bewirkt dann auf der Eingangskennlinie $I_B = f(U_{BE})$ des Transistors eine Änderung des Basisstromes im Bereich I_{B1} bis I_{B2}, was einer Aussteuerung zwischen den Punkten A_1 bis A_2 entspricht. Im Ausgangskennlinienfeld $I_C = f(U_{CE})$ wandert der Betriebspunkt dann ebenfalls von A_1 bei I_{B1} bis A_2 bei I_{B2}, womit sich die Kollektor-Emitterspannung u_{CE} sinusförmig mit u_2 ändert. Nach

$$u_2 = - V_u \cdot u_1 \tag{2.23}$$

erhält man eine Ausgangsspannung u_2, welche um die Spannungsverstärkung $V_u = 50$ bis 500 größer als das Eingangssignal ist. Das Minuszeichen berücksichtigt, daß bei der Emitterschaltung zwischen den Schwingungen u_1 und u_2 eine 180° Phasenverschiebung auftritt.

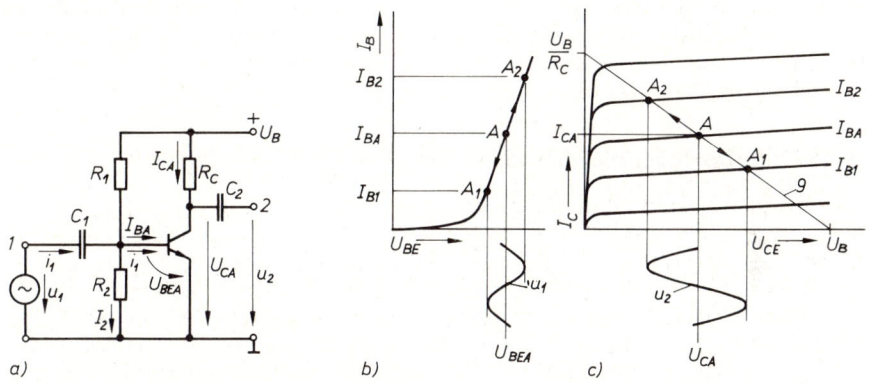

2.61 Arbeitspunkteinstellung beim Transistor
   a) Schaltung mit Basisspannungsteiler
   b) Eingangskennlinie mit Arbeitspunkt A und Signalspannung u_1
   c) Ausgangskennlinienfeld mit Arbeitsgeraden g und Ausgangsspannung u_2

Arbeitspunkteinstellung   Die Lage des Arbeitspunktes A in Bild **2**.61 wird durch eine Gleichstrom-Aussteuerung des Transistors festgelegt, die mit Hilfe der Widerstände R_C, R_1 und R_2 eingestellt werden kann. Für den Kollektor-Emitterkreis des Transistors gilt die Spannungsgleichung

$$U_B = I_C \cdot R_C + U_{CE}$$

und damit

$$I_C = \frac{U_B}{R_C} - \frac{U_{CE}}{R_C} \qquad (2.24)$$

Im Ausgangskennlinienfeld $I_C = f(U_{CE})$ nach Bild **2.**61 c stellt Gl. (2.24) eine Gerade g mit dem Ordinatenabschnitt U_B/R_C und der Nullstelle bei $U_{CE} = U_B$ dar. Man bezeichnet g als **Arbeits- oder Widerstandsgerade** und legt ihre Neigung durch den Wert des Kollektorwiderstandes R_C fest.

Die Lage des Arbeitspunktes A auf der Geraden und damit die Betriebswerte U_{CA} und I_{CA} des Transistors ohne Eingangssignal werden durch die Wahl des Basisgleichstromes I_{BA} bestimmt. Für I_{BA} benötigt man nach der Eingangskennlinie (Bild **2.**61 b) des Transistors eine Basis-Emitterspannung U_{BEA}, die über den Spannungsteiler $R_1 - R_2$ eingestellt wird. Damit U_{BEA} nur vom Teilerverhältnis $R_2/(R_1 + R_2)$ bestimmt ist und der Transistor als Belastung nur einen geringen Einfluß hat (hochohmige Belastung eines Spannungsteilers), sollte ein Querstrom I_2 nach

$$I_2 = (5 \text{ bis } 10) \cdot I_{BA} \qquad (2.25)$$

gewählt werden.

Für die Dimensionierung der drei Widerstände gelten damit die Beziehungen:

$$R_C = \frac{U_B - U_{CA}}{I_{CA}} \qquad (2.26)$$

$$R_1 = \frac{U_B - U_{BA}}{I_2 + I_{BA}} \qquad (2.27)$$

$$R_2 = \frac{U_{BA}}{I_2} \qquad (2.28)$$

U_{BA} ist die Basisgleichspannung bei Verwendung eines Emitterwiderstandes R_E (Bild **2.**62), ohne R_E gilt $U_{BA} = U_{BEA}$.

Man wählt die Arbeitspunkte U_{CA} und I_{CA} und kann dann nach Gl. (2.2) mit $I_{BA} = I_{CA}/B$ den erforderlichen Basisgleichstrom berechnen. Die Spannung $U_{BEA} \approx 0{,}65$ V ergibt sich aus dem Eingangskennlinienfeld des betreffenden Transistors.

Die gesamte Arbeitspunkteinstellung erfolgt also über die Wahl der ohmschen Widerstände und die dadurch auftretenden Gleichströme. Damit diese weder über die Basis auf die Signalseite, noch über den Kollektoranschluß an den Ausgang gelangen, werden die Kondensatoren C_1 und C_2 in Bild **2.**61 zwischengeschaltet. Während die Gleichströme dadurch auf den Transistor begrenzt bleiben, stellen die Kondensatoren nach $X_C = 1/\omega C$ für die Signalwechselströme bei genügend hoher Frequenz kein Hindernis dar.

Arbeitspunktstabilisierung Wird ein Transistor infolge seiner Verluste oder durch die Umgebung erwärmt, so sinkt sein Innenwiderstand und der Kollektorstrom I_C nimmt bei unveränderten Widerständen R_1, R_2 und R_C zu. Dadurch wird der eingestellte Arbeitspunkt A nach oben auf der Geraden g verschoben. Man kann diesem unerwünschten Effekt dadurch entgegenwirken, daß man die Spannung U_{BEA} etwas reduziert und so den Transistor geringfügig zusteuert. Das kann durch eine Arbeitspunktstabilisierung selbsttätig erfolgen.

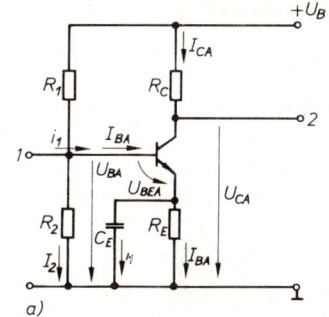
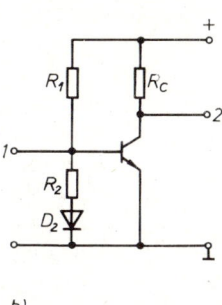

2.62
Schaltungen zur Arbeits-
punktstabilisierung

a) Gleichstrom-
   Gegenkopplung mit R_E
b) Temperaturkompensation
   mit Diode D_2

In der Schaltung nach Bild **2**.62a wird die Stabilisierung durch S t r o m g e g e n k o p p-
l u n g mit Hilfe des Widerstandes R_E erreicht. Erhöht sich infolge einer Erwärmung
des Transistors der Kollektorstrom I_C, so steigt auch der Emitterstrom I_E an und
vergrößert den Spannungsfall $U_E = I_E \cdot R_E$. Dadurch wird das Emitterpotential etwas
angehoben und die Spannung U_{BEA} entsprechend gesenkt. Der Transistor wird so
geringfügig zugesteuert und die Lage des Arbeitspunktes bleibt erhalten. Damit der
Signalstrom i_1 nicht ebenfalls über R_E fließen muß, was eine Verringerung der Verstärkung (Wechselstrom-Gegenkopplung) zur Folge hätte, schafft man diesem Wechselstrom einen Beipass über C_E.

Eine andere Schaltung zur Stabilisierung zeigt Bild **2**.62b. Bei einer Erwärmung des
Transistors wird sich auch die Temperatur der räumlich eng zugeordneten Diode erhöhen, womit ihr Durchlaßwiderstand sinkt. Damit erhält die Basis-Emitterstrecke
ebenfalls eine etwas reduzierte Spannung U_{BEA}, was wieder einer Erhöhung des Kol-
lektorstromes entgegenwirkt.

Beispiel 2.14   Für einen Si-NPN-Transistor mit den Daten $I_{CA} = 3$ mA, $U_{BEA} = 0{,}6$ V, $B = 100$
ist mit $U_B = 12$ V eine Verstärkerstufe nach Bild **2**.62 aufzubauen. Bei $R_E = 100\,\Omega$ sind die
Widerstände R_1, R_2 und R_C zu bestimmen. Im Arbeitspunkt soll $U_{CA} = 6$ V bestehen.

Kollektorwiderstand nach Gl. (2.26)

$$R_C = \frac{U_B - U_{CA}}{I_{CA}} = \frac{12\text{ V} - 6\text{ V}}{3\text{ mA}} = 2\text{ k}\Omega$$

Basisstrom nach Gl. (2.2)

$$I_{BA} = \frac{I_{CA}}{B} = \frac{3\text{ mA}}{100} = 30\text{ μA}$$

Emitterstrom

$$I_E = I_{CA} + I_{BA} = 3{,}03\text{ mA} \approx 3\text{ mA}$$

Emitterspannung

$$U_E = I_E \cdot R_E = 3\text{ mA} \cdot 100\,\Omega = 0{,}3\text{ V}$$

Basisspannung

$$U_{BA} = U_{BEA} + U_E = 0{,}6\text{ V} + 0{,}3\text{ V} = 0{,}9\text{ V}$$

Nach Gl. (2.25) wird $I_2 = 10 \cdot I_{BA} = 0{,}3$ mA gewählt, damit erhält man die Widerstände des Spannungsteilers nach den Gl. (2.27) und (2.28)

$$R_2 = \frac{U_{BA}}{I_2} = \frac{0{,}9 \text{ V}}{0{,}3 \text{ mA}} = 3 \text{ k}\Omega$$

$$R_1 = \frac{U_B - U_{BA}}{I_2 + I_{BA}} = \frac{12 \text{ V} - 0{,}9 \text{ V}}{0{,}33 \text{ mA}} = 33{,}6 \text{ k}\Omega$$

2.2.3.3   Mehrstufige Verstärker

Reicht die Verstärkung eines Transistors nicht aus, so werden mehrere Grundschaltungen in Reihe geschaltet und man erhält einen mehrstufigen Verstärker. Je nach Verbindung der einzelnen Stufen untereinander, unterscheidet man zwischen einer galvanischen Kopplung, Kopplung über einen Kondensator oder auch einen Transformator (Übertrager).

Die galvanische Verbindung der einzelnen Transistorstufen hat den Vorteil, daß auch Gleichspannungssignale verstärkt werden können (untere Grenzfrequenz gleich Null), die über einen Kondensator nicht zu übertragen sind. Nachteilig ist, daß die Einstellung der Arbeitspunkte nicht mehr unabhängig voneinander vorgenommen werden kann. Durch die galvanische Kopplung entspricht nämlich das Basispotential des zweiten Transistors der Kollektorspannung des ersten.

Bei der Kondensatorkopplung treten diese Probleme nicht auf, dafür sind wegen des Kondensatorwiderstandes nur Wechselspannungen übertragbar. Bild **2**.63 zeigt einen derartigen dreistufigen Wechselspannungsverstärker mit Angabe der Bauteile. Aus dem Schaltplan geht hervor, daß die Eingangsspannung jeder Stufe über einen aus dem Kopplungskondensator C_k und dem Basiswiderstand R_B bestehenden, frequenzabhängigen Spanungsteiler übertragen wird. Für $X_k = 1/\omega C_k = R_B$ ist die Ausgangsspannung des Teilers gleich dem $1/\sqrt{2}$fachen der Eingangsspannung. Die Frequenz, bei der dies eintritt, nennt man die untere Grenzfrequenz f_{gu} des Verstärkers, bei ihr ist die Verstärkung V_u nur noch das $1/\sqrt{2}$fache des Nennwertes.

Eine obere Grenzfrequenz entsteht durch die Wirkung der Eigenkapazitäten der Widerstände und des Transistors. Die Bauteile werden mit $X = 1/\omega C$ bei $\omega \to \infty$ immer niederohmiger überbrückt, was bei einer oberen Grenzfrequenz f_{go} die Ver-

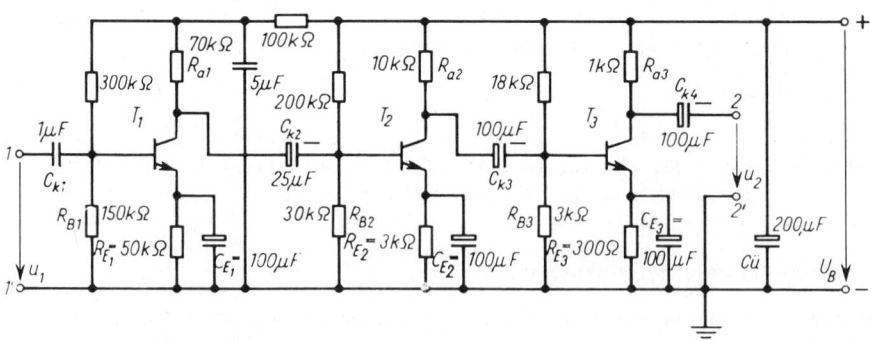

2.63 Dreistufiger, breitbandiger Wechselspannungsverstärker

stärkung auf denselben Wert wie bei f_{gu} herabsetzt. Man bezeichnet die Differenz b nach

$$b = f_{go} - f_{gu} \tag{2.29}$$

als B a n d b r e i t e eines Verstärkers.

2.2.3.4 Differenzverstärker

Der Aufbau eines Gleichspannungsverstärkers durch galvanische Kopplung mehrerer Emitterschaltungen bringt außer dem schon erwähnten Nachteil weitere Probleme. Alle durch Temperaturschwankungen bedingten Änderungen der Arbeitspunktlage führen zu einer anderen Ausgangsgleichspannung und damit zu einem Meßfehler. Man kann diese D r i f t des Nullpunktes zwar durch Schaltungsmaßnahmen verringern, verwendet aber trotzdem für den Aufbau von Gleichspannungsverstärkern andere Techniken.

Das Problem der Temperaturdrift läßt sich weitgehend beherrschen, wenn man nach Bild **2**.64 einen Differenzverstärker verwendet. Bei den beiden Transistoren werden gleichsinnige Änderungen der Eingangsspannungen u_1 und u_2 auch zu entsprechend gleichen Veränderungen der Kollektorspannungen u_{C1} und u_{C2} führen, wobei die Verstärkung (G l e i c h t a k t v e r s t ä r k u n g) durch den Gegenkopplungswiderstand R_E herabgesetzt ist. Die Differenz $u_D = u_{C1} - u_{C2}$ bleibt unverändert, was auch dann gilt, wenn die Änderungen durch Temperatureinfluß, der sicher gleichsinnig auftritt, entstehen.

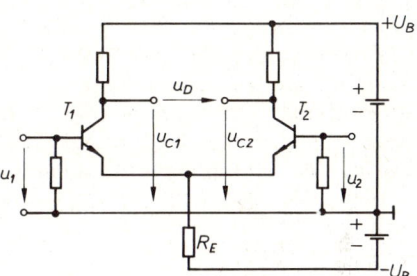

2.64
Schaltung eines Differenzverstärkers

Gegenläufige Änderungen der Eingangsspannungen führen dagegen zu einer Erhöhung der einen Kollektorspannung und zur Verringerung der anderen. Damit entsteht eine Differenzspannung u_D und die Schaltung erhält mit

$$u_D = V_D(u_1 - u_2) \tag{2.30}$$

eine hohe D i f f e r e n z v e r s t ä r k u n g V_D ähnlich der Emitterschaltung. Die Technik der Differenzverstärker ist Grundlage des Aufbaus von Operationsverstärkern, die heute als integrierte Bausteine sehr vielfältig eingesetzt werden.

2.2.3.5 Steuerschaltungen mit Transistoren

Spannungsregler Transistoren können auch als lineare Stellglieder in Steuerschaltungen eingesetzt werden. Bild **2**.65 zeigt eine Schaltung zur Einstellung einer konstan-

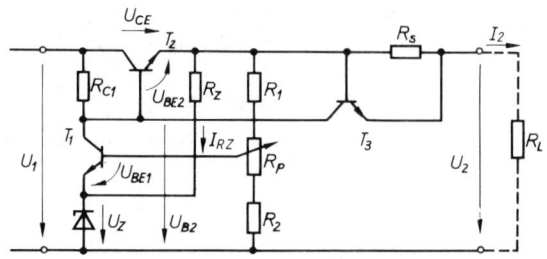

2.65
Schaltung eines einfachen Spannungsreglers

ten Gleichspannung, die z. B. im Anschluß an das Netzgerät in Bild **2**.55 verwendet werden kann.

Der Transistor T_2 arbeitet als veränderlicher Widerstand R_{CE2}, der die Differenz $U_1 - U_2$ zwischen Eingangsspannung U_1 und dem gewünschten Ausgangswert U_2 aufnimmt. Wird durch einen anderen Potentiometerwiderstand R_P der Transistor T_1 weiter aufgesteuert, so sinkt seine Kollektorspannung und damit auch die Basisspannung von T_2. Transistor T_2 erhält einen höheren Widerstandswert R_{CE2}, womit die Ausgangsspannung sinkt. Die Spannung U_2 wird also durch die Stellung des Potentiometers bestimmt und ist etwa im Bereich $U_z < U_2 < U_1$ einstellbar.

Wird U_2 durch eine stärkere Belastung I_2 oder ein Absinken der Eingangsspannung kleiner, so fällt auch die Basisspannung von T_1, der dadurch etwas zusteuert und die Basisspannung von T_2 anhebt. Transistor T_2 verringert seinen Widerstand R_{CE2}, so daß U_2 auf dem ursprünglichen Wert gehalten wird.

Transistor T_3 dient der Überstrombegrenzung. Bei $I_2 < I_{2\,zul}$ ist die Spannung $R_s \cdot I_2 = U_{BE3} < 0{,}6$ V, womit T_3 sehr hochohmig bleibt und keinen Einfluß hat. Bei Überströmen mit $R_s \cdot I_2 > 0{,}6$ V steuert T_3 auf und verringert damit die Basisspannung von T_2. Dieser wird damit hochohmiger und begrenzt I_2 auf zulässige Werte.

Für die Versorgung elektronischer Baugruppen mit einer konstanten Gleichspannung werden heute meist integrierte Bausteine (IC-Schaltungen) eingesetzt. Diese sind einfach anzuwenden (Bild **2**.66) und preiswerter als der Aufbau einer Regelschaltung mit Einzelbauteilen.

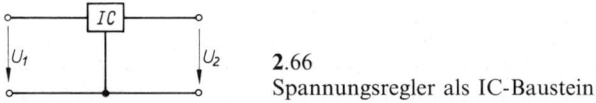

2.66
Spannungsregler als IC-Baustein

Lichtelektrische Steuerschaltung   Bild **2**.67 zeigt das Prinzip einer Steuerschaltung, bei der ein Relais durch den Lichteinfall auf eine Fotodiode geschaltet wird. Zum Einsatz kommt ein PNP-Transistor, womit die Kollektorseite am negativen Spannungsanschluß liegt. Man verwendet derartige Steuerschaltungen zum automatischen Ein- und Ausschalten von Beleuchtungsanlagen und als Lichtschranken an Pressen, Rolltreppen usw.

Beispiel 2.15   Für die Schaltung in Bild **2**.65 ohne R_s und T_3 gelten die Transistordaten I_{C1} $= 2$ mA, $U_{BE1} = U_{BE2} = 0{,}6$ V. Die Spannungen sind $U_1 = 12$ V, $U_z = 2$ V, $U_2 = 2{,}5$ V bis 11 V. Die Basisströme I_{B1} und I_{B2} können vernachlässigt werden.

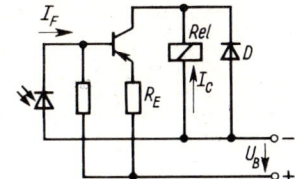

2.67
Grundschaltung für lichtelektrische Steuerungen

a) Es ist der erforderliche Kollektorwiderstand R_{C1} zu bestimmen.

Der Transistor T_1 führt dann den zulässigen Wert I_{C1}, wenn er aufgesteuert ist und damit die Ausgangsspannung U_2 an der unteren Grenze liegt. Dann gilt

$$U_{B2} = U_2 + U_{BE2} = 2,5\ \text{V} + 0,6\ \text{V} = 3,1\ \text{V}$$

Spannungen an R_{C1}

$$U_{RC1} = U_1 - U_{B2} = 12\ \text{V} - 3,1\ \text{V} = 8,9\ \text{V}$$

Kollektorwiderstand

$$R_{C1} = \frac{U_{RC1}}{I_{C1}} = \frac{8,9\ \text{V}}{2\ \text{mA}} = 4,45\ \text{k}\Omega$$

b) Wie groß ist bei $R_z = 900\ \Omega$ der Strom in der Z-Diode an der oberen Spannungsgrenze?

$$I_{RZ} = \frac{U_2 - U_z}{R_Z} = \frac{11\ \text{V} - 2\ \text{V}}{900\ \Omega} = 10\ \text{mA}$$

$$U_{B2} = U_2 + U_{BE2} = 11\ \text{V} + 0,6\ \text{V} = 11,6\ \text{V}$$

$$U_{RC1} = U_1 - U_{B2} = 12\ \text{V} - 11,6\ \text{V} = 0,4\ \text{V}$$

$$I_{C1} = \frac{U_{RC1}}{R_{C1}} = \frac{0,4\ \text{V}}{4,45\ \text{k}\Omega} \approx 0,1\ \text{mA}$$

$$I_Z = I_{RZ} + I_{C1} \approx 10,1\ \text{mA}$$

2.2.4   Generator- und Kippschaltungen

2.2.4.1   Schalterbetrieb des Transistors

Während im Verstärkerbetrieb eines Transistors ein linearer Zusammenhang zwischen Ein- und Ausgangsspannung erwünscht ist, werden für den Einsatz als elektronischer Schalter nur zwei Grenzzustände am Rande des Kennlinienfeldes benötigt. Das Prinzip dieser Ansteuerung ist in Bild **2**.68 dargestellt.

Elektronischer Schalter   Erhält der Transistor mit Schalterstellung 1 keinen Basisstrom I_B, so liegt der Betriebspunkt nach dem Kennlinienfeld bei A (AUS). Es fließt nur ein kleiner Sperrstrom I_{CO} (Bereich nA) und die Kollektor-Emitterstrecke ist sehr hochohmig. Die Betriebsspannung liegt mit $U_a \approx U_B$ fast ganz am Transistor, der wie ein geöffneter Schalter wirkt.

Wird dem Transistor durch die Schalterstellung 2 ein genügend großer Basisstrom $I_{bü}$ zugeführt, so erreicht man den Betriebspunkt E (EIN). Die Kollektor-Emitterstrecke ist so niederohmig wie möglich geworden und nimmt nur noch eine Sätti-

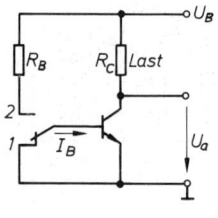

a)

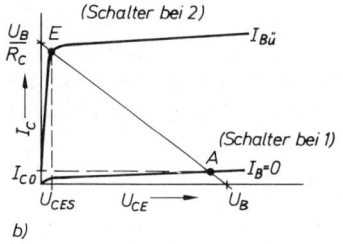

b)

2.68
Schalterbetrieb eines Transistors
a) Schaltung
b) Betriebszustände im Kennlinienfeld

gungsspannung $U_{CES} \approx 0,3$ V auf. Die Betriebsspannung U_B liegt fast ganz am Lastwiderstand R_C, der Transistor wirkt mit $U_a \approx 0$ V wie ein geschlossener Schalter.

Da sowohl das Anreichern der Sperrschichten beim Einschalten wie das Ausräumen der freien Ladungsträger eine kurze Zeit erfordert, folgen Transistoren dem Steuerbefehl nicht völlig unverzögert. Man kann je nach Transistortyp und dem Wert des Basisstromes $I_{Bü}$ (ü–Übersteuerungsgrad) mit Einschaltzeiten von 10 ns bis 100 ns und Ausschaltzeiten von 50 ns bis 1000 ns rechnen.

Beispiel 2.16 Für den Transistor nach Bild **2**.68 gelten die Daten: $U_B = 12$ V, $R_C = 200\ \Omega$, $I_{CO} = 400$ nA, $U_{CES} = 0,4$ V. Es ist der Transistorwiderstand R_{CE} in den beiden Schaltzuständen zu bestimmen.

AUS: $R_{ges} = \dfrac{U_B}{I_{CO}} = \dfrac{12\ V}{0,4\ \mu A} = 30\ M\Omega \gg 200\ \Omega$

$R_{CE} = R_{ges} - R_C \approx 30\ M\Omega$

EIN: $U_R = U_B - U_{CES} = 12\ V - 0,4\ V = 11,6\ V$

$I_C = \dfrac{U_C}{R_C} = \dfrac{11,6\ V}{200\ \Omega} = 58\ mA$

$R_{CE} = \dfrac{U_{CES}}{I_C} = \dfrac{0,4\ V}{58\ mA} = 6,9\ \Omega$

Induktive Last Beim Ein- und Ausschalten eines Transistors treten jeweils Schaltverluste auf, die dem Produkt $U_B \cdot I_C$ proportional sind. Diese Schaltverluste sind bei netzfrequenten Anwendungen gegenüber den Durchlaßverlusten ohne Bedeutung, müssen jedoch bei höheren Frequenzen berücksichtigt werden.

Besondere Schwierigkeiten macht das Abschalten eines induktiven Verbrauchers (Bild **2**.69), da erst die magnetische Energie der stromdurchflossenen Spule abgebaut werden muß. Ohne Zusatzmaßnahmen würde durch die Spannungsinduktion in der Spule

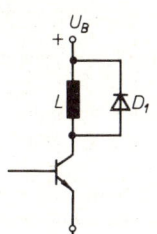

2.69
Freilaufdiode für eine induktive Last

beim raschen Abklingen des Laststromes eine gefährliche, unzulässige Überspannung am Transistor entstehen. Zum Schutz vor derartigen S c h a l t s p a n n u n g e n wird dem induktiven Verbraucher daher eine F r e i l a u f d i o d e D_1 gegenparallelgeschaltet, über die der Spulenstrom langsam abklingen kann.

2.2.4.2 Kippschaltungen

Mit elektronischen Schaltern und meist in Verbindung mit RC-Gliedern lassen sich eine Reihe klassischer Kippschaltungen aufbauen. Nach der Zahl der stabilen Betriebszustände unterscheidet man zwischen astabilen, monostabilen und bistabilen Schaltungen. Auch der Schmitt-Trigger (Schwellwertschalter) gehört in diesen Kreis.

Monostabile Kippschaltungen Das Prinzip dieser Schaltung ist in Bild **2**.70 angegeben. Ohne ein Eingangssignal u_1 ist der Transistor T_1 gesperrt und Transistor T_2 leitend. Dieser Betrieb mit $u_2 = 0$ ist der einzige stabile Zustand. Wird T_1 durch einen kurzen Spannungsimpuls u_1 eingeschaltet, so öffnet T_2 und man erhält über die Zeit

$$t_1 = \ln 2 \cdot (R_1 C_1) \tag{2.31}$$

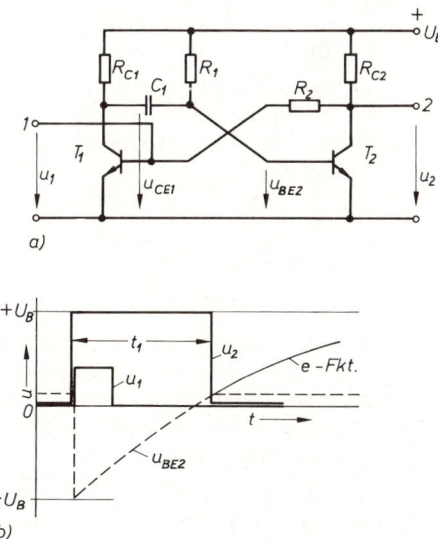

2.70
Monostabile Kippschaltung
a) Prinzipschaltung, b) Spannungsdiagramme

am Ausgang das Signal $u_2 = U_B$. Danach fällt die Kippschaltung wieder in ihre Ruhelage zurück. Die Verweilzeiten in dem nichtstabilen Zwischenzustand können etwa 1 µs bis 10^3 s betragen.

Im stationären Zustand mit der Betriebsspannung U_B aber ohne Eingangsimpuls u_1 ist infolge der Wirkung des Kondensators C_1 stets T_1 gesperrt und T_2 leitend. Damit gilt $u_{CE1} \approx U_B$, $u_{CE2} = u_2 \approx 0$ und $u_{BE2} \approx 0,7$ V (Bild **2**.70 b).

Durch einen kurzen Eingangsimpuls u_1 wird T_1 leitend, wodurch das Kondensatorpotential auf der Kollektorseite von T_1 (linke Seite) plötzlich auf $u_{CE1} \approx 0$ herabgezogen wird. Da sich die Kondensatorladung nicht schlagartig ändern kann, muß das Potential der anderen Seite (rechts) folgen und ergibt $u_{BE2} \approx -U_B$. T_2 sperrt bei dieser negativen Basisspannung sofort und man erhält das Ausgangssignal $u_2 \approx U_B$. Der Kondensator wird nun über R_1 und T_1 mit der Zeitkonstanten $\tau_1 = R_1 \cdot C_1$ aufgeladen. Sobald nun die rechte Seite von C_1 das Potential $u_{BE2} \approx 0,7$ V erreicht, wird T_2 wieder leitend. Damit verschwindet mit $u_2 = 0$ das Ausgangssignal wieder und T_1 verliert erneut seine Basisspannung und sperrt. Der stabile Betriebszustand ist erreicht. Bevor ein neuer Einschaltimpuls u_1 folgen darf, muß C_1 über R_{C1} und die Basis von T_2 auf $u_{CE1} \approx U_B$ gebracht werden.

Anwendungen Monostabile Kippstufen werden als Verzögerungsschalter und zur Impulsformung eingesetzt.

Astabile Kippschaltung (Multivibrator) Diese Schaltung (Bild **2**.71) hat keinen stabilen Zustand, sondern erzeugt selbstschwingend eine Rechteckspannung mit einstellbarer Frequenz. Für die Impulsbreiten gilt

$$t_1 = \ln 2 \cdot (R_1 C_1) \qquad t_2 = \ln 2 \cdot (R_2 C_2) \tag{2.32}$$

man kann also Ein- und Ausschaltdauer der Transistoren über die jeweiligen RC-Glieder verändern.

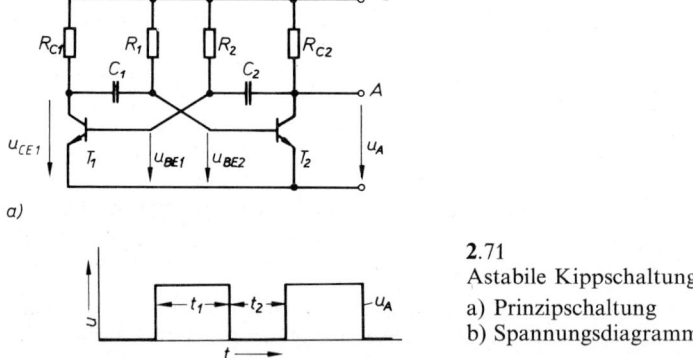

2.71
Astabile Kippschaltung

a) Prinzipschaltung
b) Spannungsdiagramm

Nach dem Einschalten von U_B beginnt die symmetrische Schaltung je nach Streuung der Transistorwerte z.B. mit den Schaltzuständen T_1 leitend, T_2 gesperrt. C_2 nimmt damit die Potentiale $u_{CE2} \approx U_B$, $u_{BE1} \approx 0,7$ V an, während C_1 über R_1 und T_1 aufgeladen wird. Erreicht C_1 den Wert $u_{BE2} \approx 0,7$ V, so schaltet T_2 ein, die Potentiale von C_2 werden auf $u_{CE1} \approx 0$, $u_{BE1} \approx -U_B$ heruntergezogen und T_1 sperrt infolge der negativen Basisspannung. Jetzt wird C_2 über R_2 und T_2 aufgeladen, womit T_1 bei $u_{BE1} \approx 0,7$ V wieder eingeschaltet usw. Der ständige Wechsel in den

Betriebszuständen erfolgt also durch die Umladungen der Kondensatoren C_1 und C_2 mit den Zeitkonstanten $\tau_1 = R_1 \cdot C_1$ und $\tau_2 = R_2 \cdot C_2$.

Anwendungen Astabile Kippschaltungen werden als Rechteckgeneratoren und Taktgeber verwendet. Man kann damit z. B. auch eine Blinkschaltung aufbauen.

Bistabile Kippschaltung Diese Schaltungen (Bild **2**.72) sind die Grundlage der in der Digitaltechnik verwendeten Kippglieder (Flipflop) und können durch einen Steuerimpuls von einer stabilen Betriebslage in die andere umgeschaltet werden. In der Bauform des RS-Kippgliedes bezeichnet man die Eingänge E_1 und E_2 mit S (set–setzen) und R (reset–rücksetzen). Ein Spannungsimpuls auf E_1 macht T_2 leitend, womit T_1 sperrt und mit $u_{A1} = U_B$ and A_1 ein Ausgangssignal erscheint. Das Signal ist gesetzt und bleibt auch nach dem Eingangsimpuls gespeichert. Erst durch einen Spannungsimpuls auf E_2 wird T_1 leitend, womit das Signal an A_1 zu Null wird. Dafür ist nun T_2 gesperrt und somit $u_{A2} = U_B$. Die Ausgangssignale verhalten sich also immer gegenläufig (komplementär).

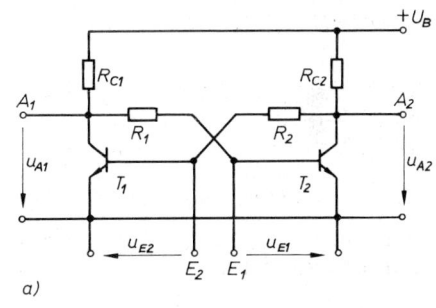

a)

2.72
Bistabile Kippschaltung
a) Prinzipschaltung
b) Schaltzeichen
c) Wertetabelle

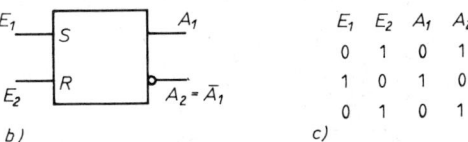

b)

E_1	E_2	A_1	A_2
0	1	0	1
1	0	1	0
0	1	0	1

c)

Bezeichnet man nach $u_A = 0\,\text{V} \cong 0$ und $u_A = U_B \cong 1$ die beiden möglichen Betriebszustände durch die Binärangaben, so entsteht ein Verhalten der Schaltung nach Bild **2**.72b.

Anwendungen Kippglieder sind sehr wichtige Schaltungen der digitalen Elektronik, vor allem der Rechentechnik. Eine weitere Anwendung ist der Einsatz als Frequenzteiler (s. Abschn. 3.3.1).

2.2.4.3 Sinusgeneratoren

Elektronische Generatoren sind Schaltungen, die ohne externes Steuersignal eine Wechselspannung erzeugen. Je nach ihrer Kurvenform unterscheidet man z. B. Sinus-, Rechteck- oder Sägezahngeneratoren. Entsprechend umschaltbare Geräte, bei denen die Frequenz der Spannungen zusätzlich meist in einem weiten Bereich gewählt werden kann, bezeichnet man als Funktionsgeneratoren.

Beim Sinusgenerator ist die gewünschte Frequenz der Wechselspannung durch die Eigenfrequenz eines schwingungsfähigen Bauelements, z. B. eines Parallel-Schwingungskreises bestimmt. Um ungedämpfte Schwingungen, also einen Wechselstrom gleichbleibender Amplitude zu erhalten, muß dem schwingungsfähigen Bauelement periodisch und in richtiger Phasenlage so viel Energie zugeführt werden, daß die u. a. durch den Widerstand der Spule des Schwingungskreises sowie durch Energieabgabe nach außen verlorengegangene Energie gerade ersetzt wird. Dieser Ersatz geschieht durch gesteuerte Energiezufuhr über ein Verstärkerbauelement, eine Röhre oder einen Transistor nach dem von Meissner (1913) angegebenen, Rückkoppelung genannten Prinzip der Selbststeuerung. Die zugeführte Energie stammt meist aus einer Gleichspannungsquelle, z. B. einem Netzgerät.

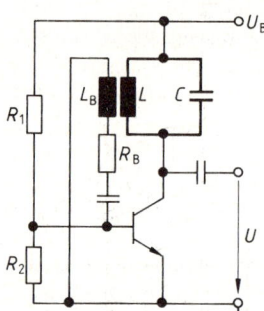

2.73
Grundschaltung eines Sinusgenerators

Bild **2**.73 zeigt die mit einem NPN-Transistor bestückte Grundschaltung, in der eine induktive Rückkopplung über die Transformatorspulen L_B und L genutzt wird. Die Frequenz der erzeugten Sinusspannung U wird durch die Resonanzbedingung

$$f_0 = \frac{1}{2\pi \cdot \sqrt{LC}} \tag{2.33}$$

des LC-Schwingkreises (dick gezeichnet) bestimmt. Mit dem Spannungsteiler $R_1 - R_2$ läßt sich der Arbeitspunkt des Transistors etwa in Kennlinienmitte einstellen. Über den Eingangskreis mit L_B und R_B wird der Transistor im Takt der Resonanzfrequenz f_0 angesteuert und damit sein Kollektorpotential sinusförmig geändert.

Quarzoszillator   Bei hohen Anforderungen an die Frequenzkonstanz eines Sinusgenerators führt man die Rückkopplung mit einem Schwingquarz aus (Bild **2**.74). Seine Resonanzfrequenz wird durch die mechanischen Daten des Quarzkristalls bestimmt und besitzt eine Stabilität von $\Delta f/f = 10^{-6}$ bis 10^{-10}. In der gezeigten Schaltung wird durch die kapazitive Spannungsteilung durch C_a und C_b nur ein Teil der Wechselspannung rückgekoppelt. Der Kondensator C_s erlaubt eine Feineinstellung der gewünschten Resonanzfrequenz.

Schwingquarze bestehen aus einem Quarzeinkristall, dessen beide Schnittflächen metallisiert sind und die Anschlußelektroden tragen. Der Kristall zeigt den piezo-elektrischen Effekt, d.h. unter dem Einfluß einer mechanischen Deformation durch Druck- oder Zugkräfte entstehen auf den Oberflächen entgegengesetzte elektrische Ladungen und damit eine Spannung zwischen den Elek-

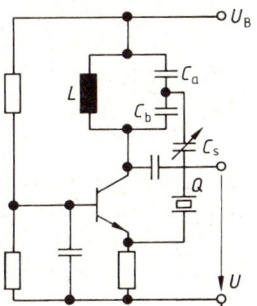

2.74
Sinusgenerator mit Schwingquarz Q
(Quarz-Colpitts-Oszillator)

troden. In Umkehrung des Effekts ergeben sich beim Anlegen einer Spannung infolge des elektrischen Feldes im Kristall je nach Polarität Dehnungen oder Stauchungen des Kristalls. Durch eine Wechselspannung wird er somit periodisch verformt und kann zu Schwingungen mit seiner Eigenfrequenz f_0 angeregt werden. Er verhält sich hier wie ein Schwingkreis hoher Güte, wobei je nach Abmessungen $f_0 = 1$ kHz bis 20 MHz möglich ist.

Anwendungen Sinusgeneratoren werden vielfach für meßtechnische Zwecke verwendet, sie sind ferner Bestandteil jedes Rundfunk- und Fernsehgerätes. In der Nachrichtentechnik werden Quarzoszillatoren als Steuerstufe für Sender eingesetzt.

Da frequenzstabile Sinusgeneratoren nur Ausgangsleistungen der Größenordnung Milliwatt liefern, werden mehrere selektive Leistungsverstärkerstufen nachgeschaltet, um auf die der Antenne zuzuführende Leistung (bis 1000 kW) zu kommen. Die Stufen mit Leistungen > 200 W sind mit Röhren, – bei Leistungen > 10 kW mit Wasserkühlung –, bestückt.

2.2.5   Integrierte Schaltungen

2.2.5.1   Aufbau elektronischer Schaltungen

Bei der räumlichen Gestaltung einer elektronischen Schaltung für den industriellen Einsatz wird man schon aus wirtschaftlichen Gründen stets ein möglichst geringes Bauvolumen anstreben. Dies hat auch technische Vorteile, da durch die kürzeren Verbindungen äußere Störeinflüsse und die Eigenkapazitäten und -induktivitäten der Leitungen verringert werden. Erst dadurch sind schnelle Schaltzeiten und so ein Betrieb bei hohen Frequenzen möglich. Ziel der Fertigung von Halbleiterschaltungen ist damit schon immer eine möglichst enge Zusammenfassung (Integration) der Bauelemente.

Leiterplattentechnik Elektronische Baugruppen werden heute praktisch immer auf einer sogenannten Leiterplatte montiert (Flachbaugruppe). Grundlage ist eine durch Glasfasern verstärkte 0,3 mm bis 3 mm dicke Kunststoffplatte, die ein- oder beidseitig mit ca. 30 μm starker Kupferfolie kaschiert ist. Deren Oberfläche ist meist bereits herstellerseitig mit einem fotoempfindlichen Lack überzogen.

Im Schaltungsentwurf (Layout) werden alle Bauelemente im Hinblick auf eine optimale Lage angeordnet und die Verbindungen festgelegt. Diese Aufgabe löst man heute vielfach an einem PC-Arbeitsplatz. Die Zeichnung mit den Verbindungsleitungen wird nun fototechnisch auf die Lackseite übertragen und diese belichtet und entwickelt. Dabei werden die nicht erforderlichen Kupferflächen freigelegt und können in einem Ätzverfahren abgetragen werden. Es folgt ein Reinigen und Überziehen der jetzt nur noch die Schaltverbindungen tragenden Platte mit einem lötbaren Schutzlack. Nach dem Lochen der Platte kann diese bestückt werden, wobei die Anschlußdrähte der Bauelemente von einer Seite aus in die zugeordneten Löcher gesteckt und z. B. nach dem Schwall-Verfahren verlötet werden.

SMD-Technik   Bei der konventionellen Bestückung einer Leiterplatte werden die Bauelemente mit ihren Anschlußdrähten in die vorbereiteten Löcher gesteckt und auf der Rückseite mit den Leiterbahnen verlötet (Bild **2**.75a). Die Leiterplatte kann nur einseitig mit Bauelementen belegt werden.

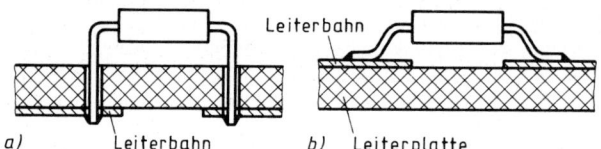

2.75
Bestückungstechniken
a) konventionell mit Bohrungen
b) SMD-Technik

Dieses Verfahren wird zunehmend durch eine reine Oberflächenmontage abgelöst. Die Bauelemente müssen dazu als sogenannte SMD (Surface Mounted Devices) mit flachen Anschlußbeinen, die unmittelbar auf die Leiterbahnen zu löten sind, gefertigt werden (Bild **2**.75b). Diese neue Bestückungstechnik hat eine ganze Reihe von Vorteilen wie z. B. Löcherbohrungen entfallen, kein Biegen und Kürzen von Anschlußdrähten, höhere Packungsdichte durch geringere Bauteilabmessungen, Verringerung der Verbindungsinduktivitäten und Kapazitäten.

Dünn- und Dickschichttechnik   Schichtschaltungen liegen in ihrer Technik zwischen den Leiterplatten mit diskreten Bauelementen und den hochintegrierten Halbleitern. Sie sind in ihrer Entwicklung preiswerter als ein IC-Baustein. Gegenüber der Leiterplattentechnik haben sie als Vorteile eine höhere Packungsdichte, bessere HF-Eigenschaften durch kürzere Verbindungswege, höhere thermische Belastbarkeit und eine bessere Störsicherheit. Im Vergleich zum monolithisch integrierten Halbleiter sind vor allem die Möglichkeit, auch Induktivitäten, opto-elektronische Bauelemente oder Sensoren aufzunehmen und die höhere Spannungsfestigkeit zu nennen.

In der Dickschichttechnik werden auf einer Keramikplatte (Substrat) die Leiterbahnen und Widerstände in einem Siebdruckverfahren aufgebracht. Man verwendet dazu Edelmetallpasten und kann durch deren Zusammensetzung sehr unterschiedliche Flächenwiderstände etwa im Bereich 1 Ω bis 1 MΩ herstellen. Mit einem Laserstrahl kann man auf genaue Werte abgleichen. Transistoren, Dioden oder andere Bauelemente werden mit Gehäuse in die Schaltung eingelötet. Durch Mehrfachdruck der Leiterbahnen mit Isolierschichten dazwischen können Mehrlagenstrukturen und Überkreuzungen, d. h. eine hohe Packungsdichte erreicht werden.

In der Dünnfilmtechnologie werden die Substrate zunächst vollständig durch Aufdampfen metallisiert und die gewünschten Strukturen danach durch Fotolithografie und Ätzvorgänge erzeugt. Die Dünnfilmtechnik erlaubt die Herstellung sehr feiner und genauer Strukturen, so können Widerstände mit einer Genauigkeit von 0,1 % realisiert werden.

Monolithisch integrierte Schaltungen   Integrierte Schaltungen (IC-Schaltungen, Integrated Circuits) sind vollständige Funktionseinheiten, deren Bauteile und Verbindungen in einem mehrstufigen Fertigungsprozeß in einem einkristallinen Si-Plättchen (chip) hergestellt werden. Ausgehend von z. B. einer P-leitenden Trägerplatte (Substrat) werden N-leitende Inseln entweder eindiffundiert oder durch Auftrag erzeugt. Hält man das Potential dieser Inseln positiv gegenüber dem Substrat, so werden die PN-Übergänge in Sperrichtung betrieben und die Inseln sind elektrisch gegeneinander isoliert. In weiteren Arbeitsgängen entstehen dann je nach gewünschtem Bauelement weitere P- und N-Zonen. Die abschließende Isolation übernimmt eine SiO_2-Schicht, die Kontaktierung ein aufgedampfter Aluminiumbelag.

In Bild **2**.76 ist als Beispiel der schematische Querschnitt durch die integrierte Schaltung eines NPN-Transistors mit Eingangskondensator und Kollektorwiderstand gezeigt. Der ungepolte Kondensator entsteht mit der SiO_2-Schicht als Dielektrikum zwischen der hochdotierten N^+-Lage und der metallisierten Kontaktfläche. Der Widerstand ergibt sich aus dem Ohmwert der P-dotierten Zone zwischen den beiden Anschlüssen 4 und 5.

In integrierter Technik lassen sich durch eine passende PN-Struktur Widerstände, Kondensatoren, Dioden und Transistoren realisieren. Induktivitäten müssen mit einer geeigneten Ersatzschaltung umgangen werden. Nach dem Anwendungsbereich unterscheidet man zwischen IC-Bausteinen für analoge oder lineare Schaltungen (Verstärker, Regler) und für digitale Schaltungen (Zähler, Speicher, logische Verknüpfungen). Bei letzteren spricht man nach den verwendeten Bauelementen von einer

DTL-Technik = Dioden-Transistor-Logik
TTL-Technik = Transistor-Transistor-Logik.

Die Integrationsdichte in IC-Bausteinen wird meist am Beispiel von Speicherschaltungen nach der Anzahl der Transistoren pro cm^2 chip-Fläche bewertet. Man unterscheidet heute vier Klassen, deren höchste die Größtintegration (VLSI – Very Large

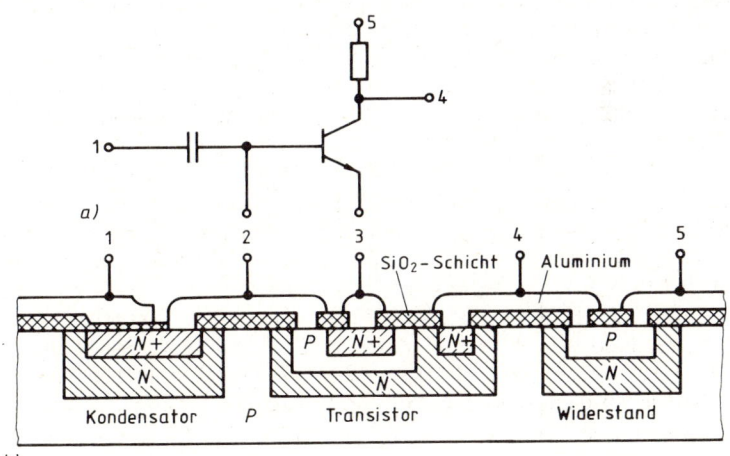

2.76 Integrierte Schaltung mit bipolarem Transistor, Widerstand und Kondensator
a) Schaltung b) Aufbau

Scale-Integration) mehr als 10^5 Transistoren auf einer Fläche von ca. 30 mm² ermöglicht.

IC-Herstellung Der Fertigung eines monolithisch integrierten Bausteins geht eine aufwendige Schaltungsentwicklung voraus (Zeitaufwand z. B. 20 Mannjahre), die nur noch über den Bildschirm eines PC-Arbeitsplatzes (Computer-Design) erfolgen kann. Ziel ist es, einen Aufbau zu realisieren, der eine möglichst geringe Fläche benötigt und damit geringste Verluste und hohe Arbeitsgeschwindigkeit erreicht.

Abgesehen von den hohen Entwicklungskosten dauert es häufig einige Jahre bis zur Markteinführung eines IC, was nur für Großserieneinsatz wirtschaftlich ist. Um auch für kundenspezifische Aufgaben mit kleiner Stückzahl und mit wesentlich geringerem Zeitaufwand den Einsatz von ICs zu ermöglichen, wurde die „Semicustomtechnik" entwickelt. Es handelt sich hier um vorgefertigte Halbleiter, die z. B. beim Gate Array bereits alle Grundfunktionen enthalten und wo nur noch die Art der Verbindungen offen ist. Mit Hilfe spezieller CAD-Software kann nun aus den vorhandenen Bauelementen die kundenspezifische Schaltung erstellt und der Verbindungsplan festgelegt werden. Der IC-Baustein wird jetzt nach diesen Angaben speziell gefertigt.

2.2.5.2   Operationsverstärker

Operationsverstärker sind hochwertige Gleichspannungsverstärker, die ursprünglich für die Analogrechentechnik entwickelt wurden und dort die Durchführung mathematischer Operationen (Addition, Integration) übernehmen können. Sie werden heute als monolithisch integrierte Schaltungen (IC-Baustein) in großer Stückzahl gefertigt und sind daher preiswert.

Der Operationsverstärker ist ein selbstständiges Bauteil mit definierten Eigenschaften, der ein sehr breites Anwendungsfeld in der industriellen Elektronik und Regelungstechnik besitzt. Sein Verhalten wird durch die gewählte Beschaltung mit Widerständen, Kondensatoren und Dioden bestimmt.

Aufbau und Eigenschaften Operationsverstärker sind als Differenzverstärker aufgebaut, wobei der IC-Baustein z. B. den umfangreichen Schaltplan nach Bild **2**.77 erhält.

Will man einen sehr hohen Eingangswiderstand erreichen, so führt man die Eingangsstufe mit Feldeffekttransistoren aus.

Für den Einsatz in einem Schaltplan genügt es, das Schaltzeichen nach Bild **2**.78 zu verwenden, bei dem meist sogar nur die Signalleitungen (hier die Klemmen 2; 3 und 6) angegeben wird. Weitere Anschlüsse dienen der Spannungsversorgung und z. B. der Korrektur von Fehlspannungen (Klemmen 1 und 5). Operationsverstärker gibt es in einem runden Metallgehäuse oder als Kunststoffblock nach Bild **2**.78 b.

Das Verstärkerverhalten eines Operationsverstärkers wird durch die Gleichung

$$U_A = V \cdot (U_{E2} - U_{E1}) = V \cdot U_D \tag{2.34}$$

bestimmt.

Gleiche Spannungen an beiden Eingängen E_1 und E_2 ergeben also mit $U_D = U_{E2} - U_{E1} = 0$ kein Ausgangssignal, womit die Gleichtaktverstärkung des idealen Operationsverstärkers (OP) Null ist.

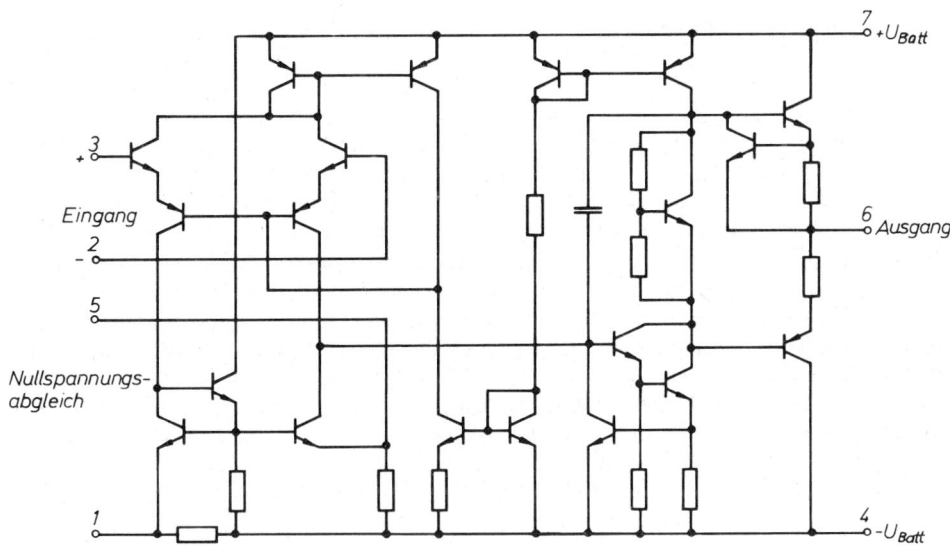

2.77 Schaltplan eines typischen bipolaren Operationsverstärkers (Typ 741)

Wird nur an den Eingang E_1 eine positive Spannung U_{E1} angelegt, so erhält man nach Gl. (2.34)

$$U_A = - V \cdot U_{E1} \qquad (2.35)$$

die Ausgangsspannung U_A wird also negativ. Man bezeichnet daher den Eingang E_1 als invertierenden Eingang.
Eine Spannung U_{E2} an E_2 ergibt dagegen

$$U_A = V \cdot U_{E2} \qquad (2.36)$$

d.h. keine Änderung der Polarität. E_2 ist damit der nichtinvertierende Eingang des OP.

2.78
Operationsverstärker
a) Schaltzeichen mit Anschlüssen
b) Bauform

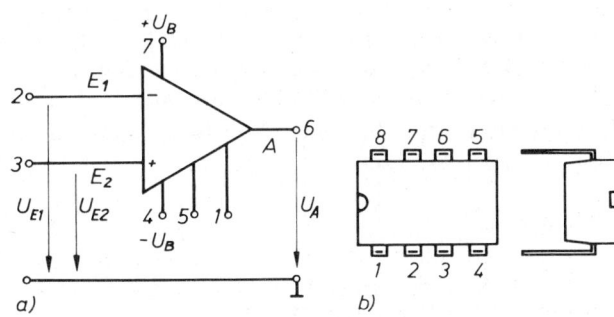

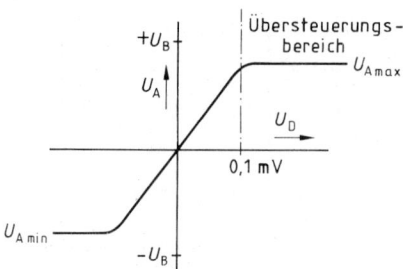

2.79
Kennlinie eines unbeschalteten Operationsverstärkers

Daten Aus den vielen Betriebswerten eines Operationsverstärkers sind nachstehende Angaben besonders wichtig:

Betriebsspannung $\quad U_B = \pm\,15$ V (typisch)
Max. Ausgangsstrom $\quad I_A = \pm\,20$ mA (typisch)
Leerlauf-Verstärkung $\quad V = 10^5$ bis 10^6
Eingangswiderstand $\quad R_E = 10^6\,\Omega$ bis $10^{12}\,\Omega$
Ausgangswiderstand $\quad R_A = 10\,\Omega$ bis $10^3\,\Omega$

Die Verstärkung hat praktisch nur bei Gleichspannung den angegebenen hohen Wert und nimmt etwa um den Faktor 10 pro zehnfacher Frequenz (20 dB/Dekade) ab.

Die Verstärkerkennlinie (Bild **2**.79) des reinen OP ist sehr steil. Bei $V = 10^5$ ist für $U_D = 0,1$ mV etwa bereits das Ende des linearen Bereichs mit $U_{A\,min} \leqq U_A \leqq U_{A\,max}$ erreicht. Mit höheren Differenzspannungen U_D am Eingang wird der OP übersteuert, d.h. die Ausgangsspannung hat ihren Grenzwert, der ca. 3 V unter U_B liegt, angenommen.

2.2.5.3   Beschaltung von Operationsverstärkern

Für den Einsatz eines OP gibt es eine Reihe klassischer Grundschaltungen, die jeweils ein bestimmtes Verhalten ergeben, das durch die Beschaltung bestimmt ist. Aus der Vielzahl der Möglichkeiten sollen nachstehend einige Beispiele angegeben werden:

Umkehrverstärker Im Aufbau nach Bild **2**.80 ist der Eingang E_2 auf Massepotential gelegt und der OP mit den Widerständen R_1 und R_2 beschaltet. Dies bewirkt, daß ein am invertierenden Eingang E_1 angeschlossenes Signal u_1 unter Umkehr des Vorzeichens nach

$$u_A = -\,\frac{R_2}{R_1}\cdot u_1 \tag{2.37}$$

verstärkt wird. Die Verstärkung selbst ist durch die Wahl des Widerstandsverhältnisses in weiten Grenzen einstellbar.

Wegen des hohen Eingangswiderstandes R_E ist der Eingangsstrom i_E vernachlässigbar klein $(i_{E1} \to 0)$. Außerdem gilt für die Eingangsspannung u_{E1} nach Gl. (2.35) die Beziehung

$$u_{E1} = -\,\frac{u_A}{V}$$

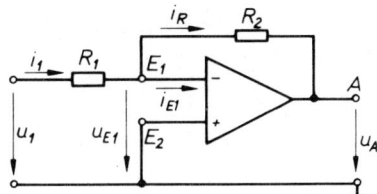

2.80
Operationsverstärker als Umkehrverstärker

was wegen $V \to \infty$ ebenfalls einen sehr kleinen Wert bedeutet. Damit wird

$$i_1 = i_R$$

$$\frac{u_1 - u_{E1}}{R_1} = \frac{u_{E1} - u_A}{R_2}, \qquad u_{E1} \to 0$$

$$\frac{u_1}{R_1} = -\frac{u_A}{R_2}$$

Integrierer In der Beschaltung nach Bild **2.81** wirkt der Operationsverstärker als integrierender Verstärker, der die an E_1 anliegende Spannungszeitfläche $u_1 \cdot \Delta t$ bildet. Man erhält die Beziehung

$$u_A = -\frac{1}{R_1 C} \int u_1 \, dt \tag{2.38}$$

wonach die Kurve $u_A = f(t)$ das Integral der Eingangskurve ist (Bild **2.84**, Beispiel 2.17).

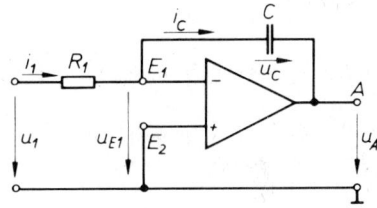

2.81
Operationsverstärker als Integrierer

Für den Kondensator C gilt die allgemeine Beziehung $Q = C \cdot U$ und hier

$$q = i_C \cdot \Delta t = C \cdot \Delta u_C$$

ferner wird

$$i_1 = \frac{u_1 - u_{E1}}{R_1}, \qquad u_C = u_{E1} - u_A$$

Mit den gleichen Vereinfachungen ($i_E \to 0$, $u_{E1} \to 0$) wie zuvor, gilt

$$i_1 = i_C = C \cdot \frac{\Delta u_C}{\Delta t}$$

$$\frac{u_1}{R_1} = C \cdot \frac{\Delta u_C}{\Delta t} = -C \cdot \frac{\Delta u_A}{\Delta t}$$

$$u_A = -\frac{1}{R_1 C} \cdot \int u_1 \, dt$$

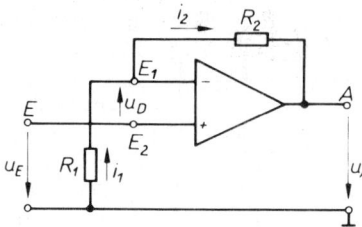

2.82
Operationsverstärker als
Elektrometerverstärker

Elektrometer-Verstärker   In der Beschaltung nach Bild **2.**82 erhält man einen nicht invertierenden Verstärker mit den Daten

$$u_A = u_E \left(1 + \frac{R_2}{R_1}\right) \tag{2.39}$$

Durch den sehr hohen Eingangswiderstand R_E eignet sich die Schaltung mit einem nachgeschalteten Meßgerät zur leistungslosen Spannungsbestimmung.

Nach Bild **2.**82 gelten die Spannungsgleichungen:

$$u_E = u_D - i_1 \cdot R_1 \text{ und } i_1 R_1 + i_2 R_2 = -u_A$$

Mit den üblichen Vereinfachungen $i_1 = i_2$, $u_D \to 0$ wird daraus

$$u_E = -i_1 \cdot R_1 \text{ und } i_1(R_1 + R_2) = -u_A$$

$$u_E = R_1 \frac{u_A}{R_1 + R_2}$$

$$u_A = u_E \cdot \frac{R_1 + R_2}{R_1}$$

Komparator mit Hysterese   In der Meß-, Regel- und Steuerungstechnik werden häufig Schaltungen zum Vergleich einer Eingangsspannung U_1 mit einem Referenzwert U_{Ref} (Soll-Istwertvergleich) benötigt. Diese Komparatoren (Bild **2.**83) können auch eine

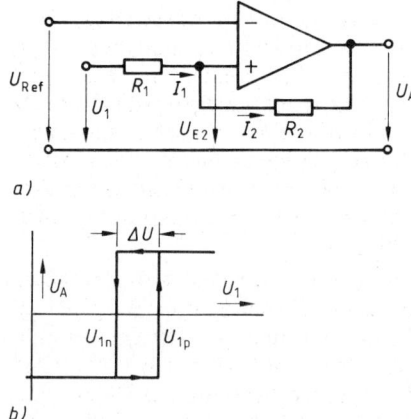

2.83
Operationsverstärker als Komparator
a) Schaltung
b) Schaltverhalten

Hysterese enthalten, bei der die Umschaltung auf $U_A > 0$ bei U_{1p}, das Rücksetzen auf $U_A < 0$ dagegen bei $U_{1n} < U_{1p}$ erfolgt. Die Kennwerte nach Bild **2.83**b lassen sich über die Beschaltungswiderstände variieren.

$$U_{1p,n} = \left(1 + \frac{R_1}{R_2}\right) \cdot U_{Ref} \pm \frac{R_1}{R_2} U_A \qquad (2.40)$$

$$\Delta U = 2\frac{R_1}{R_2} \cdot U_A \qquad (2.41)$$

Ohne Widerstände ist $\Delta U = 0$, und die Schaltschwelle liegt bei $U_1 = U_{Ref}$.

Beispiel 2.17 Aus einer 1 kHz-Rechteckspannung mit $\hat{u}_1 = 4\,V$ soll durch einen Integrierverstärker eine Dreieckspannung u_A gebildet werden. Welche Beschaltung R_1 und C ist zu wählen, damit $\hat{u}_A = 2{,}5\,V$ wird?
Nach Gl. (2.38) und Bild **2.84** gilt

$$\hat{u}_A = -\frac{1}{R_1 C}\int_0^{T/4} u_1\,dt$$

Mit $T = \dfrac{1}{f} = \dfrac{1}{1\,kHz} = 1\,ms$ und $u_1 = 4\,V$ konstant ist

$$\int_0^{T/4} u_1\,dt = 4\,V \cdot 0{,}25\,ms = 1\,mVs$$

Für $\hat{u}_A = -2{,}5\,V$ wird erforderlich

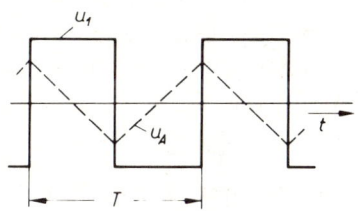

2.84 Integration einer Rechteckspannung

$$R_1 C = \frac{-\displaystyle\int_0^{T/4} u_1\,dt}{\hat{u}_A} = \frac{-1\,mVs}{-2{,}5\,V}$$

$$R_1 C = 0{,}4\,ms$$

gewählt $R_1 = 1\,k\Omega,\qquad C = 0{,}4\,\mu F$

2.2.5.4 Einsatz einer integrierten Schaltung

Integrierte Schaltkreise werden für Aufgaben angeboten, die in der industriellen Elektronik immer wiederkehren und wofür sich dadurch der Entwicklungsaufwand lohnt. Der genaue innere Aufbau und der Schaltplan sind dem Anwender vielfach nicht bekannt und im allgemeinen ist diese Kenntnis für den funktionsgerechten Einsatz auch nicht erforderlich. So wird vom Hersteller meist nur ein Blockschaltbild angegeben, das die Funktion und die Verbindungen der wichtigsten inneren Baugruppen verdeutlicht. Der Anwender muß hingegen vor allem wissen, wie die einzelnen Anschlüsse des Bausteins zu belegen sind, wo also z.B. die Spannungsversorgung anzuschließen und welche äußere Beschaltung erforderlich ist.
Der praktische Einsatz eines solchen IC-Bausteins soll am Beispiel der Phasenanschnittsteuerung einer Wechselspannung mit einem netzgeführten Stromrichter gezeigt werden. Diese Technik ist die Grundlage zur Drehzahlsteuerung von Gleichstrommotoren in der Leistungselektronik, wo bis zu Leistungen von etwa 5 kW die in Bild **2.85** gezeigte halbgesteuerte Einphasenbrücke verwendet wird (s. Abschn. 6.3.3). Sie enthält im Leistungsteil (dick gezeichnet) zwei Dioden D1 und D2 und zwei Thyristoren

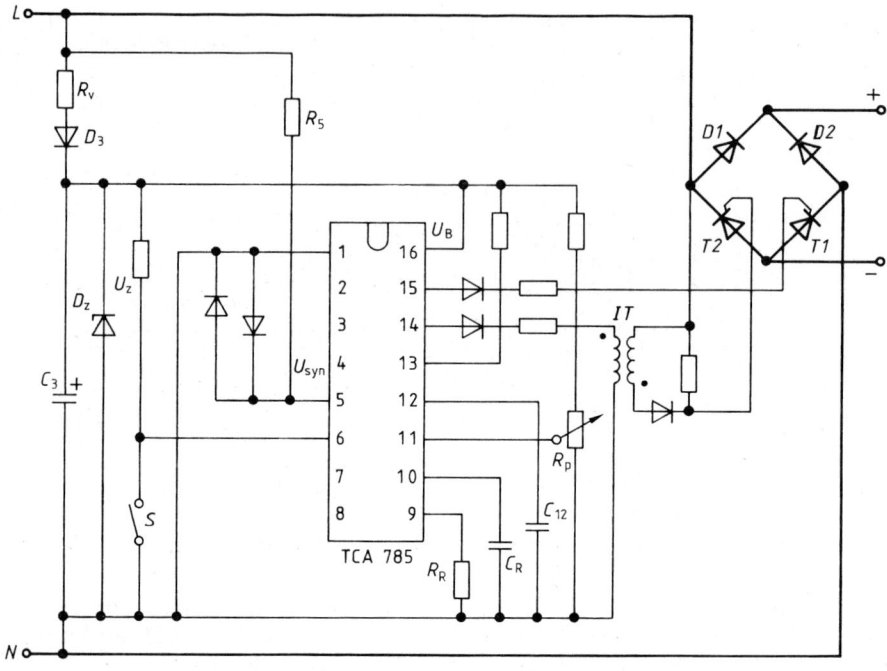

2.85 Stromrichter mit Ansteuerschaltung
(Ersatzbeispiel für IC-Baustein TCA 785)

T1 und T2, welche über Zündimpulse eingeschaltet werden müssen. Die Steuerschaltung mit dem IC-Baustein TCA 785 (Siemens AG) als zentralem Element hat die Aufgabe, diese Impulse im Abstand einer Halbperiode der Netzspannung synchronisiert mit deren Nulldurchgängen zu liefern.

Aus dem Datenblatt des Bausteins sind die Funktionen und Belegungen aller 16 Anschlüsse (Pins) zu entnehmen. Ihre Bedeutung soll zumindest für die wichtigsten Verbindungen in Bild **2**.85 erläutert werden:

Die Versorgungsspannung U_B des Bausteins beträgt 8 V bis 18 V und ist zwischen Pin 16 (Pluspol) und Pin 1 (Bezugsmasse) anzuschließen. In der Schaltung wird sie direkt über den Vorwiderstand R_v aus der 220 V-Netzspannung entnommen, durch die Diode D_3 gleichgerichtet, mit C_3 geglättet und über die Z-Diode D_z auf 15 V stabilisiert.

Das Synchronisiersignal U_{syn} wird über einen hochohmigen Widerstand R_5 aus der Netzspannung bezogen und durch die beiden gegenparallelen Dioden auf $\pm 0{,}6$ V zwischen Pin 5 und Masse begrenzt.

Die Steuerimpulse können durch Schließen des Schalters S, der Pin 6 an Masse legt, gesperrt werden. Mit dieser Impulssperre läßt sich damit die Spannung des Stromrichters über die Steuerschaltung auf Null setzen.

Die Bildung eines variablen Steuerwinkels α und die Lage der beiden Zündimpulse sind im Diagramm **2**.86 gezeigt. Ein Dreieckgenerator im IC erzeugt die Rampen-

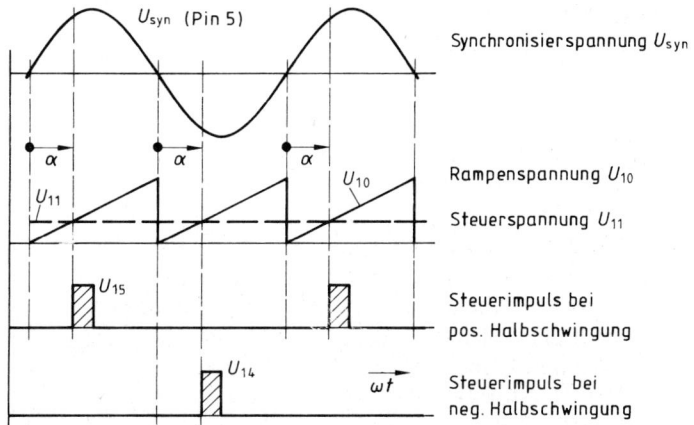

2.86 Spannungsdiagramme für IC-Baustein TCA 785

spannung U_{10} (Pin 10), deren Anstieg mit der RC-Kombination R_R und C_R variiert werden kann.

Jede Rampe beginnt mit dem Nulldurchgang der Synchronisierspannung und damit mit der des Netzes. Die Steuerspannung U_{11} entsteht aus U_B durch Wahl der Potentiometereinstellung R_p und ist im Bereich $0 \leqq U_{11} \leqq U_{10\,max}$ einstellbar.

Ein interner Steuerkomparator vergleicht U_{11} mit U_{10} und schaltet bei $U_{10} = U_{11}$ abwechselnd zwei Transistorstufen ein, die an den Ausgängen Pin 14 bzw. Pin 15 einen gegen Masse positiven Impuls zur Verfügung stellen. Die Breite der beiden Impulse ist durch den Wert des Kondensators C_{12} wählbar. Über die Stellung von R_p ist also die zeitliche Lage der Zündimpulse für die beiden Thyristoren (Zündwinkel α) beliebig innerhalb der Halbschwingung der Netzspannung veränderbar.

Ein Thyristor verlangt zur Zündung einen Impuls mit der Polarität der Durchlaßspannung. In der positiven Halbschwingung der Netzspannung (Pluspol bei L), in der D1 und T1 den Laststrom führen, kann damit der Thyristor T1 unmittelbar durch den Impuls aus Pin 15 gezündet werden. In der negativen Halbschwingung der Netzspannung, wo der Lastkreis über D2 und T2 geschlossen wird, muß dagegen für den Thyristor T2 aus dem positiven Impuls aus Pin 14 erst ein negativer erzeugt werden. Dies und die erforderliche Potentialtrennung werden mit Hilfe des Impulsübertragers IT und vertauschten Anschlüssen (Kennzeichen •) erreicht.

3 Elektrische Meßtechnik

Messungen sind in der Technik die Voraussetzung jeder erfolgreichen Forschungs- und Entwicklungsarbeit. Dasgleiche gilt für den sicheren Betrieb aller Anlagen und dies um so mehr, je höher der Automatisierungsgrad z. B. einer Fertigung ist.

In vielen Fällen bietet die elektrische Meßtechnik die größten Vorteile, da ihre Verfahren und Geräte meist hohe Empfindlichkeit, Genauigkeit und Betriebssicherheit aufweisen. Ferner bietet sie die Möglichkeit, ihre Meßwerte fast beliebig zu verstärken und in großer Entfernung vom Meßort anzuzeigen und zu verarbeiten. Für den Maschinenbauer ist besonders wichtig, daß man fast alle physikalischen Größen durch geeignete Aufnehmer in proportionale elektrische Werte umwandeln und deshalb die genannten Vorteile der elektrischen Meßtechnik auch für die Messung nichtelektrischer Größen ausnutzen kann.

Die grundlegenden Meßschaltungen zur Bestimmung von Spannung, Strom, Widerstand, Leistung und Arbeit wurden bereits in Abschn. 1 behandelt. Nachstehend werden die zugehörigen Meßgeräte und ihre Eigenschaften sowie einige besonders wichtige Meßverfahren besprochen.

3.1 Grundlagen der elektrischen Meßtechnik

Für die Auswahl und den Einsatz elektrischer Meßgeräte sind einige allgemeine Grundkenntnisse erforderlich. Sie betreffen zunächst eine Reihe meßtechnischer Begriffe, die Symbole auf der Skala und Angaben zur Genauigkeit. Ferner sind bei Messungen an elektronischen Schaltungen und in der Stromrichtertechnik spezielle Auswahlkriterien für die Geräte zu beachten.

Auf die Darstellung der vielfältigen Meßfehler und ihre Bewertung (s. DIN 1319) muß verzichtet werden. Es genüge hier der grundsätzliche Hinweis, daß ein Zeigerinstrument möglichst im letzten Drittel seiner Skala betrieben werden soll (s. Beispiel 3.1).

3.1.1 Allgemeine Angaben

3.1.1.1 Analoges und digitales Messen

Meßgeräte mit analoger Anzeige stellen das Meßergebnis mit Hilfe einer Skala und einem Zeiger dar. Der Meßwert ist analog (griechisch: entsprechend) der Auslenkung des Zeigers aus der Ruhelage. Die Ablesegenauigkeit ist von der Skalenlänge, ihrer Unterteilung, der Zeigerbreite und auch von der Sorgfalt der Ableseperson abhängig.

Beim digitalen Messen wird der Meßwert durch eine Folge von Z i f f e r n (englisch: digit) dargestellt, die auf dem Meßgerät als Zahl mit der zugehörigen Einheit erscheinen. Das Ablesen ist daher unproblematisch und kann durch die Anzahl der Dezimalstellen so genau erfolgen wie es die Meßgenauigkeit sinnvoll macht. Im Zuge der elektronischen Datenverarbeitung und der Mikroprozessortechnik gewinnt auch die digitale Meßtechnik ständig an Bedeutung. Die Entwicklung monolithisch integrierter Schaltkreise (IC-Bausteine, s. Abschn. 2.2.5) gestattet es heute, digitale Vielfachmeßgeräte zu fertigen, die preiswerter als Zeigerinstrumente sind.

3.1.1.2 Meßtechnische Begriffe

Für den Benutzer elektrischer Meßgeräte sind die folgenden Begriffe wichtig (s. auch DIN 1319 und VDE 0410):

M e ß w e r k . Bewegliches Organ einschließlich der Teile, die Voraussetzung für seine Bewegung sind.

M e ß i n s t r u m e n t . Meßwerk mit Gehäuse und eingebautem Zubehör.

M e ß g e r ä t . Meßinstrument mit sämtlichem, auch dem trennbaren Zubehör (z. B. Widerstände zur Erweiterung des Meßbereichs).

A n z e i g e b e r e i c h . Gesamter Skalenumfang.

M e ß b e r e i c h . Teil der Skala, d. h. des Anzeigebereichs, für den die Genauigkeitsbestimmungen eingehalten werden. Der Meßbereich wird durch Punkte an den betreffenden Skalenstrichen gekennzeichnet.

S k a l e n e n d w e r t . Wert des letzten Teilstrichs des Meßbereichs.

F e h l a n g a b e (FA). Differenz zwischen angezeigten (AW) und wahrem Wert (WW) der Meßgröße. Es gilt also FA = AW − WW.

A n z e i g e f e h l e r . Er wird in Prozenten, bezogen auf den Meßbereich-(Skalen-)Endwert angegeben.

E i g e n s c h w i n g u n g s d a u e r u n d D ä m p f u n g . Das bewegliche Organ des Meßwerks bildet mit seinem Trägheitsmoment J und dem meist durch eine oder zwei Spiralfedern bedingten Richtmoment D ein schwingungsfähiges System, dessen ungedämpfte Eigenschwingungsdauer gegeben ist durch $T = 2\pi\sqrt{J/D}$.

Das schwingungsfähige Organ – bemerkbar an seinem Zeiger – wird durch Reibung und meist noch durch zusätzliche Dämpfungsvorrichtungen gedämpft. Man unterscheidet

1. kriechende Dämpfung: Der Zeiger gelangt sehr langsam, „kriechend", in seine durch die Meßgröße gegebene Endstellung,

2. aperiodische Dämpfung: Der Zeiger geht ohne Schwingungen in einer Zeit > T in seine Endstellung,

3. periodische Dämpfung: Der Zeiger schwingt mit abnehmender Amplitude und einer Schwingungsdauer > T bis zur Erreichung der Endstellung.

G ü t e k l a s s e . Jedes Meßinstrument hat einen Anzeigefehler, dessen Wert durch Unvollkommenheit bei der Herstellung (z. B. Lagerreibung) oder der Werkstoffe (z. B. Inkonstanz eines Dauermagneten) bedingt ist. Man ordnet deshalb die Meßinstrumente nach Güteklassen, die durch den höchsten zulässigen Anzeigefehler charakterisiert sind (Tafel **3**.1). Die Anzeige elektrischer Meßgeräte kann auch noch durch äußere Einflüsse, z. B. Temperatur, magnetische Felder usw., beeinflußt werden. Der durch solche äußeren Einflüsse bedingte Anzeigefehler soll allg. den durch die Güteklasse gegebenen höchstzulässigen Instrumentenfehler nicht erreichen (Näheres in VDE 0410).

Beispiel 3.1 Ein Vielfachgerät der Güteklasse 1,5 mit 30 Skalenteilen wird im Meßbereich 300 V verwendet.

a) In welchen Grenzen kann eine Spannung liegen, wenn der Zeiger 22 Skalenteile angibt?

Der Anzeigefehler AF ist gleichbleibend 1,5 % des Skalenendwerts, damit Fehlangabe FA = ± 0,015 · 300 V = ± 4,5 V

Anzeigewert AW = 22 Skalenteile · 10 V/Skalenteil = 220 V.

Wahrer Wert WW = AW − FA = 220 V ± 4,5 V = 215,5 V bis 224,5 V.

b) In welchem Toleranzbereich kann ein Meßwert liegen, wenn 24 V angezeigt werden?

Es gilt unverändert FA = ± 4,5 V und damit

Wahrer Wert WW = 24 V ± 4,5 V = 19,5 V bis 28,5 V!

Tafel **3**.1   Güteklassen elektrischer Meßgeräte

Klasse	zulässiger Anzeigefehler ± % vom Skalenendwert	Geräteart
0,1 0,2 0,5	0,1 0,2 0,5	Feinmeßgeräte
1 1,5 2,5 5	1 1,5 2,5 5	Betriebsmeßgeräte

3.1.1.3   Kennzeichnung elektrischer Meßinstrumente

Die für den Benutzer wichtigsten Eigenschaften eines elektrischen Meßinstruments werden durch Sinnbilder auf der Skalenscheibe gekennzeichnet. Die Bedeutung dieser Sinnbilder zeigt Tafel **3**.2.

3.1.2   Betriebsdaten elektrischer Meßgeräte

3.1.2.1   Innenwiderstand

Durch das Einbringen eines Meßgerätes in eine Schaltung sollen die Strom- und Spannungswerte nicht merklich geändert werden. Der Innenwiderstand eines Spannungsmessers muß dazu sehr groß im Vergleich zum Verbraucherwiderstand sein, der eines Strommessers dagegen sehr klein. Sind diese Bedingungen nicht erfüllt und treten dadurch Fehler auf, die in den Bereich der Anzeigefehler kommen, so sind Korrekturrechnungen erforderlich.

In der Praxis will man dies vermeiden und sollte sich daher über den Innenwiderstand eines Meßgerätes Klarheit verschaffen. Besonders wichtig ist dies beim Einsatz

Tafel **3**.2   Sinnbilder für Meßinstrumente

—	Gleichstrom	⌐	waagerechte Gebrauchslage		Drehspulmeßwerk mit Gleichrichter
~	Wechselstrom	/60°	schräge Gebrauchslage mit Neigungswinkel		Drehspulmeßwerk mit Thermoumformer
≂	Gleich- und Wechselstrom	☆2	Prüfspannung (Ziffer ≙ kV)		Dreheisenmeßwerk
≋ 1	Drehstrom mit einem Meßwerk	1,5	Klassenzeichen		elektrodynamisches Meßwerk (eisenlos)
≋ 2	Drehstrom mit zwei Meßwerken		Bimetallmeßwerk		elektrodynamisches Meßwerk (eisengeschlossen)
≋ 3	Drehstrom mit drei Meßwerken		Drehspulmeßwerk		
⊥	senkrechte Gebrauchslage	⌊x⌋	Drehspul-Quotientenmeßwerk		elektrostatisches Meßwerk

von Spannungsmessern, bei denen man den Innenwiderstand R_i für die einzelnen Meßbereiche gerne auf den Nennspannungswert bezieht und in Ω/V angibt. Bei den verschiedenen Meßsystemen werden etwa nachstehende Daten erreicht:

Dreheisengeräte	— 20 Ω/V bis 500 Ω/V
Drehspulgeräte mit Gleichrichter	— 300 Ω/V bis 2 kΩ/V
Drehspulgeräte mit Verstärker	— 100 kΩ/V bis 10 MΩ
Thermoumformergeräte	— 1 MΩ bis 10 MΩ
Digitale Multimeter	— 1 MΩ bis 10 MΩ
Oszilloskope	— 1 MΩ

Für Messungen in elektronischen Schaltungen mit ihren oft sehr kleinen Strömen müssen stets Spannungsmesser über 20 kΩ/V verwendet werden.

3.1.2.2   Messung nichtsinusförmiger Größen

Durch den Einsatz von Stromrichterschaltungen sind die Kurvenformen der Ströme und Spannungen einer Anlage häufig nicht mehr sinusförmig, sondern durch die Anschnittsteuerung mit Thyristoren stark oberschwingungshaltig. Es sind dann in der Stromkurve $i = f(t)$ außer der 50 Hz-Grundschwingung mit dem Effektivwert I_1 verschiedene Oberschwingungen mit 3, 5, 7 usw. facher Netzfrequenz und den Einzeleffektivwerten I_3 (150 Hz), I_5 (250 Hz) usw. enthalten. Für die Messung interessiert der Gesamteffektivwert I, der sich zu

$$I = \sqrt{I_1^2 + I + I_5^2} \dots \tag{3.1}$$

d. h. über die quadratische Addition aller Einzelanteile ergibt. Dieser Wert ist für die Belastung (Erwärmung) der Anlagen maßgebend.

Für die Messung solch nichtsinusförmiger Größen sind nicht alle Meßgeräte geeignet. Im Einzelnen gilt folgende Übersicht:

Drehspulgeräte mit Gleichrichter   Das Meßwerk erhält durch eine vorgeschaltete Diodenbrücke einen gleichgerichteten Strom und liefert daher einen dessen Mittelwert proportionalen Ausschlag. Da bei sinusförmigen Größen zwischen Gleichricht- und Effektivwert eine feste Beziehung (Formfaktor) besteht, werden auf der Skala direkt Effektivwerte angegeben. Bei nichtsinusförmigem Kurvenverlauf gilt diese Eichung aber nicht, und das Gerät zeigt einen falschen Meßwert an. Der Fehler ist um so größer, je mehr der zeitliche Verlauf von der Sinusform abweicht und kann, bezogen auf den richtigen Wert, über 100% betragen.

Dreheisengeräte   Sie sind auf Grund ihrer Wirkungsweise echte Effektivwertmesser und damit auch zur Bestimmung oberschwingungshaltiger Größen geeignet. Enge Fehlergrenzen bestehen allerdings nur im angegebenen Frequenzbereich von z. B. 15 Hz–50 Hz–300 Hz, wobei sich die Klassengenauigkeit auf den mittleren Wert bezieht. Danach der Meßfehler je nach dem Anteil der Oberschwingungen etwas erhöht.

Drehspulgeräte mit Thermoumformer   Da sie über ein Thermoelement die Stromwärme der Meßgröße bestimmen, sind Meßgeräte mit Thermoumformer ebenfalls echte Effektivwertmesser. Der zulässige Frequenzbereich liegt so hoch (> 20 kHz), daß keine Meßfehler auftreten.

Digitalgeräte   Einfache Geräte erlauben außer Gleichstrommessungen nur die richtige Bestimmung sinusförmiger Größen. In der teuren Preisklasse geben die Hersteller einen maximalen Scheitelfaktor (Crestfaktor) $C = \hat{\imath}/I$ als Verhältnis von Spitzenwert $\hat{\imath}$ zu Effektivwert I des periodischen aber nichtsinusförmigen Kurvenverlaufs an, bis zu dem eine genaue Effektivwertanzeige erfolgt. Üblich sind Werte von $C = 2{,}5$ bis 5 (14).

3.1.2.3   Meßbereichserweiterung

Gleichstrom   Wie bereits in Abschn. 1 dargestellt, erfolgt die Meßbereichserweiterung durch Zuschalten von Vor- und Nebenwiderständen zum Meßwerk. Bei Vielfachmeßgeräten mit oft über 20 Meßbereichen für Strom und Spannung ergibt dies eine Vielzahl von Einzelwiderständen z. B. der Klasse 0,2% bis 0,5%, die durch den Meßbereichsschalter zugeschaltet werden.

Wechselstrom   Um die teilweise sehr hohen Ströme und Spannungen elektrischer Maschinen und Anlagen auf für ein Meßgerät günstige Werte zu bringen, werden Meßwandler verwendet, die als Transformatoren (s. Abschn. 4) arbeiten. Man unterscheidet Strom- und Spannungswandler, welche die Meßgrößen auf Werte herabsetzen, die 5 A bzw. 100 V nicht überschreiten. Auf die Technik dieser Meßwandler wird in Abschn. 3.2.2.7 eingegangen.

3.2   Elektrische Meßwerke und Meßgeräte

3.2.1   Elektrische Meßwerke

3.2.1.1   Elektronenstrahlröhren

Aufbau und Wirkungsweise der Elektronenstrahlröhre wurden bereits in Abschn. 2.1.5.1 besprochen. Über die an den beiden Plattenpaaren anliegenden momentanen Spannungen wird die Lage des Leuchtpunktes auf dem Bildschirm bestimmt. Legt man an ein Plattenpaar (y-Richtung) die zu messende Spannung U_y, so gilt für die senkrechte Auslenkung y des Leuchtpunktes $y \sim U_y$. Die Elektronenstrahlröhre erlaubt damit eine fast leistungslose Spannungsmessung bis zu sehr hohen Frequenzen. Über den Aufbau als Meßgerät s. Abschn. 3.2.2.5.

3.2.1.2   Dreheisenmeßwerke

Bild **3**.3 zeigt den Aufbau eines Dreheisenmeßwerks, das besonders für Betriebsmeßgeräte gerne verwendet wird. Das im Inneren der vom Meßstrom durchflossenen Spule entstehende Magnetfeld magnetisiert das feststehende und das bewegliche Eisenplättchen gleichartig, so daß zwischen beiden eine abstoßende Kraft entsteht, die das Zeigerdrehmoment bildet. Diesem wirkt das Drehmoment der Rückstellfeder entgegen. Da die Plättchen auch bei umgekehrter Stromrichtung gleichartig magnetisiert werden, ist das Dreheisenmeßwerk auch für Wechselstrom brauchbar. Es hat Luftreibungsdämpfung, die ein aus Dämpferflügel und Dämpferkammer bestehendes Dämpfersystem bewirkt. Auf der Skala erkennt man die nicht gleichmäßige Teilung und den Unterschied zwischen Anzeige- und Meßbereich.

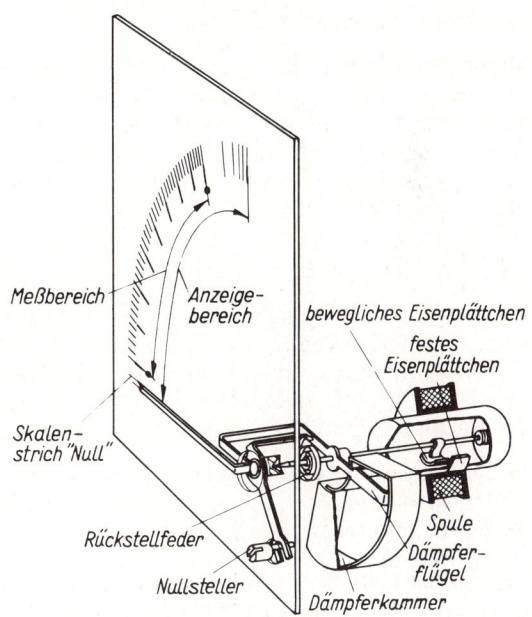

3.3
Dreheisenmeßwerk mit Luftdämpfung
(H u. B-Elima)

Die wichtigsten Eigenschaften des Dreheisenmeßwerks sind: Einfachheit, Billigkeit, hohe Überlastbarkeit (bis $40 \times$ Nennstrom I_N während maximal 1 s!), Genauigkeit bis Klasse 0,2, universelle Anwendbarkeit für Gleich- und Wechselstrom und, für das Meßwerk allein, ein Eigenverbrauch von 0,1 bis 1 VA.

3.2.1.3   Drehspulmeßwerke

Drehspulmeßwerke werden in zwei Ausführungen hergestellt. Ein Meßwerk mit Außenmagnet zeigt Bild 3.4. Im Feld des Dauermagneten befindet sich, drehbar angeordnet, die auf ein dünnes Al-Blechrähmchen gewickelte Drehspule mit N Windungen. Dieser Drehspule wird der Meßstrom I über zwei Spiralfedern, die auch die Rückstellkraft ergeben, zugeführt. Der Weicheisenkern im Innern der Drehspule sorgt für ein praktisch homogenes Magnetfeld mit der Flußdichte B. In diesem Feld liegen $2N$ stromdurchflossene Leiter, deren Länge durch die Kantenlänge l_0 der Drehspule, parallel zur Drehachse, gegeben ist. Die wirksame Leiterlänge im Magnetfeld ist deshalb

$$l = 2Nl_0$$

Damit wird die auf die Drehspule ausgeübte Kraft nach Gl. (1.73)

$$F_m = 2NBIl_0 \tag{3.2}$$

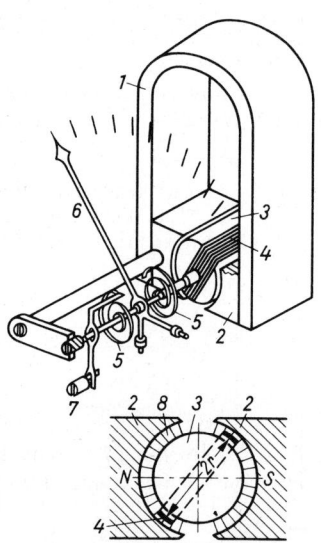

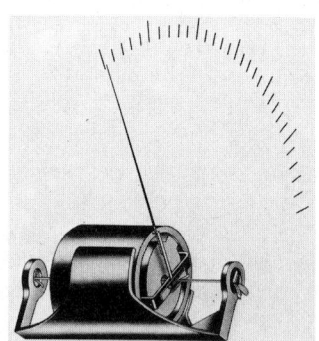

3.4 Drehspulmeßwerk mit Außenmagnet
(Spitzenlagerung)

1 Dauermagnet   5 Spiralfedern
2 Polschuhe   6 Zeiger
3 Weicheisenkern   7 Zeiger-Nullstellung
4 Drehspule   8 radialhomogenes Feld

3.5 Drehspulmeßwerk mit Kernmagnet
(Spannbandaufhängung) (H u. B)

Diese Kraft, eigentlich ein Kräftepaar, greift am Umfang der Drehspule an und ergibt ein Drehmoment, das man durch Multiplizieren von F_m mit dem Radius der Drehspule erhält. Da die Richtung der wirkenden Kraft von der Stromrichtung abhängt, ergeben sich je nach Stromrichtung Zeigerausschläge nach verschiedenen Seiten. Ein Drehspulmeßwerk mit einem in Skalenmitte liegenden Nullpunkt kann deshalb als Stromrichtungsanzeiger für Gleichstrom verwendet werden.

Die zweite, neuere Form des Drehspulmeßwerks nennt man K e r n m a g n e t m e ß w e r k (**3.5**). Hier liegt der Dauermagnet als Kern im Innern der Drehspule. Ein Weicheisenzylinder schließt den magnetischen Kreis. Der Kern ist längs eines Durchmessers magnetisiert. Durch einfache Maßnahmen kann man trotzdem ein annähernd homogenes Magnetfeld erzeugen, so daß einer der wichtigsten Vorteile des Drehspulmeßwerks, die linear geteilte Skala, erhalten bleibt.

Weitere Vorteile sind: Hohe Genauigkeit bis Klasse 0,1, hohe Empfindlichkeit, Stromempfindlichkeit des Zeigerinstrumentes bis 10^7 mm/A, Spannungsempfindlichkeit bis 10^5 mm/V. Bei Instrumenten mit Lichtzeiger und Spiegelablesung läßt sich diese Empfindlichkeit um drei weitere Zehnerpotenzen steigern. Durch Induktion einer Spannung bzw. eines Stromes im bewegten Rähmchen der Drehspule wird das Meßwerk vorzüglich gedämpft, da dieser Strom im Widerstand des Rähmchens in Wärme umgewandelt wird. Dies bedeutet für das schwingende System einen Energieentzug, der die Dämpfung bewirkt.

Den Nachteil des Drehspulmeßwerks, nur für Gleichstrom verwendbar zu sein, kann man durch Vorschalten von Halbleiterdioden beseitigen. Die Empfindlichkeit wird dadurch zwar verringert, sie liegt aber trotzdem noch weit über der des Dreheisenmeßwerks, so daß das D r e h s p u l m e ß w e r k i n V e r b i n d u n g m i t G l e i c h r i c h t e r n auch das empfindlichste W e c h s e l s t r o m m e ß i n s t r u m e n t ergibt.

Neben diesen Grundformen des Drehspulmeßwerks gib es für besondere Zwecke eine große Zahl von Sonderausführungen. Wichtig ist das Kreuzspulmeßwerk, das zwei Drehspulen auf einer Achse enthält.

Beispiel 3.2 Wie groß ist das auf die Drehspule des Meßwerkes in Bild **3**.4 wirkende Drehmoment, wenn jene von einem Strom von 1 mA Stärke durchflossen wird, mit 500 Windungen bewickelt ist, bei 10 mm Kantenlänge quadratische Form hat und sich in einem Magnetfeld mit der Flußdichte 0,2 T befindet?

Mit Gl. (3.2) erhält man die Kraft $F_m = 2 \cdot 500 \cdot 0,2 \cdot 1{,}10^{-3} \cdot 10^{-2} \dfrac{\text{Vs} \cdot \text{A} \cdot \text{m}}{\text{m}^2} = 2 \cdot 10^{-3}$ Ws/m.

Da 1 Ws = 1 Nm ist, folgt fpür die Kraft $F_m = 2 \cdot 10^{-3}$ N. Mit $r = 5$ mm $= 0,5$ cm ergibt sich das Drehmoment $M = 2 \cdot 10^{-3}$ N $\cdot$ 0,5 cm $= 1 \cdot 10^{-3}$ Ncm.

Thermoumformer In einem evakuierten Glasröhrchen 1 nach Bild **3**.6 erwärmt der zu messende Strom I einen Heizdraht 2 aus einem Widerstandsmaterial mit kleinem Temperaturbeiwert. Mit dem Heizdraht ist ein Thermoelement 3 entweder direkt

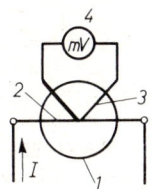

3.6
Thermoumformer
1 evakuierter Glaskolben   3 Thermoelement
2 Heizdraht   4 Drehspulmeßwerk

durch Hartlöten oder isoliert verbunden. Die entstehende Thermospannung von etwa 5 mV ist der Temperaturdifferenz zwischen Heizdraht und Umgebung und damit der Wärmeleistung $I^2 \cdot R$ proportional und wird mit dem Drehspulmeßwerk 4 gemessen. Die Anzeige ist grundsätzlich vom Effektivwert des Stromes abhängig.

Geräte mit Thermoumformung und elektronischem Verstärker werden heute als empfindliche Vielfachinstrumente mit sehr geringem Eigenverbrauch hergestellt. Je nach Ausführung der Anordnung Heizdraht-Thermoelement eignet sich diese Technik für Messungen bis zu Frequenzen über 10 MHz.

3.2.1.4   Elektrodynamische Meßwerke

Das elektrodynamische Meßwerk ist ein Produktenmesser; seinen Aufbau in der heute meist verwendeten „eisengeschlossenen" Form zeigt Bild **3**.7. Man erkennt die Ähnlichkeit mit dem Drehspulmeßwerk mit Außenmagnet, der hier nicht ein Dauermagnet, sondern ein Elektromagnet ist. Da jetzt in Gl. (3.2) der Betrag von B von dem die Elektromagnetwicklung durchfließenden Strom I_I abhängt – nämlich diesem proportional ist, solange man sich im linearen Teil der Magnetisierungskurve des magnetischen Kreises befindet –, ist die entstehende Kraft F_m dem Produkt $I_\mathrm{I}I_1$ proportional. Daraus sowie aus der Schaltung (1.15) folgt, daß das elektrodynamische Meßwerk als Leistungsmesser verwendbar ist.

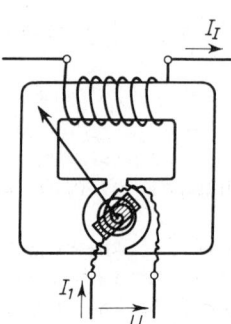

3.7
Elektrodynamisches Meßwerk mit Eisenschluß (Siemens).
Es ist nur eine Spiralfeder zur Stromzuführung eingezeichnet

Die eisengeschlossene Ausführung, bei der für die Eisenteile besonders hochwertige Bleche verwendet werden, ist nur für Wechselstrom anwendbar, man erreicht mit ihr die Geunaigkeitsklasse 0,5. Gebräuchlich sind für ein Wattmeter der Meßbereich 5 A für den Strompfad I_I und die Bereiche 60 V, 120 V und 240 V für den Spannungspfad.

Die eisenlose Ausführung, die für Gleich- und Wechselstrommmessungen geeignet ist, kann bis zur Genauigkeitsklasse 0,1 gebaut werden.

3.2.1.5   Induktions-(Ferraris-)Meßwerk

Nach Bild **3**.8 befindet sich im Luftspalt der beiden Elektromagnete 1 und 2 eine um ihre senkrechte Welle drehbare Scheibe aus Aluminium. Wicklung 1 wird vom Verbraucherstrom I durchflossen und erzeugt im Luftspalt ihres Magnetkreises ein Feld der Flußdichte B_1. Wicklung 2 liegt an der Verbraucherspannung U und führt wegen ihres hohen Blindwiderstandes einen Strom, bzw. bewirkt eine Flußdichte B_2 im Luftspalt, welche beide der Spannung U um 90° nacheilen. Insgesamt entsteht damit durch die räumlich versetzten Polflächen und die zeitliche Phasenverschiebung ihrer Felder ein Wanderfeld, das in der Scheibe Wirbelströme verursacht. Nach Gl. (1.73) ergeben diese Wirbelströme zusammen mit dem Wanderfeld tangential an der Scheibe angreifende Kräfte, die ein Drehmoment zur Folge haben. Diesem Antriebsmoment, das nach

$$M_A = c_1 \cdot U \cdot I \cdot \cos \varphi \tag{3.3}$$

der Wirkleistung des Verbrauchers proportional ist, wirkt ein durch den Dauermagneten 6 nach

$$M_B = c_2 \cdot n \tag{3.4}$$

erzeugtes Bremsmoment entgegen.

Die Drehzahl n der Scheibe errechnet sich dabei aus der Zahl der Umdrehungen z in der Zeit t zu

$$n = \frac{z}{t} \tag{3.5}$$

Da im Gleichgewichtszustand mit konstanter Drehzahl $M_A = M_B$ sein muß, erhält man aus obigen Gleichungen für die Anzahl der Scheibenumdrehungen

$$z = \frac{c_1}{c_2} \cdot t \cdot U \cdot I \cdot \cos \varphi = k \cdot W \quad \text{mit } k = c_1/c_2 \tag{3.6}$$

Die Zahl z ist also der Arbeit W proportional, welche in der zugehörigen Zeitspanne t im Verbraucher umgesetzt wird.

Durch ein über die Schnecke 5 angetriebenes Z ä h l w e r k werden diese Umdrehungen gezählt und digital angezeigt. Meßgeräte für die elektrische Arbeit werden (E l e k t r i - z i t ä t s -) Z ä h l e r genannt. $k = c_1/c_2$ nennt man die Z ä h l e r k o n s t a n t e; sie ist von der Konstruktion und Einstellung des Zählers abhängig und hat nach Gl. (3.6) die Dimension: Umdrehungen/kWh.

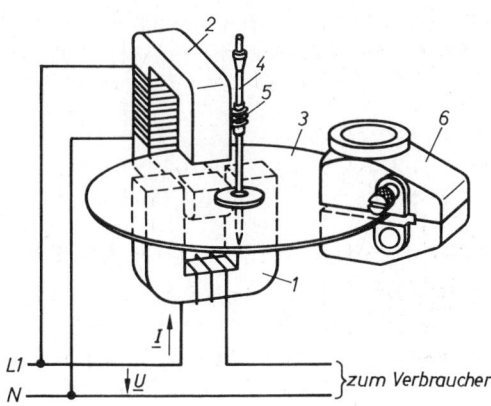

3.8
Einphasen-Induktionszähler
(schematisch)

1 Stromeisen mit Stromspule
2 Spannungseisen mit Spannungsspule
3 Läuferscheibe
4 Welle
5 Antriebsschnecke für das Zählwerk
6 Bremsmagnet

3.2.2   Elektrische Meßgeräte

3.2.2.1   Widerstandsmeßgeräte

Meßbrücken   Bei diesen Geräten wird der unbekannte Widerstand in einer Brücken-schaltung nach Abschn. 1.1.2.5 (Bild 1.30) mit einstellbaren, bekannten Widerständen über den Nullabgleich eines Drehspulinstrumentes verglichen. Der Wert ergibt sich aus Gl. (1.40) und kann auf der Skala des Drehwiderstandes abgelesen werden.

Am bekanntesten ist die Wheatstone-Meßbrücke, mit der bei 0,5% Genauig-keit Widerstände zwischen ca. 0,1 Ω und 100 kΩ gemessen werden können. Bei Wer-ten unter 1 Ω macht sich der Zuleitungswiderstand bereits als Meßfehler bemerkbar, so daß im Bereich 0,1 mΩ bis 2 Ω die Thomson-Meßbrücke eingesetzt wird. Hier ist durch den Aufbau der Schaltung der Leitungswiderstand ohne Einfluß.

Ohmmeter   Es erlaubt ein unmittelbares Ablesen des unbekannten Widerstandes auf einer Ohmskala. Es arbeitet in seiner einfachen Ausführung (Leitungsprüfer) nach der in Abschn. 1.1.2.5 beschriebenen Voltmetermethode zur Messung von Widerständen. Der Zeiger muß in jedem Meßbereich vor der Inbetriebnahme über einen Einstell-knopf nach Kurzschließen der Anschlußklemmen auf Nullausschlag gebracht werden. Je nach Gerät umfaßt der Meßbereich etwa 1 Ω bis 100 kΩ, wobei eine Genauigkeit von 1,5% erreicht wird.

Isolationsmesser   Zur Messung sehr hochohmiger Widerstände bis über 1000 MΩ verwendet man den Kurbelinduktor. Dieser enthält einen kleinen über ein Ge-triebe mit einer Handkurbel betriebenen Generator, der die Meßspannung für das eingebaute Drehspulinstrument mit Ohmskala erzeugt. Die Meßspannung wird über eine Drehzahlregelung oder eine elektronische Schaltung genau konstant gehalten und ist damit unabhängig von der Drehzahl der Handkurbel. Man wählt mit Rück-sicht auf die hohen Ohmwerte Betriebsspannungen von 500 V bis 1000 V und erreicht ebenfalls 1,5% Genauigkeit.

3.2.2.2   Zangenstrommesser

Mit dem aufklappbaren Eisenkern des Gerätes wird die Leitung, deren Strom zu be-stimmen ist, umfaßt. Da der Stromkreis damit nicht aufgetrennt werden muß, eignen sich Zangenstrommesser besonders für Kontrollaufgaben in elektrischen Anlagen. In der klassischen Ausführung (Bild 3.9a) arbeitet das Meßgerät als Stromwandler, in dessen Sekundärwicklung mit der Windungszahl N_2 nach dem Transformationsgesetz

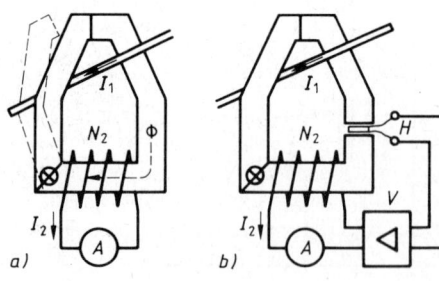

3.9
Zangenstrommesser

a) Stromwandlertechnik
b) Hallsonde als Nullindikator

ein Strom $I_2 = I_1 \cdot N_1/N_2$ mit $N_1 = 1$ induziert wird. Entsprechend dem gewünschten Meßbereich, wird N_2 so groß gewählt, daß I_2 bequem mit dem eingebauten Strommesser bestimmt werden kann.

Mit obigem Wandlerprinzip können nur Wechselströme gemessen werden, da es auf dem Induktionsgesetzt beruht, d. h. eine periodische Feldänderung erfordert. In der Technik nach Bild 3.9b mit einer Hallsonde im magnetischen Kreis sind dagegen Gleich- und Wechselströme meßbar. Nach Abschn. 2.1.3.4 liefert die Sonde eine feldproportionale Spannung, die auch unmittelbar zur potentialfreien Gleichstrommessung verwendet werden kann. In der Praxis wählt man das genauere Kompensationsverfahren, bei dem die Hallsonde nur als Nullindikator wirkt und den Verstärker V so aussteuert, daß das resultierende Magnetfeld im Kern durch die Gegendurchflutung der Sekundärwicklung genau aufgehoben wird. Dann gilt wieder $I_2 = I_1/N_2$, und der eingestellte Strom ist ein Maß für den Leitungsstrom I_1.

3.2.2.3 Vielfachinstrumente

Vielfachinstrumente werden mit sehr unterschiedlichen, durch Umschalter wählbaren Meßbereichen ausgeführt. Alle für die verschiedenen Meßbereiche erforderlichen Reihen- und Parallelwiderstände sind mit dem Drehspulmeßwerk in ein Gehäuse eingebaut. Auf diese Weise ist es möglich, für Gleichstrom eine fast beliebige Zahl von Strom- und Spannungsmeßbereichen mit verhältnismäßig geringem Aufwand zu erreichen. Durch Einbau von Halbleiter-Gleichrichtern und häufig auch eines Stromwandlers für die Wechselstrombereiche bekommt man die gleichen Meßbereiche auch für Wechselstrom. Mit einer eingebauten Batterie als Spannungsquelle kann das Vielfachinstrument auch zur Widerstandsmessung nach der Voltmeter-Methode (s. Abschn. 1.1.2.5) verwendet werden. Eine insbesondere für die Nachrichtentechnik und Elektronik wichtige Eigenschaft der Vielfachinstrumente ist ihr durch die Verwendung des Drehspulmeßwerks bedingter geringer Eigenverbrauch. Für die Spannungsmeßbereiche kann heute ein Innenwiderstand $> 100 \text{ k}\Omega/\text{V}$ erreicht werden, für die Strommeßbereiche liegen die Spannungsfälle in der Größenordnung 100 mV.

3.2.2.4 Schreibende Meßgeräte

Schreibende Meßgeräte, auch Registrierinstrumente oder kurz Schreiber genannt, werden zur Aufzeichnung langsam veränderlicher elektrischer Größen benutzt. Sie bestehen stets aus zwei Teilen, dem Meßwerk und der Schreibvorrichtung. Grundsätzlich kann jede Art von Meßwerken mit einer Schreibvorrichtung kombiniert werden; besonders häufig verwendet man Drehspul- oder eisengeschlossene elektrodynamische Meßwerke. Es gibt drei Arten von schreibenden Meßgeräten:

1. Linienschreiber, die fortlaufend aufzeichnen
2. Punktschreiber, die in bestimmten zeitlichen Abständen aufzeichnen.
3. Kompensationsschreiber, die fortlaufend aufzeichnen.

Linienschreiber Bei diesen ist im einfachsten Fall die Schreibfeder an der Spitze des Meßwerkzeigers angebracht. Unter der Feder wird der Papierstreifen durch einen kleinen Synchronmotor mit konstanter Geschwindigkeit fortbewegt. Für die Aufzeichnung kann normales Papier mit Tinte oder z. B. eine Metallpapierschrift verwendet werden. Im letzteren Falle ist auf das Registrierpapier eine sehr dünne Metallschicht aufgedampft, auf der sich der Schreibstift bewegt. Durch eine geringe Spannung zwischen Stift und Metallschicht fließt ein kleiner Strom, dessen Wärme die Schicht unter dem Stift fortlaufend verdampft und damit eine Linie aufzeichnet.

Punktschreiber Diese haben einen wesentlich niedrigeren Eigenverbrauch als die Linienschreiber, da sich der Zeiger frei über der Papierbahn bewegt. Er wird nur in regelmäßigen Abständen, z. B. alle 20 s, durch einen Fallbügel gegen ein Farbband gedrückt, das dann auf dem Papier aufliegt und auf dieses einen Punkt drückt. Der Fallbügel wird über ein Getriebe mit Exzenterscheibe vom Synchronmotor bewegt, der zugleich auch den Papiervorschub antreibt. Da der Synchronmotor zusätzlich noch einen Umschalter betätigen kann, der das Meßwerk in verschiedene Stromkreise legt, ist die gleichzeitige Aufzeichnung von verschiedenen Meßgrößen auf einem Papierstreifen möglich. Die verschiedenen Meßreihen können noch durch Farben unterschieden werden, wenn man mit der elektrischen Umschaltung eine Umschaltung der Farbbänder verbindet.

Kompensationsschreiber Bei diesem Schreibertyp wird die zu messende Spannung U_x mit einer internen Kompensationsspannung U_k verglichen und eine Nullspannung $U_0 = U_x - U_k$ gebildet. Diese wird umgeformt, verstärkt und auf die Anlaufwicklung eines kleinen Wechselstrommotors geschaltet. Seine Welle dient als Antrieb für den Schreibarm und den Zeiger und bewegt sich solange bis $U_0 = 0$ erreicht ist. Die Auslenkung des Zeigers wird dadurch proportional der Meßgröße U_x.

Kennzeichnend für alle Kompensationsschreiber ist, daß sie kein elektrisches Meßwert enthalten, sondern selbstabgleichende Kompensationsapparate sind. Da der Motor mit großem Drehmoment gebaut werden kann, treten keine Schwierigkeiten durch die Reibung der Schreibfeder auf und kann eine große Schreibbreite gewählt werden.

3.2.2.5 Oszilloskope

Mit einem Oszilloskop kann man den zeitlichen Verlauf von Spannungssignalen bei Frequenzen bis zu GHz auf einem Leuchtschirm sichtbar machen. Das Gerät ist für alle Entwicklungsarbeiten in der Elektronik, für Serviceaufgaben in Industrie und Gewerbe, sowie für Schulungseinrichtungen unentbehrlich.

Kernstück eines jeden Oszilloskops ist die in Abschn. 2.1.5.1 beschriebene, auch Braunsche Röhre genannte Elektronenstrahlröhre. Sie ist, meßtechnisch betrachtet, ein Spannungsmesser mit einer durchschnittlichen Empfindlichkeit von etwa 0,2 mm/V. Ein Strom kann nur gemessen werden, wenn man diesen durch einen möglichst kleinen und frequenzunabhängigen Widerstand leitet und die daran abfallende Spannung oszillografiert. Dies reicht aber zur Erzeugung eines hinreichend großen Oszillogramms ebenso wenig aus, wie die sonst zu oszillografierenden Spannungen, so daß fast stets eine mehr oder weniger große Verstärkung der zu untersuchenden Spannungen notwendig ist.

Da der Verlauf der elektrischen Größe in Abhängigkeit von der Zeit nur mit Hilfe einer zeitproportionalen Ablenkung in horizontaler Richtung aufgezeichnet werden kann, ist eine proportional mit der Zeit ansteigende Spannung (Sägezahnspannung) von einstellbarer Frequenz erforderlich. Die Braunsche Röhre selbst braucht mehrere, teilweise einstellbare Betriebsspannungen, so daß Geräte für

1. Verstärkung der Meßspannung: Y-Ablenkteil
2. Erzeugung und Verstärkung der zeitproportionalen Ablenkspannung: X-Ablenkteil
3. Erzeugung der Betriebsspannungen für die Braunsche Röhre und den X- und Y-Ablenkteil: Netzgerät

erforderlich sind.

Diese Geräte ergeben, mit der Braunschen Röhre zusammengebaut, das Oszilloskop.

Der Leistungsbedarf aus der Signalquelle ist wegen des hohen Eingangswiderstandes des Y-Verstärkers ($\geq 1\,\mathrm{M\Omega}$) praktisch gleich Null und die obere Grenzfrequenz nur durch die Eigenschaften des Verstärkers gegeben, da die Röhre bis zu Frequenzen der Größenordnung 100 MHz einwandfrei arbeitet. Das Gerät kann stark überlastet werden, da jeder Verstärkereingang mit einem, nur geringen Aufwand erfordernden elektronischen Überspannungsschutz versehen wird.

Die Oszillogramme auf dem Schirm können mit handelsüblichen Kameras direkt fotografiert und so aufgezeichnet werden. Spezialeinrichtungen zum Befestigen der Kamera am Oszilloskop bei gleichzeitiger visueller Beobachtungsmöglichkeit des Schirmbildes werden von den meisten Herstellern von Oszilloskopen geliefert.

Baugruppen   An Hand des Blockschaltbildes **3**.10 wird die grundsätzliche Arbeitsweise eines Oszilloskops erklärt.

Y-Ablenkung   Die zu messende Spannung wird an die Buchsen „Y-Eingang" und „Masse" angeschlossen und der Schalter III je nach Stromart auf DC (direct current) oder AC (alternating current) gestellt. Über die Empfindlichkeit des Y-Verstärkers mit etwa 10 V/cm bis 1 mV/cm kann man die senkrechte Strahlablenkung passend zum Signalwert und der Bildschirmhöhe wählen, wobei zuvor eine beliebige Nullage möglich ist.

X-Ablenkung   Ein eingebauter Sägezahngenerator mit einstellbarer Frequenz liefert über den X-Verstärker eine mit der Zeit linear ansteigende Spannung für das X-Plattenpaar. Man erreicht so eine repetierende horizontale Strahlablenkung, die etwa zwischen 5 s/cm bis 0,1 µs/cm gewählt werden kann. Im Bereich 5 ms/cm erscheint z. B. eine 50 Hz-Spannung mit $T = 20$ ms in einer Schreibbreite von 4 cm pro Periode.

Damit bei der Aufzeichnung einer Wechselspannung ein stehendes Bild entsteht, muß die Sägezahnspannung so mit dem zeitlichen Verlauf der Wechselspannung U_y synchronisiert werden, daß die Ablenkung immer mit dem gleichen Augenblickswert u beginnt. Man bezeichnet diesen Vorgang als Triggerung und kann über den Schalter I verschiedene Varianten einstellen. Am wichtigsten ist die interne Triggerung, wobei die positive oder negative Halbschwingung der Wechselspannung selbst den Start für den Anstieg der Sägezahnspannung liefert.

Durch Umlegen des Schalters II wird das X-Plattenpaar von der Sägezahnspannung getrennt und kann ebenfalls über den X-Eingang an eine äußere Spannung angeschlossen werden. Damit ist die Aufnahme von Kennlinien $y = \mathrm{f}(x)$ z. B. als Diodenkennlinie $i = \mathrm{f}(u)$ möglich.

Mit einem Mehrkanaloszilloskop können gleichzeitig mehrere Wechselspannungen auf dem Bildschirm dargestellt werden. Ein elektronischer Schalter legt die an

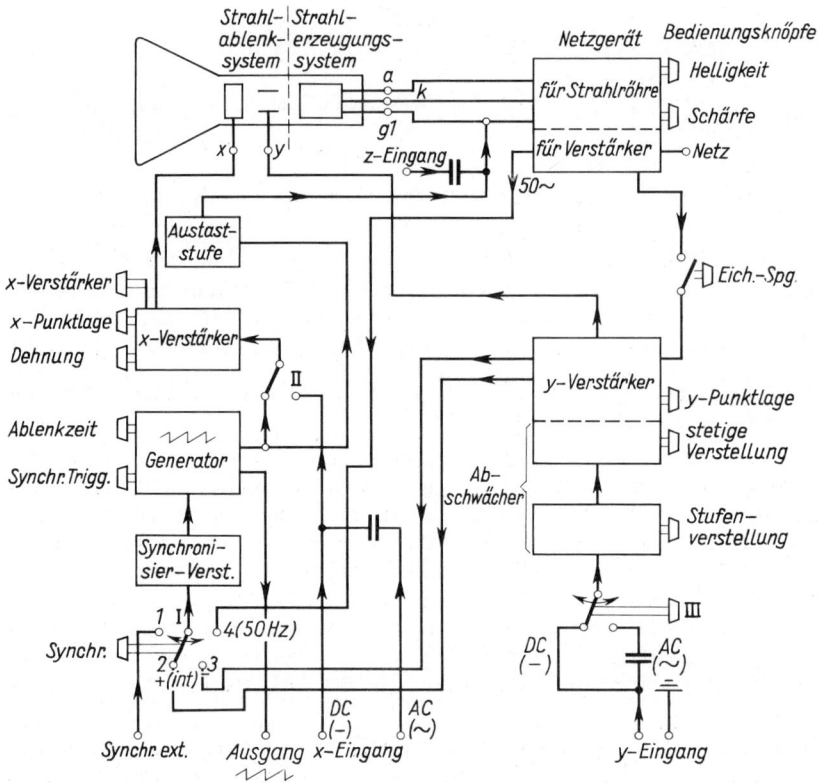

3.10 Blockschaltbild eines Oszilloskops mittlerer Preisklasse (die nur der
Stromversorgung dienenden Leitungen sind nicht angegeben)

den verschiedenen Y-Eingängen angeschlossenen Spannungen entweder nacheinander
(alternating) oder im raschen Wechsel (chopped) an das Y-Plattenpaar, wobei durch
das Nachleuchten des Bildschirmes alle Einzelspannungen sichtbar bleiben.

3.2.2.6   Magnetbandgeräte

Magnetbandgeräte werden zur Speicherung elektrischer Informationen vor allem in
der Datenverarbeitung verwendet. Am bekanntesten ist das Tonbandgerät, das zur
Aufzeichnung und Wiedergabe von Sprache und Musik, technisch gesprochen von
Wechselströmen im Frequenzbereich 40 Hz bis 20 kHz, verwendet wird.

Aufgezeichnet wird auf Magnetband, aus etwa 5 mm breiter Kunststoffolie bestehend, das mit feinkörnigem (Korngröße < 1 µm) hartmagnetischem Ferrit- oder
Chromoxidpulver beschichtet ist. Den Aufbau einer vollständigen Anlage zeigt
Bild **3.11**. Die verstärkten Mikrofonströme durchfließen die Wicklung des Sprech-
kopfes (**3.12**). Sein weichmagnetischer Kern hat einen, einige µm breiten mit un-
magnetischem Werkstoff ausgefüllten Spalt, aus dem der das Band durchsetzende
magnetische Streufluß austritt. Das mit konstanter Geschwindigkeit (4,75; 9,5; 19;

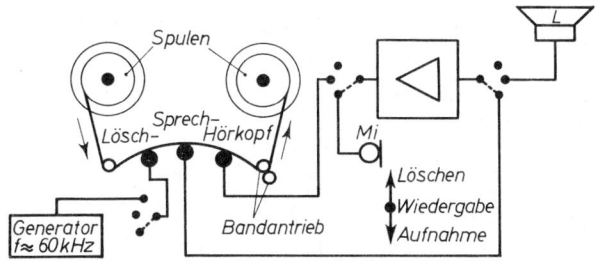

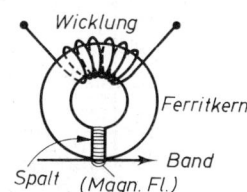

3.11 Tonbandgerät

3.12 Sprechkopf für Tonbandgerät
(nicht maßstäblich)

38 cm/s) am Spalt vorbeigezogene Band wird durch den Fluß, der Stärke der Mikrofonströme proportional, magnetisiert: Aufnahme.

Zur Wiedergabe verwendet man einen zweiten, grundsätzlich gleich aufgebauten Kopf, Hörkopf genannt, an dem das magnetisierte (besprochene) Band mit der gleichen Geschwindigkeit wie bei der Aufnahme vorbeigezogen wird. Durch Induktion entstehen dabei in seiner Wicklung der Stärke des Flusses proportionale Spannungen, die nach Verstärkung an den Wiedergabelautsprecher gelegt werden. Durch den Fluß eines dritten Kopfes, Löschkopf genannt, dessen Wicklung von Wechselstrom mit $f \approx 60$ kHz durchflossen wird, kann das besprochene Band gelöscht werden und ist dann gegebenenfalls für eine Neuaufnahme bereit. Kassettenrecorder wird ein Tonbandgerät genannt, bei dem beim Auswechseln des Bandes das lästige Einfädeln entfällt.

Nach grundsätzlich gleichem Verfahren können im Videorecorder Fernsehsendungen aufgezeichnet und über einen normalen Fernsehempfänger wiedergegeben werden; im Computer werden immer wieder gebrauchte Daten auf Magnetband gespeichert.

Signale in Form von Impulsfolgen, wie sie beispielweise zur Steuerung von Werkzeugmaschinen gebraucht werden, können vorteilhaft auf Magnetband gespeichert werden. Da sie mit anderer Geschwindigkeit als bei der Aufnahme angewendet, abgespielt werden können, ist Zeitdehnung bzw. Zeitraffung möglich.

3.2.2.7 Meßwandler

Meßwandler sind spezielle ausgelegte Trenntransformatoren, die hohe Wechselströme oder -spannungen auf Werte herabsetzen, die ungefährlich und für die Messung mit üblichen Geräten brauchbar sind.

Spannungswandler (Bild **3**.13) Aufbau, Schaltung und Wirkungsweise entsprechen denen des Transformators nach Abschn. 4.2.1. Es muß in jedem Betriebszustand gefordert werden, daß die Beträge von Primärspannung U_1 und Sekundärspannung U_2 in einem festen Verhältnis zueinander stehen (z. B. 10000 V/100 V = 100:1) und daß außerem beide Spannungszeiger gleiche Phasenlage haben.

Praktisch ausgeführte Spannungswandler können diese beiden Forderungen nicht streng erfüllen: es treten Übersetzungs-(Spannungs-) und Winkelfehler δ_u auf. Je nach Größe dieser Fehler sind die Wandler, wie die anderen Meßgeräte, in Güteklassen eingeteilt. Spannungs-

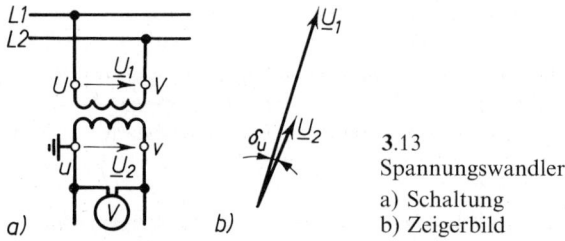

3.13
Spannungswandler
a) Schaltung
b) Zeigerbild

wandler werden für genormte Primärspannungen gebaut, die genormte Sekundärspannung beträgt 100 V. Spannungsmesser sowie die Spannungsspulen von Leistungsmessern und Zählern werden parallel an die Sekundärklemmen u, v des Wandlers angeschlossen. Die Erdung an einer Sekundärklemme ist vorgeschrieben.

Stromwandler (3.14) Schon in Abschn. 1.3.2.5 wurde erläutert, weshalb bei den für Wechselstrom gebräuchlichen Meßinstrumenten mit Dreheisen- bzw. elektrodynamischem Meßwerk der Strommeßbereich nicht durch Nebenwiderstände erweitert werden kann. Man verwendet dazu vielmehr die Stromwandler genannten Spezialtransformatoren. Von diesen ist zu fordern, daß die Beträge der primären und sekundären Ströme in einem festen Verhältnis – z. B. 50 A/5 A = 10:1 – zueinander stehen und daß ihre Zeiger I_1 und I_2 bei jeder Belastung bis zur Nennleistung in Phase sind. Aber auch hier treten Übersetzungs-(Strom) und Winkelfehler δ_i auf.

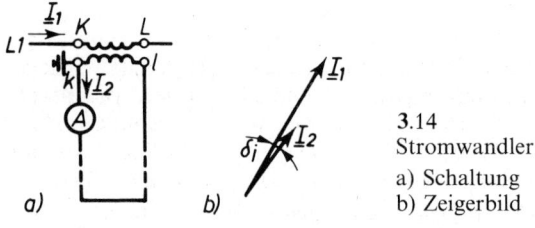

3.14
Stromwandler
a) Schaltung
b) Zeigerbild

Stromwandler werden für genormte Primärströme gebaut; der genormte Sekundärstrom beträgt 5 A oder 1 A. An die Sekundärklemmen k, l werden in Reihe die Strommesser und die Stromspulen von Leistungsmesser, Zählern und dgl. angeschlossen. Da alle diese Wicklungen kleine Widerstände haben, ist der Stromwandler sekundär nahezu kurzgeschlossen.

Der Sekundärkreis eines Stromwandlers darf niemals offen betrieben und daher auch nicht abgesichert werden. Der Eisenkern eines unbelasteten Stromwandlers erwärmt sich durch erhöhte Eisenverluste so stark, daß der Wandler verbrennt. Will man in seinem Sekundärkreis ohne Abschalten der Anlage Schaltungsänderungen durchführen, so müssen die Klemmen K, L zuerst kurzgeschlossen werden. Die Erdung an einer Sekundärklemme ist vorgeschrieben. Da über die Stromwandler bei Kurzschlüssen die Kurzschlußströme fließen, müssen sie kurzschlußfest sein.

3.3   Digital-Meßtechnik

Digitale Meßverfahren bieten grundsätzlich eine Reihe von Vorteilen gegenüber der analogen Zeigeranzeige. Zunächst kann durch die Anzahl der ausgeführten Dezimalstellen das Ablesen des Meßwertes genau und sehr bequem erfolgen. Ferner erlaubt die Digitalisierung eines Meßwertes leicht eine Speicherung und die Weiterverarbeitung z. B. in einem Prozessrechner.

Durch die Entwicklung monolithisch integrierter Schaltkreise (IC-Bausteine) mit einer Vielzahl von logischen Verknüpfungen oder Speichereinheiten auf engstem Raum können heute digital arbeitende Geräte klein und preiswert gefertigt werden (Uhren, Taschenrechner). Von dieser Entwicklung hat auch die Meßtechnik profitiert, so daß gerade auch im Bereich der Vielfachinstrumente immer häufiger Digitalgeräte eingesetzt werden.

3.3.1   Baugruppen digitaler Meßgeräte

In Digitalgeräten werden nach den mathematischen Beziehungen der Schaltalgebra (Boolsche Algebra) Binärzeichen in Form von Spannungsimpulsen verwendet. Diese können in der positiven Logik nur zwei Zustände, nämlich $U = 0$ V und z. B. $U = 5$ V annehmen, was den beiden Zeichen 0 und 1 des Binärsystems entspricht. Für die Verarbeitung der Impulse werden die Grundschaltungen der Digitaltechnik wie Gatter, Kippglieder, Miltiplexer und Komparatoren zur Lösung der erforderlichen Rechenoperationen und Speicheraufgaben eingesetzt (s. Abschn. 6.1.2).

3.3.1.1   Analog/Digital-Umsetzer

In der Regel liegen die Eingangsgrößen für das Digitalgerät in Form analoger Strom- oder Spannungswerte vor. Man benötigt damit eine Baugruppe, welche das kontinuierliche Meßsignal in einen proportionalen Digitalwert umwandelt. Man bezeichnet derartige Schaltungen als Analog/Digital-Umsetzer (A/D-Wandler) und unterscheidet zwischen direktvergleichenden und Umsetzern mit einer Zeit als Zwischengröße. Im ersten Fall wird die analoge Signalspannung U_e z. B. beim Stufenumsetzer nacheinander mit aufaddierten Teilen einer Referenzspannung U_R verglichen bis im Rahmen der Meßgenauigkeit Übereinstimmung besteht. Als Beispiel ist nachstehend $U_e = 6{,}5$ V aus den Teilen 1/2, 1/4 usw. der Referenzspannung $U_R = 16$ V bestimmt:

Stufe   1/2   1/4   1/8   1/16   1/32
$U_e/V =$ 0   +   4   +   2   +   0   +   0,5   = 6,5
Ziffer   0   1   1   0   1

Zweirampen-Umsetzer   Als Beispiel für einen Spannungs/Zeit-Wandler sei der Zweirampen-Umsetzer (Dual-Slope-Verfahren) mit der Prinzipschaltung nach Bild **3**.15 vorgestellt. Durch Vergleich der zu messenden Spanung U_e mit einer genauen Referenzspannung U_R erhält man zwei Zeitspannen T_1 und T_2 und die Beziehung

$$U_e = U_R \cdot \frac{T_2}{T_1} \tag{3.7}$$

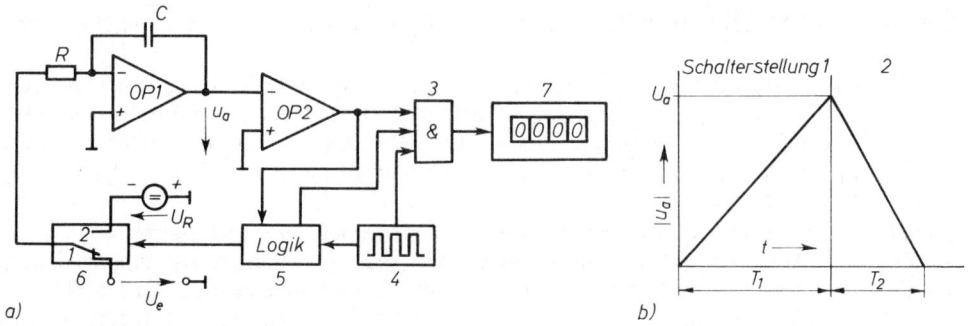

a)   b)

3.15 Analog/Digital-Umsetzer

    a) Prinzip des Zweirampen-Umsetzers

       OP1 Integrierer, OP2 Komparator, 3 UND-Glied, 4 Rechteckgenerator, 5 Steuerlogik,
       6 elektronischer Schalter, 7 Zähler

    b) zeitlicher Verlauf der Ausgangsspannung u_a an OP1

Wählt man T_1 als Festzeit und bestimmt T_2 über die Anzahl z der Impulse einer frequenzkonstanten Rechteckspannung während der Zeit T_2, so wird

$$U_e \sim z \tag{3.8}$$

Die Meßspannung liegt damit als digitaler Wert vor.

Ein als Integrierer beschalteter Operationsverstärker OP1 (s. Abschn. 2.2.5.3) erzeugt während eines festgelegten, konstanten Zeitintervalls T_1 die maximale Ausgangsspannung (Bild **3**.15b)

$$U_a = -\frac{1}{RC} \int_0^{T_1} u_e \, dt \tag{3.9}$$

Für den Mittelwert U_e der Meßspannung u_e in der Zeit T_1 gilt dann

$$U_e = \frac{1}{T_1} \int_0^{T_1} u_e \, dt = -\frac{RC}{T_1} \cdot U_a \tag{3.10}$$

Nach T_1 schaltet ein elektronischer Schalter mit Stellung 2 den Integrierer auf die konstante Referenzspannung U_R um, womit u_a linear innerhalb der Zeitspanne T_2 auf Null absinkt. Es gilt wieder

$$U_a = -\frac{1}{RC} \int_0^{T_2} U_R \, dt = -\frac{T_2}{RC} \cdot U_R \tag{3.11}$$

und damit nach Kombination mit Gl. (3.8) für den Mittelwert U_e

$$U_e = U_R \cdot \frac{T_2}{T_1} \tag{3.12}$$

Für die Erfassung des Nulldurchgangs der Rampenspannung u_a dient der als Komparator geschaltete Operationsverstärker OP2.

Mit dem Umschalten auf Schalterstellung 2 gibt die Steuerlogik 5 ein 1-Signal auf das UND-Glied 3 vor dem Zähler 7. Da über den Komparator OP2 in der Zeit T_2 ebenfalls eine positive Spannung abgegeben wird, gelangen mit Beginn der Meßzeit T_2 die Impulse des Oszillators 4 in den Zähler. Der Zählvorgang wird beendet, sobald $u_a = 0$ erreicht ist und der Komparator damit durch ein 0-Signal das UND-Glied für weitere Impulse sperrt. Mit der Impulsfrequenz f_p wird der Zählerstand

$$z = f_\mathrm{p} \cdot T_2 \tag{3.13}$$

und damit die Meßspannung U_e nach Gl. (3.12)

$$U_\mathrm{e} = U_\mathrm{R} \frac{z}{f_\mathrm{p} \cdot T_1} \tag{3.14}$$

Mit den konstanten Werten U_R, T_1 und f_p wird $U_\mathrm{e} \sim z$ und so als Digitalwert dargestellt.

Da sich der beschriebene Vorgang ständig wiederholt, ergibt die Anzeige stets den Mittelwert von U_e für die Zeit T_1.

3.3.1.2 Codierung

Aufgabe der Codierschaltung ist es, die dem Meßwert proportionale Impulsmenge im Dualsystem mit den Zeichen 0 und 1 darzustellen. Man verwendet dazu einen Binärcode und bezeichnet die zusammengehörenden Binärzeichen als Codewort.

Im Dualzahlencode wird einer umzuwandelnden Dezimalzahl die entsprechende Dualzahl zugeordnet. Um Codewörter mit konstanter Länge zu erhalten, füllt man alle vor der ersten 1 liegenden Stellen mit 0 auf.

Beispiel: Dezimalzahl 13 bei 6 Stellen Wortlänge – 001101

Zur Darstellung von Dezimalziffern verwendet man den Binärcode für Dezimalziffern (BCD-Code). Da pro Stelle die Ziffern 0 bis 9 verschlüsselt werden müssen, benötigt man jeweils 4 Binärstellen.

Beispiel: Dezimalzahl 39 im BCD-Code – 0011 1001

3.3.1.3 Speicher und Zählschaltungen

Kippglieder   Zur Speicherung von Binärwerten eignen sich die in Abschn. 2.2.4.2 behandelten bistabilen Kippschaltungen. Die beiden stabilen Betriebszustände, welche durch die Ausgangsspannungen $U_\mathrm{a} = 0$ V $\,\widehat{=}\,$ 0 und z.B. $U_\mathrm{a} = 5$ V $\,\widehat{=}\,$ 1 bestimmt sind, bleiben solange erhalten, bis ein Lösch- oder Setzbefehl auf die jeweiligen Eingänge den neuen Zustand festlegt. Jedes Kippglied kann also eine Binärinformation (1 Bit) speichern.

In Rechenschaltungen werden nach Bild **3.**16 Kippglieder verwendet, die einen zusätzlichen Takteingang C (clock) aufweisen.

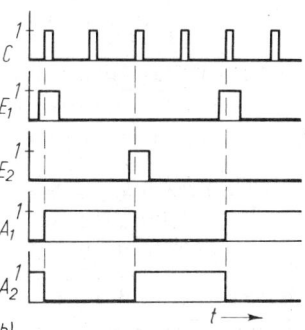

3.16
Bistabiles Kippglied
(getaktetes RS-Glied)

a) Schaltzeichen
b) Diagramm der Ein- und
   Ausgangssignale

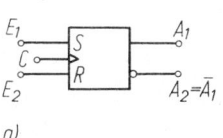

An den beiden Eingängen E_1 und E_2 (Vorbereitungseingänge) ankommende Impulse werden erst mit dem Taktimpuls wirksam (Bild 3.16b). Auf diese Weise können viele Kippglieder zeitlich synchron in die jeweils neue Lage gebracht und damit umfangreiche Schaltung zentral gesteuert werden.

Zählschaltungen Durch eine geeignete Beschaltung lassen sich Kippglieder bauen, die bei jedem Taktimpuls die neue Ausgangslage annehmen (JK-Kippglied). Wird die Umschaltung nach Bild 3.17 jeweils durch die ansteigende Flanke des Taktimpulses hervorgerufen, so erhält man ein Ausgangssignal, das die halbe Frequenz der Taktimpulse hat.

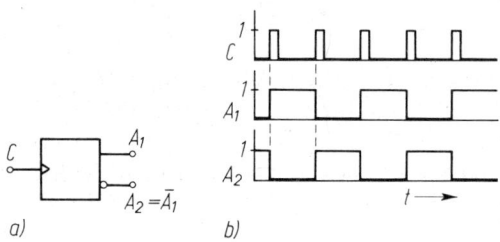

3.17
Frequenzteilung 2:1 durch ein Kippglied
a) Schaltzeichen
b) Diagramm der Signale

Durch die Reihenschaltung mehrerer derartiger Kippglieder läßt sich nun nach Bild 3.18 eine Zählschaltung aufbauen. Mit dem ersten Kippglied erfolgt die Frequenzteilung von der Impulsfolge an C auf A_1, dann von $\bar{A}_1$ auf A_2 und schließlich von $\bar{A}_2$ auf A_3. Betrachtet man die Betriebszustände an den Ausgängen A_1, A_2 und A_3, so zeigen sie jeweils die Summe der Eingangsimpulse als Dualzahl auf. Die Schaltung stellt damit einen vorwärtszählenden Dualzähler dar, der bei drei Kippgliedern bis $2^3 - 1 = 7$ zählen kann. Über den Rückstelleingang können alle Stufen auf den Anfangszustand 0 geschaltet werden.

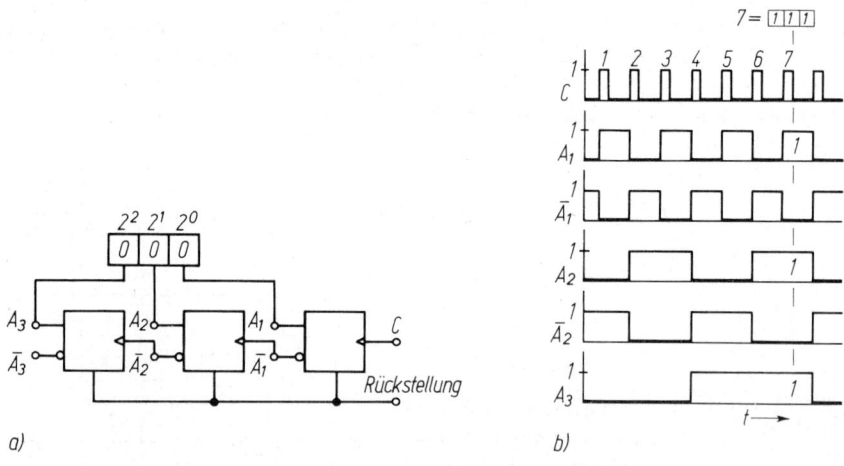

3.18 Dreistufiger Dualzähler
a) Schaltung der Kippglieder b) Diagramm der Signale

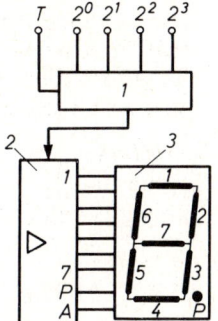

3.19
Zifferndarstellung mit 7-Segment-Anzeige

1 Decoder, 2 Verstärker, 3 7-Segment-Anzeige,
P Dezimalpunkt, A gemeinsamer Anodenanschluß

Ziffernanzeige Zur Darstellung des Meßwertes wird eine Reihe von 7-Segment-Anzeigen mit Leuchtdioden (LED) oder Flüssigkristallen (s. Abschn. 2.1.3.5) aufgebaut (Bild **3**.19). Die einzelnen Rasterelemente werden über einen Decoder, der den im BCD-Code vorhandenen Meßwert entschlüsselt und eine Verstärkerstufe mit der Betriebsspannung versorgt.

3.3.2   Digitale Meßgeräte

3.3.2.1   Zähler

Im allgemeinen werden heute sogenannte Universalzähler gebaut, die umschaltbar zur Impulszählung, Zeitangabe, Frequenz- und Drehzahlmessung geeignet sind. Der Aufbau folgt prinzipiell dem Schema nach Bild **3**.20.

Ein Zeitbasisgenerator liefert über einen Schwingquarz Rechteckimpulse der konstanten Frequenz 0,1 MHz, 1 MHz oder 10 MHz, womit eine genaue Zeitmessung und die Herstellung der Meßzeiten (Torzeiten) möglich ist. Die Ansprechempfindlichkeit für Eingangssignale läßt sich meist im Bereich 10 mV bis 100 V einstellen oder wird selbsttätig angepaßt. Das Zählwerk bestimmt innerhalb der gewählten Torzeit Δt_T die ankommende Impulssumme und übergibt sie dem Speicher. Wie oft von dort neue Meßwerte an das Anzeigefeld weitergegeben werden, hängt von der eingestellten Speicherzeit $\Delta t_S = 10$ ms bis 10 s ab.

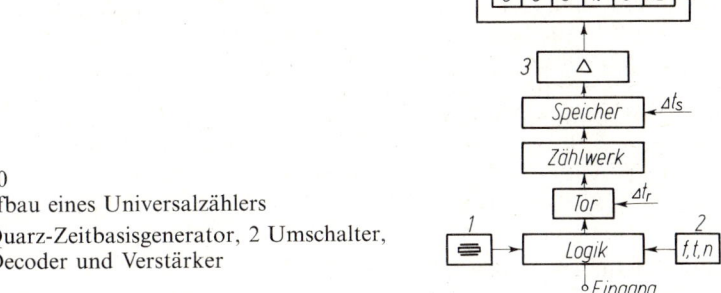

3.20
Aufbau eines Universalzählers

1 Quarz-Zeitbasisgenerator, 2 Umschalter,
3 Decoder und Verstärker

Für die Bewertung der Meßergebnisse ist die richtige Wahl der Torzeit Δt_T wichtig. So wird bei der digitalen Messung der Drehzahl n mit einer Scheibe, die z_L Löcher am Umfang hat, die Impulsmenge

$$z = z_L \cdot n \cdot \Delta t_T \tag{3.15}$$

gezählt. Um die Drehzahl in U/Min zu erhalten, muß das Produkt $z_L \cdot \Delta t_T = 60$ s gewählt werden, d.h. bei der Torzeit $\Delta t_T = 1$ s benötigt man 60 Löcher am Scheibenumfang (s. Abschn. 3.4.1.1).

3.3.2.2 Multimeter

Digitale Meßgeräte werden meist für die Bereiche Strom-, Spannungs- und Widerstandsmessung ausgeführt (Multimeter). Grundlage ist ein Gleichspannungsmesser mit dem prinzipiellen Aufbau nach Bild 3.21 und den behandelten Baugruppen.

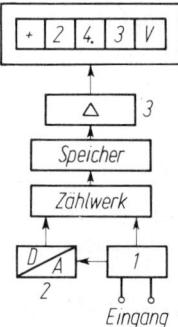

3.21
Aufbau eines Multimeters
1 Meßbereichs-Umschalter, 2 Analog/Digital-Umsetzer,
3 Decoder und Verstärker

Der Meßwert wird automatisch oder über einen Meßbereichsschalter auf den richtigen Spannungspegel gebracht und das Vorzeichen bestimmt. Der Eingangswiderstand ist sehr hoch (meist 10 MΩ); eine Eingangsbeschaltung schützt vor Überspannungen und filtert Störimpulse aus. Im A/D-Umsetzer erfolgt die Umwandlung des analogen Meßwertes in eine Impulsfolge, welche der Zähler bestimmt und codiert an den Speicher übergibt. Für die Anzeige als Dezimalzahl muß der Digitalwert entschlüsselt und in Spannungen für die Segmentanzeige aufbereitet werden.

Wechselspannungen werden vor der Digitalisierung in entsprechende Gleichspannungen umgeformt. Einfache Geräte verwenden dazu den Gleichrichtwert und können daher nur sinusförmige Spannungen und Ströme ohne zusätzliche Fehler messen. Zur Bestimmung stark oberschwingungshaltiger Wechselwerte eignen sich nur echte Effektivwertmesser, welche den Digitalwert über eine quadratische Mittelwertbildung bestimmen. Die Spannung wird dazu elektronisch in einem Mulitplikator quadriert, dann der Mittelwert gebildet und die Wurzel gezogen.

Strommessungen erfolgen über die Bestimmung des Spannungsfalls an einem eingebauten Widerstand. Die Messung von Widerständen geschieht mit der Strom-Spannungsmethode, wobei ein kleiner konstanter Strom über den zu messenden Widerstand geleitet wird.

3.3.2.3   Transientenspeicher

Zur Aufnahme rasch veränderlicher Größen aus allen Bereichen der Meßtechnik stehen heute digitale Speichersysteme (Transient-Recorder) zur Verfügung. Die Meßgröße muß als Spannungssignal vorliegen, das der Recorder mit einer zwischen z. B. 5 Hz bis 2 MHz einstellbaren Frequenz abtastet. Jeder so gewonnene Augenblickswert wird dann durch einen Analog/Digital-Umsetzer in eine Dualzahl (8-Bit-Wort) umgeformt. Der nachgeschaltete Speicher kann einige tausend Einzelwerte (Kapazität: 4 Byte bis 8 kByte) aufnehmen und festhalten. Für die Ausgabe wandelt ein Digital/Analog-Umsetzer jeden Digitalwert wieder in eine proportionale Gleichspannung um.

Wählt man ein Abtastintervall Δt, das klein gegenüber der Periodendauer der zu messenden Spannung u ist, so erhält man eine genügende Anzahl von Kurvenpunkten u_T, um den gesuchten Verlauf $u = f(t)$ darstellen zu können. Nach Wunsch interpoliert das Gerät zwischen zwei Meßwerten, so daß bei der Ausgabe kein treppenförmiger Kurvenzug entsteht (Bild 3.22). Mit einem Frequenzbereich bis etwa 200 kHz (bei 10 Stützpunkten/Periode) werden die Aufzeichnungsmöglichkeiten jedes anderen Registriergerätes weit übertroffen, wobei die Meßwerte zudem gespeichert sind und damit jederzeit verarbeitet werden können. Die Ausgabe kann über ein Oszilloskop oder einen X–Y-Schreiber beliebig oft und mit einstellbarer Schreibgeschwindigkeit erfolgen.

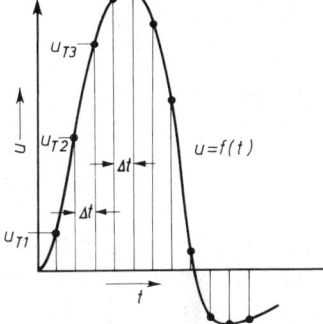

3.22
Digitale Aufnahme einer Spannungskurve
Δt Abtastintervall, u_T gespeicherte Werte

Mit einem Transient-Recorder können nicht nur beliebige dynamische Vorgänge erfaßt, sondern auch der Verlauf unvorhergesehener Störgrößen aufgezeichnet werden. Der Recorder beginnt seine Aufzeichnung erst bei einer Abweichung der Meßgröße u_M vom einstellbaren Sollwert und nimmt dann den zeitlichen Verlauf des Vorgangs im Rahmen seiner Speicherkapazität auf. Die gespeicherte Funktion $u_M = f(t)$ steht dann für eine spätere Untersuchung zur Verfügung.

In einer neueren Generation von Oszilloskopen wird die gleiche Technik verwendet. Qualitätsmerkmale dieser Digitalspeicher-Oszilloskope (DSO) sind die Anzahl der möglichen Abtastungen pro Sekunde (Samples/s), die Wortlänge der gespeicherten Werte und der Speicherumfang. Typische Werte sind 250 MS/s, 8-Bit-Worte und eine Speichertiefe von 4 kByte. Dies ergibt dann ein kleinstes Abtastintervall von $\Delta t = 4$ ns und eine durch $2^8 = 256$ Zwischenstufen im gewählten Meßbereich bestimmte Genauigkeit.

DSO bieten durch eine Vielzahl von Auswertehilfen, wie Amplituden- und Zeitmessungen durch Cursor, Plotter- und Druckerausgang, IEC-Bus für Rechneranschluß und Beschriftungen am Bildschirm einen hohen Bedienungskomfort.

3.4   Elektrische Messung nichtelektrischer Größen

Für die Erfassung von nichtelektrischen Größen aus allen Bereichen der Technik verwendet man heute fast immer Meßgrößenumformer (Aufnehmer), die am Ausgang ein proportionales elektrisches Signal (Strom, Spannung, Widerstandsänderung) liefern. Man nutzt dazu die vielfältigen Erscheinungen, welche die betreffende Größe mit elektrischen Werten verbindet, wie z. B. den thermoelektrischen oder den piezoelektrischen Effekt. In der Sensorik hat diese Technik der Meßwertaufnehmer inzwischen ein eigenes Fachgebiet. Aus der Vielzahl der Meßverfahren und der dafür eingesetzten Umformer werden nachstehend einige besonders wichtige Beispiele gezeigt.

3.4.1   Mechanische Größen

3.4.1.1   Drehzahl

Impulsverfahren   Einen einfachen magnetisch-induktiven Meßgrößenumformer zeigt Bild **3**.23a. Seine wichtigsten Teile sind das aus weichem Stahl hergestellte Zahnrad 1 mit m Zähnen, das auf der zu untersuchenden Welle 2 befestigt wird, und die Spule 3 mit dem Dauermagnet 4 als Kern. Rotiert das Zahnrad vor dem

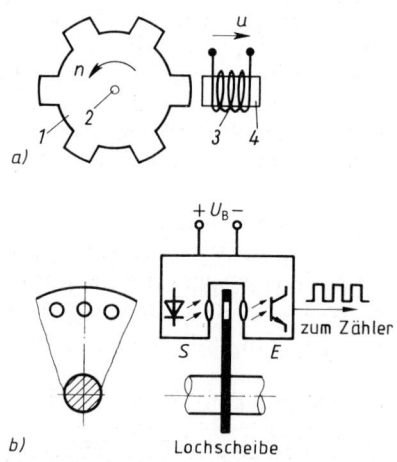

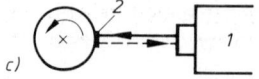

3.23
Verfahren der Drehzahlmessung
a) induktiver Aufnehmer   b) und c) fotoelektrischer Aufnehmer

Kern mit der Drehzahl n, so werden in der Spule $m \cdot n$ Spannungsstöße, die einem Zähler zugeführt werden, induziert.

Entsprechend Abschn. 3.3.2.1 ergibt die Anzeige bei passender Wahl der Torzeit Δt_T direkt die Drehzahl in $\min^{-1}$. So ist bei $m = 60$ eine Torzeit von $\Delta t_\mathrm{T} = 1$ s erforderlich.

In Bild **3**.23b ist eine Gabellichtschranke mit einer Leuchtdiode als Sender S und einem Fototransistor als Empfänger E skizziert, die häufig als fotoelektrischer Drehzahlgeber eingesetzt wird. Die Lochscheibe auf der Welle moduliert das emittierte Licht und steuert damit synchrom mit dem Lichtwechsel den Transistor auf und zu. Die Anzahl der Impulse innerhalb der festen Torzeit des Zählers ist damit ein Maß für die Drehzahl.

Bild **3**.23c zeigt den Einsatz eines b e r ü h r u n g s l o s e n Handdrehzahlmessers 1 mit digitaler Anzeige. Das Meßprinzip beruht auf einer Reflexlicht-Abtastung, wozu auf die Welle ein weißer, hochreflektierender Papierstreifen 2 geklebt wird. Als Lichtquelle im Drehzahlmesser dient meist eine Infrarot-LED, deren Strahlung über die Reflexmarke 2 wieder in das Meßgerät gelangt. Zur Bestimmung der Drehzahl verwendet man entweder den zeitlichen Abstand zweier aufeinanderfolgender Reflexe oder man zählt die Anzahl der reflektierten Lichtimpulse pro Zeiteinheit.

Tachogenerator Zur Erfassung der Drehzahl geregelter Antriebe verwendet man meist an das Wellenende angeflanschte kleine Gleich- oder Drehstromgeneratoren. Durch ihre Dauermagneterregung liefern sie eine drehzahlproportionale Spannung von einigen bis über hundert Volt bei Nenndrehzahl. Bei hochohmiger Belastung durch ein Drehspulgerät oder eine Steuerelektronik beträgt der Linearitätsfehler weniger als 1%.

Wirbelstromtachometer Ein einfacher und praktisch besonders wichtiger Drehzahlmesser ist das in Kraftfahrzeuge als Geschwindigkeitsmesser eingebaute W i r b e l - s t r o m t a c h o m e t e r (**3**.24). Der Dauermagnet 1 wird über eine biegsame Welle von einem Rad aus angetrieben. Er ist längs eines Durchmessers magnetisiert (siehe Pole N und S sowie Pfeil für den Fluß Φ), so daß der Ringspalt zwischen Dauermagnet 1 und Rückschlußring 2 von einem radial gerichteten magnetischen Feld (Drehfeld) durchsetzt wird. Im Ringspalt ist – vom Dauermagnet unabhängig – eine Aluminiumtrommel 3 mit Zeiger drehbar angeordnet.

Durch Wirbelstrombildung entsteht in dieser Trommel ein Drehmoment in der Drehrichtung des Dauermagneten. Diesen Drehmoment wirkt dasjenige einer hier nicht dargestellten Spiralfeder entgegen, die einerseits an der Trommelachse und andererseits am Gehäuse des Tachometers befestigt ist. Trommel und Zeiger werden deshalb

3.24
Wirbelstromtachometer

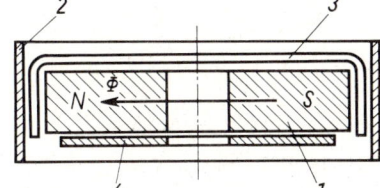

bis zum Gleichgewicht zwischen den beiden Drehmomenten mitgenommen. Der Zeiger zeigt somit die Drehzahl der Räder und damit die Geschwindigkeit des Fahrzeuges an. Durch eine „Thermoperm"-Scheibe 4 werden der Temperatureinfluß auf den magnetischen Fluß und den elektrischen Widerstand der Aluminiumtrommel kompensiert. Bei dem einfachen und robusten Gerät muß allerdings eine Meßunsicherheit von etwa 5% in Kauf genommen werden.

Stroboskopische Drehzahlmessung   Ein Stroboskop besteht aus einem Lichtblitzgerät und einem Impulsgenerator mit in weiten Grenzen einstellbarer Frequenz f_s. Blitzt man eine rotierende Welle oder Scheibe mit genau deren Drehfrequenz f_d an, so erscheint eine auf dem rotierenden Teil angebrachte Marke immer an der gleichen Stelle, d.h. sie steht scheinbar still. Für den Fall $f_s > f_d$ wandert die Marke langsam entgegen, für $f_s < f_d$ langsam in Drehrichtung. Es wird also meist mit einem Potentiometer Stillstand der Marke eingestellt und dann die Drehzahl unmittelbar abgelesen.

Das Ergebnis ist allerdings nicht eindeutig, da die Marke auch dann stillsteht, wenn die Welle nur bei jeder x-ten Umdrehung angeblitzt wird, d.h. für Stillstand gilt die allgemeine Bedingung $f_d = x \cdot f_s$. Die richtige Drehzahl bei $x = 1$ erhält man bei kontinuierlich erhöhter Frequenz f_s dann, wenn die Marke zum letzten Mal stillsteht. Darüberhinaus erscheint sie z.B. bei $f_s = 2 \cdot f_d$ diametral doppelt. Das Verfahren hat wie die Messung nach Bild 3.23c den Vorteil, daß keine mechanischen Verbindungen zum rotierenden Teil nötig sind und damit auch keine Belastung durch die Messung erfolgt (Drehzahlmessung bei Kleinstantrieben).

3.4.1.2   Drehmoment

Die Messung des Drehmomentes M einer rotierenden Maschine ist Voraussetzung für die Bestimmung der Abgabeleistung nach der Beziehung $P_2 = 2\pi \cdot n \cdot M$. Da der Antrieb dabei belastet werden muß, realisiert man die Drehmomentmessung oft gleich an der Belastungsmaschine. Derartige Einrichtungen gehören zur Grundausstattung aller Prüffelder für Elektro- und Verbrennungsmotoren.

Pendelmaschine   Führt man das Gehäuse der Belastungseinheit drehbar aus, so kann man das Drehmoment M nach $M = F \cdot l$ über die Reaktionskraft mit einer Kraftmeßdose D bestimmen (Bild 3.25). Diese Pendelmaschinen sind in klassischer Technik Gleichstromgeneratoren, es können aber auch Drehstrommaschinen oder Wirbelstrombremsen eingesetzt werden. Die gesamte Meßeinrichtung mit dem geeichten Hebelarm der Länge l und der Meßdose D erreicht im Prüffeldbetrieb Genauigkeiten von ca. 0,2%.

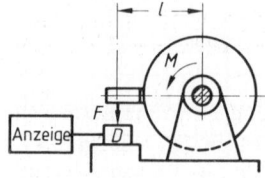

3.25
Drehmomentmessung mit Pendelgenerator
D Kraftmeßdose

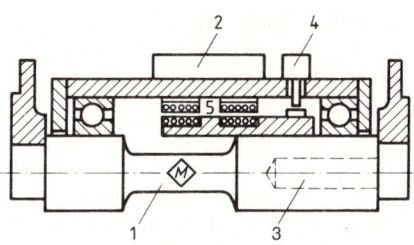

3.26
Aufbau eines Drehmomentaufnehmers

1 Torsionswelle, 2, 3 Außen- und Innenelektronik,
4 Drehzahlaufnehmer, 5 Drehtransformatoren

Drehmomentaufnehmer   Ohne eine dazu vorbereitete Belastungsmaschine und somit auch für betriebliche Messungen kann man Drehmomente mit Aufnehmern nach Bild **3**.26 bestimmen. Das Meßprinzip beruht auf der Auswertung einer Torsion in dem verjüngten Wellenstück infolge des übertragenen Drehmomentes. Am bekanntesten ist der Einsatz von Dehnungsmeßstreifen DMS, die man zur Erfassung der maximalen Dehnungen und Stauchungen nach Bild **3**.27a unter 45° anordnet. Die Längenänderung Δl der Streifen mit dem Anfangswiderstand R_0 führt zu einer proportionalen Widerstandsänderung ΔR, so daß unter Belastung die Werte $R = R_0 \pm \Delta R$ auftreten. Verbindet man die DMS zu einer Brückenschaltung (Bild **3**.27b) und speist diese mit der Versorgungsspannung U_B, so liefert sie am Querzweig die Spannung

$$U_D = U_B \cdot \frac{\Delta R}{R_0} = c \cdot M \tag{3.16}$$

Die Signalspanung U_D der DMS ist damit dem Drehmoment proportional und kann nach Verstärkung angezeigt und verarbeitet werden.

3.27
Drehmomentmessung mit
Drehungsmeßstreifen

a) Anordnung der DMS
b) Brückenschaltung mit DMS

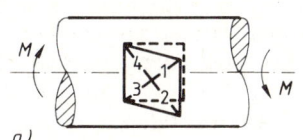

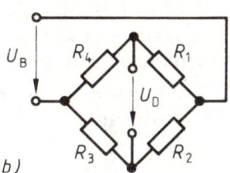

Will man die störanfällige Signalübertragung mittels Bürstenkontakt und Schleifringen vermeiden, so muß man für die Versorgung eine Wechselspannung vorsehen und auch U_D durch Frequenzmodulation einer kHz-Spannung übertragen. Dies erfolgt dann mit Hilfe zweier Drehtransformatoren, deren eine Wicklung im feststehenden Gehäuse und die andere auf der rotierenden Welle liegt. Die Umwandlung der Spannungen erfolgt über eine in die Meßwelle eingebaute Elektronik. In der Ausführung in Bild **3**.26 ist zusätzlich ein Drehzahlaufnehmer aus einem Rasterrad mit 60 Hell-Dunkelflächen am Umfang und einem optischen Sensor zur Abtastung skizziert. Damit kann aus den Werten für Drehmoment und Drehzahl zusätzlich die Leistung des Antriebs berechnet werden.

Dehnungsmeßstreifen DMS nutzen den sogenannten piezoresistiven Effekt aus, nach dem sich bei der Längenänderung (Dehnung ε) eines Leiters oder Halbleiters auch sein elektrischer Widerstand R ändert. Sie werden heute meist als Folienwiderstände gefertigt, wozu man eine auf dem Träger aufgebrachte einige μm dicke Metallfolie so ausätzt, daß ein mäanderförmiger Streifen mit zwei Anschlüssen entsteht. Der Nennwiderstand beträgt häufig $R_0 = 120\ \Omega$ (bis 700 Ω). Nach dem Hookeschen Gesetz

$$\sigma = \varepsilon \cdot E \tag{3.17}$$

sind bei konstantem Elastizitätsmodul E des Materials die an der Oberfläche auftretenden Dehnungen und Stauchungen proportional den hier wirksamen mechanischen Spannungen. Für die Messung dieser Beanspruchungen an Bauteilen muß der DMS mit einem speziellen Kleber so kraftschlüssig auf die Oberfläche angebracht werden, daß er alle Formänderungen mitmacht und so seinen Widerstand proportional ändert.

Zur Bewertung der Meßempfindlichkeit eines DMS definiert man den k-Faktor, der nach

$$\frac{\Delta R}{R_0} = k \cdot \varepsilon \tag{3.18}$$

die relative Längenänderung mit der Widerstandsänderung ΔR verknüpft. Für DMS aus der häufig verwendeten Legierung Konstantan ist $k = 2$. Bei Dehnungen im Bereich $\varepsilon \leq 10^{-3}$ entstehen damit Widerstandsänderungen von Promille und so Brückenspannungen U_D von Millivolt.

3.4.1.3   Kraft, Druck und Schwingungen

Für die Bestimmung von Kräften und daraus abgeleiteten Drücken und Schwingungen eignen sich eine ganze Reihe von Meßverfahren:

– Die Kraft wird auf einen Biegebalken geleitet und die proportionale Durchbiegung mit DMS gemessen.
– Bei kapazitiven Gebern wird der Abstand von Kondensatorplatten und damit die Kapazität durch die Krafteinwirkung geändert.
– Piezoelektrische Kraftaufnehmer werten die an den Kontaktflächen eines Einkristallquarzes bei mechanischer Beanspruchung auftretenden elektrischen Spannungen aus.
– Magnetoelastische Kraftaufnehmer nutzen die Änderung der magnetischen Leitfähigkeit einer Nickel-Eisenlegierung in Abhängigkeit von Zug- und Druckspannungen aus.

Als Beispiel für diese als Kraftmeßdosen bezeichneten Aufnehmer ist in Bild **3**.28 eine magnetoelastische Ausführung gezeigt. Sie besteht aus einem Druckkörper 1 und dem Deckel 2, die beide durch den Ring 3 zusammengehalten werden. Das Material ist eine Nickel-Eisenlegierung, das seine Permeabilitätszahl μ_r mit der mechanischen Belastung ändert. In der Nut des Druckkörpers befindet sich eine Spule 4, die im Eisenweg das skizzierte Magnetfeld aufbaut. Die Induktivität dieser Spule ist nach Gl. (1.79) von der Permeabilität in ihrem Feldbereich abhängig, d. h. sie ändert ihren Wert proportional mit einer Krafteinwirkung.

Für die Bestimmung der Induktivitätsänderung ΔL kann eine Brückenschaltung nach Bild **3**.29 verwendet werden. Sie besteht aus zwei gleichen Widerständen R_0, der Spuleninduktivität $L = L_0 \pm \Delta L$ und einer Festinduktivität mit dem Ruhewert L_0. Für die Brückenspannung U_D läßt sich mit den Regeln nach Abschn. 1.3.2.4

$$U_D = \frac{U_0}{2} \cdot \frac{\Delta L}{2L_0 + \Delta L} \approx \frac{U_0}{4} \cdot \frac{\Delta L}{L_0} \tag{3.19}$$

ausrechnen.

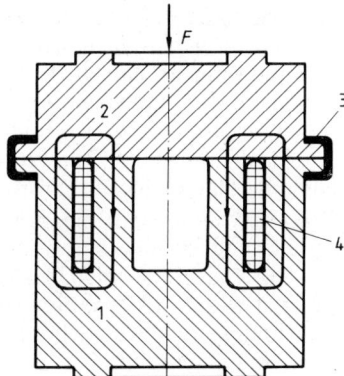

3.28
Magnetoelastische Kraftmeßdose
1, 2 Druckkörper, 3 Halterung,
4 Spule mit Induktivität L

Die Brückenspannung ist damit der Induktivitätsänderung ΔL und somit der wirksamen Kraft proportional.

Magnetoelastische Meßdosen werden für Kräfte zwischen etwa 5 kN und einigen Tausend kN hergestellt.

3.29
Brückenschaltung zur Bestimmung
einer Induktivitätsänderung

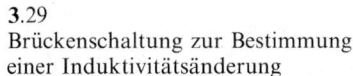
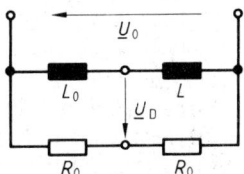

Druck Aus der Vielzahl der möglichen Meßverfahren für Flüssigkeits- und Gasdrücke soll als Beispiel für einen induktiven Aufnehmer das Rohrfedermanometer nach Bild **3**.30 gezeigt werden. Die bei steigendem Druck sich aufrollende Rohrfeder bewegt den Eisenkern 3 in die Spule L_2 hinein und aus der Spule L_1 heraus; dadurch wird die Induktivität von L_2 vergrößert und die von L_1 verkleinert. Beide Spulen bilden mit den Widerständen R_3 und R_4 eine mit Netzwechselstrom $U_\sim$ betriebene Wheatstonesche Brücke. Der über den Verstärker 4 angeschlossene Spannungsmesser 5 zeigt dann einen Ausschlag. Die Abgleichung kann beispielsweise beim Druck Null geschehen, ein Druckanstieg ergibt dann einen in bestimmten Grenzen proportionalen Ausschlag.

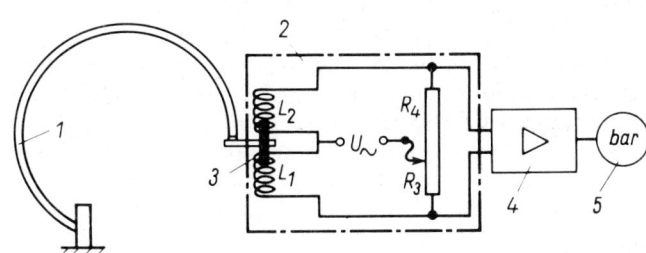

3.30
Meßgrößenumformer für
Gas- oder Flüssigkeitsdruck

Schwingungen   Durch die Restunwucht des rotierenden Teils, magnetische Zugkräfte bei elektrischen Maschinen oder die ungleichförmige Krafteinleitung bei einem Verbrennungsmotor entstehen bei allen Antrieben mechanische Schwingungen an den Bauteilen. Sie erzeugen Geräusche, beeinträchtigen bei stärkerer Ausbildung die Fertigungsqualität und erhöhen den Verschleiß der Lager usw. Schwingungsmessungen haben daher sowohl für das Prüffeld wie auch die betriebliche Maschinenüberwachung eine große Bedeutung.

Eine Schwingung an einem Bauteil kann grundsätzlich durch ihre Amplitude oder Auslenkung x, die Schwinggeschwindigkeit $v = \dot{x}$ und die Schwingbeschleunigung $a = \dot{v} = \ddot{x}$ erfaßt werden. Es genügt, eine Größe zu messen, da bei Bedarf die beiden anderen durch Differentiatioon oder Integration berechnet werden können. Ist die Schwingung aus Anteilen verschiedener Frequenz zusammengesetzt, so gilt dies für jeden Anteil getrennt.

Am häufigsten werden heute Beschleunigungsaufnehmer eingesetzt, bei denen die Kraft gemessen wird, die eine eingebaute Masse der Beschleunigung des Meßpunktes entgegensetzt. Der Aufnehmer (Bild 3.31) wird mit seiner Basis 1 auf die Meßstelle geklebt, so daß er mit dem Bauteil mitschwingt. Zwischen diesem Boden und einem durch Federn 4 vorgespannten Körper 3 der Masse m befindet sich ein piezoelektrischer Aufnehmer 2 mit seinen beiden Anschlüssen. Wird der Aufnehmer beschleunigt, so übt die Masse nach $F = m \cdot a$ eine zusätzliche Kraft auf den Piezoquarz aus, die genau der Beschleunigung a proportional ist. Dies ändert sich erst, wenn man in den Bereich der Resonanzfrequenz des Aufnehmers kommt, die je nach dessen Größe bei 10 kHz bis 100 kHz liegen kann. Das Spannungssignal U_a wird verstärkt und meistens einer Frequenzanalyse unterzogen. Aus dem Frequenzspektrum läßt sich dann erkennen, welche Erreger für die Schwingungen verantwortlich sind. So kann man z. B. aus einem Schwingungsanteil mit der Drehfrequenz der Welle auf eine merkbare Unwucht schließen.

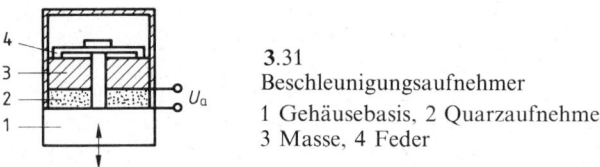

3.31
Beschleunigungsaufnehmer
1 Gehäusebasis, 2 Quarzaufnehmer,
3 Masse, 4 Feder

3.4.2   Sonstige Größen

3.4.2.1   Beleuchtungsstärke

Zur Kennzeichnung der Helligkeit einer beleuchteten Fläche ist die Beleuchtungsstärke mit der Einheit Lux (lx) festgelegt. Sie ist ein von der SI-Basisgröße Lichtstärke (Candela = cd) abgeleiteter Wert. In etwa entspricht 1 lx der Beleuchtung, die eine Kerze bei senkrechtem Lichteinfall auf einer 1 m entfernten Fläche erzeugt.

Die natürliche Beleuchtungsstärke schwankt stark, sie kann bei vollem Sonnenlicht bis 100.000 lx betragen, bei Vollmond liegt sie unter 1 lx. Für die erforderliche lichttechnische Ausstattung von Räumen bestehen nach DIN 5035 empfohlene Werte:

Garagen, Mühlen, einfache Sehaufgaben   60 lx
Werkstätten für einfache Montage- und Handwerksarbeiten   250 lx
Werkstätten mit schwierigen Sehaufgaben, Küchen   500 lx
feine Handarbeiten, Technische Büros, Werkzeugbau   1000 lx

Zur Messung der Beleuchtungsstärke sind alle in Abschn. 2.1 vorgestellten optoelektrischen Bauelemente geeignet. Dabei sind Fotowiderstände, Fotodioden und Fototransistoren Geber, für deren Betrieb eine Fremdspannung benötigt wird. Fotodioden in der Betriebsart als Solarzelle bzw. Fotoelement sind dagegen aktive Geber, deren Kurzschlußstrom genau der Beleuchtungsstärke E proportional ist (s. Bild **2**.25).

3.4.2.2 p_H-Wert einer wässerigen Lösung

Die chemischen Eigenschaften wässeriger Lösungen, z. B. Kesselspeisewasser oder Abwässer, sind u. a. abhängig von der Wasserstoffionen-Konzentration C_{H^+}. Im neutralen, chemisch reinen Wasser sind – durch Hydrolyse gebildet, bei 25 °C – $C_{H^+} = 1.10^{-7}$ Mol/liter H^+-Ionen enthalten. Ist in Wasser eine Säure gelöst, so ist C_{H^+} größer (z. B. 1.10^{-2} Mol/liter für 0,01 n–HCl), für eine Base kleiner. Statt C_{H^+} gibt man, weil bequemer, den Wasserstoffexponent p_H, kurz p_H-Wert an. Er ist definiert als $p_H = -\log C_{H^+}$ (s. Bild **3**.32).

3.32 p_H-Werte von wässerigen Lösungen in Abhängigkeit von der H^+-Ionenkonzentration

Die Messung des p_H-Wertes beruht auf der Proportionalität zwischen diesem und der Urspannung eines galvanischen Elementes mit bestimmten Elektroden, das die zu untersuchende Lösung als Elektrolyt enthält. Der komplizierte Aufbau des hier Meßkette genannten Elementes kann nicht beschrieben werden; zur Messung der zwischen 10 und 500 mV liegenden Urspannungen ist ein Gleichspannungsverstärker (durch MOS-FET: Eingangswiderstand $R_1 \gg 500$ MΩ) mit nachgeschaltetem Drehspulinstrument oder Schreiber erforderlich.

3.4.2.3 Temperatur

Die ältesten Verfahren zur elektrischen Messung einer nichtelektrischen Größe sind diejenigen zur Messung der Temperatur. In der betrieblichen Meßtechnik verwendet man im wesentlichen zwei Verfahren, die beide auf der Erzeugung einer von der Temperatur abhängigen elektrischen Spannung beruhen.

Thermoelemente Das erste Verfahren benutzt dazu ein Thermoelement nach Bild **3**.33. Erwärmt man die Verbindungsstelle 1 zweier verschiedener Metalldrähte, z. B. Eisen und Konstantan, auf die Temperatur ϑ_w, während die anderen Enden die Temperatur ϑ_k haben, so entsteht zwischen ihnen eine Spannung, die der Temperaturdifferenz etwa proportional ist.

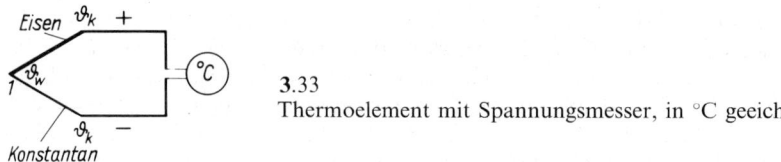

3.33
Thermoelement mit Spannungsmesser, in °C geeicht

Außerdem ist sie von der Art der verwendeten Metalle abhängig. Die von einigen wichtigen, genormten Thermopaaren gelieferten Spannungen mit den zulässigen Betriebstemperaturen sind in Tafel 3.34 zusammengestellt. Zum Schutz gegen mechanische und chemische Einflüsse wird das Thermopaar in genormte, Armaturen genannte Schutzhüllen eingebaut.

Tafel 3.34   Thermospannung und höchste zulässige Betriebstemperatur für verschiedene Thermopaare

Thermopaar (Polarität der Thermospannung)	Thermospannung in mV/100 °C	höchste zulässige Temperatur in °C
Kupfer-Konstantan (+) (−)	≈ 4,25	600
Eisen-Konstantan (+) (−)	≈ 5,37	700
Nickelchrom-Nickel (+) (−)	≈ 4,10	1300
Platinrhodium-Platin (+) (−)	≈ 0,64	1600

Die mit einem empfindlichen Drehspulinstrument gemessene Thermospannung ist von der Temperaturdifferenz $\vartheta_w - \vartheta_k$ abhängig. Da jedoch ausschließlich ϑ_w gemessen werden soll, muß eine Vergleichsstelle geschaffen werden mit möglichst konstanter Temperatur ϑ_k, die von der Meßstelle hinreichend weit entfernt ist. Man baut die Meßanlage deshalb nach Bild 3.35 auf. Die Ausgleichsleitungen sind aus den gleichen Materialien wie das Thermopaar hergestellt. Diese Leitungen reichen bis zur Vergleichsstelle. Von dieser bis zum Anzeigeinstrument werden übliche Leitungen aus beliebigem Leiterwerkstoff verwendet; der Abgleichwiderstand R vergrößert den Leitungswiderstand auf den der Eichung des Instrumentes zu Grunde gelegten Sollwert.

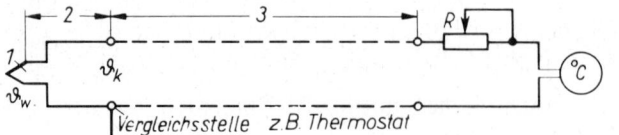

3.35
Temperaturmeßanlage mit Thermoelement 1, Ausgleichsleitung 2 und Meßleitung 3

Widerstandsthermometer   Da der elektrische Widerstand eines Leiters oder Halbleiters von der Temperatur abhängig ist, kann man mit ihnen eine von der Temperatur abhängige Spannung erzeugen. Man verwendet als Meßwiderstand ein Drahtstück aus Platin oder Nickel. Noch empfindlicher, jedoch bezüglich des Widerstandes weniger zuverlässig definiert, ist ein Thermistor (s. Abschn. 2.1.3.1). Der Meßwiderstand wird als „unbekannter Widerstand" in einen Zweig einer Wheatstoneschen Brücke geschaltet. Man gleicht die Brücke bei der Anfangstemperatur des gewünschten Temperaturbereichs ab. Bei Erwärmung des Meßwiderstands wird die Brücke verstimmt, und ihr Nullinstrument zeigt einen der Temperaturänderung des Meßwiderstands nahezu proportionalen Ausschlag. Die Skala des Instruments kann wieder unmittelbar in °C geeicht werden, sofern die Brücke mit konstanter Spannung oder besser und fast ebenso einfach zu machen, mit konstantem Strom betrieben wird. Der Meßwiderstand wird in eine Armatur eingebaut. Die vollständige Meßeinrichtung, die sich besonders zur Messung von Temperaturen zwischen − 200 °C und + 500 °C eignet, wird Widerstandsthermometer genannt.

3.4.2.4   Zeit

Die Einheit der Zeit mit $t = 1$ s wird in „Atomuhren" durch ein definiertes Vielfaches von Eigenschwingungen des Cäsium-Isotops Cs 133 sehr genau bestimmt. Eine derartige Anlage steht z. B. bei der Physikalisch-Technischen Bundesanstalt in Braunschweig, die auch über einen Zeitzeichensender laufend die genaue Tageszeit in einer Impulsfolge überträgt.

Quarzuhren   Sowohl Armbanduhren wie auch ortsfeste Zeitgeber besitzen heute als taktbestimmendes Element einen Quarzschwinger (s. Abschn. 2.2.4.3). Dessen hohe Eigenfrequenz wird durch eine monolithisch integrierte Schaltung (IC-Baustein), die als vielstufiger Frequenzteiler arbeitet, auf einen kleinen Wert von z. B. 1 Hz herabgesetzt. Es folgt eine Verstärkerstufe, die eine genügend leistungsstarke Rechteckspannung liefert, um einen Kleinstantrieb in der Bauform des Schrittmotors (s. Abschn. 4.5.3) anzusteuern. Über ein Räderwerk werden dann in klassischer Technik die Zeiger der Uhr angetrieben (Bild 3.36).

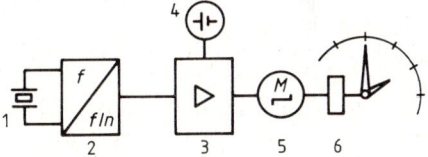

3.36
Uhrenantrieb
1 Quarzschwinger, 2 Frequenzteiler, 3 Verstärker,
4 Batterie, 5 Schrittmotor, 6 Räderwerk

Die Uhr wird über eine Knopfzellen-Batterie mit $U = 1,4$ V und einer Kapazität (Ladung) von je nach Gehäuse 10 mAh bis 200 mAh versorgt. Da der Motor nur eine Leistung von einigen µW hat, beträgt die Laufzeit mit einer Batterie heute ca. 2 Jahre.

Zeitintervall   Die Messung einer Zeit Δt zwischen zwei Ereignissen (Start bis Stop) kann sehr genau über das Auszählen der Impulse aus einem Taktgeber fester Frequenz f_T erfolgen. Werden in der Meßzeit Δt die Anzahl Z Impulse registriert, so ist

$$\Delta t = \frac{Z}{f_T} \tag{3.20}$$

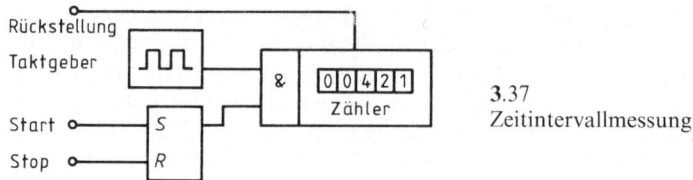

3.37
Zeitintervallmessung

In Bild **3.37** liefert ein Quarzoszillator sehr konstanter Frequenz die Impulsfolge. Diese werden im Zähler registriert, sobald das RS-Kippglied durch einen Startbefehl gesetzt ist und damit das als Tor wirkende UND-Gatter öffnet. Mit einem Stopimpuls wird das Kippglied zurückgesetzt und somit das Tor durch die logische 0 am Eingang geschlossen. Der Zähler zeigt in der Regel durch entsprechende Umrechnung direkt ms, s oder min an.

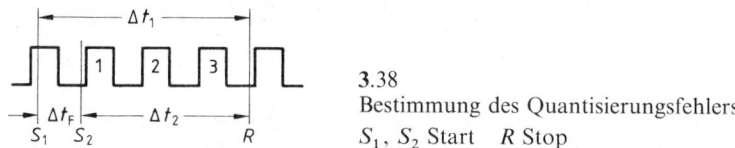

3.38
Bestimmung des Quantisierungsfehlers
S_1, S_2 Start R Stop

Bild **3.38** erläutert den sogenannten Quantisierungsfehler Δt_F bei der Zeitintervallmessung. Werden im Zähler z. B. die ansteigenden Flanken der Taktimpulse erfaßt, so liefert er für die Zeiten Δt_1 und Δt_2 mit 3 Flanken $= 3 \cdot t_T$ das gleiche Ergebnis. Der maximale Fehler beträgt damit mit $\pm\, t_T$ eine Periode der Taktfrequenz $f_T = 1/t_T$.

4 Elektrische Maschinen

Die Energieumwandlung in umlaufenden (rotierenden) elektrischen Maschinen, sowohl in Generatoren wie in Motoren, beruht auf den im Abschn. 1.2.3 beschriebenen Wechselwirkungen zwischen der Erzeugung von Kräften bzw. Drehmomenten und von elektrischen Spannungen in Magnetfeldern. Deshalb haben Generatoren und Motoren den gleichen Aufbau. Der Elektromotor ist das Kernstück des elektrischen Antriebs (Abschn. 5); der Generator hat eine entsprechende Bedeutung für die Stromerzeugung in den Kraftwerken (Abschn. 7.2). Je nach der Stromart werden Gleichstrommaschinen (s. Abschn. 4.1) sowie Wechselstrom- und Drehstrommaschinen (s. Abschn. 4.3 bis 4.5) unterschieden. Für den Benutzer sind dabei die Vorschriften für elektrische Maschinen (s. Abschn. 5.1) besonders wichtig.

Transformatoren sind ruhende elektrische Energiewandler. Auf der Grundlage des Induktionsgesetzes werden damit Wechselspannungen nach Betrag und Phasenlage geändert (umgespannt). Man unterscheidet hier Wechselstrom- und Drehstromtransformatoren.

4.1 Gleichstrommaschinen

4.1.1 Aufbau, Wirkungsweise, Leistungsbilanz

4.1.1.1 Aufbau

Bei Gleichstrommaschinen wird der gesamte feststehende Teil als Ständer, der rotierende als Anker bezeichnet.

Ständer Er ist zunächst vielfach in Verbindung mit einem Gehäusemantel die mechanische Grundkonstruktion zur Aufnahme der beidseitigen Lagerschilde, des Klemmkastens und eventl. eines Fremdlüfters. In seinem aktiven Teil wirkt er als Elektromagnet, der das gleichermaßen für den Motor- wie Generatorbetrieb erforderliche magnetische Gleichfeld erzeugt (Bild 4.1).

Gleichstrommaschinen besitzen heute einen völlig aus Blechen aufgebauten magnetischen Kreis, da nur so die bei raschen Stromänderungen im Eisen auftretenden Wirbelströme weitgehend vermieden werden können. Je nach Polpaarzahl p sind am Joch 1 gleichmäßig verteilt $2p$ Hauptpole 2 angebracht, deren Querschnitt sich dem Anker 4 zu in Form sogenannter Polschuhe erweitert. Auf diese Weise wird ein möglichst großer zu jedem Hauptpol gehöriger Umfangsteil des Ankers (die Polteilung) vom Magnetfeld erfaßt.

Jeder Hauptpol trägt eine Magnetspule 3 mit der Windungszahl N_E, die mit ihrem Strom I_E eine für den Aufbau des Magnetfeldes erforderliche Durchflutung $N_E \cdot I_E$

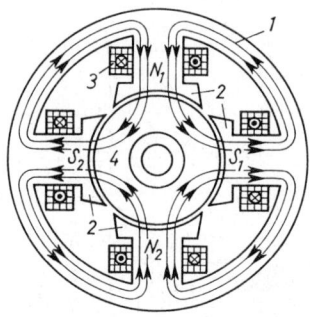

4.1
Magnetischer Kreis einer Gleichstrommaschine
1 Joch, 2 Hauptpol mit Polschuh,
3 Erregerwicklung, 4 Anker

liefert. Schaltet man die unter sich gleichen Magnetspulen, deren Gesamtheit man Erregerwicklung nennt, so in Reihe, daß sich die in Bild **4**.1 gekennzeichneten Richtungen des Erregerstromes I_E ergeben, so bilden sich die dort durch ihre Feldlinien dargestellten Magnetfelder aus, die nach Abschn. 1.2.2 berechnet werden können.

Am Ständer wechseln Nordpole N und Südpole S einander ab. Die Maschinen können nur mit einem Polpaar, $p = 1$, d. h. mit je einem Nord- und Südpol, oder mit mehreren Polpaaren $p = 2$ bis 12, ausgeführt werden. Die magnetischen Feldlinien verlaufen z. B. bei der vierpoligen Maschine mit $p = 2$ nach Bild **4**.1 von einem Nordpol über den Luftspalt in den Anker, teilen sich dort in zwei gleiche Teile auf und kehren über den Luftspalt, die beiden angrenzenden Südpolhälften und das Joch zum Nordpol und in sich selbst zurück.

Den vom Erregerstrom erzeugten magnetischen Fluß, der in jedem Nordpol aus dem Ständer austritt, nennt man den Polfluß Φ. Er wird durch den Wert des Erregerstromes I_E festgelegt und kann über diesen im Rahmen der Magnetisierungskennlinie des Eisenkreises verändert werden.

Bild **4**.2 zeigt die Schnittzeichnung einer vierpoligen Gleichstrommaschine im mittleren Leistungsbereich in der heute üblichen Rechteckbauweise.

Anker Der Läufer oder Anker der Maschine besteht aus dem mit der Welle fest verbundenen, aus Elektroblechen geschichteten Blechpaket, der Ankerwicklung und dem Stromwender. In die Bleche sind, gleichmäßig am Umfang verteilt, Nuten eingestanzt. Diese enthalten die Ankerspulen, die man in ihrer Gesamtheit Ankerwicklung nennt. In der Ausführung unterscheidet man zwischen Schleifen- und Wellenwicklungen, doch ist dies nur für den Entwurf der Maschine von Bedeutung. Anfänge und Enden der Ankerspulen sind nacheinander an die gegeneinander isolierten Kupfersegmente (Stege) des Stromwenders (Kollektors, Kommutators) angelötet. Die Übertragung des Ankerstromes I_A in die Ankerspulen erfolgt über in Haltern geführte Kohlebürsten, die mit den Stromwenderstegen einen Gleitkontakt bilden.

Stromwender Zur prinzipiellen Erklärung der Funktion des Stromwenders der Gleichstrommaschine ist in Bild **4**.3 ein Anker mit der in den Anfängen verwendeten Ringwicklung und nur 8 Ankerspulen 1 gezeichnet. Entscheidend ist, daß der Stromwender mit seinen ebenfalls 8 Segmenten zusammen mit den Kohlebürsten als mechanischer Schalter wirkt. Der Gleichstrom I_A wird durch ihn fortlaufend so auf die Spulen verteilt, daß die Stromrichtung innerhalb eines Polbereiches gleich ist und nur

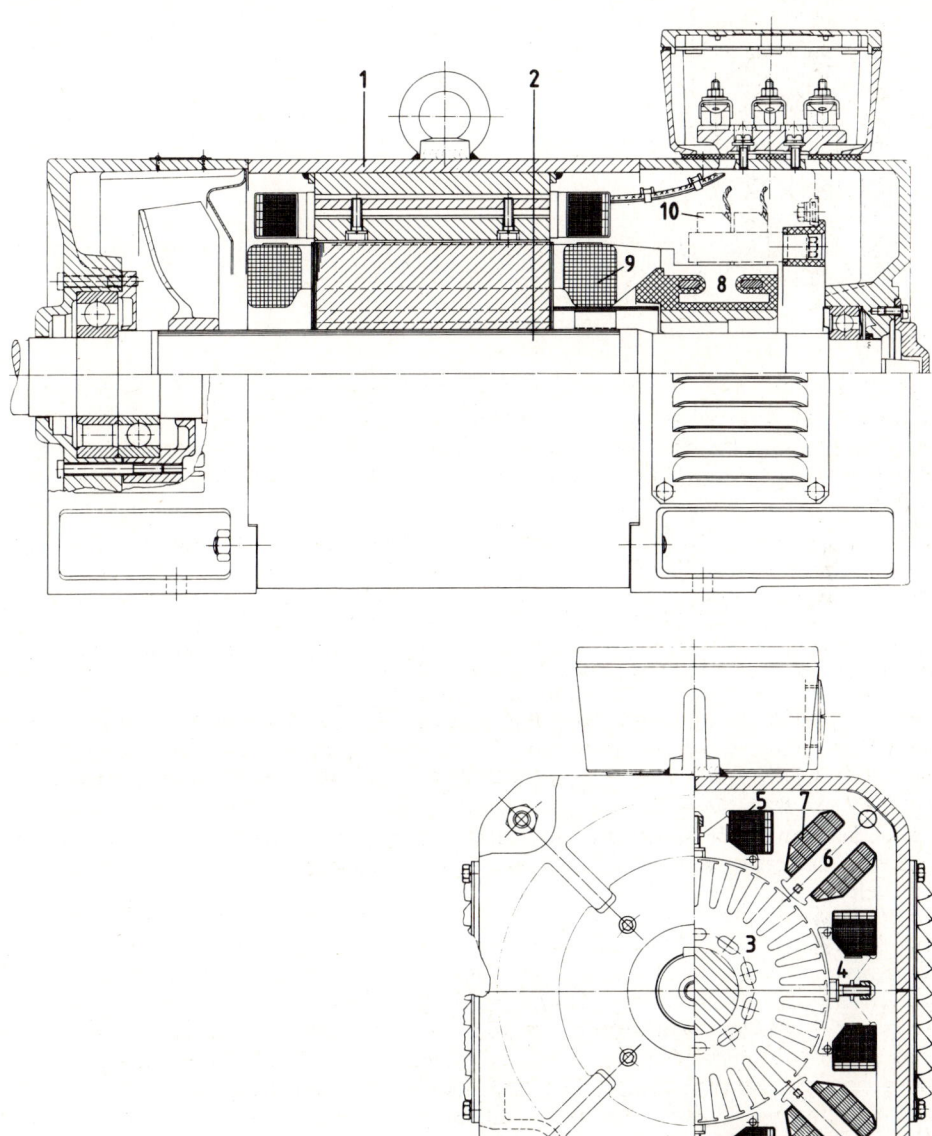

4.2 Schnittzeichnung einer vierpoligen Gleichstrommaschine
  1 Gehäusemantel, 2 Anker, 3 Ankerblechpaket, 4 Hauptpol mit Polschuh,
  5 Erregerwicklung, 6 Wendepol, 7 Wendepolwicklung, 8 Stromwender,
  9 Ankerwicklung, 10 Kohlebürsten

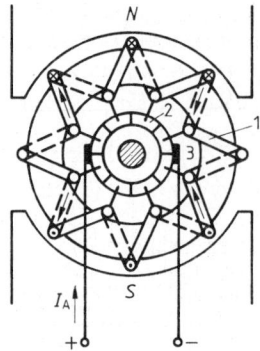

4.3
Funktion des Stromwenders
1 Ankerwicklung (vereinfacht als Ringwicklung)
2 Stromwenderstege
3 Kohlebürsten

von Pol zu Pol wechselt. In der Zeitspanne, in der eine Spule von einem zum anderen Polbereich übergeht, d. h. in der sogen. neutralen Zone steht, ist sie von der Kohlebürste kurzgeschlossen. Der Spulenstrom wechselt in dieser Zeit seine Richtung, einen Vorgang, den man als Kommutierung (Stromwendung) bezeichnet. Diese Schalterfunktion des Stromwenders ist Voraussetzung für die nachstehend erläuterte Wirkungsweise der Maschine in Motor- und Generatorbetrieb.

Wendepol- und Kompensationswicklung   Gleichstrommaschinen bis etwa 1 kW haben im Ständer nur die oben besprochenen, von der E r r e g e r w i c k l u n g umschlossenen Hauptpole je nach der Zahl der Polpaare. Bei größeren Maschinen tritt mit dieser einfachen Ausführung am Kontakt Kohlebürste-Stromwendersteg starkes Bürstenfeuer auf. Es wird durch Kurzschlußströme verursacht, die sich als Folge von induzierten Spannungen in der durch die Bürste überbrückten Ankerspule ausbilden. Um diesen Schwierigkeiten zu begegnen und einen funkenfreien Lauf des Kommutators auch bei größeren Maschinen ab etwa 1 kW zu erzielen, werden in den Ständer zwischen die Hauptpole Wendepole (**4**.4) mit der W e n d e p o l w i c k l u n g eingebaut. Bei großen Maschinen, etwa ab 50 bis 100 kW, besonders wenn diese einen großen Drehzahlstellbereich mittels Feldschwächung (s. Abschn. 4.1.2.3) erhalten, wird in den Pol-

4.4
Ständer (Ausschnitt) einer Gleichstrommaschine 70 kW, 1200 min^{-1} (ABB)

1 Hauptpol
2 Erregerwicklung
3 Kompensationswicklung
4 Wendepol
5 Wendepolwicklung

schuhen der Hauptpole zusätzlich die Kompensationswicklung untergebracht. Die Wendepol- wie auch die Kompensationswicklung werden vom Ankerstrom I_A durchflossen, beide Wicklungen sind mit der Ankerwicklung in Reihe geschaltet.

Man trifft in der Praxis nicht selten Gleichstrommaschinen an, die feuern, ohne überlastet zu sein. Es handelt sich hierbei um ein mechanisches Feuern infolge unvollkommener Laufeigenschaften. Einwandfreier Betrieb setzt nämlich voraus, daß der ausgewuchtete Anker schwingungsfrei läuft, und daß der Kommutator vollkommen rund und sauber ist. Die Bürsten müssen eine für den jeweiligen Motoreinsatz geeignete Qualität und den richtigen Anpreßdruck haben und gut eingelaufen sein.

Dauermagneterregung Gleichstrommaschinen werden in sehr großer Stückzahl als batterieversorgte Kleinst- und Kleinmotoren für Spielzeuge, die Feinwerktechnik und vor allem die Kfz-Elektrik (Scheibenwischer-, Gebläse- und Stellmotoren) gefertigt. Man verwendet hier im Ständer stets eine Dauermagneterregung und erhält damit eine sehr einfache Ausführung (Bild **4**.5). Als Magnetmaterial wählt man meist ein als Ferrite bezeichnetes Sintermaterial, das auch für die allgemein üblichen Schließ- und Haftmagnete eingesetzt wird.

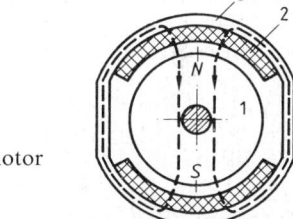

4.5

Dauermagneterregter Kleinmotor

1 Anker, 2 Dauermagnet,
3 Gehäuse als Joch

Ein weiteres Einsatzgebiet für dauermagneterregten Motoren sind Stellantriebe im Leistungsbereich bis zu einigen kW. Diese auch DC-Servomotoren genannten Maschinen übernehmen in Bearbeitungszentren Stellaufgaben und werden meist in Rechteckform ausgeführt (Bild **4**.6). Das Beispiel zeigt eine Technik zur Vergrößerung des Polflusses mittels seitlich zusätzlich angebrachter Radialmagnete. DC-Servomotoren

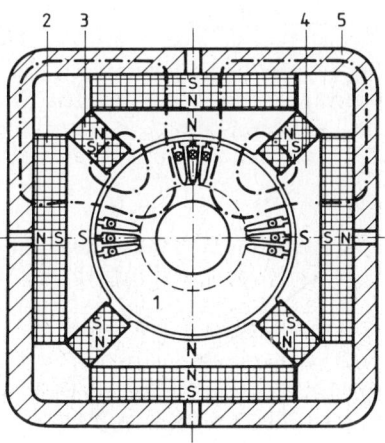

4.6

Querschnitt eines DC-Servomotors

1 Anker, 2 Tangential-Dauermagnet,
3 Radial-Dauermagnet, 4 Polschuh,
5 Joch

erhalten einen Transistor-Gleichstromsteller (s. Abschn. 6.3.1) als Steuergerät und gestatten sehr rasche Drehzahländerungen in beiden Drehrichtungen.

4.1.1.2   Wirkungsweise

Spannungserzeugung   Dreht sich der Anker der Maschine in dem Magnetfeld, das von dem Magnetsystem des Ständers (Magnetpole mit Erregerwicklung) erzeugt wird, dann tritt in jeder einzelnen Windung der Ankerwicklung nach dem Induktionsgesetz $u_q = \mathrm{d}\Phi/\mathrm{d}t$ eine elektrische Spannung auf. Diese Teilspannung ist demnach um so größer, je größer der Polfluß Φ und je größer die Drehzahl n der Maschine ist. Durch den Kommutator werden die Teilspannungen der Windungen zur gesamten in der Ankerwicklung erzeugten Spannung U_q addiert. Somit gilt auch, daß die erzeugte Spannung U_q im Anker der Maschine proportional dem Polfluß Φ und der Drehzahl n der Maschine ist. Man erhält demnach die wichtige Beziehung

$$U_q \sim \Phi n \qquad (4.1)$$

Drehmomenterzeugung   Die Windungen der Ankerwicklung liegen in dem vom Magnetsystem des Ständers hervorgerufenen Magnetfeld. Fließt in den Stäben der einzelnen Windungen der Ankerwicklung Strom, dann wird nach Abschn. 1.2.3.1 auf jeden im Magnetfeld befindlichen Stromleiter eine Kraft ausgeübt, s. Gl. (1.73). Durch Addition aller wegen der Stromwenderfunktion gleichgerichteten Kräfte entsteht mit dem Ankerradius als Hebelarm ein Drehmoment, das um so größer ist, je größer die Flußdichte B und der Strom in der Windung sind. Im Innern des Ankers der Maschine resultiert dann das erzeugte Drehmoment M_i, das proportional dem Polfluß Φ und dem Ankerstrom I_A ist. Es gilt demnach die weitere wichtige Beziehung

$$M_i \sim \Phi I_A \qquad (4.2)$$

Gemeinsame Gesetze   Für die Spannungen und Drehmomente in Gleichstrommaschinen gelten bei Generator- und Motorbetrieb dieselben fundamentalen Gl. (4.1) und (4.2). Zu ihrer Berechnung werden die folgenden Gleichungen benutzt

$$U_q = \frac{2pN}{a}\,\Phi n \qquad M_i = \frac{pN}{\pi a}\,\Phi I_A \qquad (4.3)$$

Faßt man die mit dem Bau der Maschine festliegenden Größen p (Zahl der Polpaare), a (Zahl der parallelen Ankerzweigpaare) und N (Gesamtzahl der Windungen der Ankerwicklung) in der konstanten Größe $c = pN/\pi a$ zusammen und setzt $\omega = 2\pi n$, dann ergibt sich aus Gl. (4.3)

$$U_q = c\Phi\omega \qquad M_i = c\Phi I_A \qquad (4.4)$$

und damit die aus der Umwandlung mechanischer in elektrische Energie und umgekehrt folgende Gleichung für die innere Leistung P_i im Anker der Maschine:

$$P_i = U_q I_A = M_i\omega \qquad (4.5)$$

Das an der Welle verfügbare Drehmoment M ist um ein zur Deckung der Leerlaufverluste des Ankers erforderlichen Anteil M_v kleiner als das innere Drehmoment M_i, d.h. er gilt $M = M_i - M_v$.

4.1.1.3 Leistungsbilanz

Gleichstrommaschinen werden als drehzahlgeregelte Antriebe eingesetzt, d. h. sie wandeln elektrische in mechanische Energie um. Dabei entstehen nach

$$P_v = P_{v0} + P_{vL} \tag{4.6}$$

bereits im Leerlauf die Verluste P_{v0} und dann bei Belastung der Hauptanteil P_{vL}.

Zu den lastunabhängigen Verlusten P_{v0} zählen die Lager-, Luft- und Bürstenreibung, sowie die Eisenverluste im Dynamoblech des Ankers. Lastabhängige Verluste sind die Stromwärmeverluste in allen Wicklungen und die Bürstenübergangsverluste.

Aus Abgabeleistung P_2 und der Aufnahmeleistung P_1 läßt sich der Wirkungsgrad

$$\eta = \frac{P_2}{P_1} \qquad P_1 = P_2 + P_v \qquad \eta = 1 - \frac{P_v}{P_1} \tag{4.7}$$

berechnen. Er beträgt im Leistungsbereich über 1 kW bis zu den größten Maschinen von ca. 10 MW etwa 60 % bis 95 %.

Netz-Motor-Arbeitsmaschine In Bild **4**.7 ist die Leistungsbilanz des Ankerkreises eines Gleichstrommotors angegeben. Die Lastverhältnisse werden durch die Arbeitsmaschine bestimmt. Ist M das Motormoment und M_L das auf die Motordrehzahl n umgerechnete Lastmoment, dann gilt im s t a t i o n ä r e n B e t r i e b $P_2 = M\omega = M_L\omega$, somit für n = konst. die Bedingung

$$M = M_L \tag{4.8}$$

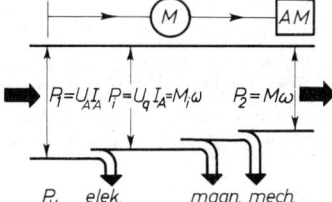

4.7
Leistungsbilanz des Ankerkreises eines Gleichstrommotors
AM Arbeitsmaschine

Zur Entscheidung der Frage, welche Drehzahlen sich im stationären Betrieb einstellen, sind sowohl Kennlinien der Elektromotoren (Abschn. 4) als auch der Arbeitsmaschinen (Abschn. 5.2.1.3) erforderlich. Die erforderliche Primärleistung P_1 wird vom Netz gedeckt.

Bei Laständerungen müssen alle bewegten Teile des elektrischen Antriebs mit dem gesamten Trägheitsmoment J beschleunigt oder verzögert werden. Nach den Gesetzen der Mechanik gilt bei der Drehbewegung für das Beschleunigungsmoment allgemein

$$M_B = M - M_L = J \frac{d\omega}{dt} = 2\pi J \frac{dn}{dt} \tag{4.9}$$

Im stationären Betrieb ist nach Gl. (4.8) $M = M_L$, somit $M_B = 0$ und $dn/dt = 0$, d. h. n = konstant.

Im nichtstationären Betrieb ist $M \gtrless M_L$, somit $M_B \gtrless 0$ und $dn/dt \gtrless 0$, d.h. die Drehzahl steigt (fällt), der Antrieb wird beschleunigt (verzögert). Näheres s. Abschn. 5.2.

4.1.1.4 Anschlußbezeichnungen und Schaltungen

Die Anschlüsse des Ankers und der verschiedenen Wicklungen sind nach VDE 0530, T. 8 mit nachstehender Einteilung durch Großbuchstaben gekennzeichnet. Die zusätzliche Ziffer bezeichnet Anfang 1 und Ende 2 des Bauteils. Für den Motorbetrieb gilt die Festlegung, daß bei Stromrichtung in allen Wicklungen von 1 nach 2 Rechtslauf bei Blickrichtung auf die Stirnseite des Wellenendes auftreten muß.

Bauteil:	Bezeichnung:
Ankerwicklung	A1, A2
Wendepolwicklung	B1, B2
Kompensationswicklung	C1, C2
Erregerwicklung in Reihe zum Anker	D1, D2
Erregerwicklung parallel zum Anker	E1, E2
Erregerwicklung fremdversorgt	F1, F2

Erregerarten   Für das Betriebsverhalten der Gleichstrommaschine ist es von grundsätzlicher Bedeutung, wie die Erregerwicklung angeschlossen wird. Erhält sie eine eigene Spannungsversorgung, so spricht man von einer Fremderregung und führt die Wicklung mit hoher Windungszahl und geringem Leiterquerschnitt für einen Erregerstrom I_E aus, der nur einige Prozent des Ankerstromes I_A beträgt.

Bei Reihenschlußerregung ist die Wicklung dagegen mit dem Anker in Reihe geschaltet und damit $I_E = I_A$. Die Erregerwicklung benötigt damit zur Erzeugung der gleichen Durchflutung nur wenige aber dafür querschnittsstarke Windungen.

Eine Kombination beider Erregungsarten wird bei der Doppelschlußmaschine angewandt. Hier übernimmt eine fremderregte Wicklung die Haupterregung, während eine zusätzliche Hilfsreihenschlußwicklung eine lastabhängige Erhöhung der pro Hauptpol verfügbaren Durchflutung liefert. Dies verbessert das Betriebsverhalten des Motors, indem ein möglicher Drehzahlanstieg bei Belastung verhindert wird.

Schaltpläne   In den Schaltbildern für die verschiedenen Betriebsweisen einer Gleichstrommaschine werden Anker, Wendepolwicklung und Erregung in der Darstellung nach Bild **4**.8 gezeichnet. Die in a) gewählte Form, welche die Kohlebürsten und die gegen das Ankerfeld gerichtete Wirkung der Wendepole andeutet, ist nicht mehr erforderlich. Es genügt die vereinfachte Darstellung b), da für Betrieb nur die richtige Reihenfolge der Verbindungen wichtig ist.

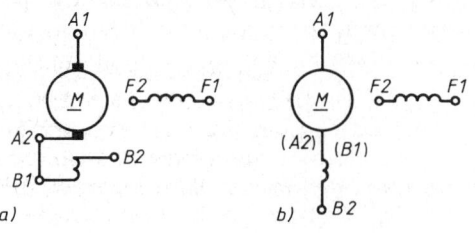

4.8
Anschlüsse und Schaltzeichen einer fremderregten Gleichstrommaschine
a) Anker-, Wendepol- und Erregerwicklung
b) vereinfachte Darstellung

Nach DIN 40 900 T. 6 sind die Wicklungen von Maschinen und Transformatoren nicht mehr als Vollrechteck, sondern als Ergebnis einer internationalen Normung durch eine Reihe von Halbkreisbogen darzustellen.

4.1.2   Betriebsverhalten und Drehzahlsteuerung

4.1.2.1   Gleichstromgeneratoren

Soweit Gleichstromenergie wie in Elektrolyseanlagen, bei Nahverkehrsbahnen und zur Versorgung elektrischer Antriebe benötigt wird, erfolgt diese Versorgung heute über Gleichrichterschaltungen der Leistungselektronik (s. Abschn. 6.3). Gleichstromgeneratoren findet man nur noch selten, wie in älteren Kraftwerken zur Erregung der Drehstromgeneratoren oder als Teil des Leonard-Umformers (s. S. 252). Darüberhinaus werden aber vielfach drehzahlgeregelte Gleichstrommotoren zur Verkürzung der Umsteuerzeiten und Nutzbremsung in den Generatorbetrieb geschaltet.

Fremderregter Generatorbetrieb   In Bild 4.9 ist die Ersatzschaltung eines fremderregten Generators angegeben, dessen Drehzahl über einen Antrieb konstant gehalten wird. Der Erregerstrom kann über einen Feldsteller R_F stetig verändert werden, die Belastung läßt sich mit R_L variieren.

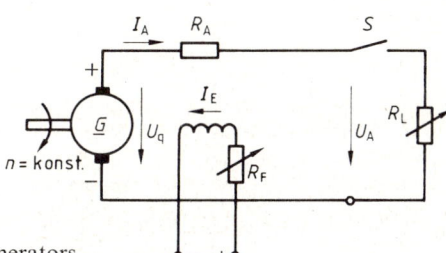

4.9
Ersatzschaltung eines fremderregten Gleichstromgenerators

Leerlauf   Bei offenem Schalter S ($I_A = 0$) ist die erzeugte Leerlaufspannung $U = U_0 = U_q$; da n = konst., ist nach Gl. (4.1) $U_q \sim \Phi$. Die Leerlaufkennlinie des Generators

$$U_0 = \mathrm{f}(I_E) \quad \text{bei } n = \text{konst.}; \; I_A = 0$$

kann punktweise gemessen werden und ist in Bild 4.10a für Beispiel 4.1 maßstäblich dargestellt.

Bei abgeschalteter Erregerwicklung ($I_E = 0$) erzeugt das in der Maschine vorhandene magnetische Restfeld die sogenannte Remanenzspannung U_{0R}, die etwa 5 bis 10% der Nennspannung U_N beträgt. Wird der Erregerstromkreis geschlossen und der Erregerstrom I_E gesteigert, so steigt der Fluß und damit U_0 zunächst etwa linear, da in dem magnetischen Kreis das Eisen vorerst – durch den Einfluß des Luftspaltes – nicht gesättigt ist. Je mehr der Erregerstrom gesteigert wird, um so mehr macht sich jedoch die Sättigung des Eisens durch einen flacher werdenden Verlauf der Kennlinie bemerkbar. Der Anteil der Durchflutung für die Luft wächst linear, der Anteil für das Eisen entsprechend der Magnetisierungskurve überproportional an, so daß der Erregerstrom immer mehr gesteigert werden muß, um eine bestimmte Fluß- und damit Spannungserhöhung zu erhalten.

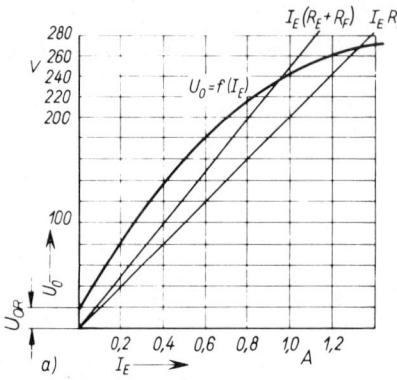
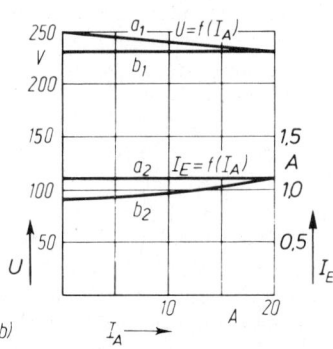

4.10 Kennlinien des Gleichstromgenerators

    a) Leerlaufkennlinie $U_0 = f(I_E)$; Widerstandsgeraden bei Selbsterregung

    b) Betriebskennlinien $U = f(I_A)$ und $I_E = f(I_A)$ bei $I_E =$ konst. (a_1, a_2) und bei $U =$ konst. (b_1, b_2)

Belastung Bei geschlossenem Generatorschalter S wird bei konstant gehaltenem Erregerstrom ($I_{EN} =$ konst.), damit auch $U_q =$ konst., der Ankerkreis über den veränderlichen Lastwiderstand (Ersatzwiderstand R_L der Verbraucher) geschlossen. Der Ankerstrom I_A durchfließt die Ankerwicklung A1–A2 (Widerstand R_{AW}), die Wendepolwicklung B1–B2 (Widerstand R_{WW}) und die gegebenenfalls vorhandene Kompensationswicklung C1–C2 (Widerstand R_{KW}), so daß mit dem gesamten Widerstand im Ankerkreis

$$R_A = R_{AW} + R_{WW} + R_{KW} \tag{4.10a}$$

sich die Klemmenspannung U des Generators ergibt:

$$U = U_q - I_A R_A \tag{4.10b}$$

Die Belastungskennlinie des Generators

$$U = f(I_A) \text{ bei } n = \text{konst. und } I_{EN} = \text{konst.}$$

stellt diesen Zusammenhang in Bild **4**.10b (linear fallende Gerade a_1) dar.

Nach Gl. (4.10b) erhält man die konstante Klemmenspannung U, wenn U_q stets um $I_A R_A$ größer als U gemacht wird. Dies läßt sich durch Erhöhen des Erregerstromes I_E, der Leerlaufkennlinie $U_0 = f(I_E)$ in Bild **4**.10a entsprechend, erreichen (Bild **4**.10b, Kurve b_2).

Beispiel 4.1 Auf dem Leistungsschild eines Gleichstromgenerators findet man folgende Angaben: 4,6 kW, 230 V, 20 A, 1000 min^{-1}. Für fremderregten Betrieb Bild **4**.9 wurde die Leerlaufkennlinie $U_0 = f(I_E)$ bei der Nenndrehzahl $n_N = 1000$ min^{-1} gemessen. Dabei ergaben sich folgende Wertepaare

I_E in A	0	0,2	0,4	0,6	0,8	1	1,2
U_0 in V	15	80	132	180	212	240	260

Die Leerlaufkennlinie $U_0 = f(I_E)$ ist in Bild **4**.10a dargestellt.

a) Es ist $U_E = 240$ V und der Widerstand der Erregerwicklung (F1–F2) $R_E = 200\ \Omega$. Welchen Widerstand R_F muß der Feldsteller, in Reihe mit der Erregerwicklung geschaltet, mindestens haben?

Aus der Spannungsgleichung des Erregerstromkreises $U_E = I_E(R_E + R_F)$ ergibt sich $R_F = \dfrac{U_E}{I_E}$ $- R_E$. Für den kleinsten noch einstellbaren Erregerstrom $I_E = 0.2$ A wird dieser Widerstand

$$R_F = \frac{240\ \text{V}}{0.2\ \text{A}} - 200\ \Omega = (1200 - 200)\ \Omega = 1000\ \Omega$$

b) Bei Nennbetrieb wurde der Erregerstrom $I_{EN} = 1.1$ A gemessen. Wie groß ist der Ankerwiderstand R_A des Generators und der Belastungswiderstand R_L?

Aus der Leerlaufkennlinie (**4.**10a) ergibt sich für $I_{EN} = 1.1$ A die Leerlaufspannung $U_{0N} = 250$ V. Die Spannungsgleichung des Generators lautet im vorliegenden Fall nach Gl. (4.10b) dann $U_N = U_{0N} - I_{AN}R_A$. Hieraus erhält man mit Gl. (4.10a)

$$R_A = R_{AW} + R_{WW} = (U_{0N} - U_N)/I_N = (250\ \text{V} - 230\ \text{V})/20\ \text{A} = 1\ \Omega$$

Der Belastungswiderstand R_L ist

$$R_L = U_N/I_{AN} = 230\ \text{V}/20\ \text{A} = 11.5\ \Omega$$

c) Man zeichne die Belastungskennlinie $U = \mathrm{f}(I_A)$ für den Fall, daß der eingestellte Erregerstrom $I_{EN} = 1.1$ A konstant ist.

Die gesuchte Kennlinie ergibt sich aus den Punkten bei Leerlauf $I_A = 0$, $U = U_0 = 250$ V und bei Nennlast $I_{AN} = 20$ A, $U_N = 230$ V, Bild **4.**10b, Gerade a_1; $I_E = I_{EN} = 1.1$ A (Gerade a_2).

d) Wie muß der Erregerstrom I_E zwischen Leerlauf und Nennlast verändert werden, damit die Klemmenspannung $U_N = 230$ V des Generators (Gerade b_1 in Bild **4.**10b) konstant bleibt?

Aus der Leerlaufkennlinie (**4.**10a) ergibt sich für $U_0 = 230$ V der Erregerstrom $I_E = 0.93$ A; bei Nennlast ist $I_{EN} = 1.1$ A. Weitere Punkte der gesuchten Kurve b_2 des Erregerstromes in Bild **4.**10b ergeben sich mit Hilfe der Leerlaufkennlinie und aus $U_0 = U_N + I_A R_A$, z. B.

für $I_A = 5$ A	$U_0 = 230$ V $+ 5$ A $\cdot 1\ \Omega = 235$ V	$I_E = 0.96$ A
für $I_A = 10$ A	$U_0 = 230$ V $+ 10$ A $\cdot 1\ \Omega = 240$ V	$I_E = 1.0$ A
für $I_A = 15$ A	$U_0 = 230$ V $+ 15$ A $\cdot 1\ \Omega = 245$ V	$I_E = 1.05$ A

Selbsterregte Generatoren   Bei Selbsterregung ist der Erregerkreis in Bild **4.**9 mit dem Feldsteller R_F parallel (oder im Nebenschluß) zum Ankerkreis geschaltet und wird damit von der eigenen Ankerspannung U_A versorgt (Nebenschlußgenerator). Der Generator erregt sich bei $n =$ konst. durch das in der Maschine vorhandene magnetische Restfeld (Remanenzfeld) selbst (dynamoelektrisches Prinzip, Werner von Siemens, 1867).

Leerlauf   Bei offenem Generatorschalter ($I = 0$) treibt die Remanenzspannung U_{0R} zunächst einen kleinen Strom durch die Anker- und Erregerwicklung ($I_A = I_E$), der das Restfeld in der Maschine verstärkt, so daß U_q und damit der Strom weiter anwachsen, bis sich schließlich in wenigen Sekunden eine Leerlaufspannung U_0 einstellt, die sich nach Bild **4.**10a aus dem Schnittpunkt der Leerlaufkennlinie $U_0 = \mathrm{f}(I_E)$ mit der Widerstandsgeraden $U_0 = I_E(R_E + R_F)$ ergibt. Mit Hilfe des Feldstellers R_F läßt sich die Spannung des Generators auf einfache Weise ändern.

Belastung   Bei geschlossenem Generatorschalter teilt sich der Ankerstrom I_A in den Laststrom I und den Erregerstrom I_E auf:

$$I_A = I + I_E \tag{4.11}$$

und es gilt nun für die Klemmenspannung U des Generators:

$$U = U_q - I_A R_A \tag{4.12}$$

Steigert man den Erregerstrom I_E in Abhängigkeit vom Ankerstrom I_A mit Hilfe des Feldstellers R_F etwa nach Kurve b_2 in Bild 4.10b, dann läßt sich $U =$ konst. erreichen. Wendet man dazu eine Spannungsregelung an, die den Feldsteller selbsttätig verstellt, hat man einen Gleichstromgenerator mit Selbsterregung und konstanter Spannung.

4.1.2.2 Gleichstrommotoren mit Fremderregung

In vielen Bereichen der industriellen Antriebstechnik ist eine weitgehende, wirtschaftliche Drehzahlsteuerung notwendig. So erfordern z.B. numerisch gesteuerte Werkzeugmaschinen genau auf die Bearbeitungsbedingungen abgestimmte elektrische Antriebe. Wegen ihrer ausgezeichneten Regeleigenschaften, eines sehr großen Drehzahlstellbereiches und der hohen Zuverlässigkeit sind hier fremderregte Gleichstrommotoren, die mit Gleichrichterschaltungen der Leistungselektronik versorgt werden, die klassische Lösung. Allerdings ist mit dem umrichtergespeistem Drehstrommotor (s. Abschn. 6.3.2) inzwischen eine Alternative auf dem Markt, die zunehmend bevorzugt wird.

Schaltung des Motors mit Fremderregung, Ersatzschaltbild

Bild 4.11a zeigt den vereinfachten Schaltplan des Motors, dessen Ankerkreis aus dem immer vorhandenen Drehstromnetz über einen steuerbaren Stromrichter mit Thyristoren (zwei Drehstrombrücken in kreisstromfreier Gegenparallelschaltung zum Antreiben und Bremsen in beiden Drehrichtungen) gespeist wird. Der Ankerkreis liegt an der (steuerbaren) Ankerspannung U_A, führt den Ankerstrom I_A und nimmt die elektrische Leistung $P_A = U_A I_A$ zur Deckung der mechanischen Leistung P_2 für das Zerspanen des Werkstücks auf (zusätzlich Motorverluste und Reibungsverluste der mechanischen Übertragungsglieder).

Der Erregerkreis wird über den steuerbaren Feldstromrichter (Einphasen- oder Drehstrombrücke für eine Stromrichtung), elektrisch vom Ankerkreis vollkommen

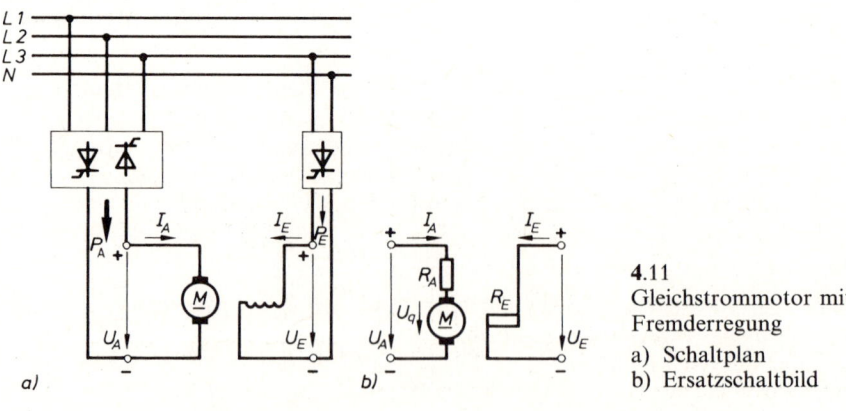

4.11
Gleichstrommotor mit Fremderregung
a) Schaltplan
b) Ersatzschaltbild

getrennt, mit Gleichstrom versorgt und nimmt bei der (steuerbaren) Erregerspannung U_E den Erregerstrom I_E und damit die Erregerleistung $P_E = U_E I_E$ auf; es ist $P_E \ll P_A$.

Ersatzschaltbild (4.11)   Im Ankerkreis gilt die Spannungsgleichung

$$U_A = U_q + I_A R_A \tag{4.13}$$

Mit Hilfe der Gln. (4.3) und $\omega = 2\pi n$ ergeben sich damit die für diesen Motor allgemein gültigen Funktionen für Drehzahl- und Ankerstrom

$$n = \frac{U_A}{2\pi c\Phi} - \frac{R_A M_i}{2\pi (c\Phi)^2} \qquad I_A = \frac{M_i}{c\Phi} \tag{4.14}$$

außerdem

$$U_E = I_E R_E \tag{4.15}$$

Betriebskennlinien des ungesteuerten Motors

Herleitung   Bei ungesteuertem Betrieb des Motors sind die auf dem Leistungsschild angegebenen Nennwerte der Ankerspannung und der Erregerspannung konstant. Letzteres bedeutet, daß auch der Erregerstrom und damit der Polfluß in der Maschine konstant sind und ihre Nennwerte annehmen. Es gilt also

$$U_A = U_{AN} = \text{konst.} \tag{4.16}$$

$$U_E = U_{EN} = \text{konst.}, \ I_E = I_{EN} = \text{konst. und damit } \Phi = \Phi_N = \text{konst.} \tag{4.17}$$

Setzt man dies in die Gln. (4.14 und 4.15) ein, ergibt sich

$$n = \frac{U_{AN}}{2\pi c\Phi_N} - \frac{R_A M_i}{2\pi (c\Phi_N)^2} \qquad I_A = \frac{M_i}{c\Phi_N} \qquad U_{EN} = I_{EN} R_E \tag{4.18}$$

Diese Gleichungen sind in Bild **4.**12 durch die beiden Geraden über M_i dargestellt. Durch das Verlustmoment M_V, hervorgerufen nach Bild **4.**7 durch magnetische und

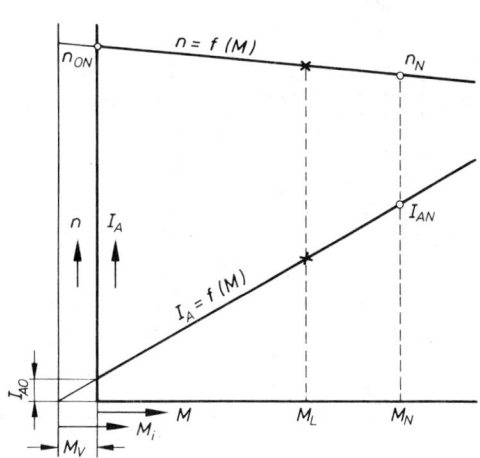

4.12
Betriebskennlinien des ungesteuerten
fremderregten Gleichstrommotors

mechanische Verluste im Motor, ist das an der Welle zum Antrieb der Arbeitsmaschine zur Verfügung stehende Motormoment M – oft nur geringfügig – kleiner als das elektromagnetisch erzeugte innere Drehmoment M_i des Motors, somit

$$M = M_i - M_V \tag{4.19}$$

Im praktischen Leerlauf ($M = 0$) stellt sich die Leerlaufdrehzahl n_{0N} und der Leerlaufstrom I_{A0}, bei Nennbetrieb ($M = M_N$) die Nenndrehzahl n_N und der Nennstrom I_{AN} ein. Bei jedem beliebigen Lastmoment ($M = M_L$) kann Drehzahl und Ankerstrom durch die Schnittpunkte mit den Kennlinien entnommen werden (4.12). Die normalen Betriebskennlinien des ungesteuerten Motors können damit an Stelle von Gl. (4.18) vereinfacht angegeben werden:

$$n = n_{0N} - c_1 M \qquad I_A = I_{A0} + c_2 M \qquad U_{EN} = I_{EN} R_E \tag{4.20}$$

Auswertung   Auf dem Leistungsschild des Motors ist bei Nennbetrieb, auch Nennlast oder Vollast genannt, die an der Welle abgegebene mechanische Nennleistung P_{2N}, nach der Elektromotoren benannt werden, angegeben. Der Motor läuft dabei mit Nenndrehzahl n_N und führt bei Anschluß an die Ankerspannung U_{AN} den Ankernennstrom I_{AN}, so daß mit diesen ebenfalls angegebenen Werten nach Gl. (1.24b) das auftretende Nennmoment M_N und die aufgenommene elektrische Nennleistung P_{1N} berechnet werden können. Sind die Größen n_{0N} und I_{A0} nicht anderweitig, z.B. durch Prüfprotokolle oder Motorenlisten des Herstellers bekannt, wird eine Leerlaufmessung bei abgekuppelter Arbeitsmaschine ($M = 0$) durchgeführt, wobei die angegebenen Nennwerte U_{AN} und U_{EN} eingestellt und die Größen n_{0N} und I_{A0} gemessen werden. Damit können die Kennlinien nach Gl. (4.20) maßstäblich gezeichnet werden (Zahlenbeispiel 4.3).

4.1.2.3   Verfahren der Drehzahlsteuerung

Betriebskennlinien des gesteuerten Motors

Wenn man in den allgemein gültigen Gleichungen (4.14) vereinfachend $M_V = 0$ und damit $M = M_i$ nach Gl. (4.19) setzt, erhält man

$$n = \frac{U_A}{2\pi c \Phi} - \frac{R_A M}{2\pi (c\Phi)^2} \qquad I_A = \frac{M}{c\Phi} \qquad U_E = I_E R_E \tag{4.21}$$

Aus der Beziehung $n = f(M)$ ist zu entnehmen, daß bei einem vorgegebenen Drehmoment M als Belastung die zugehörige Drehzahl n mit den folgenden Verfahren verändert werden kann:

1. Absenken der Ankerspannung im Bereich $0 \leq U_A \leq U_{AN}$
2. Absenken des Polflusses Φ durch Verringerung des Erregerstromes $I_E \leq I_{EN}$
3. Erhöhung des Ankerkreiswiderstandes R_A durch Ankervorwiderstände.

Alle drei Verfahren werden in der Praxis angewandt und nachstehend besprochen. Damit von den speziellen Daten einer Maschine unabhängige Beziehungen entstehen, sollen die Gl. (4.21) normiert, d.h. auf die Nennwerte des ungesteuerten Motors bezogen werden.

Beim ungesteuerten Motor erhält man dann mit Gl. (4.18)

$$\text{bei Leerlauf} \quad n_{0N} = \frac{U_{AN}}{2\pi c \Phi_N}, \quad \text{bei Nennlast} \quad I_{AN} = \frac{M_N}{c\Phi_N}; \quad U_{EN} = I_{EN} R_E \tag{4.22}$$

Durch Division der vorstehenden Gln. (4.21 und 4.22) ergeben sich damit die Betriebskennlinien des gesteuerten Motors in normierter Form

$$\frac{n}{n_{0N}} = \frac{U_A/U_{AN}}{\Phi/\Phi_N} - c_M \frac{M/M_N}{(\Phi/\Phi_N)^2} \qquad \frac{I_A}{I_{AN}} = \frac{M/M_N}{\Phi/\Phi_N} \qquad \frac{U_E}{U_{EN}} = \frac{I_E}{I_{EN}} \tag{4.23}$$

wobei

$$c_M = \frac{I_{AN} R_A}{U_{AN}} = \frac{n_{0N} - n_N}{n_{0N}} \tag{4.24}$$

als Maschinenkonstante eingeführt wurde.

Richtwerte für c_M liegen bei Motoren mit kleinen bis mittleren Leistungen (1 bis 100 kW) bei etwa 0,15 bis 0,05 und nehmen bei Großmotoren (bis 1000 kW und darüber) auf etwa 0,02 bis 0,01 ab. Dies bedeutet, daß bereits der ungesteuerte Motor durch sein weitgehend belastungsunabhängiges Drehzahlverhalten („harte Kennlinie") für viele Antriebsaufgaben geeignet ist.

Beispiel 4.2 Man leite die Betriebskennlinien des ungesteuerten Motors aus den normierten Kennlinien Gl. (4.23) her.
Mit den Gln. (4.16 und 4.17) wird

$$\frac{n}{n_{0N}} = 1 - c_M \frac{M}{M_N} \qquad \frac{I_A}{I_{AN}} = \frac{M}{M_N} \qquad I_E = I_{EN} \tag{4.25}$$

Bei Leerlauf ist $M = 0$ $n = n_{0N}$ $I_A = 0$
bei Nennlast ist $M = M_N$ $n = n_N$ $I_A = I_{AN}$

Für einen ungesteuerten Motor mit $c_M = 0{,}1$ ergeben sich die Kennlinien

$$\frac{n}{n_{0N}} = 1 - 0{,}1 \frac{M}{M_N} \qquad \frac{I_A}{I_{AN}} = \frac{M}{M_N}$$

Sie sind in Bild **4**.13a, maßstäblich und deutlich hervorgehoben, gezeichnet.

Drehzahlsteuerung durch Absenkung der Ankerspannung

Die an den Ankerkreis gelegte Spannung U_A wird nach Bild **4**.11a stufenlos von U_{AN} bis nahe $U_A = 0$ gesteuert. Der Motor ist voll erregt ($I_E = I_{EN}$, $\Phi = \Phi_N$), so daß nach Gl. (4.23) die Steuerkennlinien nun lauten

$$\frac{n}{n_{0N}} = \frac{U_A}{U_{AN}} - c_M \frac{M}{M_N} \qquad \frac{I_A}{I_{AN}} = \frac{M}{M_N} \qquad I_E = I_{EN} \tag{4.26}$$

Durch Vergleich mit der normalen Betriebskennlinie Gl. (4.25) ergeben sich Drehzahlsteuerkennlinien, die parallel (**4**.13) nach unten verschoben sind, wobei die Leerlaufdrehzahlen n_0 in demselben Verhältnis wie die Ankerspannungen U_A herabgesetzt werden:

$$\frac{n_0}{n_{0N}} = \frac{U_A}{U_{AN}} \tag{4.27}$$

Für $U_A = 0{,}6\, U_{AN}$ wird also $n_0 = 0{,}6\, n_{0N}$.

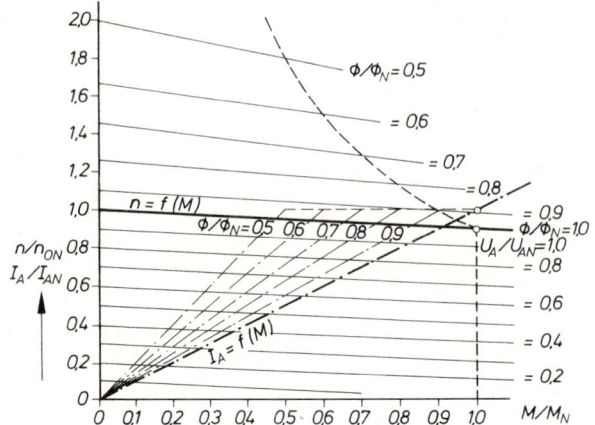

4.13 Steuerkennlinien des fremderregten Gleichstrommotors

——— $n = \mathrm{f}(M)$

—·— $I_\mathrm{A} = \mathrm{f}(M)$

——— Grenzlinien

für den Drehzahl/Momentbereich bei Dauerbetrieb

In Bild **4**.13 sind für den obigen Motor ($c_\mathrm{M} = 0{,}1$) die Steuerkennlinien für $U_\mathrm{A}/U_\mathrm{AN} = 0{,}2\;0{,}4\;0{,}6\;0{,}8$ gezeichnet. Es läßt sich somit jeder beliebige Belastungszustand unterhalb der normalen Betriebskennlinie bis zum Nennmoment einstellen. Die normale Betriebskennlinie $I_\mathrm{A} = \mathrm{f}(M)$ nach Bild **4**.13 gilt nach Gl. (4.26) unverändert auch für alle Steuerkennlinien, d.h. die stufenlose Drehzahlsteuerung kann dauernd bis zum Nennmoment (gestrichelte Grenzlinie) durchgeführt werden.

Leonardumformer Gelegentlich trifft man noch an der Stelle der steuerbaren Gleichrichtersätze (**4**.11a) den nach Ward Leonard (1861/1913 USA) benannten Maschinenumformer für Vierquadrantenantrieb an (Bild **4**.14).

Ein an das vorhandene Drehstromnetz angeschlossener Drehstrommmotor M1 treibt mit nahezu belastungsunabhängiger Drehzahl den Steuergenerator G1 und die Erregermaschine G2 an. Die selbsterregte Erregermaschine G2 liefert die für die Erregungen des Steuergenerators G1 und des Gleichstrommotors M2 erforderliche Spannung, die sich mit Hilfe eines Feldstellers R1 im Erregerkreis von G2 einstellen läßt. An diese Gleichspannung ist der Erregerkreis des Motors M2 über einen weiteren Feldsteller R2 angeschlossen, während für die Erregung des Steuergenerators G1 ein Spannungsteiler mit Mittelanzapfung R3 verwendet wird. Mit ihm ist es möglich, den Erregerstrom des Steuergenerators lediglich durch Verstellen des Abgriffs an diesem Spannungsteiler innerhalb seiner beiden Grenzstellungen, stufenlos von einem größten positiven Wert über den Wert 0 bis zu einem größten negativen Wert zu verändern. Dementsprechend ändert sich auch die Ankerspannung des Generators, die direkt an den Anker des Motors M2 gelegt wird. Es ergibt sich demnach eine stufenlose Drehzahlsteuerung zwischen den normalen Betriebskennlinien in beiden Drehrichtungen des Motors M2.

Durch Feldschwächung des Motors M2 mit Hilfe des Feldstellers R2 in seinem Erregerkreis läßt sich die Drehzahl in beiden Drehrichtungen auch noch erhöhen. Wenn bei kleinen Steuerdrehzahlen die Kühlung durch den eigenen Lüfter nicht mehr genügend wirksam ist, kann durch eine zusätzliche Fremdbelüftung der Motor dauernd mit dem Nennmoment belastet werden.

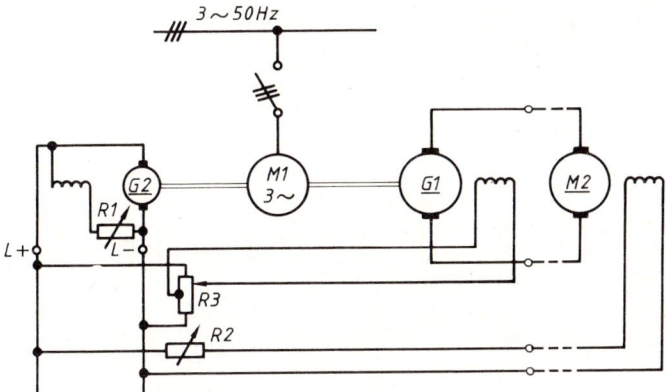

4.14 Aufbau eines Leonard-Umformers

M 1 Drehstrommotor
G 1 Gleichstrom-Steuergenerator
G 2 Erregergenerator

Drehzahlsteuerung durch Absenkung der Erregerspannung (Feldschwächung)

Der Ankerkreis des Motors liegt an der Ankernennspannung U_{AN}. Am Erregerkreis wird nun gegenüber der normalen Betriebsschaltung (U_{EN}, I_{EN}, Φ_N) die Erregerspannung herabgesetzt, $U_E < U_{EN}$, so daß auch $I_E < I_{EN}$ und damit das Magnetfeld Φ in der Maschine schwächer, $\Phi < \Phi_N$, also Feldschwächung durchgeführt wird.

Nach Gl. (4.23) lauten nun die Steuerkennlinien

$$\frac{n}{n_{0N}} = \frac{1}{\Phi/\Phi_N} - c_M \frac{M/M_N}{(\Phi/\Phi_N)^2} \qquad \frac{I_A}{I_{AN}} = \frac{M/M_N}{\Phi/\Phi_N} \qquad \frac{U_E}{U_{EN}} = \frac{I_E}{I_{EN}} \qquad (4.28)$$

Bei Leerlauf ($M = 0$) erhöht sich nun die Leerlaufdrehzahl auf

$$\frac{n_0}{n_{0N}} = \frac{1}{\Phi/\Phi_N} \qquad (4.29)$$

Wird demnach z.B. der Fluß um 20% geschwächt ($\Phi/\Phi_N = 0{,}8$), erhöht sich die Leerlaufdrehzahl auf $1{,}25\,n_{0N}$, also um 25%. Damit lauten die Steuerkennlinien nach Gl. (4.28) für das obige Beispiel ($c_M = 0{,}1$):

$$\frac{n}{n_{0N}} = \frac{1}{0{,}8} - \frac{0{,}1}{0{,}8^2} \frac{M}{M_N} = 1{,}25 - 0{,}156 \frac{M}{M_N} \qquad \frac{I_A}{I_{AN}} = 1{,}25 \frac{M}{M_N}$$

Die Steuerkennlinien sind für $\Phi/\Phi_N = 0{,}9$ bis $0{,}5$ in Bild **4**.13 eingezeichnet. Die Drehzahlkennlinien fallen um so stärker ab, je weiter die Feldschwächung getrieben wird; sie ermöglichen stufenlose Drehzahlsteuerung o b e r h a l b der normalen Betriebskennlinie. Der Ankerstrom erreicht nach Gl. (4.28) bereits den vollen Wert $I_A = I_{AN}$ wenn $M/M_N = \Phi/\Phi_N$ ist. Die Ankerstromkennlinien gelten also nur bis zur Geraden $I_A/I_{AN} = 1$, also für konstante Leistung $U_{AN}I_{AN}$. Entsprechend läßt sich die Belastung bei Drehzahlerhöhung nur bis zu der gestrichelt eingezeichneten Grenzlinie durchführen. Rechnerisch ergibt sich als Grenzwert in dem gewählten Beispiel bei 20% Feldschwächung und damit für $M/M_N = 0,8$:

$$\frac{n}{n_{0N}} = 1,25 - 0,156 \cdot 0,8 = 1,125$$

Zusammenfassung Bild **4**.15 zeigt den Verlauf der in den vorstehenden Ausführungen hergeleiteten Betriebskennlinien bei Ankerspannungs- und Feldschwächungssteuerung für e i n e Drehrichtung des Motors über der Drehzahl. So kann z.B. bei einem 40 kW-Motor die Nenndrehzahl 2000/min, durch Ankerregelung die minimale Drehzahl 60/min (stetiger, ruckfreier Lauf bei vollem Moment), durch Feldregelung die maximale Drehzahl 6000/min (einwandfreie Kommutierung bei voller Leistung) betragen, so daß sich ein Regelbereich von 1:100 ergibt (Zahlenbeispiel 4.4).

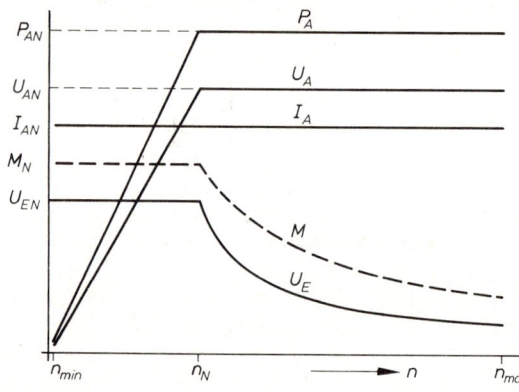

4.15
Betriebskennlinien des fremderregten Motors mit Anker- und Feldstellbereich

Vierquadrantenbetrieb Die eingangs dieses Abschnitts gestellte Aufgabe, den Motor für stufenlose Drehzahlsteuerung zum Treiben und Bremsen in beiden Drehrichtungen verwenden zu können, wird nun durch Bild **4**.16 erläutert. Geht man davon aus, daß bei positiven Werten von U_A, I_A, P_A, M, n im 1. Quadranten (wie bisher) sich Rechtslauf des Motors einstellt, dann ergeben sich in den übrigen 3 Quadranten Rechts- bzw.- Linkslauf, Treiben bzw. Bremsen, also Motor- bzw. Generatorbetrieb und damit elektrische Leistungsentnahme aus dem Netz bzw. elektrische Leistungsrücklieferung ins Netz bei den eingezeichneten Richtungen von n und M und den angegebenen positiven (Hochzeichen $^+$) und negativen (Hochzeichen $^-$) Werten der mechanischen und elektrischen Größen.

Das A n f a h r e n des Antriebs erfolgt durch Hochfahren der Ankerspannung.

Drehzahlsteuerung durch Ankervorwiderstände

Schaltung In der Betriebsschaltung (Bild **4**.17a) sind Ankerkreis und Erregerkreis parallel geschaltet und liegen an der konstanten Gleichspannung $U = U_N$. Der Motor wird bei $R_F = 0$ durch stufenweises Verringern des Ankervor- oder Anlaßwiderstandes R_{Anl} hochgefahren, so daß bei $R_{Anl} = 0$ die normale Betriebskennlinie $n = f(M)$ des fremderregten Motors besteht. Danach kann durch Zuschalten von R_F eine Feldschwächung eingestellt werden. Das Verfahren wird nur noch selten und

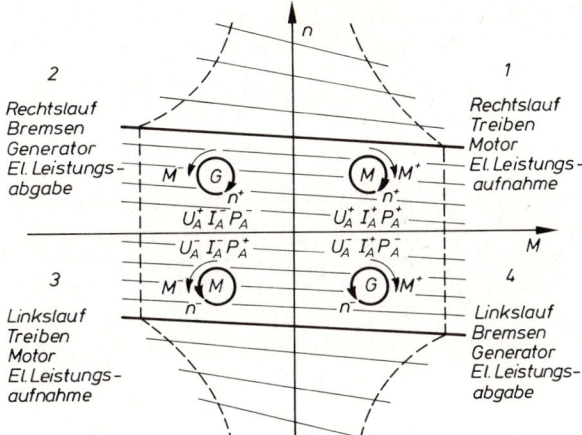

4.16
Vierquadrantenbetrieb des
fremderregten Motors für
Treiben und Bremsen in
beiden Drehrichtungen

z. B. dort angewandt, wo ein Antrieb nur im oberen Bereich eine Drehzahlsteuerung benötigt.

Anfahren Zur Begrenzung des Anfahrstroms wird der stufig veränderliche Anlasserwiderstand R_{Anl} in den Ankerkreis geschaltet. Damit wird nun in Gl. (4.24) mit

$$U_A = U_{AN} \qquad R'_A = R_A + R_{Anl} \qquad c'_M = \frac{I_{AN}(R_A + R_{Anl})}{U_N} = c_M(1 + R_{Anl}/R_A)$$

Man erhält somit die Steuerkennlinien

$$\frac{n}{n_{0N}} = 1 - c_M(1 + R_{Anl}/R_A)\frac{M}{M_N} \qquad \frac{I_A}{I_{AN}} = \frac{M}{M_N} \tag{4.30}$$

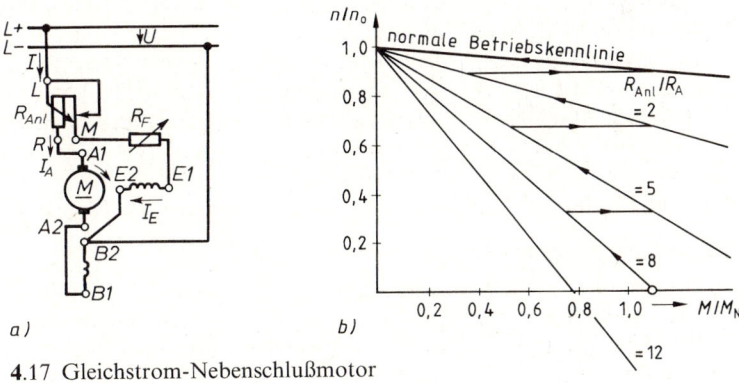

4.17 Gleichstrom-Nebenschlußmotor
   a) Schaltplan für Rechtslauf
   b) Drehzahl/Drehmomentkennlinien bei einem Anfahrvorgang

In Bild **4.**17b sind für einen Anfahrvorgang in Pfeilrichtung mit 3 Anlasserstufen die Drehzahlsteuerkennlinien gezeichnet, wobei das 1,1-fache Nennmoment nicht überschritten wird.

Auf verschiedene Möglichkeiten beim Bremsen wird in Abschn. 5.2.2 eingegangen.

4.1.2.4　Gleichstrom-Reihenschlußmotoren

Schaltung　Bild **4.**18a zeigt die Schaltung des Motors, der auch Hauptstrommotor genannt wird. Anlasser $L-R$, Ankerwicklung A1–A2, Wendepolwicklung B1–B2 und Erregerwicklung D1–D2 sind in Reihe an das Gleichstromnetz L + L − angeschlossen. Somit ist der magnetische Fluß Φ in der Maschine vom Netzstrom I und damit von der Belastung abhängig, wodurch sich ein besonderes Betriebsverhalten ergibt. Bild **4.**18b zeigt das Ersatzschaltbild des Motors.

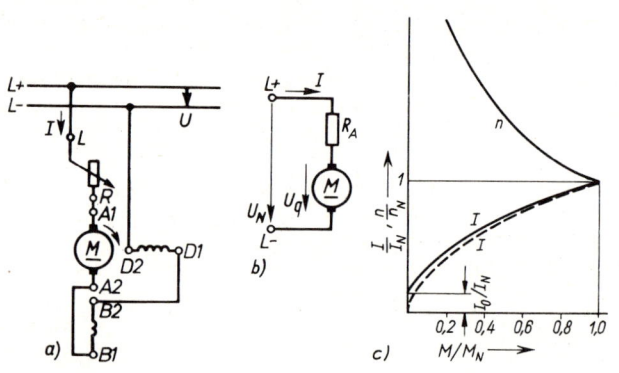

4.18
Gleichstrom-Reihenschlußmotor
a) Schaltplan für Rechtslauf
b) Ersatzschaltbild
c) Betriebskennlinien des
　ungesteuerten Motors

Betriebskennlinien　Kennlinien lassen sich unter den Voraussetzungen, daß die magnetische Kennlinie $\Phi = f(I_E)$ durch eine Gerade $\Phi = c'I$ ersetzt wird ($I = I_A = I_E$), daß das Verlustmoment M_v des Motors vernachlässigt wird ($M = M_i$) und der Bürstenspannungsverlust unberücksichtigt bleibt, mit hinreichender Genauigkeit herleiten. Beim g e s t e u e r t e n M o t o r ist allgemein die Motorspannung $U \leqq U_N$; im Stromkreis ist der Anlaßwiderstand R_{Anl} vorhanden, so daß $R'_A = R_A + R_{Anl}$ wird und es gelten die Gleichungen

$$U = U_q + IR'_A \text{ mit } U_q = c\Phi\omega \qquad M = c\Phi I \text{ und } \Phi = c'I$$

Bei Nennlast (Größen mit Index N) lauten die vorstehenden Gleichungen

$$U_N = U_{qN} + I_N R_A \text{ mit } U_{qN} = c\Phi_N\omega_N \qquad M_N = c\Phi_N I_N \qquad \Phi_N = c'I_N$$

Setzt man, Gl. (4.24) folgend, wieder $c_M = I_N R_A / U_N$, so wird

$$\frac{U_{qN}}{U_N} = 1 - c_M \text{ und } \frac{U_q}{U_N} = \frac{U}{U_N} - \frac{I_N R_A (1 + R_{Anl}/R_A) I/I_N}{U_N}$$

Mit $\Phi/\Phi_N = I/I_N = \sqrt{M/M_N}$ erhält man die allgemeinen B e t r i e b s k e n n l i n i e n

$$\frac{n}{n_N} = \frac{1}{1 - c_M}\left(\frac{U/U_N}{\sqrt{M/M_N}} - c_M(1 + R_{Anl}/R_A)\right) \qquad \frac{I}{I_N} = \sqrt{M/M_N} \qquad (4.31)$$

Für den ungesteuerten Motor ($U = U_N$, $R_{Anl} = 0$) erhält man hieraus die normalen Betriebskennlinien

$$\frac{n}{n_N} = \frac{1}{1 - c_M}\left(\frac{1}{\sqrt{M/M_N}} - c_M\right) \qquad \frac{I}{I_N} = \sqrt{M/M_N} \qquad (4.32)$$

Sie sind in Bild **4**.18c dargestellt. Bei Nennlast ($M = M_N$) läuft der Motor mit der Nenndrehzahl n_N. Wird der Motor entlastet ($M < M_N$), so steigt die Drehzahl – verglichen mit dem Nebenschlußmotor – sehr stark an: weiche Betriebskennlinie. Bei Leerlauf ($M \to 0$) geht $n \to \infty$, d.h. der Motor „geht durch". Es darf deshalb im Betrieb keine vollständige Entlastung auftreten. Bei kleiner Drehzahl entwickelt der Motor ein relativ großes Drehmoment; bei doppeltem Nennmoment ($M = 2M_N$) ist aber der Netzstrom nicht gleich dem doppelten, sondern nur gleich dem $\sqrt{2}$fachen Nennstrom. Der Reihenschlußmotor ist gegen Überlastungen deshalb unempfindlicher als der Nebenschlußmotor. Er ist vor allem dort geeignet, wo im Betrieb bei niedrigen Drehzahlen ein großes Drehmoment, bei höheren Drehzahlen ein kleines Drehmoment verlangt wird, also im Bahnbetrieb, bei Hebezeugen usw.

Das bei der Herleitung der Betriebskennlinien vernachlässigte Verlustmoment M_v hat zur Folge, daß der nach Gl. (4.31) sich ergebende parabelförmige Stromanstieg (gestrichelt in Bild **4**.18c) in Wirklichkeit vom Leerlaufstrom I_0 ausgeht.

Drehzahlsteuerung   Wiederum ergeben sich 3 Möglichkeiten der Drehzahlsteuerung.

Absenkung der Motorspannung ($U < U_N$, $R_{Anl} = 0$). Aus Gl. (4.31) ergeben sich Steuerkennlinien unterhalb der normalen Betriebskennlinie

$$\frac{n}{n_N} = \frac{1}{1 - c_M}\left(\frac{U/U_N}{\sqrt{M/M_N}} - c_M\right) \qquad (4.33\,\text{a})$$

Feldschwächung ergibt wieder Drehzahlkennlinien oberhalb der normalen Betriebskennlinie. Der Feldsteller R_F ist dabei parallel zur Erregerwicklung geschaltet.

Einschalten des Anlaßwiderstands in den Stromkreis ($U = U_N$, $R_{Anl} > 0$). Diese Methode wird nur zum Anfahren benutzt. Die aus Gl. (4.31) sich ergebenden Kennlinien liegen unterhalb der normalen Betriebskennlinie und dies um so mehr, je größer der Anlaßwiderstand ist.

$$\frac{n}{n_N} = \frac{1}{1 - c_M}\left(\frac{1}{\sqrt{M/M_N}} - c_M(1 + R_{Anl}/R_A)\right) \qquad (4.33\,\text{b})$$

4.1.2.5   Zahlenbeispiele

Beispiel 4.3   Auf dem Leistungsschild eines Gleichstrommotors mit Fremderregung zum Antrieb eines Drehautomaten stehen die folgenden Angaben:

40 kW 1900 min^{-1}; Anker 440 V 100 A; Erregung 240 V 10 A. Bei einer Leerlaufmessung betrug der Ankerstrom 5 A, die Drehzahl 2000 min^{-1}.

a) Man ermittle weitere Größen bei Nennlast und zeichne die normalen Betriebskennlinien n, $I_A = f(M)$ maßstäblich auf.

Aufgenommene elektrische Leistung im Ankerkreis

$$P_{AN} = U_{AN}I_{AN} = 440\,\text{V} \cdot 100\,\text{A} = 44\,\text{kW}$$

Somit sind bei Nennbetrieb die Nennverluste und der Nennwirkungsgrad im Ankerkreis

$$P_{VN} = P_{AN} - P_{2N} = (44-40)\,kW = 4\,kW \qquad \eta_N = \frac{P_{2N}}{P_{AN}} = \frac{40}{44} = 0,909 = 90,9\,\%$$

Berücksichtigt man auch im Erregerkreis die Verluste $P_{EN} = U_{EN}I_{EN} = 240\,V \cdot 10\,A = 2,4\,kW$, er-höhen sich die Gesamtverluste des Motors auf 6,4 kW und sein Gesamtwirkungsgrad sinkt auf 86,2 %.

Das Nennmoment des Motors wird nach Gl. (1.24)

$$M_N = \frac{P_{2N}}{2\pi n_N} = \frac{40\,000\,W \cdot 60\,s}{2\pi \cdot 1900} = 201\,Nm$$

Damit können die normalen Betriebskennlinien gezeichnet werden (Bild 4.19).

b) Man ermittle anhand einer Tabelle von $M = 0$ bis $M = M_N$ die Größen P_2, P_A und η im Ankerkreis und zeichne $\eta = f(M)$ maßstäblich in Bild 4.19 ein.

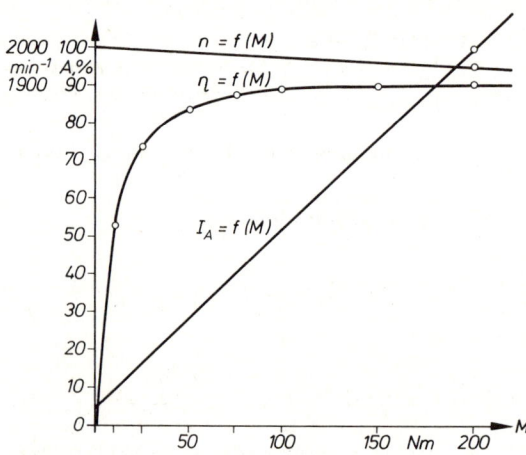

4.19
Betriebskennlinien eines fremd-erregten Gleichstrommotors

Aus Bild 4.19 entnimmt man die Tabellenwerte für I_A und n. Hieraus werden die elektrische Leistung $P_A = U_N I_A$, die mechanische Leistung $P_2 = M\,2\pi n$ und hieraus der Wirkungsgrad $\eta = P_2/P_A$ errechnet. Man beachte den hohen Wirkungsgrad des Elektromotors auch bei Teillast.

Beispiel 4.4   Der Gleichstrommotor mit Fremderregung von Beispiel 4.3 wird zur stufenlosen Drehzahlsteuerung des Drehautomaten mit einem Drehzahlregelbereich 1:100 eingesetzt.

Normale Betriebskennlinien

a) Man gebe die Gleichungen der normalen Betriebskennlinien $n = f(M)$ und $I_A = f(M)$ an und zeichne sie maßstäblich auf (Bild 4.20). Mit den Werten aus Beispiel 4.3 wird nach dem Gln. (4.24, 4.25):

$$c_M = \frac{2000 - 1900}{2000} = 0,05$$

$$n = \left(2000 - \frac{0,05 \cdot 2000}{201}\,\frac{M}{Nm}\right)min^{-1} = \left(2000 - 0,5\,\frac{M}{Nm}\right)min^{-1}$$

$$I_A = 5\,A + \frac{95\,A}{201}\,\frac{M}{Nm} = \left(5 + 0,473\,\frac{M}{Nm}\right)A$$

Tafel **4**.20

M/Nm	0	10	25	50	75	100	150	201
I_A/A	5	9	16	28	40	52	76	100
n/min^{-1}	2000	1995	1987	1975	1962	1950	1925	1900
P_A/kW	2,2	4,0	7,0	12,3	17,6	22,9	33,4	44
P_2/kW	0	2,1	5,2	10,3	15,4	20,4	30,2	40
$\eta/\%$	0	52,5	74,3	83,7	87,5	89,1	90,4	90,9

Rechnerisch ergibt sich damit z. B. bei einem Lastmoment $M_L = 140\,\text{Nm}$ die Betriebsdrehzahl $n = (2000 - 0,5 \cdot 140)\,\text{min}^{-1} = 1930\,\text{min}^{-1}$ und der Ankerstrom $I_A = (5 + 0,473 \cdot 140)\,\text{A} = 71\,\text{A}$.

Drehzahlsteuerung durch Absenkung der Ankerspannung

b) Nun soll bei dem vorgenannten Lastmoment $M_L = 140\,\text{Nm}$ die Drehzahl auf 600/min gesteuert werden. Welche Ankerspannung U_A ist erforderlich und welche weiteren Größen ergeben sich?

Aus Gl. (4.26) folgt mit $n/n_{0\text{N}} = 600/2000 = 0,3$ und $M/M_\text{N} = 140/201 = 0,7$ für die Ankerspannung und den Ankerstrom

$$U_A = (0,3 + 0,05 \cdot 0,7)\,440\,\text{V} = 147,4\,\text{V} \qquad I_A = 0,7 \cdot 100\,\text{A} = 70\,\text{A}$$

Weiter ist

$$P_A = U_A I_A = 147,4\,\text{V} \cdot 70\,\text{A} = 10,3\,\text{kW} \qquad P_2 = 140\,\text{Nm} \cdot 2\pi \cdot 600/60\,\text{s} = 8,8\,\text{kW}$$

$$\eta = \frac{8,8}{10,3} = 85,4\%$$

Bei Berücksichtigung der Erregerleistung $P_E = 2,4\,\text{kW}$ wird $P_1 = P_A + P_E = 12,7\,\text{kW}$, $\eta = 8,8/12,7 = 69,3\%$.

c) Zwischen welchen Werten ist die Ankerspannung zu regeln, wenn die Betriebsdrehzahl 600/min von Leerlauf bis Nennlast konstant gehalten werden soll?

Nach Gl. (4.27) ist bei Leerlauf

$$U_A = \frac{600}{2000} \cdot 440\,\text{V} = 132\,\text{V},$$

nach Gl. (4.26) bei Nennlast

$$U_A = (0,3 + 0,05)\,440\,\text{V} = 154\,\text{V}.$$

d) Welche Ankerspannung ist erforderlich, damit der Motor bei der kleinsten Betriebsdrehzahl $n_{\min} = 60/\text{min}$ noch das Nennmoment erzeugen kann?

Nach Gl. (4.26) wird

$$\frac{60}{2000} = \frac{U_A}{U_{\text{AN}}} - 0,05 \cdot 1, \qquad U_A = 0,08 \cdot 440\,\text{V} = 35,2\,\text{V}.$$

Drehzahlsteuerung durch Feldschwächung

e) Man berechne abhängig von der Feldschwächung die Leerlaufdrehzahlen und die Grenzlinie für $I_A/I_{\text{AN}} = 1,0$ anhand einer Tabelle (**4**.21c) und zeichne die Grenzlinie und einige Steuerkennlinien in Bild **4**.21a ein.

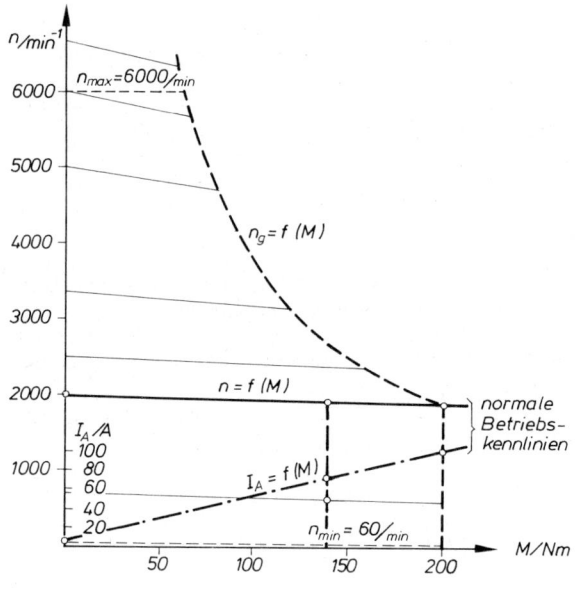

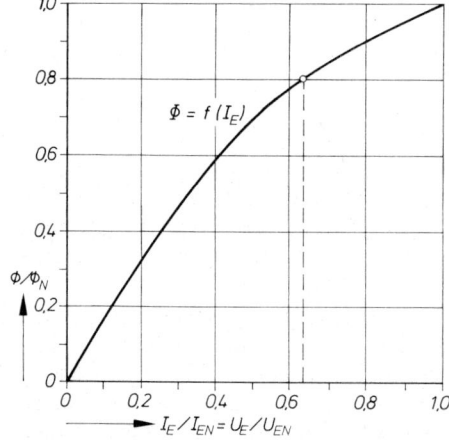

4.21
Kennlinien (a, b) und
Tafel (c) zu Beispiel 4.4

Tafel **4.**21 c

Φ/Φ_N	1,0	0,9	0,8	0,7	0,6	0,5	0,4	1/3	0,3
n_0/min^{-1}	2000	2220	2500	2860	3330	4000	5000	6000	6670
M_g/Nm	201	181	161	141	121	100	80	67	60
n_g/min	1900	2110	2370	2710	3170	3800	4750	5700	6330
I_E/A	10	8	6,3	5,1	4,1	3,3	2,5	2,2	1,9

Nach Gl. (4.29) gilt bei Leerlauf

$$n_0 = \frac{n_{0N}}{\Phi/\Phi_N} = \frac{2000}{\Phi/\Phi_N} \, \text{min}^{-1}$$

Bei der Grenzlinie gilt nach Gl. (4.28) für das Grenzdrehmoment $M_g/M_N = \Phi/\Phi_N$ für $I_A/I_{AN} = 1$. Damit erhält man die Grenzdrehzahl n_g aus

$$\frac{n_g}{n_{0N}} = \frac{1}{M_g/M_N} - \frac{c_M}{M_g/M_N} = \frac{1 - c_M}{M_g/M_N}, \qquad n_g = \frac{0.95 \cdot 2000}{M_g/M_N} \, \text{min}^{-1} = \frac{1900}{M_g/M_N} \, \text{min}^{-1}$$

In Tabelle 4.21c sind für $\Phi/\Phi_N = 1.0$ bis 0.3 die Größen n_0, M_g und n_g nach den vorstehenden Gleichungen berechnet und 5 Steuerkennlinien bis zur Grenzlinie eingezeichnet worden. Für den geforderten Drehzahlregelbereich $n_{min}:n_{max} = 1:100$ ergibt sich $n_{max} = 6000/\text{min}$. Dabei ist das Magnetfeld bei der Grenzlinie auf etwa $\Phi/\Phi_N = 0.315$, d. h. auf 31,5 % des Nennwerts herabzusetzen.

f) Für die magnetische Kennlinie des Motors soll die Kurve in Bild 4.21b gelten. Man ermittle hieraus den erforderlichen Erregerstrom $I_E = f(\Phi/\Phi_N)$ und trage I_E in die Tabelle 4.21c ein.

Zusammenfassung

Mit den gezeichneten Kennlinien kann man im 1. Quadranten für jeden beliebigen Belastungsfall (M, n) die für die Steuerung und Regelung des Motors wichtigen Größen angeben.

4.2   Transformatoren

4.2.1   Wechselstromtransformatoren

4.2.1.1   Aufbau

Transformatoren (Umspanner) haben die Aufgabe, elektrische Energie aus einem System gegebener Spannung U_1 und Frequenz f in ein System gewünschter Spannung U_2 unter Beibehaltung der Frequenz zu übertragen. Die Umwandlung der elektrischen Wechselstromenergie erfolgt über ein magnetisches Wechselfeld.

In Abschn. 1.2.3.4 wurde die physikalische Wirkungsweise am Beispiel des idealen Transformators bereits erläutert. Bild 4.22a zeigt das Schalt- und Schaltkurzzeichen eines Transformators mit zwei getrennten Wicklungen. Nach der Energierichtung bezeichnet man die Wicklungen als Primärwicklung und Sekundärwicklung (Aufnahme und Abgabe elektrischer Energie), nach der Höhe der Spannung auch als Ober- und Unterspannungswicklung O bzw. U (4.22b und c).

Der Eisenkern wird zur Verringerung der Ummagnetisierungs- und Wirbelstromverluste aus meist 0,35 mm starken sogen. kornorientierten Elektroblechen geschichtet, die eine sehr gute Magnetisierbarkeit (hohes μ_r) und kleine spezifische Verluste (z. B. 1 W/kg bei $B = 1.5$ T, 50 Hz) besitzen. Den Bereich innerhalb der Wicklungen bezeichnet man als Schenkel, den äußeren Rückschluß wieder als Joch.

Beim Kerntransformator (4.22b) tragen die beiden Schenkel je eine Hälfte der beiden, meist als konzentrische Zylinder (Röhrenwicklung) angeordneten Wicklungen; beim Manteltransformator (4.22c) trägt der Mittelschenkel beide Wicklungen.

Die Anschlußbezeichnungen (4.22a) sind in DIN 42402 festgelegt. Die im Eisenkern und in den Wicklungen durch die Eisen- und Kupferverluste auftretende Wärme wird bei den kleineren

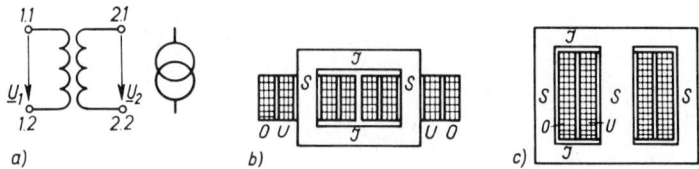

4.22 Wechselstromtransformator mit zwei getrennten Wicklungen
   a) Schaltzeichen und Schaltkurzzeichen nach DIN 40900, T. 6
   b) Kerntransformator
   c) Manteltransformator

Trockentransformatoren durch Selbstkühlung an die umgebende Luft abgeführt. Die größeren Öltransformatoren sitzen in einem mit Kühlrippen versehenen Ölkessel, wobei sowohl die bessere Kühlwirkung wie auch das höhere Isoliervermögen des Öls gegenüber Luft ausgenutzt wird.

4.2.1.2 Kenngrößen und Ersatzschaltbild

Für das Betriebsverhalten der Transformatoren sind Kenngrößen maßgebend, die den Angaben der Hersteller und zum Teil auch dem Leistungsschild der Transformatoren entnommen oder durch Leerlauf- und Kurzschlußmessung bestimmt werden können.

Nennleistung   Diese Leistung wird als Scheinleistung angegeben. Sie ergibt sich aus den primären und sekundären Nennspannungen und Nennströmen

$$S_N = U_{1N} I_{1N} = U_{2N} I_{2N} \tag{4.34}$$

Hieraus folgt

$$\frac{U_{1N}}{U_{2N}} = \frac{I_{2N}}{I_{1N}} \tag{4.35}$$

Beispiel 4.5   Ein Wechselstromtransformator von 160 kVA mit der Nennübersetzung U_{1N}/U_{2N} = 20 000 V/400 V hat die Nennströme

$$I_{1N} = \frac{S_N}{U_{1N}} = \frac{160\,\text{kVA}}{20\,\text{kV}} = 8\,\text{A} \qquad I_{2N} = \frac{S_N}{U_{2N}} = \frac{160\,\text{kVA}}{0,4\,\text{kV}} = 400\,\text{A}$$

Die Nennspannung U_{2N} ist die sekundäre Leerlaufspannung U_{20} des Transformators, die etwa 5% größer als die Nennspannung des angeschlossenen Netzes gewählt wird (231 V bzw. 400 V für 220 V- bzw. 380 V-Netze).

Nennübersetzung, Eisenverluste   Der Transformator wird in der Leerlaufmessung (4.23a) an ein Netz mit der Spannung U_{1N} und der Nennfrequenz f_N bei offenem Sekundärkreis ($I_2 = 0$) angeschlossen. An der Sekundärwicklung tritt dann die Leerlaufspannung $U_{20} = U_{2N}$ auf. Die Nennübersetzung $ü$ ist gleich dem Verhältnis der Windungszahlen der Primär- und Sekundärwicklung

$$ü = N_1/N_2 \approx U_{1N}/U_{20} \tag{4.36}$$

Die gemessenen Leerlaufverluste P_{10} sind, da der Leerlaufstrom I_{10} zwischen 0,5 bis 5% des Nennstroms I_{1N} beträgt und somit die Kupferverluste nahezu Null sind, gleich den Eisenverlusten P_{Fe} des Transformators

$$P_{10} = P_{Fe} \tag{4.37}$$

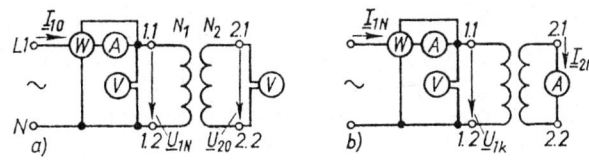

4.23
Leerlauf- (a) und Kurzschlußmessung (b)

Die Eisenverluste hängen nur von der Spannung U_1 und deren Frequenz f ab. Sind diese im Betrieb konstant ($U_1 = U_{1N}$, $f = f_N$), so ist

$$P_{Fe} = \text{konst.} \tag{4.38}$$

Bild **4.24**a zeigt das Zeigerbild bei Leerlauf. Dabei erhält man den Phasenverschiebungswinkel φ_{10} aus

$$\cos \varphi_{10} = \frac{P_{10}}{U_{1N}I_{10}} \tag{4.39}$$

Kurzschlußspannung, Kupferverluste   Bei sekundär kurzgeschlossenem Transformator (**4.23**b) wird bei der Kurzschlußmessung die Primärspannung so eingestellt, daß auf der Sekundärseite der Nennstrom I_{2N} fließt. Das prozentuale Verhältnis der gemessenen Nennkurzschlußspannung U_{1k} zur Nennspannung U_{1N} heißt relative Kurzschlußspannung u_k des Transformators

$$u_k = 100 \frac{U_{1k}}{U_{1N}} \% \tag{4.40}$$

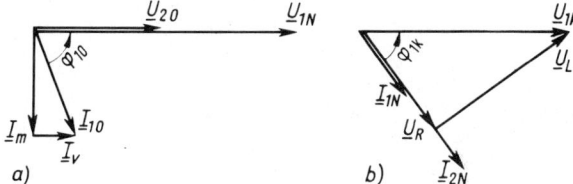

4.24
Zeigerbild für Leerlauf- (a) und
Kurzschlußversuch (b)

Aus der Tatsache, daß die Kurzschlußspannung meist weniger als 10 % der primären Nennspannung und damit auch der Fluß höchstens 10 % des Flusses bei dieser Spannung beträgt, folgt, daß die Eisenverluste im Kurzschlußversuch vernachlässigt werden können. Die Primär- und Sekundärdurchflutungen sind praktisch gleich groß, so daß auch auf der Primärseite der Nennstrom I_{1N} fließt, wie dies durch eine Messung nach Bild **4.23**b leicht nachgewiesen werden kann. Die aufgenommene Leistung P_{1k} ist demnach gleich den bei Nennbetrieb ($I_2 = I_{2N}$) auftretenden Kupferverlusten

$$P_{1k} = P_{CuN} \tag{4.41}$$

Zur Kontrolle von Gl. (4.41) kann man die kalten Widerstände der Primärwicklung (R_{1k}) und der Sekundärwicklung (R_{2k}) durch Messung bestimmen und nach Gl. (1.16e) auf eine Betriebstemperatur (meist 75 °C) umrechnen (R_1, R_2). Dann ist

$$P_{CuN} = I_{1N}^2 R_1 + I_{2N}^2 R_2 \tag{4.42}$$

Die Kupferverluste bei einer beliebigen Belastung I_1, I_2

$$P_{Cu} = I_1^2 R_1 + I_2^2 R_2 \tag{4.43}$$

sind quadratisch von den Wicklungsströmen abhängig.

Bild **4.**24b) zeigt das Zeigerbild bei Kurzschluß. Den Phasenverschiebungswinkel φ_{1k} erhält man aus der Gleichung

$$\cos \varphi_{1k} = \frac{P_{1k}}{U_{1k} I_{1N}} \tag{4.44}$$

Ersatzschaltbild   Für praktische Untersuchungen reicht das in Bild **4.**25a gezeichnete vereinfachte Ersatzschaltbild des Transformators aus. Dabei sind die Sekundärgrößen (Größen mit Index ') auf die Primärseite für eine Übersetzung 1:1 umgerechnet, damit man die beiden, in Wirklichkeit galvanisch getrennten Stromkreise, zu einem Stromkreis zusammenfassen kann. Für die Umrechnung gilt

$$\ddot{u} = N_1/N_2 \qquad U_2' = U_2 \ddot{u} \tag{4.45}$$

Da die Umrechnung leistungsecht durchgeführt werden muß, folgt aus

$$U_2' I_2' = U_2 I_2 \quad \text{und} \quad I_2'^2 R_2' = I_2^2 R_2$$
weiter $\qquad I_2' = I_2/\ddot{u} \quad \text{und} \qquad R_2' = R_2 \ddot{u}^2 \tag{4.46}$

Aus dem Zeigerbild bei Kurzschluß (**4.**24b) lassen sich die Größen R und L bestimmen, wenn man den Spannungszeiger U_{1k} in die Komponenten U_R und U_L zerlegt. Es gilt dann

$$U_R = I_{1N} R = U_{1k} \cos \varphi_{1k} \quad \text{und} \quad U_L = I_{1N} \omega L = U_{1k} \sin \varphi_{1k}$$

Hieraus wird

$$R = U_R/I_{1N} \quad \text{und} \quad L = \frac{U_L}{I_{1N}\omega} \tag{4.47}$$

4.2.1.3   Betriebsverhalten

Das Verhalten des Transformators bei Belastung läßt sich aus dem vereinfachten Ersatzschaltbild (**4.**25a) herleiten. Es vernachlässigt den Leerlaufstrom, der besonders auf die Höhe der Ausgangsspannung U_2 praktisch ohne Einfluß ist.

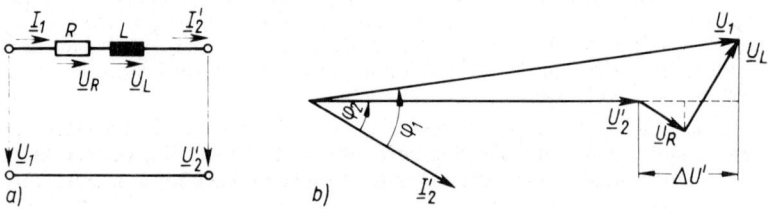

4.25 a) Vereinfachtes Ersatzschaltbild des Transformators
    b) Zeigerbild bei Belastung

Spannungsänderung bei Belastung   Bei konstanter Primärspannung U_{1N} tritt bei Leerlauf ($I_2 = 0$) an der Sekundärwicklung die Nennspannung U_{2N} auf. Wird der Transformator mit dem Sekundärstrom I_2 belastet, dann ändert sich die Sekundärspannung um ΔU auf U_2. Die prozentuale Spannungsänderung des Transformators ist dann wie folgt definiert

$$u_v = 100 \, \frac{U_{2N} - U_2}{U_{2N}} \, \% = 100 \, \frac{\Delta U}{U_{2N}} \, \% \tag{4.48}$$

Aus Bild **4**.25b folgt hinreichend genau für den Spannungsunterschied $\Delta U' = U_1 - U_2'$

$$\begin{aligned}
\Delta U' &= U_R \cos \varphi_2 + U_L \sin \varphi_2 = I_2' R \cos \varphi_2 + I_2' \omega L \sin \varphi_2 \\
&= \frac{I_{2N}' R}{U_{1k}} \cos \varphi_2 \, U_{1k} \frac{I_2'}{I_{2N}'} + \frac{I_{2N}' \omega L}{U_{1k}} \sin \varphi_2 \, U_{1k} \frac{I_2'}{I_{2N}'} \\
&= U_{1k} \frac{I_2'}{I_{2N}'} \left(\cos \varphi_{1k} \cos \varphi_2 + \sin \varphi_{1k} \sin \varphi_2 \right)
\end{aligned} \tag{4.49}$$

Erweitert man beide Seiten von Gl. (4.49) mit $100\,\%/U_{1N}$, so ergibt sich, da

$$\frac{\Delta U'}{U_{1N}} = \frac{\Delta U}{U_{2N}} \quad \text{und} \quad \frac{I_2'}{I_{2N}'} = \frac{I_2}{I_{2N}}$$

ist
$$u_v = u_k \frac{I_2}{I_{2N}} \left(\cos \varphi_{1k} \cos \varphi_2 + \sin \varphi_{1k} \sin \varphi_2 \right) \tag{4.50}$$

Beispiel 4.6   Mit Gl. (4.50) läßt sich die Spannungsänderung für jeden Belastungsfall errechnen. Man erhält z. B. für

reine Wirklast, $\cos \varphi_2 = 1$, $\sin \varphi_2 = 0$:

$$u_v = u_k \frac{I_2}{I_{2N}} \cos \varphi_{1k} \tag{4.50a}$$

rein induktive Belastung, $\cos \varphi_2 = 0$, $\sin \varphi_2 = 1$:

$$u_v = u_k \frac{I_2}{I_{2N}} \sin \varphi_{1k} \tag{4.50b}$$

rein kapazitive Belastung, $\cos \varphi_2 = 0$, $\sin \varphi_2 = -1$:

$$u_v = -u_k \frac{I_2}{I_{2N}} \sin \varphi_{1k} \tag{4.50c}$$

In Bild **4**.26 sind diese drei Belastungsfälle in Schaltplan und Zeigerbild dargestellt. Dabei ist zunächst $U_2' = \text{konst.}$ angenommen; die Belastungen sind so gewählt, daß $I_R' = I_L' = I_C'$ wird. Setzt man an den Zeiger $\underline{U}_2'$ die an R und L auftretenden Spannungen an, so erhält man durch die Spitzen der drei sich ergebenden gleich großen Spannungsdreiecke die Zeiger für die an den Primärklemmen erforderlichen Spannungen $\underline{U}_{1R}$, $\underline{U}_{1L}$ und $\underline{U}_{1C}$.

In Wirklichkeit ist aber nicht $U_2' = \text{konst.}$ anzunehmen, sondern vielmehr die konstante Nennspannung U_{1N} an den Primärklemmen. Bei Leerlauf tritt an den Sekundärklemmen die Spannung U_{2N} auf. In den genannten drei Belastungsfällen treten folgende sekundäre Spannungen auf

$$U_{2R} = U_{2N} \frac{U_2'}{U_{1R}} \qquad U_{2L} = U_{2N} \frac{U_2'}{U_{1L}} \qquad U_{2C} = U_{2N} \frac{U_2'}{U_{1C}} \tag{4.50d}$$

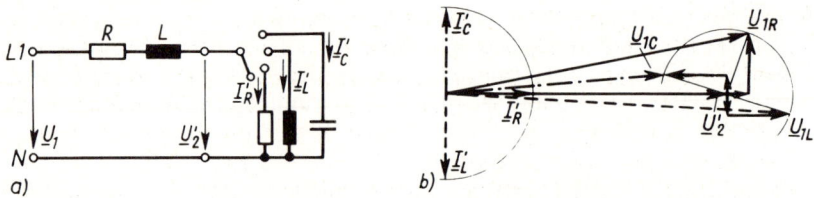

a)   b)

4.26 Schaltplan (a) und Zeigerbild (b) bei reiner Wirklast sowie rein induktiver
und kapazitiver Belastung nach dem vereinfachten Ersatzschaltbild **4.**25a

Während also bei Wirklast $U_2'/U_{1R} < 1$ und bei induktiver Last $U_2'/U_{1L} < 1$ ist, die Sekundärspannungen also mit der Belastung absinken, wird bei kapazitiver Last nach Bild **4.**26b
$U_2'/U_{1C} > 1$, d.h., die Sekundärspannung ist bei kapazitiver Belastung größer als bei Leerlauf.
Dieses Ergebnis ergibt sich für diesen Belastungsfall auch aus Gl. (4.50c), denn ein negativer
Wert für u_v bedeutet nach Gl. (4.48) Spannungserhöhung gegenüber Leerlauf.

Verluste und Wirkungsgrad Bleibt die Primärspannung $U_1 = U_{1N}$ und deren Frequenz $f = f_N = $ konst., dann sind die im Transformator auftretenden Eisenverluste
P_{Fe} konstant. Ihre Größe wird durch die Leerlaufmessung festgestellt. Die Stromwärmeverluste in den Wicklungen, also die Kupferverluste treten in den Ersatzschaltbildern (**4.**25) im Widerstand R auf und betragen $P_{Cu} = I_2'^2 R$. Die Nennkupferverluste werden bei den Nennströmen I_{1N} und I_{2N} durch die Kurzschlußmessung zu
$P_{CuN} = I_{2N}'^2 R$ bestimmt. Es wird somit

$$P_{Cu} = P_{CuN} \left(\frac{I_2}{I_{2N}} \right)^2$$

Der gesamte Leistungsverlust P_v eines Transformators wird somit

$$P_v = P_{Fe} + P_{CuN} \left(\frac{I_2}{I_{2N}} \right)^2 \tag{4.51}$$

Trägt man die Verluste über dem Belastungsstrom I_2 in einem Schaubild auf (**4.**27),
so kann P_v ohne Aufzeichnen des Zeigerbildes auf einfache Weise für jeden Belastungsfall entnommen werden. Die Angabe eines Wirkungsgrades nach

$$\eta = \frac{P_2}{P_1} = \frac{P_2}{P_2 + P_v} \tag{4.52}$$

hat dagegen bei Transformatoren nur einen Sinn, wenn man als Abgabeleistung
$P_{2N} = U_{2N} \cdot I_{2N} \cdot \cos \varphi_2$ mit $\cos \varphi_2 = 1$ reine Wirklast wählt. In diesem Fall ist er sehr
gut und beträgt bei einem 10 MVA-Drehstromtransformator ca. 99%.

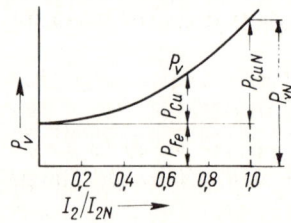

4.27
Verlustleistung P_v des Transformators
in Abhängigkeit vom Belastungsstrom I_2

Überlastbarkeit   Die Belastung eines Transformators wird durch Art und Größe der angeschlossenen Verbraucher bestimmt. Der Transformator kann dauernd mit der auf dem Leistungsschild angegebenen Nennleistung (Scheinleistung) belastet werden, wobei die Umgebungstemperatur maximal 40 °C betragen darf. Liegen Verbraucher mit größerem Blindleistungsbedarf vor, so kann durch Blindstromkompensation mit Kondensatoren eine Entlastung erreicht werden (s. Abschn. 1.3.2.6). Dadurch werden außerdem die Spannungshaltung und der Wirkungsgrad verbessert. Durch die herbeigeführte Entlastung besteht die Möglichkeit, weitere Verbraucher ohne Erhöhung der verfügbaren Transformatorenleistung anzuschließen.

Die in Industriegebieten meist vorhandenen, für eine Nennleistung ab 20 kVA genormten Öltransformatoren können kurzzeitig bis 50 % überlastet werden, wenn sie vor Eintritt der Überlastung längere Zeit nicht voll belastet waren. Die Überlastungsdauer ist naturgemäß um so geringer, je größer die vorangegangene Belastung war. Sie beträgt z.B. 15 min bei 50 %, 4 min bei 90 % Vorbelastung (s. VDE 0532).

Kurzschluß   Werden die sekundären Stromzuführungen des Transformators, die Sammelschienen, kurzgeschlossen, so stellt sich bei $U_1 = U_{1N}$ ein Kurzschlußstrom ein, der sich aus dem vereinfachten Ersatzschaltbild 4.25a ergibt

$$I_{1k} = \frac{U_{1N}}{\sqrt{R^2 + (\omega L)^2}} \tag{4.53}$$

Da sich im Kurzschlußversuch nach Bild 4.23b die Nennströme bereits bei der geringen Kurzschlußspannung U_{1k} einstellen, ist der Dauerkurzschlußstrom um so größer, je kleiner u_k ist

$$I_{1k} = I_{1N} \frac{100\%}{u_k} \qquad I_{2k} = I_{2N} \frac{100\%}{u_k} \tag{4.54}$$

Bei einem Transformator mit einer Kurzschlußspannung $u_k = 4\%$ fließen also die 25fachen Nennströme. Im Moment des Kurzschließens tritt eine Stromspitze, der Stoßkurzschlußstrom auf. Er kann fast den doppelten Wert von I_k, bei $u_k = 4\%$ demnach rund das 50fache der Nennströme erreichen. Die Wicklungen werden dann durch die von den Kurzschlußströmen hervorgerufenen magnetischen Kräfte (s. Abschn. 1.2.3.1) dynamisch und durch die auftretende Stromwärme auch thermisch stark beansprucht. Es muß daher dafür gesorgt werden, daß der Transformator kurzschlußfest, d.h. diesen Beanspruchungen gewachsen ist. Schließlich muß der Transformatorschalter oder die Sicherung in der Lage sein, genügend schnell und sicher abzuschalten.

Parallelbetrieb   Transformatoren mit gleichen primären und sekundären Nennspannungen sowie gleicher Nennfrequenuz können parallel geschaltet werden, wenn das Verhältnis ihrer Nennleistungen nicht größer als 3 : 1 und das ihrer Kurzschlußspannungen nicht größer als 1,1 : 1 ist. Die beabsichtigte Verteilung der Gesamtbelastung auf die Transformatoren im Verhältnis ihrer Nennleistungen ist damit nicht beeinträchtigt.

4.2.1.4   Sondertransformatoren

Hierunter fallen Transformatoren kleiner Leistung mit natürlicher Luftkühlung. Sie werden für viele Zwecke der Energie- und Nachrichtentechnik verwendet. Einige Sonderausführungen sollen kurz besprochen werden.

Schutztransformator Ein an geerdeten Metallkonstruktionen (z. B. Dampfkesseln) und in feuchten Räumen Arbeitender ist wegen des meist geringen Isolationswiderstandes zwischen ihm und der Erde, z. B. bei feuchtem Schuhwerk, stark gefährdet, wenn er mit schadhaften Elektrowerkzeugen, Handleuchten, Kabeln und dgl. in Berührung kommt. Da e i n Leiter jedes Netzes meist geerdet ist, fließt dann nämlich ein oft tödlicher Strom auf dem Wege: schadhaftes spannungsführendes Gerät-Körper-Erde-Leiter-Gerät (s. Abschn. 7.4.3 und Bild 7.29). Diese Gefahr wird sicher ausgeschaltet, wenn man Schutztransformatoren verwendet, die die Spannung des Verteilungsnetzes auf die in VDE 0551 festgelegten Schutzspannungen (meist 24 V oder 42 V) herabsetzen. Durch besondere Vorschriften für die Isolierung der beiden Wicklungen können so die Forderungen des Unfallschutzes auch in schwierigen Fällen berücksichtigt werden.

Spartransformator Er hat im Gegensatz zu normalen Transformatoren nur e i n e Wicklung (4.28), die durch eine Anzapfung in die für Primär- und Sekundärseite gemeinsame Wicklung G und die für die Sekundärseite allein wirksame Zusatzwicklung Z unterteilt ist. Da beide Wicklungen leitend miteinander verbunden sind, ist der Anwendungsbereich aus Sicherheitsgründen beschränkt. Man verwendet den Spartransformator z. B. dann, wenn eine zur Verfügung stehende Spannung U_1 um geringe Beträge (in der Regel nicht mehr als um $\pm 15\%$) nach oben oder unten verändert werden soll. Will man z. B. bei Anschluß eines Gerätes an ein Netz eine konstante Sekundärspannung U_2 trotz der im Laufe des Tages unvermeidlichen Schwankungen der Netzspannung U_1 zur Verfügung haben, so kann die Sekundärspannung durch Verstellen des Abgriffes an der Wicklung Z nachgestellt werden, wobei sich $\underline{U}_Z$ und $\underline{U}_2$ addieren: $\underline{U}_1 = \underline{U}_2 + \underline{U}_Z$.

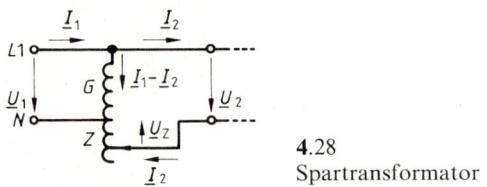

4.28
Spartransformator

Die Schaltung (4.28) ähnelt der eines Spannungsteilers (1.20), jedoch spielen bei dem hier besprochenen i n d u k t i v e n S p a n n u n g s t e i l e r Wirkwiderstände und damit die Verluste nur eine untergeordnete Rolle. Es kommt hinzu, daß die gemeinsame Wicklung G nur vom Differenzstrom $\underline{I}_1 - \underline{I}_2$ durchflossen wird und deshalb im Gegensatz zu einem Transformator mit zwei getrennten Wicklungen auch nur für diesen Strom bemessen zu werden braucht. Es können also Betriebs- und Anschaffungskosten ge-s p a r t werden.

4.2.1.5   Zahlenbeispiele

Beispiel 4.7 An einem Wechselstromtransformator mit den Leistungsschildangaben 3 kVA, 220 V/115 V, 13,6 A/26,1 A, 50 Hz, $u_k = 9,5\%$ wurden Leerlauf- und Kurzschlußmessung durchgeführt.

a) Die Angaben auf dem Leistungsschild sollen rechnerisch nachgeprüft werden.

$$S_N = U_{1N} I_{1N} = 220 \text{ V} \cdot 13,6 \text{ A} = 3000 \text{ VA} = 3 \text{ kVA}$$
$$S_N = U_{2N} I_{2N} = 115 \text{ V} \cdot 26,1 \text{ A} = 3000 \text{ VA} = 3 \text{ kVA}$$

b) Im Leerlaufversuch wurden bei $U_{1N} = 220$ V, 50 Hz gemessen: der primäre Leerlaufstrom $I_{10} = 1,5$ A, die primär aufgenommene Leistung $P_{10} = 40$ W, die sekundäre Leerlaufspannung $U_{20} = U_{2N} = 115$ V. Es sollen die hieraus bestimmbaren Größen und das Zeigerbild ermittelt werden.

Der Leerlaufstrom beträgt in Prozent vom primären Nennstrom

$$100 \frac{I_{10}}{I_{1N}} \% = 100 \frac{1,5 \text{ A}}{13,6 \text{ A}} \% = 11 \%$$

Nach Gl. (4.37) sind die Eisenverluste $P_{10} = P_{Fe} = 40$ W. Die Übersetzung ist nach Gl. (4.36)

$$ü = \frac{U_{1N}}{U_{2N}} = \frac{220 \text{ V}}{115 \text{ V}} = 1,91$$

Zum Aufzeichnen des Zeigerbildes (4.29a) bei Leerlauf benötigt man noch den Phasenverschiebungswinkel φ_{10}, s. Gl. (4.39)

$$\cos \varphi_{10} = \frac{P_{10}}{U_{1N} I_{10}} = \frac{40 \text{ W}}{220 \text{ V} \cdot 1,5 \text{ A}} = 0,121 \qquad \varphi_{10} = 83° \qquad \sin \varphi_{10} = 0,993$$

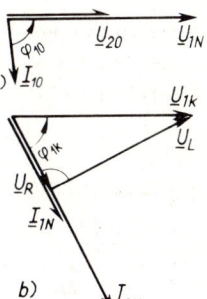

4.29
Zeigerbild für Leerlauf (a) und Kurzschluß (b) eines Transformators

c) Bei der Kurzschlußmessung wurden bei $I_{2N} = 26,1$ A die primäre Kurzschlußspannung $U_{1k} = 21$ V und die primär aufgenommene Leistung $P_{1k} = 125$ W gemessen. Welche Größen lassen sich hieraus errechnen? Das Zeigerbild ist zu entwerfen.

Die prozentuale Kurzschlußspannung ist nach Gl. (4.40)

$$u_k = 100 \frac{U_{1k}}{U_{1N}} \% = 100 \frac{21 \text{ V}}{220 \text{ V}} \% = 9,55 \%$$

Zum Aufzeichnen des Zeigerbildes (4.29b) bei Kurzschluß benötigt man noch, s. Gl. (4.44)

$$\cos \varphi_{1k} = \frac{P_{1k}}{U_{1k} I_{1N}} = \frac{125 \text{ W}}{21 \text{ V} \cdot 13,6 \text{ A}} = 0,438 \qquad \varphi_{1k} = 64° \qquad \sin \varphi_{1k} = 0,899$$

Damit werden die Spannungen an R und L in Bild **4.29**b nach Gl. (4.47)

$$U_R = U_{1k} \cos \varphi_{1k} = 21 \text{ V} \cdot 0,438 = 9,2 \text{ V} \qquad U_L = U_{1k} \sin \varphi_{1k} = 21 \text{ V} \cdot 0,899 = 18,9 \text{ V}$$

Die Elemente R und L im Ersatzschaltbild sind dann nach Gl. (4.47)

$$R = \frac{U_R}{I_{1N}} = \frac{9,2\,V}{13,6\,A} = 0,676\,\Omega \qquad L = \frac{U_L}{\omega I_{1N}} = \frac{18,9\,V}{314\,s^{-1} \cdot 13,6\,A} = 4,43 \cdot 10^{-3}\,H$$

Um die Kupferverluste P_{CuN} bei den Nennströmen im betriebswarmen Zustand zu ermitteln, werden die im Kurzschlußversuch bei 20 °C ermittelten Verluste P_{1k} nach Gl. (1.16d) auf 75 °C umgerechnet.

$$P_{CuN} = P_{1k}\left[1 + \frac{0,004}{°C}(75 - 20)\,°C\right] = 125\,W \cdot 1,22 = 152\,W \approx 150\,W$$

Beispiel 4.8 Für den im vorstehenden Beispiel behandelten Transformator sollen Verluste, Wirkungsgrad sowie Spannungsänderung bei verschiedenen Belastungen ermittelt werden.

a) Die Verluste des Transformators sollen zwischen Leerlauf ($I_2 = 0$) und Nennlast ($I_2 = I_{2N}$) dargestellt werden.

Die Verluste P_v des Transformators sind nach Gl. (4.51) $P_v = P_{Fe} + P_{CuN}(I_2/I_{2N})^2$. Mit P_{Fe} = 40 W und P_{CuN} = 150 W ergibt sich für diese Funktion der in Bild 4.30a gezeichnete parabelförmige Verlauf.

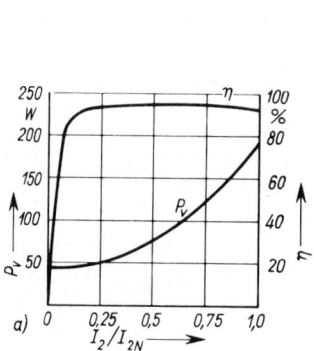
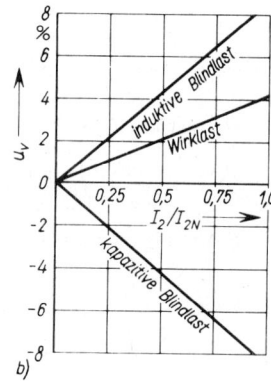

4.30
Verlustleistung
und Wirkungsgrad (a)
sowie Spannungs-
änderung (b)
eines Transformators

b) Der Wirkungsgrad des Transformators ist bei reiner Wirklast zwischen Leerlauf und Vollast zu bestimmen.

In Tafel 4.31 sind die Verluste $P_v = f(I_2)$ bei $U_{2N} = 115\,V$ errechnet. Aus der aufgenommenen Leistung $P_1 = P_2 + P_v$ ergibt sich dann der Wirkungsgrad $\eta = P_2/P_1$. Sein Verlauf ist in Bild 4.30a in Abhängigkeit von der Belastung eingezeichnet.

Tafel 4.31

I_2/I_{2N}		0	0,1	0,25	0,5	0,75	1
I_2	in A	0	2,6	6,77	13,05	19,82	26,1
P_{Cu}	in W	0	1,5	9,4	37,5	84,5	150
P_v	in W	40	41,5	49,4	77,5	124,5	190
P_2	in W	0	300	750	1500	2250	3000
P_1	in W	40	341,5	800	1577	2375	3190
η	in %	0	87,8	93,8	95	94,8	94

c) Die Spannungsänderung u_v des Transdormators bei reiner Wirklast sowie bei induktiver und kapazitiver Blindlast ist für $I_2 = I_{2N}$ zu errechnen.

Nach den Gln. (4.50a, b, c) werden bei

reiner Wirklast $\qquad u_v = u_k \cos \varphi_{1k} = 9{,}55\% \cdot 0{,}438 = 4{,}18\%$

rein induktiver Belastung $\qquad u_v = u_k \sin \varphi_{1k} = 9{,}55\% \cdot 0{,}899 = 8{,}6\%$

rein kapazitiver Belastung $\qquad u_v = -u_k \sin \varphi_{1k} = -8{,}6\%$

In Bild **4**.30b sind die sich hiermit ergebenden Spannungsänderungen graphisch dargestellt.

4.2.2 Drehstromtransformatoren

4.2.2.1 Bauart und Schaltung

In der elektrischen Energietechnik werden Drehstromtransformatoren zur Erzeugung der verschiedenen Übertragungsspannungen bei der Verteilung der Energie von den Kraftwerken über die Umspannwerke bis zu den Transformatorenstationen der öffentlichen Stromversorgung und der Industrie verwendet.

Bauart Die an Höchstspannungsnetze (380 kV, 220 kV) angeschlossenen Transformatoren haben Nennleistungen bis zu etwa 1500 MVA. Ihre Baugröße ist praktisch nur durch die beschränkten Möglichkeiten des Transports (Bahnprofil) begrenzt. In kleineren, mittleren und großen Industriebetrieben stehen Transformatoren mit Nennleistungen von etwa 50 kVA an bis zu 10 MVA und mehr. Die Nennspannung auf der Primärseite ist in den meisten Fällen 10 oder 20 kV (selten 30 kV), auf der Sekundärseite meist 400 V, seltener 660 V oder 500 V. Für Großmotoren mit Nennspannungen von meist 3 kV oder 6 kV sind besondere Transformatoren erforderlich.

4.32
Drehstromkerntransformator.
Unterspannungswicklung U innen,
Oberspannungswicklung O außen

Die üblichen Drehstrom-Öltransformatoren genormter Baugrößen zwischen 20 und 1600 kVA sind Kerntransformatoren (**4**.32) mit drei Schenkeln in einer Ebene. Auf jedem Schenkel ist ein Strang der Primär- und Sekundärwicklung untergebracht. Die Stränge der Wicklungen können auf verschiedene Weise zusammengeschaltet werden.

Anschlußbezeichnungen In Abschn. 1.3.3.2 wurden die bei Drehstrom vorherrschenden Stern- und Dreieckschaltungen von Strängen, die hier bei den Ober- und Unterspannungswicklungen auftreten, besprochen. Als dritte Verbindungsart kommt hier noch die Zickzackschaltung, für die Unterspannungswicklungen von Netztransformatoren, hinzu. Bild **4**.33 zeigt die einheitliche Anordnung der 3 Wicklungsstränge in den Schaltplänen mit der vollständigen Bezeichnung der Anschlüsse.

Bei der 1. Ziffer gilt 1 für die Oberspannungswicklung, 2 für die Unterspannungswicklung. Die folgenden Buchstaben U, V, W gelten für die 3 Stränge auf beiden Seiten. Bei der 2. Ziffer bedeutet 1 Anfang und 2 Ende des Stranganschlusses. Bei der Zickzackschaltung besteht jeder Strang der Unterspannungswicklung aus 2 Hälften (Bild **4**.33c), so daß als 2. Ziffer auch 3 und

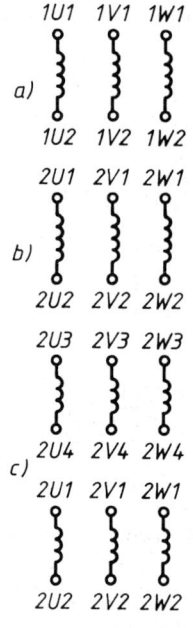

4.33
Anschlußbezeichnungen von Drehstromtransformatoren
a) Oberspannungswicklung
b) Unterspannungswicklung
c) dto. bei Zickzackschaltung

4 für Anfang bzw. Ende einer Hälfte auftreten. In den Schaltplänen (**4.34a**) werden meist nur die an das Anschlußbrett führenden Anschlüsse bezeichnet; bei den Schaltkurzzeichen (**4.34c**) werden die Ziffern meist weggelassen.

Schaltgruppe, Kennzahl und Zeigerbild   Die Schaltgruppe wird durch eine Kurzbezeichnung angegeben, wobei gilt für die

Oberspannungswicklung: D-Dreieckschaltung, Y-Sternschaltung, Z-Zickzackschaltung

Unterspannungswicklung: d-Dreieckschaltung, y-Sternschaltung, z-Zickzackschaltung

Ist ein Sternpunkt an das Anschlußbrett geführt, wird zusätzlich zu den vorstehenden Buchstaben noch N bzw. n hinzugesetzt, z. B. YNd; Dyn 4 und Yzn 5 (Bild **4.34a**). In den Bildern **4.34a** sind auch die Leiter der Netze mit ihren Bezeichnungen angedeutet.

Schließlich gibt in der Kurzbezeichnung die Kennzahl (z. B. 5) an, welche Lage der Ausgang des V-Strangs einnimmt (2V2 in **4.34a**), wenn der Eingang 1V1 des V-Strangs auf 0, in der Bezifferung der Uhr auf 12, in einem Zeigerbild gebracht wird. Bei der Aufzeichnung des Zeigerbildes (**4.34b**) ist davon auszugehen, daß die Phasenfolge U, V, W auf der Oberspannungsseite vorliegt und die Spannungszeiger in gleichnamigen Strängen gleiche Phasenlage haben. Kommen auf beiden Seiten nur Stern- und/oder Zickzackschaltungen vor (Yzn 5, rechts in Bild **4.34**), gibt z. B. die Zahl 5 an, daß die Unterspannungen den entsprechenden Oberspannungen um 5 Ziffern des Ziffernblattes, also um $5 \cdot 30° = 150°$ nacheilen.

Beispiel 4.9   Auf dem Leistungsschild eines Drehstromtransformators ist die Schaltung Yzn 5 angegeben (**4.34** rechts). Was kann hieraus entnommen werden?

Die Oberspannungswicklung ist in Stern, die Unterspannungswicklung in Zickzack geschaltet, der Sternpunkt n ist herausgeführt, ein Vierleiternetz wird gespeist (z. B. 10 kV/380/220 V). Die Zeiger entsprechender Spannungen der Ober- und Unterspannungswicklung sind, der Kennzahl ge-

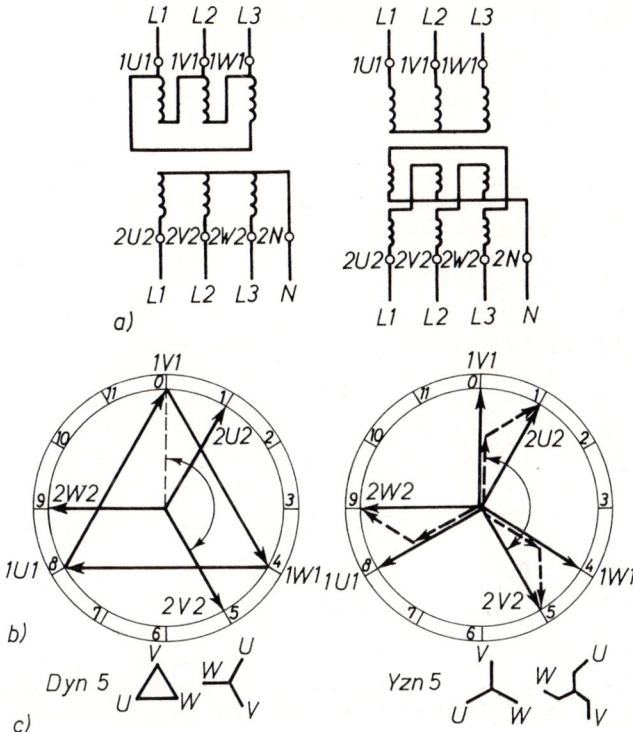

4.34 Drehstromtransformatoren für Verteilungsnetze

    links: Dreieck-Sternschaltung (Schaltgruppe Dyn 5)
    rechts: Stern-Zickzackschaltung (Schaltgruppe Yzn 5)
    jeweils mit Schaltplan (a), Zeigerbild (b) zur Festlegung der Kennzahl, Schaltkurzzeichen (c)

mäß, um 150° gegeneinander versetzt. Die zickzackförmige Zusammensetzung der Zeiger für die unter verschiedenen Schenkeln untergebrachten Stranghälften nach Bild **4**.34b rechts ist zu kontrollieren.

Die Auswahl der Schaltung von Drehstromtransformatoren richtet sich nach dem Verwendungszweck. Von den in den I.E.C.-Regeln[1]) angegebenen 12 verschiedenen Schaltungen sind nach VDE 0532 zu bevorzugen:

Schaltung Yzn 5 für kleinere, Dyn 5 für größere Netztransformatoren (> 400 kVA), wenn infolge unsymmetrischer Belastung des Vierleiternetzes der Sternpunktleiter voll, d. h. mit dem Nennstrom der Außenleiter belastbar sein soll.

Schaltung Yy 0 und Yd 5 für Transformatoren in den Umspannwerken von Hoch- und Mittelspannungsnetzen, die durchweg als Dreileiternetze ausgeführt sind.

---

[1]) IEC International Electrotechnical Commission, Genf.

4.2.2.2   Kenngrößen und Betriebsverhalten

Kenngrößen

Die Nennleistung (Scheinleistung) von Drehstromtransformatoren ist

$$S_N = \sqrt{3}\,U_{1N}I_{1N} = \sqrt{3}\,U_{2N}I_{2N} \tag{4.55}$$

Die Leerlaufmessung wird in der Regel von der Unterspannungsseite aus durchgeführt; für die Messung der Primärspannung ist dann meist ein Spannungswandler erforderlich. Die Kurzschlußmessung wird zweckmäßig meist von der Oberspannungsseite aus durchgeführt. Die Leistungen werden z. B. mit der Zwei-Wattmeter-Methode (s. Abschn. 1.3.3.3) gemessen. Mit Hilfe des Ersatzschaltbildes können nun, den Ausführungen in Abschn. 4.2.1.2 entsprechend, weitere Kenngrößen des Transformators ermittelt werden. Das für den Wechselstromtransformator aufgestellte Ersatzschaltbild (4.25) gilt auch für die Strangspannung und den Strangstrom eines beliebigen Stranges des Drehstromtransformators. Da die Verhältnisse in den beiden übrigen Strängen grundsätzlich gleich, jedoch zeitlich um 120° bzw. 240° versetzt sind, genügt diese Darstellung. Entsprechend gilt für einen Strang bei Drehstrom auch das Zeigerbild des Wechselstromtransformators bei Belastung (4.25b).

Betriebsverhalten

Auch die in Abschn. 4.2.1.3 aus dem Ersatzschaltbild gezogenen Folgerungen für das Betriebsverhalten und die dort hergeleiteten Gleichungen können übernommen werden, also z. B. die Berechnung der Spannungsänderung, der Verluste und des Wirkungsgrades sowie das Verhalten bei Überlastung und Kurzschluß. Nur die Verhältnisse bei Parallelbetrieb bedürfen wegen der Vielzahl der Schaltungen von Drehstromtransformatoren einer Ergänzung.

Parallelbetrieb   Für Wechselstromtransformatoren gelten für das Parallelschalten folgende Vorbedingungen (s. Abschn. 4.2.1.3):

Nach Betrag und Phase gleiche primäre und sekundäre Nennspannungen, gleiche Nennfrequenz, etwa gleiche Kurzschlußspannungen (Verhältnis höchstens 1,1:1), Verhältnis der Nennleistungen möglichst nicht größer 3:1. Dazu kommt nun bei Drehstromtransformatoren noch die Bedingung, daß bei Anschluß an ein gemeinsames Primärnetz die Sekundärwicklungen die gleiche Kennzahl haben müssen.

Die Sekundärspannungen sind nur dann phasengleich, wenn ihre Kennzahlen gleich sind. Es können demnach Drehstromtransformatoren, falls die übrigen Bedingungen erüllt sind, z. B. mit den Schaltungen Yz 5 und Dy 5 parallel geschaltet werden, nicht aber mit den Schaltungen Yy 0 und Yd 5.

Änderung der Spannungsübersetzung   Bei den genormten Drehstromtransformatoren hat die Primärwicklung drei Anzapfungen (4.35), wobei die mittlere für die primäre Nennspannung (normale Übersetzung) gilt. Wird der Transformator auf die obere

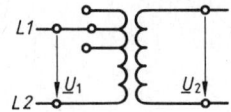

4.35
Änderung der Spannungsübersetzung
durch Stufenschalter

oder untere Anzapfung geschaltet, so wird die Spannungsübersetzung um einige Prozent (4 oder 5%) erhöht oder verringert. Dies darf nur nach Abschalten des Transformators geschehen.

Für die Einhaltung der Spannung auf der Hochspannungsseite sind an sich die Elektrizitätswerke zuständig. (Die Änderung der Spannungsübersetzung geschieht unter Last durch Stufenschalter an den in den Umspannwerken aufgestellten Stelltransformatoren.) Ergibt sich aber z. B. in einem Industriebetrieb, daß infolge hoher Belastung des Hochspannungsnetzes in den Wintermonaten die mittlere Sekundärspannung im Betrieb unterhalb der Nennspannung liegt, dann besteht die Möglichkeit, in diesem Betrieb die Spannungsübersetzung zu verringern (Winterschaltung), im umgekehrten Fall zu erhöhen (Sommerschaltung).

Überwachung und Schutz Je nach Art und Größe der Transformatoren sind für die Überwachung und den Schutz besondere Einrichtungen erforderlich.

Über dem Ölkessel ist ein Ausdehnungsgefäß angeordnet (**4**.36), das die Volumenänderungen des Öls aufnimmt, die durch die unterschiedlichen Temperaturen (Grenzwerte zwischen $-30\,°C$ im Winter und $+96\,°C$ im Sommer) entstehen. Zur Überwachung dienen Thermometer und Ölstandsanzeiger. Große Transformatoren haben Fernüberwachung mit einem Gefahrenmelder, der bei Überschreiten einer einstellbaren Öltemperatur oder bei Unterschreiten des tiefsten zulässigen Ölstandes ein Warnsignal auslöst. Die Reinheit des Öls, das sich im Laufe der Zeit durch die aus der Luft aufgenommene Feuchtigkeit und durch Alterung zersetzt und dadurch an Isoliervermögen verliert, wird in größeren Zeitabständen durch Probeentnahmen (VDE 0370) kontrolliert und u. U. erneuert.

4.36
Aufbau eines Öltransformators,
1600 kVA, 10 kV $\pm$ 5%/0,4 kV

 1 Kern
 2, 3 Ober- und Unterspannungs-
     wicklung
 4 Hartpapierzylinder (Isolation)
 5, 6 Ober- und Unterspannungs-
     durchführung
 7 Ölausdehnungsgefäß
 8 Ölstandanzeiger
 9 Buchholz-Relais
10 Thermometertasche

Elektrische Fehler in Transformatoren (Isolationsmängel, Windungsschluß u.a.) rufen durch Zersetzung des Öls Gasbildung hervor. Diese wirkt auf die Schwimmer des Buchholz-Schutzes, der zwischen Ölkessel und Ausdehnungsgefäß eingebaut ist. Hierdurch wird ein Warnsignal ausgelöst oder der Transformator sofort abgeschaltet, so daß ein Fehler bereits im Entstehen festgestellt und größerer Schaden (Brand, Explosion) verhütet wird.

Schließlich muß auch für gute Lüftung der Transformatorenkammern, die mit Brandschutzmauern und Fanggruben im Fundament für ausfließendes Öl auszurüsten sind, gesorgt werden.

4.2.2.3   Zahlenbeispiele

Beispiel 4.10   Von einem Drehstrom-Öltransformator 50 kVA, 10000 V $\pm$ 4%/400 V, Schaltung Yy 0 sollen die wichtigsten Größen ermittelt werden.

a) Aus Gl. (4.55) erhält man den primären und sekundären Nennstrom

$$I_{1N} = \frac{S_N}{\sqrt{3}\,U_{1N}} = \frac{50\text{ kVA}}{\sqrt{3}\cdot 10\text{ kV}} = 2{,}89\text{ A} \qquad I_{2N} = \frac{S_N}{\sqrt{3}\,U_{2N}} = \frac{50\text{ kVA}}{\sqrt{3}\cdot 0{,}4\text{ kV}} = 72\text{ A}$$

b) Eine allgemeine Funktion für die in einer Transformatorwicklung, die von dem magnetischen Wechselfeld $\Phi = \Phi_{max}\sin\omega t$ durchsetzt wird, erzeugte Spannung ist nach dem Induktionsgesetz [s. Gl. (1.75)]

$$u_q = N\frac{d\Phi}{dt} = N\omega\Phi_{max}\cos\omega t = \sqrt{2}\,U_q\cos\omega t$$

Hieraus folgt

$$U_q = \frac{\omega}{\sqrt{2}}N\Phi_{max} = \frac{2\pi}{\sqrt{2}}fN\Phi_{max}$$

oder $U_q = 4{,}44\,fN\Phi_{max}$ (4.56)

c) Man ermittle die Windungszahlen N_1 und N_2 der drei Primär- und Sekundärstränge des Drehstromtransformators, wenn seine Schenkel und Joche einen wirksamen Eisenquerschnitt $A = 97\text{ cm}^2$ haben und die höchstzulässige Flußdichte im Eisen $B_{max} = 1{,}37$ T betragen soll.

Nach Gl. (1.63) ist der magnetische Fluß

$$\Phi_{max} = B_{max}A = 1{,}37\text{ T}\cdot 97\cdot 10^{-4}\text{ m}^2 = 0{,}0133\text{ Tm}^2 = 0{,}0133\text{ Vs}$$

Bei Leerlauf ist $U_{1N}\approx U_{10}$ und $U_{2N} = U_{20}$. Somit werden die in einem Strang auf der Primär- und Sekundärseite erzeugten Spannungen, da die beiden Wicklungen in Stern geschaltet sind, nach Gl. (4.56)

$$U_{1N}/\sqrt{3} = 4{,}44\,fN_1\Phi_{max}\quad\text{und}\quad U_{2N}/\sqrt{3} = 4{,}44\,fN_2\Phi_{max}$$

Hieraus findet man die Windungszahlen

$$N_1 = \frac{U_{1N}/\sqrt{3}}{4{,}44\,f\Phi_{max}} = \frac{10000\text{ V}}{\sqrt{3}\cdot 4{,}44\cdot 50\text{ s}^{-1}\cdot 0{,}0133\text{ Vs}} = 1970$$

und $N_2 = N_1\dfrac{U_{20}}{U_{1N}} = 1970\dfrac{400\text{ V}}{10000\text{ V}} = 78{,}8 \approx 79$

Beispiel 4.11   An dem Drehstromtransformator nach Beispiel 4.10 wurde eine Leerlaufmessung von der Unterspannungsseite aus durchgeführt und bei einer Strangspannung von 231 V die Strangleistung 125 W gemessen. Die Kurzschlußmessung, von der Oberspannungsseite aus durchgeführt, ergab bei einer Strangspannung von 220 V die Strangleistung 450 W.

Hieraus sollen Verluste und Wirkungsgrad ermittelt werden.

a) Im Leerlauf braucht der Transformator praktisch nur die Eisenverluste $P_{Fe} = 3 \cdot 125$ W $= 375$ W zu decken. Bei Kurzschluß ($U_2 = 0$) wird entsprechend der Leistungsfaktor eines Stranges

$$\cos\varphi_{1k} = \frac{450 \text{ W}}{220 \text{ V} \cdot 2{,}89 \text{ A}} = 0{,}707 \qquad \varphi_{2k} = 45°$$

Die prozentuale Kurzschlußspannung ist nach Gl. (4.40)

$$u_k = 100\,\frac{\sqrt{3} \cdot 220 \text{ V}}{10\,000 \text{ V}}\,\% = 3{,}8\,\%$$

Die bei Kurzschluß gemessene Strangleistung ist gleich den Nennkupferverlusten eines Stranges der Ober- und Unterspannungswicklung bei 20°C. Die Nennkupferverluste des Transformators betragen im betriebswarmen Zustand (75°C)

$$P_{CuN} = 3 \cdot 450 \text{ W} \left[1 + \frac{0{,}004}{°C}\,(75 - 20)\,°C \right] = 1350 \text{ W} \cdot 1{,}22 = 1{,}65 \text{ kW}$$

b) Um den Wirkungsgrad bei Nennlast $I_{2N} = 72$ A, $\cos\varphi_2 = 1{,}0$ errechnen zu können, müssen zuvor bestimmt werden

Spannungsänderung aus Gl. (4.50a)

$$u_v = 3{,}8\,\% \cdot 0{,}707 \approx 2{,}7\,\%$$

Sekundärspannung

$$U_2 = 0{,}973 \cdot U_{2N} = 0{,}973 \cdot 400 \text{ V} = 389 \text{ V}$$

abgegebene Leistung bei Wirklast ($\cos\varphi_2 = 1{,}0$)

$$P_2 = \sqrt{3}\,U_2 I_2 \cos\varphi_2 = \sqrt{3} \cdot 389 \text{ V} \cdot 72 \text{ A} \cdot 1{,}0 = 48\,500 \text{ W} = 48{,}5 \text{ kW}$$

aufgenommene Leistung

$$P_1 = P_2 + P_{vN} = (48{,}5 + 0{,}375 + 1{,}65) \text{ kW} = 50{,}525 \text{ kW}$$

Dann ist der Wirkungsgrad

$$\eta = 100\,\frac{P_2}{P_1}\,\% = 100\,\frac{48{,}5 \text{ kW}}{50{,}525 \text{ kW}}\,\% = 96\,\%$$

4.3   Drehstrom-Asynchronmaschinen

4.3.1   Aufbau und Wirkungsweise

4.3.1.1   Ständer und Drehstromwicklung

Ständer In ein Gehäuse aus Stahlguß mit Kühlrippen entlang des Außenmantels wird ein aus 0,5 mm dicken, isolierten Elektroblechen geschichtetes Blechpaket eingepreßt. Es besitzt längs seiner Bohrung gleichmäßig verteilte Nuten zur Aufnahme einer dreisträngigen Wicklung. Diese Drehstromwicklung, deren drei Stränge in Stern- oder Dreieckschaltung an das Drehstromnetz angeschlossen werden, hat die

Aufgabe, in der Maschine ein umlaufendes Magnetfeld (Drehfeld) zu erzeugen. Wie nachstehend erläutert, verlangt dies räumlich versetzte Wicklungsteile (Stränge), die von phasenverschobenen Strömen gespeist werden.

Drehstromwicklung In Bild **4**.37a ist als Beispiel für den Aufbau einer Drehstromwicklung die heute allgemein verwendete Ausführung mit konzentrischen Spulen gezeigt. Bei angenommen $Z_n = 24$ Nuten im Blechpaket entfallen auf jeden der drei Stränge acht Nuten, in denen jeweils eine Spulenseite untergebracht ist. Jeder Strang erhält somit $8:2 = 4$ Spulen, deren Stirnverbindungen = Wickelköpfe in drei Ebenen gleichmäßig am Umfang verteilt sind und die vier Spulen/Strang in Reihe schalten. Für den Strang U ist mit den Pfeilen eine angenommene Stromrichtung eingetragen. Die Anfänge der drei Stränge U1, V1 und W1 sind räumlich 120° zueinander versetzt.

Entstehung des Drehfeldes Verbindet man nun für Sternschaltung der Ständerwicklung die Enden U2, V2 und W2 der drei Stränge miteinander und schließt deren

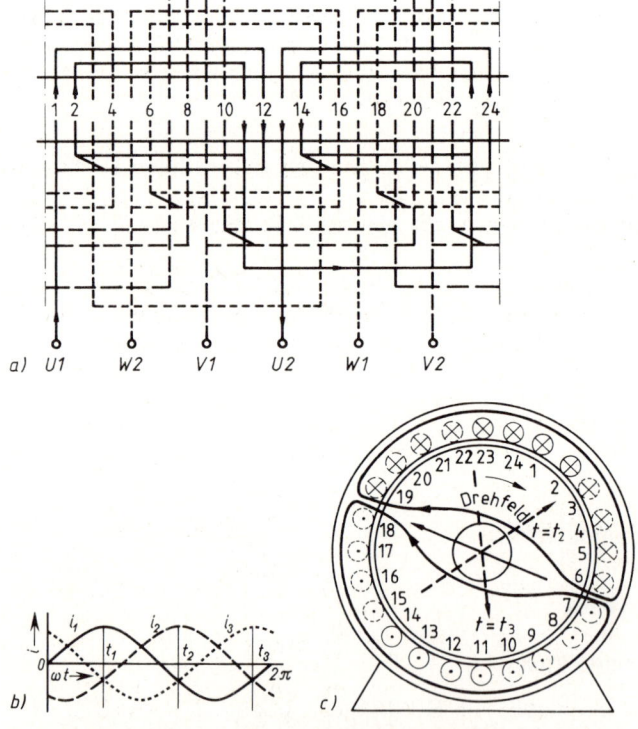

4.37 Ständerwicklung einer zweipoligen Maschine mit 24 Nuten
   a) Wicklungsschema (Dreietagen-Wicklung)
   b) Zeitschaubild der drei Strangströme i_1, i_2 und i_3
   c) Darstellung der Stromrichtungen und des Drehfeldes zum Zeitpunkt t_1

Anfänge an die Leiter L1, L2, L3 des Drehstromnetzes an, dann fließen in den Strängen drei gleichgroße, aber zeitlich um 120° gegeneinander versetzte Wechselströme (**4.**37b). Zur Zeit t_1 hat der Strom i_1 im Strang U1–U2 seinen positiven Maximalwert und tritt bei den Spulenseiten 23 ⋯ 2 in die Zeichenebene ein (**4.**37c) und bei den Spulenseiten 11 ⋯ 14 aus der Zeichenebene aus. Die Ströme i_2 im Strang V1–V2 und i_3 im Strang W1–W2 führen im gleichen Augenblick je den halben negativen Maximalwert des Stromes. Sie treten bei V2 und W2, somit bei den Spulenseiten 19 ⋯ 22 und 3 ⋯ 6 in die Zeichenebene ein und bei den Spulenseiten 7 ⋯ 10 sowie 15 ⋯ 18 aus der Zeichenebene aus. Mit den in Bild **4.**37c gegebenen Stromrichtungen ergibt sich mit Hilfe der Korkenzieherregel, daß von den Durchflutungen der drei Wechselströme zur Zeit t_1 ein zweipoliges Magnetfeld in der dort gekennzeichneten Richtung erzeugt wird, die senkrecht zur Spulenfläche des Stranges U1–U2 mit dem positiven Maximalwert des Stromes liegt. Nun läßt sich unschwer folgern, daß sich im Zeitpunkt t_2 dasselbe Magnetfeld senkrecht zur Spulenfläche des zweiten Stranges V1–V2 ausbildet, sich also räumlich um 120° in der in Bild **4.**37c eingezeichneten Drehrichtung gedreht hat. Im Zeitpunkt t_3 hat sich das Magnetfeld um weitere 120° gedreht und steht dann senkrecht zur Spulenfläche des dritten Stranges W1–W2. Nach der Periodendauer T, zur Zeit $t_1 + T$, erreicht das Magnetfeld wieder die hier gezeichnete Ausgangslage usf.

Die vorstehende Betrachtung zeigt, daß man mit Drehstrom, d. h. mit drei zeitlich um 120° phasenverschobenen Wechselströmen in drei räumlich um 120° versetzten Wicklungssträngen ein umlaufendes Magnetfeld, ein D r e h f e l d erzeugen kann. Dieser Effekt hat dem Drehstrom seinen Namen gegeben.

Synchrone Drehzahl   Die D r e h z a h l des D r e h f e l d e s, die s y n c h r o n e D r e h z a h l n_s, ist bei der zweipoligen Maschine gleich der Frequenz f des Netzes: $n_s = f$. Die Ständerwicklung der Maschinen kann auch mit mehreren Polpaaren ($p \geq 2$) ausgeführt werden.

Bei zwei Polpaaren ($p = 2$) entfallen auf einen Polbereich (Polteilung) nur noch $Z_n/2p = 24/4 = 6$ Nuten und damit zwei auf einen Strang. Es entstehen dann die konzentrischen Spulen 1–8, 2–7 und 13–20, 14–19, die in Reihe geschaltet werden.

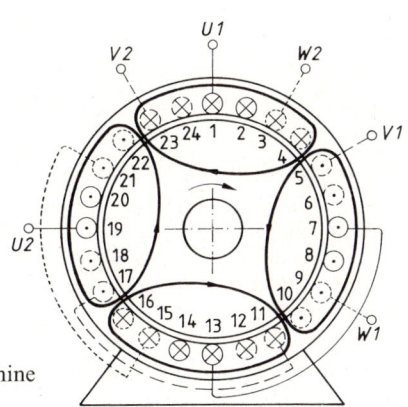

4.38
Ständerwicklung einer vierpoligen Maschine und Drehfeld zum Zeitpunkt t_1

Die Verbindungen zwischen den Wicklungsteilen zeigt Bild **4**.38. Es bildet sich ein vierpoliges Magnetfeld aus, dessen Lage wieder für den Augenblick t_1 nach Bild **4**.37b gezeichnet ist. Da sich das Magnetfeld hier innerhalb einer Periodendauer nur bis zum nächsten gleichnamigen Pol, also nur um eine halbe Umdrehung in der eingezeichneten Richtung fortbewegt, ist die synchrone Drehzahl in diesem Fall $n_s = f/2$.

Allgemein gilt für eine Maschine mit p Polpaaren bei der Netzfrequenz f für die synchrone Drehzahl des Drehfeldes

$$n_s = \frac{f}{p} \tag{4.57}$$

Am 50 Hz-Netz ergibt sich damit für $p = 1$ die größte synchrone Drehzahl 50/s = 3000/min, bei 60 Hz-Netzen (USA, Brasilien u.a.) 60/s = 3600/min.

4.3.1.2   Läufer

Der Läufer erhält wie der Ständer ein aus Elektroblechen geschichtetes Blechpaket, das unmittelbar auf die Welle gepreßt wird. In der Ausführung der Läuferwicklung unterscheidet man dann zwei Varianten.

Kurzschluß- oder Käfigläufer   Die Nuten des Blechpakets werden mit Aluminium oder einer Al-Legierung ausgegossen. Im gleichen Arbeitsgang verbindet man diese massiven Läuferstäbe beidseitig mit angegossenen Kurzschluß- oder Stirnringen aus dem gleichen Material. Dadurch entsteht als „Wicklung" die Form eines Käfigs, dessen Stäbe alle untereinander verbunden sind. An die Kurzschlußringe werden häufig gleich Lüfterflügel angegossen.

Wegen seines einfachen Aufbaus ist der Drehstrommotor mit Kurzschlußläufer, meist nur Drehstrommotor oder Kurzschlußläufer- bzw. Käfigläufermotor genannt, der betriebssicherste, billigste und in der Wartung anspruchsloseste aller Elektromotoren. Mehr als 80% aller Elektroantriebe über 1 kW sind Kurzschlußläufermotoren. Dazu zählen auch die im Haushaltsbereich sehr häufig verwendeten Spaltpol- und Kondensatormotoren (s. Abschn. 4.5.5.2). Durch die Entwicklung der Frequenzumrichter hat der Käfigläufermotor zudem seinen Nachteil, nur mit einer nach Gl. (4.57) von der Netzfrequenz bestimmten Drehzahl laufen zu können, verloren und ist wie ein Gleichstrommotor steuerbar. Bild **4**.40 zeigt Schaltpläne eines Motors mit Käfigläufer.

Schleifringläufer   Beim Motor mit Schleifringläufer liegt in den Nuten des Läufers eine Drehstromwicklung, ähnlich der des Ständers (**4**.39b). Die Enden der drei Stränge der Wicklung sind im Läufer miteinander verbunden (Sternschaltung), ihre Anfänge sind zu drei auf der Welle angebrachten Schleifringen geführt, an die über Bürsten Widerstände zum Zwecke des Anfahrens oder zur Drehzahlsteuerung angeschlossen sind (**4**.41). Bei normaler Betriebsart ohne Drehzahlsteuerung sind die Anfänge K, L, M der drei Stränge nach erfolgtem Hochlauf direkt miteinander verbunden, kurzgeschlossen. Die Wirkungsweise beim Schleifringläufermotor ist dann die gleiche wie beim Kurzschlußläufermotor.

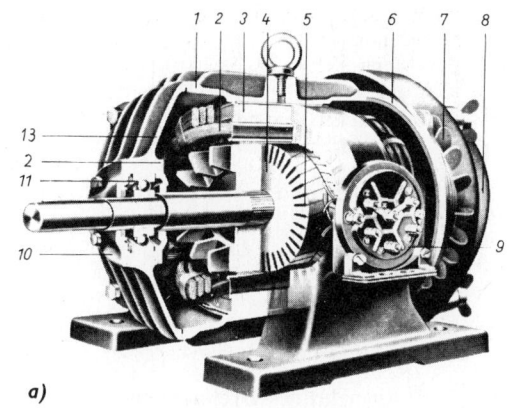

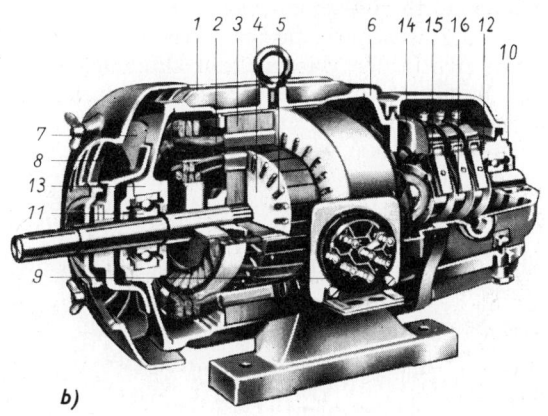

4.39 Aufbau von Drehstrommotoren (AEG) Bauform IMB 3, Schutzart IP 33, Oberflächen-kühlung

a) Asynchronmotor mit Käfigläufer
b) Asynchronmotor mit Schleifringläufer

1 Gehäuse	5 Läuferwicklung	9 Klemmbrett	14 Bürstenbrücke
2 Ständerwicklung	6 Lagerschilder	10, 12 Lagerdeckel	15 Kohlenbürste
3 Ständerblechpaket	7 Lüfter	11 Wälzlager	16 Schleifring
4 Läufer	8 Lüfterhaube	13 Lagerschild	

4.40
Schaltzeichen des Motors mit Kurzschlußläufer
a) Schaltkurzzeichen (einpolig)
b) c) Schaltzeichen für Dreieckschaltung (wahlweise)

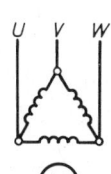

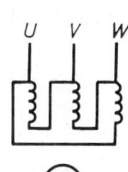

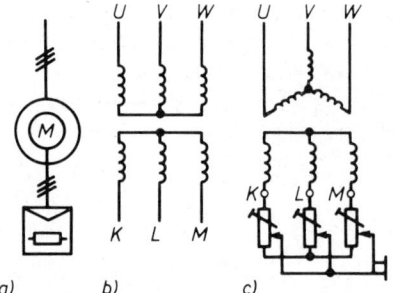

4.41
Schaltzeichen des Motors mit Schleifringläufer und Anlasser

a) Schaltkurzzeichen (einpolig)
b) Schaltung der Stränge ($\curlywedge$ / $\curlywedge$)
c) Schaltung mit handbetätigtem Anlasser

4.3.1.3   Asynchrones Drehmoment

Maschine im Stillstand   Denkt man sich bei festgehaltenem Läufer, also bei Stillstand der Maschine, die Ständerwicklung an das Drehstromnetz angeschlossen, dann bildet sich in der Maschine ein Drehfeld aus. Dieses Feld durchsetzt die Wicklungen von Ständer und Läufer der Maschine und läuft nach Gl. (4.57) stets mit der synchronen Drehzahl n_s um. Im Prinzip hat somit im Stillstand die Maschine die gleichen Verhältnisse wie ein Transformator: ruhende Wicklungen sind von einem gemeinsamen magnetischen Wechselfluß durchsetzt. Die Primär- und Sekundärwicklung des Transformators entspricht der Ständer- und Läuferwicklung der Maschine; die magnetischen Feldlinien verlaufen beim Transformator ganz in Eisen, bei der Maschine ist ein geringer Luftspalt (meist unter 1 mm) zwischen Ständer und Läufer vorhanden.

Wie beim Transformator wird nach dem Induktionsgesetz durch den magnetischen Wechselfluß bzw. durch das Drehfeld in der Läuferwicklung eine Spannung, die Läuferstillstandspannung U_{2st} erzeugt. Ihre Frequenz f_2 ist bei Stillstand gleich der Netzfrequenz: $f_{2st} = f$.

Beim Schleifringläufer kann die Läuferstillstandspannung bei offenem Läuferkreis mit einem Spannungsmesser zwischen zwei Schleifringen gemessen werden; ihre Größe ist auf dem Leistungsschild der Maschine angegeben. Sie ruft in der kurzgeschlossenen Läuferwicklung den Läuferstillstandstrom I_{2st} hervor.

Auf die stromdurchflossenen Leiter der Läuferwicklung im magnetischen (Dreh-)Feld werden nach Abschn. 1.2.3.1 Kräfte ausgeübt. Hierdurch kommt ein Drehmoment zustande, das nach der Lenzschen Regel (s. Abschn. 1.2.3.2) seiner Ursache, d. h. der für den induzierten Läuferstrom erforderlichen Flußänderung entgegenwirkt. Um dies zu erreichen, muß der Läufer in Drehrichtung des Drehfeldes anlaufen, da so für den Induktionsvorgang nur noch die Relativdrehzahl wirksam ist. Das Drehfeld sucht also gleichsam den Läufer mitzunehmen. Läßt man den festgebremsten Läufer los, so wird er in Richtung des Drehfeldes beschleunigt.

Maschine im Lauf   Beim Hochlauf des Motors wird mit steigender Drehzahl die Relativbewegung des Läufers gegen das Drehfeld immer geringer. Würde schließlich der Läufer genau so schnell wie das Drehfeld umlaufen (synchroner Lauf, $n = n_s$), so würde selbst im Leerlauf ($M_L = 0$) im Läufer keine Spannung, somit also auch kein Strom und kein Drehmoment erzeugt werden können. Da aber auch beim unbelasteten Motor im Leerlauf Reibungsverluste vorhanden sind, zu deren Deckung ein geringes Drehmoment erforderlich ist, kann der Läufer die synchrone Drehzahl des Drehfeldes nicht ganz erreichen: der Motor läuft **asynchron** ($n < n_s$).

Den Unterschied zwischen der synchronen Drehzahl n_s und der Motordrehzahl n, bezogen auf n_s, nennt man den S c h l u p f s des Motors

$$s = \frac{n_s - n}{n_s} = 1 - \frac{n}{n_s} \tag{4.58}$$

hieraus $\quad n = n_s(1 - s)$ \hfill (4.59)

Der Schlupf wird meist in Prozent angegeben

$$s = 100\,(1 - n/n_s)\ \% \tag{4.60}$$

Beispiel 4.12 Bei einem Drehstrom-Asynchronmotor, 50 Hz, $p = 1$ läuft das Drehfeld stets mit der synchronen Drehzahl $n_s = 50/s = 3000/\text{min}$ um. Bei Stillstand des Läufers ist $n = 0$, $s = 1$ oder 100%, bei synchronem Lauf (idealer Leerlauf) ist $n_0 = n_s = 3000/\text{min}$, $s = 0$. Beträgt z. B. bei Nennlast die Nenndrehzahl $n_N = 2850/\text{min}$, dann ist der Nennschlupf $s_N = 1 - n_N/n_s = 1 - (2850/3000) = 0{,}05$ oder 5%. Dies bedeutet, daß der Läufer gegenüber dem Drehfeld zurückbleibt (schlüpft), und zwar z. B. in einer Sekunde um $0{,}05 \cdot 50 = 2{,}5$ Umdrehungen oder bei einer vollen Umdrehung des Drehfeldes um $0{,}05 \cdot 360° = 18°$.

4.3.1.4 Linearmotoren

Ordnet man die Nuten mit der Drehstromwicklung doppelseitig in einem ebenen Blechpaket an, so entsteht die kammartige Konstruktion in Bild **4**.42a. Anstelle des Läufers erhält diese Linearmotor genannte Sonderbauform der Drehstrommaschine eine leitfähige Schiene aus Kupfer, Aluminium oder Eisen. Ihre Länge muß der Wegstrecke entsprechen, welche der Motor oder die Schiene zurücklegen soll.

Die Drehstromwicklung des Linearmotors bildet ein Wanderfeld aus, das sich entsprechend der Umfangsgeschwindigkeit v_s des Drehfeldes einer rotierenden Maschine gleicher Daten entlang des Luftspaltes bewegt. Der Feldverlauf ist in Bild **4**.42a durch eine Feldlinie gezeigt, die zweimal über den Luftspalt und die Schiene führt. Durch die örtliche Flußänderung bei der Bewegung werden dort über die Fläche verteilte Wirbelströme induziert und damit wie bei der normalen Maschine Kräfte entlang des Luftspalts erzeugt. Je nachdem, welcher Maschinenteil festmontiert ist, bewegt sich als Folge dieser Kräfte entweder die Schiene in Richtung des Wanderfeldes oder bei fester Schiene der Ständer in entgegengesetzter Richtung (Lenzsche Regel).

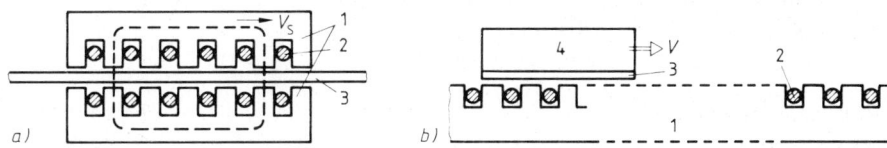

4.42 Bauformen von Linearmotoren
    a) Kurzständermotor b) Langständermotor
      1 Ständerblechpaket, 2 Drehstromwicklung, 3 Leitende Schiene, 4 Läuferblechpaket

Die Synchrongeschwindigkeit v_s des Wanderfeldes läßt sich aus der Umfangsgeschwindigkeit des Drehfeldes einer Maschine mit dem Bohrungsdurchmesser D_i berechnen. Bei einer Polzahl $2p$ der Ständerwicklung ist der Umfangsanteil pro Pol, d. h. die Polteilung

$$\tau_p = \frac{D_i \cdot \pi}{2p} \tag{4.61}$$

und damit

$$v_s = D_i \cdot \pi \cdot n_s = 2p \cdot \tau_p \cdot n_s$$

Mit Gl. (4.57) wird daraus

$$v_s = 2p \cdot \tau_p \cdot \frac{f}{p}$$

$$\boldsymbol{v_s = 2\tau_p \cdot f} \tag{4.62}$$

Die Betriebsgeschwindigkeit des Linearmotors ist wieder um den Schlupf geringer als v_s, d. h. es gilt

$$\boldsymbol{v = v_s(1 - s)} \tag{4.63}$$

Im allgemeinen liegt die Synchrongeschwindigkeit bei 4 m/s bis 12 m/s.

Die mit einem Linearmotor erreichbaren Zugkräfte können über

$$\boldsymbol{F = \frac{P_2}{v}} \tag{4.64}$$

aus der elektrischen Leistung berechnet werden. Als Richtwert sei $F_N = (2 \text{ bis } 5) \cdot G$ genannt, d. h. Linearmotoren entwickeln Kräfte, die im Bereich ihrer Gewichtskraft liegen.

In der Bauform als Kurzständer-Linearmotor (Bild **4.**42a) wird die Maschine in zwei Varianten eingesetzt. Für die Förder- und Lagertechnik wählt man die bewegte Schiene, die man als Rohr ausführt und damit Schubbewegungen realisiert. Bei fester Schiene hat man mit dem beweglichen Ständer einen Transportschlitten.

Eine besondere Verkehrstechnik wurde mit dem Langständer-Linearmotor (Bild **4.**43) entwickelt. Hier wird verteilt über die ganze Trasse eine vielteilige Drehstromwicklung verlegt und die Geschwindigkeit des Wanderfeldes über die Frequenz der angelegten Drehspannung gesteuert. Damit ist die Fahrgeschwindigkeit des „Läufers", der die Transportkabine trägt, stufenlos einstellbar. Mit dieser Technik, allerdings meist auf der Basis von Synchronmaschinen, wurden schon mehrere Schnellbahnen erstellt (Transrapid, M-Bahn).

4.3.2   Betriebsverhalten und Drehzahlsteuerung

4.3.2.1   Kennlinien und Kenngrößen

Die Betriebskennlinien eines Asynchronmotors als wichtigsten elektrischen Antrieb, seine mechanische Kennlinie $M = \mathrm{f}(n)$ und die elektrischen Kennlinien werden nun

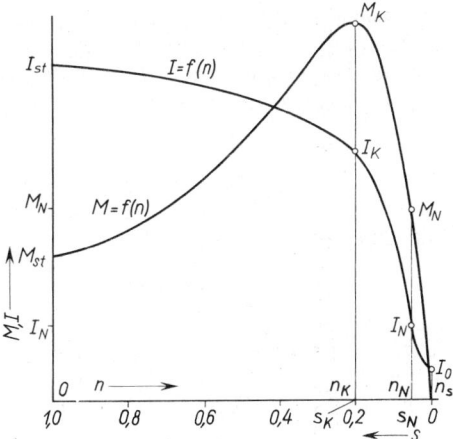

4.43
Kennlinien $M = \mathrm{f}(n)$ und $I = \mathrm{f}(n)$ eines
Drehstrom-Asynchronmotors (gültig für
Kurzschlußläufer und Schleifringläufer mit
kurzgeschlossenem Anlasser $R_v = 0$)

zur Erläuterung seiner Betriebseigenschaften, die bei den verschiedenen Ausführungen stark variieren können, ohne theoretische Herleitung behandelt.

Drehmoment-Drehzahlkennlinie $M = \mathrm{f}(n)$

Bild **4**.43 zeigt den typischen Verlauf der mechanischen Kennlinie $M = \mathrm{f}(n)$ eines Asynchronmotors mit Rundstabläufer R (s. Bild **4**.49 b). Man beachte, daß im Gegensatz zu den Gleichstrommotoren in Abschn. 4.1.3 nun auf der Abszisse die Drehzahl n bzw. der Schlupf s, auf der Ordinate das Drehmoment M und weitere Größen aufgetragen sind.

Leerlauf Es ist das an der Welle abgegebene Drehmoment $M = 0$, der Motor läuft mit der Leerlaufdrehzahl n_0 um, die nahezu gleich der synchronen Drehzahl n_s ist

$$n_0 \approx n_s = f/p \tag{4.65}$$

Bereich zwischen Leerlauf und Nennlast Hier liegt der normale Betriebsbereich des Motors. Durch die Belastung sinkt die Drehzahl ($n < n_s$), der Schlupf steigt ($s > 0$). Je nach Größe des Motors beträgt der bei Nennlast ($M = M_N$) auftretende Nennschlupf s_N etwa 2% für sehr große und 10% bis 15% für kleine Motoren. Das Motordrehmoment M verläuft zwischen Leerlauf und Nennlast praktisch proportional mit dem Schlupf, die Kennlinie ist gerade

$$M/M_N = s/s_N \tag{4.66}$$

Da sich in diesem Bereich dasselbe Drehzahlverhalten wie beim Gleichstrom-Nebenschlußmotor ergibt, hat auch der Asynchronmotor Nebenschlußverhalten, also eine harte Kennlinie und damit eine geringe Drehzahländerung zwischen Leerlauf und Vollast.

Nennlast Bei Belastung mit dem Nennmoment M_N stellt sich die auf dem Leistungsschild angegebene Nenndrehzahl n_N ein. Für den Nennschlupf des Motors gilt nach Gl. (4.58)

$$s_N = 1 - \frac{n_N}{n_s} \tag{4.67}$$

Kippverhalten   Bei Überlastung ist der Motor über das Nennmoment hinaus belastet. Dann sinkt die Drehzahl relativ stärker ab. Zwischen Stillstand und Nennlast tritt bei der Kippdrehzahl n_K das maximale Motormoment, das Kippmoment M_K auf. Der hierfür gültige Wert des Schlupfes, der Kippschlupf, ist nach Gl. (4.58)

$$s_K = 1 - \frac{n_K}{n_s} \tag{4.68}$$

Der Wert von s_K beträgt etwa $(3 \div 5)\, s_N$. Das Kippmoment als maximales Motormoment kann im Betrieb auch nicht kurzzeitig überschritten werden. Nach VDE 0530 muß es mindestens 60% größer als das Nennmoment sein

$$M_K/M_{N(\geqq)}\, 1{,}6$$

Unter vereinfachten Voraussetzungen läßt sich für einen Motor mit Rundstabläufer bei gegebenem Kippschlupf und Kippmoment die folgende Gleichung der Drehmoment-Drehzahlkennlinie nach Kloß herleiten

$$\frac{M}{M_K} = \frac{2}{(s/s_K) + (s_K/s)} \tag{4.69}$$

Die Kennlinien ausgeführter Motoren können von dieser Funktion stark abweichen.

Bereich zwischen Kippdrehzahl n_K und Stillstand   Das vom Motor entwickelte Drehmoment fällt wieder ab und erreicht bei $n = 0$ das Stillstandsmoment M_{st}, das u. U. kleiner als das Nennmoment ist (4.43). Wie in Bild 4.49 gezeigt wird, kann jedoch durch besondere Formgebung der Läufernuten und Läuferstäbe (z. B. Doppelkäfige) das Stillstandsmoment wesentlich erhöht und der Verlauf der Kennlinie auch sonst günstig beeinflußt werden.

Elektrische Kennlinien, Leistungsschildangaben

Ständer   Besonders für die Betrachtung der Anlaßmethoden des Motors ist die Strom-Drehzahlkennlinie $I = \mathrm{f}(n)$ von Bedeutung, die ebenfalls in Bild 4.43 eingezeichnet ist. Charakteristisch ist der relativ hohe Leerlaufstrom I_0, der bei größeren Motoren 20 bis 30%, bei kleinen Motoren bis 50% und mehr des bei Nennlast auftretenden Nennstromes I_N beträgt. Der Strom nimmt bis zum Kipppunkt (Kippstrom I_K) zu und wächst auch trotz Abnahme des Drehmomentes zwischen Kippunkt bis zum Stillstand weiter an. Bei Stillstand erreicht er seinen größten Wert, den Stillstandstrom I_{st}, der je nach Motorart etwa den 4- bis 6- bis 8 fachen Wert des Nennstroms betragen kann.

Die weiteren Kennlinien für den Leistungsfaktor $\cos\varphi = \mathrm{f}(n)$ und den Wirkungsgrad $\eta = \mathrm{f}(n)$ interessieren in der Regel nur im normalen Betriebsbereich zwischen Leerlauf und Vollast. Der Strangstrom eilt der Strangspannung um den Phasenwinkel φ im ganzen Drehzahlbereich nach, d. h. der Motor benötigt beim Anfahren und im Betrieb induktive Blindleistung.

Läufer   Besonders einfach sind die Kennlinien für die Läuferspannung U_2 und deren Frequenz, der Läuferfrequenz f_2. Beide Größen nehmen linear von ihren Stillstandswerten U_{2st} und $f_{2st} = f$ (Netzfrequenz) bis zum Leerlauf auf 0 ab. Es gilt also

$$U_2 = U_{2st}\, s \quad \text{und} \quad f_2 = f s \tag{4.70}$$

U_2 und f_2 sind in Bild 4.44 eingetragen.

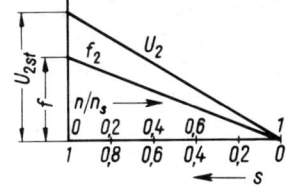

4.44
Läuferspannung U_2 und Läuferfrequenz f_2 in Abhängigkeit vom
Drehzahlverhältnis n/n_s bzw. vom Schlupf s (f Netzfrequenz)

Kennwerte ausgeführter Drehstrommotoren   Für Schlupf, Leistungsfaktor und Wirkungsgrad bei Nennbetrieb kann man, abhängig von der Größe der Nennleistung,
die in Bild **4.**45 dargestellten Richtwerte für die Planung zugrunde legen. Darin gelten
die kleineren Werte für synchrone Drehzahlen von 750 min^{-1}, die höheren Werte für
3000 min^{-1}. Die genormten Nennspannungen sind z.B. 220 V, 380 V, 500 V sowie 3
und 6 kV.

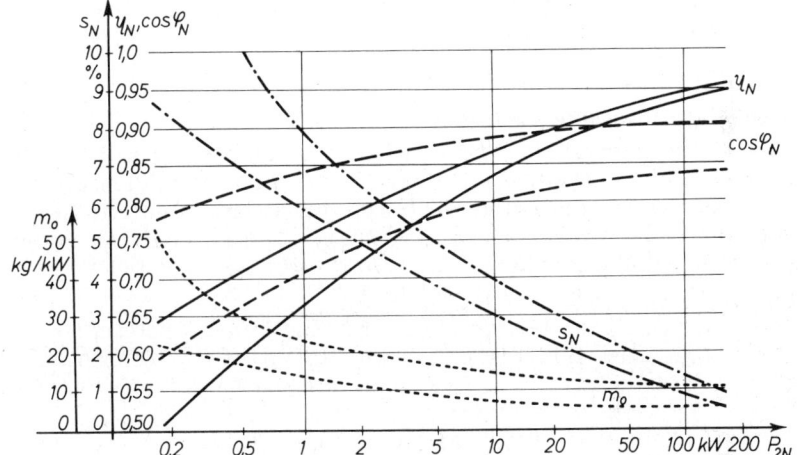

4.45 Kennwerte (Richtwerte) ausgeführter Drehstrom-Normmotoren
   η_N, $\cos\varphi_N$, s_N–Nenngrößen bei Nennbetrieb
   $m_0 = m/P_{2N}$ –spezifisches Motorgewicht

Leistungsschild   Auf dem Leistungsschild von Asynchronmotoren sind die bei Nennbetrieb auftretenden Nennwerte von abgegebener Leistung, Drehzahl und Leistungsfaktor $\cos\varphi$ angegeben. Die angegebene Nennspannung muß mit der Dreieckspannung des Drehstromnetzes, die angegebene Frequenz mit der des Netzes übereinstimmen. Schließlich bedeutet die angegebene Schaltungsart ($\curlywedge$ oder $\triangle$) die Betriebsschaltung des Motors, der angegebene Nennstrom den Strom in jedem der
Hauptleiter bei Nennlast.

In den Listen der Hersteller findet man meist noch Angaben über den Wirkungsgrad
des Motors und das Schwungmoment des Läufers, bei Kurzschlußläufermotoren zusätzlich Werte über die Größe von Stillstandsstrom, Stillstandsmoment, Kippmoment
und Kippdrehzahl.

Drehstrommotoren am Wechselstromnetz Drehstrommotoren für 220 V und 380 V und Leistungen bis etwa 1,5 kW können in Dreieckschaltung mit Hilfe eines Kondensators auch an einem Wechselstromnetz 220 V betrieben werden (4.46). Das Anzugsmoment beträgt dann bis zu 30% des Nennmomentes, die Motorleistung etwa 80% seiner Drehstrom-Nennleistung. Die Kapazität des erforderlichen Kondensators C ist bei 220 V Netzspannung etwa 70 µF je kW Drehstrom-Nennleistung. Drehrichtungsumkehr erhält man durch Vertauschen der Anschlüsse des Kondensators am Netz.

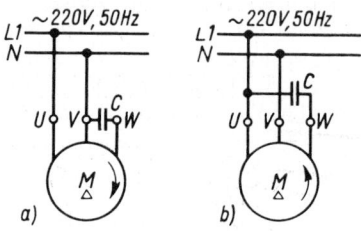

4.46
Schaltpläne eines Drehstrommotors mit Kurzschlußläufer am Wechselstromnetz 220 V für beide Drehrichtungen

Drehstrom-Asynchrongeneratoren

Treibt man eine auf ein Netz konstanter Spannung und Frequenz geschaltete Asynchronmaschine mit $n > n_s$, d. h. $s < 0$ über die Leerlaufdrehzahl hinaus an, so gibt die Maschine im Generatorbetrieb elektrische Energie an das Netz ab. Wie im Motorbetrieb muß sie jedoch zur Magnetisierung ihres Drehfeldes nach wie vor induktive Blindleistung aufnehmen, kann also nicht wie eine Synchronmaschine auch zur Blindleistungslieferung verwendet werden.

Soll ein Asynchrongenerator ohne Netz eine Verbrauchergruppe versorgen, so kann die erforderliche Blindleistung durch eine parallele Kondensatorbatterie geliefert werden. Man bezeichnet dies als selbsterregten Generatorbetrieb. Asynchrongeneratoren sind preiswert und einfach in Wartung und Steuerung. Sie werden daher mitunter für kleine Wasserkraft- und Blockheizkraftwerke vorgesehen.

4.3.2.2 Anlassen

Anlassen von Kurzschlußläufermotoren

Direktes Einschalten Bei Motoren mit Kurzschlußläufer beträgt der Netzstrom im Augenblick des Einschaltens ein Vielfaches des Nennstroms, und zwar je nach Motorart etwa 4- bis 8mal so viel. Trotzdem ist das Anfahr- und das Motormoment im unteren Drehzahlbereich häufig kleiner als das Nennmoment. Der relativ hohe, wenn auch nur kurz andauernde Anfahrstrom ist unerwüscht. Der Stromstoß ruft in den Leitungen des Verteilungsnetzes, an das außer dem Motor ja noch weitere Verbraucher angeschlossen sind, erhöhte Spannungsverluste hervor. Die entsprechende kurzzeitige Spannungsabsenkung kann sich z. B. durch eine unangenehm empfundene Helligkeitsminderung von Glühlampen bemerkbar machen.

Deshalb schreiben die Elektrizitätswerke in ihren Anschlußbedingungen vor, daß in öffentlichen Netzen nur kleine Motoren mit Kurzschlußläufer (meist bis 5 kW) direkt eingeschaltet werden dürfen. Geschieht der Motorschutz durch vorgeschaltete Sicherungen, so können diese beim Anlassen durchschmelzen, obwohl der Motor durch den kurzdauernden Anlaufvorgang keine unzulässige Erwärmung erfährt. Abhilfe ist entweder durch Einbau träger Sicherungen oder besser durch Verwendung eines Motorschutzschalters anstelle von Sicherungen möglich.

Stern-Dreieck-Umschaltung Der hohe Anfahrstrom kann durch einen Stern-Dreieck-Umschalter (**4.47**) für die Ständerwicklung vermieden werden. Bei Benutzung eines solchen Umschalters wird die Ständerwicklung aus dem Stillstand (1. Schalterstellung 0) in Stern geschaltet (2. Stellung $\curlywedge$). Nach erfolgtem Hochlauf wird auf Dreieckschaltung umgeschaltet (3. Stellung $\triangle$). Das Verfahren kann deshalb nur bei Motoren angewandt werden, deren Betriebsschaltung die Dreieckschaltung ist.

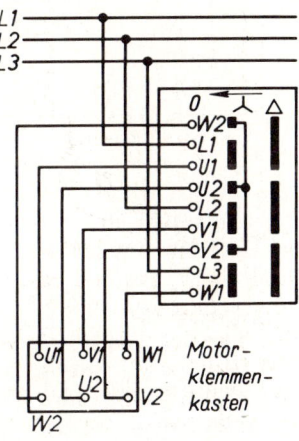

4.47
Stern-Dreieck-Schalter. Die beweglichen Schaltstücke (rechts) befinden sich auf einer Schaltwalze (Walzenschalter) oder werden als einzelne Schaltelemente durch eine Nockenwelle bewegt (Nockenschalter)

Wie bereits in Abschn. 1.3.3.2 erläutert wurde, betragen die Strangspannungen und damit auch die Strangströme bei Sternschaltung nur den $1/\sqrt{3}$ fachen Wert gegenüber Dreieckschaltung, so daß sich die Leistungen und die Ströme in den Zuleitungen wie 1:3 verhalten. Damit ist aber bei gleicher Drehzahl das Verhältnis der Motormomente ebenfalls 1:3. Somit folgt

$$P_{\curlywedge} : P_{\triangle} = 1:3 \qquad I_{\curlywedge} : I_{\triangle} = 1:3 \qquad M_{\curlywedge} : M_{\triangle} = 1:3 \qquad (4.71)$$

Durch das Herabsetzen von Netzstrom I und Motormoment M auf ein Drittel bei Sternschaltung gegenüber Dreieckschaltung werden zwar die hohen Anfahrströme vermieden, jedoch kann infolge der Minderung des Motormoments das Verfahren nur dann angewandt werden, wenn der Motor während des Anlaufs durch die Arbeitsmaschine noch nicht oder nur schwach belastet ist.

Anfahrvorgang. Die Verhältnisse während des Hochlaufens gehen aus Bild **4.48** hervor. Außer den aus Bild **4.43** bekannten Kennlinien in der Betriebsschaltung, also bei Dreieckschaltung $I_{\triangle}$, $M_{\triangle} = f(n)$, sind diejenigen bei Sternschaltung $I_{\curlywedge}$, $M_{\curlywedge} = f(n)$ nach Gl. (4.66) eingetragen. Verläuft das Lastmoment M_L der Arbeitsmaschine nach der Kurve a, so kann mit Stern-Dreieck-Schaltung angefahren werden. Der dann gegebene Verlauf von Strom $I_{\curlywedge}$ und Motormoment $M_{\curlywedge}$ sind dick ausgezogen. Von Stern- auf Dreieckschaltung wird bei so hoher Drehzahl umgeschaltet, daß die bei der Umschaltung (Drehzahl n_u) auftretende Stromspitze den größten Anfahrstrom, der im Stillstand auftritt, nicht wesentlich übersteigt; während des gan-

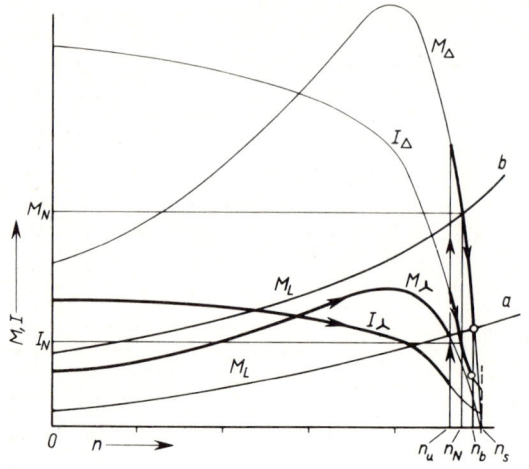

4.48
Anfahrkennlinien eines Kurzschluß-
läufermotors mit Stern-Dreieck-
Umschaltung der Ständerwicklung

zen Anlaufvorganges ist das Motormoment größer als das Lastmoment ($M_\curlywedge > M_\mathrm{L}$),
so daß der Antrieb dauernd beschleunigt wird. Schließlich stellt dich die Betriebsdrehzahl n_b ein, die sich durch den Schnittpunkt der beiden Momentkennlinien ergibt
($M_\triangle = M_\mathrm{L}$).

Verläuft dagegen das Lastmoment nach der Kurve b, dann genügt das Drehmoment
des Motors bei Sternschaltung nicht, um die Arbeitsmaschine zu beschleunigen, da
$M_\curlywedge < M_\mathrm{L}$ ist. Es wäre allerdings unwirtschaftlich, lediglich wegen dieser Anlaufver-
hältnisse einen größeren Motor zu verwenden. In diesem Falle wird man eine der
nachstehend beschriebenen Sonderbauformen des Käfigläufers mit einer günstigeren
Momentenkennlinien wählen.

Sonderbauformen des Käfigläufers Der e i n f a c h e K ä f i g l ä u f e r mit einem Läufer-
käfig aus Rundstäben (**4.**49a, Teilbild R) wird wegen seiner ungünstigen Anlaufver-
hältnisse (im Stillstand bis zu 8fachem Nennstrom, Anzugsmoment meist kleiner als
$0,5\,M_\mathrm{N}$, s. **4.**49b) nur noch selten gebaut. Meist trifft man bei kleineren Motorleistungen die Tropfenform T der Stäbe an, die diese Nachteile nicht hat. Wie die Ausführungen zum Schleifringläufer aber zeigen, können die Verhältnisse durch eine
Widerstandserhöhung im Läuferkreis wesentlich verbessert werden, indem während
des Anlaufs der Läufervorwiderstand R_V immer mehr verringert und schließlich
kurzgeschlossen wird. Bei den Sonderbauformen des Käfigläufers wird durch die
verschiedenen Ausführungen der Nut- und Stabformen des Läufers (**4.**49a) während
des Anlaufs automatisch eine Verringerung des wirksamen Läuferwiderstandes von
einem größten Wert bei Stillstand bis zu einem kleinsten Wert im Betriebsbereich
erzielt.

S t r o m v e r d r ä n g u n g s l ä u f e r. Die Widerstandsänderung während des Anlaufs
kommt bei den H o c h s t a b l ä u f e r n H mit ihren hohen, schmalen Läuferstäben
bzw. den K e i l s t a b l ä u f e r n K, erst recht aber bei den D o p p e l k ä f i g l ä u f e r n D
mit zwei Läuferkäfigen dadurch zustande, daß im Stillstand der Läuferstrom fast
ganz im oberen Teil (an der Nutöffnung) der Läuferstäbe bzw. in dem äußeren Läu-
ferkäfig (Anlaßkäfig) fließt. Der Läuferstrom wird also gewissermaßen auf einen

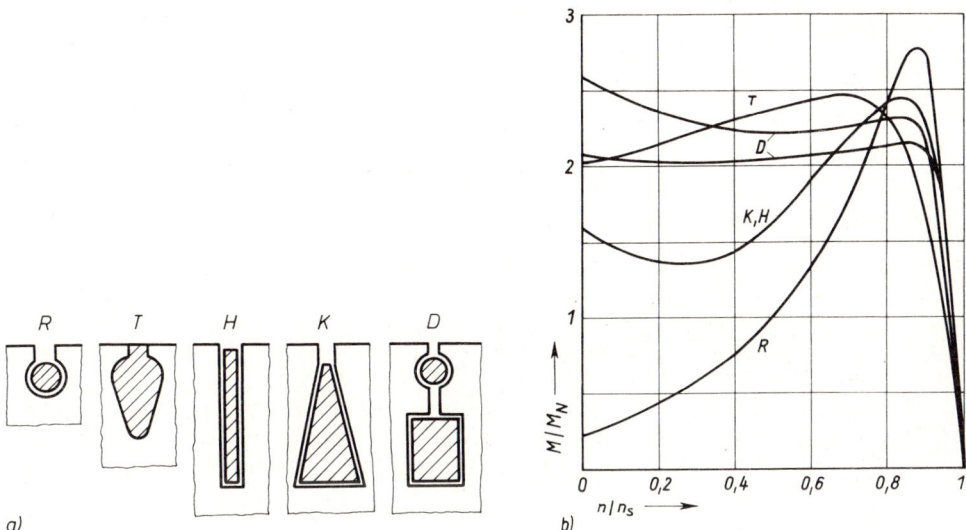

4.49 Nut- und Läuferstabformen (a) von Kurzschlußläufermotoren und zugehörige Drehmomentkennlinien (b)

relativ kleinen Querschnitt verdrängt (Stromverdrängungsläufer) und findet daher
relativ hohen Widerstand vor. Mit steigender Drehzahl nimmt diese Erscheinung
immer mehr ab. Am Ende des Hochlaufs verteilt sich im üblichen Betriebsbereich
der Drehzahl der Läuferstrom gleichmäßig über den ganzen Querschnitt der Hoch-
stäbe bzw. entsprechend den Widerständen des äußeren Anlaufkäfigs und des inneren Laufkäfigs. Dadurch ergibt sich im Betrieb ein niedriger wirksamer Läuferwiderstand und guter Wirkungsgrad. Die Anlaufströme dieser Motoren liegen etwa
beim 4–5fachen Nennstrom; das Anfahrmoment liegt bei Hochstabläufern beim
1,5fachen Nennmoment, weist aber eine für Schweranlauf ungünstige Einsattelung
in der Kennlinie auf. Bei Doppelkäfigläufern ergeben sich Werte etwa bis zum
3fachen Nennmoment. Soweit es die Anschlußbedingungen zulassen, werden solche
Motoren direkt, andernfalls durch Stern-Dreieck-Schaltung angefahren.

Anlassen von Schleifringläufermotoren

Bei diesen Motoren kann durch Einschalten von Anlaßwiderständen R_V in den
Läuferkreis (Bild **4**.41) der Anfahrstrom herabgesetzt und gleichzeitig das Anfahrmoment, verglichen mit dem Moment bei direkter Einschaltung, erhöht werden.

In Bild **4**.50 ist zunächst wieder – als Kurve a – die Momentenkennlinie $M = \mathrm{f}(n)$
aus Bild **4**.43 übertragen worden ($s_N = 0,05$, $s_K = 0,2$). Wird nun jedem Strang der
Läuferwicklung (Widerstand R_2) des Schleifringmotors ein Widerstand $R_V = R_2$
in Reihe geschaltet und damit der Läuferwiderstand $R_L = 2R_2$, also verdoppelt,
dann verdoppelt sich in Gl. (4.69) auch der Kippschlupf s_K auf 0,4, während das
Kippmoment M_K unverändert erhalten bleibt (Kurve b). Das Nennmoment M_N
tritt jetzt etwa beim doppelten Nennschlupf auf; d.h., die Drehzahl sinkt zwischen
Leerlauf und Nennmoment stärker ab. Im Stillstand ergibt sich dabei ein Anfahr-

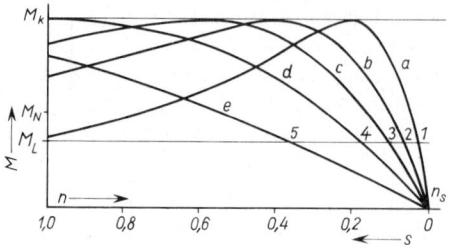

4.50
Drehmomentkennlinien $M = f(n)$ eines
Drehstrommotors mit Schleifringläufer bei
verschiedenen Widerständen im Läuferkreis
(Punkte 1 ··· 5 s. unten)

moment, das fast doppelt so groß wie beim direkten Einschalten ist. Vergrößert man R_V um den doppelten Wert von R_2, dann wird $R_L = 3R_2$, der Kippschlupf liegt bei 0,6 (Kurve c). Es ist sogar möglich, daß das Anfahrmoment gleich dem Kippmoment wird (Kurve d). Durch weiteres Vergrößern von R_V sinkt das Anfahrmoment wieder ab (Kurve e). Der Motor mit Schleifringläufer ist für schwerste Anlaufbedingungen (Schweranlauf) geeignet. Während des Anfahrens wird der Anlaßwiderstand R_V stufenweise abgeschaltet; nach erfolgtem Hochlauf ist $R_V = 0$. Das vorhandene Lastmoment M_L der Arbeitsmaschine bestimmt die erforderliche Größe des Motormoments M im stationären Betrieb: $M = M_L$.

4.3.2.3   Drehzahlsteuerung

Aus Gl. (4.58a) ergibt sich mit Gl. (4.57) für die Motordrehzahl

$$n = \frac{f}{p}(1 - s) \tag{4.72}$$

Somit stehen grundsätzlich drei Möglichkeiten der Drehzahlsteuerung, nämlich durch Änderung von s, p und f zur Verfügung.

Änderung des Schlupfes s   Beim Schleifringläufer kann die zum Anfahren mit Vorwiderständen R_v herangezogene Schaltung (Bild **4**.41) auch zur Drehzahlsteuerung nach Bild **4**.50 im Betrieb angewandt werden, wenn anstelle der Anlasserwiderstände ein für Dauerbetrieb geeigneter A n l a ß s t e l l e r verwendet wird. Beim Kurzschlußläufer kann die Schlupfänderung durch Herabsetzen der Motorspannung ($U < U_N$) erreicht werden, da das Kippmoment $M_K \sim U^2$ ist.

In Bild **4**.50 sei das Lastmoment M_L einer Arbeitsmaschine konstant. Die Betriebsdrehzahl kann vom Schnittpunkt 1 dieser Kennlinie mit der normalen Betriebskennlinie (a) durch Verändern der Motorkennlinien nach unten gesteuert werden (Schnittpunkte 2 bis 5). Zum Nachteil der relativ hohen Stromwärmeverluste im Anlaßsteller kommt die meist unerwünschte Lastabhängigkeit der Drehzahl hinzu, da der Motor bei Entlastung ($M_L = 0$) immer auf die Drehzahl n_s hochläuft. Wegen dieser Nachteile wird die hier beschriebene Drehzahlsteuerung nur selten, z. B. kurzdauernd in einem Arbeitsprozeß, angewendet.

Änderung der Polpaarzahl p   Mit der kleinstmöglichen Polpaarzahl $p = 1$ läßt sich bei der Netzfrequenz $f = 50$ Hz nach $n_s = f/p$ die größtmögliche Drehzahl 3000/min erreichen. Bei Ausführung der Ständerwicklung mit 2/3/4 usw. Polpaaren erhält man Motoren mit den Drehzahlstufen $n_s = 1500/1000/750$ min^{-1} usw.

Für viele Zwecke, häufig im Zusammenhang mit Getrieben an Werkzeugmaschinen, werden Käfigläufermotoren mit Polumschaltung, polumschaltbare Motoren, verwendet. Es sind dann entweder zwei getrennte Ständerwicklungen verschiedener Polpaarzahlen vorhanden, oder es können die Stranghälften der Ständerwicklung auf verschiedene Weise zusammengeschaltet werden, so daß sich in beiden Fällen eine Änderung der Polpaarzahl p und damit eine Drehzahlsteuerung in Stufen erreichen läßt (4.51).

Üblich sind meist zwei, aber auch drei, selten vier Stufen bei Motoren bis etwa 20 kW. Die Leistungen in den einzelnen Stufen sind nicht gleich und betragen z. B. bei einem polumschaltbaren Motor mit den drei Drehzahlstufen 1500/1000/750 min^{-1} in derselben Reihenfolge 9,5/ 8,0/6,3 kW. Gegenüber einem Motor mit nur einer Drehzahl erhöhen sich Preis und Gewicht wesentlich, Wirkungsgrad und Leistungsfaktor werden schlechter.

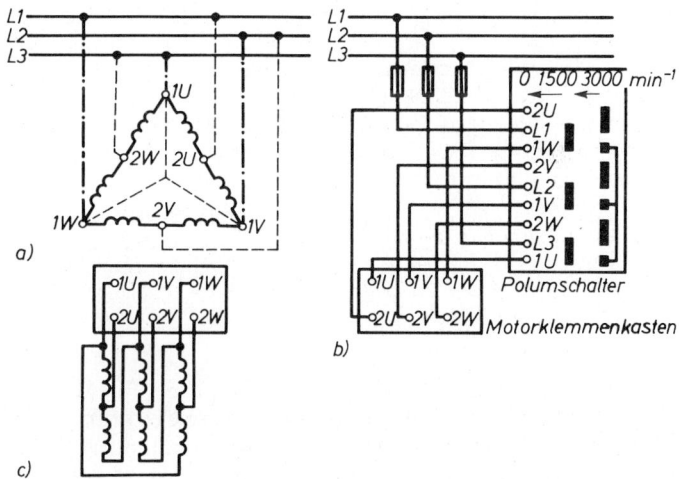

4.51 Schaltplan für polumschaltbaren Drehstrommotor (Dahlanderschaltung)
   a) $-\cdot-\cdot-$ Reihen-Dreieckschaltung für p = 2, n = 1500/min
   $-----$ Doppelsternschaltung für p = 1, n = 3000/min
   b) Polumschalter (Walzenschalter) mit 3 Schaltstellungen
   c) Ergänzung des Schaltplans b)

Beispiel 4.13   Bei der Dahlander-Schaltung für die Drehzahlstufen 1500/min und 3000/min werden die Stranghälften für $p = 2$ in Dreieck, für $p = 1$ in Doppelstern geschaltet (Bild **4**.51 a). Der zugehörige Polumschalter (Walzenschalter) mit den Anschlüssen an das Netz und am Anschlußkasten des Motors ist in Bild **4**.51 b gezeichnet.

Man ergänze Bild **4**.51 b um die Anschlüsse der Stranghälften bis zum Anschlußkasten (**4**.51 c).

Für langsam laufende Maschinen und Apparate aller Art mit Drehzahlen bis unter 1/min wird anstelle von Transmissionen, Ketten- oder Zahnradvorgelegen für die Untersetzung der Getriebemotor verwendet. Außer den Vorteilen der geringeren Abnutzung, des besseren Wirkungsgrades und geringeren Raumbedarfes ermöglicht die vollkommen staubdichte und spritzwassersichere Ausführung (Sonderausführung in Schutzart IP54, s. Abschn. 5.1.1) in einer Konstruktionseinheit die Möglichkeit der Verwendung dieses Antriebes auch unter den ungünstigsten Betriebsverhältnissen.

Änderung der Frequenz f Betreibt man einen Asynchronmotor mit einer Drehspannung einstellbarer Frequenz f, so wird nach Gl. (4.60) mit $n_s = f/p$ die Synchron- und damit auch die Betriebsdrehzahl proportional geändert. Man erhält das Kennlinienfeld in Bild **4**.52, das weitgehend mit dem entsprechenden Diagramm einer Gleichstrommaschine übereinstimmt.

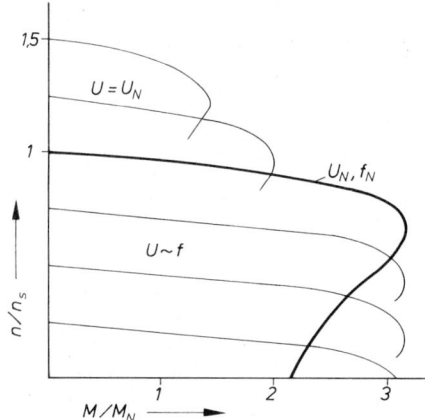

4.52
Drehzahl-Drehmomentkennlinien eines
Drehstrom-Asynchronmotors bei Betrieb
mit variabler Frequenz

Zur Drehzahlsteuerung des Drehstrommotors über die Frequenz f verwendet man heute Umrichterschaltungen der Leistungselektronik (s. Abschn. 6.3.2). Im Bereich $f < f_N$ wird die Klemmspannung proportional mitverändert, womit das Nennkippmoment M_K der Maschine erhalten bleibt. Für $f > f_N$ hält man die Spannung mit $U = U_N$ konstant, was einer Feldschwächung mit vermindertem Kippmoment entspricht.

Umrichtergespeiste Drehstrommotoren erobern derzeit einen wachsenden Marktanteil bei drehzahlgeregelten Antrieben und verdrängen hier teilweise die Gleichstrommaschine.

Umsteuerung Die Drehrichtung des Drehfeldes bestimmt die Richtung des im Motor erzeugten Drehmoments und damit die Drehrichtung des Motors. Sie kann durch Vertauschen zweier beliebiger Zuführungen vom Drehstromnetz zur Ständerwicklung umgekehrt werden.

4.3.2.4   Zahlenbeispiele

Beispiel 4.14 Ein Drehstrom-Asynchronmotor mit Käfigläufer hat auf dem Leistungsschild folgende Angaben: 3 kW, 380 V, 6,9 A, $\cos \varphi = 0{,}84$, 955 min^{-1}, 50 Hz, Schaltung $\triangle$
a) Man berechne alle Größen des Motors, die sich aus den Angaben des Leistungsschildes bestimmen lassen.

Bei Nennlast und Anschluß an das 380/220 V-Netz sind

aufgenommene Leistung, s. Gl. (1.175)

$$P_1 = \sqrt{3}\,UI\cos\varphi = \sqrt{3} \cdot 380\ \text{V} \cdot 6,9\ \text{A} \cdot 0,84 = 3,82\ \text{kW}$$

Gesamtverluste

$$P_v = P_1 - P_2 = (3,82 - 3)\ \text{kW} = 0,82\ \text{kW}$$

Wirkungsgrad

$$\eta = P_2/P_1 = 0,785 = 78,5\,\%$$

Strangspannung 380 V   Strangstrom 6,9 A$/\sqrt{3} = 4$ A   Außenleiterstrom 6,9 A
synchrone Drehzahl $n_s = 1000\ \text{min}^{-1}$ Polpaarzahl $p = 3$

Nennschlupf, s. Gl. (4.58) und (4.60)

$$s_N = \frac{(1000 - 955)\ \text{min}^{-1}}{1000\ \text{min}^{-1}} = 0,045 = 4,5\,\%$$

Nennmoment, s. Gl. (1.24b)

$$M_N/\text{Nm} = \frac{3000}{0,1047 \cdot 955} = 30 \quad \text{somit } M_N = 30\ \text{Nm}$$

Blindleistung, s. Gl. (1.176)

$$Q = \sqrt{3}\,UI\sin\varphi = 660\ \text{V} \cdot 6,9\ \text{A} \cdot 0,542 = 2,47\ \text{kvar}$$

Scheinleistung, s. Gl. (1.177)

$$S = \sqrt{3}\,UI = 660\ \text{V} \cdot 6,9\ \text{A} = 4,56\ \text{kVA}$$

b) Man zeichne mit Hilfe von Gl. (4.69) die Momentkennlinie für Stern- und Dreieckschaltung auf. Das Kippmoment des Motors ist gleich dem 2,6fachen Nennmoment, der Kippschlupf beträgt $s_K = 0,2$.
Bei Dreieckschaltung erhält man mit $M_K = 2,6\,M_N = 78$ Nm und $s_K = 0,2$ nach Gl. (4.64)

$$M = \frac{2 \cdot 78\ \text{Nm}}{\dfrac{s}{0,2} + \dfrac{0,2}{s}} = \frac{156}{5s + \dfrac{0,2}{s}}\ \text{Nm}$$

Für $n = 0$, also $s = 1$ ergibt sich hieraus das Stillstandsmoment

$$M_{st} = \frac{156}{5 + 0,2}\ \text{Nm} = 30\ \text{Nm}$$

für $n = 500\ \text{min}^{-1}$ $(s = 0,5)$ wird

$$M = \frac{156}{2,5 + 0,4}\ \text{Nm}$$
$$= 53,8\ \text{Nm}$$

für $n_s = 1000\ \text{min}^{-1}$ $(s = 0)$ wird

$$M = 0$$

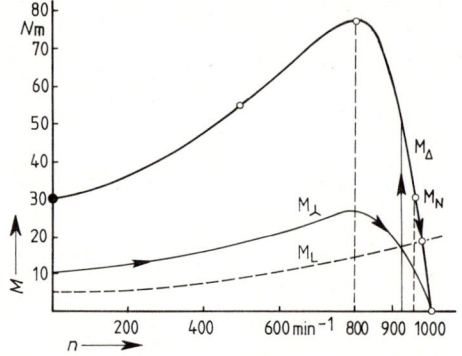

4.53
Drehmomentkennlinien $M_\curlywedge = \mathrm{f}(n)$ und $M_\triangle = \mathrm{f}(n)$ eines Motors mit Käfigläufer sowie Lastmomentkennlinie $M_\mathrm{L} = \mathrm{f}(n)$ einer Arbeitsmaschine

Mit Hilfe der so gefundenen fünf bekannten Punkte kann $M_\triangle = \mathrm{f}(n)$ gekennzeichnet werden (4.53).

Bei Sternschaltung (Anfahrvorgang) gilt nach Gl. (4.71) $M_\curlywedge = M_\triangle/3$. Die Kennlinie $M_\curlywedge = \mathrm{f}(n)$ für Sternschaltung ist ebenfalls in Bild 4.53 eingetragen.

c) Bei welcher Drehzahl sollte beim Anfahren die Umschaltung von Stern- auf Dreieckschaltung erfolgen, wenn der Motor durch die Arbeitsmaschine mit dem in Bild 4.53 eingetragenen Lastmoment M_L belastet wird? Welche stationäre Betriebsdrehzahl stellt sich ein?

Bei Sternschaltung ergibt sich die Umschaltdrehzahl n_u aus dem Schnittpunkt der Kennlinien $M_\curlywedge$ und M_L bei $n_\mathrm{u} \approx 920 \ \mathrm{min}^{-1}$. Die stationäre Betriebsdrehzahl n_b ergibt sich aus dem Schnittpunkt der Kennlinien $M_\triangle$ und M_L bei $n_\mathrm{b} \approx 975 \ \mathrm{min}^{-1}$.

d) Wie groß sind im Stillstand die Außenleiter- und Strangströme bei direktem Einschalten und bei Stern-Dreieck-Anlauf, wenn der Stillstandstrom des Motors $6\,I_\mathrm{N}$ beträgt?

Direkter Anlauf (Dreieckschaltung)   Stern-Dreieck-Anlauf (Sternschaltung)

Außenleiterstrom $I = 6\,I_\mathrm{N} = 6 \cdot 6{,}9 \ \mathrm{A} = 41{,}4 \ \mathrm{A}$ Außenleiterstrom $I = 2\,I_\mathrm{N} = 13{,}8 \ \mathrm{A}$

Strangstrom $I_\mathrm{st} = 6 \cdot 6{,}9 \ \mathrm{A}/\sqrt{3} = 24 \ \mathrm{A}$ Strangstrom $I_\mathrm{st} = 13{,}8 \ \mathrm{A}$

Beispiel 4.15 Ein Drehstrom-Asynchronmotor mit Schleifringläufer hat folgende Angaben auf dem Leistungsschild: 63 kW, 1440 min^{-1}, 380 V, Schaltung $\curlywedge$, 50 Hz, 125 A, $\cos\varphi = 0{,}88$; $U_\mathrm{2St} = 230$ V, $I_\mathrm{2N} = 171$ A. Er wird an einem Drehstromnetz 380/220 V betrieben.

a) Es sind weitere Größen bei Nennlast zu ermitteln.

Für die Maschine mit $n_\mathrm{s} = 1500 \ \mathrm{min}^{-1}$ und 2 Polpaaren ($p = 2$) ergibt sich für Nennlast

Nennschlupf

$$s_\mathrm{N} = \frac{(1500 - 1440) \ \mathrm{min}^{-1}}{1500 \ \mathrm{min}^{-1}} = 0{,}04 = 4\%$$

Nennmoment

$$M_\mathrm{N}/\mathrm{Nm} = \frac{63\,000}{0{,}1047 \cdot 1440} = 418 \qquad M_\mathrm{N} = 418 \ \mathrm{Nm}$$

aufgenommene Leistung

$$P_\mathrm{1N} = \sqrt{3}\,U_\mathrm{N}\,I_\mathrm{N}\cos\varphi_\mathrm{N} = \sqrt{3} \cdot 380 \ \mathrm{V} \cdot 125 \ \mathrm{A} \cdot 0{,}88 = 72{,}6 \ \mathrm{kW}$$

Verlustleistung

$$P_{vN} = P_{1N} - P_{2N} = (72{,}6 - 63)\ \text{kW} = 9{,}6\ \text{kW}$$

Wirkungsgrad

$$\eta_N = P_{2N}/P_{1N} = 63\ \text{kW}/72{,}6\ \text{kW} = 0{,}868 = 86{,}8\,\%$$

b) Die im Läufer auftretenden Größen bei Nennlast sind zu ermitteln.
Läuferfrequenz

$$f_{2N} = s_N\, f = 0{,}04 \cdot 50\ \text{Hz} = 2\ \text{Hz}$$

Läuferspannung

$$U_{2N} = s_N\, U_{2St} = 0{,}04 \cdot 230\ \text{V} = 9{,}2\ \text{V}$$

Vernachlässigt man bei Nennlast den induktiven Widerstand im Läuferkreis, dann ergibt sich, da $\cos\varphi_2 \approx 1$ wird

$$P_{Cu2} = \sqrt{3}\, U_{2N} I_{2N} \cdot 1 = \sqrt{3} \cdot 9{,}2\ \text{V} \cdot 171\ \text{A} = 2720\ \text{W} = 2{,}72\ \text{kW}$$

Widerstand eines Stranges der Läuferwicklung (Sternschaltung)

$$R_2 = \frac{U_{2N}}{\sqrt{3}\, I_{2N}} = \frac{9{,}2\ \text{V}}{\sqrt{3} \cdot 171\ \text{A}} = 0{,}031\ \Omega$$

c) Wie groß ist der Widerstand R_1 eines Stranges der Ständerwicklung, wenn bei Nennlast die Kupferverluste im Ständer so groß wie im Läufer angenommen werden können? Es ist

$$P_{Cu1} = P_{Cu2} = 2{,}72\ \text{kW} = 3 I_N^2 R_1 \ \text{ hieraus } \ R_1 = \frac{2720\ \text{W}}{3 \cdot (125\ \text{A})^2} = 0{,}058\ \Omega$$

4.4   Drehstrom-Synchronmaschinen

In den Kraftwerken der Elektrizitätswerke und der Industrie wird elektrische Energie in Drehstrom-Synchrongeneratoren (Frequenz 50 Hz) erzeugt.

In Kernkraftwerken sind vierpolige Generatoren mit Einheitsleistungen bis ca. 1700 MVA im Einsatz und in modernen Kohlekraftwerken meist zweipolige Maschinen im Bereich 100 MVA bis ca. 700 MVA. In Wasserkraftwerken sind die Generatorleistungen bei Drehzahlen bis 500 min⁻¹ kleiner; in den Laufkraftwerken an Staustufen von Flüssen (Flußkraftwerke) betragen die Drehzahlen zwischen 100 min⁻¹ und 200 min⁻¹, d.h. zur Erzeugung einer 50 Hz-Spannung benötigt man nach Gl. (4.57) hohe Polzahlen ($2p = 60$ bei $n = 100$ min⁻¹). Bei Antrieb der Generatoren durch Dieselmotoren kommen Drehzahlen bis unter 100 min⁻¹ vor. In Schienenfahrzeugen wie auch im Kfz werden Drehstromgeneratoren als Lichtmaschinen verwendet.

Synchronmaschinen werden aber auch in einem weiten Leistungsbereich als Motoren eingesetzt. Er reicht vom Kleinantrieb für Uhren und die Feinwerktechnik über Stellantriebe in der Automatisierungstechnik (AC-Servomotoren) bis zu Einheiten von MW für Förderanlagen, Mühlen und Schiffsantriebe. Durch die Technik der Frequenzumrichter sind heute auch Synchronmaschinen drehzahlsteuerbar und damit in Konkurrenz zur Gleichstrommaschine.

4.4.1   Aufbau und Wirkungsweise

4.4.1.1   Ständer und Läufer

Ständer   Der Ständer einer Drehstrom-Synchronmaschine ist wie der eines Asynchronmotors aufgebaut und besteht damit aus einem geschweißten Gehäusemantel, dem Blechpaket aus isolierten Dynamoblechen und der Drehstromwicklung in den Nuten entlang der Bohrung. Zur Beherrschung der bei den hohen Leistung im Kurzschlußfall auftretenden Stromkräfte nach Abschn. 1.2.3 werden die Wickelköpfe durch Stützringe und Preßplatten fixiert (Bild **4**.54).

4.54
Ständer mit fertigmontierter
Wicklung einer Synchron-
maschine, 40 MVA, 3000 min^{-1}
(ABB)

Läufer   Der Läufer wird bei zwei- und vierpoligen Maschinen wegen der großen Zentrifugalkräfte infolge der Drehzahlen von 3000 min^{-1} bzw. 1500 min^{-1} als massiver Volltrommelläufer (Turboläufer) mit Nuten am Umfang ausgebildet (**4**.55a). Bei Drehzahlen bis 1000 min^{-1} wird der Einzelpolläufer, auch Polradläufer genannt, verwendet, bei dem sich am Läuferumfang $2p$ Pole befinden (**4**.55b); lediglich die Polschuhe sind bei ihm aus Elektroblechen zusammengesetzt. Polpaarzahl p von Läufer- und Ständerwicklung ist gleich groß.

Erregung   Die Läufer- oder Erregerwicklung, die in den Nuten des Volltrommelläufers bzw. auf den Polen des Polradläufers untergebracht ist, wird mit Gleichstrom gespeist. Die Erregerleistung $P_E = U_E \cdot I_E$ beträgt bei den Großgeneratoren einige 1000 kW bei Erregerströmen I_E von mehreren kA. Sie werden heute meist durch eine Stromrichterschaltung erzeugt und dem Läufer über Kohlebürsten und zwei Schleifringe zugeführt (Bild **4**.56a). Sowohl bei Kraftwerksgeneratoren wie auch bei Industriemotoren setzt man aber auch die bürstenlose Erregung ein. Hier erzeugt ein angekuppelter eigener Drehstrom-Erregergenerator in der Bauform der Außenpolmaschine mit der Drehstromwicklung auf dem Läufer eine Drehspannung, die in mitrotierenden Dioden gleichgerichtet und über eine Hohlwelle dem Läufer der Hauptmaschine zugeführt wird (Bild **4**.56b). Die Einstellung des erforderlichen Erregerstromes I_E erfolgt über eine Änderung der Drehspannung des angekuppelten Generators mit dessen Erregerstrom I_{E2}.

4.55
a) Turboläufer einer Synchronmaschine,
   64 MVA, 3000 min^{-1} (ABB)
b) Polrad eines Wasserkraftgenerators,
   8 MVA, 125 min^{-1} (ABB)

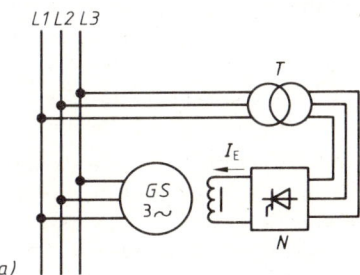

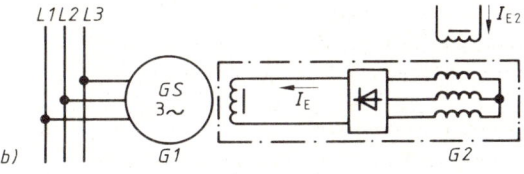

4.56
Erregertechniken für Synchronmaschinen
a) Erregung über Schleifringe mit
   Stromrichter N und Transformator T
b) Schleifringlose Erregung mit
   Außenpolgenerator G2 und
   rotierendem Diodengleichrichter,
   –·– rotierender Teil

4.4.1.2   Kennlinien und Ersatzschaltung

Leerlauf Der Läufer einer Synchronmaschine stellt einen $2p$-poligen mit Gleichstrom erregten Elektromagneten dar, dessen Feldverlauf an den einzelnen Polen durch die Form der Polschuhe möglichst sinusförmig angestrebt wird. Das Gleichfeld schließt sich über das Ständerblechpaket (Bild **4**.57) und durchsetzt dabei die drei Stränge der Drehstromwicklung.

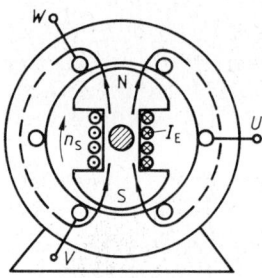

4.57
Drehfeld des gleichstromerregten
Läufers einer Synchronmaschine

Treibt man den Läufer durch eine Turbine oder eine Kolbenmaschine mit der Drehzahl n an, so dreht sich das Läufergleichfeld synchron mit und wird damit zu einem Drehfeld.

Es erzeugt nach dem Induktionsgesetz in jedem Strang der ruhenden Ständerwicklung eine sinusförmige Wechselspannung, insgesamt also eine Drehspannung. Der Effektivwert dieser Spannung ist um so größer, je größer der Polfluß Φ des Läuferdrehfeldes und die Drehzahl n sind. Es gilt demnach für die Strangspannung

$$U_\mathrm{q} \sim \Phi n \tag{4.73}$$

Die Frequenz f der im Ständer induzierten Wechselspannung ist

$$f = pn \tag{4.74}$$

Ist die Frequenz f vorgeschrieben, dann liegt damit die synchrone Drehzahl

$$n_\mathrm{s} = \frac{f}{p} \tag{4.75}$$

fest. Die Spannung U_q kann, da $n = n_\mathrm{s} =$ konst. ist, also nur durch Beeinflussung des Läuferdrehfeldes, d.h. durch den Erregerstrom I_E verändert werden.

Die Leerlaufkennlinie $U_0 = U_\mathrm{q} = \mathrm{f}(I_\mathrm{E})$ (**4**.58) ergibt sich ähnlich wie bei Gleichstrommaschinen (**4**.10a). Der Leerlauferregerstrom I_E0 ist der Strom, bei dem sich im Ständer die Nennspannung U_N einstellt.

Ersatzschaltung Es sei zunächst angenommen, daß eine mit konstanter Drehzahl n_s angetriebene Synchronmaschine als Generator allein, d.h. im sogenannten Inselbetrieb eine symmetrische Verbrauchergruppe versorgt. Die drei Stränge der in Stern oder Dreieck geschalteten Ständerwicklung nehmen dann Wechselströme $\underline{I}$ auf, die untereinander 120° phasenverschoben sind. Es entsteht damit wie bei einer Asynchron-

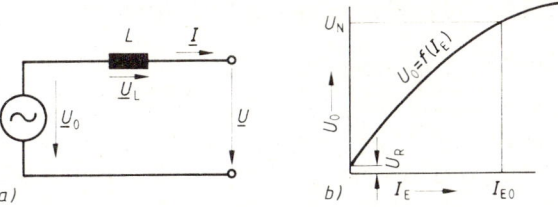

4.58
Synchronmaschine
a) Ersatzschaltung
b) Leerlaufkennlinie

maschine ein Ständerdrehfeld, das nach Gl. (4.75) synchron mit dem Läuferfeld rotiert und sich mit diesem zu einem resultierenden Drehfeld addiert. In den eigenen Wicklungssträngen induziert das Ständerdrehfeld eine Spannung der Selbstinduktion U_L. Die Klemmenspannung des Generators ergibt sich dann als Differenz von Leerlaufspannung U_0 und innerem Spannungsverlust U_L.

Für eine Synchronmaschine erhält man daher ohne Berücksichtigung des ohmschen Widerstandes der Ständerwicklung, dessen Spannungsfall sehr klein ist, die einfache Ersatzschaltung nach Bild **4.**58. Der Strompfeil I ist im Sinne eines Generatorbetriebs eingetragen, so daß eine abgegebene Wirkleistung positiv gezählt wird.

Inselbetrieb   Aus der Ersatzschaltung kann das Verhalten des Synchrongenerators im Inselbetrieb leicht abgeleitet werden. Durch eine konstante Drehzahl und eine fest eingestellte Erregung erhält man eine konstante Leerlaufspannung U_0. Je nach Art der Belastung hat der Ständerstrom eine vor- oder nacheilende Phasenlage und der Zeiger U_L als Spannung an einer Induktivität dazu eine 90° Voreilung. Die Klemmenspannung U ergibt sich dann aus der Differenz nach $U = U_0 - U_L$ wie in Bild **4.**59 für eine gleichgroße Belastung aber unterschiedlicher Phasenlage gezeigt ist.

Das Ergebnis stimmt mit dem schon bei der Belastung eines Transformators in Abschn. 4.2.1.3 beobachtetem Verhalten überein. Bei einer stark induktiven Last sinkt die Klemmenspannung wesentlich ab, während sie bei mehr kapazitiven Verbraucher ansteigt. Da für die Versorgung des Inselbetriebs (z. B. Bordnetz eines Schiffes) eine gleichbleibende Spannung verlangt wird, muß der Erregerstrom I_E nachgestellt werden. Dies besorgt ein Spannungsregler, der bei induktiver Belastung I_E erhöht und bei kapazitiver absenkt. Die Drehzahl wird immer auf ihren Synchronwert n_s gehalten, da sie die Frequenz f bestimmt.

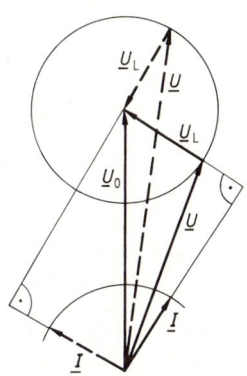

4.59
Spannung der Synchronmaschine bei Belastung im Inselbetrieb

4.4.2   Betriebsverhalten im Netzbetrieb

4.4.2.1   Synchronisation

Soll eine Synchronmaschine an das vorhandene Drehstromnetz angeschlossen werden, so ist zu beachten, daß dessen Spannung durch die bereits im Verbundbetrieb
arbeitenden Kraftwerkgeneratoren nach Frequenz und Betrag fest vorgegeben ist.
Das Aufschalten verlangt daher einen „synchronisieren" bezeichneten Ablauf, mit
dem erreicht wird, daß im Zuschaltaugenblick keine unzulässigen Stromstöße auftreten. In Bild 4.60 ist als einfaches Beispiel die Synchronisation eines Drehstrom-
generators mit der Dunkelschaltung vorgestellt. Damit der Leistungsschalter stromlos geschlossen werden kann, ist Voraussetzung, daß zwischen einander gegenüber-
liegenden Schaltstücken des Generatorschalters keine Spannung vorhanden ist, so
daß im Moment des Aufschaltens die Augenblickswerte der Spannungen von Generator (u_G) und Netz (u_N) gleich sind; $u_G = u_N$. Zwei sinusförmige Wechselspannungen sind nur dann gleich, wenn sie gleiche Frequenz, gleichen Effektivwert
und gleiche Phasenlage haben. Dies gilt für alle drei Wechselspannungen an dem
dreipoligen Schalter; also muß auch die Reihenfolge der drei Stränge beider Dreh-
stromsysteme auf beiden Seiten des Schalters gleich sein: gleiche Phasenfolge.

Zur Kontrolle dieser vier Bedingungen dienen zunächst Doppelfrequenz- und Dop-
pelspannungsmesser, die nach Bild 4.60 an das Netz bzw. an den Generator angeschlossen werden, bei Hochspannung über Spannungswandler. Die Phasenbedingung
wird dann durch drei Synchronisierungslampen L (oft in Verbindung mit einem
Nullspannungsmesser V_0) kontrolliert.

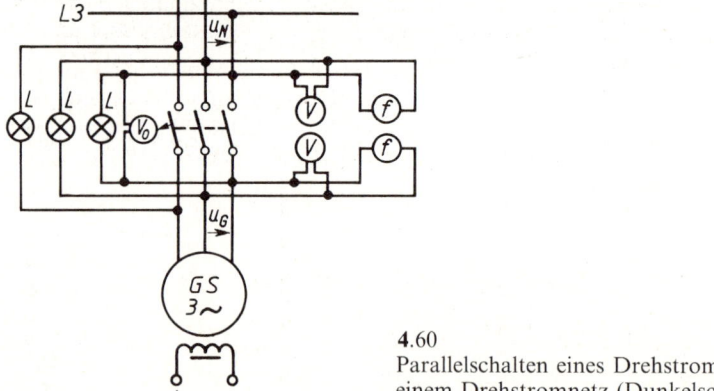

4.60
Parallelschalten eines Drehstrom-Synchrongenerators mit
einem Drehstromnetz (Dunkelschaltung)

Mit Hilfe des Kraftschiebers der Turbine und des Feldstellers für die Erregung des Generators
lassen sich an den Meßinstrumenten (f, V) gleiche Spannung nur angenähert einstellen. Der ver-
bleibende Frequenzfehler bewirkt eine Schwebung zwischen den Spannungen von Netz und
Generator. Die Frequenz dieser Schwebung läßt sich als rhythmisches Hell- und Dunkelwerden
der Lampen bzw. an den entsprechenden Ausschlägen des Nullspannungsmessers erkennen.

Durch Nachstellen von Kraftschieber und Feldsteller können Generatorspannung und Frequenz nun weiter angenähert und schließlich kann erreicht werden, daß die Schwebungsfrequenz immer kleiner wird. Die Lampen leuchten und erlöschen dann in immer längeren Zeitabständen. Bei der Dunkelschaltung nach Bild 4.60 kann jetzt bei dunklen Lampen oder Nullanzeige des Nullspannungsmessers der Generatorschalter geschlossen werden, da in diesem Augenblick auch gleiche Phasenlage der beiden Spannungen u_G und u_N vorhanden ist. Der Generator läuft nach dem Aufschalten auf das Netz mit diesem synchron weiter. Wird erheblich zu früh oder zu spät aufgeschaltet, treten Betriebsstörungen auf, da große Ausgleichsströme zwischen Netz und Generator entstehen, die eine selbsttätige Abschaltung bewirken.

4.4.2.2   Wirk- und Blindlaststeuerung

Steuerung der Wirkleistung   Nach der Synchronisation führt die Maschine mit $U_0 = U_N$, d.h. $U_L = 0$ keinen Strom I und befindet sich damit im Leerlauf. Die beiden Drehspannungssysteme von Netz und Maschine sind deckungsgleich und rotieren mit Netzfrequenz.

Wird nun an der Welle bei unveränderter Erregung und damit konstanter Zeigerlänge U_0, z.B. durch Öffnen des Dampfventils der Antriebsturbine ein Drehmoment eingeleitet, so will der Läufer seine Drehzahl erhöhen. Dies beginnt damit, daß der zuvor mit U_N deckungsgleiche Zeiger U_0 eine voreilende Phasenlage annimmt und sich der sogenannte Polradwinkel ϑ einstellt (Bild 4.61a). Damit entsteht aber die Spannungsdifferenz U_L und nach der Ersatzschaltung Bild 4.58 der Strom $I = U_L/\omega L$, der in Bezug auf die Netzspannung U_N fast reiner Wirkstrom ist.

Bei der gewählten Zählpfeilrichtung von I bedeutet dies die Abgabe einer Wirkleistung an das Netz, d.h. Generatorbetrieb. Der Wirkleistung entspricht ein Bremsmoment auf die Antriebsmaschine, so daß der Läufer nicht weiter beschleunigt wird sondern sich ein Gleichgewicht einstellt. Durch das Drehmoment an der Welle wird der Synchronbetrieb des Läufers mit dem netzfrequenten Drehfeld also nicht verändert. Es kommt lediglich zu einer lastabhängigen Voreilung der Läuferlage um den Winkel ϑ, der bei Nennleistung etwa 25° beträgt.

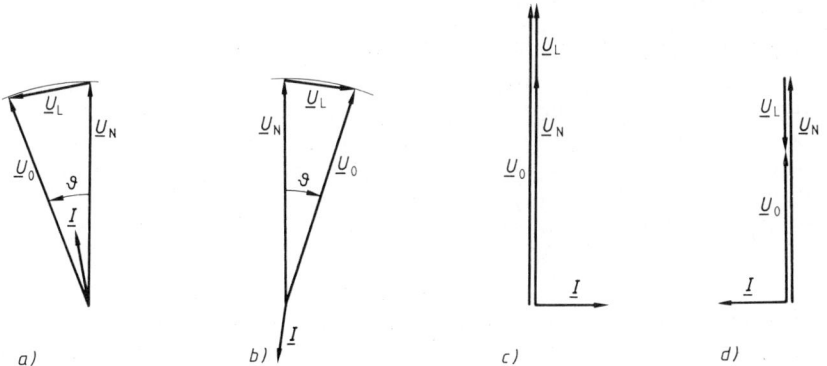

4.61 Betriebsverhalten der Synchronmaschine im Netzbetrieb
a) Generatorbetrieb   b) Motorbetrieb   c) Übererregung   d) Untererregung

Wird die Synchronmaschine aus dem Leerlauf heraus mechanisch belastet, so versucht der Läufer seine Drehzahl zu vermindern. Dies beginnt nach Bild **4.**61b diesmal mit einer Nacheilung der vom Läuferfeld erzeugten Spannung U_0 um den Winkel ϑ. Die Lage des Zeigers U_L ergibt jetzt einen Strom I, der fast in Gegenphase zur Netzspannung liegt, was Aufnahme einer Wirkleistung bedeutet. Die Synchronmaschine befindet sich also im Motorbetrieb und entwickelt ein Drehmoment, das dem Lastmoment das Gleichgewicht hält. Es bleibt wieder beim Synchronbetrieb des Läufers, der jedoch gegenüber seiner Leerlaufstellung um den Polradwinkel ϑ nacheilt.

Steuerung der Blindleistung   Leitet man nach der Synchronisation kein Drehmoment ein, sondern verstärkt mit $I_E > I_{E0}$ die Erregung des Läufers, so wird $U_0 > U_N$ und man erhält das Zeigerbild **4.**61c. Die Spannungszeiger bleiben in gleicher Phasenlage, doch entsteht mit U_L wieder eine Spannungsdifferenz, die einen reinen Blindstrom I zur Folge hat. Die Maschine liefert damit induktive Blindleistung in das Netz und wirkt bei dieser Übererregung wie ein Kondensator.

Reduziert man die Erregung mit $I_E < I_{E0}$ unter den Leerlaufwert, so kehrt sich mit U_L auch wieder der Stromzeiger I um. In das Netz wird diesmal ein rein kapazitiver Strom geliefert, d.h. das Netz versorgt die Maschine mit induktivem Blindstrom. Sie wirkt jetzt wie eine Induktivität und verstärkt über die Ständerwicklung ihre für das Drehfeld zu schwache Erregung. Den Einsatz der Synchronmaschine zur Lieferung von Blindströmen durch Änderung ihrer Erregung bezeichnet man allgemein als Phasenschieberbetrieb.

Netzbetrieb   Nach den Ergebnissen in Bild **4.**61 kann eine Synchronmaschine, die auf das Netz synchronisiert wurde, über zwei Stellgrößen gesteuert werden:

1. Durch Eingriff an der Welle wird im wesentlichen die Wirkleistung der Maschine beeinflußt. Durch Einleiten eines Drehmomentes z.B. mit einer Turbine oder Dieselmotor erhält man Generatorbetrieb mit Abgabe von Wirkleistung an das Netz. Eine mechanische Belastung an der Welle führt zu einem Motorbetrieb mit Wirkleistungsaufnahme.

2. Eine Änderung der Erregung beeinflußt hauptsächlich die Blindleistungsbilanz. Verstärkt man den Erregerstrom $I_E > I_{E0}$ über den Leerlaufwert (Übererregung) so gibt die Maschine induktiven Blindstrom ab, bei einer Untererregung mit $I_E < I_{E0}$ nimmt sie dagegen Blindstrom auf.

In der Praxis werden meist beide Einflußmöglichkeiten gleichzeitig angewandt. Da das Netz für die Versorgung der vielen Drehstrommotoren Blindleistung benötigt, fährt man z.B. nach Bild **4.**62 Generatorbetrieb mit Nennstrom und $\cos \varphi_N = 0{,}8$. Die Maschine gibt hier gleichzeitig Wirk- und Blindleistung an das Netz ab.

Auch im Betrieb als Motor ist der Einsatz als Phasenschieber möglich. Innerhalb des zulässigen Ständerstromes kann die Maschine neben der Wirkstromaufnahme zur Drehmomentbildung durch Übererregung wieder Blindleistung abgeben und damit z.B. die Aufgabe einer Kondensatorbatterie in der Transformatorenstation eines Werksnetzes übernehmen.

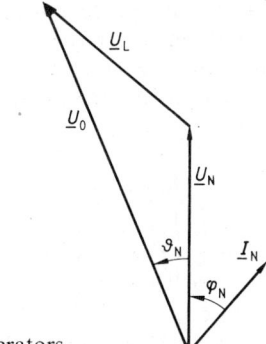

4.62
Zeigerbild eines übererregten Synchrongenerators

4.4.2.3   Drehzahlsteuerung

Durch die Entwicklung der Frequenzumrichtertechnik innerhalb der Leistungselektronik (s. Abschn. 6.3) kann auch eine Synchronmaschine mit einer Drehspannung variabler Frequenz gespeist und damit nach Gl. (4.75) als drehzahlgeregelter Antrieb verwendet werden. Je nach Leistungsbereich kommen dazu entweder Zwischenkreisumrichter oder für langsamlaufende Großmaschinen auch Direktumrichter zum Einsatz.

Als Ausführungsform des Synchronmotors haben sich zwei typische Techniken bewährt: Im Leistungsbereich bis zu einigen kW verwendet man fast immer Maschinen mit dauermagneterregtem Läufer. Als Beispiele seien Gruppenantriebe in der Textilindustrie und Stellmotoren für Werkzeugmaschinen genannt. Im Bereich mittlerer Leistungen kommt meist eine Synchronmaschine mit bürstenloser Erregung zum Einsatz. Ein integrierter Erregergenerator mit der Drehstromwicklung im Läufer liefert eine einstellbare Spannung, die unmittelbar über mitrotierende Dioden der Erregerwicklung des Synchronmotors zugeführt wird.

4.4.2.4   Drehstrom-Stromwendermaschinen

Diese Maschinen sind lange vor der Entwicklung der modernen Stromrichtertechnik aus dem Wunsch entstanden, einen drehzahlregelbaren Motor für unmittelbaren Anschluß an das Drehstromnetz zu erhalten. Heute ist dieser interessante Motortyp weitgehend vom Markt verdrängt und wird nur noch in der Bauform des läufergespeisten Drehstrom-Nebenschlußmotors für einfache Regelaufgaben gelegentlich eingesetzt.

Schaltung (4.63) Der Läufer enthält eine über Schleifringe an das Drehstromnetz angeschlossene Drehstromwicklung und eine weitere Hilfswicklung, die – ähnlich wie eine Gleichstromwicklung – in den Läufernuten untergebracht und an einen Kollektor angeschlossen ist. Der Ständer enthält als dritte Wicklung noch eine Drehstromwicklung, deren Anfänge und Enden an je einen Bürstensatz am Kollektor geführt sind. Durch einen Verstellmechanismus können die beiden Bürstensätze zur Drehzahlsteuerung gegeneinander verstellt werden. Der Motor braucht zum Anlassen keinerlei Zubehör und kann in der Anfahrstellung der Bürstensätze unmittelbar an das Netz gelegt werden.

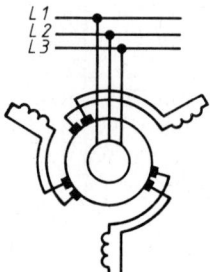

4.63
Schaltplan eines läufergespeisten
Drehstrom-Nebenschlußmotors

Drehzahlsteuerung   Mit dem läufergespeisten Drehstrom-Nebenschlußmotor läßt sich eine stetige, verlustlose Drehzahlsteuerung erzielen. In Bild **4**.64 sind Drehzahlkennlinien $n = \mathrm{f}(M)$ bei verschiedenen Stellungen der Bürstensätze zueinander gezeichnet. Die Kennlinien haben Nebenschlußverhalten mit der bei Asynchronmotoren üblichen Drehzahländerung zwischen Leerlauf und Vollast. Sie ergeben sich in gleicher Weise für beide Drehrichtungen des Motors. Der normale Steuerbetrieb der Motordrehzahl liegt meist zwischen 50 und 150 % der synchronen Drehzahl n_s, beträgt also 1:3.

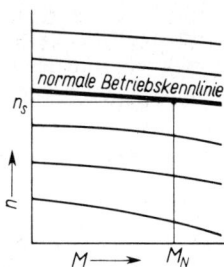

4.64
Drehzahlkennlinien $n = \mathrm{f}(M)$ des
Drehstrom-Nebenschlußmotors

4.5   Wechselstrommotoren

In den nachstehenden Abschnitten werden die wichtigsten im Haushalt und Gewerbe sehr vielfältig eingesetzten Kleinmaschinen für den Anschluß an die Steckdose besprochen. Darüberhinaus gibt es für hohe Leistungen nur den Antriebsmotor für die 16 2/3 Hz- und 50 Hz-Bahnen, der jedoch durch stromrichtergespeiste Gleichstrommotoren oder neuerdings Drehstrommaschinen abgelöst wird.

4.5.1   Universalmotoren

4.5.1.1   Schaltung und Einsatz

Universalmotoren sind nach ihrem Aufbau Gleichstrom-Reihenschlußmotoren, die grundsätzlich mit Gleich- oder Wechselspannung (universell) betrieben werden können. Der Ständer besteht meist aus einem einteiligen Blechpaket mit einer zweipoligen Erregerwicklung (Bild **4.**65a). Da die Maschine ohne Wendepole gebaut wird, entwickelt sie deutliches Bürstenfeuer und erzeugt damit hochfrequente Störspannungen, die den Funkbetrieb (Radio- und Fernsehempfang) beeinträchtigen. Die Erregerwicklung wird daher nach Bild **4.**65b symmetrisch zum Anker geschaltet, so daß sie mit einem Entstörkondensator einen LC-Tiefpaß bildet (s. Abschn. 2.2.1), die die Funkstörspannungen vom Netz fernhält.

4.65
Universalmotoren
a) Ständerblechschnitt
b) Schaltung mit Funkentstörung
  C Endstörkondensator, G Gehäuseanschluß   a)

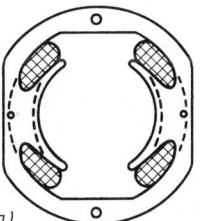
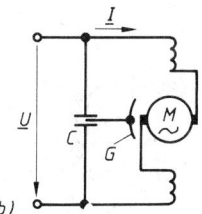

Der Leistungsbereich reicht bis ca. 2000 W bei Nenndrehzahlen bis zu $20\,000\ \text{min}^{-1}$, was sehr niedrige Leistungsgewichte (kg/kW) ergibt. Der Universalmotor ist daher ideal für tragbare Geräte und wird vor allem bei Elektrowerkzeugen und einer Reihe von Haushaltsgeräten (Staubsauger, Mixer) eingesetzt. Von Nachteil ist das wegen der hohen Drehzahl deutliche Geräusch und der Verschleiß durch Bürstenabrieb.

4.5.1.2   Betriebsverhalten

Nach Gl. (4.31) gilt für das Drehmoment eines Reihenschlußmotors $M \sim I^2$. Ändert sich bei Wechselstrombetrieb der Motorstrom mit $i = \sqrt{2} \cdot I \sin \omega t$ sinusförmig, so pulsiert damit das Moment nach

$$M_\text{t} = M_\text{max} \cdot \sin^2 \omega t = M_\text{m} \cdot (1 - \cos 2\omega t) \tag{4.76}$$

mit doppelter Netzfrequenz (Bild **4.**66a).

Das Drehmoment pendelt also mit 100 Hz um den nutzbaren Mittelwert M_m, was zusätzliche mechanische Schwingungen und Geräusche verursacht.

Drehzahlsteuerung   Grundsätzlich kann die Drehzahl mit allen vom Gleichstrommotor her bekannten Verfahren variiert werden. Bei Elektrowerkzeugen wählt man fast nur die Spannungsabsenkung mit einer Triacschaltung nach Abschn. 6.3.2 und erhält damit das Kennlinienfeld nach Bild **4.**66b.

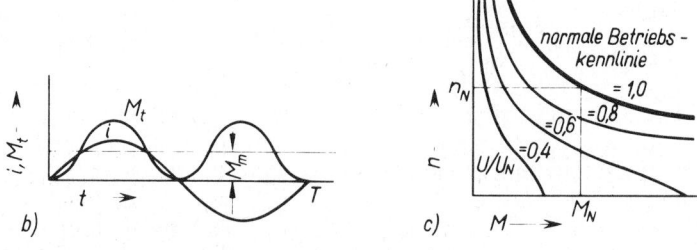

4.66 Universalmotoren
  a) zeitlicher Verlauf des Drehmomentes M_t
  b) Drehzahlsteuerkennlinien $n = f(M)$

Bei Haushaltsgeräten wie Mixern wird gerne eine Erhöhung der Drehzahl durch Feldschwächung angewandt. Dies geschieht meist durch eine Anzapfung der Erregerwicklung des Ständers mit einem mehrstufigen Schalter. Damit wird die wirksame Erregerdurchflutung $N_E \cdot I$ verändert und das Ständerfeld entsprechend reduziert.

4.5.2   Wechselstrommotoren mit Hilfswicklung

Wird ein Asynchronmotor für den Anschluß an eine Wechselspannung mit nur einem Wicklungsstrang im Ständer ausgeführt, so entwickelt er kein Stillstandsmoment und kann damit nicht selbständig anlaufen. Wird er jedoch in einer beliebigen Drehrichtung angeworfen, so entsteht durch die Wirkung der induzierten Läuferströme ein resultierendes Drehfeld in der Drehrichtung und der Motor kann als sogenannte Einphasenmaschine belastet werden.

Für den Selbstanlauf benötigen Wechselstrommotoren dagegen eine zweite räumlich zur Haupt- oder Arbeitswicklung versetzte Hilfswicklung, die außerdem einen gegenüber dem Strom in der Hauptwicklung phasenverschobenen Strom führen muß. Die verschiedenen Bauformen des Motors unterscheiden sich dann dadurch, wie diese Hilfswicklung geschaltet und die Phasenverschiebung erreicht wird.

4.5.2.1   Spaltpolmotoren

Spaltpolmotoren werden in sehr großer Stückzahl und meist gerätebezogen z. B. für den Antrieb von Gebläsen (Heizlüfter) und Pumpen (Laugenpumpe der Waschmaschine) bis zu Leistungen von ca. 150 W gebaut. Sie sind wegen ihres einfachen Aufbaus sehr robust und kostengünstig. Bild **4**.67a zeigt eine Ausführung mit einem zweipoligen unsymmetrischen Ständerschnitt und dem Läufer mit Käfigwicklung.

Der Ständer enthält die als konzentrische Spule ausgeführte Hauptwicklung und als Hilfswicklung ein bis zwei kurzgeschlossene kräftige Kupferwindungen um einen Teil der Polbogen. In Bild **4**.67b ist dies nochmals prinzipiell für einen Ständerpol dargestellt. Der gesamte Polbogen wird durch eine Nut in den größeren Hauptpol mit dem Magnetfeldanteil Φ_H und den Spaltpol mit Φ_S geteilt. Der Kurzschlußring führt den Strom I_R, der durch den Feldanteil Φ_S induziert wird.

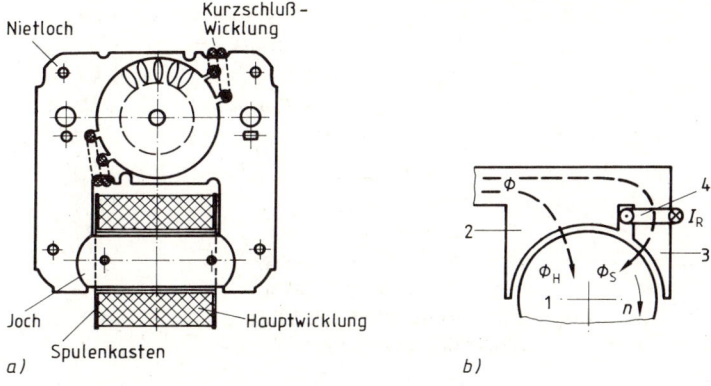

4.67 Spaltpolmotoren

    a) Aufbau mit unsymmetrischem Schnitt
    b) Haupt- und Spaltpol
       1 Anker, 2 Hauptpol, 3 Spaltpol, 4 Kurzschlußring

Beide Teilfelder sind durch diese Konstruktion räumlich versetzt und infolge der Wirkung von I_R auf Φ_S ist dieser Feldanteil nacheilend zu Φ_H. Damit entsteht ein umlaufendes Magnetfeld mit der Drehrichtung vom Haupt- zum Spaltpol. Die Drehrichtung des Läufers ist damit ebenso und durch die Konstruktion des Motors (Spaltpol rechts oder links vom Hauptpol) festgelegt.

Spaltpolmotoren haben eine Drehmoment-Drehzahlkennlinie mit einem Kipp- und Anlaufmoment von etwa $M_K/M_N = 1,5$ bis 2 und $M_{st}/M_N = 0,5$ bis 1. Der Anlaufstrom beträgt meist nur etwa das Doppelte des Nennstromes, der Wirkungsgrad liegt nicht über 40%.

4.5.2.2   Kondensatormotoren

In den Schaltungen nach Bild **4.**68 enthält der Ständer zwei um 90° versetzte Wicklungen, die beide an der Netzspannung U_N liegen. Damit der Strom I_Z in der Hilfswicklung gegenüber dem Strom I_U in der Arbeitswicklung die für den selbständigen Anlauf und gute Belastbarkeit erforderliche Phasenverschiebung erreicht, muß hier ein Wirk- oder Blindwiderstand zugeschaltet werden. In den meisten Ausführungen wählt man dafür einen Kondensator, so daß I_Z dem Strom I_U voreilt. In der Schaltung des Betriebskondensatormotors (Bild **4.**68a) kann man mit der Kapazität C_B z. B. bei Nennlast sogar die optimale Phasenverschiebung von 90° erreichen.

Aus der Drehmoment-Drehzahlkennlinie des Betriebskondensatormotors (Bild **4.**69) ist zu entnehmen, daß diese Ausführung nur ein geringes Anlaufmoment hat. Reicht dies für den vorgesehenen Einsatzfall nicht aus, so kann man einen Anlaufkondensatormotor (Bild **4.**68b) wählen, der mit einer wesentlich größeren Kapazität C_A ($C_A/C_N \approx 4$) ausgerüstet ist. Mit Rücksicht auf die Erwärmung der Hilfswicklung muß diese aber nach erfolgtem Anlauf durch ein Relais oder einen Fliehkraftschalter vom Netz getrennt werden. Der Motor läuft dann als Einphasenmaschine mit entsprechend geringerer Belastbarkeit weiter.

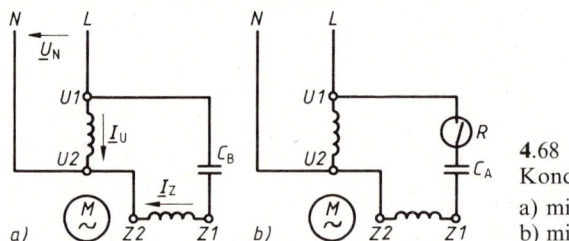

4.68

Kondensatormotoren

a) mit Betriebskondensator

b) mit Anlaufkondensator und Schaltrelais R

Eine Kombination beider Ausführungen ist der Doppelkondensatormotor, bei dem nach erfolgtem Hochlauf nur ein Teil der Kapazität abgeschaltet wird und der Motor dann mit C_B weiterläuft. Zur Drehrichtungsumkehr muß die Hilfswicklung mit Kondensator mit vertauschten Anschlüssen an die Netzspannung gelegt werden.

Kondensatormotoren werden in Haushaltsgeräten (Waschmaschine, Kühlschrank) als Pumpen- und Lüftermotoren und Kleinantriebe im Gewerbe sehr vielfältig eingesetzt. Der Leistungsbereich reicht bis ca. 2000 W, danach ist ein Drehstrommotor schon mit Rücksicht auf die Netzbelastung günstiger.

Die für den Anlauf erforderliche Phasenverschiebung des Stromes in der Hilfswicklung kann auch durch einen erhöhten ohmschen Widerstand in diesem Stromkreis erreicht werden. Motoren mit Widerstands-Hilfswicklung werden mitunter in Haushaltsgeräten eingesetzt, wobei diese wie beim Anlaufkondensatormotor nach dem Hochlauf vom Netz getrennt werden muß. Die Motoren haben einen hohen Anlaufstrom ($I_{st}/I_N = 6$) und entwickeln ein gutes Anzugsmoment ($M_{st}/M_N = 1{,}5$). Sie werden bis zu Leistungen von etwa 300 W gebaut.

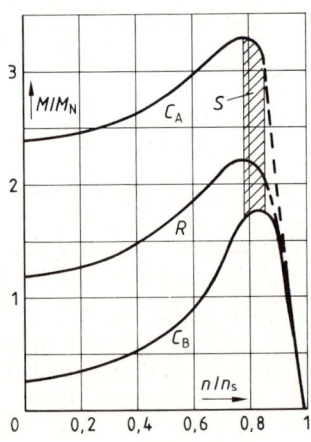

4.69

Kennlinien von Wechselstrommotoren

C_A Anlaufkondensatormotor

C_B Betriebskondensatormotor

R Motor mit Widerstandshilfswicklung

S Schaltbereich des Relais

4.5.3   Schrittmotoren

4.5.3.1   Aufbau und Wirkungsweise

Schrittmotoren sind nach ihrem Aufbau Synchronmaschinen mit ausgeprägten Ständerpolen. Der Läufer besteht entweder aus einem Weicheisenzahnrad (Reluktanzschrittmotor) oder hat einen Dauermagnetkern. Im Unterschied zur kontinuierlich umlaufenden Maschine werden die Wicklungen des Schrittmotors nicht ständig an eine Betriebsspannung gelegt, sondern nur zyklisch durch Stromimpulse erregt. Sie bilden dadurch ein Magnetfeld aus, das sich im Takt der Ansteuerimpulse sprungförmig weiterdreht. Der Läufer stellt sich dann jeweils in die neue Feldachse ein und dreht die Welle dabei um den Schrittwinkel α. Nach n Steuerimpulsen hat die Welle somit den Drehwinkel $\varphi = n \cdot \alpha$ zurückgelegt (Bild **4.**70).

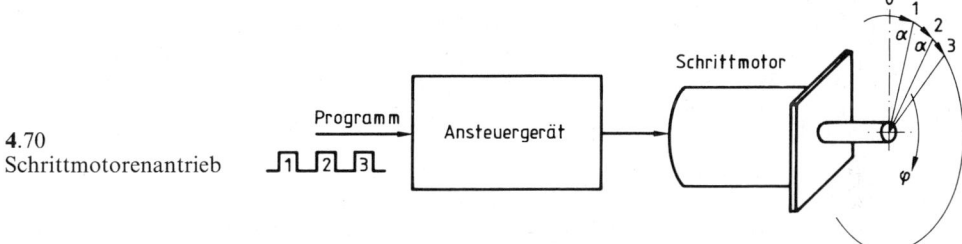

4.70
Schrittmotorenantrieb

Schrittmotorantriebe benötigen außer dem Motor immer eine zugehörige Ansteuerelektronik, die entsprechend einem Steuerprogramm die Stromimpulse auf die einzelnen Ständerwicklungen verteilt. Aufgrund der eindeutigen Zuordnung zwischen der Anzahl der Steuerimpulse und dem zurückgelegten Drehwinkel der Welle ist der Schrittmotor ein typischer Positionierantrieb. Er benötigt keine Rückmeldung der Läuferstellung und damit keine Positionsregelung, sondern kann in einer offenen Steuerkette betrieben werden.

Die Bildung des Schrittwinkels ist in Bild **4.**71 am Beispiel eines dreisträngigen vierpoligen Reluktanzmotors gezeigt. Vier Ständerpole mit ihren Wicklungen im Abstand von 90° bilden einen Strang, die Ansteuerelektronik liefert jeweils die Strangströme I_1, I_2 und I_3. Der Läufer besteht aus Weicheisen und hat acht Zähne, die sich immer auf kürzestem Wege in Übereinstimmung mit den erregten Standerpolen stellen. In Bild **4.**71a sei der zweite Strang bestromt, womit sich die gezeichnete Läuferlage ergibt.

Schaltet man nun entsprechend dem Diagramm in Bild **4.**71 die Impulsströme I_1 bis I_3 fortlaufend auf ihre Wicklungen, so wird als nächster der Strang 3 erregt und der Läufer bewegt sich wie angegeben um den Schrittwinkel α im Uhrzeigersinn. Nach dem vorgegebenen Stromdiagramm springt das Ständerfeld pro Steuertakt um eine Polteilung, während der Läufer den Schrittwinkel

$$\alpha = \frac{36°}{m \cdot Z_L} \qquad (4.77)$$

bildet.

Mit der Strangzahl $m = 3$ und $Z_L = 8$ Läuferzähnen ergibt sich $\alpha = 15°$.

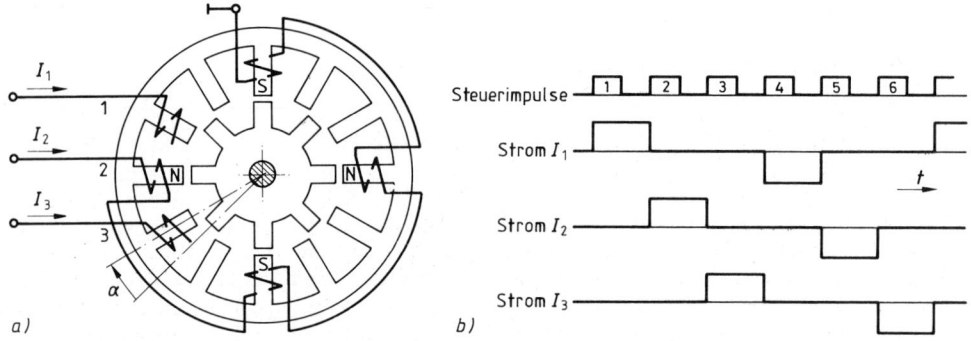

4.71 Dreisträngiger Reluktanz-Schrittmotor
     a) Aufbau   b) Impulsdiagramm der Strangströme

4.5.3.2   Betriebsdaten

Schrittmotoren werden heute von sehr einfachen einsträngigen Ausführungen z. B. für Uhren bis zu fünfsträngigen Antrieben mit Leistungen von einigen 100 W gebaut. Um kleine Schrittwinkel zu realisieren, erhalten auch die Ständerpole eine Zahnung, deren Teilung aber von Pol zu Pol zu der des Läufers versetzt ist. Auf diese Weise lassen sich Schrittwinkel von weniger als $1°$ erreichen. Mit z. B. $\alpha = 0,72°$ ergibt sich dann erst nach 500 Steuerimpulsen eine Umdrehung der Welle und so eine feine Positioniereinstellung.

Die Drehmomente von Schrittmotoren betragen bis einige Nm, doch liegt der Schwerpunkt des Einsatzes bei $M \leq 1$ Nm, da darüberhinaus meist DC- oder AC-Servomotoren als Positionierantriebe gewählt werden.

Typische Einsatzgebiete sind in der Datentechnik die Antriebe für Schreibmaschinen, Drucker, Plattenspeicher, ferner Antriebe in Programmschaltern, Automaten oder Schreibern.

Die zulässige Taktfrequenz, mit der ja die Positioniergeschwindigkeit bestimmt wird, ist dadurch begrenzt, daß der Läufer ohne Winkelfehler anlaufen muß, d. h. schon mit dem ersten Steuerimpuls einen Schritt ausführen muß. Die Anlaufgrenzfrequenz liegt ja nach Ausführung und Motorleistung bei einigen 100 Hz oder auch im kHz-Bereich.

5   Elektrische Industrieantriebe

Die elektrische Antriebstechnik ist heute in Haushalt, Gewerbe und vor allem in den vielen Bereichen industrieller Produktion präsent. Besonders hier steigt ihre Bedeutung mit dem fortschreitenden Grad der Automation einer Fertigung. Kernstück des elektrischen Industrieantriebs ist der Elektromotor als Energiewandler zwischen dem elektrischen Netz und der Arbeitsmaschine, die mechanische Energie benötigt. Daneben gehören zur Funktion der Anlage Schaltgeräte, Schutzeinrichtungen und eine Steuerungstechnik.

In diesem Abschnitt des Buches werden für die Projektierung eines Industrieantriebs wichtige Voraussetzungen behandelt. Es sind dies zunächst die Normvorschriften elektrischer Maschinen, dann Planungsunterlagen für die Bemessung des Antriebs und schließlich Grundlagen der Schalt- und Steuerungstechnik.

5.1   Normvorschriften elektrischer Maschinen

Die sehr vielseitige Anwendung elektrischer Maschinen verlangt eine möglichst weitgehende Normung mechanischer Abmessungen und technischer Daten. Damit werden für die Konstruktion einer Anlage verläßliche Anbaumaße garantiert und die Austauschbarkeit gesichert. Auf dem Gebiet des Elektromaschinenbaus ist die Normung daher weit vorangeschritten.

5.1.1   Äußere Gestaltung

5.1.1.1   Baugrößen

Von Sonderkonstruktion für spezielle Anwendungen abgesehen, werden Elektromotoren nach einer Reihe genormter Baugrößen hergestellt. Sie werden durch die Achshöhe h (Bild 5.1) gekennzeichnet, für die in DIN 747 eine Reihe von 56 mm bis 315 mm festgelegt ist.

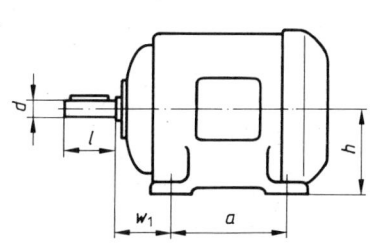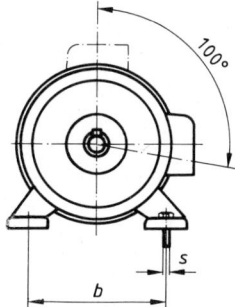

5.1
Anbaumaße für
IEC-Normmotoren in
Bauform IM B3

Besonders weitgehend ist die Normung für Drehstrom-Asynchronmotoren als dem wichtigsten Elektroantrieb durchgeführt. Hier wurde bereits 1971 eine N o r m m o - t o r e n r e i h e (IEC-Motor) entwickelt (DIN 42 672 bis 42 679), in der zu jeder Achshöhe die Anbaumaße und je nach Drehzahl auch eine Nennleistung verbindlich zugeordnet sind. Um pro Achshöhe nicht nur eine Leistung zu erhalten, führt man die Maschinen mit verschiedener Länge aus und kennzeichnet dies durch die Zusätze S (short), M (medium) oder L (long) also z. B. Baugröße 112 M oder 132 S.

5.1.1.2 Bauformen

Um in einer Anlage für den Anbau definierte Möglichkeiten zu erhalten, werden Elektromotoren in bestimmten Bauformen geliefert. Diese sind heute in der internationalen Norm DIN IEC 34-7 (IEC-Internationale Elektrotechnische Kommission) zusammengestellt und durch einen Code gekennzeichnet. Tafel **5**.2 zeigt eine Auswahl besonders häufig eingesetzter Bauformen, wobei wieder die Standardausführung IM B 3 am wichtigsten ist.

Obige Beispiele sind dem Code I entnommen, der die Mehrzahl aller Maschinen erfaßt. Nach den Buchstaben IM (International Mounting) kennzeichnet ein B die Ausführung mit waagrechter, ein V die mit senkrechter Welle. Durch die Ziffern werden den Varianten wie Anzahl der Lagerschilde und Füße unterschieden.

Tafel **5**.2   Bauformen elektrischer Maschinen nach DIN IEC 34-7 (Auswahl)

Kurzzeichen	Sinnbild	Erläuterung (AS = Antriebsseite; NS = Nichtantriebsseite)
IM B 3	B3	mit Lagerschilden $AS + NS$; Gehäuse mit Füßen; freies Wellenende; Befestigung auf Unterbau
IM B 5	B5	mit Lagerschilden $AS + NS$; Gehäuse ohne Füße; freies Wellenende; Befestigungsflansch auf AS
IM B 9	B9	ohne Lagerschild AS; Gehäuse ohne Füße; freies Wellenende; Befestigung an Gehäusestirnfläche AS
IM B 10	B10	mit Lagerschilden $AS + NS$; Gehäuse ohne Füße; freies Wellenende; Befestigung an Flanschfläche AS
IM V 2	V2	mit Lagerschilden $AS + NS$; Gehäuse ohne Füße; freies Wellenende oben; Befestigungsflansch auf NS

5.1.1.3   Schutzarten

Die Schutzart einer elektrischen Maschine bestimmt die Ausführung von Gehäuse und Lagerschilden hinsichtlich eines Berührungsschutzes und des Eindringens von Fremdkörpern. Nach DIN VDE 0530, Teil 5 wird zur Kennzeichnung des Schutzgrades je eine Ziffer verwendet, der die Buchstaben IP (International Protection) vorangestellt sind.

Die erste Kennziffer (0, 1, 2, 4 und 5) gilt dem Schutz von Personen gegen Berührung unter Spannung stehender oder sich bewegender Teile sowie dem Schutz von Maschinen gegen Eindringen von festen Fremdkörpern (siehe Tafel **5**.3).

Die zweite Kennziffer (0 bis 8) bezieht sich auf den Schutz von Maschinen gegen Eindringen von Wasser (Wasserschutz). Es gilt:

kein Schutz (0), Schutz gegen Tropfwasser (1 oder 2), Sprühwasser (3), Spritzwasser (4), Strahlwasser (5), Schutz bei Überflutung (6), beim Eintauchen (7), beim Untertauchen (8).

Tafel **5**.3   Schutzumfang bei Berührungs- und Fremdkörperschutz

Erste Kennziffer	Berührungsschutz	Fremdkörperschutz
0	kein Schutz	kein Schutz
1	großflächige Handberührung	große feste Fremdkörper ($\varnothing > 50$ mm)
2	Berührung mit den Fingern	mittelgroße Fremdkörper ($\varnothing > 12$ mm)
4	Berührung mit Werkzeugen o. ä.	kleine Fremdkörper ($\varnothing > 1$ mm)
5	Berührung mit beliebigen Hilfsmitteln	Staubablagerungen im Innern

Vorzugsweise ausgeführte Schutzarten   Die in Deutschland häufig verwendeten Schutzarten für elektrische Maschinen sind mit ihren Kurzzeichen in folgender Aufstellung angegeben; davon sind die im internationalen Bereich meistgebrauchten Schutzarten durch Fettdruck gekennzeichnet: IP 00, **IP 11**, IP 12, **IP 21, IP 22, IP 23, IP 44, IP 54, IP 55**, IP 56.

Für schlagwettergeschützte und für explosionsgeschützte Maschinen, wie sie z. B. für die chemische Industrie und den Bergbau in Betracht kommen, sind die besonderen Vorschriften des VDE (0170/0171), der zuständigen Betriebsgenossenschaften und der Arbeitsschutzämter zu beachten. Die für diesen Sonderschutz festgelegten Kennbuchstaben EEx sind mit weiteren Angaben ebenfalls auf dem Leistungsschild der Maschine anzugeben.

Isolierung   Auch die Isolation elektrischer Maschinen muß auf die Betriebsbedingungen Rücksicht nehmen. Normalisolation kann nur verwendet werden, wenn die Atmosphäre in den Betriebsräumen keine aggressiven Staubteile, Gase oder Dämpfe enthält. In allen anderen Fällen ist eine Sonderisolation, bei extrem hoher Feuchtigkeit oder häufigem Wechsel der Temperaturen und des Feuchtigkeitsgehaltes ist die höchstwertige Tropenisolation erforderlich.

5.1.2   Betriebsbedingungen

5.1.2.1   Nennbetriebsarten

Die Belastungsgrenze eines Elektromotors wird durch die zulässige Erwärmung seiner Wicklungen bestimmt (s. Abschn. 5.2.3), deren Endtemperatur ab Leistungen von einigen kW erst nach einigen Stunden Betriebszeit erreicht ist. Besteht die Belastung des Motors dagegen nur kurzzeitig oder wechselt sie periodisch, so können häufig mit der Wahl einer kleineren Baugröße Kosten eingespart werden.

In DIN VDE 0530, Teil 1 werden nun mit den Nennbetriebsarten S1 bis S9 typische Betriebsweisen der Praxis definiert, denen die Motorenhersteller die jeweils zulässige Nennleistung zuordnen können. Auf diese Weise ist für jede Anwendung die richtige Motorauswahl leicht möglich.

Dauerbetrieb S1 ist der Betrieb der Maschine mit konstantem Belastungszustand (Nennleistung), dessen Dauer ausreicht, um den thermischen Beharrungszustand zu erreichen.

Kurzzeitbetrieb S2 liegt vor, wenn der Betrieb mit konstantem Belastungszustand so kurz ist (empfohlen werden die Werte 10, 30, 60 und 90 min), daß der thermische Beharrungszustand nicht erreicht wird. In der sich anschließenden Pause, während der die Maschine nicht unter Spannung steht, kühlt sie sich auf die Temperatur des Kühlmittels ab. Beispiel: S2–60 min.

Aussetzbetrieb ist ein Betrieb, der sich aus einer dauernden Folge von gleichartigen Spielen zusammensetzt. Jedes dieser Spiele umfaßt

bei **S3** eine Zeit mit konstanter Belastung und eine Stillstandzeit (die Erwärmung beim Anlauf kann unberücksichtigt bleiben),

bei **S4** eine Anlaufzeit, eine Zeit mit konstanter Belastung und eine Stillstandzeit,

bei **S5** eine Anlaufzeit, eine Zeit mit konstanter Belastung, eine Bremszeit (mit elektrischem Bremsen) und eine Stillstandzeit.

Diese Zeiten genügen nicht, um den thermischen Beharrungszustand innerhalb eines Spieles zu erreichen.

Allgemein gilt für die Spielzeit

Spielzeit t_S = Anlaufzeit t_A + Belastungszeit t_B + Bremszeit t_{Br} + Stillstandzeit t_{St}

und für die relative Einschaltdauer

$$100 \frac{t_A + t_B + t_{Br}}{t_S} \%$$

Bei S3 beträgt die Spieldauer, falls nicht anders vereinbart, 10 min; für die relative Einschaltdauer werden die Werte 15, 25, 40 und 60% empfohlen. Beispiel: S3–45 min–25%.

Durchlaufbetrieb mit Aussetzbelastung S6 liegt vor, wenn das Spiel eine Zeit mit konstanter Belastung und eine Leerlaufzeit umfaßt.

Unterbrochener Betrieb liegt vor, wenn jedes Spiel

bei **S7** eine Anlaufzeit, eine Zeit mit konstanter Belastung und eine Bremszeit mit elektrischem Bremsen (ohne Stillstand) enthält,

Bei **S8** eine Zeit mit konstanter Belastung mit einer zugehörigen Geschwindigkeit und unmittelbar anschließend daran eine Zeit mit anderer Belastung und anderer Geschwindigkeit (z. B. bei polumschaltbaren Asynchronmotoren) aufweist.

5.1.2.2 Leistungsschild

Jede elektrische Maschine muß an ihrem Gehäuse ein Leistungsschild tragen, das in bis zu 23 Feldern Angaben über alle wichtigen Betriebsgrößen enthält. Besonders von Bedeutung ist neben der Nennspannung die Nennleistung, welche die Maschine an der Welle abgeben kann, ohne die zulässige Erwärmung zu überschreiten. Für alle übrigen Betriebswerte wie Drehzahl, Leistungsfaktor oder Ströme gelten nach VDE 0530 Toleranzen. Der Wirkungsgrad wird grundsätzlich nicht auf dem Leistungsschild angegeben, er muß aus den dort eingetragenen Werten berechnet werden.

Beispiel 5.1 Man erläutere die Angaben des Leistungsschildes Bild **5.4**.

Es handelt sich um einen Drehstrom-Asynchronmotor mit Schleifringläufer zum Anschluß an ein Drehstromnetz 3 × 380 V/220 V, 50 Hz, der bei Belastung mit seiner Nennleistung (mechanisch abgegebene Leistung) von 4 kW mit 1415/min im Rechtslauf (von Antriebsseite gesehen) umläuft und dabei einen Strom von 9,25 A in den Zuleitungen bei $\cos\varphi_N = 0,80$ und von 17 A im Läuferstrang führt. Der Motor kann im Dauerbetrieb (Betriebsart S1 nach Abschn. 5.1.2.1) betrieben werden; über die Isolierstoffklasse gibt Tafel **5.25**, über die Schutzart Tafel **5.3** Auskunft. Bei Maschinen über 1 t wird das Gewicht in Feld 22 angegeben und in Feld 23 z.B. die Kühlmittelmenge bei Fremdkühlung, das Trägheitsmoment u.a. aufgeführt.

1 Hersteller,
2 Typ, Baugröße bei Normmotoren,
3 Stromart, 4 Maschinenart, 5 Fertigungsnummer,
6 Schaltung, 7 Nennspannung, 8 Nennstrom,
9 u. 10 Nennleistung, 11 Betriebsart, 12 Nennleistungsfaktor,
13 Drehrichtung, 14 Nenndrehzahl, 15 Nennfrequenz,
16 Läufer, 17 u. 18 -stillstandspannung, 19 -nennstrom,
20 Isolierstoffklasse, 21 Schutzart, 22 Gewicht,
23 Zusätzliche Vermerke

D	Mot	Nr	
Δ		380 V	9,25 A
4 kW		S 1	cos φ 0,80
→		1415 / min	50 Hz
L fr		135 V	17 A
I.Cl.	E	I P 21	t

5.4 Leistungsschild einer elektrischen Maschine (Angaben gelten für Beispiel 5.1)

Wie berechnet sich der Nennwirkungsgrad des Motors aus den Angaben des Leistungsschildes? Aus den Angaben des Leistungsschildes in Bild **5.4** erhält man die

Aufnahmeleistung $P_1 = \sqrt{3} \cdot U_N \cdot I_N \cdot \cos\varphi = \sqrt{3} \cdot 380 \text{ V} \cdot 9,25 \text{ A} \cdot 0,8$
$P_1 = 4,87 \text{ kW}$

Abgabeleistung $P_2 = P_N = 4 \text{ kW}$

Damit wird der Wirkungsgrad

$$\eta = \frac{P_2}{P_1} = \frac{4 \text{ kW}}{4,87 \text{ kW}} = 82,1\,\%$$

5.1.2.3 Prüfung elektrischer Maschinen

Will sich der Anwender einer elektrischen Maschine davon überzeugen, daß die Leistungsschilddaten stimmen, so kann dies nur über einen mehrstündigen Belastungsversuch erfolgen. In der Regel ist dabei das Hauptinteresse, ob die angegebene Nennleistung ohne Überschreiten der zulässigen Erwärmung abgegeben werden kann, gelegentlich will man auch den Wirkungsgrad oder Leistungsfaktor überprüfen.

Für den Belastungsversuch muß der Elektromotor mit einer Bremseinheit wie Wirbelstrom- oder hydraulische Bremse, Gleich- oder Drehstromgenerator gleicher Leistung gekuppelt werden. Die vom Prüfling abgegebene Energie wird entweder wie bei Bremsen in Wärme umgesetzt (Wasserkühlung) oder kann im Generatorbetrieb an das Netz zurückgegeben werden (Nutzbremsung). Die Motorleistung läßt sich aus Drehmoment und Drehzahl, die beide nach den in Abschn. 3.4.1 beschriebenen Verfahren gemessen werden können, leicht berechnen.

Bei Maschinen großer Leistung stehen Belastungseinheiten für einen Prüfbetrieb nicht zur Verfügung, so daß z. B. auf die direkte Überprüfung des Wirkungsgrades verzichtet werden muß. Man wählt hier auch aus Gründen der besseren Genauigkeit ($\eta = 0,95$ bedeutet, daß sich die max. 0,2% genau bestimmten Leistungen P_1 und P_2, nur um ca. 5% unterscheiden) das sogenannte Einzelverlustverfahren, in dem nach den Bestimmungen in VDE 0530 alle Einzelverluste errechnet oder im Leerlauf gemessen werden. Über die Addition zu den Gesamtverlusten P_v und $P_1 = P_2 + P_v$ läßt sich dann der Wirkungsgrad ausrechnen.

Beispiel 5.2 An einem Drehstrom-Normmotor (Asynchronmotor mit Kurzschlußläufer) mit den Leistungsschildangaben 55 kW 980/min 380 V 50 Hz $\triangle$ 105 A cos $\varphi = 0,86$ wurden 6 Belastungspunkte zwischen Leerlauf ($M = 0$) und 25% Überlast ($M = 1,25\,M_N$) eingestellt und die Größen n, I, P_1 nach Tafel 5.5a gemessen.

Tafel **5**.5a   Meßwerte und Auswertung zu Beispiel 5.2

M/Nm	0	194	268	402	536	670
n/min^{-1}	999	995	991	986	980	972
I/A	36	51	65	81	105	134
P_1/kW	2,3	16,8	31,1	45,3	59,4	74,5
P_2/kW	0	14,0	27,8	41,5	55,0	68,2
$\eta/\%$	0	83	89,4	91,6	92,6	91,5
$\cos \varphi$	0,10	0,50	0,72	0,85	0,86	0,84

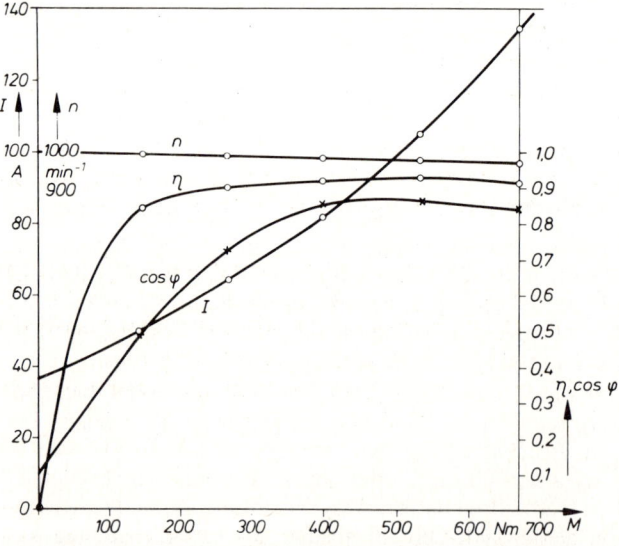

5.5b Betriebskennlinien des Asynchronmotors in Beispiel 5.2

Man ergänze rechnerisch die Tabelle um P_2, η und $\cos\varphi$ und zeichne die Größen n, I, η, $\cos\varphi = \mathrm{f}(M)$ maßstäblich auf (**5.5b**).

Bei Nennlast ist

$$M_\mathrm{N} = \frac{55\,000 \cdot 60}{2\pi \cdot 980}\,\mathrm{Nm} = 536\,\mathrm{Nm}; \qquad P_\mathrm{1N} = \sqrt{3} \cdot 380\,\mathrm{V} \cdot 105\,\mathrm{A} \cdot 0{,}86 = 59{,}4\,\mathrm{kW};$$

$$\eta = 55/59{,}4 = 92{,}6\%; \qquad S_\mathrm{N} = \sqrt{3} \cdot 380\,\mathrm{V} \cdot 105\,\mathrm{A} = 69{,}1\,\mathrm{kVA};$$

$$Q_\mathrm{N} = \sqrt{69{,}1^2 - 59{,}4^2}\,\mathrm{kvar} = 35{,}3\,\mathrm{kvar}.$$

5.2 Grundlagen für Planung und Berechnung

5.2.1 Drehmomente

5.2.1.1 Momentengleichung des elektrischen Antriebs

Jeder aus Elektromotor *EM* und Arbeitsmaschine *AM* bestehende elektrische Antrieb kann schematisch nach Bild **5.6** dargestellt werden. An der Motorwelle sind im allgemeinen drei Drehmomente wirksam:

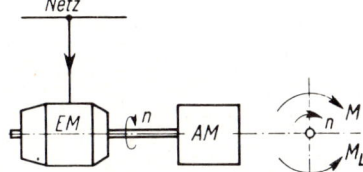

5.6
Aufbau eines elektrischen Antriebs (schematisch)

1. M o t o r m o m e n t *M* des Elektromotors, in der für den Antrieb gewünschten Drehrichtung wirkend.

2. L a s t m o m e n t M_L der Antriebsmaschine, umgerechnet auf die Motorwelle, das dem Motormoment entgegen wirkt. Das Lastmoment schließt die zwischen Motorwelle und Arbeitsmaschine in Getrieben, Kupplungen usw. auftretenden Verlustmomente mit ein.

3. B e s c h l e u n i g u n g s m o m e n t M_B, das die gesamte Schwungmasse des Antriebs beschleunigt oder verzögert: die Schwungmasse des Motors und die auf die Motorwelle umgerechneten Schwungmassen der übrigen drehend oder geradlinig bewegten Teile des Antriebs.

Nach den Gesetzen der Mechanik gilt in jedem Augenblick für die Drehbewegung die M o m e n t e n g l e i c h u n g

$$M_\mathrm{B} = M - M_\mathrm{L} = J\,\frac{\mathrm{d}\omega}{\mathrm{d}t} = 2\pi J\,\frac{\mathrm{d}n}{\mathrm{d}t} \tag{5.1}$$

Darin sind J das auf die Motorwelle umgerechnete Trägheitsmoment aller bewegten Teile, $\omega = 2\pi n$ die Winkelgeschwindigkeit und n die Drehzahl der Motorwelle.

Mit Gl. (5.1) lassen sich alle Bewegungsvorgänge elektrischer Antriebe erfassen. Ist z.B. die Motordrehzahl n konstant, dann ist $\mathrm{d}n/\mathrm{d}t = 0$ und somit im stationären Zustand

$$M = M_L \qquad\qquad (5.2)$$

An einer typischen Antriebsaufgabe soll der durch Gl. (5.1) beschriebene Zusammenhang zwischen den drei Drehmomenten erläutert werden.

Beispiel eines einfachen Antriebs

Ein Lüfter L wird von einem Asynchronmotor mit Kurzschlußläufer direkt angetrieben (**5.**7a). Der Motor M wird mit Hilfe eines Handschalters S über Sicherungen Si direkt an das Netz geschaltet. Das Motormoment M hat in Abhängigkeit von der Motordrehzahl n nach Abschn. 4.3.2.1 beim direkten Einschalten den in Bild **5.**7b gezeigten Verlauf (normale Betriebskennlinie). Das Lastmoment M_L des Lüfters setzt sich aus einem kleinen, etwa drehzahlunabhängigen Lagerreibungsmoment M_a und dem etwa quadratisch mit der Lüfterdrehzahl anwachsenden Luftreibungsmoment zusammen. Das im Stillstand vorhandene Losreißmoment M_b (in Bild **5.**7b gestrichelt) kann u.U. erheblich größer als M_a sein.

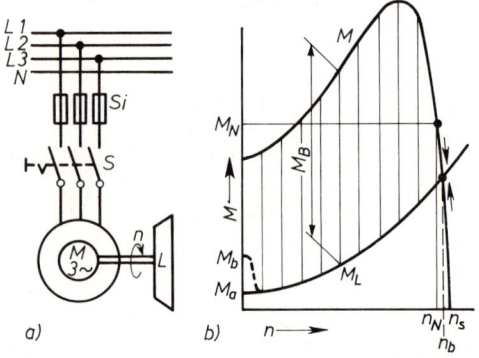

5.7
Lüfterantrieb (a) und zugehörige Betriebskennlinien (b) von Motor und Lüfter

Dynamisches Verhalten beim Anlaufvorgang   Damit der Antrieb hochläuft, muß das Motormoment M größer als das Lastmoment M_L sein. Die Differenz beider Momente ist nach Gl. (5.1) das Beschleunigungsmoment M_B. Es beschleunigt beim Hochlaufen die Schwungmassen von Motor und Lüfter. Der Anlaufvorgang $n = \mathrm{f}(t)$ kann nach Gl. (5.1) berechnet werden, wenn die Gleichungen der Betriebskennlinien $M = \mathrm{f}(n)$ und $M_L = \mathrm{f}(n)$ als mathematische Funktionen vorliegen. Da dies nur sehr selten der Fall ist, wird der Anlaufvorgang $n = \mathrm{f}(t)$ und die Anlaufzeit meist durch ein graphisches Verfahren ermittelt (s. Abschn. 5.2.2.1).

Verhalten im stationären Betrieb   Übersteigt die Motordrehzahl während des Anlaufs die beim Kippmoment vorhandene Drehzahl, so sinkt das Beschleunigungsmoment bei weiterer Drehzahlerhöhung stark ab und wird schließlich beim Schnittpunkt der beiden Kennlinien (**5.**7b) Null, so daß gilt:

$$M_B = 0 \qquad M = M_L \qquad n = n_b$$

Die sich im stationären Betrieb einstellende Betriebsdrehzahl n_b liegt damit fest.

Dieser Betriebspunkt ist hier stabil, da bei geringer Überschreitung der Betriebsdrehzahl n_b das Lastmoment überwiegt ($M_L > M$), bei geringer Unterschreitung dagegen das Motormoment ($M > M_L$), so daß in beiden Fällen der Antrieb wieder der Betriebsdrehzahl n_b zustrebt. Bei einem labilen Gleichgewichtszustand wird die Drehzahlabweichung immer größer, so daß der Antrieb entweder zum Stillstand kommt oder weiter hochläuft.

Dynamisches Verhalten beim Auslaufvorgang Wird der Motor abgeschaltet, so wird $M = 0$. Nach Gl. (5.1) ergibt sich der Auslaufvorgang $n = \mathrm{f}(t)$ aus

$$M_B = -M_L = 2\pi J \, \mathrm{d}n/\mathrm{d}t \tag{5.3}$$

Das bremsende Lastmoment verzögert den Antrieb bis zum Stillstand. Auch dieser Auslaufvorgang $n = \mathrm{f}(t)$ und die sich ergebende Auslaufzeit können selten rechnerisch, immer aber graphisch ermittelt werden (s. Abschn. 5.2.2.2).

Für das Verständnis sowohl des stationären wie vor allem auch des dynamischen Verhaltens elektrischer Antriebe, besonders aber für ihre Planung und Berechnung müssen die Betriebskennlinien der Elektromotoren und der Arbeitsmaschinen bekannt sein. Hierauf wird deshalb in weiteren Abschnitten näher eingegangen.

Motorgröße Ist der Lüfter (**5**.7) nach dem Hochlauf längere Zeit in Betrieb (Dauerbetrieb), dann darf mit Rücksicht auf die Erwärmung des Motors das bei der Betriebsdrehzahl n_b vorhandene Motormoment höchstens gleich dem Nennmoment M_N des Motors sein. Dies bedeutet, daß die Nennleistung des Motors mindestens gleich der bei der Betriebsdrehzahl auftretenden Lüfterleistung sein muß.

Diese Forderungen sind erfüllt, wenn die Betriebsdrehzahl n_b im Bereich zwischen der Nenndrehzahl n_N und der synchronen Drehzahl n_s liegt. Ist die Nennleistung des Motors wesentlich größer als die Ventilatorleistung im stationären Betrieb, so ist der Motor zu groß gewählt und wird nicht ausgenützt. Umgekehrt ist ein zu klein gewählter Motor unbrauchbar, da er im Dauerbetrieb thermisch überlastet wäre und frühzeitig selbsttätig abgeschaltet werden müßte.

5.2.1.2   Betriebskennlinien von Elektromotoren

Die normalen Betriebskennlinien $n = \mathrm{f}(M)$ der wichtigsten Elektromotoren, die den Zusammenhang von Motordrehzahl und Motormoment in der normalen Betriebsschaltung, also ohne Hilfsmittel zur Drehzahlsteuerung, bei konstanter Netzspannung und Netzfrequenz beschreiben, sind in Abschn. 4 behandelt. Dort sind auch die Möglichkeiten zur Drehzahlsteuerung dieser Motoren besprochen und die Hilfsmittel angegeben, mit denen durch Änderung der normalen Betriebsschaltung die Betriebskennlinien verändert werden können. Das aus den normalen Betriebskennlinien erkennbare Drehzahlverhalten und die Drehzahlsteuerung der Elektromotoren sind für die Planung von elektrischen Antrieben von grundlegender Bedeutung. Nach VDE 0530 werden deshalb die Elektromotoren nach diesen beiden Gesichtspunkten eingeteilt.

Drehzahlverhalten Nach dem Drehzahlverhalten unterscheidet man die folgenden drei wichtigen Kennlinienarten (**5**.8):

1. Synchronkennlinie von Motoren mit belastungsunabhängiger Drehzahl: starre Kennlinie. Die Motordrehzahl ist unabhängig von der Belastung konstant. Zu diesen Motoren sind die Drehstrom- und Wechselstrom-Synchronmotoren an einem Netz mit konstanter Frequenz zu zählen.

5.8
Normale Betriebskennlinien von Elektromotoren

2. Nebenschlußkennlinie von Motoren mit nahezu belastungsunabhängiger Drehzahl: harte Kennlinie. Die Drehzahl dieser Motoren ändert sich also nur wenig mit der Belastung; sie sinkt zwischen Leerlauf und Nennlast, je nach ihrer Größe, bei Drehstrom-Asynchronmotoren und Drehstrom-Nebenschlußmotoren um etwa 2 bis 8%, bei Gleichstrom-Nebenschlußmotoren um etwa 3 bis 15% und bei Gleichstrom-Doppelschlußmotoren, sowie Induktionsmotoren für Wechselstrom um etwa 10 bis 25% ab.

3. Reihenschlußkennlinie von Motoren mit stark belastungsabhängiger Drehzahl: weiche Kennlinie. Die Drehzahl dieser Motoren fällt rasch mit wachsender Belastung, bei Entlastung steigt sie entsprechend an. Vollkommene Entlastung (Gefahr des Durchgehens) muß u.U. verhütet werden. Zu dieser Gruppe gehören Gleichstrom-, Wechselstrom-, Drehstrom-Reihenschlußmotoren kurz alle Motoren, deren Drehzahl sich zwischen Nennlast und Leerlauf um mehr als 25% ändert.

Drehzahlsteuerung Nach der Möglichkeit der Drehzahlsteuerung unterscheidet man die drei folgenden Arten von Motoren:

1. Motoren ohne Drehzahlsteuerung. Die normale Betriebskennlinie der Motoren kann nicht verändert werden wie bei den Synchronmotoren und den normalen Drehstrom-Asynchronmotoren mit Kurzschlußläufer bei Betrieb an einer festen Netzspannung.

2. Motoren mit mehreren Drehzahlstufen können mit einigen bestimmten Drehzahlen laufen, hauptsächlich die polumschaltbaren Drehstrom-Asynchronmotoren.

3. Motoren mit stufenloser Drehzahlsteuerung. Die Drehzahl dieser Motoren kann innerhalb eines gewissen Bereiches stufenlos gesteuert werrden. Man unterscheidet dabei Motoren, bei denen sich durch Änderung der normalen Betriebsschaltung

a) Betriebskennlinien mit (hartem) Nebenschlußverhalten oder
b) Betriebskennlinien mit (weichem) Reihenschlußverhalten
ergeben.

Zu a) Fast belastungsunabhängige Drehzahl (Nebenschlußverhalten) erhält man bei
– fremderregten Gleichstrommotoren durch Absenken der Ankerspannung (Ankerstellbereich) und eingeschränkt auch bei Feldschwächung.

– Asynchron- und Synchronmaschinen durch Frequenzänderung der Drehspannung
– Drehstrom-Stromwendermaschinen durch Bürstenverstellung.

Zu b) Stark belastungsabhängige Drehzahl (Reihenschlußverhalten) haben alle Reihenschlußmotoren sowie alle Motoren, bei denen die Drehzahlsteuerung durch Widerstände im Ankerkreis durchgeführt wird, z. B. durch Steueranlasser bei Gleichstrom-Nebenschlußmotoren, durch
Steuerwiderstände im Läuferkreis von Drehstrom-Asynchronmaschinen mit Schleifringläufer.

5.2.1.3 Betriebskennlinien von Arbeitsmaschinen

Die Betriebskennlinien der Vielzahl von Arbeitsmaschinen, die heute in Industrie,
Gewerbe und Haushalt von Elektromotoren angetrieben werden, lassen sich kaum
systematisch darstellen. Erschwerend kommt hinzu, daß sich bei den meisten Arbeitsmaschinen u. U. mehrere Betriebsgrößen ändern können, so daß sich für ein-
und dieselbe Arbeitsmaschine mehrere Betriebskennlinien ergeben. An zwei Beispielen der Bearbeitung von Werkstücken auf abspanenden Werkzeugmaschinen (Drehmaschinen, Fräs-, Bohr- und Schleifmaschinen) soll dies näher erläutert werden.

Beispiele von Betriebskennlinien (abspanendes Formen)

Drehmaschine   An der Schneide des Werkzeugs (5.9a) einer abspanenden Werkzeugmaschine, z. B. einer Drehmaschine, ist eine Schnittkraft F erforderlich, die vom
Werkstoff des Werkstücks abhängt und dem Spanquerschnitt A (Schnittiefe × Vorschub) etwa proportional ist. Um bei einer minimalen Abnutzung des Werkzeugs
eine optimale Güte der Werkstückoberfläche zu erhalten, müssen Schneide und
Werkstück mit einer bestimmten Schnittgeschwindigkeit v gegeneinander bewegt
werden. Diese günstigste Schnittgeschwindigkeit hängt vom Werkstoff des Werkstücks und des Werkzeugs ab. Die erforderliche mechanische Leistung der Spindel
ist somit $P_L = Fv$.

Greift die Schnittkraft F im Abstand r von der Drehachse an, so ist das erforderliche Drehmoment (Lastmoment) an der Spindel $M_L = Fr$. Aus $v = r\omega = 2\pi r n_L$ ergibt sich die Drehzahl $n_L = v/(2\pi r)$ der Spindel. Die für den Antrieb maßgebenden
mechanischen Größen P_L, M_L und n_L werden also durch den Werkstoff von Werkstück und Werkzeug, durch Spanquerschnitt A und Drehradius r bestimmt.

Soll für eine Kombination von Werkstück- und Werkzeugmaterial bei fester Schnittgeschwindigkeit v ein bestimmter Spanquerschnitt A mit veränderlichem Drehradius
r abgespant werden, so ist der Verlauf dieser Größen in Abhängigkeit von der Drehzahl n_L der Spindel gegeben (5.9b). Da in diesem Fall F und v konstant sind, ist

Leistung $P_L = Fv =$ konst.   Drehmoment $M_L = P_L/\omega \sim 1/n_L \sim r$ Drehzahl $n_L \sim 1/r$

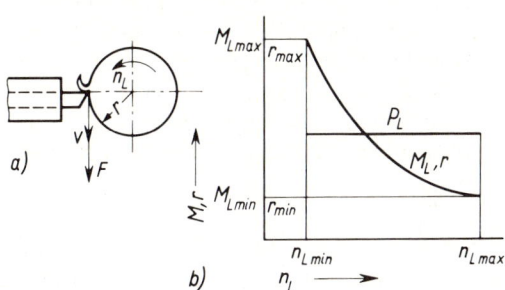

5.9
a) Abspanungsvorgang beim Drehen
b) Betriebskennlinien einer Drehmaschine

Größter und kleinster Drehradius bestimmen untere und obere Drehzahl der Spindel und damit den für diesen Zweck erforderlichen Drehzahlsteuerbereich der Drehmaschine. Entsprechend ergibt sich aus Bild 5.9b der erforderliche Drehmomentbereich, die erforderliche Leistung bleibt konstant. Infolge Reibung in den verschiedenen Stufen eines meist zwischen Motor und Spindel vorhandenen Getriebes muß besonders bei kleinen Drehmaschinen noch ein Reibungsmoment berücksichtigt werden, so daß sich der Leistungsbedarf mit steigender Drehzahl tatsächlich etwas erhöht.

Hobelmaschine Andere Verhältnisse ergeben sich, wenn der Span bei geradliniger Bewegung des Werkstückes oder des Werkzeugs (5.10) abgenommen wird, wie es z.B. bei Hobel- und Stoßmaschinen der Fall ist. Es gilt zwar für Schnittkraft F und Schnittgeschwindigkeit v während des Arbeitshubes dasselbe wie bei der Drehmaschine, so daß die erforderliche mechanische Leistung $P_L = Fv$ wie beim Drehen vom Werkstoff des Werkstücks und des Werkzeugs sowie vom Spanquerschnitt abhängig ist. Da aber die an der Zahnstange wirkende Schnittkraft F stets an derselben Stelle im Abstand r (Radius des antreibenden Zahnrades) angreift, sind das Drehmoment $M_L = Fr$ und die Drehzahl $n_L = v/(2\pi r)$ nur noch von je zwei Größen abhängig. Zwei Fälle sind zu unterscheiden:

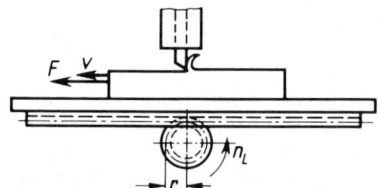

5.10
Abspanungsvorgang beim Hobeln

a) Soll wieder für eine bestimmte Kombination von Werkstück- und Werkzeugmaterial, also bei fester Schnittgeschwindigkeit v ein bestimmter Querschnitt A abgespant werden, so sind sowohl F als auch v konstant, damit ebenfalls P_L, M_L und n_L.

b) Wird andererseits auf einer Hobelmaschine von einem Werkstück ein konstanter Querschnitt bei veränderlicher Schnittgeschwindigkeit v abgespant, so ist F = konst., und es werden

Leistung $P_L = Fv \sim n_L$ Drehmoment $M_L = Fr$ = konst.   Drehzahl $n_L \sim v$

Nach Bild 5.11 bestimmen minimale und maximale Schnittgeschwindigkeit den Drehzahlsteuerbereich und damit auch die Leistung, da das Lastmoment konstant ist.

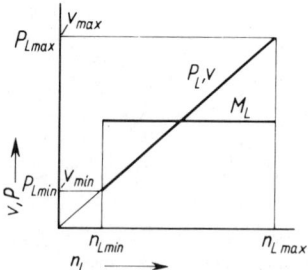

5.11
Betriebskennlinien einer
Hobelmaschine

Auch die Antriebe für den Vorschub von Werkzeugmaschinen bei drehender Schnittbewegung benötigen etwa konstantes Lastmoment und damit linear mit der Drehzahl ansteigende Leistung. Das Lastmoment muß hier im wesentlichen für die Reibung von Spindel und Schlitten aufgewendet werden.

Kennlinientypen von Arbeitsmaschinen

Nach den beiden Beispielen aus dem Werkzeugmaschinenbau sollen nun noch weitere charakteristische Betriebskennlinien von Arbeitsmaschinen besprochen werden. Da die Berechnung dieser Kennlinien meist unsicher ist, stützt man sich in vielen Fällen auf Erfahrungskennlinien, die aus Messungen an ähnlichen, bereits ausgeführten Antrieben stammen. Kennt man nämlich den grundsätzlichen Verlauf einer Betriebskennlinie und einige Betriebspunkte, so ist dies für die Berechnung und Planung oft ausreichend.

1. Drehzahlunabhängige Betriebskennlinien

Bei reiner Hub-, Reibungs- und Formänderungsarbeit ist das Lastmoment von der Drehzahl weitgehend unabhängig, die Leistung steigt proportional der Drehzahl an: Kennlinien 1 in Bild **5**.12

$$M_\mathrm{L} = \text{konst.} \quad P_\mathrm{L} \sim n_\mathrm{L}$$

Beispiele: Fördermaschinen (Förderbänder und Fließbänder) bei geringer Fördergeschwindigkeit und konstanter Fördermenge; Hebezeuge (Aufzüge, Krane, Winden) bei konstanter Last; Kolbenpumpen und -verdichter bei Förderung gegen konstanten Druck (mittleres Moment); Lager, Getriebe und dgl.; abspanende Werkzeugmaschinen mit annähernd geradliniger Schnittbewegung (z. B. Hobelmaschinen bei konstantem Spanquerschnitt und beliebiger Schnittgeschwindigkeit oder – bei drehender Schnittbewegung – Langdrehmaschinen bei konstantem Spanquerschnitt und etwa gleichbleibendem Drehdurchmesser); Vorschubantriebe bei drehender Schnittbewegung.

2. Drehzahlabhängige Betriebskennlinien

a) Bei Überwindung von Luft- oder Flüssigkeitswiderständen steigt das Lastmoment mit der 2. Potenz, die Leistung mit der 3. Potenz der Drehzahl bzw. Geschwindigkeit an: Kennlinien $2a_1$ in Bild **5**.12

$$M_\mathrm{L} \sim n_\mathrm{L}^2 \quad P_\mathrm{L} \sim n_\mathrm{L}^3$$

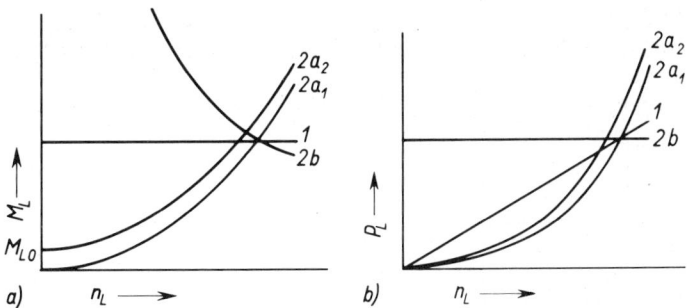

5.12 a) Drehmomentkennlinien $M_\mathrm{L} = \mathrm{f}(n_\mathrm{L})$
  b) Leistungskennlinien $P_\mathrm{L} = \mathrm{f}(n_\mathrm{L})$ von Arbeitsmaschinen

Beispiele: Lüfter, Gebläse, Rauchgasabsauger, Propeller; Zentrifugen, Rührwerke; Kreisel-pumpen und -kompressoren, Schiffsschrauben, Luftwiderstand von Fahrzeugen, Bahnen, För-deranlagen bei hohen Geschwindigkeiten. Meist kommt bei diesen Arbeitsmaschinen noch ein drehzahlunabhängiges, durch Reibung verursachtes Lastmoment M_{L0} hinzu, so daß sich die Betriebskennlinien $2a_2$ ergeben.

b) Das Lastmoment ist umgekehrt proportional der Drehzahl, die Leistung damit konstant: Kennlinien $2b$ in Bild **5.12**

$$M_L \sim \frac{1}{n_L} \qquad P_L = \text{konst.}$$

Beispiele: Plandrehmaschinen bei konstantem Spanquerschnitt und sich änderndem Dreh-radius, Aufwickelmaschinen, Papierumrollmaschinen und dgl., bei denen Materialgeschwindig-keit und Materialzug beim Auf- und Abwickeln konstant zu halten sind.

3. Wegabhängige Betriebskennlinien

$$M_L = f(s)$$

Beispiele: Bei Bahnen, Fahrzeugen, Schrägaufzügen und dgl. treten von der Fahrstrecke s ab-hängige, durch das Streckenprofil bedingte Steigungs- und Krümmungswiderstände auf.

4. Winkelabhängige Betriebskennlinien

Das Lastmoment M_L von einigen Maschinen, z.B. von Kolbenarbeitsmaschinen, ist von der Stellung des Kolbens im Zylinder und damit vom Kurbelwinkel α abhängig

$$M_L = f(\alpha)$$

Das Lastmoment ändert sich periodisch um ein mittleres Moment. Der periodisch sich ändernde Anteil verursacht periodische Änderungen der mechanischen und elek-trischen Größen des Antriebs.

Beispiele: Winkelabhängige Betriebskennlinien treten z.B. bei Kolbenpumpen, Kurbelpressen, Metallscheren und Schmiedemaschinen auf.

5. Zeitabhängige Betriebskennlinien

$$M_L = f(t)$$

Bei vielen Arbeitsprozessen liegt der zeitliche Ablauf und damit die zeitabhängige Belastung der Arbeitsmaschine fest. Dies gilt ebenso bei selbsttätigen (automati-schem) Ablauf und angenähert auch, wenn ein bestimmter Arbeitsplan mit einer Ar-beitsmaschine, z.B. einer Drehmaschine oder einer Stanzmaschine (**5.13**) manuell durchgeführt wird.

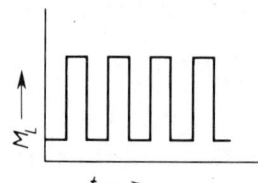

5.13
Zeitabhängige Belastungskennlinie $M_L = f(t)$

Beispiele: Bei vielen technologischen Arbeiten, z. B. beim Walzen eines Blockes auf einer Walzenstraße, ist die zeitabhängige Belastung, die innerhalb der Spieldauer nach einem Stichplan auftritt, bekannt. Es kommen aber auch Antriebe vor, z. B. für Steinbrecher, Kugelmühlen und dgl., bei denen sich die Belastung zufällig ändert, so daß keine Gesetzmäßigkeiten der Belastung von der Zeit, der Drehzahl usw. mehr gegeben ist. In solchen Fällen können nur experimentelle Untersuchungen oder Erfahrungswerte weiterhelfen.

5.2.1.4 Schwungmassen von Motor und Arbeitsmaschine

Umrechnung des Lastmoments auf die Motorwelle Meist sind zwischen Motor und Arbeitsmaschine – vielfach auch innerhalb der Arbeitsmaschinen selbst – Riemen-, Reibrad- oder Zahnradgetriebe und damit Übersetzungen vorhanden. Liegt das Lastmoment M'_L bei der Drehzahl n_L der Arbeitsmaschine vor (s. Abschn. 5.2.1.3), so ist das auf die Motordrehzahl n umgerechnete, in Gl. (5.1) einzusetzende Lastmoment M_L

$$M_L = M'_L \frac{n_L}{n} \tag{5.4}$$

Umrechnung von Schwungmassen auf die Motorwelle Um das dynamische Verhalten des Antriebs beim Übergang von einem stationären Betriebszustand zum andern berechnen zu können, z. B. beim Anlaufen, Stillsetzen, Bremsen, bei Drehrichtungs- und Belastungsänderungen, müssen die Schwungmassen aller bewegten Teile der Arbeitsmaschine auf die Motordrehzahl umgerechnet werden. Hierbei sind sowohl die rotierenden als auch die geradlinig bewegten Massen (z. B. in Förderanlagen, Hebezeugen, Hobelmaschinen) zu berücksichtigen.

1. Umrechnung rotierender Schwungmassen. Das (axiale) Trägheitsmoment einer Schwungmasse ist

$$J = \int r^2 \, dm \tag{5.5a}$$

wobei r der Abstand eines Massenteilchens dm von der Drehachse ist. Denkt man sich die gesamte Masse m des rotierenden Körpers in einem Punkt mit dem Abstand r_0 (Trägheitsradius) von der Drehachse vereinigt, dann erhält man aus Gl. (5.5a)

$$J = m r_0^2 \tag{5.5b}$$

Mit dem Trägheitsdurchmesser $D = 2 r_0$ und $m = G/g$ wird hieraus

$$J = G D^2 / 4 g \tag{5.5c}$$

Wenn in der Praxis noch das Schwungmoment $G D^2$ einer Schwungmasse angegeben wird, rechnet man nach Gl. (5.5c) sofort auf das Trägheitsmoment J um.

Bewegen sich bei einer Motordrehzahl n in einer Arbeitsmaschine Schwungmassen, deren Trägheitsmomente $J_1, J_2, J_3 \ldots$ bekannt sind, infolge vorhandener Übersetzungen mit den Drehzahlen $n_1, n_2, n_3 \ldots$, so ist das auf die Motordrehzahl n umgerechnete Trägheitsmoment J, das man in Gl. (5.1) einzusetzen hat

$$J = J_0 + J_1 \left(\frac{n_1}{n} \right)^2 + J_2 \left(\frac{n_2}{n} \right)^2 + J_3 \left(\frac{n_3}{n} \right)^2 + \ldots \tag{5.6}$$

Hierin ist J_0 das Trägheitsmoment aller mit der Motordrehzahl n umlaufenden Schwungmassen einschließlich des Motorläufers (J_{Mot}). Die einzelnen Trägheitsmomente werden also mit dem Quadrat der für sie geltenden Übersetzungen auf die Motorwelle umgerechnet.

2. Umrechnung geradlinig bewegter Massen. Die Umrechnung geradlinig bewegter Massen auf gleichwertige Schwungmassen an der Motorwelle ergibt sich aus einer Energiebetrachtung. Die Bewegungsenergie des mit der Geschwindigkeit v längs einer Bahn geradlinig bewegten Körpers mit der Masse m_g und die Drehenergie der mit der Winkelgeschwindigkeit $\omega = 2\pi n$ des Motors sich drehenden Ersatzschwungmasse mit dem Trägheitsmoment J_e müssen gleich sein

$$\frac{J_e \omega^2}{2} = \frac{m_g v^2}{2}$$

Hieraus folgt das Trägheitsmoment der Ersatzschwungmasse

$$J_e = m_g \left(\frac{v}{\omega}\right)^2 \tag{5.7}$$

Dieses Trägheitsmoment muß gegebenenfalls mit den weiteren vorhandenen Massenträgheitsmomenten nach Gl. (5.6) zum Gesamtträgheitsmoment J zusammengefaßt werden.

Beispiel 5.3 Das gesamte Trägheitsmoment für alle bewegten Teile einer Förderanlage nach Bild 5.14a ist zu ermitteln.

Da $v = r\omega$ ist, erhält man einfach mit Gl. (5.7) als Ersatzträgheitsmoment der geradlinig bewegten Teile

$$J_e = m_g r^2 = \frac{G}{g} r^2 \tag{5.8a}$$

Hierin ist m_g die Masse sämtlicher geradlinig bewegter Teile (Fahrkorb FK, Gegengewicht GG, Seil S). Das gesamte Trägheitsmoment wird dann

$$J = J_0 + m_g r^2 \tag{5.8b}$$

mit J_0 als dem Trägheitsmoment aller mit der Motordrehzahl n umlaufenden Teile, s. Gl. (5.6).

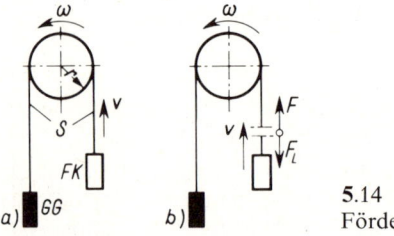

5.14
Förderanlage

Umrechnung einer Drehbewegung auf geradlinige Bewegung Für die Berechnung des Antriebes von Fahrzeugen, Bahnen, Förderanlagen und dgl. ist der Verlauf der Betriebskennlinien $n = f(t)$ des Antriebsmotors zunächst weniger wichtig als das sogenannte F a h r d i a g r a m m $s = f(t)$, das beispielsweise unmittelbar den Bewegungsvorgang des Fahrzeugs oder des Fahrkorbs darstellt.

An die Stelle der Momentgleichung (5.1) für die Drehbewegung tritt dann die entsprechende K r ä f t e g l e i c h u n g für geradlinige Bewegung

$$F_B = F - F_L = m \frac{dv}{dt} \qquad (5.9)$$

Hierin bedeuten F die Zugkraft des Antriebsmotors, F_L die Lastkraft und F_B die Beschleunigungskraft. Im stationären Betrieb sind $dv/dt = 0$, d.h. $v =$ konst. und $F_B = 0$, dann gilt

$$F = F_L \qquad (5.10)$$

Ist $F_B \neq 0$, so muß zur Erzielung der für den Betrieb zu fordernden Geschwindigkeitsänderungen der Antrieb mit der Gesamtmasse m beschleunigt oder verzögert werden. Zur Gesamtmasse m gehört die Masse m_g der geradlinig mit der Geschwindigkeit v bewegten Teile und die Ersatzmasse m_e der mit der Winkelgeschwindigkeit ω rotierenen Körper mit dem Trägheitsmoment J_0, die sich entsprechend Gl. (5.7) ergibt

$$m_e = \frac{J_0}{(v/\omega)^2} \qquad (5.11)$$

Die in Gl. (5.9) einzusetzende Gesamtmasse m wird dann

$$m = m_g + m_e \qquad (5.12)$$

Beispiel 5.4 Man bestimme die Lastkraft F_L und die Gesamtmasse m für die Berechnung der geradlinigen Bewegung des Fahrkorbes aus Beispiel 5.3.

Denkt man sich in Bild **5.14**b das Seil S an der bezeichneten Stelle durchschnitten, so wirkt an der Schnittstelle die Motorkraft $F = M/r$ in der Fahrtrichtung nach oben. Die resultierende Lastkraft F_L entgegen der Fahrtrichtung nach unten ergibt sich aus der Summe des Fahrkorbgewichtes einschließlich Nutzlast und der vorhandenen Reibungskräfte, aber abzüglich dem Gegengewicht und der Differenz der beiden Seilgewichte

$$F_L = F_{FK} + F_{Rbg} - F_{GG} - \Delta F_S \qquad (5.13)$$

In Beispiel 5.3 ist m_g die Masse der geradlinig bewegten Teile. Die Ersatzmasse m_e der rotierenden Teile ergibt sich aus ihrem Trägheitsmoment J_0 nach Gl. (5.11), da $v = r\omega$,

$$m_e = \frac{J_0}{r^2} \qquad (5.14)$$

Die in Gl. (5.9) einzusetzende Gesamtmasse m ergibt sich damit nach Gl. (5.12)

$$m = m_g + \frac{J_0}{r^2} \qquad (5.15)$$

5.2.2   Dynamik des Antriebs

Mit Hilfe der Momenten- und Kräftegleichung für

Drehbewegung, s. Gl. (5.1) $M_B = M - M_L = \sim J \, d\omega/dt$
geradlinige Bewegung, s. Gl. (5.9) $F_B = F - F_L = m \, dv/dt$

können die dynamischen Vorgänge beim Anlauf, Bremsen, Umsteuern usw. ermittelt werden. Die sich ergebenden Bewegungsvorgänge $n = f(t)$ bzw. $v = f(t)$ und $s = f(t)$ konnten aus den vorstehenden Gleichungen bisher rechnerisch nur in einfachen Fällen ermittelt werden. Deshalb wurde die graphische Lösungsmethode vielfach angewandt. Nun ist durch den Einsatz programmierbarer Taschenrechner auch die Lösung komplizierter Antriebsprobleme mit vertretbarem Zeitaufwand durch den Spezialisten möglich.

5.2.2.1   Anlauf

Rechnerische Behandlung

Während des Anlaufs eines elektrischen Antriebs, bestehend aus Elektromotor und Arbeitsmaschine, sei ein konstantes Beschleunigungsmoment M_B angenommen, das gleich dem Nennmoment des Motors ist: $M_B = M_N$. Die Momentengleichung lautet dann

$$M_N = J\, d\omega/dt \quad \text{hieraus} \quad d\omega = \frac{M_N}{J}\, dt \quad \text{oder} \quad \int_0^\omega d\omega = \frac{M_N}{J} \int_0^t dt$$

Durch Integrieren ergibt sich $\omega = \dfrac{M_N}{J}\, t$ oder in normierter, auf die Nenndrehzahl n_N bezogener Darstellung mit $\omega/\omega_N = n/n_N$

$$\frac{n}{n_N} = \frac{M_N}{J\omega_N}\, t \tag{5.16}$$

Der entsprechende Bewegungsvorgang $n = f(t)$ ist in Bild **5**.15 eingezeichnet (Gerade 1). Die Nenndrehzahl n_N wird nach der Anlaufzeitkonstante T_a des Antriebs erreicht. Man erhält sie aus Gl. (5.16) für $t = T_a$, $n = n_N$

$$T_a = \frac{J\omega_N}{M_N} \tag{5.17}$$

Der Einfluß des gesamten Massenträgheitsmomentes J des Antriebs geht aus den Gl. (5.16) und (5.17) hervor.

Läuft der Motor allein (ohne Arbeitsmaschine) unter denselben Bedingungen ($M_B = M_N$) bis zur Nenndrehzahl n_N hoch, so ist in Gl. (5.16) und (5.17) J_{Mot} statt J einzusetzen. Der Bewegungsvorgang verläuft dann nach Bild **5**.15 (Gerade 2). Die Anlaufzeit des Motors bis zum Erreichen der Nenndrehzahl n_N nennt man die Normalanlaufzeit t_{aN} des Motors, für die sich entsprechend Gl. (5.17) ergibt

$$t_{aN} = \frac{J_{Mot}\, \omega_N}{M_N} \tag{5.18}$$

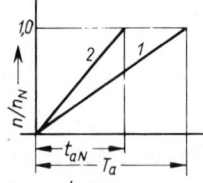

5.15
Anlaufzeitkonstante T_a des Antriebs und Normal-Anlaufzeit t_{aN} des Elektromotors

Graphische Methode

Drehbewegung. Es gilt die Momentengleichung (5.1) $d\omega/dt = M_B/J$.
Hieraus ergibt sich

$$\frac{d(\omega/\omega_N)}{dt} = \frac{M_B}{J\omega_N} = \frac{M_B/M_N}{J\omega_N/M_N} = \frac{M_B/M_N}{T_a}$$

oder, da $\omega/\omega_N = n/n_N$ ist, wird

$$\frac{d(n/n_N)}{d(t/T_a)} = \frac{M_B}{M_N} \tag{5.19}$$

Für den Drehwinkel α der Motorwelle gilt $d\alpha/dt = \omega$. Bezeichnet man den Drehwinkel, der bei konstanter Winkelgeschwindigkeit ω_N in der Zeit T_a zurückgelegt wird, mit α_N, so folgt $\alpha_N = \omega_N T_a$. Somit erhält man

$$\frac{d(\alpha/\alpha_N)}{d(t/T_a)} = \frac{\omega T_a}{\alpha_N} \quad \text{oder} \quad \frac{d(\alpha/\alpha_N)}{d(t/T_a)} = \frac{\omega}{\omega_N} = \frac{n}{n_N} \tag{5.20}$$

Geradlinige Bewegung. Es gilt die Kräftegleichung (5.7) $dv/dt = F_B/m$. Bezeichnet man die bei der Nenndrehzahl n_N des Motors auftretende Geschwindigkeit mit v_N und die beim Nennmoment M_N des Motors auf die geradlinige Bewegung umgerechnete Motorantriebskraft mit F_N, dann gilt

$$\frac{d(v/v_N)}{dt} = \frac{F_B}{mv_N} = \frac{F_B/F_N}{mv_N/F_N} \tag{5.21}$$

Ist $F_B = F_N$, so wird $dv/dt = F_N/m$. Hieraus folgt $v = \dfrac{F_N}{m} t$. Bezeichnet man wieder die Zeit, in der die Masse m mit der Beschleunigungskraft F_N auf die Geschwindigkeit v_N beschleunigt wird, als Anlaufzeitkonstante T_a des Antriebs, so sind

$$v_N = \frac{F_N}{m} T_a \quad \text{und} \quad T_a = \frac{mv_N}{F_N} \tag{5.22}$$

Setzt man Gl. (5.22) in Gl. (5.21) ein, so gilt weiter allgemein

$$\frac{d(v/v_N)}{dt} = \frac{F_B/F_N}{T_a} \quad \text{oder} \quad \frac{d(v/v_N)}{d(t/T_a)} = \frac{F_B}{F_N} \tag{5.23}$$

Für jede Bewegung ist $ds/dt = v$. Bezeichnet man die Wegstrecke, die bei geradliniger Bewegung in der Zeit T_a mit der konstanten Geschwindigkeit v_N zurückgelegt wird, mit s_N, so ist

$$s_N = v_N T_a \tag{5.24}$$

Somit erhält man

$$\frac{d(s/s_N)}{d(t/T_a)} = \frac{v T_a}{s_N} \quad \text{oder} \quad \frac{d(s/s_N)}{d(t/T_a)} = \frac{v}{v_N} \tag{5.25}$$

Graphische Integration   Die Gl. (5.19), (5.20) und (5.23), (5.25) haben die Form $dy/dx = z$, wobei x, y und z dimensionslose Größen sind. Die Funktion $z = f(y)$ ist bekannt; die gesuchte Funktion $y = f(x)$ kann durch graphische Integration gefunden werden. Das graphische Verfahren kann damit zur Ermittlung der Bewegungsvorgänge $n = f(t)$ aus Gl. (5.19) und $\alpha = f(t)$ aus Gl. (5.20), $v = f(t)$ aus Gl. (5.23) und $s = f(t)$ aus Gl. (5.25) angewandt werden, wie sie beim Anlauf, Bremsen, Reversieren usw. auftreten.

Beispiel 5.5   Die graphische Integration soll nun zur Ermittlung des Anfahrvorganges für den in Abschn. 5.2.1.1 und Bild **5**.7 behandelten Lüfterantrieb angewandt werden.

In Bild **5**.16 ist ein Koordinatensystem mit gleich großen Einheiten auf der x-, y- und z-Achse gezeichnet. Nach Gl. (5.20) sind

$$x = t/T_a \qquad y = n/n_N \qquad z = M_B/M_N \tag{5.26}$$

Die Kurve $z = f(y)$ entspricht der Kurve $M_B/M_N = f(n/n_N)$ und kann Bild **5**.7b entnommen werden. Zu ermitteln ist der Linienzug $y = f(x)$, der dem gesuchten Anlaufvorgang $n/n_N = f(t/T_a)$ entspricht.

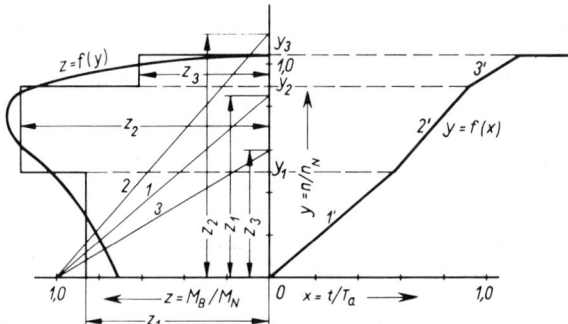

5.16
Graphisches Integrieren
zur Ermittlung des Anlaufvorganges

Zunächst zeichnet man die vorgegebene Funktion $z = f(y)$ in das y–z-Koordinatensystem ein und ersetzt dann die Kurve durch eine Treppenkurve mit gleichem Flächeninhalt. In den entstehenden Abschnitten $0 - y_1$, $y_1 - y_2$ sowie $y_2 - y_3$ hat die Ersatztreppenkurve die konstanten Werte z_1, z_2 und z_3. Im ersten Abschnitt lautet deshalb die Differentialgleichung $dy/dx = z_1$ mit der Lösung $y = z_1 x$, einer Geraden. Diese Gerade erhält man graphisch, wenn man auf der y-Achse den Wert z_1 aufträgt, diesen Punkt mit dem Punkt $z = 1,0$ verbindet und zu der so gefundenen Geraden 1 die Parallele 1' durch den Ursprung bis zum Ordinatenwert y_1 zieht. Zwischen y_1 und y_2 ergibt sich im y–x-System entsprechend eine Gerade 2', die parallel zur Geraden 2 liegt, und weiterhin eine Gerade 3' für den Abschnitt $y_2 - y_3$ parallel zu 3. Der auf diese Weise erhaltene Linienzug $y = f(x)$ stellt die graphische Lösung der Funktion $dy/dx = z$ dar; die Anlaufzeit t_a des Antriebs beträgt in Bild **5**.16 etwa $1,15\,T_a$.

Durch Vergrößerung der Stufenzahl der Treppenkurve und des Zeichenmaßstabs läßt sich die Genauigkeit dieser Methode steigern.

5.2.2.2   Bremsen

Beim **freien Auslauf** erfolgt die Stillsetzung eines Antriebs durch **Abschalten des Motors**. Das antreibende Moment M wird Null und der Antrieb kommt lediglich durch den Einfluß des Lastmoments M_L zum Stillstand. Somit gilt nach Gl. (5.1)

$$M_B = -M_L = J\,\frac{d\omega}{dt} \tag{5.27}$$

Bild **5**.17 zeigt, wie die in Abschn. 5.2.2.1 behandelte graphische Integration nun zur Ermittlung des Auslaufvorganges und der Auslaufzeit für den Lüfterantrieb (**5**.7) angewendet wird. Wieder gelten die Gl. (5.20) und (5.26). Die Kurve $z = \mathrm{f}(y)$ in Bild **5**.17 entspricht nach Gl. (5.27) $- M_\mathrm{L}/M_\mathrm{N} = \mathrm{f}(n/n_\mathrm{N})$ aus Bild **5**.7 und liegt, da das Beschleunigungsmoment negativ ist, im 1. Quadranten. Daher sind die Werte z_1, z_2, z_3 des Ersatztreppenzuges negativ und müssen auf der Ordinate nach unten aufgetragen werden. Die Konstruktion der Kurve $y = \mathrm{f}(x)$ geht von der Betriebsdrehzahl bei $t = 0$ aus und wird dann absatzweise, wie in 5.2.2.1 besprochen, bis zum Stillstand durchgeführt.

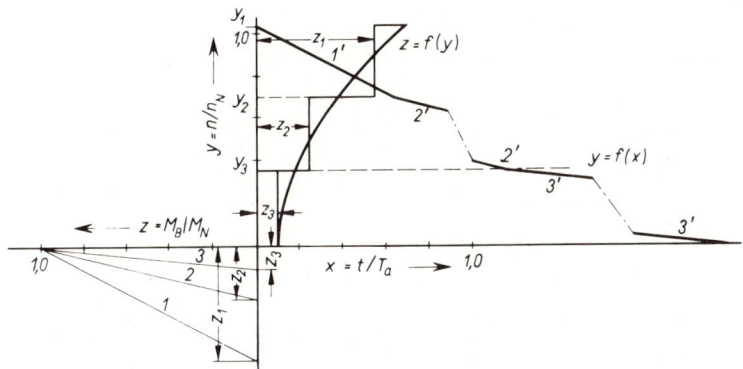

5.17 Graphisches Integrieren zur Ermittlung des Auslaufvorganges

Durch mechanisches oder elektrisches Bremsen können Bremszeit und Bremsweg verkürzt werden. Mechanisches Bremsen bedeutet eine Vergrößerung des Lastmomentes in Gl. (5.27). Beim elektrischen Bremsen muß die Grundgleichung (5.1) herangezogen werden, da die elektrischen Maschinen ein Bremsmoment erzeugen ($M < 0$).

Zur Ermittlung der Bremsvorgänge, Bremszeiten und Bremswege werden bei den verschiedenen Bremsmethoden – sowohl bei drehender als auch bei geradliniger Bewegung – die geeigneten Verfahren aus Abschn. 5.2.2.1 ausgesucht.

Zunächst werden die üblichen Bremsmethoden mit Gleichstrom- und Drehstrommotoren erläutert.

Gleichstrommaschinen

Nutzbremsung Da Gleichstrommaschinen praktischer stets über Stromrichterschaltungen versorgt und gesteuert werden, führt man diese so aus, daß ein Bremsbetrieb durch Rückspeisung der Bewegungsenergie in das Netz möglich ist. In Bild **5**.18 ist dafür ein sogenannter Umkehrstromrichter (s. Abschn. 6.3.1) vorgesehen, bei dem Ankerspannung U_A und Ankerstrom I_A beide Richtungen annehmen können.

Mit den eingetragenen Zählpfeilen für den Motorbetrieb gilt bei konstanter Erregung $U_\mathrm{q} \sim n$ und für den Ankerstrom

$$I_\mathrm{A} = \frac{U_\mathrm{A} - U_\mathrm{q}}{R_\mathrm{A}}$$

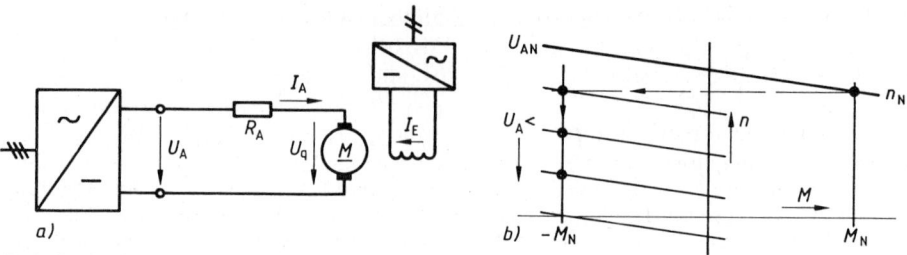

5.18 Stromrichtergespeister Gleichstromantrieb
   a) Ersatzschaltung
   b) Drehzahlkennlinien bei Nutzbremsung

Während also im Motorbetrieb für positiven Ankerstrom stets $U_A > U_q$ eingestellt werden muß, ist im Bremsbetrieb $U_A < U_q$ erforderlich, womit sich der Ankerstrom umkehrt und Energie ins Netz rückgespeist wird. Die Ankerspannung ist laufend dem mit sinkender Drehzahl kleineren U_q nachzuführen, so daß z. B. der Nennstrom und das Nennmoment zur Bremsung erhalten bleiben (Bild **5.18**b). Die Gleichstrommaschine arbeitet bei dieser Nutzbremsung im zweiten Quadranten von Bild **4.18** und kann bis zum Stillstand gebracht werden.

Widerstandsbremsen Ist keine Rückspeisung vorgesehen, so kann zum schnellen Stillsetzen des Gleichstrommotors der Ankerkreis von der Versorgungsspannung getrennt und auf einen veränderlichen Bremswiderstand R_b geschaltet werden (**5.19**a); der Erregerkreis bleibt unverändert. Beim Widerstandsbremsen wird aus dem Antriebsmotor also ein fremderregter Generator; die Stromrichtung ist umgekehrt wie bei Motorbetrieb. Ist $M_L = 0$, so wird die gesamte Bewegungsenergie des Antriebs in elektrische Energie umgewandelt und im Ankerkreis in Wärme umgesetzt.

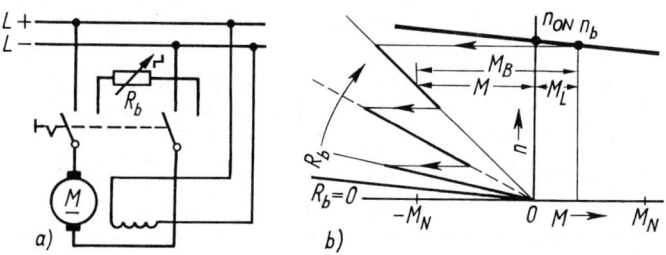

5.19 Widerstandsbremsen beim Gleichstrom-Nebenschlußmotor
   a) Schaltplan
   b) Bremskennlinien

Vor dem Bremsen sei der Motor in normaler Betriebsschaltung durch ein Lastmoment M_L, das auch während des Bremsens vorhanden sein soll, mit der Betriebsdrehzahl n_b in Betrieb (**5.19**b). Durch Abschalten des Ankers vom Netz ($U = 0$) und Anschließen des Bremswiderstandes R_b ändert sich die Motorkennlinie von der normalen Betriebskennlinie, Gl. (4.25),

$$\frac{n}{n_{0N}} = 1 - c_M M / M_N$$

in Bremskennlinien, die man aus Gl. (4.30) mit $R_b = R_{Anl}$ erhält

$$\frac{n}{n_{0N}} = - c_M \left(1 + \frac{R_b}{R_A} \right) \frac{M}{M_N} \qquad (5.28)$$

In Bild **5.**19b sind einige Bremskennlinien für verschiedene Werte des Bremswiderstandes R_b gezeichnet. Beim Auslauf ist das (negative) Beschleunigungsmoment $M_B = M - M_L$ wirksam (M wird negativ für positive Werte von n). Mit abnehmender Drehzahl kann R_b zur Erzielung eines ausreichenden Bremsmomentes stufenweise verkleinert werden. Die Bremskennlinie für $R_b = 0$ zeigt, daß bei Annäherung an den Stillstand das elektrische Bremsen nahezu wirkungslos ist.

Drehstrom-Asynchronmaschinen

Gleichstrombremsen Zum raschen Stillsetzen des Antriebs wird die Ständerwicklung vom Drehstromnetz getrennt und an die Spannung eines Gleichrichters angeschlossen (Bild **5.**20).

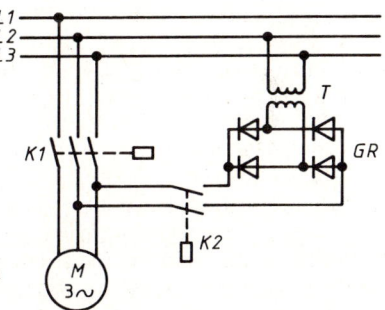

5.20
Gleichstrombremsung von Drehstrom-Käfigläufermotoren
k1 Schütz für Motorbetrieb   k2 Gleichstromschütz

Durch das mit Gleichstrom erregte, ruhende Magnetfeld wird im Läufer ein Bremsmoment hervorgerufen. Die Maschine arbeitet als Generator, die kinetische Energie der bewegten Massen wird im Läufer in Wärme umgesetzt. Beim Schleifringläufermotor lassen sich durch Verstellen der an die Schleifringe angeschlossenen Bremswiderstände verschiedene Bremskennlinien einstellen (Widerstandsbremsen).

Widerstandsbremsen wird zum besonders schnellen Stillsetzen von Antrieben angewandt. Da das elektrische Bremsmoment aber auch hier bei Annäherung an den Stillstand klein ist, wird häufig kurz vor dem Stillstand noch eine mechanische Bremse betätigt, die meist elektrisch gesteuert wird.

Gegenstrombremsen Vertauscht man zwei beliebige Anschlüsse des Drehstrommotors am Netz (**5.**21a), dann ändert sich bekanntlich die Drehrichtung des Drehfeldes in der Maschine; hierdurch kommt eine momentane Bremswirkung zustande.

In Bild **5.**21b sind die normalen Betriebskennlinien a und b für beide Drehrichtungen des Drehfeldes zwischen $+ n_s$ und $- n_s$ eingezeichnet. Beim Gegenstrombremsen aus der Betriebsdrehzahl n_b ist das (negative) Beschleunigungsmoment $M_B = M - M_L$ wirksam. Im Stillstandspunkt muß die Maschine vom Netz (selbsttätig durch Bremswächter) getrennt werden, da sonst der Antrieb in entgegengesetzter Drehrichtung hochläuft. Gegenstrombremsen wird vorzugsweise zum Reversieren (s. Abschn. 5.2.2.3) angewandt.

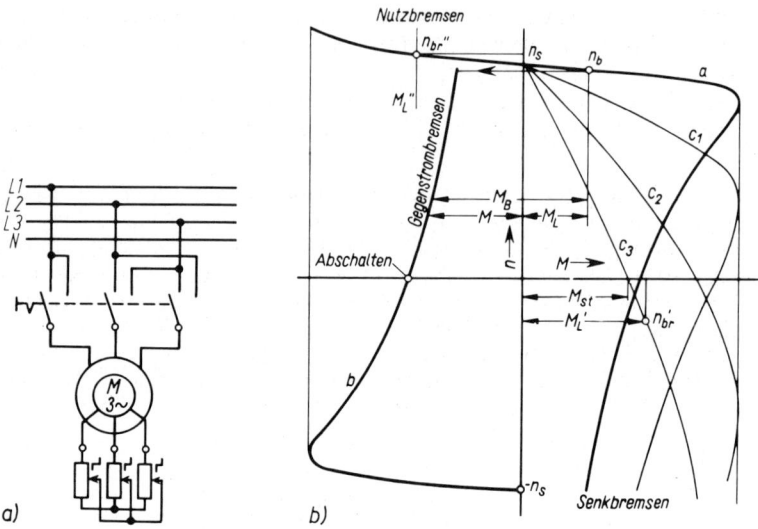

5.21 a) Schaltplan des Schleifringläufermotors für Gegenstrom- und Senkbremsen
b) Bremskennlinien von Drehstrommmotoren

Senkbremsen Beim Schleifringläufer lassen sich durch Einschalten von verstellbaren Brems-
widerständen im Läuferkreis verschiedene Bremskennlinien c_1 bis c_3 einstellen (**5.**21 b). Hierdurch kann auch Senkbremsen wie bei Gleichstrommaschinen durchgeführt werden. Gehört
z. B. zu einem bestimmten Bremswiderstand die Bremskennlinie c_3, so läuft der Motor aus dem
Stillstand rückwärts auf die Bremsdrehzahl n'_{br}, da das Lastmoment M'_L größer als das Stillstandsmoment M_{st} des Motors ist. Auf dem abfallenden Ast der Kennlinie c_1 läßt sich dagegen
keine Bremswirkung erzielen.

Nutzbremsen Bei negativem Lastmoment M''_L stellt sich auf der über n_s hinaus ver-
längerten Betriebskennlinie a nach Bild **5.**21 b ein Gleichgewichtszustand $(M = M''_L)$
bei der Bremsdrehzahl n''_{br} ein. Die Maschine liefert ohne Schaltungsänderung als
Asynchrongenerator elektrische Energie ins Drehstromnetz zurück. Die Bremsdrehzahl eines Schleifringläufers kann durch Widerstände im Läuferkreis beeinflußt werden. Bei polumschaltbaren Motoren erzielt man Nutzbremsen durch Umschalten auf
eine niedrigere Drehzahl.

Mechanische Bremsen

Mechanische Bremsen werden bei elektrischen Antrieben meist durch einen B r e m s -
l ü f t m a g n e t e n betätigt, dessen Anker die Bremse bei stromdurchflossener Magnetspule lüftet. Damit wird erreicht, daß bei Betriebsstörungen (Ausfallen der Spannung
oder Unterbrechung des Stromkreises) auf jeden Fall die Bremse in Tätigkeit tritt.

5.2.2.3   Umsteuern

Das Umsteuern oder Reversieren, d. h. die Umkehr der Drehrichtung eines Antriebs,
setzt sich nach Bild **5.**22 b aus einem Abbremsvorgang – von der Betriebsdrehzahl

n_{b1} bis zum Stillstand – und einem Beschleunigungsvorgang in entgegengesetzter Drehrichtung – von $n = 0$ bis zur Betriebsdrehzahl n_{b2} – zusammen. Beim Gegenstrombremsen (s. Abschn. 5.2.2.2) spielen sich beide Vorgänge unmittelbar aufeinanderfolgend ab, wenn der Motor nicht – wie beim reinen Bremsen – abgeschaltet wird. Die Gegenstrom-Bremsschaltungen werden deshalb zum Reversieren fast ausschließlich verwendet.

In Bild 5.22 wird der Umsteuervorgang bei Gegenstrom-Bremsschaltung für einen Antrieb mit Drehstrom-Kurzschlußläufermotor nach dem in Abschn. 5.2.2.1 behandelten graphischen Verfahren ermittelt. Nach Bild 5.22a läuft der Motor vor dem Umsteuern (Kennlinie a) beim Lastmoment M_L mit der Betriebsdrehzahl n_{b1}. Durch Gegenstrombremsung (Kennlinie b) ist zunächst beim Abbremsvorgang bis zum Stillstand das eingezeichnete (negative) Beschleunigungsmoment M_B wirksam. Wechselt M_L mit Umkehr der Drehrichtung des Motors auch seine Richtung, wirkt es also auch beim Rücklauf bremsend, dann ergibt sich vom Stillstand bis zum Hochlauf auf die Betriebsdrehzahl n_{b2} das ebenfalls eingezeichnete (negative) Beschleunigungsmoment M_B.

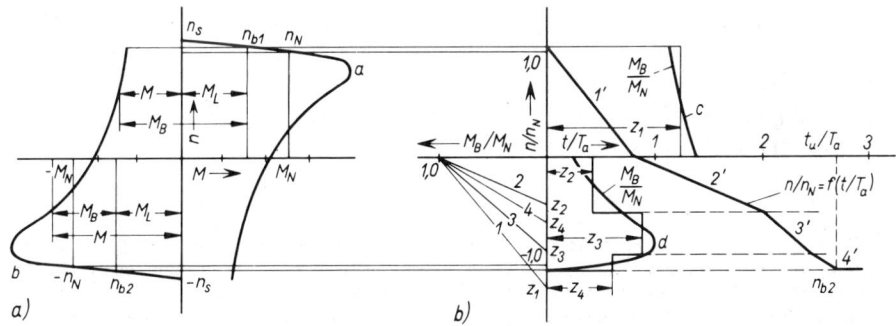

5.22 Graphisches Integrieren zur Ermittlung des Umsteuervorganges

In Bild 5.22b kann damit für die graphische Integration zunächst $M_B/M_N = \mathrm{f}(n/n_N)$ durch die Kurven c und d dargestellt werden. Beide Kurven und die aus ihnen gebildeten Ersatztreppen, somit auch die Treppenabschnitte z_1 bis z_4, liegen im negativen Gebiet der M_B/M_N-Achse (im 1. bzw. 4. Quadranten), da M_B durchweg negativ ist. Die Strecken z_1 bis z_4 müssen daher auf der Ordinate nach unten aufgetragen werden. Ausgehend von der Betriebsdrehzahl n_{b1}/n_N bei $t = 0$ ergibt sich damit abschnittsweise durch das graphische Verfahren der Umsteuerungsvorgang $n/n_N = \mathrm{f}(t/T_a)$ bis zur Betriebsdrehzahl n_{b2}/n_N und damit aus t_u/T_a auch die Umsteuerzeit t_u, die sich aus der Bremszeit und der Anlaufzeit in entgegengesetzter Drehrichtung zusammensetzt.

5.2.3   Bemessung des Motors

5.2.3.1   Zulässiges Motormoment

Die dynamischen Vorgänge bei Anlauf, Bremsen, Umsteuern und dgl. laufen im Betrieb in verschiedener Reihenfolge ab, je nach Art und Betriebsweise des Antriebs, und ergeben den zeitlichen Verlauf der Motordrehzahl und des Motormoments.

Beispiele: Beim einfachen Lüfterantrieb (s. Abschn. 5.2.1.1) kommen Anlauf, normaler Betrieb mit bestimmter Betriebsdauer und freier Auslauf vor. Bei Förderanlagen, Lastaufzügen und dgl.

wird nach dem Anlauf eine bestimmte Fahrstrecke mit konstanter Geschwindigkeit zurückgelegt; hieran schließt sich Auslauf mit Bremsen bis zum Stillstand an. Bei einer Stanzmaschine wechseln Belastung und Leerlauf in fast regelmäßiger Folge. Bei Antrieben mit Drehzahlsteuerung kommen zusätzlich Bewegungsvorgänge mit höheren und niedrigeren Drehzahlen hinzu.

Es erhebt sich nun die Frage, ob der zunächst für die rechnerische oder graphische Untersuchung der dynamischen Vorgänge zugrunde gelegte Motor hinsichtlich seiner Größe (Nennleistung P_{2N}) auch richtig gewählt wurde. Ein zu großer Motor ist unwirtschaftlich; andererseits darf der Motor weder mechanisch noch thermisch überlastet werden. Es ist demnach zu prüfen, ob das nach dem Momentverlauf $M = f(t)$ auftretende maximale Motormoment das zulässige Motormoment nicht übersteigt und ob der Motor im Hinblick auf seine Lebensdauer, die eng mit der Wärmebeständigkeit der Isolation zusammenhängt, im Betrieb nicht zu heiß wird. Die auftretende maximale Motortemperatur darf die zulässige Motortemperatur nicht überschreiten (s. Abschn. 5.2.3.2).

Bei allen Gleichstrommotoren wird die Überlastungsfähigkeit durch die Kommutierung, d. h. durch die zulässige Kommutatorbelastung begrenzt. Bei normalen Ausführungen liegt diese Grenze auch bei Überlastungen von kurzer Dauer etwa beim doppelten Nennmoment. Sonderausführungen (mit Kompensationswicklungen) sind bis zum 3- bis 5fachen Nennmoment überlastbar.

Bei Drehstrommotoren ist das zulässige Motormoment äußerstenfalls durch das Kippmoment gegeben. Es liegt bei Asynchronmotoren mit Kurzschlußläufer, je nach Ausführung des Läufers, und bei Schleifringläufern beim 2- bis 3fachen Nennmoment. Bei normalen Synchronmotoren erreicht das Kippmoment etwa die gleichen Beträge. Kollektormotoren für Drehstrom und Wechselstrom sind in der Regel mit dem 1,5fachen, höchstens mit dem 2fachen Nennmoment überlastbar.

5.2.3.2 Zulässige Motortemperatur

Die Nennleistung P_{2N} eines Elektromotors ist die Leistung, die er entsprechend der auf dem Leistungsschild angegebenen Nennbetriebsart ohne die zulässige Erwärmung zu überschreiten, abgeben kann. Größere Motoren erreichen dabei die Beharrungstemperatur meist erst nach einer Betriebsdauer von mehreren Stunden.

Die Erwärmung des Motors gegenüber seiner Umgebung (bei Fremdkühlung gegenüber der Kühlluft) wird durch die im Motor auftretenden Verluste P_v verursacht, die sich aus Kupfer-, Eisen- und Reibungsverlusten zusammensetzen. Bei Motoren mit Synchron- und Nebenschlußkennlinie (s. Abschn. 5.2.1.2) können die Eisen- und Reibungsverluste konstant angenommen werden, während die Kupferverluste vom Strom und damit von der Belastung der Motoren abhängen. Zur Ermittlung der Motorerwärmung $\vartheta = f(t)$ sollte daher der zeitliche Verlauf aller im Motor auftretenden Verluste $P_v = f(t)$ bekannt sein.

Erwärmungskurve bei konstanten Verlusten Der Motor wird hier vereinfachend als homogener Körper betrachtet. Wird einem solchen Körper eine konstante Heizleistung P_v und damit in der Zeit dt die Wärme $P_v\,dt$ zugeführt, so wird hiervon ein gewisser Anteil in dem Körper gespeichert, so daß sich seine Temperatur ϑ um $d\vartheta$ erhöht. Ist C die Wärmekapazität des Körpers, so ist die gespeicherte Wärme $C\,d\vartheta$. Der Rest der zugeführten Wärme wird in der Zeit dt an die Umgebung (Umgebungstemperatur ϑ_u) abgegeben. Ist A die Wärmeabgabefähigkeit des Körpers, die von seiner Oberfläche und den Kühlverhältnissen abhängt, dann ist die in der Zeit $\mathrm{d}t$ abgegebene Wärme $A(\vartheta - \vartheta_u)\,\mathrm{d}t$. Nach dem Energieprinzip ist

zugeführte Wärme = gepeicherte Wärme + abgegebene Wärme

$$P_v\,\mathrm{d}t = C\,\mathrm{d}\vartheta + A\,(\vartheta - \vartheta_u)\,\mathrm{d}t \tag{5.31}$$

Durch Umformen erhält man die Differentialgleichung

$$\frac{C}{A}\frac{\mathrm{d}\vartheta}{\mathrm{d}t} + \vartheta - \vartheta_u = \frac{P_v}{A}$$

mit der allgemeinen Lösung

$$\vartheta = \vartheta_u + \frac{P_v}{A} + K e^{-t/T_\vartheta}$$

Hierbei ist die Erwärmungszeitkonstante

$$T_\vartheta = \frac{C}{A} \tag{5.32}$$

Zur Zeit $t = 0$ ist somit die Anfangstemperatur ϑ_a des Körpers

$$\vartheta_a = \vartheta_u + \frac{P_v}{A} + K$$

und somit die Integrationskonstante

$$K = \vartheta_a - \vartheta_u - P_v/A$$

Weiter folgt für $t \to \infty$ die Endtemperatur im stationären Erwärmungszustand

$$\vartheta_e = \vartheta_u + \frac{P_v}{A} \tag{5.33}$$

Damit ergibt sich für den gesuchten zeitlichen Verlauf der Temperatur $\vartheta = \mathrm{f}(t)$

$$\vartheta = \vartheta_e - (\vartheta_e - \vartheta_a)\,e^{-t/T_\vartheta} \tag{5.34}$$

Bei konstanten Verlusten ($P_v = \text{konst.}$) und konstanten Kühlungsverhältnissen ($A = \text{konst.}$) verläuft die Temperatur des Körpers nach einer Exponentialkurve. In Bild 5.23 ist Gl. (5.34) für einen Erwärmungsvorgang ($\vartheta_a < \vartheta_e$) dargestellt.

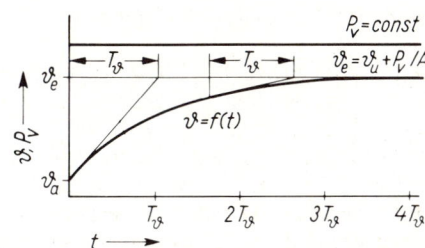

5.23
Erwärmungskurve einer elektrischen Maschine
bei konstanter Verlustleistung P_v

Gl. (5.34) gilt auch für einen **Abkühlungsvorgang** ($\vartheta_a > \vartheta_e$). In diesem Fall verläuft die Temperatur exponentiell von einer Anfangstemperatur ϑ_a auf die niedrigere Endtemperatur ϑ_e; nur bei Abkühlung stillstehender, eigenbelüfteter Maschinen ist infolge geringerer Wärmeabgabefähigkeit A nach Gl. (5.32) die Subtangente T_ϑ dieser Kurve größer als beim Erwärmungsvorgang.

Erwärmungskurven bei verschiedenen Belastungen Nimmt man im Betrieb bei verschiedener Belastung für Erwärmung und Abkühlung dieselbe Wärmeabgabefähigkeit A an, was für fremdbelüftete Motoren immer und bei dem viel häufigeren Fall eigenbelüfteter Motoren mit etwa konstanter Drehzahl zutrifft, dann verhalten sich nach Gl. (5.33) die Endübertemperaturen $\vartheta_e - \vartheta_u$ wie die Motorverluste P_v. Bei Nennbetrieb tritt durch die Nennverluste P_{vN} die Grenztemperatur ϑ_g, somit die Grenzübertemperatur $\vartheta_g - \vartheta_u$ des Motors auf. Es gilt dann die Proportion

$$\frac{\vartheta_e - \vartheta_u}{\vartheta_g - \vartheta_u} = \frac{P_v}{P_{vN}} \tag{5.35}$$

In Bild 5.24 sind (bei $\vartheta_a = \vartheta_u$) die Erwärmungskurven für einen Motor bei Nennlast (ϑ_1), bei Teillast (ϑ_2) und bei Überlast (ϑ_3) gezeichnet. Nach einer Betriebszeit von $(3 \text{ bis } 4) \cdot T_\vartheta$ erreicht die Erwärmung bei Nennlast etwa die Grenztemperatur ϑ_g; bei Teillast liegt die Endtemperatur nach Gl. (5.35) tiefer, bei Überlast erreicht der Motor bereits nach einer Betriebsdauer t_b die Grenztemperatur ϑ_g.

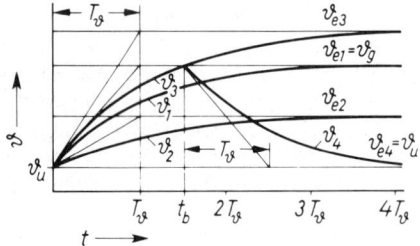

5.24
Erwärmungskurven ϑ_1, ϑ_2, ϑ_3 bei verschiedenen Belastungen; Abkühlungskurve ϑ_4

Aus wärmetechnischen Gründen kann demnach ein Motor durchaus überlastet werden, er muß aber nach Erreichen der Grenztemperatur ϑ_g sofort mindestens auf Nennlast entlastet werden, damit ϑ_g nicht überschritten wird. In Bild 5.24 stellt $\vartheta_4 = f(t)$ den Abkühlungsvorgang auf die Umgebungstemperatur ϑ_u dar, wenn der Motor bei Erreichen der Grenztemperatur ϑ_g von Hand oder selbsttätig, z.B. durch einen Motorschutzschalter (s. Abschn. 5.3.1.1), abgeschaltet wird. Hierbei ist $\vartheta_e = \vartheta_u$ und $\vartheta_a = \vartheta_g$ in Gl. (5.34) einzusetzen.

Die Erwärmungszeitkonstante T_ϑ beträgt für Kleinstmotoren etwa 5 bis 20 min, für Motoren zwischen 1 kW und 100 kW etwa 0,75 bis 1,5 h. Bei eigenbelüfteten Maschinen ist die Abkühlungszeitkonstante bei stillstehender Maschine etwa 2 bis 4mal größer.

Die VDE-Bestimmung 0530 verlangt, daß je nach Isolierstoffklasse des Motors bestimmte Grenzübertemperaturen $\Delta\vartheta = \vartheta_g - \vartheta_u$ nicht überschritten werden. Dabei darf die maximale Kühlmitteltemperatur (Raumlufttemperatur) $\vartheta_u \leq 40\,°C$ betragen, andernfalls gelten Sonderbestimmungen. Tafel 5.25 zeigt eine Zusammenstellung der

Tafel **5**.25 Grenzübertemperaturen von Wechselstromwicklungen luftgekühlter Maschinen

Isolierstoffklasse	A	E	B	F	H
Übertemperatur in K	60	75	80	105	125

zulässigen Grenzübertemperaturen von normalen luftgekühlten Maschinen, wenn $\Delta\vartheta$ aus der Widerstandserhöhung der Wicklung berechnet wird.

Maximale Motortemperatur

Bei abschnittsweise konstanten Verlusten und den aus Gl. (5.35) entsprechenden Endtemperaturen (ϑ_{e1} bis ϑ_{e4}) setzt sich der Temperaturverlauf aus Teilstücken von Exponentialkurven zusammen, die sich rechnerisch aus Gl. (5.34) ergeben und in Bild **5**.26 dargestellt sind. Der Motor reicht aus, wenn $\vartheta_{\max(} \leqq_{)} \vartheta_{g}$ ist.

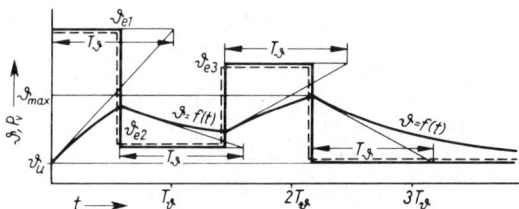

5.26
Erwärmungsverlauf $\vartheta = f(t)$ bei abschnittsweise konstanten Verlusten

Für den Fall, daß die Spieldauer t_S sehr klein gegenüber der Erwärmungszeitkonstante des Motors ist ($t_S \ll T_\vartheta$), braucht man den Temperaturverlauf weder rechnerisch noch graphisch zu ermitteln. Trägt man nach Bild **5**.27 die innerhalb der Spieldauer t_S auftretenden Motorverluste P_v, bezogen auf die bei Nennleistung auftretenden Verluste P_{vN}, also $P_v/P_{vN} = f(t)$ auf und stellt die mittleren Verluste P_{vm} während der Spielzeit fest, so kann hieraus nach Gl. (5.35) die Endtemperatur ϑ_e, die der Motor nach beliebig langer Betriebszeit annimmt, sofort ungefähr ermittelt werden

$$(\vartheta_e - \vartheta_u)/(\vartheta_g - \vartheta_u) \approx P_{vm}/P_{vN} \tag{5.38}$$

Die gewählte Motorgröße reicht in thermischer Hinsicht aus, wenn $P_{vm} \leqq P_{vN}$ ist.
In Abschn. 5.2.4 wird am Beispiel einer Förderanlage die Erwärmungskontrolle für den Fall durchgeführt, daß mit verschiedenen Temperaturzeitkonstanten während eines Arbeitsspiels gerechnet werden muß.

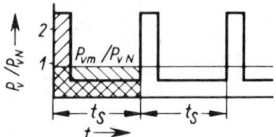

5.27
Mittlere Verluste
innerhalb
der Spieldauer t_S

5.2.3.4 Zahlenbeispiele

Beispiel 5.6 Eine Zahnradbahn wird von einem Motorwagen (12 Tonnen) und einem Anhängerwagen (8 Tonnen) in Bergfahrt (Steigung 10°) mit der Geschwindigkeit $v = 12$ km/h befahren. Der Antrieb erfolgt durch zwei gleiche Gleichstrom-Reihenschlußmotoren für 600 V;

jeder Motor arbeitet über ein Vorgelege auf einen Treibradsatz. Für die Kupferverluste sollen 10% angenommen werden, alle übrigen Verluste sowie die Sättigung des Eisens bleiben unberücksichtigt. Die Trägheitsmomente betragen

$$\text{je Motor } 7{,}5 \text{ kgm}^2 \qquad \text{je Vorgelege } 250 \text{ kgm}^2 \qquad \text{je Treibradsatz } 500 \text{ kgm}^2$$

Die Drehzahlübersetzungen sind bei einem Treibraddurchmesser $d = 1{,}2$ m

$$\frac{\text{Motorritzel}}{\text{Vorgelege}} = \frac{6}{1} \qquad \frac{\text{Vorgelege}}{\text{Treibzahnrad}} = \frac{3}{1}$$

Die Reibungswiderstände betragen insgesamt 10% des Zuggewichtes.

a) Bei Fahrt mit konstanter Geschwindigkeit 12 km/h arbeiten die Motoren mit Nennlast. Die Nennleistung der Motoren, ihr Nennstrom und der Strom im Fahrdraht sind zu ermitteln.

Die Antriebskraft F bei konstanter Geschwindigkeit ist gleich der Lastkraft F_L, die sich aus der Kraft $G \sin\alpha$ zur Überwindung der Steigung und aus der gesamten Reibungskraft $(0{,}1 \times$ Gesamtgewicht) zusammensetzt

$$F_L = [(12 + 8)\,10^3 \text{ kg} \sin 10° + 0{,}1 \cdot 20 \cdot 10^3 \text{ kg}] \cdot 9{,}81 \text{ m/s}^2$$
$$= (3{,}47 + 2)\,10^3 \cdot 9{,}81 \text{ kgms}^{-2} = 53{,}6 \text{ kN}$$

da $1 \text{ N} = 1 \text{ kgms}^{-2}$ ist.

Die abgegebene Leistung beider Fahrmotoren ist

$$P_2 = F_L v = 53{,}6 \text{ kN} \frac{12\,000 \text{ m}}{3600 \text{ s}} = 179 \text{ kNms}^{-1} = 179 \text{ kW}$$

Somit entfällt auf jeden Fahrmotor die Nennleistung $P_N = 179 \text{ kW}/2 = 89{,}5 \text{ kW}$. Der Fahrdrahtstrom beträgt also

$$I = \frac{P_2}{U\eta} = \frac{179 \text{ kW}}{600 \text{ V} \cdot 0{,}9} = 0{,}332 \text{ kA} = 332 \text{ A}$$

und somit der Nennstrom je Motor $I_N = I/2 = 332 \text{ A}/2 = 166 \text{ A}$.

b) Wie groß ist die Ersatzmasse für die rotierenden Massenteile des Motorwagens?

Das Trägheitsmoment der rotierenden Massen eines Treibradsatzes ist, bezogen auf die Drehzahl des Treibzahnrades, nach Gl. (5.5c) und Gl. (5.6)

$$\frac{J_e}{2} = 500 \text{ kgm}^2 + 250 \text{ kgm}^2 \left(\frac{3}{1}\right)^2 + 7{,}5 \text{ kgm}^2 \left(\frac{3 \cdot 6}{1}\right)^2 = 5180 \text{ kgm}^2 = 5{,}18 \text{ tm}^2$$

und für beide Treibradsätze somit $J_e = 10{,}36 \text{ tm}^2$. Die Ersatzmasse für beide Treibradsätze ist dann

$$m_e = \frac{J_e}{r^2} = \frac{10{,}36 \text{ tm}^2}{0{,}6^2 \text{ m}^2} = 28{,}8 \text{ t}$$

c) Anfahrzeit und Anfahrstrecke sind zu errechnen unter der Annahme, daß jeder Motor während des Anfahrens im Mittel das 1,44fache Nennmoment entwickelt.

Da nach Frage a) die Motoren bei Nennbetrieb eine Antriebskraft $F = F_L = 53{,}6$ kN entwickeln, steht für den Anfahrvorgang (gleichmäßig beschleunigte Bewegung) eine mittlere Beschleunigungskraft

$$F_B = F - F_L = 1{,}44\,F_L - F_L = 0{,}44\,F_L = 0{,}44 \cdot 53{,}6 \text{ kN} = 23{,}6 \text{ kN}$$

zur Verfügung. Die zu beschleunigenden Massen des Zuges einschließlich der Ersatzmasse betragen $m = (20 + 28{,}8)\,\mathrm{t} = 48{,}8\,\mathrm{t}$. Somit wird die Beschleunigung

$$a = \frac{F_\mathrm{B}}{m} = \frac{23{,}6 \cdot 10^3\,\mathrm{N}}{48{,}8 \cdot 10^3\,\mathrm{kg}} = 0{,}482\,\mathrm{m/s^2}$$

Aus $v = at$ ergibt sich die Anfahrzeit

$$t = \frac{v}{a} = \frac{12\,000\,\mathrm{m} \cdot \mathrm{s^2}}{3600\,\mathrm{s} \cdot 0{,}482\,\mathrm{m}} = 6{,}9\,\mathrm{s}$$

aus $s = \dfrac{1}{2}\,at^2$ die Anfahrstrecke

$$s = 0{,}5 \cdot 0{,}482\,\frac{\mathrm{m}}{\mathrm{s^2}}\,(6{,}9\,\mathrm{s})^2 = 11{,}5\,\mathrm{m}$$

Beispiel 5.7   Von einer Förderanlage in einem Erzbergwerk (5.28) mit zwei gleichen Antriebsmotoren in Leonard-Schaltung (s. Abschn. 4.1.2.3) sind bekannt:

Tiefe 820 m; Nutzlast 6,5 Tonnen; Förderung 40 Förderzüge je Stunde bzw. 260 Tonnen/ Stunde; Durchmesser der Treibscheibe 6,5 m; gesamtes Trägheitsmoment aller bewegten Teile, umgerechnet auf die Motorwelle, $J = 697\,\mathrm{tm^2}$.

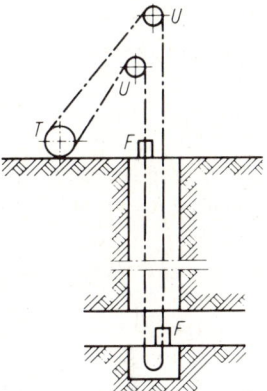

5.28
Förderanlage
F Fahrkorb, T Treibscheibe, U Umlenkscheibe

Die gesamte Reibung bei Fahrt kann angenähert durch eine konstante Reibungskraft von 15% der Nutzlast berücksichtigt werden.

Fahrdiagramm für Fördern (Last heben): Anfahren mit konstanter Beschleunigung 1,5 m/s² (1. Abschnitt), bis die konstant gehaltene Fördergeschwindigkeit 18 m/s erreicht ist (2. Abschnitt); daran anschließend konstante Verzögerung $-1\,\mathrm{m/s^2}$ (3. Abschnitt) bis zum Stillstand (4. Abschnitt).

a) Für die Betriebsart Fördern sind die Wege s, Geschwindigkeiten v, Beschleunigungen a und Drehzahlen n der Antriebsmotoren in den vier Fahrabschnitten als Funktion der Zeit t in einem Schaubild darzustellen.

1. Abschnitt: Beschleunigen

$$t_1 = \frac{v}{a} = \frac{18\,\mathrm{m/s}}{1{,}5\,\mathrm{m/s^2}} = 12\,\mathrm{s} \qquad s_1 = \frac{1}{2}\,at_1^2 = 0{,}5 \cdot 1{,}5\,\frac{\mathrm{m}}{\mathrm{s^2}}\,(12\,\mathrm{s})^2 = 108\,\mathrm{m}$$

Nun ist zunächst der Bewegungsvorgang im dritten Abschnitt zu berechnen.

3. Abschnitt: Verzögern

$$t_3 = \frac{v}{a} = \frac{18 \text{ m/s}}{1 \text{ m/s}^2} = 18 \text{ s} \qquad s_3 = \frac{1}{2} a t_3^2 = 0.5 \cdot 1 \frac{\text{m}}{\text{s}^2} (18 \text{ s})^2 = 162 \text{ m}$$

2. Abschnitt: Fahrt mit konstanter Geschwindigkeit

$$s_2 = s - (s_1 + s_3) = 820 \text{ m} - (108 + 162) \text{ m} = 550 \text{ m} \qquad t_2 = \frac{550 \text{ m}}{18 \text{ m/s}} = 30.6 \text{ s}$$

4. Abschnitt: Mit der gesamten Fahrzeit $t_f = t_1 + t_2 + t_3 = (12 + 30.6 + 18) \text{ s} = 60.6 \text{ s}$ und der Spieldauer $t_s = 3600 \text{ s}/40 = 90 \text{ s}$ bei 40 Förderzügen je Stunde wird die Stillstandszeit

$$t_4 = t_s - t_f = (90 - 60.6) \text{ s} = 29.4 \text{ s}$$

Die Motordrehzahl erhält man aus $v = r\omega = \pi d n$; mithin ist $n = v/\pi d$, also $n \sim v$. Bei Fahrt mit $v = 18 \text{ m/s}$ und dem Durchmesser $d = 6.5 \text{ m}$ der Treibscheibe ist dann die Motordrehzahl

$$n = \frac{18 \text{ m/s}}{\pi \cdot 6.5 \text{ m}} = 0.88/\text{s} = 52.8 \text{ min}^{-1}$$

Das Fahrdiagramm ist in Schaubild **5.**29a dargestellt.

b) Das erforderliche Drehmoment $M = f(t)$ und die Leistung $P_2 = f(t)$ der beiden Fahrmotoren sind zu bestimmen.

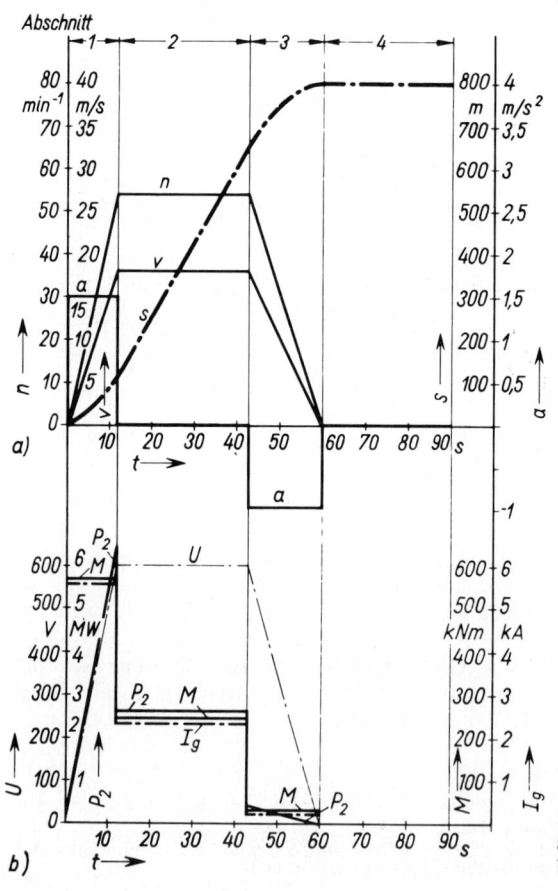

a)

b)

5.29

a) Fahrdiagramm $s, v, a, n = f(t)$

b) $P_2, U, I_g = f(t)$ für Betriebsart Fördern

Da sich auf beiden Seiten der Treibscheibe die Gewichtskräfte der leeren Förderkörbe und der Seile für die Momentenbildung aufheben, ergibt sich als Umfangskraft die volle Nutzlast und die Reibungskraft von 15% der Nutzlast, zusammen also eine Kraft von $1{,}15 \cdot 6{,}5$ t $\cdot 9{,}81$ ms$^{-2} = 73{,}4$ kN. Mit dem Hebelarm von 3,25 m (Radius der Treibscheibe) erhält man somit für das Lastmoment

$$M_L = 73{,}4 \text{ kN} \cdot 3{,}25 \text{ m} = 238 \text{ kNm}$$

Nach Gl. (5.1) ist das Motormoment

$$M = M_L + M_B = M_L + J \, 2\pi \, dn/dt$$

Die abgegebene Leistung $P_2 = f(t)$ der beiden Fahrmotoren in den einzelnen Abschnitten ergibt sich aus Gl. (1.24a).

1. Abschnitt (Beschleunigen):

$$dn/dt = n/t_1 = \frac{0{,}88/\text{s}}{12 \text{ s}} = 0{,}0733 \text{ s}^{-2}$$
$$M_B = 697 \text{ tm}^2 \cdot 2\pi \cdot 0{,}0733 \text{ s}^{-2} = 321 \text{ kNm}$$

Somit ist das gesamte Motormoment

$$M_1 = M_L + M_B = (238 + 321) \text{ kNm} = 559 \text{ kNm}$$

Für $t = 0$ ist $n = 0$, somit auch $P_2 = 0$. Am Ende des Beschleunigungsvorganges ($t = t_1$) sind $M = 559 \cdot 10^3$ Nm und $n = 52{,}8$ min^{-1}. Somit ist nach Gl. (1.24a)

$$\frac{P_2}{\text{W}} = 0{,}1047 \cdot 559 \cdot 10^3 \cdot 52{,}8 = 3090 \cdot 10^3$$
$$P_2 = 3090 \text{ kW}$$

2. Abschnitt (Fahrt mit konstanter Geschwindigkeit): $M_2 = M_L = 238$ kNm, $n = 52{,}8$ min^{-1}. Somit ist

$$\frac{P_2}{\text{W}} = 0{,}1047 \cdot 238 \cdot 10^3 \cdot 52{,}8 = 1310 \cdot 10^3 \qquad P_2 = 1310 \text{ kW}$$

3. Abschnitt (Verzögern):

$$dn/dt = -n/t_3 = -\frac{0{,}88/\text{s}}{18 \text{ s}} = -0{,}0489 \text{ s}^{-2}$$
$$M_B = -697 \cdot 2\pi \cdot 0{,}0489 \text{ kNm} = -214 \text{ kNm}$$

Somit ist das Motormoment

$$M_3 = M_L + M_B = (238 - 214) \text{ kNm} = 24 \text{ kNm}$$

Zu Beginn des Verzögerungsvorganges sind $M = 24 \cdot 10^3$ Nm und $n = 52{,}8$ min^{-1}. Dann ist

$$\frac{P_2}{\text{W}} = 0{,}1047 \cdot 24 \cdot 10^3 \cdot 52{,}8 = 132 \cdot 10^3 \qquad P_2 = 132 \text{ kW}$$

4. Abschnitt (Stillstand): $M_4 = 0$, $P_2 = 0$.

In Bild 5.29b ist der Verlauf des Moments $M = f(t)$ dargestellt. Da sich innerhalb eines jeden Abschnittes $M =$ konst. ergibt, ist P_2 proportional zu n. Die Funktion $P_2 = f(t)$ ist ebenfalls in Bild 5.29b dargestellt.

c) Man ermittle die Größe (Nennleistung) der Fördermotoren mit Rücksicht auf ihre Erwärmung und prüfe, ob das maximale Motormoment zulässig ist.

Die in den Motoren entstehende Wärme wird hauptsächlich durch die Kupferverluste hervorgerufen; die Eisen- und Reibungsverluste treten gegenüber diesen zurück. Die Kupferverluste sind proportional I^2. Da aber das Drehmoment M der Gleichstrom-Nebenschlußmotoren nach Gl. (4.26) proportional I ist, gilt für die Verlustleistung angenähert $P_v \sim M^2$. Bildet man daher aus $M = f(t)$ einen Effektivwert des Moments

$$M_{\text{eff}} = \sqrt{\frac{M_1^2 t_1 + M_2^2 t_2 + M_3^2 t_3 + M_4^2 t_4}{t_1 + t_2 + t_3 + t_4}} \qquad (5.39)$$

so wird durch dieses konstante Moment M_{eff} während einer Spieldauer dieselbe Wärme hervorgerufen wie von dem zeitlich veränderlichen Moment $M = f(t)$. Wählt man das Nennmoment jedes Motors gleich dem halben Effektivwert, also $M_N = M_{\text{eff}}/2$, so erreichen die Motoren im Betrieb ihre Grenztemperaturen, wenn sie ungefähr mit der Nenndrehzahl betrieben werden, sich die Kühlungsverhältnisse während der Spieldauer also nicht ändern.

Im vorliegenden Fall ändert sich die Drehzahl zwischen Stillstand und konstanter Fahrt tatsächlich aber sehr stark. Da die Erwärmungszeitkonstanten des Motors bei voller Drehzahl etwa halb so groß wie bei Stillstand angenommen werden können, kann man die Zeiten t_1 bis t_4 im Nenner von Gl. (5.39) wie folgt ersetzen.

Zu t_2: Diese Zeit bleibt gültig, da die Motoren bei Fahrt mit konstanter Geschwindigkeit volle Drehzahl haben.

Zu t_4: Es wird $0{,}5\,t_4$ statt t_4 gesetzt, da im Stillstand die Erwärmungszeitkonstante doppelt so groß ist.

Zu t_1, t_3: Statt t_1 wird $0{,}75\,t_1$ und statt t_3 wird $0{,}75\,t_3$ eingeführt, da beim Beschleunigen und Verzögern die mittlere Drehzahl zwischen $n = 0$ und der vollen Drehzahl liegt.

Damit ergibt sich für das Nennmoment M_N jedes Motors

$$\begin{aligned}
M_N &= \frac{1}{2}\sqrt{\frac{M_1^2 t_1 + M_2^2 t_2 + M_3^2 t_3 + M_4^2 t_4}{0{,}75\,t_1 + t_2 + 0{,}75\,t_3 + 0{,}5\,t_4}} \\[2mm]
&= \frac{1}{2}\sqrt{\frac{(559\ \text{kNm})^2\,12\ \text{s} + (238\ \text{kNm})^2\,30{,}6\ \text{s} + (24\ \text{kNm})^2\,18\ \text{s} + 0}{(0{,}75 \cdot 12 + 30{,}6 + 0{,}75 \cdot 18 + 0{,}5 \cdot 29{,}4)\,\text{s}}} \\[2mm]
&= \frac{1}{2}\sqrt{\frac{578\,000 \cdot 10^6 (\text{kNm})^2\,\text{s}}{67{,}8\ \text{s}}} = \frac{1}{2}\sqrt{92{,}4 \cdot 10^3}\ \text{kNm} = \frac{1}{2} \cdot 302\ \text{kNm} = 152\ \text{kNm}
\end{aligned}$$

Das maximale Motormoment $0{,}5 \cdot 559\ \text{kNm} \approx 280\ \text{kNm}$ tritt nach Bild **5.29b** beim Beschleunigen auf. Es beträgt das $280/152 = 1{,}84$fache des Nennmoments, entsprechend auch der maximale Motorstrom das $1{,}84$fache des Nennstroms. Die Motoren sind mit Kompensationswicklungen versehen, so daß diese Überlastung zulässig ist (Grenzwert etwa 2 bis 2,5facher Nennstrom).

Die größte Drehzahl $52{,}8\ \text{min}^{-1}$ der Motoren tritt bei Fahrt mit konstanter Geschwindigkeit auf. Jeder Motor ist dabei mit $M_L/2 = 119\ \text{kNm}$ oder dem $119/152 = 0{,}78$fachen seines Nennmomentes belastet. Da bei großen Motoren die Drehzahländerung zwischen Leerlauf und Nennlast nur wenige Prozent beträgt, ist die beim Nennmoment vorhandene Motornenndrehzahl $n_N \approx 52{,}4\ \text{min}^{-1}$, wenn man etwa $3{,}5\%$ Drehzahländerung annimmt.

Nun läßt sich die Nennleistung jedes Motors nach Gl. (1.24a) errechnen

$$\frac{P_{2N}}{\text{W}} = 0{,}1047 \cdot 152 \cdot 10^3 \cdot 52{,}4 = 835 \cdot 10^3 \qquad P_{2N} = 835\ \text{kW}$$

d) Für die Betriebsart Fördern sind die elektrischen Größen $U = f(t)$ und $I = f(t)$ angenähert zu berechnen, wenn die Nennspannung der Motoren $U_N = 600$ V beträgt.

Wegen der geringen Drehzahländerung zwischen Leerlauf und Vollast kann unabhängig von der Größe der Belastung angenähert angenommen werden, daß $U \sim n$ ist. Damit kann $U = f(t)$ in Bild **5**.29b – entsprechend dem Funktionsverlauf $n = f(t)$ in Bild **5**.29a – eingetragen werden. Nimmt man einen Nennwirkungsgrad der Motoren von $\eta = 93\%$ an, so ist der Nennstrom eines Motors

$$I_N = \frac{P_{2N}}{U_N \eta} = \frac{835 \text{ kW}}{600 \text{ V} \cdot 0,93} = 1,5 \text{ A} = 1500 \text{ A}$$

Vernachlässigt man den Leerlaufstrom des Motors, dann ist $I \sim M$. Somit ergeben das Drehmoment $M = f(t)$ und der Gesamtstrom beider Motoren $I_g = 2I = f(t)$ einen ähnlichen Verlauf (**5**.29b).

5.3   Schalt- und Steuerungstechnik

5.3.1   Schaltgeräte

5.3.1.1   Schalter

In der VDE-Bestimmung 0660 sind die Festlegungen, Begriffe und Anforderungen für alle Niederspannungs-Schaltgeräte wie Schalter, Schütze, Motorstarter usw. enthalten. Die zugehörigen Symbole und Schaltzeichen als Grundlage für Schaltpläne sind in DIN 40900 Teil 1 bis 13 zusammengestellt. Tafel **5**.30 zeigt eine Auswahl genormter Schaltzeichen für den Bereich Schalteinrichtungen.

Schaltglieder (Nr. 1 bis 6)   Sie dienen mit ihren festen und beweglichen Kontaktstücken zur unmittelbaren Kontaktgabe.

Antriebs- und Betätigungsart der Schalter (Nr. 7 bis 12)   Außer dem Antrieb der Schalter durch menschliche Kraft und durch Kraftantriebe spielen bei den Kontaktsteuerungen (5.3.3) die elektromechanischen Antriebe für Schaltschütze und Relais eine bedeutende Rolle (Nr. 12).

Mechanisches Verhalten in den Schaltstellungen (Nr. 13 bis 17)

Stell- oder Rastschalter sind Schalter ohne Rückstellkraft. Sie rasten in die Schaltstellung ein, verbleiben also in der eingenommenen Schaltstellung, wenn der Hand- oder Kraftantrieb nach der Stellungsänderung weggenommen wird (z. B. Hebelschalter, Lichtschalter).

Tastschalter (oder Taster) sind Schalter mit Rückstellkraft. Sie geben selbsttätig (meist durch eine beim Betätigen gespannte Feder) in die Ausgangsstellung zurück, wenn die Betätigungskraft aufhört, d.h. die Handkraft bei einem Drucktaster (z. B. Klingeltaster) weggenommen oder die magnetische Zugkraft infolge Unterbrechung des Stroms durch die Spule des Schützes wegfällt.

Schloßschalter sind Schalter mit Rückstellkraft und mechanischer Sperre. Sie werden durch die Sperre in der Ein-Stellung gehalten. Beim Ausschalten wird die Sperre (von Hand oder über Auslöser) aufgehoben, wobei die Rückstellkraft die Schaltglieder in ihre Ausgangsstellung zurückführt. Durch die Freiauslösung des Schaltschlosses kann das Auslösen des Schalters durch den Antrieb nicht behindert werden.

Tafel und Bild **5.**30   Schaltzeichen nach DIN 40 900

Schaltglieder

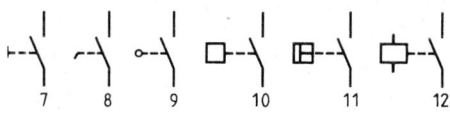

1 Schließer,   2 Öffner,
3 Wechsler mit
  Unterbrechung,
4 Wechsler ohne
  Unterbrechung,
5 Zweiwegschließer mit
  Mittelstellung „Aus",
6 Wischkontakt bei
  Betätigung,

Schaltglieder mit Kennzeichnung des Antriebs

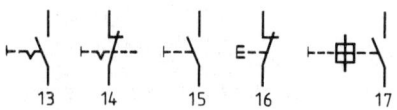

7 Handantrieb, allgemein,
8 Betätigung durch Pedal,
9 Antrieb durch Nocken und dgl.,
10 Kraftantrieb, allgemein,
11 Kolbenantrieb, z. B. Druckluftantrieb,
12 Elektromechanischer Antrieb (Schütz,
   Relais)

Mechanisches Verhalten in den Schaltstellungen

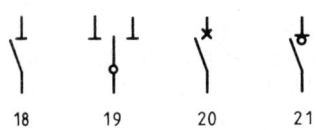

13 Rastschalter (Schließer, handbetätigt)
14 Rastschalter (Öffner, handbetätigt)
15 Tastschalter oder Taster (Schließer, handbetätigt)
16 Tastschalter oder Taster (Öffner, handbetätigt
   durch Drücken)
17 Schloßschalter, handbetätigt

Schalter mit verschiedenem Schaltvermögen

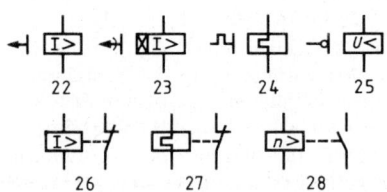

18 Trennschalter, Trenner, Leerschalter
19 Zweiweg-Trennschalter
20 Leistungsschalter
21 Leistungstrennschalter

Auslöser und Relais (links Schaltkurzzeichen)

22 Elektromagnetischer Überstromauslöser
23 Elektromagnetischer Überstromauslöser
   (verzögerte Auslösung)
24 Elektrothermischer Überstromauslöser
25 Elektromagnetischer Unterspannungsauslöser
26 Überstromrelais, elektromagnetisch betätigt
27 Überstromrelais, elektrothermisch betätigt
28 Überdrehzahlrelais, mechanisch betätigt

Schaltvermögen (Nr. 18 bis 21)   Hier wird unterteilt in

Leerschalter	für annähernd stromloses Schalten, Trennstrecke
Lastschalter	Schaltvermögen ausreichend für Ein- und Ausschalten im ungestörten Zustand (nicht für Motoren)
Motorschalter	Schaltvermögen entsprechend dem Anlaufstrom des Motors
Leistungsschalter	Schaltvermögen für die Kurzschlußbeanspruchung ausgelegt
Leistungstrennschalter	Leistungsschalter mit Trennstrecke

Art der Lichtbogenlöschung   Sie erfolgt durch Luft-, Öl-, Wasser-, Druckgas- oder Vakuumschalter. Niederspannungsschalter werden heute fast ausschließlich als Luftschalter gebaut; bei besonderen Betriebsbedingungen dient Öl als Löschmittel.

Je größer der Abschaltstrom ist, um so schwieriger ist die Löschung des zwischen den geöffneten Kontaktstücken brennenden Lichtbogens. Ein Wechselstrom erlischt nach jedem Nulldurchgang, bei Frequenz 50 Hz also nach jeweils 10 ms von selbst. Damit der Lichtbogen möglichst rasch erlischt und durch die an geöffneten Schaltkontakten wiederkehrende Spannung nach seinem natürlichen Erlöschen nicht wieder zündet, werden beim Luftschalter der thermische Auftrieb und die magnetische Blaswirkung (Blasspule) zur Verlängerung und Kühlung des Lichtbogens verwendet; hierdurch steigt sein Spannungsbedarf. Bei Leistungsschaltern für hohe Ströme sind Löschbleche in den Löschkammern untergebracht, wodurch der Lichtbogen unterteilt und durch den Wärmeentzug gelöscht wird (5.31a).

Verwendungszweck   Folgende Gruppen von Schaltern sind zu unterscheiden:

Schutzschalter	(Selbstschalter) öffnen (in Ausnahmefällen schließen) Stromkreise selbsttätig, also ohne Eingreifen eines Bedienenden, zum Schutz gegen unzulässige Werte des Stromes, der Erwärmung, der Fehlerspannung, der Unterspannung oder des Fehlerstroms. Der selbsttätige Schaltvorgang wird durch Auslöser oder Relais bewirkt.
Auslöser	sind Bestandteile von Schaltern, die durch Änderung physikalischer, vorwiegend elektrischer Größen betätigt werden und Schalter mechanisch auslösen.
Relais	sind Befehlsschalter, die durch Änderung physikalischer Größen betätigt werden und elektrisch weitere Einrichtungen steuern.

In Tafel **5**.30 sind Schaltzeichen für Auslöser (22 bis 25) und für Relais (26 bis 28) dargestellt.

Beispiele für Schutzschalter mit Auslöser

1. Motorschutzschalter (5.31a). Dieser Schloßschalter, der als Leistungsschalter (Lichtbogenlöschung in Luft) ausgeführt ist, wird von Hand eingeschaltet (5.31b). Das Ausschalten erfolgt willkürlich von Hand oder selbsttätig mit Schaltmitteln für die folgenden drei Schutzarten:

Überlastungsschutz. Motoren können infolge ihrer relativ großen Erwärmungszeitkonstanten kurzzeitig über Nennlast belastet werden (s. Abschn. 5.1.3.2). Bei Erreichen der zulässigen Grenztemperatur müssen sie, um Schaden zu vermeiden, selbsttätig abgeschaltet werden.

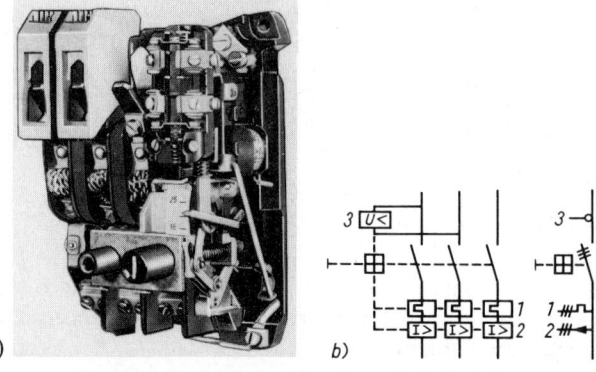

a)   b)

5.31 a) Motorschutzschalter 500 V, 25 A (AEG)
      b) Schaltzeichen und Schaltkurzzeichen

Man verwendet hierzu elektrothermisch wirkende Überstromauslöser (1 in Bild 5.31 b) mit
Bimetallstreifen in allen Hauptleitern der Motoren, die auf den Motornennstrom eingestellt
werden. Der vom Motorstrom direkt oder indirekt aufgeheizte Bimetallstreifen bildet die Er-
wärmungsvorgänge im Motor nach und stellt einen bewährten Überlastungsschutz dar. Bei
Erreichen der Grenztemperatur hat sich der Bimetallstreifen – er besteht aus zwei aufeinan-
dergewalzten Metallen mit stark verschiedenen Wärmeausdehnungskoeffizienten – so weit nach
einer Seite durchgekrümmt, daß hierdurch mechanisch die Sperre des Schloßschalters aufgehoben wird.

Kurzschlußschutz. Bei einem Kurzschluß im Motor oder zwischen Schalter und Motor muß
sofort abgeschaltet werden, um einerseits den Motor zu schützen und andererseits das Versor-
gungsnetz betriebsfähig zu erhalten (selbsttätige Abschaltung des kranken Netzteiles).

Diese Schnellabschaltung kann mit dem verzögert wirkenden Überlastungsschutz nicht verwirklicht werden. Sie wird mit magnetisch wirkenden Überstromauslösern (2 in Bild 5.31 b)
durchgeführt. Diese sind auf einen bestimmten Strom einstellbar, der ganz oder zum Teil – mit
Stromwandler oder Nebenwiderstand – durch eine Magnetspule fließt. Der Anker dieser Spule
betätigt mechanisch die Sperre des Schloßschalters.

Unterspannungsschutz. Bleibt im Störungsfall die Netzspannung aus, so kommen alle Elektromotoren zum Stillstand und laufen bei Wiederkehr der Spannung gleichzeitig wieder an,
wenn vom Bedienenden die Abschaltung der Rast- oder Schloßschalter versäumt wird. Um die
mit dem überraschenden Anlauf verbundene Unfallgefahr auszuschließen, wird bei Ausfall des
Netzes mit Hilfe eines Unterspannungsauslösers (3 in Bild 5.31 b) der Schalter selbsttätig ausgelöst.

Der Auslöser wirkt magnetisch. Liegt bei störungsfreiem Betrieb die Magnetspule an der Netzspannung, so ist der Anker angezogen und der Schalter kann eingeschaltet werden. Der Auslöser wird auf etwa 50 % der Netzspannung eingestellt, so daß bereits bei Absinken der Netzspannung unter diesen Wert der Anker abfällt; hierdurch wird mechanisch die Sperre aufgehoben und der Motor abgeschaltet.

2. Leitungsschutzschalter (LS-Schalter 5.32). Anstelle der früher verwendeten Sicherungen in
den Stromkreisen von Wohnungen, Büros usw. wird dieser Schalter heute fast ausschließlich
zum Schutz von Leitungen und Geräten mit Überlastungs- und Kurzschlußschutz verwendet.

5.32
LS-Schalter, handbetätigt, mit elektrothermischem und elektromagnetischem
Auslöser für das Schaltschloß, Schaltzeichen (a) einpolig und Schaltkurzzeichen (b) *a)*   *b)*

Weiterhin werden Schalter nach dem Verwendungszweck wie folgt eingeteilt:

Steuerschalter	zum häufigen Ein-, Aus- oder Umschalten von Stromkreisen
Trenner	zum Auftrennen eines Stromkreises in allen Leitern bei zuverlässiger Schaltstellungsanzeige (Sichtbarkeit der Trennstrecke nicht erforderlich)
Wahlschalter	zum Auswählen eines Strompfades aus zwei oder mehreren Strompfaden
Befehlsschalter	zum Schalten von Betätigungsstromkreisen
Grenzschalter	zur Überwachung einer physikalischen Größe oder eines Betriebszustandes (Betätigung bei Über- oder Unterschreiten eines eingestellten Grenzwertes)
Hilfsschalter	an Schaltgeräten (**5.**33) zum Schalten von Hilfsstromkreisen. Nach der Funktion werden die Hilfsschalter eingeteilt in
Schließer	bei geschlossenem Schaltgerät geschlossen
Öffner	bei geschlossenem Schaltgerät geöffnet
Wechsler	je eine Schließstellung bei geschlossenem und geöffnetem Schaltgerät
Wischer	kurzzeitig während des Übergangs des Schaltgerätes von einer Schaltstellung zu andern geschlossen oder geöffnet

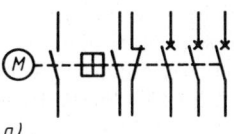 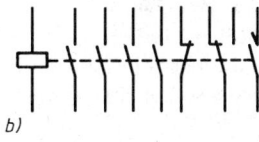

a)   *b)*

5.33 a) Leistungsschalter, dreipolig, mit Motorantrieb. Ein Hilfsschalter (Schließer) am Antrieb, je ein Schließer und Öffner am Schalter
b) Schütz, dreipolig mit Hilfsschaltern: je ein Schließer, Öffner, Wechsler und Wischer

Beispiele

1. Hilfsrelais. Bild **5.**34 zeigt ein Hilfsrelais mit sieben durch den Relaisanker gleichzeitig betätigten Wechslern. Diese Relais wurden ursprünglich für die Fernsprechtechnik entwickelt, werden aber heute auch in der industriellen Steuerungstechnik angewendet.
2. Schaltschütz. Ein dreipoliges Schütz (Tastschalter mit Rückzugkraft), wie es in Schützensteuerungen (s. Abschn. 5.3.3) verwendet wird, zeigt Bild **5.**35. Zur Überwachung der Strom-

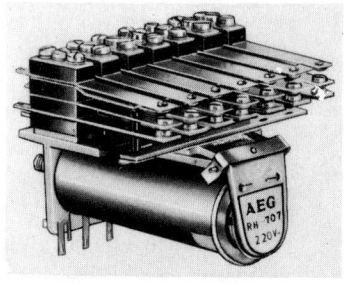

5.34
Hilfsrelais mit sieben Wechslern (AEG)

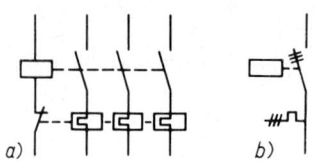

a)   b)

5.35
Schaltschütz, dreipolig, mit elektrothermischem Überstromrelais. Schaltzeichen (a) und Schaltkurzzeichen (b)

aufnahme des Motors wird bei Erreichen der Grenztemperatur in einem der drei Leiter der Stromkreis der Schützspule durch den Befehlsschalter eines elektrothermisch wirkenden Überstromrelais unterbrochen, die Rückzugskraft der Feder zieht die Kontaktbrücke (8 in Bild **5.**39) in ihre Ausschaltstellung, das Schütz „fällt ab".

5.3.1.2   Schmelzsicherungen

Zu den Überstromschutzorganen gehören auch die Schmelzsicherungen als Schaltgeräte zum selbsttätigen Öffnen von Stromkreisen, wobei ein stromführender Teil (Schmelzeinsatz) durch Schmelzen unterbrochen wird. Sie dienen zum Schutz gegen Ströme von unzulässiger Stärke und Dauer, entsprechend der Kennlinie des Schmelzeinsatzes.

Einteilung   Es werden unterschieden:

Leitungsschutz-Sicherungen (LS-Sicherungen). Sie bestehen aus Sicherungssockel, Paßeinsatz, Schmelzeinsatz mit Kennmelder sowie Schraubkappe, wie sie z. B. bei der Elektroinstallation vor allem in Industriebetrieben Verwendung finden. Sie werden für Nennströme von 2 bis 100 A gebaut.

Niederspannungs-Hochleistungs-Sicherungen (NH-Sicherungen, Bild **5.**37). Sie sind aus dem Sicherungsunterteil und dem Schmelzeinsatz (mit Unterbrechungsmelder) aufgebaut und werden für Nennströme von 2 bis 1500 A gebaut. Zum Auswechseln der Sicherungen dient ein Isoliergriff.

Kennlinien von Schmelzeinsätzen   LS- und NH-Sicherungen werden nach VDE 0635 als flinke und träge Sicherungen (letztere mit erhöhter Verzögerung) gebaut. Der Schmelzeinsatz schmilzt bei Dauerbetrieb mit dem Nennstrom I_N nicht durch. Die in den VDE-Vorschriften aufgeführten Prüfbestimmungen sind so gehalten, daß z. B. ein 10 (100)-A-Schmelzeinsatz den 1,5 (1,3)-fachen Nennstrom mindestens 1 (2) h aushalten muß, beim 1,9 (1,6)-fachen Nennstrom innerhalb von 1 (2) h abschmelzen muß. Außerdem bestehen Bestimmungen über die Mindest- und Höchstschmelzzeiten

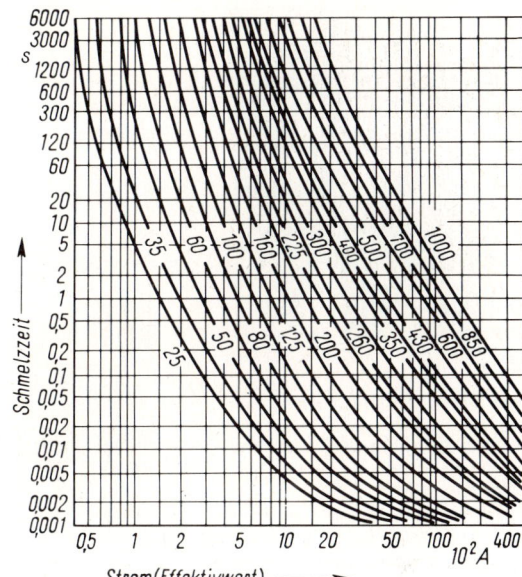

5.36
Kennlinien der Schmelzeinsätze von
NH-Sicherungen (mittlere Strom-Zeitkenn-
linien) genormter Nennstromstärken
(Siemens)

bei Überlastung mit dem 2,5-, 4- und 6-fachen Nennstrom (Tafel **5**.38). In Bild **5**.36
sind Kennlinien von Sicherungen dargestellt. Man beachte die kurzen Schmelzzeiten
bis etwa 1 ms bei sehr großen Strömen, wie sie im Kurzschlußfall auftreten können.

Verwendung Sicherungen sind ein ausgezeichneter Kurzschlußschutz, da sich
gleich kurze Abschaltzeiten mit Selbstschaltern (magnetische Auslösung) nicht erreichen lassen. Hinzu kommt, daß die Sicherung hohe Kurzschlußströme erst gar
nicht voll anwachsen läßt und diese Ströme innerhalb der ersten Viertelwelle von
50-Hz-Wechselströmen (Zeit < 5 ms) schon im Entstehen unterbricht. Wegen großem
Streubereich der Kennlinien und kleinen Erwärmungszeitkonstanten können aber
Sicherungen nicht als hochwertiger Überlastschutz angesehen werden. Man benutzt sie deshalb in solchen Fällen, in denen teure Selbstschalter eingespart werden
müssen und die Betriebsunterbrechung durch das Auswechseln des Schmelzeinsatzes
belanglos ist. Träge Sicherungen eignen sich besonders für Stromkreise mit betriebs-
bedingten kurzzeitigen Überlastungen, wie sie z.B. beim Anlauf von direkt eingeschalteten Käfigläufermotoren aufttreten.

Für Leitungen sind die für die verschiedenen Leiterquerschnitte erforderlichen Nennstromstärken der Sicherungen in den Belastungstabellen (Tafel **7**.22) angegeben. In Verteilungsnetzen
muß dafür gesorgt werden, daß nur die Sicherungen unmittelbar vor dem kranken Netzteil
ansprechen und abschalten, damit das übrige Netz ungestört weiter in Betrieb bleibt. Bei
Stromstärken bis 25 A werden meist die bekannten Schraubsicherungen, darüber vorzugsweise
NH-Griffsicherungen (**5**.37a), verwendet. Mit Hilfe des Sicherungstrenners läßt sich ein gleich-
zeitiges allpoliges Trennen (Leerschalter nach Abschn. 5.3.1.1) durchführen, so daß vielfach besondere Trenner eingespart werden können.

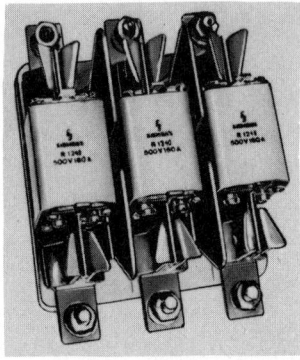

5.37
Niederspannungs-Hochleistungs-
Sicherung für 500 V, Nennstrom 100 A
(Siemens)

a) Sicherungsunterteil mit Schmelzeinsätzen
b) Schaltzeichen

Tafel **5.**38 Schmelzzeiten von 100-A-Sicherungen verschiedener Ausführungsart in Sekunden (s)

Belastung	$2,5\,I_N$		$4\,I_N$		$6\,I_N$	
Sicherungsart	mindestens	höchstens	mindestens	höchstens	mindestens	höchstens
LS flink	3	40	0,3	3		
LS träge	41	210	4	13		
NH flink	5,6	33	0,56	2,8	0,112	0,56
NH träge	40	150	4	12	0,83	2,4

5.3.1.3 Schütze

Für die Steuerung des elektrischen Antriebs einer einzelnen Arbeitsmaschine oder einer Maschinengruppe werden als Schaltgeräte vorzugsweise Schütze verwendet: Schützensteuerungen (s. Abschn. 5.3.3). Das Schütz ist ein elektromagnetisch betätigter Fernschalter, der als Tastschalter (ohne Sperre, mit Rückzugkraft) Stromkreise schließt oder öffnet und hierfür nur geringe Hilfsenergie benötigt. Bezüglich Schaltvermögen ist das Schütz ein Last- oder Motorschalter, im Hinblick auf die Art der Lichtbogenlöschung meist ein Luftschalter: Luftschütz (**5.**39). Bei entsprechender Kapselung kann das Luftschütz auch in feuchten und schmutzigen Betrieben sowie im Freien verwendet werden.

Im allgemeinen übernimmt das Schütz mit Hilfe des eingebauten Überstromrelais den Überlastungsschutz, während der Kurzschlußschutz von vorgeschalteten NH-Sicherungen übernommen wird. Der Überlastungs- und Kurzschlußschutz kann aber auch durch einen vorgeschalteten Motorschutzschalter bewirkt werden. Unterspannungsschutz bietet das Schütz, obwohl es daher seinen Namen hat, nur dann, wenn seine Betätigungsspannung mit der Netzspannung ausfällt. Als Hauptschalter, der eine Anlage zuverlässig spannungslos macht, kann aber ein Schütz nicht dienen, da es keine Trennereigenschaften besitzt und die Steuerstromkreise in der Aus-Stellung des Schützes noch unter Spannung stehen.

1 Grundplatte
2 Anschlüsse für Spule
3 Spule
4 Hauptanschlußklemmen
5 Löschbleche
6 Lichtbogenkammer
7 Hauptkontakt, fest
8 Kontaktbrücke, beweglich
9 Antiprelleinlage
10 Kontaktdruckfeder
11 Befestigungsschrauben für 6
12 Schaltkopf, beweglich
13 Hilfskontakte
14 Gleitführung
15 Magnetanker
16 Rückdruckfeder
17 Magnetkern
18 Kontaktträger, fest

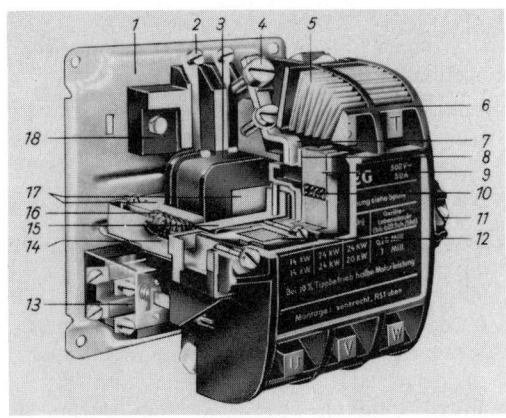

5.39 Drehstrom-Luftschütz 500 V, 50 A (AEG)

Der mechanische Aufbau der eigentlichen Schalterteile im Schütz ist einfacher als bei Stell-
und Schloßschaltern, da nur die beweglichen Kontaktbrücken an die festen Hauptkontakte mit
relativ geringem Kontaktdruck angepreßt zu werden brauchen. Deshalb haben Schütze eine
große Lebensdauer; sie beträgt für Motorschütze bis etwa 10 Millionen, für Hilfsschütze bis
zu 30 Millionen Schaltspiele (Schaltspiele eines Schaltgerätes mit zwei Schaltstellungen: ein-
maliges Schließen und Öffnen). Handbetätigte Motorschalter, Selbstschalter und dgl. ertra-
gen demgegenüber meist nur einen geringen Bruchteil dieser Zahl von Schaltspielen. Auch die
Lebensdauer der auswechselbaren Schaltstücke von Schützen ist vergleichsweise hoch. Schließlich übertrifft auch bezüglich der Schalthäufigkeit (zulässige Zahl der Schaltspiele je Stunde)
das Schütz bei weitem handbetätigte Motorschalter; je nach Ausführung sind zwischen 600
und 3000 Schaltspiele je Stunde möglich.

5.3.2   Schaltpläne

5.3.2.1   Arten von Schaltplänen

Unter einem Schaltplan versteht man nach DIN 40719 die Darstellung elektrischer
Einrichtungen durch Schaltzeichen (oder Schaltkurzzeichen). So wie die Konstruk-
tionszeichnung im Maschinenbau die wichtigste technische Unterlage von der Planung bis zum Bau einer Maschine oder eines Maschinenteils ist, sind die Schaltpläne für Entwicklung, Bau, Prüfung und Betrieb (Wartung, Fehlersuche und -be-
seitigung) einer elektrischen Anlage unentbehrlich. Alle Schaltpläne sollen im spann-
nungs- bzw. stromlosen, ausgeschalteten Zustand der Anlage gezeichnet, die Geräte
in ihrer Grundstellung dargestellt werden. Die Übersichtlichkeit wird erhöht, wenn
alle Schaltglieder von links nach rechts schaltend dargestellt sind.

Der Schaltplan (engl. diagram) zeigt, wie die verschiedenen elektrischen Betriebsmittel miteinander in Beziehung stehen. Je nach dem Zweck und nach der Art der
Darstellung können nach DIN 40719 die Schaltpläne verschiedenartig gestaltet werden. Schaltpläne zur Erläuterung der Arbeitsweise einer elektrischen Anlage, auch
erläuternde Schaltpläne genannt, werden eingeteilt in

Übersichtsschaltplan (block diagram), meist einpolige Darstellung und Strom-laufpläne (circuit diagrams) mit ausführlicher Darstellung der Schaltung in ihren Einzelheiten.

Anhand eines Beispiels sollen diese beiden Arten von Schaltplänen erläutert werden. In der Schaltung nach Bild 5.7 wird ein Kurzschlußläufermotor zum Antrieb eines Lüfters von Hand durch Stellschalter direkt ein- und ausgeschaltet. Für diesen An-trieb soll eine Schützensteuerung vorgesehen werden.

Übersichtsschaltplan Dieser Schaltplan ist die vereinfachte, meist einpolige Darstel-lung der Schaltung ohne Hilfsleitungen (5.40). Die Ein- und Ausschaltung des Motors M1 (zu den Kennbuchstaben für die verschiedenen elektrischen Geräte s. Tafel 5.43) wird hier mit einem Schütz K1 durchgeführt, das mit Hilfe der Tastschalter S1 und S2 betätigt wird. Es wird mit elektrothermischem Überlastschutz (Überstromrelais F2) ausgerüstet, die vorgeschalteten Sicherungen F1 übernehmen den Kurzschluß-schutz. Angaben über Netz, Leitungen, Sicherungen, Motor, Arbeitsmaschine usw. können, wie hier geschehen, in den Übersichtsschaltplan eingetragen werden.

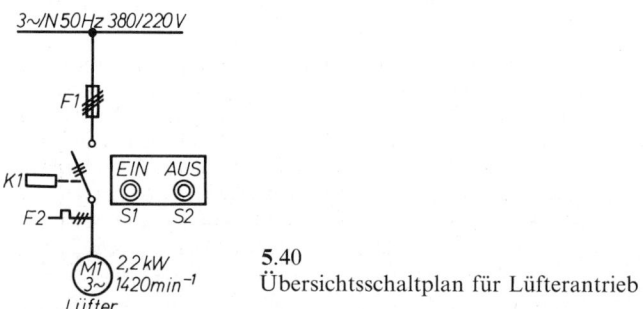

5.40
Übersichtsschaltplan für Lüfterantrieb

Stromlaufplan in aufgelöster Darstellung Er enthält die nach Stromwegen für die Haupt-, Steuer- und Meldestromkreise aufgelöste Darstellung der Schaltung mit allen Einzelheiten und Leitungen, so daß jeder Stromweg leicht zu verfolgen ist. Alle Schaltglieder eines elektrischen Betriebsmittels erhalten die gleiche Bezeichnung; die räumliche Lage und der Zusammenhang der einzelnen Teile bleibt unberücksichtigt. Anhand der Bilder 5.41a bis e wird nun gezeigt, wie man den Steuerstromkreis des Stromlaufplans für den Lüfterantrieb in 6 Stufen entwirft.

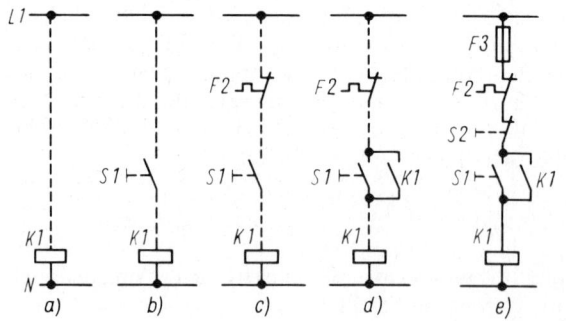

5.41
Entwurf des Steuerstromteils
zu Bild 5.40 (Stromlaufschaltplan
in aufgelöster Darstellung)

1. Die Spule des Schützes K1 für 220 V ~ wird zwischen einen Außenleiter, hier L1 und den Neutralleiter N des Drehstromnetzes angeschlossen; grundsätzlich legt man dabei einen Anschluß der Schützspule direkt an N (**5.41**a).

2. Das Einschalten erfolgt durch Drücken des Drucktasters S1; hierdurch wird der Stromkreis der Schützspule geschlossen (**5.41**b).

3. Der Motor darf aber nicht eingeschaltet werden können, wenn das Überstromrelais F2 angesprochen hat, d.h., wenn der Motor infolge Überlastung vorher selbsttätig abgeschaltet wurde. Deshalb wird der Hilfsschalter (Öffner) des Überstromrelais F2 in den Stromkreis der Schützspule gelegt (**5.41**c). Ist dieser Öffner geschlossen, so wird beim Drücken des Drucktasters S1 der Stromkreis der Schützspule K1 geschlossen, der Magnetanker wird angezogen und die drei Hauptkontakte des Schützes schließen (**5.40**): der Motor läuft an.

4. Wird aber der Drucktaster S1 losgelassen, so geht er infolge der Rückzugskraft (Tastschalter) wieder in seine Ruhelage zurück, das Schütz fällt ab und der Motor wird wieder ausgeschaltet. Um dies zu verhindern, wird am Schütz K1 ein Hilfsschalter (Schließer K1) vorgesehen, der durch das Einschalten des Schützes geschlossen wird. Diesen Schließer K1 schaltet man parallel zum Drucktaster S1 (**5.41**d). Läßt man nun den Drucktaster S1 los, so bleibt die Schützspule und damit auch der Motor eingeschaltet: das Schütz hält sich selbst (Selbsthaltung).

5. Beim Ausschalten wird durch Drücken des Drucktasters S2 (**5.41**e) der Stromkreis der Schützspule unterbrochen, das Schütz fällt ab und der Selbsthaltekontakt K1 des Schützes öffnet wieder. Nach Loslassen des Drucktasters S2 bleibt also der Stromkreios der Schützspule geöffnet, der Motor läuft aus. Derselbe Vorgang spielt sich beim Ansprechen des Überlastungsschutzes mit dem Hilfsschalter F2 selbsttätig ab. – Der Drucktaster S2 wird nicht in den Strompfad des Hilfsschalters K1 gelegt, da bei gleichzeitigem Drücken von Ein- und Aus-Drucktaster das Aus-Kommando aus Sicherheitsgründen Vorrang haben muß.

6. Der Steuerteil wird durch eine Sicherung F3 geschützt (**5.41**e). Bei Ausfall des Netzes fällt das Schütz ab, da die Schützspule von einem Außenleiter des Netzes gespeist wird.

Man beachte, daß im Stromlaufplan die Spule und die Schaltglieder von Schützen oder Relais, obschon sie an verschiedenen Stellen in die Stromwege eingegliedert sind, dieselbe Bezeichnung haben; so ist z.B. K1 sowohl das Schütz in Bild **5.40** als auch die Schützspule und der Hilfsschalter (Schließer) in Bild **5.41**.

Stromlaufplan in zusammenhängender Darstellung   In diesem Schaltplan (**5.42**) werden alle Schaltglieder eines elektrischen Betriebsmittels zusammenhängend und allpolig dargestellt. Da die Haupt- und Hilfsstromkreise in einem Plan erscheinen, ist die Wirkungsweise der Steuerung nur noch mit Mühe zu erkennen. Deshalb geht man beim Entwurf elektrischer Steuerungen den Weg vom Übersichtsschaltplan über den Stromlaufplan in aufgelöster Darstellung.

Nach einiger Übung im Entwerfen von Steuerungen und im Lesen von Schaltplänen wird man für das Verständnis der Funktion einer Steuerung auf den Stromlaufplan in zusammenhängender Darstellung, der für die Ausführung der Anlage wichtiger ist, verzichten. Häufig trifft man in der Praxis aber nur diesen Schaltplan einer Steuerung an. Man sollte dann die Mühe nicht scheuen, hieraus den Stromlaufplan in aufgelöster Darstellung abzuleiten, um sich ein Bild vom Funktionsablauf der einzelnen Steuerungsvorgänge machen zu können. Nur so kann die weitverbreitete Scheu des Maschinenbauers vor den „komplizierten und undurchsichtigen Schaltplänen der Elektrotechniker" überwunden werden. Es sei auch dringend empfohlen, sich hier an Hand der Bilder **5.41**e und **5.42** erst völlige Klarheit über die Wirkungsweise der behandelten einfachen Lüftersteuerung zu verschaffen, bevor man sich mit den umfangreicheren Kontaktsteuerungen in Abschn. 5.3.3 befaßt.

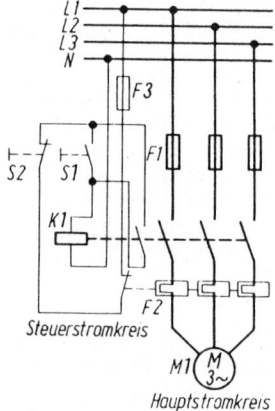

5.42
Stromlaufschaltplan in zusammenhängender Darstellung
für Bild **5.40**

Beispiel 5.8   Man zeichne für den Lüfterantrieb mit Hilfe der Schaltpläne **5.40** bis **5.**42 den vollständigen Stromlaufschaltplan in aufgelöster Darstellung (Lösung s. Bild **5.**44, ohne die Anschlußnumerierungen).

Weitere Schaltpläne   In DIN 40 719, T. 1 werden weiterhin Schaltungsunterlagen zur Erläuterung der Verbindungen (Verdrahtungspläne) und der räumlichen Lage (Anordnungspläne) unterschieden. Von den Verdrahtungsplänen ist für Montage, Betrieb, Wartung und insbesondere bei Störungen in elektrischen Anlagen der A n - s c h l u ß p l a n (DIN 40 719, T. 9) von besonderer Bedeutung, der im Rahmen des nächsten Abschnitts besprochen wird.

5.3.2.2   Bezeichnungen in Schaltplänen

Kennzeichnung von elektrischen Betriebsmitteln   Im Übersichtsschaltplan und den Stromlaufplänen des Lüfterantriebs (**5.**40 bis **5.**42) wurden neben allgemeinen Bezeichnungen (z. B. „Lüfter") und technischen Angaben (z. B. Leistung und Drehzahl des Lüftermotors) bereits die K e n n b u c h s t a b e n   v o n   e l e k t r i s c h e n   B e t r i e b s - m i t t e l n nach DIN 40 719, T. 2 verwendet, die in Tafel **5.**43 zusammengestellt sind.

Die Betriebsmittel erhalten eine Bezeichnung, die sich aus einem Großbuchstaben nach Tafel **5.**43 und einer fortlaufenden Ordnungszahl zusammensetzt, z. B. F2. Die Kennzeichnungen an den Betriebsmitteln müssen mit denen in den Schaltplänen übereinstimmen. Es empfiehlt sich, zur Erläuterung der Schaltpläne eine Liste aller Betriebsmittel aufzustellen und durch ein Kurzzeichen den Ort ihres Einbaus (z. B. im Schaltschrank, am Bedienungsstand, an der Maschine usw.) anzugeben.

Anschlußbezeichnungen in Anschlußplänen   Anschlußpläne nach DIN 40 719, T. 9 ermöglichen, in Verbindung mit zusätzlichen Anschlußbezeichnungen (Allgemeine Regeln nach DIN EN 50 005), jede Stelle des Schaltplans in der Anlage schnell aufzufinden und umgekehrt.

Beispiel 5.9   In Bild **5.**44a ist für den Lüfterantrieb zunächst der vollständige Stromlaufschaltplan in aufgelöster Darstellung gezeichnet (s. Beispiel **5.**6). – Dieser Plan wird nun zum An-

Tafel **5**.43   Kennzeichnung von elektrischen Betriebsmitteln in Schaltplänen nach DIN 40 719, T. 2

Kenn-buchstabe	Art des Betriebsmittels	Beispiele
A	Baugruppen	Gerätekombinationen und Teilbaugruppen, die eine konstruktive Einheit bilden, anderen Buchstaben aber nicht eindeutig zugeordnet werden können: z. B. Einschübe, Einsätze, Rahmen, Steckkarten
B	Umsetzer von nichtel. Größen auf el. Größen und umgekehrt	Meßumformer für Temperatur, Licht, Drehfrequenz u. a.: Näherungsinitiatoren, Weg- und Winkelumsetzer
C	Kondensatoren	
D	Binäre Elemente, Verzögerungseinrichtungen, Speichereinrichtungen	Einrichtungen und integrierte Schaltkreise der digitalen Steuerungs-, Regelungs- und Rechentechnik; z. B. UND-Glieder, digitale Zähler, Plattenspeicher
E	Verschiedenes	an anderer Stelle dieser Tabelle nicht aufgeführte Einrichtungen, z. B. Heizungen, Beleuchtungen
F	Schutzeinrichtungen	Sicherungen, Schutzrelais, Überspannungsableiter, Druckwächter, Windfahnenrelais, Buchholzschutz
G	Stromversorgungen, Generatoren	Stromversorgungseinrichtungen, Generatoren, Batterien, Ladegeräte, Oszillatoren, Taktgeneratoren
H	Meldeeinrichtungen	Leucht- und Hörmelder, Zeitfolgemelder
K	Schütze, Relais	Leitungs- und Hilfsschütze; Hilfsrelais, Blinkrelais
L	Induktivitäten	Drosselspulen, Frequenzsperren
M	Motoren	
N	Verstärker, Regler	Einrichtungen der analogen Steuerungs-, Regelungs- und Rechentechnik; Operationsverstärker
P	Meßgeräte, Prüfeinrichtungen	analog und digital anzeigende und registrierende Meßeinrichtungen, Datensichtgeräte, Simulatoren
Q	Starkstrom-Schaltgeräte	Leistungsschalter und -trenner, Motorschutzschalter, Installationsschalter, Stern-Dreieck-Schalter
R	Widerstände	Stellwiderstände, Potentiometer
S	Schalter, Wähler	Taster, Grenztaster, Befehlsgeräte, Wählscheiben
T	Transformatoren	Spannungs- und Stromwandler, Netz- und Trenntransformatoren
U	Modulatoren, Umsetzer von el. Größen in andere el. Größen	Spannungs-Frequenz-Wandler, Code-Umsetzer, Parallel-Serien-Umsetzer, Opto-Koppler, Fernwirkgeräte
V	Halbleiter, Röhren	Transistoren, Thyristoren, Röhren, Thyratrons
W	Übertragungswege, Leitungen, Antennen	Schaltdrähte, Sammelschienen, Kabel, Hohlleiter, Dipole, Lichtleiter
X	Klemmen, Stecker, Steckdosen	
Y	el. betätigte mechan. Einrichtungen	Bremsen, Kupplungen, Ventile
Z	Filter, Entzerrer, Begrenzer, Anschlüsse	Hoch-, Tief- und Bandpässe; Funkentstör- und Funkenlöscheinrichtungen; Frequenzweichen

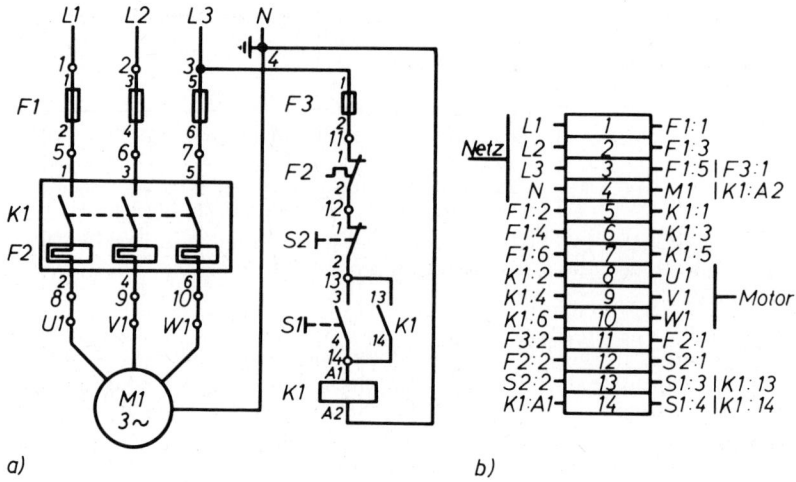

a)   b)

5.44 Lüfterantrieb

  a) Stromlaufplan und Anschlußplan
  b) Klemmenleiste

schlußplan erweitert, wobei die Eintragung der Anschlußbezeichnungen der Schaltgeräte sowie der Aufbau der Klemmenleiste erläutert wird.

Zunächst einige Festlegungen grundsätzlicher Art für Anschlußbezeichnungen, von Schaltgeräten, wie sie in Bild **5.44a** angewandt sind.

Hauptstromkreise. Die Anschlüsse von Hauptschaltgliedern werden mit einziffrigen Zahlen bezeichnet. Zu jedem mit einer ungeraden Zahl bezeichneten Anschluß gehört der Anschluß mit der unmittelbar folgenden geraden Zahl.

Hilfsstromkreise. Öffner erhalten die Funktionsziffern 1 und 2, Schließer die Funktionsziffern 3 und 4. – Alle Schaltglieder eines Betriebsmittels mit gleicher Funktion müssen unterschiedliche Ziffern haben. So heißen z. B. am Schütz K1 im Hauptstromkreis die Anschlüsse des zweiten Schließers 3 und 4, während zur Unterscheidung die Anschlüsse des Schließers K1 im Steuerstromkreis noch die Ordnungsziffer 1 vorgesetzt erhalten und somit die Bezeichnungen 13 und 14 tragen. Die Anschlußbezeichnungen für die Schützspule K1 des Antriebs sind A1 und A2.

Klemmenleiste   In Bild **5.44b** ist die Klemmenleiste für den Anschlußplan **5.44a** mit 14 Klemmen dargestellt. Die Zielbezeichnungen an den Klemmen stimmen exakt mit den Anschlußbezeichnungen an den Betriebsmitteln und im Schaltplan überein. Dadurch ist es möglich, schnell und sicher auch jede Stelle des Schaltplans an der Klemmenleiste aufzufinden und umgekehrt.

Beispiel 5.10   Für die Überwachung von Anlagen werden zur Entlastung des Bedienungspersonals in Signalanlagen Meßgeräte mit elektrischen Grenzschaltern ausgerüstet, die bei Über- oder Unterschreiten eines einstellbaren Grenzwertes optische Signalgeräte (Schauzeichen, Stand- oder Blinklichter) oder akustische Signalgeräte (Wecker, Hupe, Sirene) betätigen. Das Bedienungspersonal wird dann nur bei Anzeige des Gefahrenstandes zum Eingreifen veranlaßt. Bild **5.45** zeigt den Stromlaufplan einer Signalanlage mit Standlicht und Hupe. Zur Schonung des Grenzschalters mit nur kleiner Schaltleistung wird ein Relais verwendet.

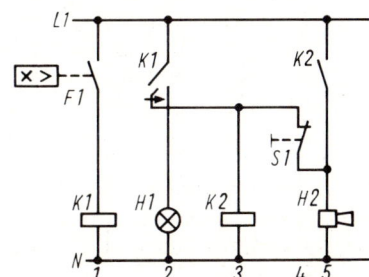

5.45
Stromlaufplan einer Signalanlage

Wirkungsweise. Wenn z. B. bei Überschreiten einer eingestellten Größe x (Temperatur, Drehzahl usw.) der Grenzwertschalter F1 eines messenden Relais in Stromweg Nr. 1 schließt, wird Relais K1 erregt, dessen Schließer K1 (Nr. 2) die Lampe H1 (Nr. 2) zum Aufleuchten bringt. Zusätzlich wird beim Ansprechen von Relais K1 über einen Wischkontakt (Nr. 2) Relais K2 (Nr. 3) kurzzeitig erregt, wodurch dessen Schließer K2 (Nr. 5) geschlossen wird. Relais K2 hält sich also über S1 (Nr. 4) selbst, die Hupe H2 gibt dauernd ein akustisches Signal.

Die Hupe H2 kann nur mit dem Drucktaster S1 durch den Bedienenden abgestellt werden. Dann fällt Realis K2 ab und Schließer K2 öffnet. Das optische Signal bleibt aber so lange bestehen, bis der Meßwert den Gefahrenbereich wieder verlassen hat. Öffnet der Grenzschalter F1 und fällt Relais K1 ab, so unterbleibt die Einschaltung der Hupe über das Relais K2, da der Wischkontakt nur in der eingezeichneten Schaltrichtung betätigt wird.

5.3.3   Kontaktsteuerungen

Die Steuerungen von elektromotorisch angetriebenen Arbeitsmaschinen müssen sich im Betrieb den Anforderungen der verschiedenartigsten Arbeitsprozesse anpassen. So vielfältig z. B. die technologischen Prozesse bei Be- und Verarbeitungsmaschinen sind, so mannigfaltig ist auch der Aufbau der hierzu erforderlichen Steuerungen. Durch die in der Bedienung von Maschinen erzielbare Vereinfachung und die Möglichkeit der Fernsteuerung werden bereits durch Handsteuerungen, noch mehr aber durch halb- oder vollautomatische Steuerungen die Arbeitsbedingungen erleichtert, die Quantität und meist auch die Qualität der Produktion gesteigert, sowie die Unfallgefahr vermindert. Die Planung einer elektrischen Steuerungsanlage setzt daher eine enge Zusammenarbeit zwischen Maschinenbauer und Elektrotechniker voraus.

Kontaktsteuerungen (Schützensteuerungen) enthalten Bausteine mit mechanisch bewegten Schaltkontakten. Am häufigsten werden Relais und Schaltschütze, also elektromagnetisch betätigte Schalter verwendet. Hinzu kommen vor allem mechanisch betätigte Kontakte, wie sie z. B. an Werkzeugmaschinen häufig als Grenztaster anzutreffen sind.

Die Antriebstechnik hat sich vom Transmissionsantrieb über die Elektroarbeitsmaschine bis zur Steuerung ganzer Maschineneinheiten (z. B. Transferstraßen) entwickelt. Für immer wiederkehrende Steuerungsaufgaben, z. B. zum Zweck der Änderung von Drehzahl und Drehrichtung, werden nun praktisch erprobte Lösungen mit Kontaktsteuerungen besprochen und deren Anwendung an einigen Beispielen (s. Abschn. 5.3.3.4) gezeigt.

Kontaktlose Steuerungen mit elektronischen Bausteinen werden in Abschn. 6 behandelt.

5.3.3.1   Anlaufsteuerungen

Selbsttätige Stern-Dreieck-Umschaltung des Kurzschlußläufermotors

In Bild **4**.47 ist die Schaltung für das Anfahren eines Kurzschlußläufermotors mit Hilfe eines handbetätigten Nockenschalters dargestellt. Bei der selbsttätigen

Stern-Dreieck-Schaltung benötigt man drei normale Schütze, nämlich das Haupt-schütz K1, das Dreieckschütz K2 und das Sternschütz K3, die im Stromlaufplan (**5**.46a) dargestellt sind. Zuerst wird das Sternschütz K3, dann das Hauptschütz K1 eingeschaltet; der Motor läuft in Sternschaltung hoch. Die selbsttätige Umschaltung auf Dreieck in der Nähe der Betriebsdrehzahl erfolgt heute fast nur noch zeitabhän-gig, kann aber auch strom- oder drehzahlabhängig geschehen. Im ersten Fall wird ein Zeitrelais verwendet, das nach einer einstellbaren Zeit zunächst das Sternschütz K3 abschaltet und dann durch Einschalten des Dreieckschützes K2 die Betriebsschal-tung des Motors herstellt.

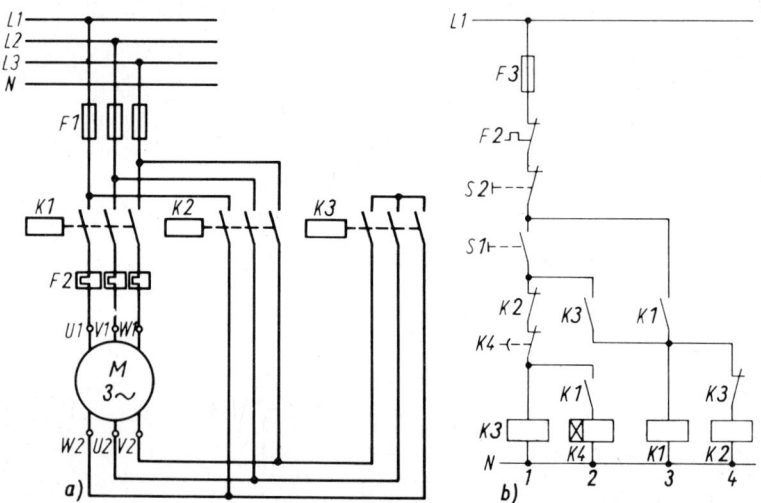

5.46 Selbsttätiges Stern-Dreieck-Anfahren des Kurzschlußläufermotors

    a) Leistungsteil des Stromlaufplans
    b) Steuerteil des Stromlaufplans

Nach dem Stromlaufplan (**5**.46b) wird mit Hilfe des Drucktasters S1 (Stromweg Nr. 1) die Steuerung eingeleitet. Wenn das Dreieckschütz in Aus-Stellung ist (Öffner K2 in Nr. 1), erhält zuerst die Schützspule K3 des Sternschützes Strom. Dadurch wird zuerst durch einen Öffner K3 (Nr. 4) der Stromkreis der Spule K2 des Dreieckschützes geöffnet, bevor durch den Schließer K3 (Nr. 2) der Stromkreis der Spule K1 (Nr. 3) des Hauptschützes geschlossen wird. Durch die Schließer K1 (Nr. 3) und K3 (Nr. 2) werden die Schütze K1 und K3 auch nach Loslassen des Drucktasters S1 gehalten; ein weiterer Schließer K1 (Nr. 2) schließt nach dem Zuschalten des Hauptschützes den Stromkreis des Zeitrelais K4. Nach der am Zeitrelais eingestellten Zeit, die sich nach der Größe des Lastmoments richtet, öffnet der Öffner K4 (Nr. 1) des Zeitrelais K4. Sternschütz K3 und Zeitrelais K4 werden abgeschaltet, während der Öffner K3 (Nr. 4) den Stromkreis der Spule K2 des Dreieckschützes schließt. Haupt- und Dreieckschütz (K1 und K2) sind im Betrieb eingeschaltet und fallen ab, wenn mit Hilfe des Drucktasters S2 (Nr. 1) der Antrieb stillgesetzt werden soll.

An Geräten sind für die Steuerung erforderlich:

Schütz K1 mit zwei Schließern; Schütz K2 mit einem Öffner;
Schütz K3 mit einem Öffner und einem Schließer; Zeitrelais K4 mit einem Öffner;

Drucktaster S1 für Einschalten; Drucktaster S2 für Ausschalten;
Bimetallrelais F2 mit einem Öffner; eine Sicherung F3;
ein Satz Drehstromsicherungen F1.

Man beachte, daß die Schütze K1 und K2 nur für den $1/\sqrt{3} = 0{,}58$ fachen Motornennstrom auszulegen sind; auch das Motorschutzrelais F2 ist auf diesen Wert einzustellen.

Selbsttätiger Anlauf eines Schleifringläufers

Das Netzschütz K1 schaltet die Ständerwicklung des Motors an das Netz (**5**.47a); dabei ist der Läuferanlasser zunächst ganz vorgeschaltet. Während des Hochlaufs werden durch die Schütze K2, K3 und K4 die drei Widerstandsstufen nacheinander kurzgeschlossen. Für jede Stufe ist ein Zeitrelais vorgesehen (zeitabhängige Fortschaltung).

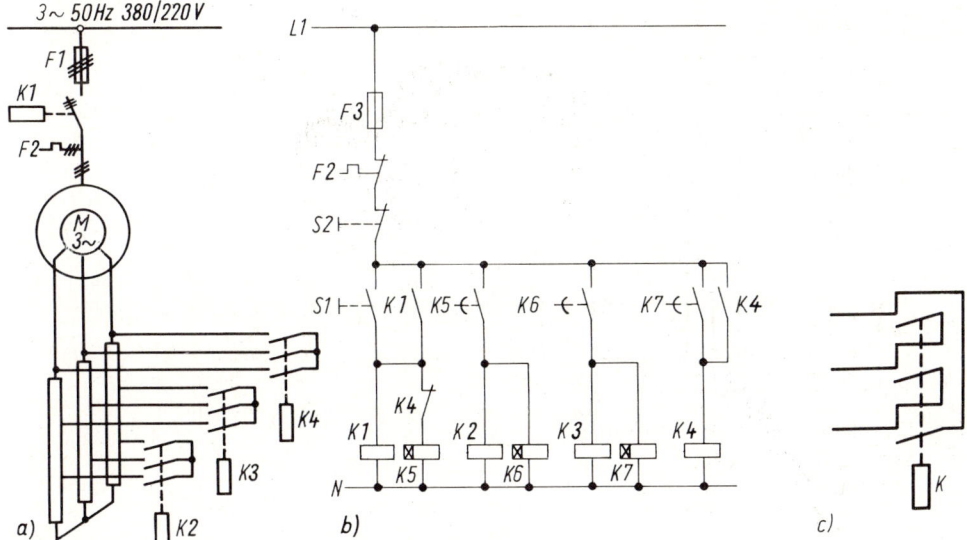

5.47 Selbsttätiges Anfahren des Schleifringläufermotors
   a) Leistungsteil   b) Steuerteil   c) günstigere Schaltung von K2, K3, K4

Nach dem Steuerteil des Stromlaufplans (**5**.47a) bewirkt die Betätigung des Drucktasters S1 Einschalten des Motors durch das Netzschütz K1, das sich über den Schließer K1 selbst hält; der Motor läuft an, der gesamte Anlaßwiderstand ist vorgeschaltet. Gleichzeitig wird das Zeitrelais K5 über einen Öffner K4 des Schützes K4 eingeschaltet. (Die Aufgabe des Öffners K4 wird unten erläutert.) Nach einer einstellbaren Zeit wird durch den Schließer K5 des Zeitrelais K5 das Schütz K2 eingeschaltet, das die die erste Widerstandsstufe des Läuferanlassers kurzschließt; die Drehzahl des Motors steigt an. Zeitrelais K6 schaltet Schütz K3 ein; hierdurch wird die zweite Widerstandsstufe kurzgeschlossen und die Drehzahl des Motors weiter erhöht. Schließlich schaltet das Zeitrelais K7 das Kurzschließschütz K4 ein, die letzte Widerstandsstufe wird kurzgeschlossen und der Motor läuft auf seine Betriebsdrehzahl hoch. Schütz K4 hält sich über den Schließer K4 selbst, während es durch den oben erwähnten Öffner K4 (im Stromkreis von Zeitrelais K5) nun in der Reihenfolge K5, K2, K6, K3 und K7 die nicht mehr benötigten Schütze und Zeitrelais abwirft, d. h. ausschaltet. In der Betriebsschaltung sind nur noch die Schütze K1 und K4 eingeschaltet. Die Stillsetzung des Antriebs erfolgt mit Drucktaster S2.

Eine bessere Ausnutzung der Läuferschütze K2, K3 und K4 erhält man durch die Schaltung 5.47c, da dann deren Strombahnen nur noch die Hälfte des Läuferstroms führen.

5.3.3.2   Brems- und Umkehrsteuerungen

Kurzschlußläufermotor

Umsteuern Die Drehrichtung kann man dadurch umkehren, daß nach Bild 5.48a das Drehstromnetz durch das Schütz K1 in der Phasenfolge L1–L2–L3 (Rechtslauf), durch das Schütz K2 jedoch in der anderen Phasenfolge L1–L3–L2 (Linkslauf) an die Maschinenklemmen *U, V, W* gelegt wird. Eine elektrische Verriegelung verhindert, daß beide Schütze gleichzeitig eingeschaltet sind; dies würde Kurzschluß zwischen den Außenleitern L2 und L3 bedeuten. Der Motorschutz geschieht durch Sicherungen F1 und Bimetallrelais F2.

Beim n o r m a l e n Umsteuern (5.48b die gestrichelten Verbindungen 1 bis 3 sind wegzudenken) wird durch Drücken des Drucktasters S2 für Rechtslauf Schütz K1 an Spannung gelegt, falls der Öffner K2 im Stromkreis von Schütz K1 geschlossen und Schütz K2 demnach ausgeschaltet ist. Schütz K1 hält sich durch Selbsthaltekontakt K1.

Entsprechend ist der Steuerstromkreis des Schützes K2 für Linkslauf aufgebaut, der mit Drucktaster S3 betätigt wird. Das Abschalten des Motors erfolgt nach Rechts- oder Linkslauf durch Drucktaster S1; unmittelbares Umsteuern ist nicht möglich.

Beim u n m i t t e l b a r e n Umsteuern, z. B. von Rechts- auf Linkslauf (Bild 5.48b, anstelle der Verbindungen 1–2 hat man sich die gestrichelten Verbindungen 1 bis 3 zu denken), wird durch

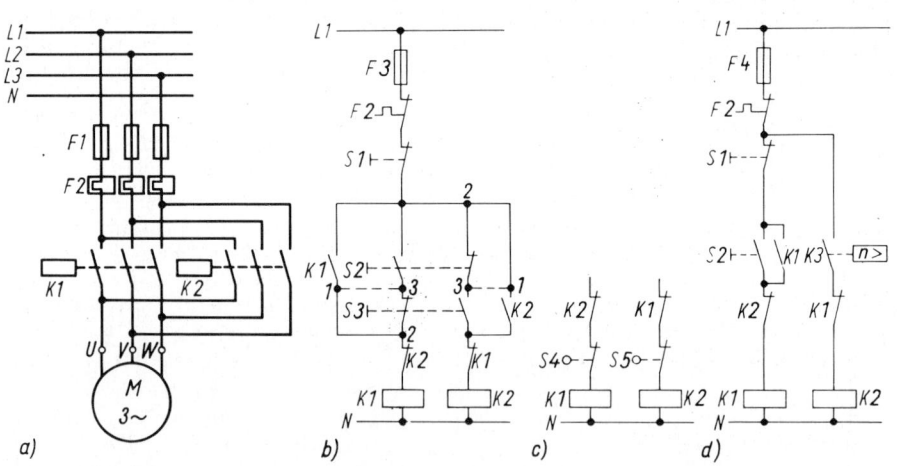

5.48 Umsteuern und Bremsen des Kurzschlußläufermotors, Stromlaufplan
 a) Leistungsteil
 b) Steuerteil für Umsteuern (Verbindungen 1–2) und unmittelbares Umsteuern
    (Verbindungen 1–3 anstelle von 1–2)
 c) Schaltung mit Endkontakten für Wegbegrenzung
 d) Steuerteil für Gegenstrombremsen

Betätigen des Drucktasters S3 der Stromkreis der Schützspule K1 unterbrochen. Schütz K1 fällt ab; dabei wird durch den Öffner K1 der Stromkreis der Schützspule K2 geschlossen (Selbsthalte-kontakt K2).

Bei gleichzeitigem Drücken der Taster S2 und S3, die als Doppeldrucktaster mit je einem Schlie-ßer und Öffner ausgeführt sind, bleiben die Schütze abgeschaltet. Der Öffner F2 des Bimetall-relais beugt einer zu starken Erwärmung des Motors bei häufigem Umschalten in kurzen Zeit-abständen vor.

An Geräten werden für beide Steuerungen benötigt:

zwei Drehstromschütze K1, K2 mit je einem Öffner und Schließer;
ein Satz Drehstromsicherungen F1;
Drucktaster S1 mit einem Öffner;
Doppeldrucktaster S2 und S3 mit je einem Öffner und Schließer;
Bimetallrelais F2 und Sicherung F3 für den Steuerteil.

Soll für Rechts- und Linkslauf eine Wegbegrenzung vorgesehen werden, so ist nach Bild 5.48c an der Antriebsmaschine je ein Endschalter (S4, S5) für die beiden Bewegungsrichtungen vorzusehen. Diese Schalter sind als Öffner unmittelbar vor die entsprechenden Schützspulen geschaltet. Die Schaltung läßt sich z.B. noch in der Weise erweitern, daß durch die Endschalter jeweils ein Umsteuerkommando für sofor-tigen Rücklauf in entgegengesetzter Drehrichtung gegeben wird (z.B. Hobelmaschine).

Gegenstrombremsung   Der Schaltplan (5.48a) kann auch für die Gegenstrombrem-sung verwendet werden (s. Abschn. 5.2.2.2). Damit der Motor nach der Umschaltung vom Rechtslaufschütz K1 auf das Linkslaufschütz K2 nicht im Linkslauf hochläuft, muß er kurz vor dem Stillstand zuverlässig abgeschaltet werden. Man verwendet hierzu z.B. einen kleinen Drehzahlgeber (Gleichstromgenerator mit Permanentma-gnet), der mit der Motorwelle mechanisch gekuppelt ist. Seine Klemmenspannung ist praktisch proportional der Motordrehzahl. An den Drehzahlgeber wird ein Relais (Drehzahlkontrollrelais K3) angeschlossen, dessen Schließer betätigt wird, sobald die Drehzahl einen eingestellten Wert (etwa 10% der Nenndrehzahl des Motors) über-schreitet.

Nach Bild 5.48d wird der Motor bei Betätigen des Drucktasters S2 durch das Schütz K1 einge-schaltet, wenn Schütz K2 abgeschaltet ist; Schütz K1 hält sich durch Schließer K1 selbst. Der Motor läuft hoch, der Schließer K3 am Drehzahlrelais K3 schließt, ohne jedoch das Linkslauf-schütz K2 einzuschalten, da der Öffner K1 im Stromkreis der Schützspule K2 geöffnet hat.

Durch Betätigen des Drucktasters S1 wird der Antrieb stillgesetzt. Schütz K1 fällt ab, wodurch der Öffner K1 im Stromkreis der Schützspule K2 schließt. Das Linkslaufschütz K2 (Brems-schütz) wird dadurch eingeschaltet und die Ständerwicklung mit entgegengesetzter Phasenfolge ans Netz gelegt, der Motor also abgebremst. Sobald die Drehzahl auf etwa 10% der Nenndreh-zahl abgesunken ist, öffnet der Schließer K3 am Drehzahlrelais, das Linkslaufschütz K2 schaltet ab. Der Antrieb läuft vollends ohne elektrische Bremswirkung bis zum Stillstand aus.

5.3.3.3   Drehzahlsteuerungen

Polumschaltbarer Drehstrommotor mit zwei Drehzahlen

Nach Bild 4.51 wird bei der Dahlander-Schaltung für zwei Drehzahlen die Dreh-zahlsteuerung eines polumschaltbaren Kurzschlußläufermotors mit einem Walzen-schalter bewirkt. Die Schützensteuerung erfordert nach dem Stromlaufplan (5.49a) drei Schütze. Bei der niedrigen Drehzahl erfolgt der Netzanschluß mit Schütz K1;

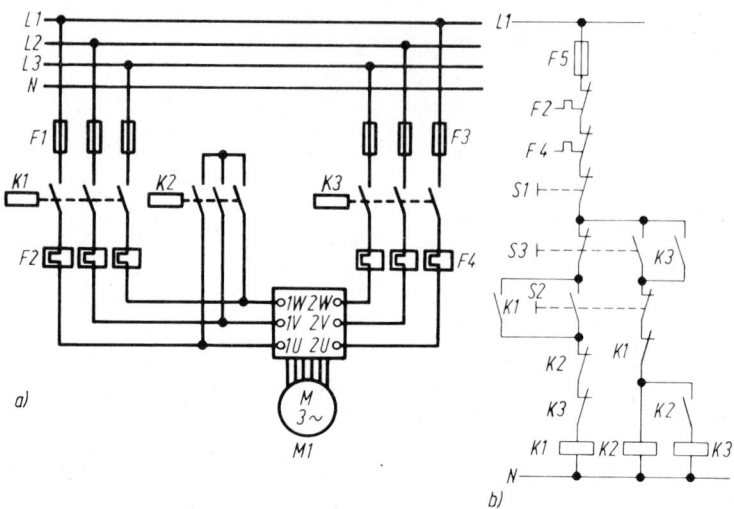

5.49 Stromlaufplan des polumschaltbaren Motors für zwei Drehzahlen (Dahlander-Schaltung)
a) Leistungsteil
b) Steuerteil

bei Umschaltung auf die hohe Drehzahl muß erst Schütz K1 abschalten, dann ist das Schütz K2 und zuletzt das Schütz K3 einzuschalten, das die Motorwicklung an das Netz anschließt.

Der Steuerteil (**5.49**b) enthält die Doppeldrucktaster S2 und S3 für die beiden Drehzahlen, um eine gleichzeitige Betätigung der Taster unwirksam zu machen. Bei der niedrigen Drehzahl wird bei Betätigung des Drucktasters S2 Schütz K1 eingeschaltet, wenn die Schütze K2 und K3 ausgeschaltet sind (Öffner K2 und K3 im Stromkreis des Schützspule K1). Schütz K1 hält sich über Schließer K1 selbst. Bei direktem Übergang auf die hohe Drehzahl wird durch Betätigen des Drucktasters S3, erst nachdem Schütz K1 abgeschaltet ist (Öffner K1), das Sternschütz K2 und danach über den Schließer K2 das Schütz K3 eingeschaltet. Entsprechendes gilt für den Übergang von der hohen zur niedrigen Drehzahl. Erst wenn durch Betätigen des Drucktasters S2 die Schütze K2 und K3 abgeschaltet sind, kann Schütz K1 einschalten. Das Stillsetzen des Antriebs erfolgt in jedem Fall durch den Drucktaster S1.

Drehstrom-Nebenschlußmotor

Wie in Abschn. 4.4.2.4 ausgeführt, kann mit Drehstrom-Nebenschlußmotoren eine stufenlose, nahezu verlustlose Drehzahlsteuerung in beiden Drehrichtungen innerhalb eines bestimmten Drehzahlbereichs durch Verschieben der Bürsten auf dem Kollektor erreicht werden. Bei Handsteuerung erfolgt die Verstellung der Bürstenbrücke über ein Handrad unmittelbar am Motor. Soll die bedienung des Motors unabhängig von seinem Standort möglich sein oder der Motor in eine selbsttätige Steuerung einbezogen werden, so wird elektrische Fernsteuerung des Bürstenverstellantriebs mit einem kleinen Drehstrommotor mit Getriebe zur Erzielung der erforderlichen kleinen Verstellgeschwindigkeiten angewandt.

Bild **5.50**a zeigt den Übersichtsschaltplan mit den Schützen K1 und K2 für Rechts- und Linkslauf des Drehstrom-Nebenschlußmotors M1. Der Verstellmotor M2 ver-

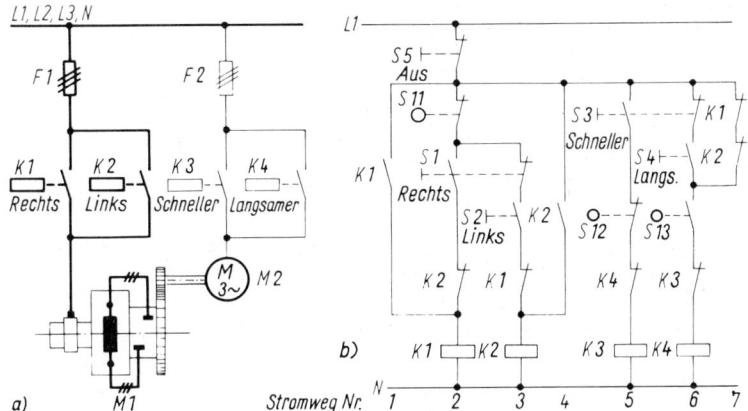

5.50 Drehzahlsteuerung eines Drehstrom-Nebenschlußmotors mit Verstellmotor für die Bürstenbrücke
a) Übersichtsschaltplan
b) Steuerteil des Stromlaufplans

stellt nach Einschaltung über Schütz K3 die Bürsten zum Zweck der Drehzahlerhöhung (Schneller) von M1. Nach Einschaltung über das Schütz K4 ändert sich
die Drehrichtung des Verstellmotors M2, die Bürsten werden für Drehzahlsen-
kung (Langsamer) von M1 in entgegengesetzter Richtung verstellt.

An der Verstellvorrichtung sind drei Hilfsschalter eingebaut. Der Schalter S11 ist nur in der festgelegten Anfahrstellung geschlossen; die Schalter S12 und S13 als obere und untere Endschalter
schalten den Verstellmotor ab, wenn die Bürstenbrücke ihre obere und untere Grenzstellung erreicht hat.

Die Wirkungsweise der Steuerung geht aus dem Steuerteil des Stromlaufplans (**5**.50b) hervor:

Rechtslauf. Steht die Bürstenbrücke in der festgelegten Anfahrstellung (S11 in Stromweg Nr. 2
geschlossen), so kann mit Drucktaster S1 das Schütz K1 erregt werden, das sich selbst hält
(Schließer K1 in Nr. 1). Der Motor läuft an, der Endschalter S13 (Nr. 6) wird geschlossen und
der Motor läuft auf die niedrigste Drehzahl hoch.

Linkslauf. Es spielt sich der entsprechende Vorgang bei Betätigung des Drucktasters S2 ab,
das Schütz K2 hält sich über den Schließer K2 (Nr. 4) selbst. Rechts- und Linkslaufschütz sind
über die Öffner K2 (Nr. 2) und K1 (Nr. 3) gegeneinander elektrisch und durch den Öffner von
S1 mechanisch verriegelt.

Schneller. Soll nun der Antriebsmotor M1 auf höhere Drehzahl hochlaufen, so wird durch
Drucktaster S3 (Nr. 5) das Schütz K3 erregt und dadurch der Verstellmotor M2 eingeschaltet.
Ist die gewünschte Drehzahl erreicht, so wird der Drucktaster S3 losgelassen, das Schütz K3
fällt ab und der Verstellmotor wird abgeschaltet. Soll der Motor M1 noch schneller laufen, so
drückt man wieder auf den Drucktaster S3, K3 wird erregt und der Verstellmotor M2 läuft
wieder an. Bei Erreichen der höchsten Drehzahl von Motor M1 öffnet der obere Endschalter
S12 (Nr. 5), so daß der Verstellmotor stehenbleibt.

Langsamer. Wird der Drucktaster S4 (Nr. 6) betätigt, so wird Schütz K4 erregt; der Verstellmotor M2 läuft in umgekehrter Drehrichtung und verstellt die Bürsten zu kleineren Drehzahlen in entsprechender Richtung. Die Drehzahl des Motors M1 wird so lange niedriger, bis der

Drucktaster S4 losgelassen wird. Bei Erreichen der niedrigsten Drehzahl öffnet der untere Endschalter S13, so daß M2 abgeschaltet wird. Die Schütze K3 und K4 sind durch die Öffner K4 bzw. K3 in den Stromwegen Nr. 5 und Nr. 6 elektrisch, durch den Öffner von S3 (Nr. 6) mechanisch gegeneinander verriegelt.

Aus. Soll der Antriebsmotor M1 stillgesetzt oder eine Drehrichtung geändert werden, so ist der Drucktaster S5 zu betätigen. Bei Abschaltung, z. B. aus dem Rechtslauf, fällt Schütz K1 ab, der Schließer K1 (Nr. 1) öffnet, der Antriebsmotor kommt zum Stehen. Sobald der Drucktaster S5 losgelassen wird und das Schütz K1 abgefallen ist, wird Schütz K4 über die Stromwege Nr. 2−7−6 erregt und die Bürstenbrücke durch M2 in die Anfahrstellung zurückgedreht. Ist dies erreicht, so öffnet der untere Endschalter S13 (Nr. 6), der Verstellmotor wird abgeschaltet. Gleichzeitig wird der Anfahrschalter S11 geschlossen, so daß erst nach vollendetem selbsttätigem Rücklauf der Bürstenbrücke ein erneutes Einschalten des Motors M1 möglich ist.

Soll der Drehstrom-Nebenschlußmotor in eine selbsttätige Steuerung eingebaut werden, so wird der Verstellmotor M2 anstatt durch Drucktaster durch entsprechende Dauerkontaktgeber (z. B. Schwimmerschalter, Druckschalter und dgl.) gesteuert. Für den Motor M1 wird meist ein thermischer Überlastungsschutz vorgesehene; ein auf dem Ständerblechpaket oder im Luftstrom des Motors angeordneter Temperaturfühler löst unmittelbar ein optisches oder akustisches Signal aus. Bei großem Drehzahlsteuerbereich reicht die eigene Lüfterleistung des Antriebsmotors bei den niedrigen Drehzahlen meist nicht aus, so daß Fremdbelüftung erforderlich wird.

6 Elektronische Steuerungstechnik

6.1 Kontaktlose Steuerungstechnik

Die zunehmende Automatisierung in der Industrie bringt in steigendem Maße Steuerungsprobleme, die nur mit kontaktloser Technik zu bewältigen sind. So muß bei umfangreichen Apparaturen, bei komplizierten Maschinen und Anlagen die Kontaktsteuerung (s. Abschn. 5.3.3) mit ihrem vergleichsweise großen Raum- und Leistungsbedarf der kontaktlosen Technik Platz machen. Da bei einer kontaktlosen Steuerung mit elektronischen Bauelementen keine mechanisch bewegten Schaltkontakte vorhanden sind, wird sie auch als elektronische oder häufig als ruhende Steuerung bezeichnet.

An die Stelle des mechanisch bewegten Schaltkontaktes, dessen begrenzte Lebensdauer von der Schalthäufigkeit abhängt und bei dem Erschütterungen oder Kontaktprellungen zu Fehlschaltungen führen können, tritt der wesentlich schnellere, elektronische Schalter.

Zum Bau eines elektronischen Schalters geeignete Elemente sind seit langem bekannt: Hochvakuumröhre, Thyratron (s. Abschn. 2.1). Großen Aufschwung erhielt die kontaktlose Technik jedoch erst, seit mit den Halbleiterdioden und Transistoren und insbesondere den monolithisch integrierten Schaltkreisen (Vielzahl von Halbleitern in spezieller Verknüpfung auf einem einzigen Siliziumplättchen) billige Bauelemente zur Verfügung stehen, die hohe Lebensdauer und kurze Schaltzeit mit kleinen Abmessungen vereinen. Eine kontaktlose Technik mit diesen Bauelementen bietet den Vorzug, daß große Informationsmengen schnell und sicher auf kleinem Raum, verarbeitet und gespeichert werden können. Insbesondere die Möglichkeit, größere Informationsmengen auch zu speichern und bei Bedarf wieder abzurufen, hat die Einführung dieser Technik vorangetrieben.

6.1.1 Grundlagen

6.1.1.1 Elektronischer Schalter und Relais

Die Schaltfunktion wird bei der kontaktlosen Technik Halbleiterbauelementen übertragen (vgl. Abschn. 2.2.4.1 Transistorschalter).

Beispiel 6.1   Bild 6.1 zeigt einen Transistorschalter mit mehreren Eingängen und im Vergleich dazu einen Relaisschaltkreis. Wenn zumindest einem der Eingänge ein geeignetes, positives Signal zugeführt wird, wird dieser durchschalten, d. h. der Transistor leitend. Die Dioden dienen der gegenseitigen Entkopplung der Eingänge. Beim Relais sind bei einer Erregerspule meist mehrere Schaltkontakte (Schließer oder Öffner) vorhanden. Aus dieser Gegenüberstellung ist ohne weiteres ersichtlich, daß zum einen der Eingangskreis beim Relais (Erregerspule) von den Schaltkontakten, welche die Ausgänge darstellen, galvanisch vollkommen getrennt ist. Es

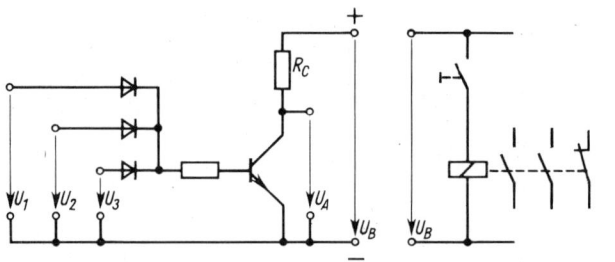

6.1
Transistorschalter mit mehreren
Eingängen (links), Relais mit
mehreren Ausgängen (rechts)

kann auch Wechselstrom über die geschlossenen Kontakte fließen, obwohl die Spule mit Gleichstrom erregt ist. Im Gegensatz dazu ist beim Transistorschalter eine galvanische Trennung des Eingangs- und des Ausgangskreises nicht gegeben (gemeinsame Nullklemme). Außerdem ist beim leitenden Transistor – entsprechendes gilt jeweils auch für andere Halbleiterschalter – eine im Vergleich zu einem mechanischen Schaltkontakt verhältnismäßig große Restspannung von einigen Zehntel Volt vorhanden, die neben typenbedingten Unterschieden vor allem von der Größe des fließenden Stromes abhängig ist. Auch im Sperrzustand des Transistors fließt ein geringer Reststrom, der neben typenbedingten Unterschieden besonders von der Kollektor-Emitterspannung und der Temperatur abhängig ist und innerhalb einer Type – ebenso wie es bei der Restspannung im leitenden Zustand der Fall ist – etwas streut.

Aus der Gegenüberstellung von Transistorschalter und Relais ist zum anderen erkennbar, daß sich bei einem Transistorschalter leicht mehrere Eingänge vorsehen lassen, jedoch nur ein Ausgang vorhanden ist. Dies gilt wiederum auch für andere Halbleiterschalter. Wohingegen beim Relais mit in der Regel einem Eingang mehrere Ausgänge möglich sind. Die beiden Schaltsysteme sind hierin – ganz abgesehen von den anderen Eigenschaften – wesensmäßig verschieden. Es ist deshalb nicht möglich, eine Relaissteuerung auf einfache Weise in eine ruhende Steuerung umzuwandeln, indem die Relais durch Halbleiterschalter ersetzt werden. Es muß vielmehr ein neuer Entwurf nach anderen Methoden gefertigt werden, der den besonderen Eigenschaften des elektronischen Schalters gerecht wird.

6.1.1.2   Aufbau und Wirkungsweise einer elektronischen Steuerung

Eine elektronische Steuerung läßt sich von Funktion und Aufbau her in fünf Bereiche unterteilen (Bild **6**.2). Die Funktion des ersten Teilbereichs ist das Erfassen der für die Steuerung notwendigen Informationen vor Ort und gegebenenfalls ihre Umwandlung in elektrische Signale. Der dritte Teilbereich, der informationsverarbeitende Teil, ist das eigentliche Kernstück einer kontaktlosen Steuerung. Hier werden an Hand der Eingangssignale gemäß dem Steuerprogramm und den Verriegelungsbedingungen die Ausgangssignale erstellt (Verknüpfungselektronik). In dem dazwischen liegenden, zweiten Teilbereich erfolgt eine Aufbereitung der Eingangssignale in eine für die Verknüpfungselektronik geeignete Form. Im vierten Teilbereich wird eine Aufbereitung der Ausgangssignale des dritten Bereichs für die räumlich davon getrennten Stellglieder vorgenommen, die den fünften Teilbereich darstellen. Ebenfalls vom vierten Teilbereich aus werden die Anzeige- und gegebenenfalls Protokollvorrichtungen (Schreiber, Drucker) bedient, auf die in diesem Rahmen nicht weiter eingegangen wird.

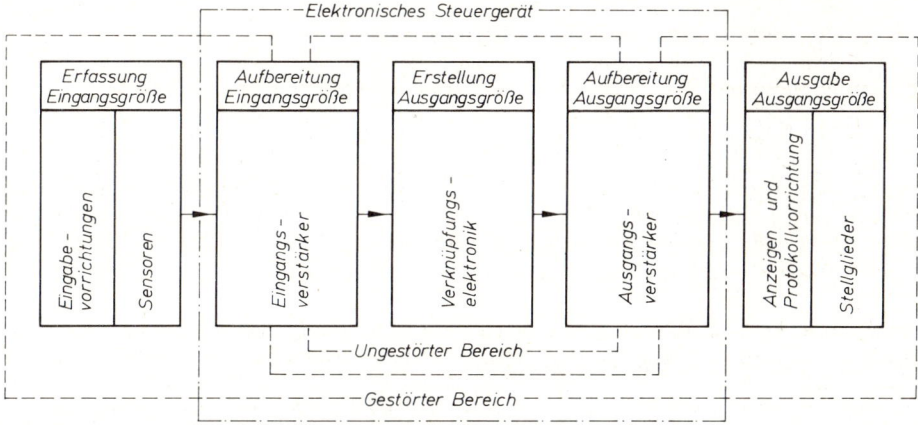

6.2 Schema elektronische Steuerung

6.1.1.3   Erfassung der Eingangsgrößen

Die Erfassung der Eingangsgrößen erfolgt durch Sensoren und Eingabevorrichtungen.

Mittels Sensoren wird der Zustand der zu steuernden Anlage auf das Über- oder Unterschreiten von Grenzwerten überwacht. Sie sind zumeist ebenfalls kontaktlos ausgeführt und formen die jeweils gegebene Größe (z. B. Lage, Druck, Zeit, Temperatur, Drehzahl, Helligkeit) in ein elektrisches Signal um. Für reine Steuerungszwecke sind dabei solche Sensoren vorzuziehen, deren Ausgangssignal stationär nur zwei verschiedene Werte annehmen kann. Bei Sensoren, die eine physikalische Größe stetig elektrisch abbilden, muß im nachfolgenden signalaufbereitenden Teil der Steuerung mittels Komparatoren (Vergleich mit einer Schwellspannung; s. Abschn. 3.3.1.1) eine Digitalisierung vorgenommen werden.

Beispiel 6.2   Bild **6**.3 zeigt einen elektronischen Positionsmelder, wie er etwa für Werkzeugmaschinen erforderlich ist. Die Schaltung besteht aus einem Schwingkreis mit einem Transistor. Beim Einführen einer metallischen Fahne zwischen Schwingkreis- und Rückkopplungsspule

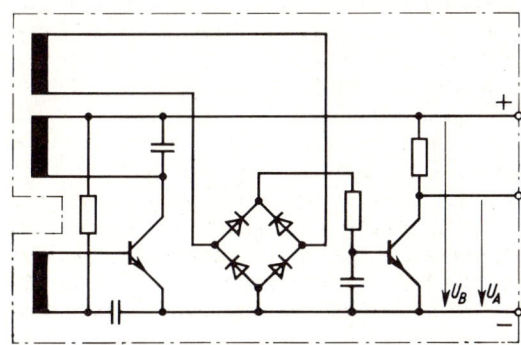

6.3
Elektronischer Positionsmelder (vereinfacht)

setzen die Schwingungen aus. Die nachgeschaltete Verstärkerstufe gibt dann ein Ausgangssignal „1" ab. Schwingt der Oszillator, so erhält die Verstärkerstufe über den Gleichrichter und den Siebkondensator ein Eingangssignal und gibt als Ausgangssignal „0" ab. In leicht abgewandelter Ausführung kann dieser Geber auch als Tastschalter Verwendung finden.

Eingabevorrichtungen sind Taster oder Schalter, welche die Befehlseingabe durch den Bediener ermöglichen. Jedoch auch Zeitgeber oder übergeordnete Programmgeber werden dazu gerechnet. Soweit es sich hierbei um mechanische Kontakte handelt, hat die nachfolgende signalaufbereitende Stufe dafür zu sorgen, daß prellende Kontakte nicht eine mehrfache Signaleingabe bewirken, die von der sehr schnell arbeitenden Verknüpfungselektronik mißdeutet werden könnte.

6.1.1.4   Aufbereitung der Eingangssignale

Neben den bereits erwähnten Aufgaben der Entprellung und Digitalisierung der Eingangssignale wird in diesem Teilbereich der Steuerung vor allem die Entstörung und die Anpassung der Signale an die Eingänge der nachfolgenden Verknüpfungselektronik vorgenommen.

Insbesonders bei Schaltvorgängen in Starkstromanlagen können kurz dauernde, hohe Impulse mit sehr steilen Flanken entstehen, die kapazitiv (elektrisches Feld) oder induktiv (magnetisches Feld) auf Zu- oder Ableitungen der elektronischen Steuerung einkoppeln. Eine vollkommene Abschirmung der Leitungen ist nicht möglich bzw. verursacht zu große Kosten. Werden diese Störimpulse zu der sehr schnell arbeitenden Verknüpfungselektronik weiter geleitet, so kann dies eine unkontrollierte Änderung des Inhalts von Signalspeichern bewirken, was zu Fehlverhalten der Steuerung führt.

Eine sichere Methode, Störimpulse von der Verknüpfungselektronik fernzuhalten, ist eine kopplungsarme, vollständige galvanische Trennung der Eingangsschaltkreise von der Verknüpfungselektronik mittels hochisolierenden Optokopplern (Leuchtdiode als Sender, Fotodiode oder -transistor als Empfänger). Selbstverständlich führt dieser Weg nur zum Ziel, wenn alle Verbindungsleitungen von der Umwelt zur Verknüpfungselektronik, also auch die Ausgangsleitungen, entsprechend behandelt werden und der ungestörte Bereich räumlich sorgfältig vom gestörten Bereich getrennt wird. So werden im vierten Teilbereich für die Ausgangssignale also ebenfalls Optokoppler vorzusehen sein, und es ist die für die Speisung des entstörten Bereichs erforderliche Netzzuführung entsprechend mit Filtern auszurüsten. Ganz nebenbei erleichtert die vollständige galvanische Trennung auch das Vermeiden von Nullschleifen.

Beispiel 6.3   Bild 6.4 zeigt für den zweiten Teilbereich einen Schaltkreis, an dem die Aufgaben und ihre Lösungen deutlich zutage treten.

Wird der Eingang der Schaltung mit einer Spannungsquelle verbunden, so fließt über die beiden Widerstände R_1 und R_2 und den Gleichrichter ein Strom durch die Sendediode des Optokopplers, die mittels Licht (galvanische Trennung) den Ausgangstransistor desselben leitend steuert. Der angeschlossene Schmitt-Trigger in CMOS-Technik mit einem Eingangswiderstand von einigen Megohm wird dann am Ausgang nicht mehr wie zuvor 0 V, sondern praktisch die Spannung $+ U_B$ zeigen. Da der Ausgangskreis mit der Speisespannung der nachfolgenden Verknüpfungselektronik versorgt wird, ist die Anpassung an den Eingangsspannungsbereich derselben bewerkstelligt.

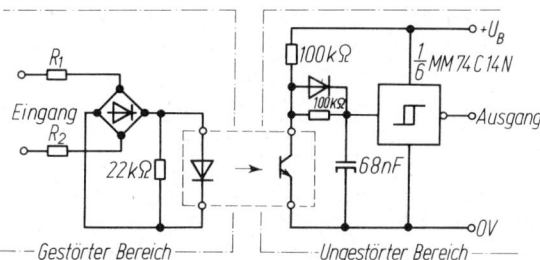

6.4
Eingangsverstärker

Beim Umschalten bewirkt das vor dem Eingang des Schmitt-Triggers liegende RC-Netzwerk, dessen Auf- und Entladezeitkonstante wegen der Diode etwa gleich groß ist, eine Signalverzögerung um ungefähr 7 ms, die bei Steuerungen in den allermeisten Fällen gänzlich ohne Belang ist. Dadurch sind zum einen Preller von davor liegenden Schaltern (Prelldauer in der Regel kleiner 5 ms) und kurze Störimpulse unwirksam gemacht und zum anderen dient dies der Glättung, falls am Eingang des Schaltkreises nicht eine Gleich- sondern eine Wechselspannungsquelle anliegt. Bei anliegender Gleichspannung dient der Gleichrichter dem Verpolungsschutz.

Am Ausgang wird ein Schmitt-Trigger mit verhältnismäßig großer Hysterese (Einschaltschwelle des angegebenen Typs ca. $\frac{2}{3}$ U_B, Ausschaltschwelle ca. $\frac{1}{3}$ U_B) eingesetzt, damit bei kleinen periodischen Änderungen der Signalamplitude nicht fortlaufend aus- und eingeschaltet wird. Bei einer solchen Kippschaltung handelt es sich um einen überkritisch mitgekoppelten Verstärker, der einen schnellen Übergang vom jeweils einen zum jeweils anderen stabilen Schaltzustand gewährleistet unabhängig vom zeitlichen Verlauf des Eingangssignals. Diese Technik wird bei der Digitalisierung der Signale für eine elektronische Steuerung immer angewendet.

Am Eingang des Schaltkreises sind bewußt zwei gleich große Widerstände R_1 und R_2 und nicht ein entsprechender einziger vorgesehen, die bei geschickter Dimensionierung einen großen Eingangsspannungsbereich zulassen (z. B. von 18 V $\simeq$ bis 240 V $\simeq$). Dadurch wird bei räumlich geeignetem Aufbau erreicht, daß sich zu der ohnehin sehr kleinen Koppelkapazität des Optokopplers von einigen wenigen Picofarad in jedem Falle noch ein verhältnismäßig hochohmiger Widerstand in Reihe schaltet unabhängig davon, wie das Störsignal auf die beiden Leitungen verteilt ist.

6.1.1.5   Erstellung der Ausgangsgrößen

Die Erstellung der Ausgangsgrößen an Hand der Eingangssignale und dem Steuerprogramm kann nach zwei vom Prinzip her verschiedenen Methoden geschehen:

1. Man verwendet für die zu realisierenden Verknüpfungen geeignete, handelsübliche Digitalschaltkreise in integrierter Technik und verdrahtet diese entsprechend (Hardware-Lösung, s. 6.1.2). Die Ausgangsgrößen werden dabei in zeitlichem Nebeneinander erstellt.

2. Man setzt einen Mikrocomputer mit Mikroprozessor ein und realisiert die Verknüpfungen über das Programm (Software-Lösung, s. 6.2). Der Mikrocomputer arbeitet das Programm (Folge von Befehlen) in stetiger Wiederholung ab. Die Zeitdauer für einen Programmdurchlauf liegt in der Regel unter 10 ms. Im Rahmen dieses Programmdurchlaufs werden alle Eingangsgrößen berücksichtigt und alle Ausgangsgrößen erstellt und zwar in einer durch einen festen Takt vorgegebenen zeitlichen Reihenfolge.

Während der erste Weg vor allem bei einfacheren Steuergeräten mit größeren Stückzahlen angezeigt ist, wird der zweite bei komplexen Steuerungsaufgaben beschritten. Im zweiten Falle sind Änderungen des Steuerungsablaufs durch Änderungen des Programms möglich, das in einem billigen Speicher abgelegt wird, im ersten muß dazu stets eine Änderung des Aufbaus oder doch zumindest der Verdrahtung vorgenommen werden. Da bei der Mikrocomputerlösung die spezielle Steuerung erst durch das in einem Speicher abgelegte Programm entsteht, wird eine so vorgefertigte Steuerelektronik als „Speicherprogrammierbare Steuerung" (SPS) bezeichnet. Sie bedarf allerdings noch der Ergänzung durch dem Verwendungszweck angepaßte Verbindungsgeräte zu der zu steuernden Anlage.

Während beim Mikrocomputer durch das Abarbeiten der Befehle in einer genau festliegenden, zeitlichen Reihenfolge Signallaufzeiten keine Rolle spielen, können diese bei der Hardware-Lösung zu schwer aufspürbaren Fehlern führen.

Beiden Techniken gemeinsam ist die hohe Verarbeitungsgeschwindigkeit der Digitalelektronik, im Vergleich zu der die zu steuernden Anlagen in der Regel auch in jedem Übergangszustand als stationär betrachtet werden können. Dies zusammen mit der Eigenschaft, große Informationsmengen bei niedrigen Kosten zu verarbeiten, ermöglicht einen Grad der Überwachung der zu steuernden Anlage und des Bedieners sowie dessen Führung, wie dies mit einer kontaktbehafteten Steuerung nicht realisierbar ist.

6.1.2   Logische Schaltkreise

6.1.2.1   Grundfunktionen

Die von einer Digitalelektronik durchzuführenden Verknüpfungen (man spricht daher auch von einer Logik) lassen sich auf wenige Grundfunktionen zurückführen. Diese sind in Tafel **6**.5 zusammengestellt, in der auch die genormten Symbole zur einfachen Darstellung sowie Tabellen angegeben sind. Zur Realisierung der Funktionen UND und ODER sind an sich Halbleiterdioden ausreichend, wohingegen für die Funktion NICHT mindestens ein Transistor erforderlich ist. Meist werden jedoch unter Verwendung von mindestens einem Transistor die komplexeren Funktionen NICHT UND mit mehreren Eingängen als Nandgatter (NOT AND = NAND; vgl. Tafel **6**.5) und NICHT ODER mit mehreren Eingängen als Norgatter (NOT OR = NOR) realisiert, die deshalb in dieser Zusammenstellung ebenfalls aufgeführt sind. Schaltkreise in dieser Technik mit nur einem Eingang und einem Ausgang kehren lediglich das Signal um und werden daher als Inverter bezeichnet. Die Verwendung von Transistoren gewährleistet neben der einfachen technischen Realisierung eine gewisse Übersteuerung der einzelnen Schaltstufen und damit auch eine bestimmte Schaltgeschwindigkeit solange die Ausgangsverzweigung (Fan Out) nicht zu groß ist, d.h. an den Ausgang einer solchen Schaltstufe nicht zu viele Eingänge nachfolgender Schaltstufen angeschlossen sind.

6.1.2.2   Aufbau von Kippgliedern

Speicher   Mit Hilfe der Grundfunktionen läßt sich ein weiteres wichtiges Element, der Speicher (Gedächtnis), darstellen, in dem ein Signal, d.h. ein entsprechender Zustand, eingeschrieben und gespeichert werden und bei Bedarf wieder ausgelesen

Tafel **6**.5   Logische Verknüpfungen

Funktion	Symbol nach DIN 40900	Altes Symbol	Tabelle	Kontakt-schaltung
UND (Konjunktion)	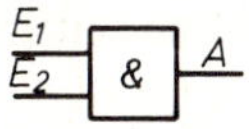	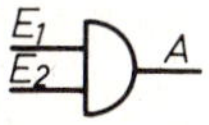	E_1 E_2 A 0 0 0 0 1 0 1 0 0 1 1 1	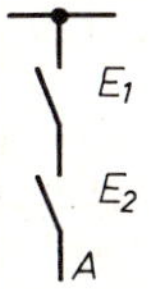
ODER (Disjunktion)	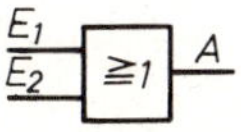	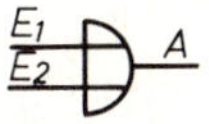	E_1 E_2 A 0 0 0 0 1 1 1 0 1 1 1 1	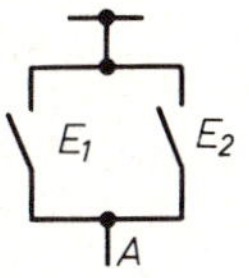
NICHT (Negation)	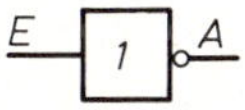		E A 0 1 1 0	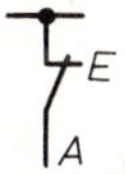
NICHT UND (NAND)	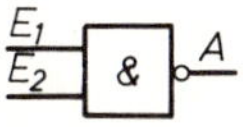	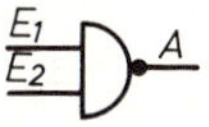	E_1 E_2 A 0 0 1 1 0 1 0 1 1 1 1 0	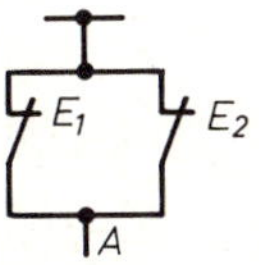
NICHT ODER (NOR)	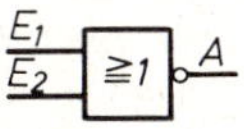	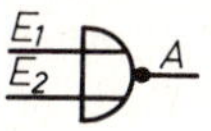	E_1 E_2 A 0 0 1 1 0 0 0 1 0 1 1 0	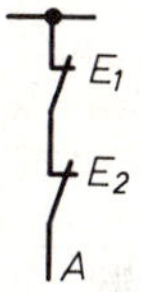

oder gelöscht werden kann. Es ist zu beachten, daß der Signalzustand eines Speichers in kontaktloser Technik nach dem Einschalten der Stromversorgung ohne zusätzliche Maßnahmen in der Regel zufällig ist. Die Realisierung eines solchen Speichers (bistabiles Kippglied = Flipflop) erfolgt meist mittels den oben angeführten Nand- oder Norgattern. Es sind verschiedene Ausführungen zu unterscheiden:

a) Bild **6**.6 zeigt zwei Norgatter, deren Ausgang auf einem Eingang des jeweils anderen Gatters zurückgekoppelt ist, wodurch ein RS-Flipflop gebildet wird. Bei diesem wird mittels eines 1-Signals am Setzeingang (S) der Ausgang (Q) auf „1" und mittels eines 1-Signals am Rücksetzeingang (R) auf „0" gebracht. Der komplementäre Ausgang ($\bar{Q}$) liefert jeweils das invertierte Signal des Ausgangs, falls nicht beide Eingänge gleichzeitig mit „1" beaufschlagt werden, was aus diesem Grunde untersagt wird. Führen beide Eingänge 0-Signal, bleibt der gesetzte Zustand gespeichert.

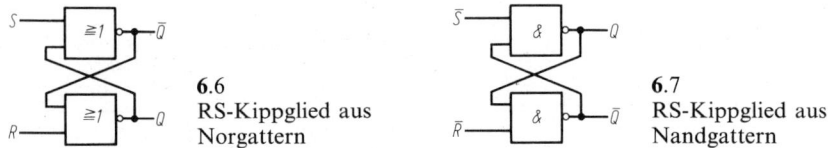

6.6
RS-Kippglied aus
Norgattern

6.7
RS-Kippglied aus
Nandgattern

b) Bild **6**.7 zeigt ein RS-Flipflop aus Nandgattern, bei dem das Setzen bzw. Rücksetzen durch Anlegen jeweils eines 0-Signals erfolgt. Die Eingänge sind dementsprechend mit $\bar{S}$ und $\bar{R}$ gekennzeichnet. Verbietet man, daß beide Eingänge gleichzeitig 0-Signal erhalten, so bleibt wiederum der jeweils gesetzte Zustand gespeichert.

Ergänzt man diese Schaltung durch zwei weitere Nandgatter, wie dies in Bild **6**.8 dargestellt ist, so ergibt sich ein statisch getaktetes D-Flipflop (Data-Latch) Liegt 1-Signal am Dateneingang (D), bekommt der Eingang $\bar{S}$ das Setzsignal „0“, sobald am Takteingang (C) ein Taktsignal „1“ erscheint (Clock = Takt). Führt der Dateneingang während des Taktsignals ein 0-Signal, so erhält der Eingang $\bar{R}$ das Setzsignal „0“. Bei fehlendem Taktsignal liegen beide Setzeingänge auf ‚1‘‘, d.h. der durch das Signal am Dateneingang bestimmte, während des Taktsignals gesetzte Zustand bleibt gespeichert und steht an den Ausgängen zur Verfügung.

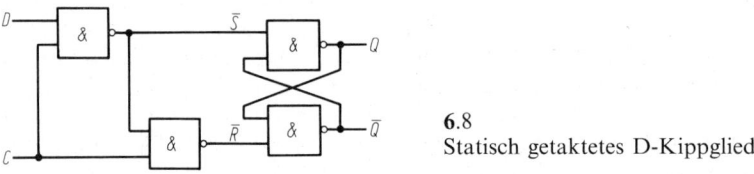

6.8
Statisch getaktetes D-Kippglied

Bild **6**.9 zeigt das statisch getaktete, aus Nandgattern bestehende D-Flipflop nochmals jedoch mit dem Unterschied, daß die den Speicher bildenden Nandgatter nun drei Eingänge aufweisen. Über die zusätzlichen Eingänge kann der Speicher durch Anlegen eines 0-Signals am Eingang $\bar{S}$ unabhängig vom Takt gesetzt und durch Anlegen eines 0-Signals am Eingang $\bar{R}$ zurückgesetzt werden. Solche Eingänge werden daher als taktunabhängige Setzeingänge bezeichnet. Bei dem hier gezeigten Beispiel müssen sie im normalen Betriebszustand beide 1-Signal führen.

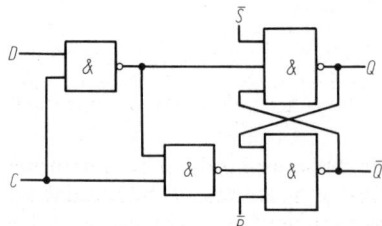

6.9
Statisch getaktetes D-Kippglied mit
taktunabhängigen Setzeingängen

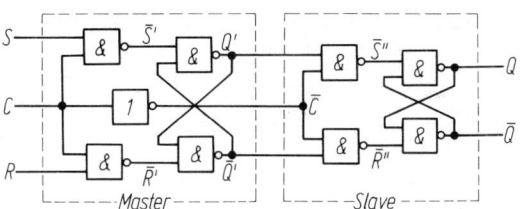

6.10
RS-Master-Slave-Kippglied
(Zweispeichertechnik)

c) In Fällen, bei denen gleichzeitig eine neue Information am Eingang übernommen und gesteuert durch den Takt die seither im Flipflop gespeicherte Information ausgegeben werden muß, ist die oben beschriebene Ausführung unzureichend. Bild **6**.10 zeigt eine Lösung, bei der ein zweiter Speicher hinzugefügt ist, in dem die neue Eingangsinformation gesteuert durch den Takt zunächst zwischengespeichert wird. Die Speicher werden mit Master (Herr) und Slave (Diener), das ganze Flipflop in dieser Zweispeichertechnik als Master-Slave-Flipflop bezeichnet.

Legt man den Eingang S bzw. den Eingang R an 1-Signal, so wird bei einem Taktsignal „1" am Eingang C das Setzsignal „0" am Speichereingang $\bar{S}'$ bzw. Eingang $\bar{R}'$ erscheinen und den Ausgang Q' bzw. den komplementären Ausgang $\bar{Q}'$ des Master-Speichers auf „1" setzen. Diese Information wird in den gleichermaßen arbeitenden Slave-Speicher erst übernommen, wenn das Taktsignal am Eingang C wieder „0" und damit am Eingang $\bar{C}$ „1" ist.

d) Wird bei dem eben beschriebenen RS-Master-Slave-Flipflop die in Bild **6**.11 a dargestellte Rückkopllung vorgenommen, so erhält man ein JK-Master-Slave-Flipflop, dessen Eingänge mit J und K bezeichnet werden. Durch die Rückkopplung der beiden komplementären Ausgangssignale ist eines der beiden Eingangs-Nandgatter jeweils gesperrt. Das für das RS-Flipflop bestehende Verbot, beide Eingänge gleichzeitig mit 1-Signal zu beaufschlagen, kann daher hier wieder aufgehoben werden. Der Ausgangszustand wird durch den Takt in Abhängigkeit der Eingangssignale nach Bild **6**.11 b gesteuert:

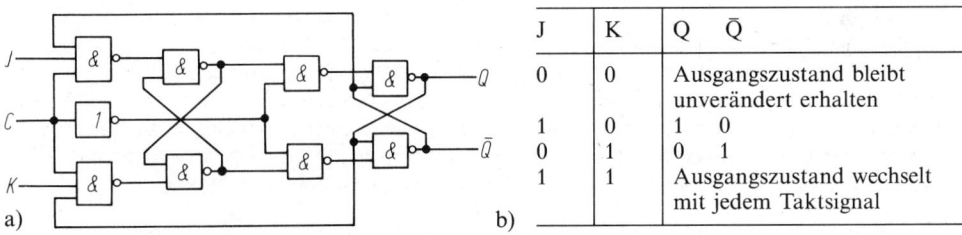

J	K	Q	$\bar{Q}$
0	0	Ausgangszustand bleibt unverändert erhalten	
1	0	1	0
0	1	0	1
1	1	Ausgangszustand wechselt mit jedem Taktsignal	

a)   b)

6.11 a) JK-Master-Slave-Kippglied (Zweispeichertechnik)
b) Steuerung des Ausgangszustands

Dabei ist zu beachten, daß sich die Signale an den Eingängen J und K während des Taktsignals nicht ändern.

Diese Einschränkung läßt sich vermeiden und die Störempfindlichkeit verringern, wenn durch geschicktes Ausnutzen von Signallaufzeiten und Ansprechschwellen dafür gesorgt wird, daß während des Wechsels des Taktsignals (z. B. während des Über-

Tafel **6**.12   Schaltzeichen für Digitalschaltkreise

⊸○	Eingang mit Negation
	Ausgang mit Negation
	Statischer Eingang
▷C	Takteingang mit Flankensteuerung. Nur bei 0–1-Übergang wirksam.
◁○▷C	Takteingang mit Flankensteuerung. Nur bei 1–0-Übergang wirksam.
	Retardierter Ausgang. Der Zustandswechsel des Kippgliedes wird an diesem Ausgang erst wirksam, wenn die steuernde Eingangsgröße zu ihrem ursprünglichen Wert zurückkehrt.
Abhängigkeitsnotation nach DIN 40 700	Eingänge, welche die Funktion anderer Ein- oder Ausgänge steuern, werden durch einen funktionskennzeichnenden Buchstaben und eine nachfolgende Ziffer bezeichnet. Gesteuerte Ein- oder Ausgänge erhalten die Zählnummer des steuernden Eingangs dem funktionskennzeichnenden Buchstaben vorangestellt.
S / R	RS-Kippglied.
1S / C1 / 1R	RS-Kippglied statisch getaktet. Die Speicherung der durch 1-Signal am jeweiligen Setzeingang festgelegten Information erfolgt während 1-Signal am Takteingang.
1D / ▷C1	D-Kippglied mit Flankensteuerung. Das Signal am Eingang D wird bei dem 0–1-Übergang des Taktsignals im Kippglied gespeichert.
S / 1J / ▷C1 / 1K / R	JK-Kippglied mit Einflankensteuerung und taktunabhängigen Setzeingängen. Die Speicherung der durch die Signale am J- und K-Eingang festgelegten Information erfolgt beim 1–0-Übergang des Taktsignals. Taktunabhängiges Setzen geschieht jeweils durch 0-Signal.
S / &1J / ▷C1 / &1K / R	JK-Kippglied mit Zweiflankensteuerung und taktunabhängigen Setzeingängen. Die Übernahme der durch die Signale am J- und K-Eingang festgelegten Information erfolgt beim 0–1-Übergang des Taktsignals. Die Ausgabe beginnt mit dem 1–0-Übergang des Taktsignals. Die drei J-Eingänge sind durch UND miteinander verknüpft genauso wie die drei K-Eingänge.

gangs von „0" auf „1" = positive edge triggered) eine Signalausgabe und -übernahme im Speicherelement erfolgt. Flipflops mit dieser Technik werden als takt-flankengesteuert bezeichnet, wohingegen statisch vom Taktpegel bestimmte takt-zustandsgesteuert genannt werden. Das oben beschriebene D-Flipflop jedoch mit dieser Technik der Taktflankensteuerung ist demnach ein einflankengesteuertes. Bei der Ausführung des in Bild **6**.11a gezeigten JK-Flipflops handelt es sich um ein takt-zustandsgesteuertes.

Genormte Schaltzeichen   In der nachfolgenden Tafel **6**.12 sind einige weitere Schaltzeichen für Digitalschaltkreise nach DIN 40700 Teil 14 zusammengestellt und erläutert, welche die Darstellung in Tafel **6**.5 ergänzen.

Zeitglieder   Als Zeitglied im Zeitbereich bis zu etwa einer Minute wird üblicherweise ein monostabiler Kipper (vgl. Abschn. 2.2.4.2), darüber zählende Schaltkreise eingesetzt. Es läßt sich zeigen, daß ein solches Zeitelement zur Darstellung aller Arten von Zeitgliedern ausreichend ist, genau so wie zur Darstellung sämtlicher zeitunabhängiger Elemente an sich zwei Grundfunktionen genügen.

6.1.2.3   Logikfamilien

Die aufgeführten Grundschaltkreise und Elemente lassen sich entsprechend dem Verwendungszweck beliebig kombinieren. Sie werden in integrierter Technik gefertigt. Das bedeutet, auf einem etwa quadratischen Siliziumplättchen mit ungefähr 1 mm Seitenlänge befinden sich z.B. mehrere Gatter mit Mehrfacheingängen oder Flipflops. Ein solcher integrierter Schaltkreis (IC = Integrated Circuit) ist dann meist in einem genormten Gehäuse mit z.B. je 7 oder 8 Anschlußstiften an beiden Längsseiten (14- oder 16-poliges DIL-Gehäuse; DIL = Dual In Line) untergebracht. Bild **6**.13 zeigt ein Vierfach-Nandgatter mit je zwei Eingängen und das zugehörige 14-polige DIL-Gehäuse.

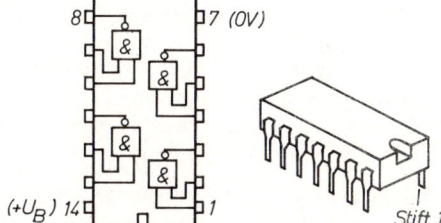

6.13
Vierfach-Nand-Gatter mit je zwei
Eingängen im 14-poligen DIL-Gehäuse

Die verschiedenen Logikfamilien werden entsprechend der unterschiedlichen Technik bezeichnet, z.B. Transistor-Transistor-Logik (TTL) oder Complementary-Metal-Oxide-Silicon-Logik (CMOS). Eine Logikfamilie umfaßt Gatterschaltungen, Speicherschaltungen und Sonderschaltungen bis hin zu hochintegrierten Schaltkreisen, bei denen eine große Anzahl von zusammenhängenden Funktionen auf einem Chip untergebracht ist, wie z.B. beim Mikroprozessor. Die verschiedenen Logikfamilien haben unterschiedliche Eigenschaften, vor allem in Hinblick auf Schaltgeschwindigkeit, Belastbarkeit an den Ausgängen, Störabstand, Temperaturbereich und Leistungsbedarf. Der letzte Punkt jann beispielweise dann besonders interessant sein,

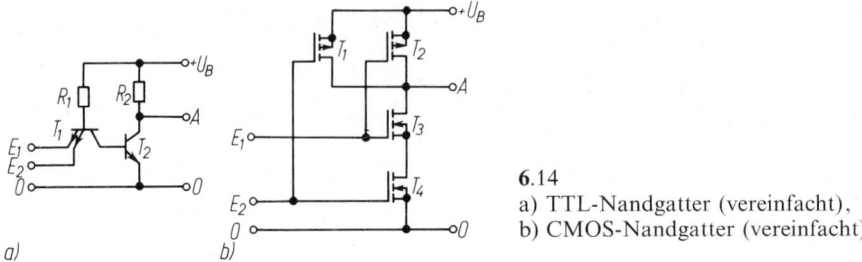

6.14
a) TTL-Nandgatter (vereinfacht),
b) CMOS-Nandgatter (vereinfacht)

wenn die elektronische Steuerung bei Netzausfall unterbrechungsfrei aus einem Akku weiterversorgt werden soll.

Bild **6**.14 zeigt vereinfachte Schaltungen eines TTL-Nandgatters und eines CMOS-Nandgatters, aus denen das Prinzip ersichtlich ist.

Beim TTL-Gatter wird der Eingang durch einen Transistor T_1 mit Mehrfachemitter (hier zwei) gebildet. Der durch den Widerstand R_1 bestimmte Basisstrom fließt über die Basis-Kollektordiode des Transistors T_1 in die Basis des Transistors T_2 und schaltet diesen durch, wenn die beiden Eingänge E_1 und E_2 eine Spannung führen, die über der Basisspannung des Transistors T_2 liegt. Wird zumindest einer der Eingänge (E_1 oder E_2) mit der Nullschiene verbunden, wird der Transistor T_1 wie in einer ganz normalen Emitterschaltung angesteuert und zieht den Basisstrom von Transistor T_2 ab, so daß dieser sperrt.

Das CMOS-Gatter besteht aus selbstsperrenden, komplementären MOS-FETs. Die beiden oberen p-Kanal-FETs T_1 und T_2 sind parallel, die beiden unteren T_3 und T_4 in Reihe geschaltet (beim CMOS-Norgatter ist es gerade umgekehrt). Wenn ein Eingang positives Signal erhält, wird der jeweils angeschlossene untere Transistor leitend und der obere sperrt. Im Ruhezustand fließt daher kein Querstrom durch den Schaltkreis. Da praktisch auch keine Eingangsströme vorhanden sind, ist die Ruheverlustleistung ungefähr Null.

Während beim TTL-Schaltkreis eine Betriebsspannung von $U_B = 5$ V mit enger Toleranz einzuhalten ist und die Schaltschwelle bei einer Eingangsspannung von etwa 0,8 V liegt, kann beim CMOS-Schaltkreis die Betriebsspannung in einem weiten Bereich von etwa $U_B = 5$ V ... 15 V variieren und liegt die Schaltschwelle ungefähr bei der halben Betriebsspannung. Die daher störunempflindlichere versorgungstechnisch in zweifacher Hinsicht anspruchslosere CMOS-Technik ist somit für die elektronische Steuerung besonders geeignet.

Störsicherheit   Bei der Störsicherheit ist jedoch nicht nur auf Störungen von außen (systemfremde Störungen) zu achten, wie sie etwa durch Schaltvorgänge benachbarter Starkstromanlagen entstehen können, sondern auch auf systemeigene (Übersprechen). Es ist zwischen statischer und dynamischer Störsicherheit zu unterscheiden. Die statische Störsicherheit kennzeichnet das Verhalten eines Schaltelementes gegenüber lang andauernden Störungen. Sie wird groß durch eine hohe Schaltschwelle. Die dynamische Störsicherheit wird erreicht durch Herabsetzung der Schaltgeschwindigkeit.

Schaltalgebra   Die Methoden zur mathematischen Behandlung von Digitalschaltkreisen, die im stabilen Zustand nur zweier diskreter Werte fähig sind, liefert die ursprünglich für philosophische Zwecke entworfene Boolesche Algebra (G. Boole, englischer Mathematiker, 1815–1864), die in ihrer speziellen Anwendung auf Digitalschaltkreise als Schaltalgebra bezeichnet wird.

Beim Entwurf einer digitalen Logik wird zunächst die Problemstellung in sog. Funktions- oder Wahrheitstabellen erfaßt, in denen die Ausgangssignale für alle Kombinationen der sie bestimmenden Eingangssignale dargestellt sind (vgl. Wahrheitstabellen in Tafel **6**.5). Bei einfachen Fällen kann die elektronische Realisierung direkt nach diesen Tabellen vorgenommen werden, indem Schaltkreise mit logischen Grundverknüpfungen entsprechend zusammengestellt und verdrahtet werden. Bei komplizierteren Fällen müssen die Rechenvorschriften der Schaltalgebra oder auch grafische Verfahren (z. B. Karnaugh-Diagramm) angewendet werden, um eine möglichst einfache logische Funktion zu finden.

6.2   Mikrocomputertechnik

6.2.1   Struktur eines Mikrocomputers

6.2.1.1   Aufbau und Wirkungsweise eines Mikrocomputers

Bild **6**.15 zeigt die Grobstruktur eines Mikrocomputers. Er besteht aus dem Mikroprozessor und elektronischen Schaltkreisen, den Speichern und den Ein/Ausgabevorrichtungen.

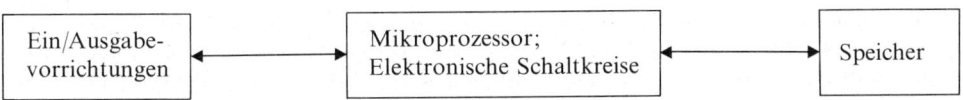

6.15 Grundstruktur eines Mikrocomputers

6.2.1.2   Mikroprozessor

Der Mikroprozessor ist das eigentliche Kernstück eines Mikrocomputers. Er wird deshalb als Zentraleinheit (Central Processing Unit = CPU) bezeichnet und zumeist auf einem Chip untergebracht. In einem solchen hoch integrierten Schaltkreis sind u. a. mehrere zehntausend Transistorfunktionen vorgesehen, die komplizierte logische Verknüpfungen und Folgeschaltungen (sequentielle Logik) ermöglichen.

Wie in Bild **6**.16 dargestellt, gliedert sich ein Mikroprozessor im wesentlichen in einen üblicherweise quarzgesteuerten Taktgenerator (bei manchen Typen extern), in ein Steuerwerk (Control Unit = CU), in eine arithmetisch-logische Einheit (Arithmetic-

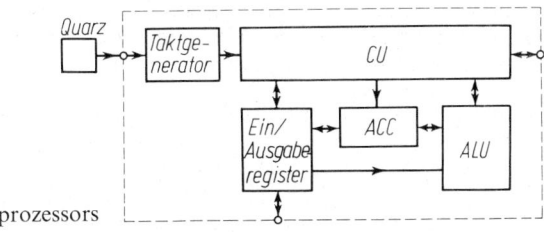

6.16
Vereinfachtes Blockschaltbild eines Mikroprozessors

Logic Unit = ALU) und in Arbeitsregister, die als Akkumulatoren (ACC) bezeichnet werden.

Ein Register ist eine Reihenschaltung von zumeist taktflankengesteuerten Flipflops, bei der in Abhängigkeit von einem gemeinsamen Taktsignal die Information von jeweils einem zum jeweils nachfolgenden Speicher weitergeschoben werden kann (Schieberegister). Die Anzahl der zu speichernden Einzelinformationen (Bit) 0-Signal oder 1-Signal ist mit der Zahl der Flipflops eines solchen Registers identisch. Es gibt Mikroprozessoren mit einer Registerbreite von 4 Bit, 8 Bit (= 1 Byte), 16 Bit (= 1 Wort) und auch solche mit 32 Bit. Letztere sind für die Steuerungstechnik allerdings von geringem Interesse. Ein solches Register kann eine aus mehreren Bits bestehenden Information also in einer durch den Takt bestimmten Folge seriell ein- oder auslesen, wobei die Anzahl der aufeinanderfolgenden Taktimpulse wiederum mit der Registerbreite übereinstimmen muß. Dieselbe Information kann aber auch über die Setzeingänge der einzelnen Flipflops gleichzeitig parallel ein- oder über die Ausgänge der einzelnen Flipflops gleichzeitig parallel ausgegeben werden.

Die Ein/Ausgabevorrichtung des Mikroprozessors selbst besteht im Normalfall ebenfalls aus einem solchen Register, das die Information parallel aus dem Mikroprozessor ausgibt oder parallel in den Mikroprozessor übernimmt. Die Anzahl der parallelen Leitungen entspricht der Registerbreite, bei einem 8-Bit-Mikroprozessor also acht. Da für die Ein- und Ausgabe dieselben Leitungen benützt werden, muß das Steuerwerk dafür sorgen, daß bei der Datenausgabe die Ausgänge der Registerflipflops durchgeschaltet und gleichzeitig die Setzeingänge durch entsprechend vorgeschaltete Gatter unwirksam gemacht sind. Umgekehrt müssen beim Datentransport in die Zentraleinheit hinein die Setzeingänge aktiviert und die Ausgänge der einzelnen Flipflops abgetrennt werden. Zur Abtrennung der Ausgänge bedient man sich zumeist der Tristate-Technik. Digitalschaltkreise in dieser Ausführung haben drei stabile Zustände: 0-Signal am Ausgang, 1-Signal am Ausgang und gesteuert durch einen besonderen Eingang (Disable) hochohmigen Ausgang. Ein solches Bündel von parallelen Leitungen wird als BUS bezeichnet. Wenn diese Leitungen, wie in unserem Falle, Daten oder Informationen transportieren, spricht man von Datenbus. Beachte, der Datenbus ist ein Zwei-Richtungs-Bus.

Das Steuerwerk verbindet die arithmetisch-logische Einheit gegebenenfalls gemäß dem gerade auszuführenden Befehl mit den Arbeitsregistern oder dem Ein/Ausgaberegister derart, daß immer die Inhalte zweier solcher Register logisch miteinander verknüpft werden. Die Verknüpfung kann sowohl parallel für die ganze Registerbreite gleichzeitig erfolgen als auch seriell in bitweiser Abarbeitung nach dem Takt. Ersteres trifft bei rein logischen Verknüpfungen zu, bei denen das Ergebnis in einem für diese Operation vorgesehenen Merkerflipflop gespeichert wird. Mehrere solche Merkerflipflops werden zu dem sogenannten Statusregister zusammengefaßt, dessen Inhalt von dem Steuerwerk ausgewertet wird. Letzteres ist bei Rechenoperationen der Fall, bei deren Durchführung das Ergebnis Bit für Bit wieder in ein Register eingeschoben wird.

Wesentliche Elemente des Steuerwerks sind der Programmschrittzähler und das Befehlsregister. Der Inhalt des Programmschrittzählers stellt die Adresse des nächsten zu bearbeitenden Befehls im Speicher dar. Der Programmschrittzähler wird normalerweise nach Ausführung eines Befehls auf die Adresse des nächstfolgenden erhöht, er kann jedoch auch durch spezielle Befehle geändert werden, wodurch eine Programmverzweigung möglich wird. Sind diese Befehle an eine logische Entscheidung geknüpft, d. h. an ein Ergebnis, das im Statusregister vermerkt ist, werden sie als bedingte Sprungbefehle, im anderen Falle als unbedingte Sprungbefehle bezeichnet. Wird ein solcher Befehl nicht im Rahmen des Programmablaufs aufgerufen (softwaremäßig), sondern durch ein Signal an einer hierfür speziell vorgesehenen Eingangsleitung (hardwaremäßig), spricht man von einem Interrupt (Unterbrechung). Gibt es mehrere solche Eingangsleitungen, werden sie in der Reihenfolge ihrer Wichtigkeit gekennzeichnet und bei gleichzeitigem Anforderungssignal bedient (Prioritätsebenen).

Der durch den Programmschrittzählerinhalt im Speicher adressierte Befehl wird – veranlaßt durch das Steuerwerk – über den Datenbus und das Ein/Ausgaberegister in das Befehlsregister gebracht. Dort wird der Befehl, der sich aus dem Operationscode und je nach Ausführung aus einer oder zwei Operandenadressen zusammensetzt, entziffert und wiederum über das Steuerwerk durch Ausgabe entsprechender Signale die Ausführung der vorgeschriebenen Routinen in Abhängigkeit des Taktes veranlaßt. Im Rahmen eines Befehls erfolgen also in einer bestimmten Zahl von Taktzyklen immer mehrere Operationen. Müssen dabei Operanden aus dem Speicher geholt und dorthin gebracht werden, laufen auch diese Informationen über den Datenbus. Das zur Erledigung dieser u. a. Aufgaben nach außen führende Bündel von Steuerleitungen wird als Steuerbus, das Bündel der Adressleitungen als Adressbus bezeichnet. Letzterer ist ein Ein-Richtungs-Bus, der von Treibern in Tristate-Technik gespeist wird, sodaß z. B. unter Umgehung des Mikroprozessors auch direkt auf die Speicher zugegriffen werden kann (Direct Memory Access = DMA).

6.2.1.3 Speicher

Die für den Aufbau eines Mikrocomputers erforderlichen Speicher gliedern in sich zwei große Gruppen: 1. Festwert-Speicher (Read Only Memory = ROM), in denen die Information fest eingeschrieben ist und nur ausgelesen werden kann, und 2. Schreib-Lese-Speicher (Random Access Memory = RAM), bei denen auch Ein- oder Überschreiben, d. h. Verändern, neben dem Auslesen einer Information möglich ist. Außer den Ausführungen, die durch Masken bei der Fertigung (ROM) oder vor Ort durch gezieltes Durchbrennen von leitenden Verbindungen programmiert werden (Programmable Read Only Memory = PROM), gibt es bei der ersten Gruppe solche, die durch das Einspeichern von Ladungen für lange Zeit (über 10 Jahre) haltbar elektrisch programmiert und durch UV-Licht (Erasable Programmable Read Only Memory = EPROM) oder auch elektrisch mit entsprechendem Zeitaufwand wieder gelöscht (Electocally Alterable Read Only Memory = EAROM) und danach erneut programmiert werden können. Die zweite Gruppe der Schreib-Lese-Speicher wird in dynamische und statische unterteilt. Bei den ersteren ist nur ein Kurzzeitspeichervermögen (ms) vorhanden. Bei länger dauernder Speicherung muß daher eine periodische Wiederauffrischung (Refresh) erfolgen, die von einer besonderen, zumeist ebenfalls auf dem Chip untergebrachten Logik bewerkstelligt wird. Bei den statischen Schreib-Lese-Speichern werden bistabile Kippglieder verwendet.

Außer den genannten, direkt mit dem Mikroprozessor verbundenen Speichern gibt es für große Informationsmengen, die nicht dem ständigen, schnellen Zugriff der Zentraleinheit unterliegen müssen, Magnetband- oder Magnetplattengeräte (Magnetplatte = Diskette).

Periphere Geräte

Zu den möglichen, für die Bedienung erforderlichen Ein/Ausgabevorrichtungen eines Mikrocomputers zählen Tastaturen, Lochstreifen- oder Lochkartenleser bzw. -stanzer, Drucker und Terminals (Bildschirmgerät mit Tastatur).

6.2.1.4   Schnittstellen

Zur Verbindung der Peripherie-Geräte, zu denen auch die oben erwähnten Magnetband- oder Magnetplattengeräte zu rechnen sind, mit dem Mikrocomputer sind bei diesem entsprechend dem Bedarf eine oder mehrere sog. Schnittstellen zur Signalumsetzung vorhanden, die vom Funktionsprinzip her in zwei Gruppen unterteilt und dementsprechend bezeichnet werden: Schnittstellen mit paralleler Datenübergabe sowie Schnittstellen mit serieller Datenübergabe. Eine üblicherweise nur für eine Übertragungsrichtung vorgesehene Parallelschnittstelle besteht aus einem mit Ein- bzw. Ausgangsbuffern ausgerüsteten Register zumeist der Breite wie im Mikroprozessor, das über den Datenbus mit der Zentraleinheit verbunden und mittels der auf den Adressleitungen ausgegebenen Signale angewählt wird. Für die serielle Schnittstelle hat sich ein Verfahren durchgesetzt und ist auch bis zu einem gewissen Grade genormt, bei dem in speziell hierfür entwickelten Schaltkreisen (Communication Controller = CC) die Information seriell über eine Leitung aus einem Zwischenregister, dem sog. Senderegister, gesendet bzw. über eine einzige andere Leitung in ein weiteres Zwischenregister, das. sog. Empfangsregister, seriell aus dem Peripheriegerät eingelesen wird. Dabei wird nach einem Startsignal von 1 Bit Dauer eine Folge von meistens 7 Bit übertragen, die ASCII-verschlüsselt (American National Standard Code for Information Interchange = ASCII) einen Buchstaben, eine Zahl oder ein Zeichen darstellen, zumeist ergänzt durch ein Kontrollbit, das angibt, ob die Zahl der übertragenen 1-Signale gerade oder ungerade ist, und beendet durch 1, 1½ oder 2 Stopbits. Die Taktung der seriellen Darstellung erfolgt mit einer bestimmten Geschwindigkeit (Übertragungsrate = Baudrate = Anzahl Bit pro Zeiteinheit), die der Verarbeitungsgeschwindigkeit des Peripheriegerätes angepaßt sein und bei Sender und Empfänger übereinstimmen muß. Die Übertragungsrate wird dem Sende/Empfängerschaltkreis mittels Programm eingespeichert und entsteht üblicherweise durch Frequenzteilung aus dem Takt des Mikroprozessors, der diesem Schaltkreis deshalb zugeleitet werden muß. Auf kurze Entfernungen (bis max. 15 m) erfolgt die Signalübertragung entweder über einen eingeprägten Strom oder über zwei verschiedene, zu Null symmetrische Spannungspegel (z. B. Norm V 24), wofür spezielle, integrierte Schaltkreise, Leitungstreiber und -empfänger, zur Verfügung stehen. Bei größeren Entfernungen werden Fiberglasleitungen mit optischer Übertragung nach anderen Codes bevorzugt, die neben größerer Störsicherheit vor allem auch eine wesentlich höhere Übertragungsrate ermöglichen. Neben den eigentlichen Datenleitungen sind dabei noch jeweils mindestens zwei weitere Verbindungsleitungen notwendig, welche die Empfangsbereitschaft des jeweiligen Empfängers übermitteln. Wird Empfangsbereitschaft signalisiert, so wird bei Bedarf ein verschlüsseltes Zeichen gesendet. Nach Empfang wird solange das Signal „keine Empfangsbereitschaft" ausgegeben und der Sender dadurch gesperrt, bis der Empfänger durch sein Programm das Empfangsregister geräumt hat. Ist auch das Senderegister erneut geladen, erfolgt die Übertragung des nächsten, verschlüsselten Zeichens.

6.2.1.5   Ein- und Ausgabevorrichtungen

Außer den eben beschriebenen Schnittstellen zu den Peripheriegeräten, die bei einer elektronischen Steuerung abgesehen von Protokollzwecken nur bei der Programmerprobung und Einrichtung benötigt werden, sind Ein- und Ausgabevorrichtungen für die Ein- und Ausgangssignale der elektronischen Steuerung in ausreichender Zahl vorzusehen, welche die von den Eingangsverstärkern (vgl. Abschn. 6.1.1.4) kommenden Signale abnehmen bzw. die Signale für die Ausgangsverstärker (vgl. Abschn. 6.1.1.5) liefern. Zu diesem Zweck können Eingangsbuffer in Tristate-Technik vorgesehen werden, die bei Anwahl durch entsprechende Signale auf den Adressleitungen im Rahmen der Abarbeitung eines Befehls des Programms ihren Eingang auf eine Leitung des Datenbus durchschalten. Dabei sind immer gleichzeitig soviele Eingänge durchgeschaltet wie der Datenbus Leitungen aufweist. Sind mehr Eingangssignale erforderlich, erfolgt die Übernahme bei der Ausführung des nächsten Befehls. Bei der Ausgabe werden die Ausgangssignale über den Datenbus in über die Adressleitungen angewählte Speicherflipflops eingeschrieben, an deren Ausgang sie dann ständig zur Verfügung stehen. Vorteilhaft lassen sich diese Eingangsschaltkreise räumlich mit den Eingangsverstärkern bzw. die Ausgangsschaltkreise mit den Ausgangsverstärkern zu sog. Interface-Schaltungen (Signalumsetzung und -anpassung) zusammenfassen.

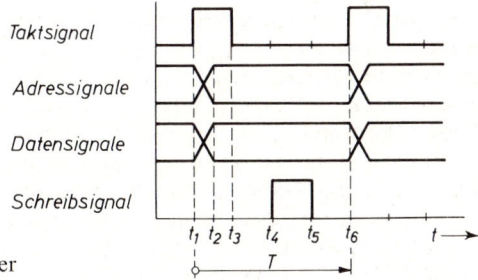

6.17
Zeitdiagramm Datentransport im Mikrocomputer

Dieser interne Signaltransport läuft genauso ab wie die Informationsübergabe von der Zentraleinheit in einen Schreib-Lese-Speicher und wird deshalb zur Erläuterung der Arbeitsweise eines Mikrocomputers an Hand eines Zeitdiagramms (Bild **6**.17) beschrieben. Mit Beginn des Taktsignals der Zentraleinheit (Frequenz z. B. 3 MHz) zum Zeitpunkt t_1 beginnt der Wechsel der Signale auf den Adress- und Datenleitungen in den auszugebenden Zustand. Wegen unterschiedlicher Laufzeiten gibt es Zwischenzustände, die erst zum Zeitpunkt t_2 verschwunden sind. Da durch die Signale auf den Adressleitungen über weitere Gatter (Adressenvordekodierung) die Anwahl einer Zeile des Schreib-Lese- oder der Ausgabespeicher erfolgt, welche über eine mit der Zahl der Datenleitungen übereinstimmende Zahl von Speicherelementen verfügen muß, wird eine weitere kurze Zeitspanne vergehen bis die Durchschaltung zu den gewünschten Speicherelementen steht. Deshalb erfolgt erst mit dem zum Zeitpunkt t_4 beginnenden, auf einer gesonderten Steuerleitung verfügbaren Schreibsignal die Datenübernahme in die adressierten Speicher, z. B. positiv flankengetriggert. Zum Zeitpunkt t_6 läuft der Signalwechsel zur nächsten Ausgabe an.

Dieser zeitliche Ablauf wird sichergestellt durch eine Unterteilung der Taktperiodendauer T in gleiche Teile, in unserem Beispiel vier an der Zahl. Die Schreibsignaldauer wie auch die Taktimpulsdauer entspricht jeweils einem Teil. Man spricht daher von einem Mehrphasentakt. Dies wird erreicht durch entsprechende Teilung einer vielfachen Frequenz.

Das Ausführungsbeispiel macht außerdem deutlich, daß der über die Datenleitungen angeschlossene Arbeitsspeicher eines Mikrocomputers nach Zeilen und Spalten organisiert sein muß, wobei die Zahl der Spalten mit der Zahl der Datenleitungen übereinstimmen muß und die Adressierung zeilenweise erfolgt.

6.2.1.6   Interne serielle Datenübertragung

Aufwendigere Mikroprozessoren besitzen zusätzlich eine interne, serielle Datenübertragung (Communication Register Unit = CRU), die nicht mit seriellen Schnittstellen für Peripheriegeräte zu verwechseln ist. Über eine Dateneingangs-, eine Datenausgangs- und eine besondere Taktleitung kann damit die Übertragung eines oder mehrerer Bits von oder zu Schaltkreisen innerhalb des Mikrocomputersystems seriell bewerkstelligt werden, wobei die Anwahl über Adressleitungen vorgenommen wird. Dazu werden die bereits vorhandenen Adressleitungen benützt und nur durch das Signal auf einer besonderen Leitung mitgeteilt, ob es sich um allgemeine Adressen oder um Adressen dieser seriellen Datenübertragung handelt. Über diese mit dem Prozessortakt synchron und sehr schnell arbeitende, interne Datenübertragung kann unter Umgehung des Datenbus die Informationsübertragung zwischen Zentraleinheit und anderen Schaltkreisen des Mikrocomputers erfolgen. Entsprechend der seriellen Übertragungsweise wird die Zahl der Verbindungsleitungen wesentlich gemindert, was wiederum einen einfacheren Aufbau ergibt. Der dafür in Kauf zu nehmende Nachteil der etwas längeren Übertragungsdauer fällt bei vielen Anwendungen nicht entscheidend ins Gewicht. Für Steuerungszwecke sind so ausgerüstete Mikroprozessoren besonders günstig, da sie auch Einzelbitverarbeitung auf einfache Weise gestatten.

Die Übernahme der einzelnen, digitalen Eingangsgrößen in den Mikrocomputer erfolgt bei einem solchen System über elektronische Wählschalter (Multiplexer), die den über die Adressen bezeichneten Eingang auf die Dateneingangsleitung der seriellen Datenübertragung durchschalten. Umgekehrt erfolgt die Ausgabe der digitalen Signale aus dem Mikrocomputer über elektronische Verteiler (Demultiplexer), die aus adressierbaren Speicherflipflops bestehen und über die Datenausgangs- und eine Taktleitung der seriellen Datenübertragung bedient werden.

Da jeder integrierte Schaltkreis nur über eine begrenzte Anzahl von Anschlußstiften (Pins) verfügt, muß sowohl beim Multiplexer als auch beim Demultiplexer aus den höherwertigen Adressignalen eine Vordekodierung durchgeführt werden, die den betreffenden Baustein bezeichnet. Mit Hilfe einer der Zahl der Ein- oder Ausgänge des Bausteins entsprechenden Anzahl von niederwertigen Adressleitungen erfolgt dann die Adressierung innerhalb des Bausteins. Hat ein solcher Baustein z. B. 8 Ein- oder Ausgänge, so sind zur Adressierung innerhalb des Bausteins 3 Leitungen erforderlich, die 8 verschiedene Kombinationen von Signalzuständen übertragen können.

Bilder **6**.18 und **6**.19 zeigen in Gegenüberstellung das Aufbauschema eines Mikrocomputers ohne eine interne serielle Datenübertragung und mit einer solchen. Selbstverständlich kann bei einem Mikrocomputer mit einer seriellen Datenübertragung diese in geringerem als dem gezeigten Umfang benützt und dafür der Datenbus mehr herangezogen werden.

Die in den Bildern dargestellte Ausbaustufe der Mikrocomputer mit den Peripheriegeräten Videoterminal und Drucker ist in der Steuerungstechnik häufig anzutreffen.

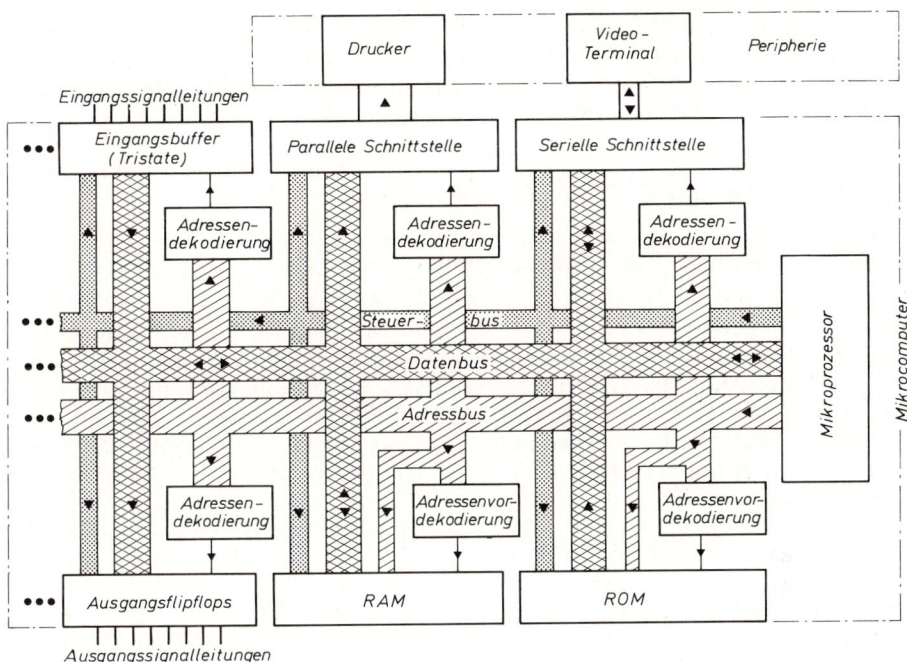

6.18 Aufbau eines Mikrocomputers ohne interne serielle Datenübertragung

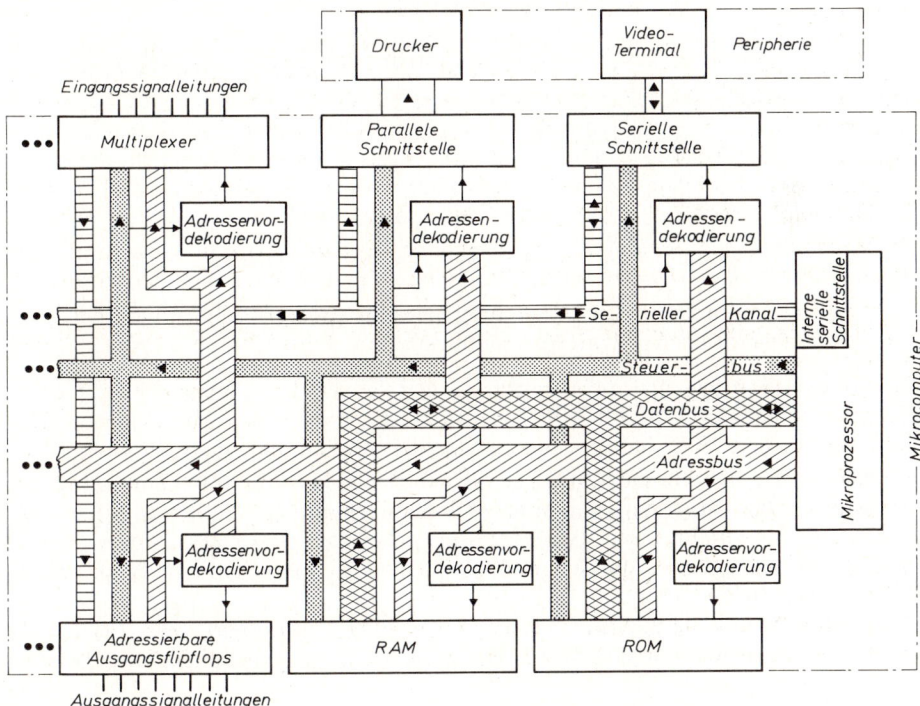

6.19 Aufbau eines Mikrocomputers mit zusätzlicher interner serieller Datenübertragungs-
möglichkeit

Es sei jedoch nochmals darauf hingewiesen, daß abgesehen von Protokollzwecken diese Peripheriegeräte nur in der Phase der Programmerprobung und des Einrichtens nötig sind. Außerdem sei vermerkt, daß es für beide Systeme spezielle, höherintegrierte Bausteine mit mehr als 8 Anschlußstufen gibt, die erst durch das Programm als Ein- oder Ausgang festgelegt werden. Häufig enthalten solche Schaltkreise zusätzlich noch Zähler oder zählende Zeitgeber (Timer), die ebenfalls erst durch das Programm als solche bestimmt werden.

6.2.2   Programmierung, Ausgabetechnik

6.2.2.1   Flußdiagramm

Für die Programmerstellung wird zunächst ein Flußdiagramm erarbeitet, indem die Vorgehensweise für die Lösung der gestellten Aufgabe in kleinsten und einfachen, lückenlos geordneten Einzelschritten (Algorithmus) dargestellt ist. Hierzu ist sowohl die exakte Festlegung des gewünschten Steuerungsablaufs als auch die vollständige Kenntnis der zu steuernden, technischen Anlage in stationären und Übergangszuständen unerläßlich.

Bild **6**.20 zeigt die wichtigsten, in Flußdiagrammen verwendeten Sinnbilder, die in DIN 66001 niedergelegt sind.

⟶	Flußlinie mit Pfeilspitze
⬭	Grenzstelle, z. B. Anfang oder Ende
○	Übergangsstelle, zusammengehörige Übergangsstellen tragen die gleiche Innenbeschriftung
▭	Operation allgemein
◇	Verzweigung
▱	Maschinelle oder manuelle Eingabe oder Ausgabe
⬚	Unterablauf. Kurzdarstellung eines an anderer Stelle ausführlich beschriebenen Unterprogramms.

6.20 Sinnbilder für Flußdiagramme nach DIN 66001

Als Beispiel für ein Flußdiagramm mag der in Bild **6**.21 dargestellte Ausschnitt dienen. Es empfiehlt sich, das Programm (Folge von Befehlen) in Teilabschnitte zu zerlegen. Sind solche Teilabschnitte in gleicher Form mehrfach vorhanden, werden sie nur einmal als Unterprogramm abgelegt und an der betreffenden Stelle im Programmablauf durch eine Programmumschaltung aufgerufen. Ein Programm ist umso kürzer und übersichtlicher und damit auch leichter zu erstellen und auszutesten je mehr in Unterprogrammen zusammengefaßt ist. Als Beispiel für ein solches Unterprogramm sei

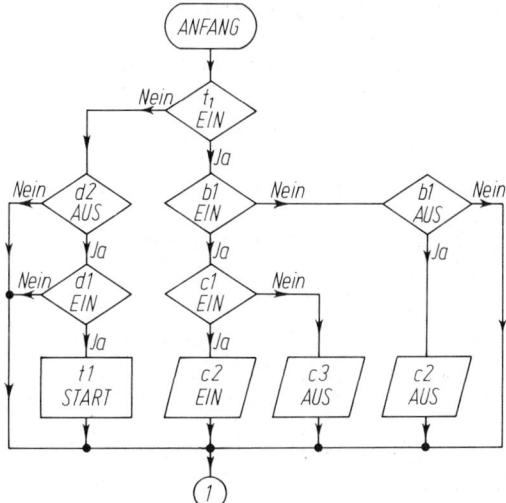

6.21
Ausschnitt aus einem Flußdiagramm

das Ablesen und Einspeichern der Uhrzeit oder die Umwandlung von Dezimalzahlen in Binärzahlen genannt.

Das Gesamtprogramm, das bei einer Steuerung nach Fertigstellung und Ausprüfung in einem PROM oder EPROM abgelegt wird, läßt sich darüber hinaus von der Funktion her in Bereiche aufteilen:

Vor dem Betriebsprogramm für die Steuerung liegt ein Aktivierungsprogramm, das nach dem Einschalten des speisenden Netzes für die Herstellung definierter Anfangszustände im Mikrocomputer sorgt und dessen Schaltkreise – soweit erforderlich – aktiviert. Dieses Aktivierungsprogramm wird häufig durch ein Selbsttestprogramm ergänzt. Erst nach Absolvierung dieser Programme erfolgt der Einstieg in das eigentliche Betriebsprogramm für die Steuerung, das in stetiger Wiederholung durchlaufen wird. Parallel zum Betriebsprogramm sind Sonderprogramme zu sehen, die im Speicher meist hinter dem Betriebsprogramm angeordnet sind. Der Übergang von Betriebsprogramm zu einem Sonderprogramm erfolgt durch einen hardwareausgelösten Interrupt (Unterbrechung). Bei gleichzeitigem Auftreten mehrerer Interruptanforderungen geschieht die Abarbeitung in einer durch Prioritätsebenen (InterruptLevel) festgelegten Reihenfolge, deren Zuweisung sorgfältig zu durchdenken ist. Als Beispiel für solche Sonderprogramme seien aufgeführt: Netzausfall-Routine, NotausRoutine, Watch-Dog-Routine und Inbetriebnahme-Hilfsprogramm. Die ersten beiden bedürfen keiner weiteren Erläuterung.

Eine Watch-Dog-Schaltung (Wachhund-Schaltung) besteht aus einem hardwareausgeführten Zeitgeber, der bei jedem Durchlauf des Betriebsprogramms zumindest einmal zurückgesetzt wird. Ist der Programmdurchlauf gestört (z. B. durch einen Störimpuls), wird die an dem Zeitgeber eingestellte Zeit überschritten und durch Interrupt das Watch-Dog-Programm aufgerufen, das den definierten Wiedereinstieg in das Betriebsprogramm bewirkt oder, falls das nicht möglich ist, eine Fehleranzeige und/oder Abschalten veranlaßt. Die Wachhund-Schaltung darf natürlich erst nach Abschluß sämtlicher Erprobungen aktiviert werden.

Das Inbetriebnahme-Hilfsprogramm stellt Routinen zur Verfügung, welche die Erprobung erleichtern. Durch Anschluß eines Terminals kann damit das Betriebsprogramm vor Ort z.B. in Einzelschritten durchgearbeitet und dabei Speicher-, Programmschrittzähler- oder sonstige Registerinhalte angezeigt oder gegebenenfalls geändert sowie Eingangssignale abgefragt oder Ausgangssignale gesetzt werden.

Das Flußdiagramm wird in eine Folge von Befehlen (Programm) umgesetzt. Der verfügbare Befehlsvorrat eines Mikroprozessors umfaßt Befehle für logische Verknüpfungen, Befehle für arithmetische Operationen, Verschiebebefehle, Transferbefehle, Sprungbefehle, Steuerungsbefehle und Befehle für Einzelbitoperationen. Letztere sind bei Steuerungsaufgaben von besonderem Interesse. Bei vielen Befehlen sind verschiedene Arten der Adressierung möglich. Man unterscheidet absolute Adressierung (z.B. Angabe der absoluten Adresse eines Speicherregisters), relative Adressierung (z.B. Erhöhung der seitherigen Adresse um 8), direkte Adressierung (z.B. eines bestimmten Arbeitsregisters), indirekte Adressierung (das bezeichnete Register enthält dann nicht den Operanden, sondern dessen Adresse), indizierte Adressierung (die Adresse ergibt sich aus dem Inhalt eines bezeichneten Registers, zu dem der Inhalt eines sogenannten Indexregisters hinzuaddiert wird) und symbolische Adressierung (anstelle einer zunächst noch unbekannten Adresse wird ein symbolischer Name = Label gesetzt).

Das Programm wird normalerweise nicht in Maschinensprache verfaßt, bei der jeder Befehl in eine Folge von Nullen und Einsen für den intern rein binär arbeitenden Mikroprozessor typenspeziell codifiziert ist, sondern in einer leichter verständlichen, aus Wortabkürzungen (Mnemonics) und Ziffern bestehenden Symbolsprache, die als Assemblersprache bezeichnet wird.

Für die weitere Bearbeitung des so erstellten, sog. Quellenprogramms ist dann ein Entwicklungssystem erforderlich, das aus einem Computer besteht, der üblicherweise mit einem Videoterminal, einem Drucker, ein oder zwei Diskettengeräten (Magnetplattenspeicher) und einem Gerät zum Einschließen von PROMs oder EPROMs ausgerüstet ist und für den eine Reihe von speziellen Hilfsprogrammen zur Verfügung steht. Dieser Entwicklungs-Computer wird mit einem Grundprogramm betrieben, das als Monitor bezeichnet wird. Es gestattet u.a. das Abfragen und Ändern von Registerinhalten und das Laden und Aufrufen der Hilfsprogramme. Die wichtigsten Hilfsprogramme sind: Editor, Linker, Assembler, Debugger und das Programm für das Brennen von EPROMs oder PROMs. Mit Hilfe des Editors wird das Quellenprogramm in den Entwicklungs-Computer eingegeben, wobei jedem Befehl eine Zeile entspricht. Er ermöglicht darüber hinaus das Anbringen von Korrekturen und das Einschieben und Löschen von Zeilen. Er bewirkt, daß alle eingegebenen Zeichen als Text interpretiert werden, versieht die Zeilen mit fortlaufenden Nummern zur leichten Wiederauffindung und legt den eingegebenen Text in einem hierfür vorgesehenen Speicherbereich (text buffer) ab. Mit dem Link-Programm werden einzelne Programmteile (z.B. bereits in einer Programmbibliothek verfügbare) unter Zuordnung fortlaufender Adressen zusammengesetzt. Das Assembler-Programm übersetzt das mit Hilfe des Editors eingegebene Quellenprogramm, das im Textspeicher steht, in das für den jeweiligen Mikroprozessor verständliche Format, d.h. in die Maschinensprache. Dabei werden die endgültigen Adressen zugewiesen und die symbolischen Adressen durch die nun sich ergebenden, tatsächlichen Adressen ersetzt und darüber hinaus eine Prüfung auf Syntaxfehler vorgenommen und entsprechende Hinweise ausgegeben. Das so entstandene Programm wird als Objektprogramm bezeichnet und zumeist zusammen mit dem Quellenprogramm Zeile für Zeile ausgedruckt und auf Magnetplatte oder -band abgespeichert. Mit Hilfe des Debug-Programms wird das zuvor in den Arbeitsspeicher des Entwicklungssystems geladene Objektprogramm ohne die zu steuernde Anlage in Einzelschritten oder abschnittweise ausgetestet und auf weitere Programmfehler überprüft. Fehler müssen durch erneutes Editieren und Assemblieren beseitigt werden. Das so vorgetestete Objektprogramm wird vom Arbeitsspeicher des Entwicklungssystems aus mittels eines weiteren Hilfsprogramms in ein oder mehrere EPROMs oder PROMs eingebrannt und kann nun zusammen mit der Hardware des zu erstellenden Mikrocomputers und anschließend vor Ort gemeinsam mit der zu steuernden Anlage erprobt werden. Sind Korrekturen erforderlich, beginnt das Spiel mit Editieren von vorne.

Statt in der Assemblersprache der jeweiligen Mikroprozessorfamilie kann das Quellenprogramm auch in einer höheren Sprache (z. B. Pascal oder C) erstellt werden, die dann durch ein spezielles Übersetzungsprogramm (Compiler) in die Maschinensprache der vorgesehenen Mikroprozessortype umgesetzt wird.

Sowohl bei der Benutzung des Entwicklungssystems als auch bei der Benutzung von Inbetriebnahme-Hilfsprogrammen erfolgt die Darstellung der binären Daten des Mikrocomputers für den Bediener in einer leichter erfaßbaren Form unter Verwendung eines Sechzehnerzahlsystems (Sedezimal- oder Hexadezimalsystem). Dabei werden jeweils vier Bits des Binärsystems, mit denen sich sechzehn verschiedene Zustände signalisieren lassen, zusammengefaßt in eine Ziffer des Sedezimalsystems. Für die Bezeichnung der ersten zehn Ziffern des Sedezimalsystems werden die Ziffern 0 bis 9 des Zehnersystems und für die folgenden sechs Ziffern die großen Buchstaben A bis F benützt, wie dies die folgende Tafel **6**.22 zeigt.

Tafel **6**.22   Zahlendarstellung für den Mikrocomputer

Binärsystem	Zehnersystem	Sedezimalsystem
0000	0	0
0001	1	1
0010	2	2
0011	3	3
0100	4	4
0101	5	5
0110	6	6
0111	7	7
1000	8	8
1001	9	9
1010	10	A
1011	11	B
1100	12	C
1101	13	D
1110	14	E
1111	15	F

Beispiel:	0010 1110 1001 0110	Binäre Darstellung
	2 E 9 6	Sedezimale Darstellung

6.2.2.2   Aufbereitung der Ausgangsgrößen

Die Ausgangsverstärker haben hauptsächlich die Aufgabe der Leistungsverstärkung und die des Abblockens von Störimpulsen, die über die Ausgangsleitungen rückwärts in die Verknüpfungselektronik gelangen könnten. Letztere wird – wie bei den Eingangsverstärkern – durch eine vollständige galvanische Trennung mittels Optokopplern und einen räumlich geschickten Aufbau gelöst. Die Leistungsverstärkung vom Niveau der Verknüpfungselektronik auf 30 ··· 50 Watt wird erst hinter der galvanischen Trennung vorgenommen. Die genannte Ausgangsleistung ist für die meisten Stellglieder (Schütze, Magnetventile, Thyristoren usw.) und auch Anzeigevorrichtungen (LEDs, Kleinglühlampen usw.) durchaus ausreichend und wird nur in Sonderfällen größer sein müssen. Üblicherweise wird bei den Ausgangsverstärkern auch ein Überlastschutz vorgesehen, bei manchen wird sogar der Lastkreis auf Drahtbruch überwacht.

Bild **6**.23 zeigt ein Ausführungsbeispiel für einen solchen Ausgangsverstärker, das die Aufgabenstellung und deren Lösung veranschaulicht.

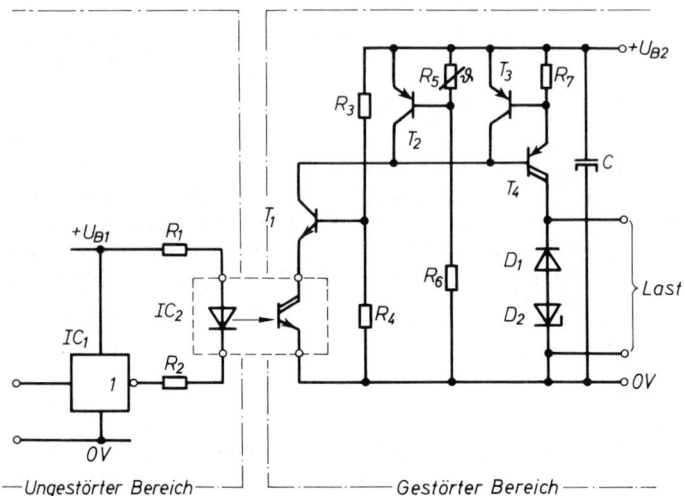

6.23
Ausgangsverstärker

Ein Leistungsbuffer IC_1 der in der Verknüpfungselektronik verwendeten Logikfamilie, der auch mit deren Betriebsspannung U_{B1} versorgt wird, speist wiederum über zwei gleiche Vorwiderstände R_1 und R_2 (Begründung siehe Eingangsverstärker) die Sendediode eines Optokopplers IC_2 (galvanische Trennung) mit Darlington-Ausgangstransistor. Der npn-Transistor T_1, dessen Basisspannung durch das vergleichsweise niederohmigen Teiler bestehend aus den Widerständen R_3 und R_4 auf einen Wert von etwa 6 V festgelegt wird, hält die Kollektor-Emitterspannung des Optokopplers auf etwa 5,4 V konstant. Dadurch wird zum einen die Schaltgeschwindigkeit des Ausgangstransistors von IC_2 erhöht und zum anderen im Ausgangskreis eine Betriebsspannung U_{B2} möglich, die größer ist als die maximal zulässige Kollektor-Emitterspannung von IC_2, welche üblicherweise keine allzu hohen Werte aufweist. Der von dem angesteuerten Ausgangstransistor des Optokopplers eingeprägte Strom fließt über den Transistor T_1, dessen Basisstrom vergleichsweise klein ist, in die Basis des pnp-Darlington-Leistungstransistors T_4 und steuert diesen in den leitenden Zustand, da im Normalbetrieb die pnp-Transistoren T_2 und T_3 sperren. Der nun durch den Leistungstransistor T_4, der einen internen Basis-ableitwiderstand und eine inverse Schutzdiode besitzt, in die Last fließende Strom wird über den Widerstand R_7 geführt und bewirkt an diesem einen bestimmten Spannungsfall. Der Widerstand R_7 wird so bemessen, daß ab einem Laststrom von etwa 2 A der Transistor T_3 leitend wird und dem Leistungstransistor T_4 den eingeprägten Strom für die Basis abzieht. Der Laststrom ist somit – auch im Kurzschlußfall – auf etwa 2 A begrenzt. Die im Kurzschlußfall im Leistungstransistor T_4 erzeugte Verlustleistung ist ein Vielfaches derer im normalen Betriebszustand und würde einen entsprechend großen Kühlkörper bedingen. Um diesen zu vermeiden, wird die Temperatur des Leistungstransistors T_4 mit einem thermisch gut gekoppelten, isolierten Kaltleiter R_5 überwacht, der zusammen mit dem Widerstand R_6 einen Teiler für die Basisspannung des Transistors T_2 bildet. Übersteigt die Temperatur den Nennwert des Kaltleiters (z. B. 80 °C), bewirkt der sich so stark vergrößernde Widerstand des Kaltleiters R_5, daß der Transistor T_2 leitend und damit der Basisstrom des Leistungstransistors T_4 verkleinert wird, was den Kurzschlußstrom entsprechend vermindert. Parallel zum Ausgang ist eine Freilaufdiode D_1 für induktive Last vorgesehen. In Reihe zu dieser liegt eine Zenerdiode D_2 für 5 Watt Verlustleistung, die nach dem Ausschalten den schnellen Abbau des Magnetfeldes der induktiven Last sicherstellt. Es ist jedoch zu beachten, daß sich die Sperrspannung des Leistungstransistors T_4 aus der Betriebsspannung U_{B2} erhöht um die Spannung der Zenerdiode D_2 und die Flußspannung der Freilaufdiode D_1 ergibt. Wählt man die Betriebsspannung zu $U_{B2} = 26$ V, was eine Ausgangsspannung von etwa 24 V und bei 2 A eine größte Ausgangsleistung von 48 Watt ergibt, so sollte bei einer Zenerspannung von 22 V die Sperrspannung U_{CEo} des Leistungstransistors T_4 zu mindestens 60 V gewählt werden.

6.2.2.3   Stellglieder

Die Stellglieder dienen zur Anpassung der kontaktlosen elektronischen Steuerung an die zu steuernde Strecke. Sie weisen in der Regel auch eine erhebliche Leistungsverstärkung auf. Solche Stellglieder können sein: Schütze, Magnetventile, Magnetverstärker, Thyristoren, Triacs usw. Alle diese Geräte werden dabei ebenfalls nur als Schalter betrieben.

6.3   Leistungselektronik

Zur Versorgung elektrischer Antriebe werden heute sehr häufig Stromrichterschaltungen eingesetzt. In den meisten Fällen erfolgt dabei neben der Steuerung der Maschine gleichzeitig eine Umformung der elektrischen Energie in eine andere Stromart. Stellglieder dieser Schaltungen sind Transistoren und Thyristoren mit einer teils umfangreichen elektronischen Steuerlogik. Grundlagen über diese Bauelemente von Schaltungen der Leistungselektronik sind im Abschn. 2 Elektronik enthalten.

Die prinzipiellen Möglichkeiten der Stromrichtertechnik lassen sich in einige wenige Grundfunktionen entsprechend dem Schema nach Bild **6**.24 gliedern. Es gelten die Definitionen:

Gleichrichten ist die Umformung von Wechsel- oder Drehstrom (Spannung U, Frequenz f) in Gleichstrom (Spannung U_g) mit Energielieferung in das Gleichstromnetz.

Wechselrichten ist die genau umgekehrte Aufgabe. Gleich- und Wechselrichtung sind gemeinsam die Grundlage für den Betrieb von drehzahlgesteuerten Gleichstromantrieben am Drehstromnetz.

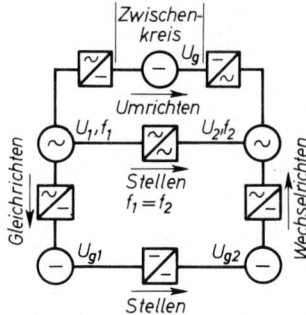

6.24
Betriebsarten von Stromrichtern → Energierichtung

Umrichten ist die Umformung elektrischer Energie innerhalb einer Stromart, i. allg. zwischen zwei Drehstromnetzen. Will man Freizügigkeit hinsichtlich der Frequenzänderung $f_1 \rightarrow f_2$ erreichen, so wird ein Zwischenkreis, d. h. zweimalige Energieumwandlung erforderlich. Bei Beschränkung auf $f_2 < 0,5 f_1$ ist dagegen auch eine Direktumrichtung möglich.

Stellen ist die reine Steuerung einer Spannung ($U_2 < U_1$, $U_{g2} < U_{g1}$) bei unveränderlicher Frequenz, d. h. ohne Änderung der Stromart.

Anlagen der Leistungselektronik zeichnen sich durch sehr gute regeltechnische Eigenschaften und hohen Wirkungsgrad aus. Sie haben daher Maschinenumformer, wie z. B. den Leonardsatz (s. Abschn. 4.1.2.3), weitestgehend verdrängt. Von Nachteil ist bei Stromrichtern die hohe Überlastempfindlichkeit (Verwendung überflinker Sicherungen erforderlich) und das Auftreten von Netzrückwirkungen wie Oberschwingungen, Blindströme und Störimpulse.

6.3.1   Stromrichter für Gleichstromantriebe

6.3.1.1   Netzgeführte Stromrichter

Die nachstehend besprochenen Schaltungen bilden die Gleichspannung zur Versorgung der Antriebe unmittelbar aus dem Kurvenverlauf der Wechselspannung. Ihre Dioden und Thyristoren lösen sich entsprechend dem augenblicklichen Potential der Netzspannung und damit im Takt der Netzfrequenz zyklisch in der Stromführung ab (Kommutierung). Man bezeichnet diese Schaltungen daher als netzgeführte Stromrichter.

Gleich- und Wechselrichterbetrieb Die für Gleichstromantriebe eingesetzten Stromrichterschaltungen entsprechen den in Abschn. 2.2.1 Gleichrichter angegebenen Beispielen, wobei nur die Dioden durch Thyristoren zu ersetzen sind. Bis zu Leistungen von etwa 5 kW kann man die Zweipuls-Brückenschaltung verwenden (Graetzschaltung; Bild **2**.50c), die nur einen Wechselspannungsanschluß benötigt. Für mittlere bis größte Einheiten hat sich die Sechspuls-Brückenschaltung (Bild **2**.51b) durchgesetzt, die eine günstige Transformatorausnützung und geringe Oberschwingungsanteile in der Gleichspannung ergibt.

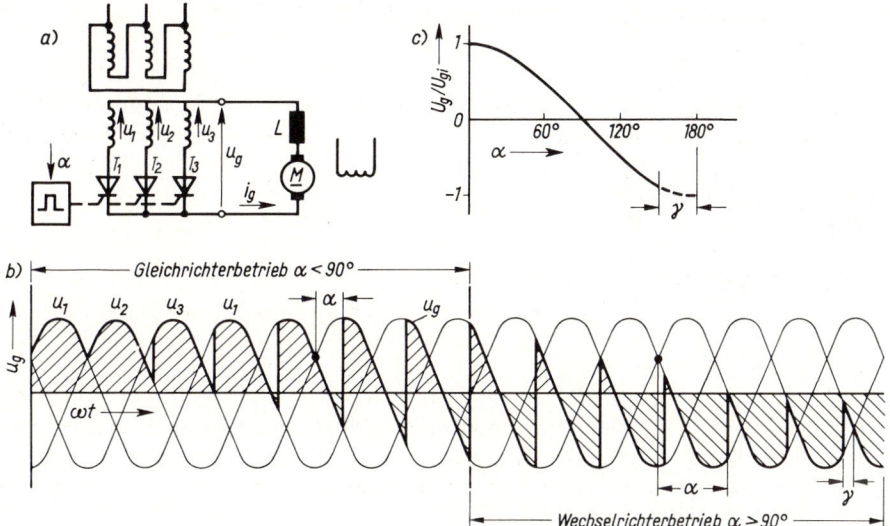

6.25 Gleich- und Wechselrichterbetrieb eines Stromrichters
   a) Stromrichter in Drehstrom-Sternschaltung (Dreipuls-Mittelpunktschaltung)
   b) Bildung der Gleichspannung
   c) Abhängigkeit der Gleichspannung vom Steuerwinkel α

Als Beispiel für die Steuerung einer Stromrichterschaltung im Gleich- und Wechselrichterbetrieb sei der Spannungsverlauf für die Dreipuls-Mittelpunktschaltung nach Bild **6**.25 dargestellt.

Die Thyristoren T_1 bis T_3 werden durch ein gemeinsames Steuergerät, das drei jeweils um $T/3$, also um 120° zueinander phasenverschobene Zündimpulse liefert, zyklisch eingeschaltet. Erfolgt dies mit dem Steuerwinkel $\alpha = 0$ im natürlichen Schnittpunkt der Strangspannungen, so erhält man den maximalen ideellen Gleichspannungsmittelwert U_{gi}. Jeder Halbleiter übernimmt den Laststrom i_g, der durch eine Induktivität L völlig geglättet sein soll, über $T/3$ bis zur Zündung des nächsten Thyristors.

Wird ein Steuerwinkel $\alpha > 0$ eingestellt, so erfolgt die Zündung entsprechend verspätet gegenüber dem Schnittpunkt der Strangspannungen und der Gleichspannungsmittelwert U_g sinkt bis zum Wert 0 bei $\alpha = 90°$. Man bezeichnet diesen Vorgang, der eine stufenlose Einstellung der gewünschten Gleichspannung gestattet, als Anschnittsteuerung.

Mit $\alpha > 90°$ ändert sich die Polarität der Gleichspannung, was bei unveränderter Stromrichtung eine Umkehr der Energierichtung und damit Wechselrichterbetrieb bedeutet. Bei $\alpha = 180° - \gamma$ ist die maximale Aussteuerung erreicht; der Löschwinkel $\gamma \approx 30°$ ist zur Sicherstellung einer einwandfreien Kommutierung erforderlich.

Ähnlich wie bei der angegebenen Sternschaltung läßt sich auch für andere Wechsel- oder Drehstromschaltungen die Bildung der Gleichspannung aufzeigen. Allgemein gilt für den Mittelwert U_g in Abhängigkeit vom Steuerwinkel α

$$U_g = U_{gi} \cdot \cos \alpha \qquad (6.1)$$

wobei der maximale oder ideelle Wert U_{gi} von der gewählten Schaltung abhängt. Nach Abschn. 2.2.1 gilt danach für die

Zweipuls-Bückenschaltung $\qquad U_{gi} = \dfrac{2\sqrt{2}}{\pi} \cdot U \qquad (6.2\,\mathrm{a})$

Dreipuls-Mittelpunktschaltung $\qquad U_{gi} = \dfrac{3 \cdot \sqrt{6}}{2\pi} \cdot U \qquad (6.2\,\mathrm{b})$

Sechspuls-Brückenschaltung $\qquad U_{gi} = \dfrac{3 \cdot \sqrt{6}}{\pi} \cdot U \qquad (6.2\,\mathrm{c})$

wobei U jeweils die Strangspannung der Sekundärseite des Transformators ist.

Betriebsarten Nach Gl. (4.21) wird mit $U_A = U_g$ das Verhalten der Gleichstrommaschine durch die Drehmomentgleichung

$$M = c \cdot \Phi \cdot I_A \qquad (6.3)$$

und die Drehzahlgleichung

$$n = \frac{U_g}{2\pi \cdot c\,\Phi} - \frac{R_A \cdot M}{2\pi(c\,\Phi)^2} \qquad (6.4)$$

bestimmt. Für die Drehzahlkennlinien $n = f(M)$ einer fremderregten Gleichstrommaschine erhält man aus diesen beiden Gleichungen bei Nennerregung I_{EN}, also $\Phi = \Phi_N =$ konst. ein Diagramm nach Bild 6.26. Parameter ist darin die relative Ankerspannung U_g/U_{gi}, wobei $U_g = \pm\, U_{gi}$ den Drehzahlbereich bei voller Erregung festlegt. Die Abszisse trennt Rechts- und Linkslauf der Maschine, die Ordinate positive und negative Drehmomentrichtung. Die Quadranten 1 bis 4 erfassen damit Motor- und Generatorbetrieb in jeweils beiden Drehrichtungen. Je nach Anforderungen an die Maschine spricht man von einem Ein- oder Mehrquadrantenbetrieb und hat die Stromrichterschaltung entsprechend aufzubauen.

Drehzahlen oberhalb der durch $U_g = U_{gi}$ in Bild 6.26 gegebenen Kennlinie lassen sich nach Bild 4.13 mit Feldschwächung, d. h. $\Phi < \Phi_N$ erreichen.

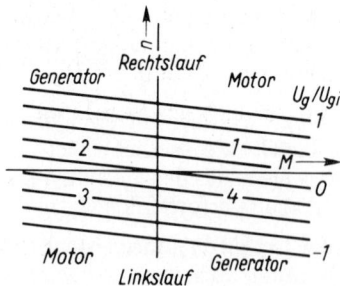

6.26
Drehzahlkennlinien $n = f(M)$ der fremderregten Gleichstrommaschine bei Vierquadrantenbetrieb

6.27
Stromrichterschaltung für
Zweiquadrantenbetrieb

M1 Gleichstrommaschine
M2 Tachogenerator
GR1 Einphasen-Brückenschal-
    tung mit Thyristoren
GR2 Diodenschaltung
 N1 Drehzahlregler
 N2 Stromregler
 N3 Impulssteuergerät

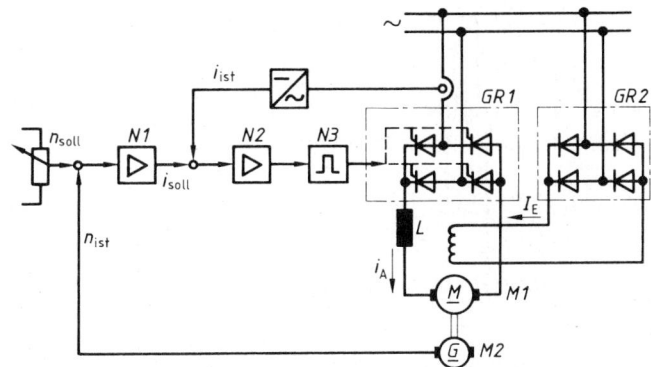

Ein- und Zweiquadrantenbetrieb Aufgrund der Ventilwirkung der Thyristoren erlaubt eine einfache Stromrichterschaltung keine Richtungsumkehr des Ankerstromes i_A. Dagegen sind nach Gl. (6.1) mit $\alpha > 90°$ negative Gleichspannungen möglich, womit ein Betrieb der Maschine in den Quadranten 1 und 4 von Bild **6**.26 zu verwirklichen ist. Das Schaltbild eines derartigen Stromrichters in Zweipuls-Brückenschaltung für einen Antrieb kleinerer Leistung ist in Bild **6**.27 angegeben, das gleichzeitig auch die Prinzipien der üblichen Regelung zeigt.

Die Einstellung der gewünschten Drehzahl n_{soll} über die Ankerspannung erfolgt nicht direkt, sondern zur Vermeidung von unzulässigen Stromspitzen mit Hilfe einer unterlagerten Stromregelung. Hierbei ergeben Soll- und Istwert der Drehzahl über den Drehzahlregler N1 zunächst nur einen Ankerstrom-Sollwert. Dieser wird mit dem Istwert verglichen und mit der Abweichung der nachgeschaltete Stromregler N2 angesteuert. Erst der Ausgang des Stromreglers liefert das Signal für das Impulssteuergerät N3 zur Einstellung eines bestimmten Steuerwinkels α und damit der Gleichspannung U_g. Werden über das Sollwertpotentiometer eine höhere Drehzahl und damit eine größere Ankerspannung verlangt, so erfolgt die Einstellung des dafür nach Gl. (6.1) benötigten neuen Steuerwinkels α nicht unmittelbar, sondern nur allmählich im Rahmen der gewählten Stromgrenze I_{Asoll}.

Der nach obiger Schaltung mögliche Generatorbetrieb in Quadrant 4 ist nicht ohne weiteres geeignet, den normalen Bremsvorgang eines Antriebs aus Quadrant 1 zu übernehmen, da die Drehrichtungen nicht übereinstimmen. Begnügt man sich daher mit einem Einquadrantenantrieb, so kann man die Hälfte der Thyristoren der Schaltung durch Dioden ersetzen. Diese halbgesteuerten Schaltungen sind billiger und benötigen eine geringere Steuerblindleistung. Von Nachteil ist der höhere Oberschwingungsanteil in der Gleichspannung (s. Netzrückwirkungen, Abschn. 6.3.3).

Die Spannungsbildung erfolgt bei halbgesteuerten Schaltungen nach der Beziehung

$$U_g = \frac{1}{2} U_{gi}(1 + \cos \alpha) \tag{6.5}$$

Hier wird also erst bei $\alpha = 180°$ der Wert $U_g = 0$ erreicht, womit ein Wechselrichterbetrieb nicht möglich ist.

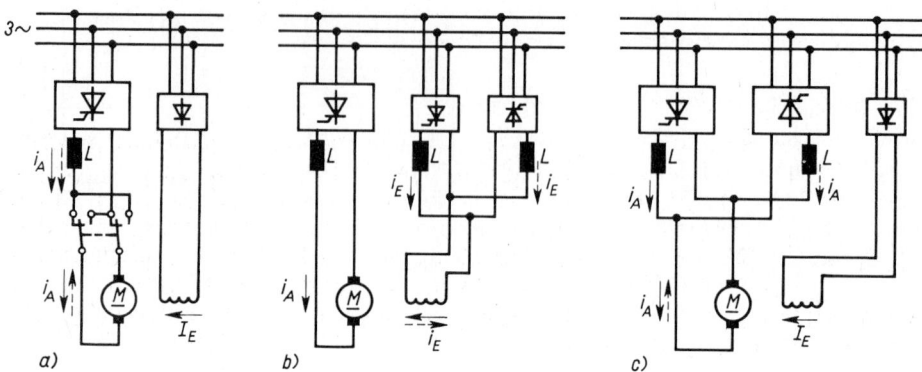

6.28 Schaltungen für Umkehrantriebe

    a) Stromrichter mit Ankerumschaltung
    b) Feldumkehr durch zwei Stromrichter
    c) Gegenparallelschaltung zweier Stromrichter

Vierquadrantenbetrieb Ist für eine Gleichstrommaschine der Betrieb in allen vier Quadranten des $n = f(M)$-Kennlinienfeldes zu ermöglichen, so miuß eine Schaltung vorgesehen werden, die auch einen Wechsel in der Drehmomentenrichtung gestattet. Je nach Leistung und den gestellten regeltechnischen Anforderungen sind hierfür die drei in Bild **6.**28 dargestellten Verfahren im Einsatz, bei denen entweder der Ankerstrom oder die Erregung umgepolt wird.

Bei A n k e r u m s c h a l t u n g (**6.**28a) und unveränderter Erregung I_E erfolgt eine Richtungsumkehr des Ankerstromes durch einen mechanischen Polwender. Für Anker- und Feldkreis ist jeweils nur ein Stromrichter erforderlich, womit diese Schaltung sehr wirtschaftlich ist. Sie wird bis zu Leistungen von einigen 100 kW eingesetzt, erlaubt allerdings auf Grund einer Totzeit von etwa 0,1 s während der stromlosen Umschaltung keine sehr raschen Umsteuerungen.

Nach den Gl. (6.3) und (6.4) kann eine Änderung der Drehzahl- und Drehmomentenrichtung und damit Betrieb in den Quadranten 2 und 3 bei gleichbleibender Ankerstromrichtung auch durch eine U m k e h r des E r r e g e r s t r o m e s, also $\Phi = - \Phi_N$ erreicht werden (**6.**28b). Diese Umschaltung kann ebenfalls mechanisch oder wegen der kleinen Erregerleistung auch ohne zu hohen Aufwand durch zwei Stromrichter erfolgen. Rasche Feldänderungen werden allerdings durch die Induktivität der Erregerwicklung verhindert.

Ist ein schnellerer Drehmomentenwechsel erwünscht, so führt man die G e g e n p a r - a l l e l s c h a l t u n g zweier Stromrichter für den Ankerkreis (**6.**28c) aus, von denen jeder eine Ankerstromrichtung übernimmt. In der k r e i s s t r o m f r e i e n Schaltung bleibt dabei jeweils der andere Teilstromrichter gesperrt, und die Umschaltung erfolgt durch eine Kommandostufe in einer kurzen stromlosen Pause.

In der Ausführung als k r e i s s t r o m b e h a f t e t e r U m k e h r s t r o m r i c h t e r ist dagegen keinerlei Totzeit mehr vorhanden. Hier sind stets beide Teilstromrichter im Einsatz, wobei der eine im Gleichrichterbetrieb die Energie liefert und der andere in Wechselrichteraussteuerung bei gleichgroßer Spannung wartet. Die Summe der beiden Spannungsmittelwerte ist immer Null, doch fließt durch die Unterschiede in den Augenblickswerten ein über die Drosselspulen L einstellbarer Kreisstrom.

6.3.1.2   Gleichstromsteller

Takten einer Gleichspannung   Mit Hilfe der Leistungselektronik ist es auch möglich, aus einem starren Gleichspannungsnetz eine einstellbare Spannung zur Steuerung eines Antriebs zu erzeugen. Die prinzipielle Schaltung eines derartigen Gleichstromstellers für einen Gleichstrom-Reihenschlußmotor an einer Batterie zeigt Bild **6**.29a. Das Stellglied S erfüllt die Funktion eines elektronischen Ein- und Ausschalters und ist hier durch einen GTO-Thyristor (s. Abschn. 2.1.4.5) realisiert. Dieser kann mit einer Taktfrequenz $f_p = 1/T_p$ bis zu einigen kHz geschaltet werden, wobei die Einschaltzeit mit $0 \leq T_1 \leq T_p$ wählbar ist.

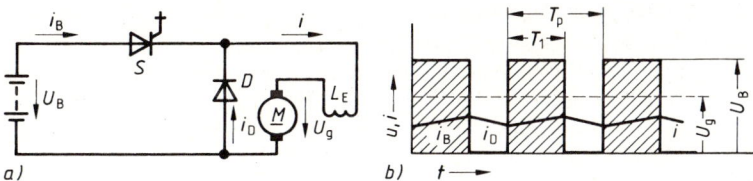

6.29 Gleichstromsteller

       a) Prinzipschaltung   S elektronischer Schalter,   D Freilaufdiode
       b) Strom- und Spannungsverlauf

Solange das Stellglied S leitet, wird mit $i = i_B$ Energie aus der Batterie bezogen. Damit in den Pausenzeiten der Strom im Motor nicht abgeschaltet ist, was ein pulsierendes Drehmoment und Überspannungen bedeuten würde, wird eine Freilaufdiode D gegenparallelgeschaltet. Sie übernimmt mit $i = i_D$ den Motorstrom, der insgesamt nur entsprechend den Zeitkonstanten $\tau = L/R$ der beiden Stromkreise leicht schwankt (Bild **6**.29 b).

Der Mittelwert der Gleichspannung U_g am Motor kann über das Einschaltverhältnis T_1/T_p einer Pulsbreitensteuerung nach

$$U_g = \frac{T_1}{T_p} \cdot U_B \qquad\qquad\qquad (6.6)$$

zwischen Null und der vollen Batteriespannung U_B eingestellt werden. Gleichstromsteller werden z. B. zur Steuerung der Fahrmotoren in batteriegespeisten Fahrzeugen und Nahverkehrsbahnen eingesetzt. Sie gestatten durch Vertauschen der Lage von Stellglied und Freilaufdiode auch eine Nutzbremsung, d. h. Rückspeisung der Bewegungsenergie des Fahrzeugs in die Batterie.

Transistorsteller   Mit Transistoren als Stellglied werden Gleichstromsteller heute zur Versorgung von Gleichstrom-Servomotoren verwendet (Bild **6**.30). Bei Taktfrequenzen bis ca. 10 kHz erhält man nahezu keine Totzeit und somit günstige regelungstechnische Eigenschaften.

Die angegebene Brückenschaltung mit den vier Transistoren T1 bis T4 erlaubt zunächst einen Motorbetrieb in beiden Drehrichtungen. Für Rechtslauf werden z. B.

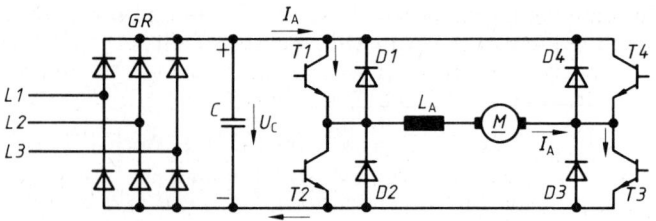

6.30 Transistor-Gleichstromsteller

GR Eingangsgleichrichter, *C* Glättungskondensator,
T1–T4 Transistor-Brückenschaltung, D1–D4 Freilaufdioden

die Transistoren T1 und T3 periodisch ein- und ausgeschaltet, für Linkslauf T2 und T4. Die Energie wird über einen Diodengleichrichter aus dem Drehstromnetz bezogen und die Gleichspannung U_C durch einen großen Pufferkondensator nahezu konstant gehalten. In den Ausschaltzeiten des Rechtslaufs kann der Ankerstrom abwechselnd über die Freilaufkreise T1–D4 (nur T3 ausgeschaltet) und T3–D2 (nur T1 ausgeschaltet) weiterfließen. Für Linkslauf gilt entsprechendes mit den Freiläufen T2–D3 und T4–D1.

Für den Bremsbetrieb des Servonantriebs ist neben einer ausreichenden Induktivität L_A im Ankerkreis des Dauermagnetmotors erforderlich, daß der Kondensator C die rückgespeiste Energie aufnehmen kann. In der Praxis wird dies oft dadurch sichergestellt, daß an den Diodengleichrichter mit Kondensator mehrere Steller für verschiedene Vorschubmotoren (Mehrachsenantrieb) angeschlossen werden, zwischen denen dann ein Energieausgleich möglich ist.

6.3.2   Stromrichter für Wechsel- und Drehstromantriebe

Nach Gl. (4.72) gilt für die Drehzahl einer Drehstrom-Asynchronmaschine die Beziehung

$$n = \frac{f}{p}(1 - s) \tag{6.7}$$

Bei gegebener Polpaarzahl p ergeben sich damit für eine Stromrichterschaltung folgende Steuerungsmöglichkeiten:

1. Der betriebsmäßige Schlupf s der Maschine wird durch Absenken der Ständerspannung oder Eingriff auf der Läuferseite vergrößert.

2. Die Frequenz f der zugeführten Drehspannung wird verändert.

Die erste Möglichkeit führt zum Einsatz eines Drehstromstellers und der untersynchronen Stromrichterkaskade, die zweite verlangt die Anwendung einer Umrichterschaltung.

6.3.2.1   Wechsel- und Drehstromsteller

Nach Bild **6**.31a ist in einen Wechselstromkreis ein antiparalleles Thyristorpaar geschaltet, wobei jeder Halbleiter durch einen gemeinsamen Steuersatz im Verlauf seiner positiven Spannungs-Halbschwingung gezündet wird. Erfolgt dies mit dem beliebigen Steuerwinkel α, so wird, wie in Bild **6**.31b für den einfachsten Fall der ohmschen Belastung gezeigt ist, nur ein Teil der Netzspannung u_N an den Verbraucher geschaltet. Im Steuerbereich $\alpha = 0°$ bis 180° wird die Verbraucherspannung U_R damit kontinuierlich zwischen dem vollen Wert U_N und Null einstellbar. Im Unterschied zum Einsatz eines Stelltransformators ist die Ausgangsspannung des Wechselstromstellers jedoch in Abhängigkeit von der Art der Belastung und des eingestellten Steuerwinkels stark oberschwingungshaltig.

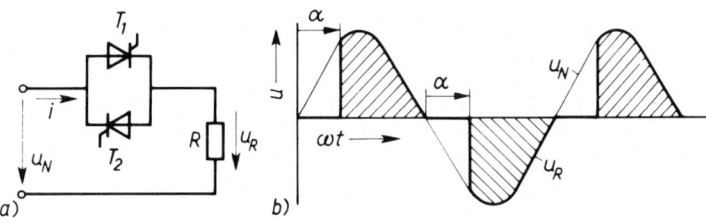

6.31 Wechselstromsteller mit ohmscher Belastung
   a) Schaltung der antiparallelen Thyristoren
   b) Anschnittsteuerung der Wechselspannung u_N

Zur Spannungssteuerung der Asynchronmaschine am Drehstromnetz sind drei antiparallele Thyristorpaare und damit ein Drehstromsteller nach Bild **6**.32a erforderlich. Um den stabilen Betriebsbereich der Motoren zu vergrößern, schafft man durch eine entsprechende Läuferauslegung eine so weiche Drehzahlkennlinie, daß der Kipppunkt in der Nähe des Stillstandes auftritt. Da das Kippmoment der Maschine dem Quadrat der Klemmenspannung U proportional ist, entsteht ein Kennlinienfeld nach Bild **6**.32b.

Die Motordrehzahl ist in einem weiten Bereich einstellbar, wobei allerdings mit kleineren Drehzahlen immer höhere Läuferverluste auftreten und daher mit Rücksicht auf die Erwärmung nur geringere Lastmomente zulässig sind. Dies beschränkt die Anwendung von Drehstromstellern im wesentlichen auf die Steuerung von Pumpen- und Lüfterantrieben, deren Lastmoment $M_L \sim n^2$ (s. Abschn. 5.2.1.3) eine auf die mögliche Belastbarkeit zugeschnittene Charakteristik aufweist.

6.32
Drehstrom-Asynchronmotor
mit Drehstromsteller

a) Schaltung
b) Drehzahlkennlinien
   und Betriebspunkte

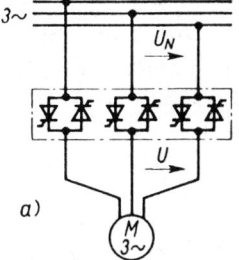

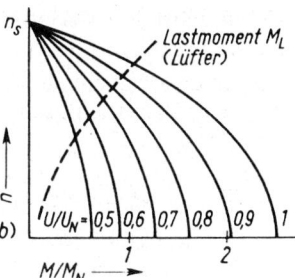

Triacschaltung   Zur Drehzahlsteuerung von K l e i n a n t r i e b e n mit Anschluß an das 220 V-Wechselstromnetz werden heute meist ebenfalls Wechselstromsteller eingesetzt. Anstelle der bei Leistungen über ca. 5 kW üblichen Schaltungen mit gegenparallelen Thyristoren, verwendet man bei diesen elektronischen Steuerungen für Elektrowerkzeuge und Haushaltgeräte (Bohrmaschinen, Staubsauger, Küchengeräte, Ventilatoren) als Stellglieder Triacs (s. Abschn. 2.1.4.5), mit denen sich besonders preiswerte Lösungen ergeben.

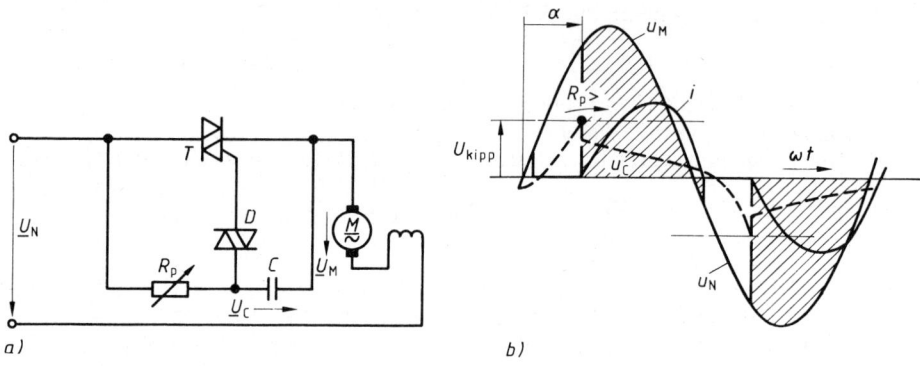

6.33 Triacsteuerung von Universalmotoren
> a) Prinzipschaltung
>   T Triac, D Zünddiode
> b) Strom- und Spannungsverlauf

Das Prinzip dieser Triacschaltungen, die auch vielfach zur Steuerung von Glühlampen und Heizungen (D i m m e r) eingesetzt werden, ist in Bild **6**.33 gezeigt. Der Triac T als Wechselstromschalter wird durch einen Zündimpuls in jeder Spannungshalbschwingung über eine Zünddiode D, Diac genannt, eingeschaltet. Der Diac liegt an der Spannung U_C eines Kondensators C und geht bei Erreichen einer Kippspannung U_{kipp} von meist etwa 35 V plötzlich in den leitenden Zustand über, so daß durch den Entladestrom von C über den Diac auf die Steuerelektrode des Triac ein Stromimpuls zur Zündung auftritt. Mit dem Potentiometer R_p läßt sich die Aufladezeit des Kondensators C bis zur Kippspannung verändern und damit die Lage des Zündzeitpunktes bzw. des Steuerwinkels α innerhalb der Halbschwingung der Netzspannung u_N wählen. Bild **6**.33b zeigt diese Verhältnisse bei der Steuerung eines Universalmotors, der beim gewählten Winkel α nur noch die Teilspannung U_M erhält.

6.3.2.2   Stromrichterkaskade

Bei der Drehzahlsteuerung über eine Erhöhung des Schlupfes s steht von der Aufnahmeleistung P_1 nach Abzug der Ständerverluste P_{V1} nur der Anteil $P_2 = (P_1 - P_{V1})$ $(1 - s)$ an der Welle zur Verfügung. Der Rest $P_{V2} = (P_1 - P_{V1})s$ wird in Form von Stromwärme im Läuferkreis umgesetzt. Dies kann bei Schleifringläufermotoren zwar im wesentlichen außerhalb der Maschine in Vorwiderständen erfolgen, bedeutet aber bei größeren Motorleistungen beträchtliche Verluste.

Die Stromrichterkaskade (Bild **6**.34a) gestattet nun eine R ü c k s p e i s u n g der sonst in den Läufervorwiderständen umgesetzten Leistung P_{R1}, so daß nach Abzug der

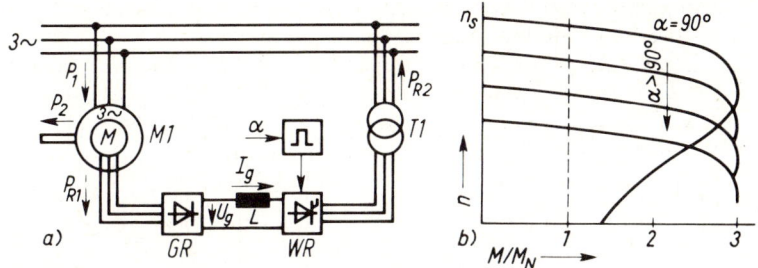

6.34 Drehstrom-Schleifringläufermotor mit Stromrichterkaskade
  a) Schaltung der Stromrichterkaskade
     M1 Drehstrommotor, T1 Transformator, GR ungesteuerter Gleichrichter, WR Wechsel-
     richter
  b) Drehzahlkennlinien eines Antriebs mit Stromrichterkaskade

Verluste in der Kaskade das Netz nur die Wirkleistung $P_1 - P_{R2}$ liefern muß. Die dem Läufer entnommene Leistung P_{R1} wird dazu in einem Diodengleichrichter GR in die Gleichstromenergie $U_g \cdot I_g$ umgeformt und danach durch einen Wechselrichter WR über einen Transformator T1 an das Drehstromnetz zurückgeführt. Der Umweg über den Gleichstrom-Zwischenkreis ist zur Entkopplung des 50 Hz-Netzes von der schlupffrequenten Läuferspannung des Motors erforderlich.

Der Betrieb des Schleifringläufermotors über eine Stromrichterkaskade ergibt ein etwa paralleles Kennlinienfeld (**6**.34 b) mit sinkenden Drehzahlen bei größer werdender Wechselrichter-Aussteuerung. Die Kaskade wird mit einem unteren Drehzahl-Steuerbereich von meist $0{,}5 \, n_s$ für große Pumpen- und Verdichterantriebe eingesetzt.

6.3.2.3 Frequenzumrichter

Zur Änderung der Frequenz eines Drehspannungssystems ist eine Umrichterschaltung erforderlich. Begnügt man sich mit einem Frequenzbereich bis maximal halber Netzfrequenz, so lassen sich Direktumrichter einsetzen, welche die niederfrequente Spannung z. B. als Hüllkurve der 50-Hz-Schwingung erzeugen. Bekanntestes Beispiel ist hier die schon in den 30er Jahren mit Quecksilberdampf-Stromrichtern vorgenommene Frequenzumformung 50 Hz in 16⅔ Hz zur Versorgung von Bahnnetzen.

Freizügigkeit in der Frequenzeinstellung erhält man erst durch den Einsatz von selbstgeführten Umrichtern, z. B. nach Bild **6**.35. Über einen Gleichrichter GR wird zunächst ein Gleichspannungs-Zwischenkreis mit konstanter Spannungshöhe U_g gespeist.

Der Pufferkondensator C dient zur Aufnahme von Oberschwingungsströmen. An den Zwischenkreis wird ein dreiphasiger Pulswechselrichter nach dem Prinzip des Gleichstromstellers angeschlossen. Ist Vierquadrantenbetrieb mit Nutzbremsung vorgesehen, so erfolgt die Energierücklieferung an den Zwischenkreis und von dort über den netzgeführten Wechselrichter WR in das Netz.

Die Bildung der gewünschten Wechselspannung beliebiger Frequenz für den Motor kann z. B. nach dem Unterschwingungsverfahren (**6**.35 b) erfolgen. Die Gleichspan-

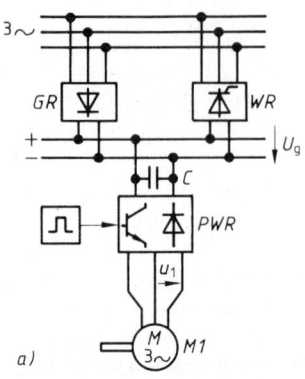
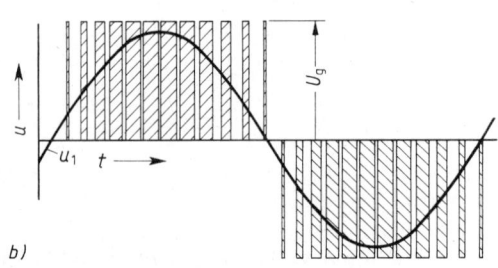

a)   b)

6.35 Drehstrom-Kurzschlußläufermotor mit selbstgeführtem Umrichter
  a) Schaltung des Antriebs
    M1 Drehstrom-Kurzschlußläufermotor, GR Gleichrichter, WR Wechselrichter zur Nutz-
    bremsung, U_g Zwischenkreis-Gleichspannung, PWR transistorisierter Pulswechselrichter
  b) Bildung der Wechselspannung u_1 durch Pulsbreitensteuerung einer Gleichspannung (Un-
    terschwingungsverfahren)

nung wird hierbei in Form von unterschiedlich gepolten und verschieden breiten
Rechteckimpulsen an die Motorwicklung gelegt, so daß eine sinusförmige Grundschwingung der gewünschten Frequenz und Amplitude als Unterschwingung entsteht. Um die Maschine mit konstantem Fluß Φ zu betreiben, wird entsprechend
dem Induktionsgesetz nach Gl. (4.56) also $U \sim f \cdot \Phi$ die Höhe der Drehspannung
der Frequenz angepaßt. Entsprechend dem Ankerstellbereich bei der Steuerung einer
Gleichstrommaschine (Bild **4**.15) erhält somit auch der Frequenzumrichter einen
Proportionalbereich mit $U \sim f$. Er reicht bis zum sogenannten Eckpunkt seiner
Kennlinie mit U_N, f_N, während darüberhinaus nur noch die Frequenz erhöht wird
(Feldschwächung).

Der Stand der Frequenzumrichtertechnik ist inzwischen durch eine prozessorge-
führte Steuerlogik und Taktfrequenzen bis ca. 20 kHz gekennzeichnet. Damit werden störende Zusatzgeräusche und Schwingungen weitgehend vermieden und ein
annähernd sinusförmiger Motorstrom mit entsprechend geringen Zusatzverlusten
erreicht. Das Antriebssystem F r e q u e n z u m r i c h t e r + D r e h s t r o m m o t o r ist damit
eine echte Alternative zum klassischen Konzept Gleichrichter + Gleichstrommotor und
wird zunehmend diesem vorgezogen. Als Vorteile beim Einsatz des Asynchronmotors
sind zu nennen: höhere Grenzdrehzahlen, kleineres Läuferträgheitsmoment, keine
Stromwenderprobleme, weniger Wartungsaufwand.

Durch die Technik der Umrichterschaltungen kann auch die S y n c h r o n m a s c h i n e
als drehzahlgeregelter Antrieb eingesetzt werden. So verwendet man heute gerne tran-
sistorisierte Frequenzumrichter in der Schaltung nach Bild **6**.35, die permanenterregte
Synchronmotoren für Vorschubantriebe versorgen. Im Bereich mittlerer bis großer Leistungen wird der Stromrichtermotor eingesetzt, eine Synchronmaschine, der über einen
Umrichter 120°-Rechteckströme der gewünschten Frequenz aufgeschaltet werden.

Nach Gl. (4.75) ergibt sich bei allen Techniken eine Drehzahl der Synchronmaschine,
die nach $n = f/p$ an die Frequenz gebunden ist.

6.3.3   Netzrückwirkungen von Stromrichterantrieben

Der Betrieb von Stromrichterantrieben führt zu einer Reihe charakteristischer Auswirkungen auf die Belastung des speisenden Netzes, die man unter dem Begriff Netzrückwirkungen zusammenfaßt. Es sind dies das Auftreten von Blindströmen, von Oberschwingungen und von Störimpulsen.

6.3.3.1   Blindleistung

Die Anschnittsteuerung der einzelnen Strangspannungen führt zu einem entsprechend dem Winkel α verzögerten Zünden der Thyristoren und damit zu ebenso phasenverschobenen Strangströmen. In Bild **6**.36 sind diese Verhältnisse für den Gleichstromantrieb nach Bild **6**.27 bei $\alpha = 60°$ und völlig geglättetem Strom $i_A = i_g$ gezeigt. Der Strangstrom i fließt in Form von Rechteckblöcken der Breite $T/2$ mit der Grundschwingung i_1, die der Strangspannung u um den Winkel $\varphi = \alpha$ nacheilt.

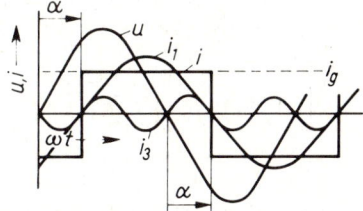

6.36
Netzstrom i mit Grundschwingung i_1
und dritter Oberschwingung i_3
bei Zweipuls-Brückenschaltung und $\alpha = 60°$

Die Anschnittsteuerung der Spannung führt damit zur Bildung von Blindströmen $I_{b1} = I_1 \cdot \sin \alpha$. Auch alle Stromoberschwingungen I_3, I_5 usw. ergeben keinen Beitrag zur Wirkleistung, sind aber im Gesamtstrom I enthalten. Die Stromrichterschaltung belastet somit das Netz mit der Scheinleistung

$$S = U \cdot I$$

worin die Wirkleistung mit

$$P = U_g \cdot I_g = U_{gi} \cdot I_g \cdot \cos \alpha \tag{6.8}$$

enthalten ist. Die nach Gl. (1.117) errechenbare Blindleistung

$$Q = \sqrt{S^2 - P^2} = \sqrt{(U \cdot I)^2 - (U_{gi} \cdot I_g)^2 \cdot \cos^2 \alpha} \approx U_{gi} \cdot I_g \cdot \sin \alpha \tag{6.9}$$

entsteht im wesentlichen durch die Stromoberschwingungen und die Steuerblindleistung. Im Unterschied zum weitgehend lastunabhängigen Blindstrombedarf eines Drehstrommotors ändert sich die erforderliche Blindleistung eines Stromrichterantriebs mit der Belastung und dem Steuerwinkel α.

Auch beim Einsatz von Wechsel- und Drehstromstellern treten Steuerblindleistungen auf, selbst wenn wie in Bild **6**.31 nur ohmsche Verbraucher angeschlossen sind. Die Ursache liegt darin, daß an den Halbleitern im Sperrzustand, ähnlich einer Spule, ein Teil der Spannungsschwingung anliegt.

6.3.3.2 Oberschwingungen

Nach den Bildern **6**.25, **6**.31 und **6**.36 ergeben Stromrichterschaltungen netzseitig einen nichtsinusförmigen zeitlichen Verlauf der Strangströme und auf der Lastseite Oberschwingungen in der Verbraucherspannung. Bei Gleichstromantrieben ist damit stets mit einer für die verwendete Schaltung typischen Welligkeit Gl. (2.11) zu rechnen, die häufig den Einsatz einer Glättungsdrossel erfordert. Bei Drehstrommaschinen entstehen durch die Oberschwingungen in der Klemmenspannung zusätzliche Verluste.

Die netzseitigen Oberschwingungsströme, deren Frequenz meist ein ungerades Vielfaches der Netzfrequenz ist, können durch ihren Spannungsverlust an den frequenzabhängigen Blindwiderständen des Netzes die Spannungskurve merklich verzerren. Abhilfe bringt in diesen Fällen der Einbau von Reihenschwingkreisen, die auf je eine Oberschwingung abgestimmt sind und für den betreffenden Strom damit einen Kurzschluß bedeuten.

Funkstörung   Außer den niederfrequenten Netzrückwirkungen entstehen in Stromrichteranlagen durch die sehr raschen Ein- und Ausschaltvorgänge auch hochfrequente Störimpulse. Diese können durch galvanische oder kapazitive Kopplung, aber auch durch Strahlung übertragen werden und beeinträchtigen dann den Rundfunkempfang bis in den Bereich von etwa 30 MHz. Im industriellen Bereich ist vor allem der einwandfreie Betrieb digitaler Steuerungen gefährdet. Maßnahmen zur Funkentstörung sind in den VDE-Bestimmungen 0875 festgelegt.

6.3.3.3 Zahlenbeispiel

Ein fremderregter Gleichstrommotor mit den Nenndaten $P_N = 4{,}35$ kW, $U_N = 300$ V, $I_{AN} = 17$ A, $n_N = 1440$ min^{-1} und der Leerlaufdrehzahl $n_0 = 1540$ min^{-1} soll bei Nennerregung und Nennmoment im Bereich $0 \leq n \leq n_N$ geregelt werden. Zur Energieversorgung ist ein Stromrichter nach Bild **6**.27 mit Anschluß an zwei Außenleiter des 380 V Drehstromnetzes vorgesehen.

a) Welcher Steuerwinkel α ist für die Drehzahl $n = 0{,}5\,n_N$ erforderlich?

Aus Gl. (4.24) erhält man bei Nennbetrieb $c_M = 1 - n_N/n_0$ und aus Gl. (4.26) für $n = 0{,}5\,n_N$

$$\frac{0{,}5\,n_N}{n_0} = \frac{U_A}{U_N} - c_M = \frac{U_A}{U_N} + \frac{n_N}{n_0} - 1$$

$$\frac{U_A}{U_N} = 1 - \frac{0{,}5\,n_N}{n_0} = 1 - \frac{720}{1540} = 0{,}532$$

$$U_A = 0{,}532 \cdot 300 \text{ V} = 160 \text{ V}.$$

Nach Gl. (6.1) ist $U_A = U_g = U_{gi} \cos \alpha$.

Die maximale Gleichspannung U_{gi} ergibt sich bei der Einphasenbrücke nach Bild **2**.50c und bei Anschluß zwischen zwei Außenleiter mit $U_L = 380$ V zu

$$U_{gi} = 0{,}9 \cdot U_L = 0{,}9 \cdot 380 \text{ V} = 342 \text{ V}.$$

Damit $\cos \alpha = \dfrac{U_g}{U_{gi}} = \dfrac{160 \text{ V}}{342 \text{ V}} = 0{,}468$ $\alpha = 62{,}1°$.

b) Welche Blindleistung muß das Netz im Betrieb nach a) liefern?

Nach Bild **6**.36 entspricht dem Gleichstrom I_{AN} auf der Netzseite ein Wechselstrom I gleichen Effektivwertes. Damit gilt für den Stromrichter folgende Leistungsbilanz:

Scheinleistung $S = U_L \cdot I = 380 \text{ V} \cdot 17 \text{ A} = 6460 \text{ VA}$

Wirkleistung $P = U_{gi} \cdot I_{AN} \cdot \cos \alpha = 342 \text{ V} \cdot 17 \text{ A} \cdot 0{,}468 = 2721 \text{ W}$

Blindleistung $Q = \sqrt{S^2 - P^2} = \sqrt{6460^2 - 2721^2} \text{ var} = 5859 \text{ var}$.

7 Energie- und Elektrizitätswirtschaft. Elektrische Anlagen

Technik ist ohne Energie nicht denkbar. In den Abschn. 7.1 Energiewirtschaft und 7.2 Elektrizitätswirtschaft wird die enge wirtschaftliche Verflechtung der Elektrotechnik mit der gesamten Energietechnik dargestellt. Dann wird in Abschn. 7.3 Elektrische Kraftwerke, elektrische Netze ein Überblick über die technischen Einrichtungen für die Erzeugung, Fortleitung und Verteilung der elektrischen Energie von den Kraftwerken bis zu den Abnehmern gegeben. Elektrische Industrieanlagen (Abschn. 7.4) dienen der Versorgung von Industriewerken mit elektrischer Energie. Sie umfassen in der Regel die Mittelspannungsanlagen zum Anschluß an das öffentliche Netz, die Stromverteilungsanlagen innerhalb des Werkes sowie abnehmereigene Stromerzeugungsanlagen. Es werden Hinweise für den Bau und Betrieb dieser elektrischen Anlagen gegeben, wobei den Schutzeinrichtungen besondere praktische Bedeutung zukommt. Die erforderlichen Schutzmaßnahmen und die zu beachtenden Unfallverhütungsvorschriften beschließen den Abschnitt.

7.1 Energiewirtschaft

7.1.1 Energieformen und Energieumwandlungen, Energieeinheiten

Der Mensch braucht Energie, um leben zu können

Ohne die Strahlungsenergie der Sonne wäre alles Leben auf der Erde – Mensch, Tier, Pflanze – nicht vorstellbar. In pflanzlicher und tierischer Nahrung steht dem Menschen chemisch gebundene Energie neben Luft und Wasser zum Leben zur Verfügung. Der Körper kann in einem äußerst komplizierten Prozeß die zugeführte Energie umwandeln und zwar sowohl in Wärme zur Konstanthaltung der Körpertemperatur als auch in mechanische Energie, um sich bewegen zu können.

Der Mensch braucht die Energietechnik, um besser leben zu können

Die Nutzbarmachung der Energiequellen reicht in der Menschheitsgeschichte von der Entdeckung des Feuers vorläufig bis zur Spaltung des Uranatoms. Sie vollzog sich zeitlich in mehreren Stufen. So war z. B. die Nutzung der Kohle mit der Dampfmaschine (Eisenbahn), des Erdöls mit der Erfindung der Verbrennungsmotoren (Fahrzeuge, Schiffe, Flugzeuge) eng gekoppelt. Eine Sonderstellung nimmt die masselose elektrische Energie als wichtigster Sekundärenergieträger ein, da sie wie keine andere aus allen Primärenergieträgern gewonnen und in alle Formen von Nutzenergie (Wärme, Licht, mechanische Energie u. a.) umgewandelt werden kann. Nutzenergie beinhaltet ein Stück Lebensqualität.

Energieformen Masse und Energie sind die Grundbausteine des Universums und nach der Energieformel $W = m \cdot c^2$ von Albert Einstein identische Größen.

Die Sonne wandelt Masse in Strahlungsenergie um, von der weniger als ein Milliardstel auf die Erde einstrahlt. Umgekehrt wird auf der Erde durch Photosynthese Sonnenenergie unmittelbar in chemische Bindungsenergie übergeführt, die letztlich in den Pflanzen als neu gebildete Ma-

terie wieder Pflanzen, Tieren und Menschen zum Leben zur Verfügung steht. Fast alle Energiequellen der Erde und regenerativen Energiequellen stammen aus Sonnenenergie.

Folgende Energieformen, die in der Energietechnik heute besonders wichtig sind,
werden hier mit einigen Stichworten aufgeführt:

> Strahlungsenergie – Sonne, Licht, Wärme, Solarenergie
> Chemisch gebundene Energie – Brennstoffe, Kohle, Öl, Gas
> Kernbindungsenergie – Kernspaltung (Uran), ev. Kernverschmelzung
> Mechanische Energie – Wasserkraft, regenerative Energie
> Wärme – Fernwärme, Prozeßwärme, Raumheizung, Klima
> Elektrische Energie – Sekundärenergie, Umwandlung in Nutzenergie

Energieumwandlungen von einer gegebenen Energieform in eine gewünschte Energieform erfolgen in einer oder mehreren Stufen und sind grundsätzlich nicht ohne Verluste möglich.

Beispiel 7.1   Ein- und mehrstufige Energieumwandlungen (mit Stichworten):
a) Chemische → thermische Energie, z. B. Verbrennung von Kohle, Öl, Gas für die Nutzenergie
Wärme (Prozeßwärme, Raumheizung)
b) Chemische → thermische → mechanische Energie, z. B. Ottomotor, Dieselmotor zum Antrieb
von Fahrzeugen, Schiffen und Flugzeugen
c) 1. Chemische → thermische → mechanische → elektrische Energie, z. B. Wärmekraftwerk mit
Kessel, Turbine, Generator
2. Elektrische → Nutzenergie, z. B. mechanische Energie (Elektromotor), Elektrowärme, Klimatisierung, Kälte, Licht, Schall; Nachrichtentechnik, EDV u. a.
d) Man gebe weitere selbstgewählte Beispiele an.

Energieeinheiten   Die kohärente SI-Einheit der Energie – in jeder beliebigen Form
und für jeden beliebigen Energieträger – ist (s. Anhang Tafel **7.**34)

$$1\ \text{J (Joule)} = 1\ \text{Ws (Wattsekunde)} = 1\ \text{Nm (Newtonmeter)} = 1\ \text{kg m}^2/\text{s}^2 \quad (7.1)$$

In der Energiewirtschaft wird als Vielfaches häufig 1 PJ (Petajoule) $= 10^{15}$ J verwendet. Meist ist allerdings noch üblich, die Energien der verschiedenen Energieträger in Steinkohleneinheiten (SKE) auszudrücken, wobei die Definitionen
1 kg SKE $= 7000$ kcal und 1 kcal $= 4186,8$ J, somit 1 kg SKE $= 29,308 \cdot 10^6$ J und
1 Mio t SKE $= 29,308$ PJ zugrunde liegen. Die Elektrizitätswirtschaft verwendet für
die elektrische Energie nur die Einheit 1 Wh (Wattstunde); für die häufig benutzten
Vielfachen gilt 1 kWh $= 3,6 \cdot 10^6$ J und 1 TWh (Terawattstunde) $= 3,6$ PJ.

In Studien über die künftige weltweite Entwicklung des Energiebedarfs (Szenarien) trifft man
fast durchweg die Einheit 1 Wa (Wattjahr) an. Mit 1 a $= 8760$ h folgt

$$1\ \text{Wa} = 8,76\ \text{kWh} = 31,54 \cdot 10^6\ \text{J}; \qquad 1\ \text{TWa} = 8760\ \text{TWh} = 8760\ \text{Mia kWh} \quad (7.2)$$

Die Verwendung der Einheit Wa hat den Vorteil, daß sich z. B. aus einer jährlichen Energie-
menge sofort mit gleichem Zahlenwert die mittlere Jahresleistung ergibt, z. B. 1 TWa/a $= 1$ TW, die
auch einfach auf den Kopf der Bevölkerung (z. B. in kW/Einwohner) bezogen werden kann und
als Vergleichsmaßstab wohl am anschaulichsten ist (s. Beispiel 7.2).

Aus Gründen der leichteren Vergleichbarkeit werden alle Energien in Abschnitt 7 einheitlich in kWh bzw. TWh angegeben. Für Umrechnungen gilt

$$
\begin{array}{llll}
1\ \text{PJ} = 10^{15}\ \text{J} & = 0{,}03412\ \text{Mio t SKE} & = 0{,}2778\ \text{TWh} & \\
1\ \text{Mio t SKE} & = 29{,}31\ \text{PJ} & = 8{,}142\ \text{TWh} & (7.3) \\
1\ \text{TWh} = 10^{9}\ \text{kWh} & = 0{,}1228\ \text{Mio t SKE} & = 3{,}6\ \text{PJ} &
\end{array}
$$

7.1.2   Energieflußbild und Energiebilanz

Ein umfassender Einblick in energiewirtschaftliche Strukturen ist über eine Energiebilanz möglich, die mengen- und energiemäßig nach einer für alle Energieträger einheitlichen Methodik aufgebaut ist. [1]) Am Beispiel des vereinfachten Energieflußbildes 1990 der Bundesrepublik Deutschland werden die hier notwendigen Begriffe der Energietechnik und der Energiewirtschaft erläutert (Bild 7.1).

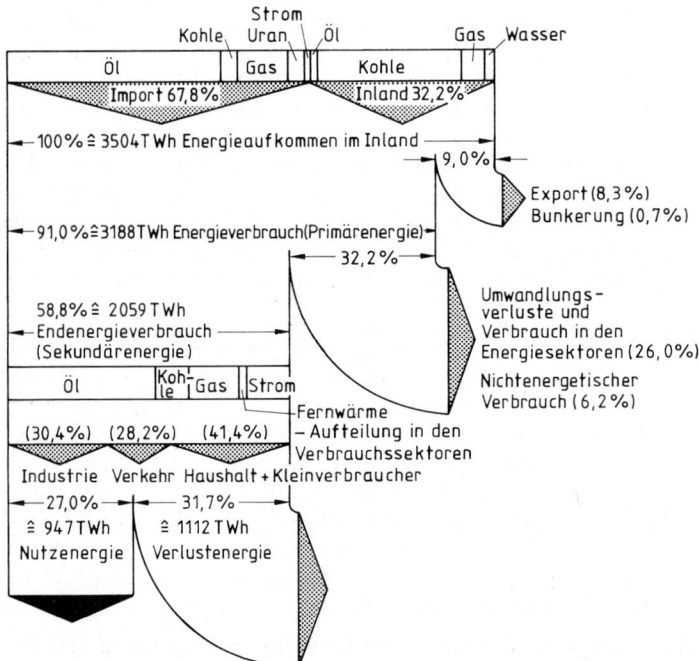

7.1 Vereinfachte Darstellung des Energieflußbildes 1990 der Bundesrepublik Deutschland
(ohne Ostdeutschland)

---

[1]) Alle Zahlenangaben sind den Statistischen Jahresberichten des Bundesministeriums für Wirtschaft (Bonn) sowie den Veröffentlichungen der Arbeitsgemeinschaft Energiebilanzen (Düsseldorf), der Rheinisch-Westfälischen Elektrizitätswerke RWE (Essen) und der Vereinigung Deutscher Elektrizitätswerke VDEW (Frankfurt/Main) entnommen.

Energieverbrauch (Primärenergie) Die wichtigsten natürlichen oder Primärenergieträger sind die fossilen, somit erschöpflichen Rohbrennstoffe Erdöl, Kohle und
Erdgas sowie der nukleare „Brennstoff" Uran. Von den unerschöpflichen, auch re-
generative oder erneuerbare Energiequellen genannt, ist zuerst die Wasserkraft zu
nennen. Die Nutzung weiterer Energiequellen (Sonne, Umgebungswärme, Meer,
Wind u. a.) ist heute noch zahlenmäßig gering (0,1 %). Die Knappheit an heimischen
Energieträgern (Stein- und Braunkohle ausgenommen) kommt in dem hohen Im-
portanteil von fast 68 % am Energieaufkommen im Inland (100 % ≙ 3504 TWh
≙ 430,4 Mio t SKE) zum Ausdruck. Insgesamt werden etwa 85 % durch die chemisch
gebundenen Energien von Öl, Kohle und Gas gedeckt; nur 15 % entfallen auf Kernenergie, Wasserkraft, Stromimport u. a. Unter Berücksichtigung von Abgängen für
Export und Bunkerung (zusammen 9,0 %) verbleibt der Energieverbrauch, der
nicht ganz korrekt auch mit Primärenergie bezeichnet und als erste statistische
Größe landesweit angegeben wird.

Endenergieverbrauch Die Art und Beschaffenheit der Primärenergieträger macht
vor ihrer Nutzung durch den Endverbraucher in der Regel eine Aufbereitung
und Umwandlung erforderlich. Diese finden in den sogenannten Energiesektoren
statt. Als Sekundärenergieträger erhält man in Raffinerien, Kokereien, Bri-
kettfabriken, Gaswerken die veredelten Brennstoffe Benzin, Dieselöl, Heizöl, Koks,
Brikett u. a., in den Dampf-, Wasser-, Heizkraft- und Heizwerken elektrischen
Strom und Fernwärme, wie sie der Endverbraucher benötigt. Bei diesen Energieumwandlungen entstehen Verluste, außerdem ist ein hoher Energieaufwand notwendig, insgesamt 26,0 %. Nach weiterer Reduzierung um den nichtenergetischen
Verbrauch (z. B. Mineralölprodukte, Schmierstoffe, Arzneimittel, Düngemittel, Kunst-
stoffe usw.) von 6,2 % verbleiben noch 58,8 % des Energieaufkommens als Endenergieverbrauch (zweite statistische Größe), die auch mit Sekundärenergie
bezeichnet wird.

Nutzenergie Die Energie, die der Mensch in beruflichen und privaten Bereichen letztlich in Form von Wärme, Kälte, Licht, mechanischer Energie, Schall u. a. für die
vielfältigsten Zwecke und Bedürfnisse zu bestimmter Zeit und am bestimmten Ort
benötigt, wird mit Nutzenergie bezeichnet. Sie wird aus den erwähnten Sekun-
därenergieträgern durch Energieumwandlung fast mühelos mit Hilfe von technischen
Anlagen und Einrichtungen, Maschinen, Geräten und dergl. gewonnen. Man kann
davon ausgehen, daß insgesamt fast 80 % der Nutzenergie für Prozeßwärme und
Raumheizung und 20 % für mechanische Energie, Licht und alle übrigen Zwecke
aufgebracht werden. Statistisch unterteilt man in die 3 Verbrauchssektoren Industrie, Verkehr, Haushalt und Kleinverbraucher (**7.1**).

Verlustenergie Bei den Umwandlungen der Sekundärenergie in Nutzenergie tritt in den Verbrauchssektoren die Verlustenergie auf, die statistisch mit etwa 55 % angegeben wird und
somit größer als die Nutzenergie selbst ist. Maßgebend hierfür sind die Wirkungsgrade – besser
die jährlichen Wirkungsgrade (Nutzungsgrade) – der Energiewandler, die z. B. bei Kraftfahrzeugen mit Otto-Motor im günstigsten Fall bei 25 %, je nach Einsatz im Stadtverkehr aber
auch nur bei 10 bis 15 % im jährlichen Durchschnitt liegen können; 75 % bis 90 % der Energie
des Kraftstoffs gehen fast ganz durch die Energieverluste des Motors, insbesondere durch Abgase und Kühlung verloren.

Zusammenfassung Insgesamt ergibt sich nach Bild **7.1**, daß nur etwa 27 % des
Energieaufkommens als Nutzenergie den Verbrauchern zur Verfügung stehen. Bei den

verschiedenen Umwandlungsprozessen geht im physikalischen Sinn keine Energie verloren, weil letztlich jede Energieform an die Umgebung in Form von Wärme restlos abgegeben wird. Damit ist zwangsläufig mit der Energietechnik auch eine Belastung der Umwelt verbunden, die durch die Emissionen von Gasen und Aerosolen auch die Erdatmosphäre erfaßt und damit zu einem globalen Problem geworden ist. Dabei haben sich insbesondere zwei Aspekte abgezeichnet, von denen eine Bedrohung ausgeht: der Abbau der atmosphärischen Ozonschicht und bevorstehende Klimaveränderungen.

7.1.3   Entwicklungstendenzen der Energietechnik

Der bisherige Verlauf des Energieverbrauchs (Primärenergie) in der Bundesrepublik Deutschland weist zunächst zwischen 1950 und 1973 eine durchschnittliche jährliche Zuwachsrate von 4,5% auf. Seit 1973 aber stagniert der Verbrauch infolge gesamtwirtschaftlicher Rezessionen, Teuerungswellen des Ölpreises, Sparmaßnahmen u. a. Nach 1973 (100% $\widehat{=}$ 3082 TWh $\widehat{=}$ 378,5 Mio t SKE) sank er 1975 auf 92% ab, stieg 1979 auf 108% an, lag aber 1982 wieder bei 96% und übertraf 1990 mit 103,4% (vorläufig) wieder den Wert von 1973. Alle Prognosen über den zukünftigen Verlauf, etwa bis zum Jahr 2015 oder gar 2030, sind mit großen Unsicherheiten behaftet, da niemand zuverlässig die Entwicklung von Wirtschaftswachstum und Energiebedarf voraussagen kann.

Nach den heutigen Erkenntnissen gehen wahrscheinlich schon in wenigen Jahrzehnten die fossilen Energieträger Erdöl und Erdgas – Vorräte aus Millionen von Jahren – zur Neige. Dagegen sind die weltweit vermuteten Vorräte an Steinkohle so groß, daß mit ihnen der derzeitige gesamte Primärenergieverbrauch der Erde noch mehrere Jahrhunderte gedeckt werden könnte. Die abbauwürdigen Uranvorräte der Erde sind schwer abzuschätzen; ausbauwürdige Wasserkräfte sind fast nur noch in fernen Regionen vorhanden. Forschungsprogramme in aller Welt stehen vor den Aufgaben, die heutigen Energiequellen durch neue zu ersetzen, die vielleicht einmal unbegrenzt genutzt werden können.

Nach dem Energieprogramm der deutschen Bundesregierung – 1973 vorgelegt, 1974 infolge der Ölkrise erstmals, 1977 und 1981 wegen Änderung der gesamtwirtschftlichen Entwicklung erneut fortgeschrieben – soll der Zuwachs des Energieverbrauchs durch sparsame und rationelle Energieverwendung begrenzt werden. Um das Angebot zur Deckung der Nachfrage zu verbreitern und zu sichern, zielen die zahlreichen Maßnahmen darauf ab, den Mineralölanteil zurückzudrängen, die deutsche Stein- und Braunkohle vorrangig zu nutzen und die Importrisiken bei Energierohstoffen durch Streuung der Bezugsquellen zu begrenzen. Soweit stimmt auch der Energiebericht 1989 überein. Die Kernenergie soll danach unter Beachtung des Vorrangs der Sicherheit der Bevölkerung nur noch im Fall eines erhöhten Grundlastbedarfs und eines eventuellen Ersatzes stillgelegter Kraftwerke ausgebaut werden. Das Energieforschungsprogramm setzt sich verstärkt zum Ziel, alle in unserer geographischen Lage zur Verfügung stehenden Energien und Technologien einzusetzen.

Der Mensch braucht Energie für die Umwelttechnik, um überleben zu können

Mit der Energietechnik ist zwangsläufig eine Belastung der Umwelt verbunden. Sie beginnt bei den Eingriffen in die Landschaft, die durch die technischen Anlagen erforderlich sind, umfaßt die Verunreinigung von Luft, Wasser und Boden, die thermische Belastung des gesamten Lebensraumes und reicht bis zu der nicht ganz auszuschließenden Gefahr radioaktiver Strahlung durch die Nutzung der Kernenergie (Tschernobyl, 26. 4. 1986). Immer größere Bedeutung kommt dem Kohlendioxid (CO_2) zu, das bei der Verbrennung fossiler Energieträger (Kohle, Erdöl, Erdgas) entsteht und zu einer unerwünschten und gefährlichen Erwärmung der Erdatmosphäre führt (Treibhauseffekt). 1988 stellte die Internationale Weltklimakonferenz in Toronto die Forderung auf, weltweit die CO_2-Emission bis zum Jahr 2005 um 20 % und bis Mitte des nächsten Jahrhunderts um 50 % (gegenüber den Werten von 1988) zu reduzieren. Ähnliches gilt auch für die verheerende Wirkung der weltweit verwendeten Fluorchlorkohlenwasserstoffe (FCKW), die am meisten zur Zerstörung der schützenden Ozonschicht um die Erdatmosphäre beitragen. Zwei bereits festgestellte Ozonlöcher großen Ausmaßes auf der südlichen und nördlichen Erdhalbkugel fordern zum raschen Verbot der industriellen Anwendung dieser Schadstoffe heraus. In Deutschland ist damit bis spätestens 1995 zu rechnen.

Große finanzielle Mittel und Einsatz von Energie sind notwendig, um durch gezielte Maßnahmen des Umweltschutzes die Risiken und Gefahren zu begrenzen. Jeder einzelne Verbraucher ist durch seinen Bedarf an Nutzenergie direkt an der Menge der erforderlichen Primärenergie beteiligt und kann damit auch zu einer sauberen Umwelt beitragen. Zur Lösung der vielseitigen technischen, ökologischen und wirtschaftlichen Probleme ist eine enge Zusammenarbeit von Naturwissenschaftlern, Ingenieuren, Energiewirtschaftlern und Energiepolitikern über die Landesgrenzen hinweg notwendig, in die auch der Bürger durch Stellungnahmen einbezogen ist: Energie und Umweltschutz werden immer mehr zu gesellschaftspolitischen Problemen ersten Ranges.

7.2   Elektrizitätswirtschaft

7.2.1   Erzeugung und Verbrauch elektrischer Energie

Aus dem Energieflußbild (7.1) ist speziell für den Energieträger „Strom" das Elektrizitätsflußbild 1990 in Bild 7.2 dargestellt. Nach dieser Bilanz ist für Strom ein Primärenergieaufwand von 1163,3 TWh erforderlich, das sind 33,2 % des Gesamtenergieaufkommens von 3504 TWh (Bild 7.1). 95,9 % des Stroms werden in Wärmekraftwerken – 50 % aus Stein- und Braunkohle, 33 % aus Kernenergie – erzeugt, so daß durch die hohen Umwandlungsverluste sich bei einem Nutzungsgrad von 38,6 % die Bruttostromerzeugung von 449,5 TWh ergibt. Unter Berücksichtigung einer geringen Nettostromausfuhr ins Ausland folgt der jährliche Bruttostrombedarf von 448,5 TWh, eine statistische Größe, die im Ländervergleich benutzt wird und auch als Maß für das Energiepotential eines Landes gilt. Nach Abzug des Eigenverbrauchs der Kraftwerke und des Stromverbrauchs der Pumpspeicherwerke bleibt ein Gesamtstromverbrauch von 414,7 TWh. Hieraus wird als zweiter statistischer Wert der jährliche Stromverbrauch je Einwohner ermittelt, der in gewissem Sinn als Gradmesser des Lebensstandards eines Landes gilt. Für das Jahr 1990 errechnet sich für die rund 62,5 Millionen Einwohner ein Wert von 6635 kWh/Einwohner. Zum Vergleich ergibt sich für die USA fast der doppelte Wert, während mehrere Entwicklungsländer kaum auf 100 bis 200 kWh/Einwohner kommen. Die weitere Aufteilung des Stromverbrauchs kann Bild 7.2 entnommen werden.

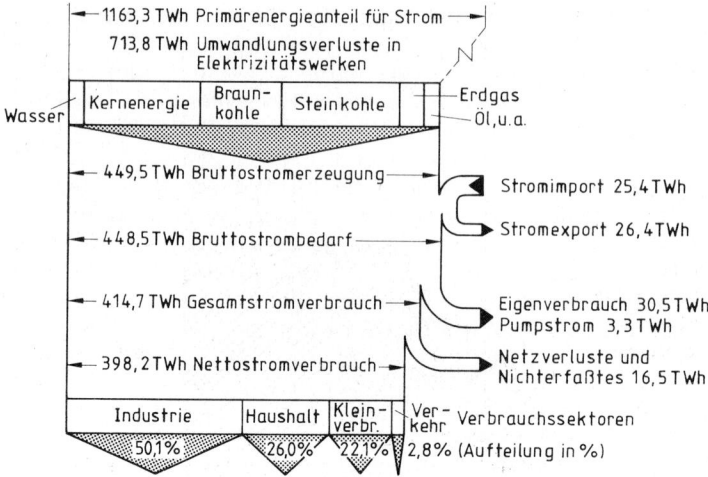

7.2 Vereinfachte Darstellung des Elektrizitätsflußbildes 1990 der Bundesrepublik Deutschland (ohne Ostdeutschland), z. T. vorläufige Zahlen

7.2.2   Entwicklungstendenzen der Elektrizitätswirtschaft

Die steigende Entwicklung des Strombedarfs (**7**.3) ist ein Zeichen des schnellen Fortschreitens der Technik in unserer Zeit und zeigt deutlicher als statistische Unterlagen anderer Wirtschaftszweige Blüten- und Krisenzeiten der Volkswirtschaft. Nach einer alten Faustregel konnte man in Industrieländern seit 1900 über Jahrzehnte hinweg eine Verdoppelung der Stromerzeugung in jeweils 10 Jahren feststellen; dies entspricht einer durchschnittlichen jährlichen Zunahme um 7,2%. Auch zwischen 1963 und 1973 hat sich diese Regel für die Bundesrepublik Deutschland durch die Steigerung von 150 TWh auf 310 TWh noch bestätigt (**7**.3). In den folgenden Jahren bis 1990 stiegen aber infolge der bereits erwähnten Ursachen Erzeugung und Verbrauch nur noch durchschnittlich um etwa 2,2% an. Neuerdings rechnet die Mehrheit der Energieexperten bis zum Jahre 2010 im Mittel mit einem jährlichen Zuwachs von 2–3% (s. gestrichelte Kurven in Bild **7**.3).

Die Entwicklung der Elektrizitätswirtschaft ist darauf zurückzuführen, daß elektrische Energie in ausreichendem Maße sicher zur Verfügung steht, wirtschaftlich erzeugt und unbeschränkt verteilt werden kann; weiterhin darauf, daß elektrische Geräte wegen ihrer einfachen Bedienung, anspruchslosen Wartung und vielseitigen Verwendungsmöglichkeiten immer mehr Eingang in Industrie, Büro, Haushalt und Landwirtschaft gefunden haben. Elektrische Energie wird in zunehmendem Maße für Speicherheizung und Klimatisierung verwendet.

Elektrisch angetriebene Fahrzeuge vermindern die Umweltbelastung in Ballungsgebieten und können zu einer Verringerung der Abhängigkeit vom Erdöl beitragen. Auf Grund der begrenzten Energiespeicherfähigkeit von Akkumulatoren beschränkt jedoch die mit einer Batterieladung erzielbare Reichweite den Einsatz solcher Fahrzeuge auf den innerstädtischen Verkehr. Großversuche, die von Elektrizitätsversorgungsunternehmen zusammen mit Industriefirmen unternommen werden, sollen hierfür die technischen und wirtschaftlichen Grundlagen schaffen.

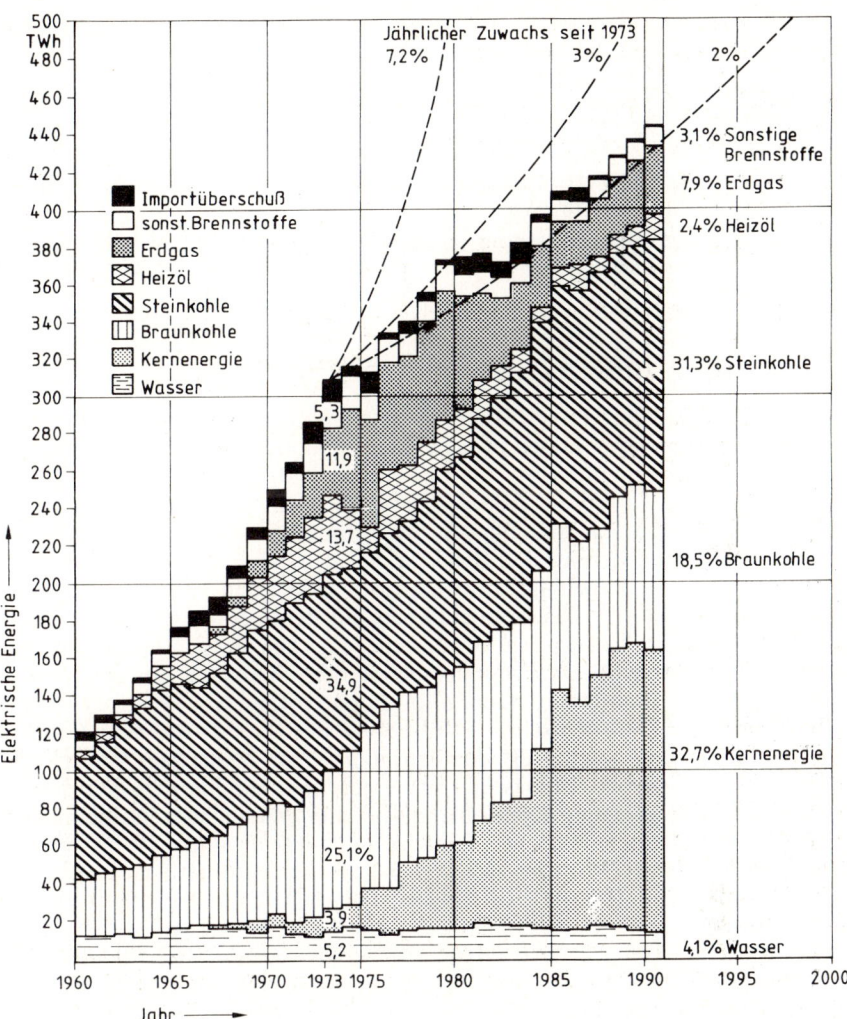

7.3 Anteil der Energieträger an der Deckung des Bruttostrombedarfs der Bundesrepublik Deutschland seit 1960. Prozentuale Angaben für 1973 und 1990

Seit mehreren Jahren ist die Energiepolitik zu einem brisanten politischen Thema mit vielerlei Aspekten geworden (s. Abschn. 7.1.3). Als Stichworte seien hier noch genannt „Grenzen des Wachstums" und „Global 2000", Verknappung der Vorräte an Energieträgern, Ölpreiskrisen und wirtschaftliche Abhängigkeit, Energieversorgung und Sicherung der Arbeitsplätze und des Lebensstandards, Umweltschutz beim Betrieb und Bau neuer Kraftwerke, Sicherheit der Kernkraftwerke, Wiederaufbereitung der Brennelemente, Endlagerung der Schadstoffe, „Ausstieg" aus der Kernenergie und Schutz der Bevölkerung, Energieeinsparungs- und Rationalisierungsmaßnahmen, Erforschung regenerativer Energiequellen (soft path), Verdoppelung der Weltbevölkerung bis zum Jahr 2015 und vieles mehr.

Beispiel 7.2 a) Man zeige, daß sich aus den Größenwerten dieses Abschnitts für die Bundesrepublik Deutschland 1990 (62,5 Mio Einwohner) die folgenden Jahresdauerleistungen pro Einwohner ergeben:

Energieverbrauch (5,82 kW), Endenergieverbrauch (3,76 kW), Nutzenergieverbrauch (1,73 kW), Gesamtstromverbrauch (0,76 kW).

b) Man vergleiche diese Leistungen mit der Jahresdauerleistung eines Erwachsenen, die sich aus 70 W mechanischer Leistung während 1800 Arbeitsstunden ergibt (14,4 W).

7.2.3   Stromversorgung im vereinigten Deutschland

Nach der politischen Entwicklung im letzten Jahrzehnt ist mit dem Anschluß der Länder der ehemaligen DDR an die Bundesrepublik Deutschland (3. 10. 1990) auf die westdeutsche Elektrizitätswirtschaft eine neue Aufgabe zugekommen. Der ehemalige „Eiserne Vorhang" von der Ostsee bis zum Schwarzen Meer trennte bisher das westeuropäische vom osteuropäischen Strom-Verbundsystem. Da sich das westliche Prinzip der weitgehend dezentralen Struktur mit dem voll zentral angelegten Aufbau des östlichen Systems (Regelungskraftwerke der UdSSR in der Ukraine) nicht verträgt, ist auch Parallelbetrieb des westdeutschen mit dem ostdeutschen Netz nicht möglich. Letzteres kann nur schrittweise vom osteuropäischen Verbundsystem abgekoppelt und an das westdeutsche Netz angeschlossen werden. Dies wird durch die im Bau befindlichen Höchstspannungsleitungen und durch vorhandene Kraftwerksreservekapazitäten der großen westdeutschen EVU ermöglicht. Langfristig sind Großinvestitionen in Kraftwerke und Netze erforderlich, um einen deutschen Verbund von hohem technischen Stand als Schlüsselbereich einer intakten industriellen Infrastruktur zu schaffen. Die Vereinigung Deutschlands brachte erhebliche Verschiebungen der Energiestruktur. In den ostdeutschen Ländern stellte die Braunkohle im Jahr 1990 bei der öffentlichen Stromversorgung 90 % des Stroms. Auf die Kernkraftwerke, die aus Sicherheitsgründen 1990/91 alle stillgelegt wurden, entfielen noch 6,5 % des Stroms, der Anteil der Steinkohle war kaum meßbar. Insgesamt ergab sich nun für die öffentliche Stromversorgung Deutschlands, daß 1990 von den 470 Mrd kWh – davon 17 % in Ostdeutschland – Braunkohle und Kernenergie mit jeweils einem Drittel vertreten waren.

7.2.4   Wirtschaftliche Fragen

7.2.4.1   Kosten für Erzeugung und Bereitstellung elektrischer Energie

Erzeugung elektrischer Energie im Kraftwerk

Die jährlichen Kosten für die Erzeugung der elektrischen Energie im Kraftwerk

$$K = K_f + K_b \tag{7.4}$$

setzen sich aus den von Art und Leistung des Kraftwerks abhängigen festen Kosten K_f und den von der jährlich abgegebenen Energie W und der Art des Brennstoffs abhängigen beweglichen Kosten K_b zusammen. Für den Selbstkostenpreis pro abgegebene kWh gilt somit

$$k = \frac{K}{W} = \frac{K_f + K_b}{W} \tag{7.5}$$

An zwei typischen Beispielen moderner Dampfkraftwerke wird nun die Wirtschaftlichkeitsrechnung (Richtpreise 1990) erläutert.

Beispiel 7.3   Ein Steinkohlenkraftwerk mit einer (abgegebenen) Leistung $P_N = 700$ MW hat auf Grund seines Einsatzes zur Deckung von Mittellast (S. 429) eine Ausnutzungsdauer $t_a = 4000$ h pro Jahr (1 Jahr $= 365 \cdot 24$ h $= 8760$ h), d. h. es gibt jährlich die elektrische Energie

$$W = P_N t_a = 700 \cdot 10^3 \text{ kW} \cdot 4000 \text{ h} = 2800 \text{ Mio kWh}$$

ab. Die spezifischen Investitionskosten einschl. aller Kosten für Umweltschutzeinrichtungen (Entstickung, Entschwefelung und Entstaubung der Rauchgase) sind $k_0 = 2620$ DM/kW (ohne Katalysator), so daß die Investitionskosten des Kraftwerks

$$K_0 = P_N \cdot k_0 = 700 \cdot 10^3 \text{ kW} \cdot 2620 \text{ DM/kW} = 1834 \text{ Mio DM}$$

betragen.

Die jährlichen festen Kosten K_f setzen sich aus Kapitaldienst + Personalkosten + Instandhaltungskosten + Versicherung u. a. zusammen und betragen insgesamt einen gewissen Prozentsatz p der Investitionskosten. Mit $p = 14,7\%$ gilt

$$K_f = p \cdot K_0 = 0,147 \cdot 1834 \text{ Mio DM} = 269,6 \text{ Mio DM} \quad \text{oder} \quad 385 \text{ DM/kW}$$

Die jährlichen beweglichen Kosten K_b sind im wesentlichen die Brennstoffkosten für die erzeugte elektrische Energie. Legt man einen spezifischen Wärmeverbrauch von 2324 kcal/kWh zugrunde (Jahreswirkungsgrad 37,0%), dann benötigt man (2324/7000) kg $= 0,332$ kg SKE für 1 kWh, wobei 1 kg SKE (Steinkohleneinheit) $= 7000$ kcal die in der Energiewirtschaft immer noch übliche Energieeinheit ist. Für ein revierfernes Kraftwerk kostet die deutsche Steinkohle 300 DM/t SKE frei Kraftwerk, so daß eine abgegebene kWh Kosten von $0,332 \cdot 30$ Pf $= 9,96$ Pf verursacht. Rechnet man für sonstige bewegliche Kosten weitere 0,84 Pf/kWh hinzu, beträgt $k_b = 10,8$ Pf/kWh und die jährlichen beweglichen Kosten belaufen sich auf

$$K_b = W \cdot k_b = 2800 \text{ Mio kWh} \cdot 0,108 \text{ DM/kWh} = 302,4 \text{ Mio DM}$$

Die jährlichen Gesamtkosten sind nach Gl. (7.4)

$$K = K_f + K_b = (269,6 + 302,4) \text{ Mio DM} = 572 \text{ Mio DM}$$

und somit die durchschnittlichen Erzeugungskosten für die abgegebene elektrische Energie dieses Steinkohlenkraftwerks nach Gl. (7.5)

$$k = \frac{K}{W} = \frac{572 \text{ Mio DM}}{2800 \text{ Mio kWh}} = 20,43 \text{ Pf/kWh}$$

Für das Kraftwerk sind noch folgende Fragen zu beantworten:

a) Auf welchen Preis/kWh würden sich die Erzeugungskosten dieses Kraftwerks senken lassen, wenn nur Importkohle (z. B. aus Oberschlesien, Übersee u. a.) zum Preis von 100 DM/t SKE frei Kraftwerk verfeuert werden könnte?

Bei sonst gleichen Bedingungen wie vorstehend ermäßigen sich die beweglichen Kosten auf $0,332 \cdot 10$ Pf/kWh $= 3,32$ Pf/kWh, so daß sich nun $k_b = (3,32 + 0,84)$ Pf/kWh $= 4,16$ Pf/kWh und schließlich $k = 13,79$ Pf/kWh, also eine Kosteneinsparung von 6,6 Pf/kWh ergibt! Außerdem ist auch eine umweltfreundlichere Stromerzeugung möglich, da ausländische Kohle weniger Schadstoffe, vor allem weniger Schwefel, als die deutsche Steinkohle enthält.

b) Wieviel t Kohle benötigt durchschnittlich das Kraftwerk pro Tag? Bei einem Kohlebedarf von 0,332 kg/kWh und einer Jahresabgabe von 2800 Mio kWh ergibt sich ein täglicher Bedarf von $2800 \cdot 10^6 \cdot 0,332$ kg/365 = 2547 t (bei Bahntransport 127 Güterwagen mit je 20 t).

c) Welcher Kühlwasserstrom (in m^3/s) ist bei Vollast des Kraftwerks erforderlich, wenn die Kondensationsverluste 80% der Gesamtverluste des Kraftwerks ausmachen und sich das Kühlwasser im Kondensator um 8 °C erwärmt?

Bei Vollast und pro Sekunde
- gibt das Kraftwerk die elektrische Energie $700 \cdot 10^3$ kWh/3600 = 194,4 kWh ab,
- werden bei 37% Wirkungsgrad 194,4 kWh/0,37 = 525,4 kWh benötigt,
- betragen die Gesamtverluste (525,4 − 194,4) kWh = 331 kWh, wovon 80% oder 265 kWh = $265 \cdot 860$ kcal = 227900 kcal mit dem Kühlwasser abgeführt werden. Da sich dieses um 8 °C erwärmt,
- ist ein Kühlwasserstrom von (227900 : 8) l/s = 28,5 m^3/s erforderlich.

Beispiel 7.4 Ein Kernkraftwerk mit einer (abgegebenen) Leistung $P_N = 1260$ MW ist als Grundlastkraftwerk (S. 429) eingesetzt und erreicht eine jährliche Ausnutzungsdauer $t_a = 7000$ h, gibt also jährlich die Energie

$$W = P_N \cdot t_a = 1260 \cdot 10^3 \text{ kW} \cdot 7000 \text{ h} = 8820 \text{ Mio kWh}$$

ab. Die spezifischen Investitionskosten (Druckwasserreaktor, Naßkühlturmbetrieb) betragen $k_0 = 3915$ DM/kW, die Investitionskosten des Kernkraftwerks sind damit

$$K_0 = P_N k_0 = 1260 \cdot 10^3 \text{ kW} \cdot 3915 \text{ DM/kW} = 4933 \text{ Mio DM}$$

Die jährlichen festen Kosten umfassen außer dem Kapitaldienst die Personalkosten, die Instandhaltungskosten, die Versicherung und auch die Stillegungskosten, wobei am Ende der Betriebszeit von einer 10jährigen Abklingzeit ausgegangen wird. Es muß insgesamt mit einem Prozentsatz $p = 17,6\%$ gerechnet werden, so daß sich ergibt

$$K_f = p K_0 = 0,176 \cdot 4933 \text{ Mio DM} = 868,2 \text{ Mio DM} \quad \text{bzw.} \quad 689 \text{ DM/kW}$$

Die jährlichen beweglichen Kosten betragen aber nur etwa 22% der Kosten eines vergleichbaren Steinkohlenkraftwerks. Man kann hier nämlich für die Brennstoffkreislaufkosten des Reaktors etwa 2,1 Pf/kWh und für sonstige bewegliche Kosten 0,2 Pf/kWh ansetzen, so daß $k_b = 2,3$ Pf/kWh beträgt und man für

$$K_b = W \cdot k_b = 8820 \text{ Mio kWh} \cdot 0,023 \text{ DM/kWh} = 202,9 \text{ Mio DM}$$

erhält.

Die jährlichen Gesamtkosten betragen nach Gl. (7.4) somit

$$K = K_f + K_b = (868,2 + 202,9) \text{ Mio DM} = 1071,1 \text{ Mio DM}$$

Die Erzeugungskosten für die abgegebene elektrische Energie dieses Kernkraftwerks betragen somit

$$k = \frac{K}{W} = \frac{1071,1 \text{ Mio DM}}{8820 \text{ Mio kWh}} = 12,14 \text{ Pf/kWh}$$

Man vergleiche Kosten und Kostenaufteilung der beiden Großkraftwerke.

Bereitstellung elektrischer Energie beim Abnehmer

Für Bau, Betrieb und Instandhaltung der Übertragungseinrichtungen von den Kraftwerken bis zu den Abnehmern (Leitungen und Netze, Umspann- und Schaltstationen, Meßeinrichtungen) erhöhen sich die jährlichen festen Kosten (s. Gl. (7.4)) von $K_f = p \cdot K_0$ auf $K_f' = p' K_0$, wobei nach einer Faustformel $p' = 1{,}4\,p$ gesetzt werden kann. Da in den Übertragungseinrichtungen Verlustwärme auftritt, ist die von Zählern bei den Abnehmern gemessene Energie W' kleiner als die von den Kraftwerken abgegebene Energie W. Unter Berücksichtigung eines Wirkungsgrades $\eta = W'/W$ der Übertragung erhält man für den Selbstkostenpreis k' für die beim Abnehmer zu verrechnende kWh

$$k' = \frac{K_f' + K_b}{W'} = \frac{p' K_0 + K_b}{\eta\,W} \tag{7.6}$$

7.2.4.2   Stromkosten für Abnehmer aus dem Niederspannungsnetz (220/380 V)

Der Bezug elektrischer Energie aus den Netzen der Elektrizitätsversorgungsunternehmen (EVU) wird für Niederspannungsabnehmer nach den Allgemeinen Tarifen, für Mittelspannungsabnehmer nach Sonderstrompreisen verrechnet. Die Preise sind entsprechend den Selbstkosten, die dem EVU für die Erzeugung, Bereitstellung und Messung der elektrischen Energie entstehen, aufgebaut. Für die Verrechnung ist in jedem Fall der Wortlaut von Tarifbestimmungen und Vereinbarungen maßgebend.

Bisherige Tarifgestaltung   Die Stromkosten

$$K = K_G + K_W + K_Z \tag{7.7}$$

setzen sich für einen bestimmten Verrechnungszeitraum (z. B. Monat) zusammen aus dem Grundpreis K_G (Bereitstellungspreis für die benötigte elektrische Leistung plus Verrechnungspreis für die beim Abnehmer erforderlichen Meßeinrichtungen), dem Arbeitspreis K_W für die Lieferung des mit dem kWh-Zähler gemessenen Verbrauchs an elektrischer Energie und den zusätzlichen Kosten K_Z, die für die Kohleabgabe zur Förderung des deutschen Kohlebergbaus (etwa 8 %) und die Umsatzsteuer (14 % bei Drucklegung, 15 % ab 1993) in gesetzlicher Höhe in Rechnung gestellt werden. Nach den Allgemeinen Tarifen kann der Abnehmer zwischen einem Tarif I mit niedrigen Bereitstellungspreisen und hohem Arbeitspreis (z. B. 19 Pf/kWh) und einem Tarif II mit hohen Bereitstellungspreisen und niedrigem Arbeitspreis (z. B. 15 Pf/kWh) selbst wählen (s. Bild 7.4), sofern das EVU nicht von sich aus die für den Abnehmer günstigste Einstufung vornimmt.

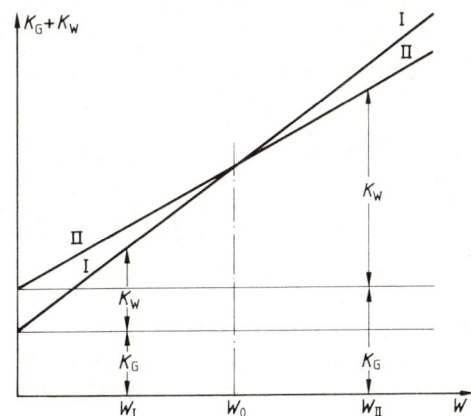

7.4
Stromkosten $K_G + K_W$ in Abhängigkeit vom Stromverbrauch W. Tarif I ist bei kleinerem Verbrauch ($W_I < W_0$), Tarif II bei größerem Verbrauch ($W_{II} > W_0$) für den Abnehmer günstiger.

Die Bereitstellungspreise steigen beim Haushalttarif mit der Zahl der bewohnbaren Räume, bei landwirtschaftlichen Betrieben mit der Hektarzahl der landwirtschaftlich genutzten Fläche, bei gewerblichem Bedarf mit dem Anschlußwert der Anlage; Zuschläge werden für Geräte zur Heizung und Klimatisierung, für größere Wärmegeräte (über etwa 8 kW) u.a. erhoben. Bei größerem Leistungsbedarf (über 25 bis 30 kW) wird der Bereitstellungspreis nach der höchsten gemessenen Leistungsentnahme (Maximumzähler) mit etwa 25 bis 35 DM/kW berechnet.

Zusätzlich zu den Grundpreistarifen I oder II kann der Schwachlasttarif gewählt werden, bei dem der Gesamtverbrauch in der Schwachlastzeit – in der Regel täglich 8 Stunden innerhalb der Zeit von 21.00 Uhr bis 7.00 Uhr – zu etwa 10,5 Pf/kWh verrechnet wird.

Ein Sondertarif ist der Kleinverbrauchstarif, bei dem der Bereitstellungspreis entfällt, dafür aber ein Arbeitspreis von etwa 60 Pf/kWh erhoben wird.

Die neuen Stromtarife (Umstellung bis spätestens 30. 6. 1992).   Die vom Deutschen Bundestag und Bundesrat beschlossene Bundestarifordnung Elektrizität BTO (Elt) vom 18. 12. 1989 stellt die umfassendste Reform des seit 1938 einheitlichen Tarifrahmens für die Stromversorgung der drei Bedarfsgruppen Haushalt, Gewerbe und Landwirtschaft dar. Neben einer möglichst sicheren und preisgünstigen Versorgung wie bisher („sicher und billig") soll der Anreiz gegeben werden, durch rationellen und sparsamen Umgang mit der „Edelenergie" Strom die Ressourcenschonung und eine möglichst geringe Umweltbelastung zu erreichen. Die Stromkosten K für die meisten der 31 Millionen Haushalte in der Bundesrepublik setzen sich danach aus den folgenden drei Anteilen zusammen:

$$K = K_L + K_W + K_Z \tag{7.8}$$

Gegenüber dem bisherigen Tarif Gl. (7.7)

- ersetzt der Leistungspreis K_L den verbrauchsunabhängigen Grundpreis K_G. Im einfachsten Fall ohne Leistungsmessung und damit auch ohne Zählerauswechslung steigt er linear mit der Höhe des Verbrauchs W an: $K_L = k_1 \cdot W$. In der Regel wird k_1 (Pf/kWh) vom EVU so festgelegt, daß K_L geringer als der frühere Grundpreis K_G ausfällt
- erhöht sich der dem Arbeitspreis $K_W = k_2 \cdot W$ zugrunde liegende Tarifpreis k_2 (Pf/kWh) deutlich (nur noch eine Tarifstufe!)
- setzen sich die Zusatzkosten K_Z aus der Ausgleichsabgabe („Kohlepfennig") von z. Zt. z. B. 7,5% von $K_L + K_W$ und 14% Umsatzsteuer zusammen und es gilt

$$K_Z = 0,075(K_L + K_W) + 0,14 \cdot 1,075(K_L + K_W) = 0,2255(K_L + K_W)$$

Die Stromkosten des Abnehmers werden nun nach Gl. (7.8)

$$K = K_L + K_W + 0,2255(K_L + K_W) = 1,2255(K_L + K_W)$$
$$= 1,2255(k_1 + k_2)\,W \tag{7.9}$$

Es ergibt sich also im einfachsten Fall ein linearer, leicht überschaubarer Tarif, wobei 1,2255 vom Gesetzgeber, $(k_1 + k_2)$ vom EVU und W vom Abnehmer bestimmt werden.

Zur Ermittlung des Leistungspreises können die EVU mehrere Möglichkeiten wählen, zur Minderung der Leistungsspitzen im Netz können die Schwachlasttarife attraktiv

gestaltet werden, so daß es in den nächsten Jahren zu einem Wettbewerb der Tarif-
konzepte kommen wird.

Beispiel 7.5 Ein Haushaltabnehmer der Saarbrücker Stadtwerke mit 4 Tarifräumen (3 Zimmer
und Küche) zahlte im Abrechnungsjahr 1990 nach Tarif I einen Grundpreis von 108,40 DM/Jahr
und einen Arbeitspreis von 24,1 Pf/kWh, nach Tarif II 218,40 DM/Jahr und 20,4 Pf/kWh; außerdem 67,60 DM/Jahr für den Drehstromzähler. Alle Preise beinhalten 8,6% Ausgleichsabgabe
und 14% Umsatzsteuer.

a) Man stelle die Stromkosten K in Abhängigkeit vom jährlichen Verbrauch W maßstäblich in
einem Schaubild dar (Bild 7.5).

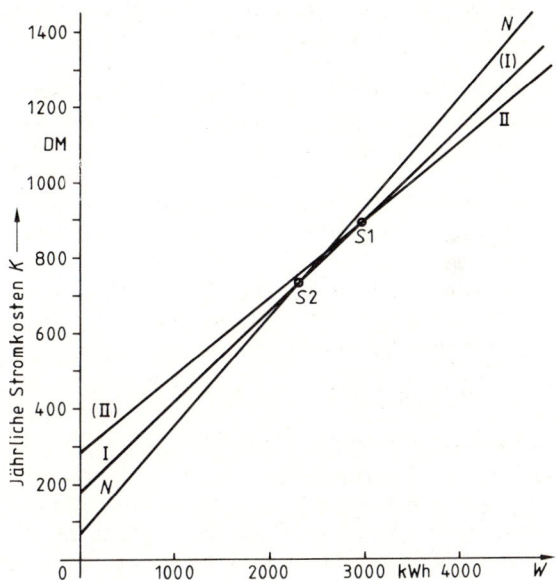

7.5
Jährliche Stromkosten für Haus-
halte (Beispiel 7.5) nach den alten
Tarifen (I bis S1, II über S1) und
nach dem neuen Tarif N der
Saarbrücker Stadtwerke

Tarif I: $K_I = (108,40 + 67,60 + 0,241\,W/\text{kWh})\,\text{DM} = (176 + 0,241\,W/\text{kWh})\,\text{DM}$
Tarif II: $K_{II} = (218,40 + 67,60 + 0,204\,W/\text{kWh})\,\text{DM} = (286 + 0,204\,W/\text{kWh})\,\text{DM}$
z. B. für $W = 2000$ kWh $K_I = (176 + 482)\,\text{DM} = 658\,\text{DM}$
z. B. für $W = 4000$ kWh $K_{II} = (286 + 816)\,\text{DM} = 1102\,\text{DM}$
Schnittpunkt S_1 $(K_I = K_{II})$: $0,037\,W/\text{kWh} = 110$ $W = 2973$ kWh

Nach dem ab 1991 neu eingeführten einfachen linearen Stromtarif entfällt der Grundpreis ganz.
Es erhöht sich der Arbeitspreis auf 29,1 Pf/kWh, der Verrechnungspreis für den Zähler sinkt
auf 59,40 DM; Ausgleichsabgabe und Umsatzsteuer sind wie unter a) inbegriffen.

b) Man zeichne die Kostengerade K_N des neuen Tarifs in das Schaubild ein, bestimme den
Schnittpunkt S_2 der neuen Tariflinie auch rechnerisch und diskutiere das Ergebnis.

Neuer Tarif: $K_N = (59,40 + 0,291\,W/\text{kWh})\,\text{DM}$
z. B. $W = 4000$ kWh: $K_N = (59,40 + 1164,00)\,\text{DM} = 1223,40\,\text{DM}$
Schnittpunkt S_2 $(K_I = K_N)$: $0,05\,W/\text{kWh} = 101,97$ $W = 2332$ kWh

Die Gerade $K_N = f(W)$ gilt für alle Haushalte! Der obige Haushalt war früher bis S1 (2973 kWh) nach Tarif I, darüber nach Tarif II eingestuft. Nach dem neuen Tarif N liegt der Schnittpunkt S2 bei 2332 kWh, er ist also für die Kleinabnehmer sehr günstig. Darüber verteuert sich die Stromrechnung immer mehr, zumal der Abnehmer nun nicht mehr in den Genuß des verbilligten Stroms bei größerer Abnahme kommt. Die Jahresstromrechnung ist bei 3000/4000/6000 kWh um 3,7/11,0/19,6% höher als seither. Damit ist der Anreiz zum „Stromsparen" für die „Verschwender" gegeben – hoffentlich nutzen sie dies auch aus.

7.2.4.3 Stromkosten für Abnehmer aus dem Mittelspannungsnetz (meist 10 kV oder 20 kV)

Bei Lieferung über eine abnehmereigene Übergabestation und Messung auf der Mittelspannungsseite kommt heute fast nur noch das folgende Berechnungsverfahren zur Anwendung, das mehrere Varianten („Preisgleitklausel" u. a.) enthalten kann.

Die Stromkosten

$$K = K_L + K_W + K_B + K_Z \tag{7.10}$$

setzen sich im Verrechnungszeitraum (z. B. Monat) zunächst aus dem Leistungspreis $K_L = P_{max} k_L$ für die vertraglich vorgehaltene bzw. bereitgestellte und gemessene Leistung P_{max} zusammen.

P_{max} wird dadurch ermittelt, daß während der Hochtarifzeit (April bis September täglich von 6.00 bis 18.00 Uhr, Oktober bis März täglich von 6.00 bis 21.00 Uhr) fortwährend über je eine halbe Stunde der Mittelwert der bezogenen Leistung durch ein mit dem Wirkarbeitszähler (kWh-Zähler) gekoppeltes Maximumzählwerk mit Schleppzeiger gemessen wird. Im Kalenderjahr sind mindestens 70% des aus der vertraglichen Vorhalteleistung sich ergebenden Leistungspreises zu zahlen; beim Überschreiten der Vorhaltleistung gelten besondere Preisbestimmungen k_L beträgt bis zu 100 kW monatlich etwa 30 DM/kW und ermäßigt sich bei großen Leistungen bis auf etwa 15 DM/kW.

Der Arbeitspreis $K_W = W_H k_H + W_N k_N$ ergibt sich aus den Kosten für die mit dem Doppeltarifzähler (kWh-Zähler) gemessene Wirkarbeit W_H während der Hochtarifzeit und W_N während der Niedertarifzeit. Als Richtwerte können $k_H = (13$ bis $15)$ Pf/kWh und $k_N = (8$ bis $9)$ Pf/kWh gelten.

Der Blindarbeitspreis $K_B = W_B k_B$ ist nur für die während der Hochtarifzeit gelieferte Blindarbeit W_{BH} (kvarh-Zähler) und nur soweit diese 50% der gleichzeitig gelieferten elektrischen Wirkarbeit W_H übersteigt, zu bezahlen; es ist somit $W_B = (W_{BH} - 0,5 W_H)$. Für k_B ist mit etwa 2,4 Pf/kvarh zu rechnen.

Die zusätzlichen Kosten K_Z sind für Meßeinrichtungen, Kohle-Ausgleichsabgabe und Umsatzsteuer zu entrichten.

Betriebliche Möglichkeiten zur Senkung der Stromkosten

Es ergeben sich folgende Möglichkeiten zur Senkung der Stromkosten:

Stromsparen bedeutet vor allem, beim Arbeitspreis die Größen W_H und W_N möglichst klein zu halten. Da $k_N < k_H$ ist, können Kosten auch dadurch eingespart werden, daß man den Betrieb gewisser Verbraucher in Niedertarifzeiten verlegt.

Senkung der Maximalleistung. Die vom Maximumzähler angezeigte Maximalleistung P_{max} bei der Belastungsspitze bestimmt, selbst wenn sie in einem Monat nur einmal auftritt und in den übrigen Betriebszeiten bei weitem nicht erreicht wird, zu einem wesentlichen Teil den Leistungspreis. Läßt die Struktur des Betriebs es zu, solche Belastungsspitzen zu vermeiden, indem z. B. gewisse Verbraucher in den Hauptlastzeiten abgeschaltet oder mit Notstromaggregaten die Spitzen selbst abgedeckt werden, kann Geld gespart werden.

Verbesserung des $\cos\varphi$. Auf die Möglichkeit, durch Kondensatoren den Blindstrombedarf von Motoren, Leuchtstofflampen usw. zu decken, wurde schon hingewiesen (s. Abschn. 1.3.2.5 und 1.3.3.4). Je niedriger der Leistungsfaktor eines Betriebes ist, um so schneller werden die Anschaffungskosten der Kondensatoren durch eingesparte Kosten beim Blindarbeitspreis K_B ausgeglichen. Anzustreben ist ein Leistungsfaktor um 0,95, bei dem ein Optimum der Einsparung erzielt wird.

Eigenerzeugungsanlage. In den Sonderstrompreisen werden die Werte k_L, k_H, k_N und k_B festgelegt. Die Erstellung einer Eigenerzeugungsanlage im Rahmen der Versorgung des Betriebes mit Strom und Wärme ist, je nach Art und Größe des Betriebes, zu prüfen.

Beispiel 7.6 In der Mittelspannungsstation eines Industriewerkes sind zwei gleiche Transformatoren (Nennleistung je 315 kVA, 10 000 V/400/231 V, Stern-Stern-Schaltung) zur Umspannung von 10 kV auf 380/220 V in Betrieb. Während der Höchstbelastung des Werkes wurde innerhalb von 30 Minuten ein Energiebezug von 175 kWh und 205 kvarh festgestellt.

a) Welche Leistung zeigt der Maximumzähler an? Wie groß ist der Leistungsfaktor $\cos\varphi_A$? Mit wieviel Prozent ihrer Nennleistungen sind die Transformatoren belastet? Welche Ströme fließen in den Strängen der Primär- und Sekundärwicklungen der Transformatoren?

Es sind im Betriebspunkt A in Bild **7.6**

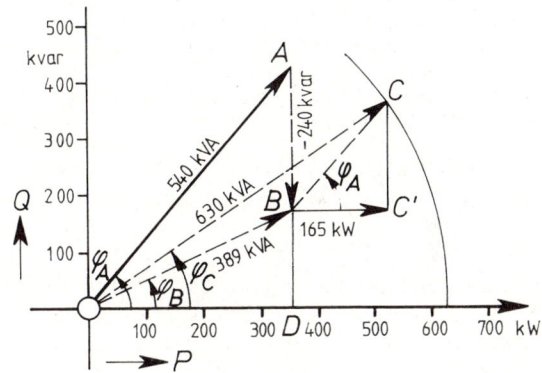

7.6
Leistungsbild zu Beispiel 7.6

Anzeige des Maximumzählers (OD)

$$P = \frac{W}{t} = \frac{175 \text{ kWh}}{0,5 \text{ h}} = 350 \text{ kW}$$

Blindleistung Q (DA) und Scheinleistung S (OA):

$$Q = \frac{W_q}{t} = \frac{205 \text{ kvarh}}{0,5 \text{ h}} = 410 \text{ kvar}; \qquad S = \sqrt{P^2 + Q^2} = \sqrt{350^2 + 410^2} \text{ kVA} = 540 \text{ kVA}$$

Leistungsfaktor

$$\cos\varphi_A = \frac{P}{S} = \frac{350 \text{ kW}}{540 \text{ kVA}} = 0,65$$

Jeder Transformator ist mit $0,5 \cdot 540\,\text{kVA} = 270\,\text{kVA}$ oder mit $100\% \cdot 270\,\text{kVA}/315\,\text{kVA}$ $= 85,8\%$ seiner Nennleistung belastet. Da die Wicklungen in Stern geschaltet sind, sind die Ströme in den Zuleitungen gleich den Strömen in den Strängen

$$\text{Primärstrom } I_1 = \frac{270\,\text{kVA}}{\sqrt{3} \cdot 10\,\text{kV}} = 15,6\,\text{A} \qquad \text{Sekundärstrom } I_2 = \frac{I_1 U_1}{U_2} = \frac{15,6\,\text{A} \cdot 10\,000\,\text{V}}{400\,\text{V}} = 390\,\text{A}$$

b) Es soll Blindstromkompensation mit Kondensatoren auf der Niederspannungsseite durchgeführt werden. Welche Blindleistung und welche Kapazität müssen die Kondensatoren bei Dreieckschaltung haben, wenn der Leistungsfaktor bei Höchstbelastung des Werkes auf $\cos\varphi_B = 0,9$ verbessert werden soll? Mit wieviel Prozent ihrer Nennleistung sind die Transformatoren nun belastet?

Es sind im Betriebspunkt B (Bild 7.6) die Scheinleistung

$$S' = \frac{P}{\cos\varphi_B} = \frac{350}{0,9}\,\text{kVA} = 389\,\text{kVA}$$

die prozentuale Belastung somit $100\% \cdot 389\,\text{kVA}/630\,\text{kVA} = 61,7\%$. Da die restliche Blindleistung

$$Q' = S' \sin\varphi_B = 389 \cdot 0,436\,\text{kvar} = 170\,\text{kvar}$$

beträgt (Strecke DB), ist die auf die Kondensatoren entfallende Blindleistung durch die Strecke AB zu $-(410 - 170)\,\text{kvar} = -240\,\text{kvar}$ bestimmt. Man wählt z.B. die folgenden Phasenschieber-Einheiten (DIN 48 500 und 48 501):

6 Stück für je 33,3 kvar und 2 Stück für je 20 kvar, also $(200 + 40)\,\text{kvar} = 240\,\text{kvar}$.

Die Blindleistung eines Drehstromkondensators ist bei Dreieckschaltung nach Tafel 1.98

$$Q_C = -3\,U^2 \omega C_\triangle \quad \text{somit} \quad C_\triangle = \frac{-Q_C}{3\,U^2\omega}$$

Für die 33,3-kvar-Einheit folgt $C_\triangle = \dfrac{100\,\text{kvar}}{3 \cdot 3 \cdot (380\,\text{V})^2\,314/\text{s}} = 245\,\mu\text{F}$; eine solche Phasenschiebereinheit besteht also aus drei Kondensatoren zu je $245\,\mu\text{F}$. Für die 20 kvar-Einheit wird $C_\triangle = 245\,\mu\text{F} \cdot \dfrac{20\,\text{kvar}}{33,3\,\text{kvar}} = 147\,\mu\text{F}$, so daß sie aus drei Kondensatoren von je $147\,\mu\text{F}$ in Dreieckschaltung aufgebaut ist.

c) Mit welcher zusätzlichen Wirkleistung (Leistungsfaktor $\cos\varphi_A$) darf das Werk noch bis zur Vollast der beiden Transformatoren belastet werden? Wie groß ist dann der Leistungsfaktor $\cos\varphi_C$ des Werkes?

Die Lösung wird am einfachsten graphisch mit Hilfe der Leistungsdreiecke wie in Bild 7.6 weitergeführt. Zieht man durch Punkt B eine Parallele zur Strecke OA (sie schließt mit der Horizontalen den Winkel φ_A ein), so schneidet diese den Kreis um O mit dem einer Scheinleistung von 630 kVA entsprechenden Radius im Punkt C. Die Strecke BC ist die mögliche zusätzliche Scheinleistung, die Strecke BC' die zusätzliche Wirkleistung, die sich aus Bild 7.6 zu 165 kW ergibt. Der Leistungsfaktor $\cos\varphi_C$ läßt sich ebenfalls aus Bild 7.6 entnehmen, kann aber auch rechnerisch einfach bestimmt werden

$$\cos\varphi_C = \frac{(350 + 165)\,\text{kW}}{630\,\text{kVA}} = \frac{515\,\text{kW}}{630\,\text{kVA}} = 0,818$$

7.3   Elektrische Kraftwerke, elektrische Netze

7.3.1   Elektrizitätswerke

7.3.1.1   Einteilung der Kraftwerke

Wärmekraftwerke

Sie werden vorwiegend als Dampfkraftanlagen gebaut. Nach der verwendeten Primär-energie unterscheidet man Dampfkraftwerke für konventionelle Brennstoffe (Kohle, Erdöl, Erdgas) und Kernkraftwerke. Die Wärmezufuhr an den Dampfkreislauf erfolgt im Dampferzeuger oder im Kernreaktor. Der erzeugte Dampf entspannt in der Dampfturbine, die den Generator antreibt. Für kleinere Leistungen (50 bis 100 MW) baut man Gasturbinen als Spitzenlastmaschinen.

Die öffentlichen Energieversorgungsunternehmen (EVU) erzeugen elektrische Energie in reinen Kondensationskraftwerken oder in Heizkraftwerken. Ist öffentliche Fern-wärmeversorgung möglich, werden zentrale Heizkraftwerke gebaut. Industriekraft-werke, die neben elektrischem Strom Heizwärme bei höheren Temperaturen für die Fabrikation liefern, werden in der chemischen Industrie sowie in der Textil-, Papier-, Zucker- und Brikettindustrie betrieben.

Kondensationskraftwerke   Der Energieerzeugungsteil eines modernen Großkraftwer-kes besteht aus Dampferzeuger mit Speisewasser-Vorwärmanlage und Zwischenüber-hitzer, Mehrgehäuse-Dampfturbine und Kondensator. Frischdampf wird dem Hoch-druckteil der Turbine mit einem Druck von 160 bis 220 bar und einer Temperatur von 530 bis 540 °C zugeführt und zunächst bis auf 30 bis 40 bar (bei entsprechen-der Abkühlung) entspannt. Erneut wird der Dampf auf die Frischdampftemperatur zwischenüberhitzt und schließlich im Niederdruckteil der Turbine bis auf den Kon-densatordruck (0,04 bis 0,06 bar bei 25 bis 35 °C) entspannt. Die Kondensations-wärme ist bei diesen Temperaturen nicht mehr wirtschaftlich nutzbar und wird an die Umgebung (Wasser, Luft) abgegeben. Die beiden Grenztemperaturen 530 °C und 25 °C bestimmen den reinen Prozeßwirkungsgrad, der ein Gütemaß für die Umwand-lung von Wärmeenergie in mechanische Energie ist und hier bei 55 % liegt. Berück-sichtigt man weitere Verluste in Kessel, Rohrleitung, Turbine und Generator, kann ein Gesamtwirkungsgrad der Anlage von 38 bis 40 % erreicht werden.

Bei größten Maschineneinheiten (z. Zt. in Deutschland 1300 MW, in Amerika 2000 MW) und aufwendigem Wärmeschaltplan (mit zweifacher Zwischenüberhitzung und 9-stufiger Dampfentnahme zur regenerativen Speisewasservorwärmung) erreicht man Wirkungsgrade von 40 bis 42 %.

Im Aufbau unterscheidet man Sammelschienenkraftwerke (mit Querverbindungen) und Blockkraftwerke. Heute baut man vorwiegend Blockkraftwerke, bei denen Wärmeteil, Turbosatz und Transformator zu einer betrieblichen Einheit (Block ohne Querverbindungen) zusammengefaßt sind. Hierdurch ergeben sich geringe Erstel-lungskosten und betriebliche Vorteile, insbesondere größere Übersicht: Störungen bleiben auf den Block beschränkt.

Gasturbinenkraftwerke   Wegen ihrer geringen Erstellungskosten, einfachen Betriebs-weise und schnellen Startbereitschaft (Kaltstart in wenigen Minuten) werden Gas-turbinen als Spitzenlastmaschinen eingesetzt. Die Anlage besteht aus Turboverdichter,

Brennkammer, und Turbine; Verdichter und Turbine bilden mit dem Generator eine Welle. Als Brennstoff werden Heizöl oder Erdgas verwendet. Die angesaugte und verdichtete Luft und nach der Brennkammer das erhitzte Rauchgas sind das Arbeitsmittel in diesem thermischen Kreisprozeß. Die Wirkungsgrade (25 bis 30%) sind bei einfachen Schaltungen geringer als bei Dampfkraftanlagen. Hohe Wirkungsgrade erzielt man in Anlagen, die Gas- und Dampfprozeß miteinander koppeln.

Kombinierte Dampf-Gas-Prozesse   Die Abgase der Gasturbine enthalten noch genügend Sauerstoff, so daß sie als vorgewärmte Verbrennungsluft eines Dampferzeugers dienen können. So entsteht die Koppelung zwischen einer Gasturbine mit einer Dampfkraftanlage, bei der die hohen Abgasverluste der Gasturbine entfallen.

Heizkraftwerke ermöglichen in der Industrie und in der öffentlichen Energieversorgung (Bild 7.7) die wirtschaftlichste Lösung des Energieproblems durch Wärme-

7.7 Turbogenerator. Fabrikat Siemens/KWU im Heizkraftwerk Altbach/Deizisau der Neckarwerke Esslingen.

Turbine: 3gehäusige Entnahme-Kondensationsmaschine		Generator: Wasserstoff-Direktkühlung mit 3 bar	
Frischdampf	535°C/186 bar	Spannung	21 000 V ± 5%
Zwischendampf	535°C/ 40 bar	Strom	15 973 A
Kondensatordruck	0,075 bar absolut	Scheinleistung	581 000 kVA
Leistung	464 MW max. elektr.	cos φ	0,8
Wärmeauskopplung	280 MW max. therm.	Bürstenlose Eigenerregung mit 375 V/4420 A	
Drehzahl	3000 U/min.		

Kraft-Koppelung. Sie erzeugen sowohl elektrische Energie als auch Dampf oder Heißwasser für Fabrikations- und Heizzwecke. Der Ausbau der Fernwärmenetze, früher fast nur in Großstädten anzutreffen, wird heute an vielen Orten zur Wärmeversorgung von Schulen, Krankenhäusern, Schwimmbädern, Wohnsiedlungen und dgl. gefordert.

In Heizkraftwerken arbeiten Gegendruckturbinen, deren Entspannungsenddruck von der Temperatur des Heizwärmebedarfs bestimmt wird. Der innere Aufbau der Gegendruckturbinen ähnelt dem der Kondensationsturbinen. Der Dampferzeuger liefert den Frischdampf, dieser entspannt in der Turbine (zum Antrieb des Generators) und wird danach den Wärmeverbrauchern zugeführt. Die gesamte Kondensationswärme des Dampfes kann als Nutzwärme dienen, so daß man den Wirkungsgrad solcher Prozesse – faßt man erzeugte Energie und Wärmeenergie energietechnisch gleichwertig auf – mit 70 bis 80 % errechnen kann. Diese Werte von Heizkraftwerken darf man nicht mit denen von Kondensationskraftwerken vergleichen, da die Aufgabenstellungen der Kraftwerke verschieden sind. Maßgebend ist bei Heizkraftwerken die weit bessere Brennstoffausnützung gegenüber vielen Einzelheizungen mit ihren sehr schlechten Wirkungsgraden.

Kernkraftwerke sind in der Bundesrepublik Deutschland mit Leistungsreaktoren seit 1968 bei steigender Tendenz des Energieanteils (1990 mit 32,7 %, s. Bild **7**.3) in Betrieb. Sie wurden aus technischen und wirtschaftlichen Gründen als Großkraftwerke (meist 1300 MW) gebaut und zur Deckung der Grundlast mit hoher Benutzungsdauer (durchschnittlich 7000 h/a) eingesetzt. Da sich z. Zt. politisch kein Grundkonsens über die Kernenergie abzeichnet, ist der Bau neuer Kernkraftwerke, auch für die Stromversorgung der ostdeutschen Bundesländer, nicht wahrscheinlich. Das schwere Reaktorunglück im russischen Tschernobyl hatte auch Auswirkungen auf die deutsche Kernforschung. Der Hochtemperaturreaktor in Hamm wurde stillgelegt, auf die Wiederaufbereitung in Wackersdorf wurde verzichtet, der rund 7 Mrd DM teure schnelle Brüter in Kalkar geht nicht in Betrieb. Letzterer war ausdrücklich für Forschungszwecke vorgesehen und verdankte seinen Ursprung der Sorge, die Uranvorräte der Welt könnten eines Tages knapp werden. Obwohl seit 1986 fertig, „bleibt er als ein in Beton gegossenes Mahnmal am Niederrhein zurück." Die Stillegung des letzten Forschungsreaktors in Karlsruhe ist 1992 zu erwarten.

Sonstige Kraftwerke Unter alternativen regenerativen Energien versteht man außer Wasser auch die Energiequellen Sonne, Wind, Gezeiten, Erdwärme, Müll, Biomasse u. a. Anlagen dieser Art haben bisher in Deutschland nur in Sonderfällen wirtschaftliche Bedeutung erlangt. Das wird sich mit der Verknappung der Rohstoffe ändern. Doch kann nach Ansicht von Experten heute davon ausgegangen werden, daß trotz verstärktem Einsatz von Mitteln für Forschung und Entwicklung bis zum Jahr 2000 ihr Anteil an der benötigten Primärenergie sich auf höchstens 5 bis 7 % steigern läßt. Forschung und Entwicklung auf diesem Gebiet werden weltweit sehr verstärkt.

Weitere Einteilung. Nach der Kapitalbeteiligung unterscheidet man in der Elektrizitätswirtschaft Unternehmen der öffentlichen Hand (getragen von Bund, Ländern, Gemeindeverbänden und Gemeinden), gemischtwirtschaftliche Unternehmen und private Unternehmen (vorwiegend Industriekraftwerke, Eigenerzeugungsanlagen). Auf die weitere wesentliche Unterscheidung der Kraftwerke nach ihrem Einsatz im Rahmen der sog. Verbundwirtschaft wird im folgenden Abschnitt näher eingegangen.

Wasserkraftwerke

Laufkraftwerke an Flüssen arbeiten die anfallenden gestauten Wassermengen bei meist geringer Fallhöhe in Kaplanturbinen und Generatoren zur Umwandlung von potentieller in elektrische Energie ab. Speicherkraftwerke in europäischen Gebirgen sind infolge des meist gering anfallenden Wasservorrats meist als Pumpspeicherwerke mit zwei Speicherbecken (Ober- und Unterbecken) ausgeführt (Bild 7.8). Bei Verwendung einer Pumpenturbine kann sowohl der Pumpbetrieb in Schwachlastzeiten als auch Stromerzeugung in Hochlastzeiten zur Deckung von Lastspitzen oder in Störfällen als schnell einsetzbare Leistungsreserve in e i n e r Maschineneinheit durchgeführt werden. Das größte Wasserkraftprojekt der Welt wird an der Grenze von Brasilien und Paraguay in Itaipu verwirklicht; im Endausbau wird mit 18 Francistur-

7.8 Maschinenhaus im Pumpspeicherkraftwerk Wehr. 4 Generatoren, je 300 MVA, angetrieben durch Francis-Turbinen

binen bei einer Fallhöhe von 120 m eine elektrische Gesamtleistung von 12 600 MW erzeugt.

7.3.1.2   Einsatz der Kraftwerke

Aufgabe der Energieversorgungsunternehmen (EVU) ist es, den augenblicklichen Leistungsbedarf aller Verbraucher an Wirk- und Blindleistung zu decken, d. h. an den verschiedensten Bedarfsstellen technischen (50 Hz-) Wechsel- bzw. Drehstrom mit möglichst geringer Spannungs- und Frequenzabweichung zur Verfügung zu stellen. Hierzu dienen die Kraftwerke und die Übertragungseinrichtungen bis zu den Abnehmern. Da elektrische Energie nicht speicherbar ist, muß dauernd ein Gleichgewicht zwischen Erzeugung und Nachfrage vorhanden sein.

Durch die dauernde Änderung des Energiebedarfs der Abnehmer entstehen den EVU besondere Aufgaben, die nur durch die sogenannte Verbundwirtschaft in wirtschaftlicher Weise gelöst werden können. Der Stromaustausch (Reservehaltung, Störungsfall) über Bezirke und Länder hinweg wird durch die „Deutsche Verbundgesellschaft" getätigt, in der 9 der größten deutschen Elektrizitätsunternehmen zusammengeschlossen sind. Der Europagedanke ist im „Europäischen Stromverbund" durch Zusammenschluß der elektrischen Netze über Landesgrenzen hinweg von Norwegen und Finnland bis Italien und Griechenland, von Frankreich und Portugal bis Österreich und Jugoslawien – lediglich in West-Berlin war Inselbetrieb – wohl am weitesten fortgeschritten.

Bild 7.9 zeigt als Beispiel den Kraftwerkseinsatz für die Deckung des Leistungsbedarfs der öffentlichen Elektrizitätsversorgung der Bundesrepublik Deutschland am Tag der Höchstlast im Winter 1989/90. Zum Vergleich ist die Tagesbelastungskurve an einem Sommertag eingezeichnet. Der Funktionsverlauf $P = f(t)$ ist grundsätzlich von Größe und Struktur des Versorgungsgebiets, von der Jahreszeit (Wetter, Lufttemperatur) und vom Wochentag abhängig. Da die Kraftwerke über Leitungen und Netze unter sich und mit den Verbrauchern verbunden sind (Verbundbetrieb), ist es möglich, den jeweiligen Leistungsbedarf durch Einsatz der besonders geeigneten Kraftwerke nach technischen und wirtschaftlichen Gesichtspunkten durch eine übergeordnete Lastverteilungsstelle zu decken.

Deckung der Grundlast   An den meisten Tagen des Jahres sind rund um die Uhr die folgenden Grundlastkraftwerke mit nahezu konstanter Leistung, geringen beweglichen Kosten für Brennstoffe und hoher Ausnutzungsdauer (Werte für 1989) in Betrieb; Laufwasser (5400 h), Kernenergie (6300 h), Braunkohle (6800 h); sie deckten 1990 zusammen rund 55 % der Jahresstromerzeugung (s. auch Bild 7.9).

Die Braunkohlenkraftwerke sind vorwiegend zwischen Köln und Aachen sowie im ostdeutschen Raum anzutreffen. Sie werden in unmittelbarer Nähe des Fundortes der im Tagebau geförderten Braunkohle erstellt, um durch geringe Abraum- und Transportkosten eine äußerst wirtschaftliche Erzeugung elektrischer Energie zu erreichen, wie sie sonst nur bei großen Wasserkraftwerken möglich ist.

Gaskraftwerke nutzen die Abgase von Hüttenwerken (Hochöfen, Koksöfen) zum Antrieb der Gasmaschinen aus und werden vorwiegend im Ruhrgebiet zur Deckung der Grundlast in Industriekraftwerken eingesetzt.

Deckung der Mittellast   Die Wirkleistungsabgabe eines auf ein starres Netz (Netz konstanter Spannung und Frequenz) arbeitenden Drehstrom-Synchrongenerators

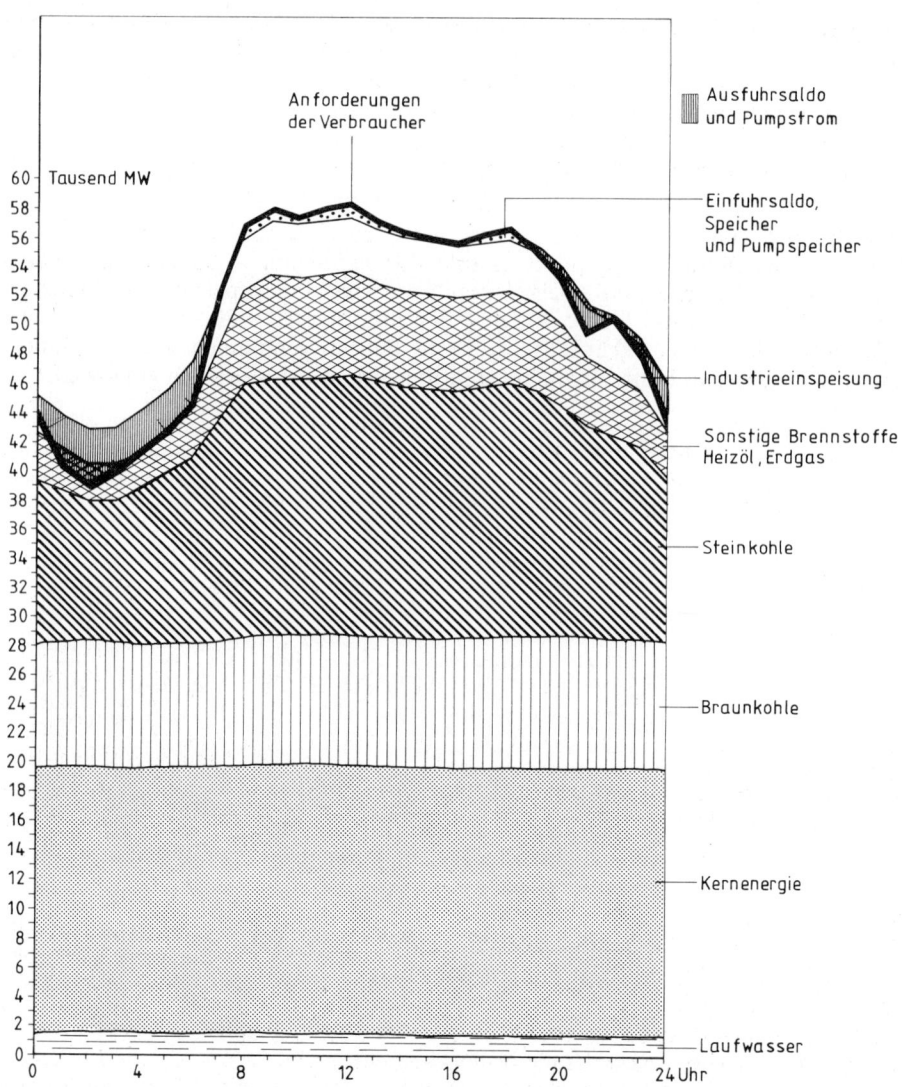

7.9 Tagesbelastungskurve $P = f(t)$ der öffentlichen Elektrizitätsversorgung der Bundesrepublik Deutschland und Einsatz der Kraftwerke am Tag der Höchstlast im Winter 1989/90

kann durch die Energiezufuhr zur Turbine, seine Blindleistungsabgabe durch die Erregung des Generators beeinflußt werden (s. Abschn. 4.4.2.2). Regelungseinrichtungen für Spannung und Frequenz sind nicht erforderlich, da nach Voraussetzung beide Größen durch parallel arbeitende Generatoren konstant gehalten werden. Mittellastkraftwerke sind in der Lage, sich dem von der Lastverteilungsstelle täglich festgelegten Leistungs-Zeitprogramm anzupassen und auch Verbrauchsschwankungen zu folgen. Sie werden aber auch in Zeiten hoher Belastung mit voller Leistung durchgehend betrieben. Hierfür werden in erster Linie die zahlreich vorhandenen örtlichen Steinkohlenkraftwerke und Kraftwerke mit Mischfeuerung und sonstigen Brennstoffen mit einer durchschnittlichen Ausnutzungsdauer von 4000 bis 5000 h eingesetzt, die weitere 40% der Jahreserzeugung abdecken, so daß für die restliche Spitzenlastdeckung noch ca. 5% benötigt werden.

Deckung der Spitzenlast   Aus energiepolitischen Gründen werden die meisten Erdgasanlagen sowie Ölkraftwerke (s. auch Bild 7.3) heute nur noch zur Spitzenlastdeckung genutzt. Typische Spitzenleistungsanlagen sind Pumpspeicher- und Gasturbinenanlagen, die sich durch kurze Anfahrzeiten auszeichnen und – falls ihr Arbeitsvermögen ausreicht – auch mehrmals täglich in Betrieb genommen werden können. Sie werden nur in Zeiten hoher Stromanforderungen und bei Störfällen eingesetzt.

Speicherwerke mit Jahresspeicher in den Alpen (Walchensee-Kraftwerk) erfordern durch die wasserbaulichen Anlagen hohe Anlagekosten. Meist reicht aber der natürliche Wasserzufluß zum Speicher aus dem Hochgebirge für die Deckung der Lastspitzen nicht aus, so daß auch Werke mit maschinell aufzufüllenden Speichern gebaut werden.

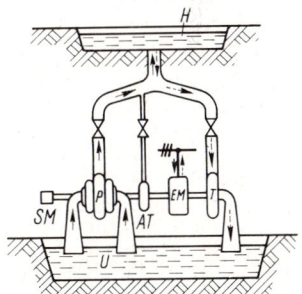

7.10
Schema eines Pumpspeicherwerkes
Pumpbetrieb →
elektrische Energieabgabe – – – →

Pumpspeicherwerke. Bild 7.10 zeigt das Schema eines solchen Pumpspeicherwerkes (z. B. Kaprun, Schluchseewerk). Bei Pumpbetrieb in den Schwachlastzeiten (vorwiegend nachts und in den Mittagsstunden) wird aus dem elektrischen Leitungsnetz, meist aus Grundlastkraftwerken stammende elektrische Energie der als Motor arbeitenden elektrischen Maschinen *EM* zugeführt. Die von ihr angetriebene Pumpe *P* fördert Wasser aus dem Unterbecken *U* über Rohrleitungen in den Hochspeicher *H*. In den Spitzenzeiten wird das Wasser aus dem Hochspeicher über dieselben Rohrleitungen einer mit der elektrischen Maschine gekuppelten Turbine *T* zugeleitet. Die elektrische Maschine arbeitet nun als Generator und liefert zur Deckung der Lastspitzen elektrische Energie über dasselbe Leitungsnetz. Die Anlage enthält u. a. noch eine Anwurfturbine mit Kupplung *AT* und einen Servomotor *SM* für diese Kupplung. Der Gesamtwirkungsgrad beträgt bei großen Anlagen bis etwa 75%.

Frequenzhaltung   Eine spezielle Aufgabe im Stromverbund hat die „Elektrizitätsgesellschaft Laufenburg" (Schweiz) mit der Genauigkeitskontrolle der Frequenz übernommen. Mit Digitaluhren wird dort ständig die von der Stromfrequenz bestimmte „Synchronzeit" mit der „Sternzeit" (Sollwert) verglichen. Bei Abweichungen (Synchronzeit minus Sternzeit) von über $\pm$ 20 Sekunden werden die drei größten

Verbundpartner (D, F, I) von Laufenburg gebeten, etwa 350 MW Kraftwerksleistung „herauszunehmen" bzw. „nachzuschieben". Durch eine geringfügige Verringerung bzw. Erhöhung der Sollfrequenz von 50 Hz um durchschnittlich $\pm 0,1\%$ innerhalb von 4 bis 6 Stunden, etwa 5 bis 8mal im Monat, wird der Zeitausgleich erreicht.

7.3.2   Elektrische Leitungen und Netze

7.3.2.1   Genormte Nennspannungen

Die Erzeugung, Fortleitung und Verteilung der elektrischen Energie erfolgt in Deutschland einheitlich mit der Stromart Drehstrom, Frequenz 50 Hz. Separate Anlagen der Bundesbahn werden mit Wechselstrom, Frequenz 16⅔ Hz, Stadtbahnen mit Gleichstrom betrieben. In Tafel 7.11 sind die nach DIN 40002 genormten Nennspannungen für die drei Stromarten zusammengestellt (fettgedruckte Werte sind zu bevorzugen). Je größer die zu übertragenden Leistungen und die Entfernungen sind, um so höher muß die Spannung gewählt werden.

Tafel 7.11   Nennspannungen von 110 V bis 380 kV nach DIN 40002

Stromart		Nennspannungen nach DIN 40002											
Gleichstrom	V	110	**220**	440	**600**	**750**	1200	**1500**	**3000**				
Wechselstrom 50 Hz	V	125	**220**										
Drehstrom 50 Hz	V	220	**380**	500	660								
Drehstrom 50 Hz	kV	1 3 5 6 **10** 15 **20** 25 **30** 60 **110** **220** 380											
Wechselstrom 16⅔ Hz	kV	1			**15**				**110**				

Im Bereich der Drehstrom-Niederspannungsnetze wird bis zum Jahre 2003 nach DIN IEC 38 Mai 1987 weltweit der genormte Einheitswert 230/400 V für 50 Hz-Drehstromnetze der elektrischen Energieversorgung eingeführt sein; Ausnahmen sind dann nur noch Amerika und Japan. Der Toleranzbereich für die im Netz vom EVU einzuhaltende Höhe der Spannung bis 2003 ist 230 V + 6% = 244 V und 230 V − 10% = 207 V. Damit können die 220 V-Geräte, die derzeit in Betrieb sind, bis zum Ende ihrer Lebenszeit vom Benutzer weiter betrieben werden. Glühlampen sollten nur noch mit der künftigen Nennspannung von 230 V gekauft werden, da durch die verbesserte Lichtqualität ansonsten mit einer verkürzten Lebensdauer zu rechnen ist.

7.3.2.2   Spannungsstufen in elektrischen Netzen

Drehstromnetze   Der Bedarf der Länder und Städte an elektrischer Energie wird weitgehend durch örtliche oder Gebiets-Kraftwerke gedeckt. Für den Austausch elektrischer Energie z. B. zwischen Stein- und Braunkohlenkraftwerken vor allem im Rhein-

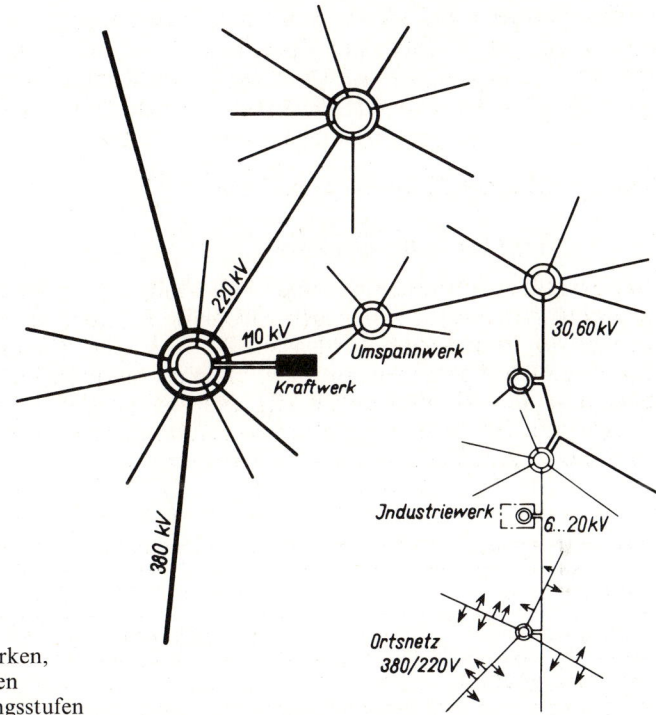

7.12
Schematische Darstellung der
Stromversorgung mit Kraftwerken,
Umspannwerken und Leitungen
für die verschiedenen Spannungsstufen

Ruhr-Gebiet einerseits und den Kern- und Wasserkraftwerken im Süden andererseits, sind Hochspannungsleitungen (Verbundnetz) mit Spannungen von 380 kV und 220 kV in Betrieb (Bild **7.12**). Planungen und Arbeiten zur Vorbereitung der 750 kV-Drehstromübertragung sind im Gang. In Abständen von 150 bis 200 km sind in diese Leitungen Abspannwerke eingeschaltet, in denen auf 110 kV abgespannt und die Energie mit Überlandleitungen (Überlandnetze) in den einzelnen Ländern verteilt wird.

Für die Versorgung flächenmäßig größerer Bezirke sind an diese Überlandleitungen wiederum Abspannwerke angeschlossen, die über Mittelspannungsnetze mit Spannungen zwischen 30 und 60 kV die Energie weiter verteilen. Von den Abspannwerken dieser Netze gehen die Verteilungsleitungen mit Spannungen von meist 10 kV oder 20 kV aus, die nun der Energieversorgung im einzelnen dienen. An diese Leitungen sind die Netzstationen für die öffentliche Stromversorgung und die Transformatorenstationen der Industrie angeschlossen.

Über die Drehstrom-Niederspannungsnetze mit 380/220 V gelangt die Energie schließlich zum Niederspannungsabnehmer oder über ein Fabriknetz zu den Anschlüssen innerhalb des Werks. Größere Industriewerke haben meist mehrere Anschlüsse an das Mittelspannungsnetz des betreffenden EVU. Für Großmotoren werden Spannungen von 3 kV, 6 kV oder 10 kV verwendet; nicht selten trifft man Dreileiternetze von 500 V oder 660 V an, die als reine „Kraftnetze" dienen.

Wechselstromnetze

Wechselspannung wird als Sternspannung dem Drehstrom-Niederspannungsnetz (380/220 V) entnommen und steht mit 220 V für Maschinen und Geräte aller Art in Haushalt, Gewerbe, Industrie und Landwirtschaft zur Verfügung. Die Abnehmer werden möglichst gleichmäßig auf die drei Hauptleiter des Drehstromnetzes verteilt, so daß nur innerhalb von Wohnungen und dgl. Stromkreise für Wechselstrom vorhanden sind.

Vollbahnen in Deutschland und mehreren anderen europäischen Staaten werden, historisch bedingt, mit Rücksicht auf die Fahrmotoren (Reihenschlußmotoren) mit Wechselstrom niedrigerer Frequenz (16⅔ Hz) aus Bahnkraftwerken gespeist. Die Fernleitungen werden mit 110 kV betrieben, in den Bahnabspannwerken wird zur Einspeisung in das Fahrleitungsnetz auf 15 kV und auf den elektrischen Lokomotiven für die Fahrmotoren auf 400 bis 800 V abgespannt. Daneben bestehen in Europa, z. B. in Frankreich, aber auch elektrische Vollbahnnetze mit der üblichen Frequenz 50 Hz.

Im letzten Jahrzehnt hat sich die Leistungselektronik mit Umrichter und nachgeschalteten Drehstrom-Asynchronmotoren zur Traktion von Güterzügen bis zu den modernen IC- und ICE-Zügen durchgesetzt. Pläne für den Bau von Magnetschwebebahnen (deutsche Versuchsstrecke im Emsland) liegen weltweit vor.

Gleichstromnetze

Gleichstromnetze für die öffentliche Versorgung sind nicht mehr vorhanden. Zur Speisung von Bahnnetzen für Straßenbahnen, Oberleitungsomnibusse, Stadt- und Hochbahnen sowie Industrie- und Grubenbahnen, deren Fahrzeuge mit Gleichstrom-Reihenschlußmotoren ausgerüstet sind, kommt Gleichstrom mit Spannungen von 600 V bis 1200 V auch weiterhin zur Anwendung. Innerhalb von Kraftfahrzeugen ist, von der Batterie ausgehend, ein weitverzweigtes Gleichstromnetz mit zahlreichen Verbrauchern (bei Wagen der Sonderklasse künftig bis zu 100 Kleinmotoren) vorhanden.

Ein spezielles Anwendungsgebiet des Gleichstroms ist die Hochspannungs-Gleichstrom-Übertragung (HGÜ), d. h. die elektrische Energieübertragung über sehr weite Strecken mit Freileitungen (Rußland, Amerika) und über das Meer mit Seekabel (s. Abschn. 1.2.4).

7.4   Elektrische Industrieanlagen

7.4.1   Mittelspannungsanlagen

7.4.1.1   Schaltgeräte

In Hoch- und Mittelspannungsanlagen sind folgende Schaltgeräte erforderlich, deren Schaltzeichen in Bild 7.13 dargestellt sind:

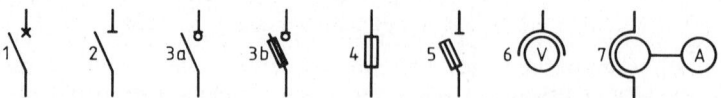

7.13 Schaltzeichen für Hochspannungsgeräte nach DIN 40 713 und DIN 40 900

7.14 Innenraum-Vakuum-Leistungsschalter (Siemens)
Nennspannung 12 kV   Nennstrom 2000 A

Leistungsschalter 1 dienen zum willkürlichen oder selbsttätigen Ein- und Ausschalten der Betriebsströme bis zu den größten, im Kurzschlußfall an der Einbaustelle
auftretenden Strömen. Der größte Ausschaltstrom I_A bei der Nennspannung U_N ergibt sich aus dem (auf dem Leistungsschild als Scheinleistung angegebenen) Nenn-
ausschaltvermögen $S = \sqrt{3}\, U_N\, I_A$ des Schalters (**7.**14).

Trennschalter (Trenner) 2 werden vornehmlich für den Schutz der Bedienungs-
mannschaft vorgesehen. Sie trennen den Stromkreis in allen Leitern zuverlässig erkennbar und mit genügendem Isoliervermögen auf. Sie dürfen nur stromlos und nur
willkürlich geschaltet werden (**7.**15).

Lasttrennschalter 3a stellen eine Kombination von Trenner und Leistungsschalter dar. Die Trennstrecke mit genügendem Isoliervermögen ist frei sichtbar, die
Schaltleistung reicht für die üblichen Betriebsströme, jedoch nicht für Kurzschlußströme aus.

Ein Sicherungslasttrennschalter 3b hat zusätzlich angebaute Hochspannungssicherungen (Bild **7.**16).

Sicherung 4. Hier unterbricht ein Schmelzleiter bei Überströmen entsprechend
seiner Strom-Zeit-Kennlinie selbsttätig den Stromkreis. Die kürzeste Abschaltzeit
wird im Kurzschlußfall erreicht. Herausgenommene Sicherung und geöffneter Trenner sind gleichwertig (**7.**16).

Trennsicherungen 5 sind auf Trennern aufgebaute Sicherungen und dürfen nur
wie Trenner geschaltet werden.

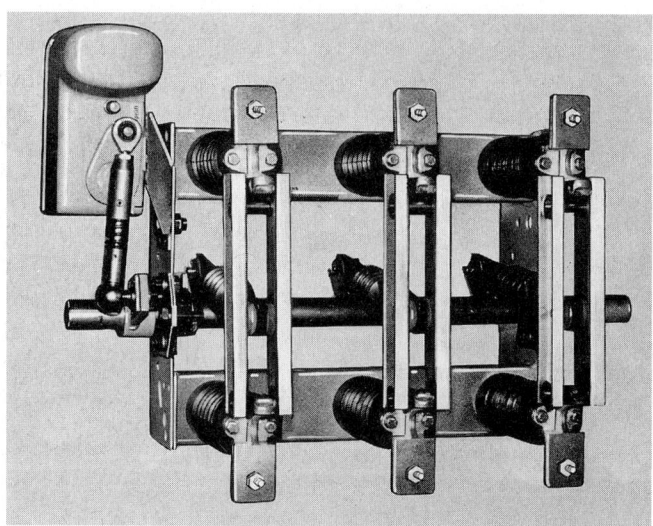

7.15 Dreipoliger Innenraum-Trennschalter (Siemens)
    12 kV   1250 A

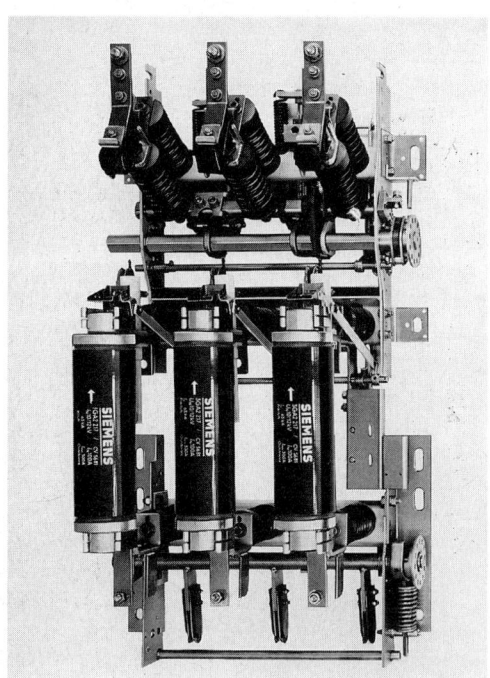

7.16 Dreipoliger Innenraum-Lasttrennschalter (Siemens)
    12 kV   400 A mit angebauten Hochspannungssicherungen (Sicherungslasttrennschalter)

Spannungswandler 6 und Stromwandler 7 speisen die für Niederspannung ausgelegten Meßeinrichtungen der Hoch- und Mittelspannungsanlagen (Schaltung s. Bild 7.17c).

Niederspannungs-Schaltgeräte sind schon in Abschn. 5.3.1 besprochen worden.

7.4.1.2 Schaltanlagen

Die Ausführung der Hochspannungs-Schaltanlagen richtet sich wesentlich nach der Art ihres Anschlusses an das Netz des EVU (Stichanschluß oder Einschleifung) und nach der Zahl der erforderlichen Transformatoren. Am häufigsten sind die folgenden Ausführungen anzutreffen.

Ausführung mit Trennsicherungen und Lasttrennschalter (7.17a) Die Hochspannungs-anlage besteht aus zwei Zellen. In der Schaltzelle 1 endet der von einer Versorgungsleitung des EVU abgehende Stichanschluß 1 an einem Kabelendverschluß 2. In die Sammelschienen 3 ist über Trennsicherungen 4 ein Lasttrennschalter 5 eingebaut. In der Meßzelle 2 werden über einen Hochspannungsmeßsatz, bestehend aus je zwei eingebauten Stromwandlern 6 und Spannungswandlern 7 in V-Schaltung nach Bild 7.17c, die für die Verrechnung der Stromkosten erforderlichen Anschlüsse für kWh- und kvarh-Zähler abgenommen. Von Zelle 2 führt vom Endverschluß 8 Kabel 9 zur Hochspannungswicklung des meist in einem besonderen Raum (Transformatorenkammer) aufgestellten Transformators 10; die Anschlüsse der Niederspannungswicklung 11 führen zur Niederspannungs-Schaltanlage.

Betrieb der Anlage. Beim Einschalten ist zuerst die Trennsicherung 4 einzuschalten, dann wird mit dem Lasttrennschalter 5 der Transformator 10 eingeschaltet; beim Ausschalten ist die umgekehrte Schaltfolge zu beachten. (Häufig ist die erforderliche Schaltfolge durch eine eingebaute elektrische oder mechanische Verriegelung gewährleistet.) Normale Betriebsströme werden mit dem Lasttrennschalter geschaltet.

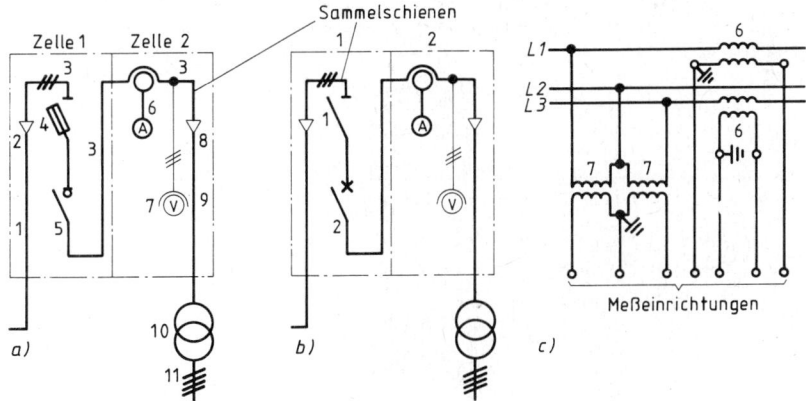

7.17 Schaltanlage für Stichanschluß und einen Transformator
   a) Ausführung mit Trennsicherungen und Lasttrennschalter
   b) Ausführung mit Trennschalter und Leistungsschalter
   c) Hochspannungsmeßsatz

Bei Überlastung oder Kurzschluß in der Anlage schaltet die Sicherung selbsttätig ab. Das Auswechseln der Sicherung ist nur bei offener Trennsicherung und geöffnetem Lasttrennschalter möglich, da nach den Sicherheitsvorschriften die Arbeitsstelle von beiden Seiten durch frei sichtbare Trennstrecken abzuschalten ist (s. Abschn. 7.4.3.3).

Vor- und Nachteile. Billigste Ausführung mit geringstem Platzbedarf. Sicherheit der Stromversorgung begrenzt, da Fehler in der Versorgungsleitung und im Stichanschluß bis zur Niederspannungs-Sammelschiene zum Ausfall der Stromlieferung bis zum Zeitpunkt der Fehlerbeseitigung führen.

Ausführung mit Trenn- und Leistungsschalter (7.17b) Die Schaltzelle 1 ist hier mit Trenner 1 und Leistungsschalter 2 ausgerüstet. Schaltfolge beim Einschalten: zuerst Trenner, dann Leistungsschalter betätigen; beim Ausschalten umgekehrte Schaltfolge. Der Leistungsschalter hat Überstromauslösung, schaltet also Überströme bis zum Kurzschlußstrom selbsttätig ab. Es liegen dieselben Mängel wie bei der Ausführung nach Bild 7.17a vor, das Auswechseln der Sicherungen entfällt.

Schaltanlage mit Einschleifung und einem oder mehreren Transformatoren (7.18) Die Hochspannungsanlage besteht aus sieben Zellen. In die Einschleifzellen 1 und 2 – beide mit Lasttrennschaltern 1 ausgerüstet – ist die Versorgungsleitung 2 des EVU eingeschleift. Diese Zellen stehen für Schalthandlungen im Hochspannungsnetz nur dem EVU zur Verfügung. Schaltzelle 3 und Meßzelle 4 zeigen den von Bild 7.17b her bekannten Aufbau. In den beiden Zellen 5 und 6 werden die beiden Transformatoren geschaltet. Zelle 5 stellt die Ausführung mit Trenner 3 und Leistungsschalter 4 nach Bild 7.17b, Zelle 6 diejenige mit Lasttrennschalter 5 und angebauten Sicherungen nach Bild 7.16 dar. Durch diese Anordnung ergibt sich, daß an den Sammelschienen von allen Seiten her frei sichtbare Trennstrecken hergestellt werden können. Zelle 7 ist als Reservezelle vorgesehen.

Betrieb der Anlage. Die Betätigung der Hochspannungs-Schaltgeräte erfolgt von Hand, z.B. durch Handrad oder Kniehebel bei Leistungsschaltern und -trennern, durch isolierte Schaltstange bei Trennern und Trennsicherungen. Bei Fernbetätigung ist zusätzlich meist ein Motor- oder Druckluftantrieb vorhanden.

Vor- und Nachteile. Dem erheblich größeren Kosten- und Platzaufwand dieser Ausführung steht der Vorteil größerer Sicherheit der Stromversorgung gegenüber.

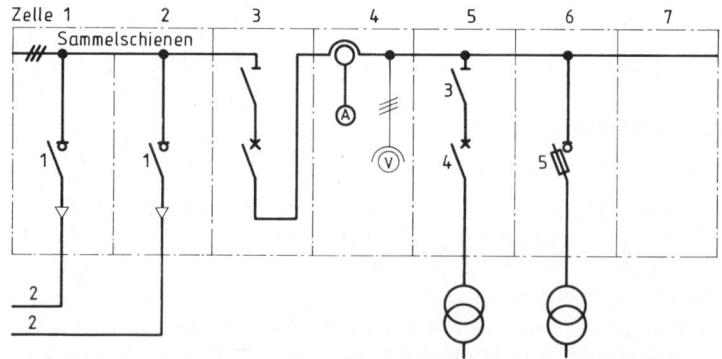

7.18 Schaltanlage mit Einschleifung und 2 Transformatoren

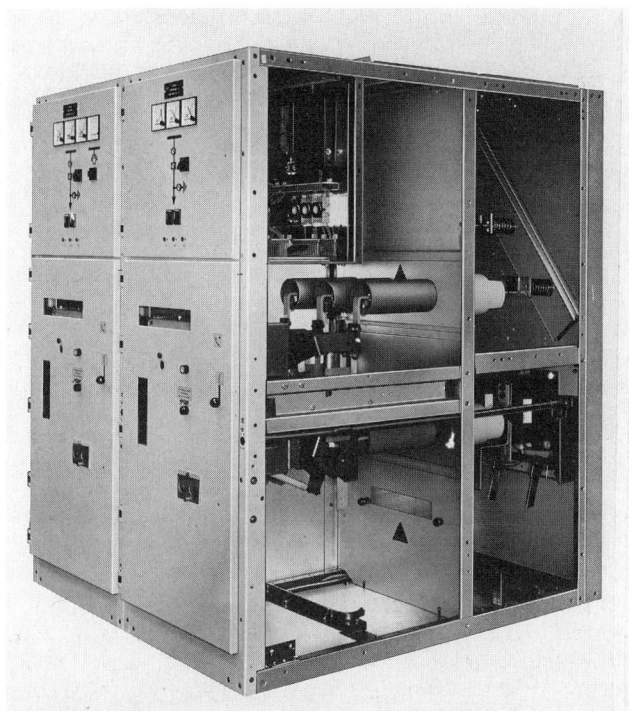

7.19
12 kV-Leistungsschalter-
Einschubanlage, luftisoliert
(Siemens)

So kann z. B. wegen der zweifachen Einspeisung bei einer Störung im Hochspannungsnetz (Ringnetz) die Versorgung in kurzer Zeit wieder aufgenommen werden, bei Ausfall e i n e s Transformatorenzweiges ist eine teilweise Versorgung des Betriebes bis zur Behebung des Schadens möglich.

Bild 7.19 zeigt eine luftisolierte Einschubanlage mit Leistungsschalter. Für die Ausführung der Schaltanlagen im einzelnen gelten die Anschlußvorschriften des zuständigen EVU.

7.4.2   Stromverteilungsanlagen

7.4.2.1   Niederspannungs-Schaltanlagen

Beispiel einer Anlage

Eine N i e d e r s p a n n u n g s - S c h a l t a n l a g e, wie sie prinzipiell in jedem Industriebetrieb im Anschluß an die Hochspannungsanlage zur Verteilung der Energie vorhanden ist, zeigt Bild 7.20. Der Einsatz der verschiedenen Niederspannungs-Schaltgeräte soll nun anhand dieses Schaltplanes erläutert werden.

Zwischen der Niederspannungswicklung des Transformators und der Niederspannungs-Sammelschiene (Hauptverteiler 2) ist ein Leistungsschalter (Überstrom-Selbstschalter 1) eingebaut. (Anstelle dieses Schalters kann auch ein Lasttrennschalter mit

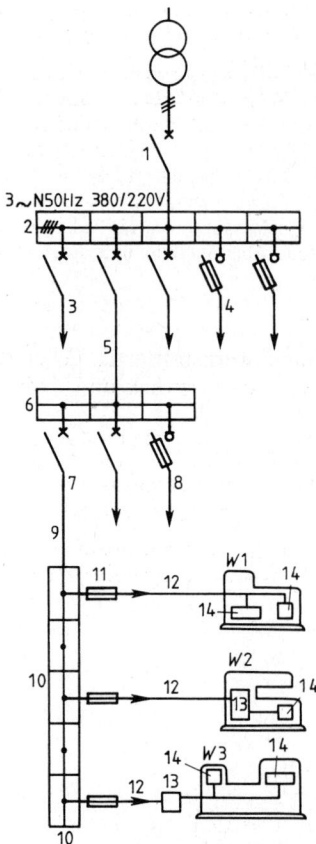

7.20
Beispiel einer Niederspannungsverteileranlage in einem Industriebetrieb (Übersichtsschaltplan)

Hochleistungssicherungen verwendet werden.) Bei nur einem Transformator kann auf den Selbstschalter verzichtet werden, da seine Funktion (Ein- und Ausschalten, selbsttätiges Abschalten bei Überlast und im Kurzschluß) durch den Hochspannungsschalter übernommen werden kann.

Vom Hauptverteiler 2 wird über Abzweigschalter, die als Leistungsschalter 3 oder Lasttrennschalter 4 mit Sicherungen ausgeführt werden können, durch Kabel oder isolierte Leitungen die elektrische Energie von der Transformatorenstation über ein Verteilungsnetz 5 innerhalb des Industriewerkes auf die verschiedenen Gebäude, Werkhallen und dgl. verteilt. (Zur Ausführung solcher Netze s. Abschn. 7.4.2.3.) An dieses Verteilungsnetz sind Zwischenverteiler 6 angeschlossen, die ihrerseits weiter verteilen, z. B. innerhalb eines Gebäudes auf die verschiedenen Stockwerke. Hierzu dienen wiederum Leistungsschalter 7 oder Lasttrennschalter 8 mit Sicherungen und ein weiteres Leitungssystem 9. Von den an dieses angeschlossenen Unterverteilern 10 führen Leitungen 12 – meist frei an der Decke verlegt – über Sicherungen 11 zu den Verbrauchern (hier z. B. Werkzeugmaschinen W1 bis W3). Die weitere Verteilung zu

den Antriebsmotoren 14 kann entweder direkt (W1) oder über Schaltschränke 13 erfolgen, die an der Maschine (W2) angebaut oder neben ihr (W3) angeordnet sind.

Die Niederspannungs-Schaltanlage wird einfacher, wenn die Zwischenverteiler wegfallen und
komplizierter, wenn mehrere Transformatorstationen für die Gesamtversorgung zusammenar-
beiten. Leitgedanke bei der Planung ist immer die Sicherheit der Versorgung. Je übersichtlicher
der Aufbau der Anlagen gestaltet wird, um so leichter können Störungen auf den betroffenen
Anlagenteil beschränkt und um so schneller behoben werden. Zum Beispiel spricht im Schaltplan 7.20 bei einem Kurzschluß auf der Leitung 12 die diesem Leiterquerschnitt vorgeschaltete
Leitungssicherung 11 an, nicht etwa die Selbstschalter 7 bzw. 3 oder gar 1. Es fällt also nur die
angeschlossene Werkzeugmaschine aus, alle übrigen Anlagenteile aber bleiben ungestört in Betrieb: Selektive Abschaltung.

Verteiler

Die nach dem Bausteinprinzip aufzubauenden oder auch werkstattfertig gelieferten
Verteiler richten sich in ihrer Ausführung nach dem Verwendungszweck und dem Ort
ihres Einbaus.

Punktverteiler   Als Haupt- oder Zwischenverteiler (2 und 6 in Bild 7.20) haben sie
die Aufgabe, die Energie von einer Sammelschiene aus über strahlenförmig verlegte
Leitungen zu verteilen.

Die isolierstoffgekapselten Verteiler (Isoverteiler; Bild 7.21), die sich durch geringes Gewicht,
Schutzisolierung und Durchsichtigkeit auszeichnen, haben die früheren gußgekapselten Ver-

7.21
Niederspannungs-Schaltanlage,
Nennstrom bis 4000 A, geeignet
für alle Schalt-, Trenn-, Ver-
teilungs- und Steuerungsaufgaben

teiler auch in rauhen Betrieben verdrängt und werden bis 1000 A gebaut. Ihre Festigkeit ist erstaunlich hoch, die durchsichtigen Gehäusedeckel sind in der Regel dem Gußdeckel überlegen. Schutzisolierung bedeutet Schutz des Menschen gegen gefährliche Berührungsspannungen (s. Abschn. 7.3.3.2) Stahlblechverteiler sind seltener anzutreffen.

Schienenverteiler (10 in Bild 7.20) als Unterverteiler sind eigentlich gestreckte Sammelschienen und werden in Stahlblech- oder Isolierstoffkapselung ausgeführt.

Sie werden an den Wänden oder unter der Decke verlegt und mit zahlreichen Abgangsstellen (meist mit Sicherungen, 11 in Bild 7.20), z. B. für die Versorgung langer Maschinenreihen, versehen. Dadurch ist ein leichtes Abtrennen und Anschließen (ohne Installations- und Maurerarbeiten) möglich; dies wirkt sich besonders bei häufigem Umsetzen von Maschinen bei Umstellungen im Produktionsprozeß günstig aus.

7.4.2.2   Elektrische Leitungen

Nach den Errichtungsvorschriften für Starkstromanlagen (VDE 0100 und VDE 0101) sind elektrische Leitungen so zu bemessen, daß sie bei den vorliegenden Betriebsverhältnissen genügend mechanische und elektrische Festigkeit haben und keine unzulässigen Erwärmungen annehmen können. Sie sind sodann gegen zu hohe Erwärmungen zu schützen. Die verwendeten Leitungen müssen ferner den einschlägigen VDE-Bestimmungen entsprechen; außerdem bestehen noch Vorschriften und Normen über das Leitermaterial.

Man unterscheidet folgende Arten von Leitungen:

Freileitungen. Dies sind blanke, auf Masten verlegte Leitungen, die in Netzen der öffentlichen Stromversorgung verwendet werden, soweit es die örtlichen Verhältnisse zulassen.

Kabel als im Erdboden oder in Kabelkanälen verlegte Leitungen werden bevorzugt angewandt für Versorgungsnetze in Stadtkernen, innerhalb von Kraftwerken, Industriebetrieben und dgl.

Isolierte Leitungen werden innerhalb von Gebäuden verlegt. Hierzu gehören z. B. auf oder unter Putz sowie in Rohren verlegte Installationsleitungen, frei in Luft verlegte Anschlußleitungen (z. B. für ortsveränderliche Stromverbraucher), Feuchtraumleitungen und dgl.

Die für die Erwärmung der Leitungen maßgebende Belastbarkeit (in A) ist Tafel 7.22 zu entnehmen.

Gleichstromleitung   In Abschn. 1.1.2.3 wurden bereits die maßgeblichen Gesichtspunkte für die Leitungsplanung erörtert und auch die Berechnungsverfahren zur Ermittlung der Kenngrößen prozentualer Spannungsverlust u_v nach Gl. (1.34c) und prozentualer Leistungsverlust p_v nach Gl. (1.35c) einer Gleichstromleitung durchgeführt.

Drehstromleitung (7.23a)   In den drei Außenleitern der Drehstromleitung fließen die Ströme $\underline{I}_1$, $\underline{I}_2$, $\underline{I}_3$; bei symmetrischer Belastung ist $I = I_1 = I_2 = I_3$ und der Neutralleiter N stromlos. Das Ersatzschaltbild enthält außer den Wirkwiderständen $R = l/\gamma A$ auch für jeden Außenleiter einen induktiven Widerstand $X = \omega L$. Letzterer berücksichtigt die Wirkung der von den Leiterströmen verursachten magnetischen Wechselfelder in den Leiterschleifen und darf besonders bei Freileitungen, aber

Tafel 7.22 Belastbarkeit in Ampere (A) von Freileitungsseilen (nach DIN 48201), von Kunststoffkabeln (nach VDE 0271, in Erde verlegt) und von isolierten Leitungen¹) (nach VDE/DIN 0100 mit Zuordnung von Überstromschutzorganen)

Nennquerschnitt mm²	Freileit. Cu	Freileit. Al	Kunststoffkabel 1-Leiter-Kabel 1kV Cu	1-Leiter-Kabel 1kV Al	2-Leiter-Kabel 1kV Cu	2-Leiter-Kabel 1kV Al	3- u. 4-Leiterkabel 1kV Cu	3- u. 4-Leiterkabel 1kV Al	3-Leiter-Kabel 6kV Cu	6kV Al	10kV Cu	10kV Al	isol. Ltg. Gruppe 1 Cu	Gr.1 Al	Gr.1 Schutzorgan-Nennstrom Cu	Gr.1 Schutzorgan Al	Gruppe 2 Cu	Gr.2 Al	Gr.2 Schutzorgan-Nennstrom Cu	Gr.2 Schutzorgan Al	Gruppe 3 Cu	Gr.3 Al	Gr.3 Schutzorgan-Nennstrom Cu	Gr.3 Schutzorgan Al
0,75																	12		6		15		10	
1													11		6		15		10		19		10	
1,5			37		30		27						15		10		18		10		24		20	
2,5			50		41		36						20	15	16	10	26	20	20	16	32	26	25	20
4			65	50	53	41	46	36					25	20	20	16	34	27	25	20	42	33	35	25
6			83	64	66	51	58	45					33	26	25	20	44	35	35	25	54	42	50	35
10	90		110	85	88	68	77	60					45	36	35	25	61	48	50	35	73	57	63	50
16	125	110	145	115	115	89	100	78					61	48	50	35	82	64	63	50	98	77	80	63
25	160	145	190	150	150	115	130	100	120	92	125	96	83	65	63	50	108	85	80	63	129	103	100	80
35	200	180	235	180	180	140	155	120	150	115	150	115	103	81	80	63	135	105	100	80	158	124	125	100
50	250	225	280	215	210	165	185	145	175	135	175	135	132	103	100	80	168	132	125	100	198	155	160	125
70	310	270	350	270	260	200	230	175	215	170	215	165	165		125		207	163	160	125	245	193	200	160
95	380	340	420	325	315	245	275	215	260	200	255	195	197		160		250	197	200	160	292	230	250	200
120	440	390	480	375	360	275	315	245	295	230	290	225	235		200		292	230	250	200	344	268	315	200
150	510	455	540	420	400	315	355	275	335	260	325	255					335	263	250	200	391	310	315	250
185	585	520	620	480	460	355	400	310	375	295	365	285					382	301	315	250	448	353	400	315
240	700	625	720	560	530	415	465	360	435	340	425	330					453	357	400	315	528	414	400	400
300	800	710	820	640	590	465	520	410	490	385	475	375					504	409	400	315	608	479	500	500
400	960	855	960	740	680	540	600	470	560	445	545	430									726	569	630	500
500	1110	990	1110	860																	830	649	630	

¹) Isolierte Leitungen werden nach Aufbau und Verlegungsart in drei Gruppen eingeteilt:
Gruppe 1 eine oder mehrere in Rohr verlegte einadrige Leitungen
Gruppe 2 Mehraderleitungen, z. B. Mantelleitungen, Rohrdrähte, Bleimantelleitungen, bewegliche Leitungen
Gruppe 3 einadrige Leitungen und Kabel, frei in Luft verlegt (Zwischenraum mindestens Leitungsdurchmesser)

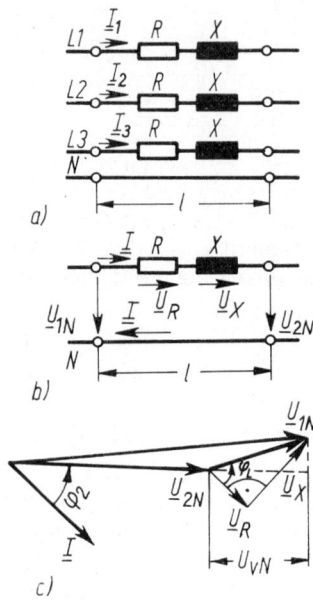

7.23
Zur Berechnung einer Drehstromleitung

auch bei Kabeln mit größeren Querschnitten und für höhere Spannungen nicht außer Betracht bleiben.

Für die Berechnung wird das vereinfachte Ersatzschaltbild eines Außenleiters, z. B. von L1 (7.23 b) mit den Sternspannungen U_{1N} am Anfang und U_{2N} am Ende der Leitung und dem widerstandslos (weil stromlos) anzunehmenden N-Leiter zugrunde gelegt. Nach der Maschenregel $\Sigma U = 0$ gilt für diese Schaltung

$$U_R + U_X + U_{2N} - U_{1N} = 0 \quad \text{oder} \quad U_{1N} = U_{2N} + U_R + U_X \tag{7.11}$$

Im Zeigerbild (7.23 c) trägt man nun, ausgehend von der Belastung am Leitungsende $(P_2 = \sqrt{3}\, U_2 I \cos \varphi_2)$, den Spannungszeiger U_{2N} und den Stromzeiger I auf. Setzt man an den Spannungszeiger U_{2N} zunächst den Spannungszeiger U_R (mit dem Betrag $U_R = IR$) parallel zum Stromzeiger I und daran den Spannungszeiger U_X (mit dem Betrag $U_X = IX$), der dem Stromzeiger I um 90° voreilt, so erhält man nach Gl. (7.11) den gesuchten Zeiger der Sternspannung U_{1N} am Leitungsanfang.

Der Unterschied U_{vN} der Beträge der beiden Sternspannungen ist nach Bild 7.23 c angenähert

$$U_{vN} = U_R \cos \varphi_2 + U_X \sin \varphi_2 = IR \cos \varphi_2 + IX \sin \varphi_2$$

$$= IR \cos \varphi_2 \left(1 + \frac{X}{R} \tan \varphi_2\right)$$

Definiert man noch nach Bild 7.23 c den Leitungswinkel φ_L durch

$$\tan \varphi_L = \frac{U_X}{U_R} = \frac{IX}{IR} = \frac{X}{R} \tag{7.12}$$

dann erhält man den gesuchten Spannungsverlust $U_v = \sqrt{3}\,U_{vN}$ der Leitung als Differenz der beiden Dreieckspannungen U_1 und U_2

$$U_v = \sqrt{3}\,IR\,\cos\varphi_2(1 + \tan\varphi_L\,\tan\varphi_2) \tag{7.13}$$

und den gesuchten prozentualen Spannungsverlust u_v nach Gl. (1.34c).

In den Leitungswiderständen R tritt ein Leistungsverlust P_v auf, der bei einer Gleichstromleitung $2I^2R$ (s. Abschn. 1.1.2.3), bei einer Drehstromleitung $3I^2R$ beträgt. Die hierdurch verursachten Energieverluste (Wärme) gehen in den Anlagen v o r den Zählern der Abnehmer zu Lasten des EVU, h i n t e r den Zählern zu Lasten des Abnehmers. Der prozentuale Leistungsverlust p_v der Drehstromleitung errechnet sich wieder nach Gl. (1.35c).

7.4.2.3 Industrienetze

Netzarten

Man ist bestrebt, die Übergabestelle (Hochspannungsanlage) möglichst im Schwerpunkt des Verbrauchs aufzustellen, um durch kurze Verteilungsleitungen die Anlage- und Betriebskosten der Netze zu senken und den Spannungs- und Leistungsverlust auf den Leitungen möglichst klein zu halten. Häufig werden sog. Schwerpunktstationen innerhalb der Fabrikhallen vorgesehen.

Nach dem Netzaufbau unterscheidet man Strahlen-, Ring- und Maschennetze; alle drei Netzarten sind in Industriebetrieben anzutreffen.

Strahlennetz (7.24a) Von einem Speise- oder Verteilungspunkt führen S t i c h l e i - t u n g e n (offene Leitungen) zu einer oder mehreren Abnahmestellen. Der Vorteil des Strahlennetzes liegt in seiner betrieblichen Einfachheit, nachteilig ist im Störungsfall die Stromversorgung nur von e i n e r Seite.

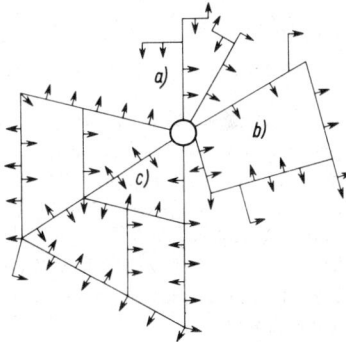

7.24
Typische Netzarten
a) Strahlennetz   b) Ringnetz   c) Maschennetz

Bei der am Ende belasteten Stichleitung (7.25a) ist nur e i n Verbraucher (z. B. ein Elektroofen mit hohem Anschlußwert) angeschlossen. Die an mehreren Stellen belastete Leitung (7.25b) weist zwei oder mehr Punktlasten, d. h. Verbraucher mit beliebigem Anschlußwert auf (z. B. Linienverteiler für Werkzeugmaschinen).

Bei der gleichmäßig belasteten Leitung (7.25c) sind Verbraucher mit gleichem Anschlußwert gleichmäßig längs der Leitung verteilt und gleichzeitig in Betrieb, wie es

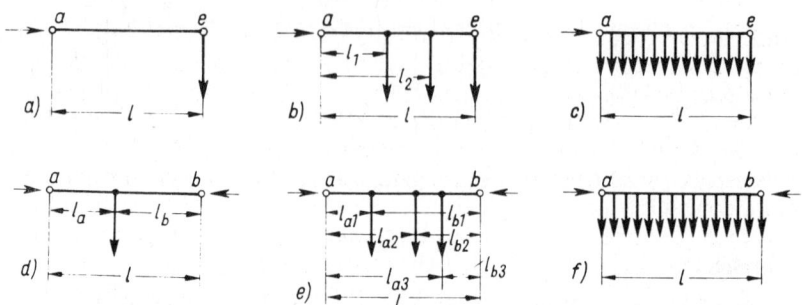

7.25 Zur Berechnung von Stichleitungen (a, b, c) und Ringleitungen (d, e, f)

    a), d) am Ende oder an einer Stelle belastete Leitung

    b), e) an mehreren Stellen belastete Leitung

    c), f) gleichmäßig belastete Leitung

z. B. in Spinnereien, Webereien und gewissen Betrieben der feinmechanischen Fertigung näherungsweise zutrifft.

Ringnetz (7.24b)   Von einem Speise- oder Verteilungspunkt führen Ringleitungen (geschlossene Leitungen) zu einem oder mehreren Verbrauchern. Durch die zweiseitige Speisung wird die Sicherheit der Stromversorgung erhöht, die Spannungs- und Leistungsverluste werden gegenüber dem Strahlennetz gesenkt. Die Anlagekosten sind allerdings höher als beim Strahlennetz.

Bild 7.25d zeigt den Anschluß eines Verbrauchers, Bild 7.25e den Anschluß mehrerer Verbraucher, wobei diese selbst wieder Verteiler sein können. In Bild 7.25f ist der Fall gleichmäßiger Belastung dargestellt. In allen diesen drei Fällen wird Energie von den zwei Seiten a und b geliefert.

Maschennetz (7.24c)   Von mehreren Speisepunkten aus führen geschlossen betriebene, mehrmals verknotete Leitungen zu den Verbrauchern (7.26).

Bei diesen meist nur in größeren Industriebetrieben anzutreffenden Netzen strebt man einen möglichst regelmäßigen Aufbau an. Bei einem solchen Aufbau ist es möglich,

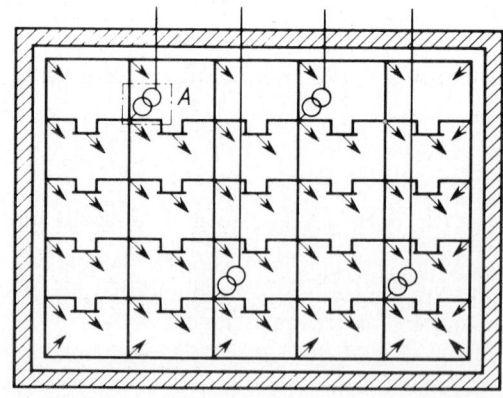

Niederspannungs-Maschennetz mit mehreren in der Werkhalle aufgestellten Schwerpunktstationen (Siemens)

bei Belastungsänderungen (z. B. infolge Änderung des Produktionsprogramms) durch Einfügen weiterer Transformatorenstationen in hochbelastete Knotenpunkte das Netz auf einfache Weise leistungsfähiger zu machen. Die weiteren Vorteile des Belastungsausgleiches zwischen Verbrauchern mit zeitlich verschiedenen Lastspitzen und solchen mit besonders hohen Belastungsstößen (z. B. Widerstands-Schweißmaschinen) sowie die mehrseitige Einspeisung und enge Vermaschung stempeln das Maschennetz zum sichersten und modernsten Industrienetz.

7.4.2.4   Zahlenbeispiele

Beispiel 7.7   Für eine offene Gleichstromleitung (Stichleitung) von 100 m Länge mit 12 kW Gesamtbelastung und 220 V Nennspannung sind 3% prozentualer Spannungsverlust zugelassen. Die Abnahme der elektrischen Leistung erfolgt

a) am Ende der Leitung
b) an vier Punkten der Leitung bei 25, 50, 75 und 100 m mit je 3 kW
c) über die Leitung gleichmäßig verteilt.

Es sollen die erforderlichen Leiterquerschnitte und Stromsicherungen für isolierte Leitungen aus Cu und Al ermittelt werden ($\gamma_{Cu} = 51$ Sm/mm^2, $\gamma_{Al} = 31$ Sm/mm^2).

a) Mit Gl. (1.34b) und Gl. (1.34c) wird

$$U_v = 2IR = \frac{2P_e \cdot l}{U_N \gamma A} \quad \text{und} \quad u_v = \frac{U_v}{U_N} 100\%,$$

somit

$$A_{Cu} = \frac{200\% \, P_e l}{u_v \gamma \, U_N^2} = \frac{200\% \cdot 12 \cdot 10^3 \, W \cdot 100 \, m \cdot mm^2}{3\% \cdot 51 \, Sm \, (220 \, V)^2} = 32,4 \, mm^2$$

Wählt man den nächstgrößeren genormten Nennquerschnitt von 35 mm^2 Cu (Tafel **7.22**), so wird u_v anstatt 3% nunmehr

$$u_v = \frac{32,4 \, mm^2}{35 \, mm^2} \, 3\% = 2,78\%$$

Der Querschnitt für die Al-Leitung ist dann mit den γ-Werten für Cu und Al

$$A_{Al} = 32,4 \, mm^2 \, \frac{51}{31} = 53,3 \, mm^2,$$

gewählt 50 mm^2 Al; mithin ist $u_v = \frac{53,3 \, mm^2}{50 \, mm^2} \, 3\% = 3,20\%$.

Nach Tafel **7.22** reichen für isolierte Leitungen die gewählten Nennquerschnitte in beiden Fällen bei dem Leitungsstrom

$$I = \frac{P_e}{U_N} = \frac{12 \cdot 10^3 \, W}{220 \, V} = 54,5 \, A$$

weit aus. Für beide Nennquerschnitte betragen nach Tafel **7.22** für Gruppe 1, 2 und 3 die Nennströme der Sicherungen 80, 100 und 125 A.

b) Eine an mehreren Stellen belastete elektrische Stichleitung hat ein „Leistungsmoment" $\Sigma P \cdot l$, das sich entsprechend dem Biegemoment $\Sigma F \cdot l$ des mehrfach belasteten Balkens in der Mechanik zusammensetzt. Es wird also statt $P_2 \cdot l$ unter a) nun

$$\Sigma Pl = \frac{P_e}{4}(25 \, m + 50 \, m + 75 \, m + 100 \, m) = P_e \cdot 62,5 \, m,$$

so daß sich

$$A_{Cu} = 0,625 \cdot 32,4 \text{ mm}^2 = 20,25 \text{ mm}^2$$

ergibt.

Gewählt $A_{Cu} = 25 \text{ mm}^2$; dann ist $u_v = \dfrac{20,25 \text{ mm}^2}{25 \text{ mm}^2} \, 3\% = 2,43\%$.

Al-Leitung: $A_{Al} = 20,25 \text{ mm}^2 \dfrac{51}{31} = 33,3 \text{ mm}^2$,

gewählt 35 mm^2, $u_v = \dfrac{33,3 \text{ mm}^2}{35 \text{ mm}^2} \, 3\% = 2,85\%$.

Die Leiterquerschnitte sind nach Tafel 7.22 für den größten Leitungsstrom von 54,5 A ausreichend. Als Stromsicherungen sind nach Tafel 7.22 für Cu und Al 63, 80 und 100 A vorzusehen.

c) Bei der gleichmäßig belasteten elektrischen Leitung (Bild 7.25c) und entsprechend dem gleichmäßig belasteten Balken sind Leistungsmoment bzw. Biegemoment je die Hälfte der Belastungswerte unter a). Es sind deshalb

$$A_{Cu} = 16,2 \text{ mm}^2, \qquad \text{gewählt } 16 \text{ mm}^2, \qquad u_v = \frac{16,2}{16} \, 3\% = 3,04\%$$

$$A_{Al} = 26,65 \text{ mm}^2, \qquad \text{gewählt } 25 \text{ mm}^2, \qquad u_v = \frac{26,65}{25} \, 3\% = 3,20\%$$

Sämtliche Leiterquerschnitte sind nach Tafel 7.22 für den maximalen Strom von 54,5 A am Leitungsanfang ausreichend; für die Stromsicherungen entnimmt man Tafel 7.22 die Werte 50, 63 und 80 A.

Beispiel 7.8   Für den Anschluß eines Asynchronmotors (75 kW, 380 V △, $\cos \varphi = 0,88$, $\eta = 91\%$) ist ein 150 m langes Erdkabel mit Aluminiumleitern von der Niederspannungs-Sammelschiene einer Industriestation zum Aufstellungsort des Motors zu verlegen.

a) Man ermittel für Nennlast den erforderlichen Mindest-Leiterquerschnitt mit Rücksicht auf die Erwärmung.

Aus der aufgenommenen Leistung 75 kW/0,91 = 82,4 kW ergibt sich der Nennstrom des Motors

$$I_N = \frac{82\,400 \text{ W}}{\sqrt{3} \cdot 380 \text{ V} \cdot 0,88} = 142 \text{ A}$$

Hierfür wird nach Tafel 7.22 der erforderliche Al-Leiterquerschnitt des Drehstromkabels 50 mm²; Bezeichnung des Drehstrom-Vierleiterkabels: $3 \times 50/25 \text{ mm}^2$ Al.

b) Wie groß werden bei Nennlast der auftretende prozentuale Spannungsverlust u_v und die erforderliche Spannung U_1 an der Sammelschiene, wenn der induktive Widerstand einer Kabelader 0,1 Ω/km beträgt? Der Wirkwiderstand einer Kabelader ist mit $\gamma = 31 \text{ Sm/mm}^2$ bei einer zulässigen Leitertemperatur von 65 °C

$$R = \frac{l}{\gamma A} = \frac{150 \text{ m} \cdot \text{mm}^2}{31 \text{ Sm} \cdot 50 \text{ mm}^2} = 0,0968 \text{ Ω}$$

Der induktive Widerstand einer Kabelader ist

$$X = 0,1 \frac{\Omega}{\text{km}} 0,15 \text{ km} = 0,015 \text{ Ω}$$

Somit ist $\tan \varphi_L = X/R = 0,015 \text{ Ω}/0,0968 \text{ Ω} = 0,155$.

Nach Gl. (7.13) berechnet sich der Spannungsverlust U_v einer Drehstromleitung

$$U_v = \sqrt{3}\,I R \cos \varphi_2 (1 + \tan \varphi_L \cdot \tan \varphi_2) = \sqrt{3} \cdot 142 \text{ A} \cdot 0,0968 \text{ }\Omega \cdot 0,88\,(1 + 0,155 \cdot 0,566)$$

$$U_v = 22,8 \text{ V, somit } u_v = \frac{22,8 \text{ V}}{380 \text{ V}} = 100\,\% = 6\,\%; \quad U_s = 403 \text{ V}$$

c) Der prozentuale Leistungsverlust ist bei Nennlast des Motors zu bestimmen.

$$P_v = 3 R I^2 = 3 \cdot 0,0968 \text{ }\Omega \cdot 142^2 \text{ A}^2 = 5856 \text{ W}$$

Mit $P_2 = 82,4$ kW wird

$$p_v = \frac{5,856}{82,4} \cdot 100\,\% = 7,1\,\%$$

7.4.3   Schutzmaßnahmen in elektrischen Anlagen

7.4.3.1   Allgemeines

Verantwortlichkeit In der Begründung zum „Gesetz zur Förderung der Eneergie-wirtschaft" (Energiewirtschaftsgesetz) wird ausgeführt, daß die Energieversorgung so s i c h e r und so billig wie möglich zu gestalten ist. In der 2. Verordnung zur Durch-führung dieses Gesetzes heißt es:

1. Elektrische Energieanlagen und Energieverbrauchsgeräte sind ordnungsgemäß, d. h. nach den anerkannten Regeln der Elektrotechnik einzurichten und zu unterhalten.

2. Als solche Regeln gelten die Bestimmungen des VDE.

Aus dem einschlägigen Vorschriftenwerk des VDE sind vor allem die in den Bestimmungen für das Errichten von Starkstromanlagen mit Nennspannungen unter 1000 V (Normenreihe DIN 57100/VDE 0100) und dementsprechende Bestimmungen für Spannungen von 1000 V und dar-über (VDE 0101) enthaltenen Sicherheitsvorschriften und Schutzmaßnahmen maßgebend. Der Abnehmer wird auch in den Technischen Anschlußbedingungen für Starkstromanlagen durch das EVU verpflichtet, seine elektrische Anlage nach den Vorschriften des VDE zu errichten und zu erhalten.

Rechtlich ergeben sich demnach folgende Verhältnisse:

Der H e r s t e l l e r trägt die Verantwortung für die von ihm auf den Markt gebrachten elektrischen B e t r i e b s m i t t e l zum Erzeugen, Verteilen, Messen und Anwenden elek-trischer Energie.

Der B e t r e i b e r ist für seine elektrischen Anlagen verantwortlich. Er bedient sich für Installationsarbeiten eines zugelassenen Installateurs, in Mittelbetrieben des werksan-gehörigen Elektrofacharbeiters oder -meisters; in Großbetrieben übernimmt zusätz-lich der Sicherheitsingenieur überwachende und beratende Aufgaben.

Das E l e k t r i z i t ä t s v e r s o r g u n g s u n t e r n e h m e n überwacht die Einhaltung der Vorschriften, übernimmt aber keine Verantwortung für die ordnungsgemäße Be-schaffenheit der abnehmereigenen Anlagen, weder durch sein Einverständnis mit ihrer Ausführung noch durch Vornahme oder Unterlassung von Prüfungen und dgl.

Die V D E - V o r s c h r i f t e n haben keine Gesetzeskraft. Geschieht aber durch Nicht-einhalten der Vorschriften ein Unfall, Sachschaden und dgl., wird der Verantwortliche durch die ordentlichen Gerichte zur Rechenschaft gezogen.

Schutz des Menschen   Eine nach den VDE-Vorschriften fachgemäß aufgebaute elektrische Anlage mit einwandfreien Geräten stellt bei ordnungsgemäßer Bedienung und Instandhaltung keine Gefahrenquelle für den Menschen dar. Ist aber eine dieser Voraussetzungen nicht mehr erfüllt, z. B. durch normale Abnutzung der Isolation oder durch Isolationsfehler, durch unsachgemäße Behandlung usw., so besteht bei Berührung auch der im gesunden Zustand der Anlage nicht spannungsführenden Anlagenteile Gefahr für Gesundheit und Leben.

Bild 7.27 zeigt, wie elektrische Unfälle bei guter Leitfähigkeit des Standortes (z. B. feuchte oder sogar metallische Fußböden am Arbeitsplatz) und bei isolierendem Fußboden (z. B. in Büros und Wohnungen) entstehen können, wenn keine Schutzmaßnahmen (s. Abschn. 7.4.3.2) getroffen sind. Dabei wird angenommen, daß durch einen Isolationsfehler ein Körperschluß, d. h. eine leitende Verbindung zwischen einem spannungsführenden Leiter und dem Motorgehäuse (7.27 a) bzw. dem metallischen Ständer einer Tischlampe (7.27 b) auftritt.

In Bild 7.27 a kann z. B. bei Körperschluß des Leiters L1 der von der Sternspannung U_{1N} über den Fehlerwiderstand, den Erdungswiderstand R_E am Standort und den resultierenden Erdungswiderstand R_B des Verteilungsnetzes zum Sternpunkt auf der Sekundärseite des Transformators fließende Fehlerstrom so klein sein, daß weder eine dem Strang vorgeschaltete Motorsicherung durchschmilzt noch der Motorschutzschalter auslöst. Berührt der Arbeiter das Motorgehäuse mit der Hand, so tritt zwischen dieser und seinen Füßen eine Berührungsspannung U_B auf, die einen lebensgefährlichen elektrischen Strom durch seinen Körper zur Folge haben kann.

Eine Tischlampe mit Körperschluß (7.27 b) kann an einem Netz ohne Schutzeinrichtung jahrelang benutzt werden, ohne daß infolge des isolierenden Fußbodens ein Fehlerstrom fließt und sich ein Unfall ereignet. Hat aber eine Person eine Hand am Lampenständer und berührt gleichzeitig mit der anderen Hand einen geerdeten Gegenstand (Wasserleitung, Gasrohr, Heizungskörper), so tritt zwischen den Händen eine Berührungsspannung U_B auf, da nun

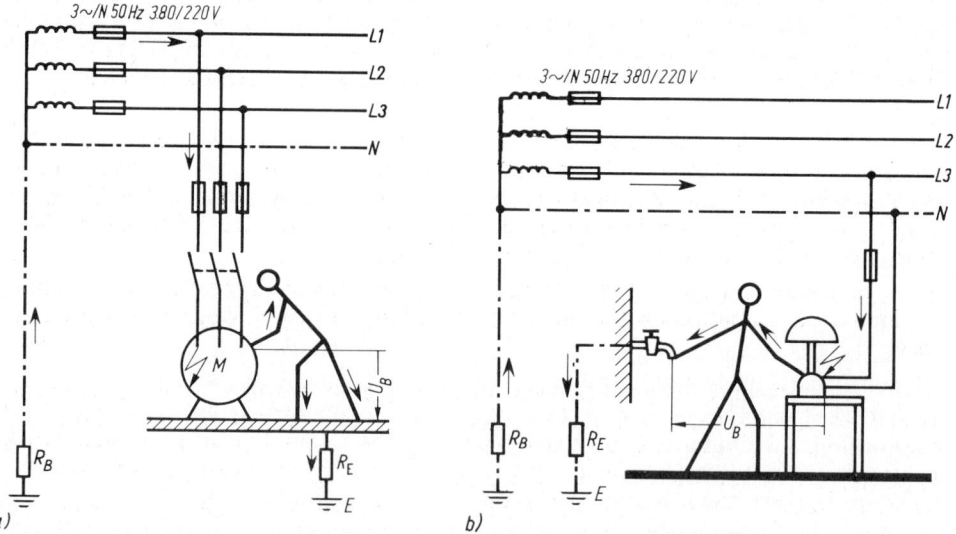

7.27 Netz ohne Schutzeinrichtung. Elektrische Unfälle durch Körperschluß in
   a) einem Motor, b) einer Tischlampe (nach VDE 0100)

der Stromkreis geschlossen ist und durch den Körper ein lebensgefährlicher elektrischer Strom fließen kann.

Elektrischer Unfall Beim Elektrisierungsversuch im Labor mit Wechselstrom 50 Hz, Stromfluß durch den Körper mittels Elektroden von Hand zu Hand (entsprechend Bild **7.**27b) bemerkt man ab etwa 1 bis 1,5 mA leichtes Prickeln in den Fingern bis zu den Handgelenken, das bei weiterer Steigerung des Stroms bis etwa 5 mA in unangenehm empfundene Verkrampfungen der Muskulatur bis in die Unterarme übergeht. Die Gefahr, beim Unfall mit höheren Körperströmen einen umfaßten stromführenden Leiter nicht mehr loslassen zu können, ist deshalb groß.

Sachschutz Ein weiterer Aspekt der elektrotechnischen Sicherheit ist der Sachschutz, der vor allem kostspielige Anlagenteile wie Generatoren, Motoren, Transformatoren und dgl. vor Beschädigung bzw. Zerstörung bewahrt. So wird z. B. durch Beachtung der VDE-Vorschriften zum „Schutz von Leitungen und Kabeln gegen zu hohe Erwärmung" die bei Überlastung bestehende Brandgefahr so weit als möglich gebannt. Die wichtigsten Überstromschutzeinrichtungen und sonstigen technischen Maßnahmen, die gefährdete Anlagenteile zuverlässig schützen bzw. abschalten, sind an mehreren Stellen des Buches erwähnt.

7.4.3.2 Schutzmaßnahmen

Die nun zu besprechenden Schutzmaßnahmen dienen zur Vermeidung von Unfällen in Niederspannungsanlagen. Elektrische Geräte sollen vom Benutzer gefahrlos verwendet werden können und ohne daß er sich über Unzulänglichkeiten, die nicht offensichtlich sind, Gedanken zu machen braucht. Ein absoluter Schutz gegen l e i c h t f e r t i g e s   o d e r   v e r s e h e n t l i c h e s   B e r ü h r e n spannungsführender Teile läßt sich nicht in allen Fällen durchführen; hier kann nur Aufklärung als Schutzmaßnahme helfen.

Die Schutzmaßnahmen sollen das Entstehen oder Bestehenbleiben einer gefährlichen Berührungsspannung U_B (7.27) verhindern. Als gefährlich wurde für den Menschen eine Spannung von mehr als 50 V~ bzw. 120 V_ international festgelegt; in besonderen Fällen, z. B. für medizinisch benutzte Räume, gelten bereits die halben Grenzwerte.

Man unterscheidet nach den Normen den S c h u t z   g e g e n   d i r e k t e s   B e r ü h r e n (soll das Berühren betriebsmäßig unter Spannung stehender Teile, aktive Teile genannt, verhindern) und den S c h u t z   b e i   i n d i r e k t e m   B e r ü h r e n (Berühren von leitfähigen, nicht zum Betriebsstromkreis gehörenden Teilen, die im Fehlerfall Spannung gegen Erde annehmen können, kurz „Körper" genannt).

Hier können nur einige wichtige Kennzeichen der verschiedenen Schutzmaßnahmen erwähnt werden; maßgebend ist in jedem Einzelfall immer der Wortlaut der geltenden Vorschriften.

Schutzkleinspannung Schutz bei beiden Berührungsarten gegen gefährliche Körperströme ist sichergestellt, wenn Stromkreise mit Nennspannungen nicht über 50 V Wechselspannung oder 120 V Gleichspannung (in Sonderfällen niedrigere Werte) ungeerdet betrieben werden. Die Kleinspannung, z. B. für Elektrowerkzeuge und Handleuchten in Kesseln, für elektromotorisch angetriebenes Spielzeug u. a., wird aus dem Wechselstromnetz mit Hilfe von Sicherheitstransformatoren (VDE 0551) gegebenenfalls mit zusätzlicher Gleichrichterschaltung gewonnen. Galvanische Trennung der Stromkreise muß sichergestellt sein.

Schutzisolierung Dieser sicherste Berührungsschutz – heute von Kleinstgeräten bis zu den größten gekapselten Schützen, Selbstschaltern und Verteilern (bis 1000 A) angewandt – wird durch Umpressung von Kleinmaschinen und -geräten (Rasier-apparate, Staubsauger, Handbohrmaschinen) mit einem festen und dauerhaften Isolierstoff, durch isolierende Gehäuse und Abdeckungen, durch vollisolierendes Installationsmaterial u. a. erreicht.

Schutzisolierte Betriebsmittel müssen mit dem Zeichen der Schutzisolierung ⊡, dem Doppelquadrat, gekennzeichnet sein. Die Anschlußleitungen dürfen keinen Schutz-leiter enthalten; die Stecker müssen in eine Schutzkontaktsteckdose passen, dürfen aber keine Schutzkontaktstücke haben. – Als Schutzisolierung gilt auch die Verwen-dung eines isolierenden Fußbodenbelags (Standortisolierung).

Weitere Schutzmaßnahmen bei verschiedenen Netzformen

Im Rahmen der Schutzmaßnahmen bei indirektem Berühren in Drehstromnieder-spannungsnetzen 3 × 380/220 V kommt dem vom Sternpunkt des Transformators ausgehenden Neutralleiter N, der die Abnahme von Wechselspannungen 220 V für Netzanschlußgeräte aller Art ermöglicht, eine weitere wichtige Bedeutung zu.

In den hier nur zu besprechenden TN-Netzen (Bilder 7.28 bis 7.30) weist der erste Buchstabe T aus, daß der Sternpunkt der Spannungsquelle direkt durch den soge-nannten Betriebserder geerdet ist. Der zweite Buchstabe N besagt, daß die „Körper" der elektrischen Anlage mit dem Betriebserder verbunden sind, wobei drei Netzfor-men unterschieden werden:

TN-S-Netz (Bild 7.28 a) Der Neutralleiter N für den Anschluß der 220 V-Geräte ist ebenso wie der (grün-gelb gekennzeichnete) Schutzleiter PE zum Anschluß der Kör-per an den Betriebserder im gesamten Netz getrennt verlegt. Im ungestörten Betrieb führt nur der Neutralleiter N Strom; bei Körperschluß wird durch den Schutzleiter PE ein Kurzschluß hergestellt, so daß der Überstromschutz die defekte Anlage sofort abschaltet.

TN-C-Netz (Bild 7.28 b) Der PEN-Leiter faßt die Funktionen der beiden Leiter zu-sammen, d. h. er ist an den Betriebserder angeschlossen, führt den resultierenden Be-triebsstrom der Wechselstromabnehmer, im Störungsfall den Kurzschlußstrom.

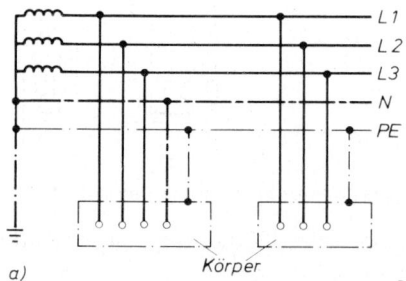 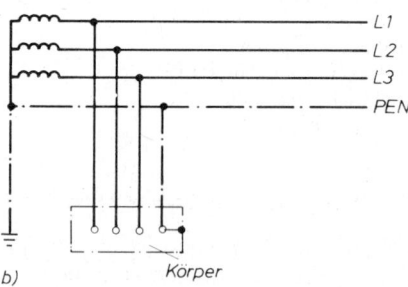

7.28 a) TN-S-Netz. Getrennte Neutralleiter und Schutzleiter
     b) TN-C-Netz. Neutralleiter und Schutzleiter im PEN-Leiter zusammengefaßt

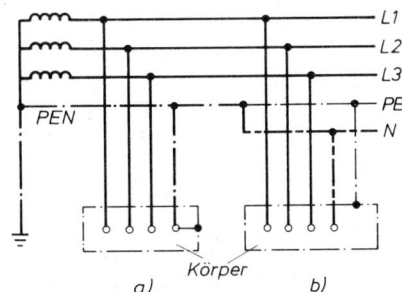

7.29
TN-C-S-Netz. Im Netz PEN-Leiter, beim Abnehmer
sowohl PEN-Leiter (a) als auch getrennte Neutral-
und Schutzleiter (b) möglich

TN-C-S-Netz (Bild 7.29)   In Deutschland ist diese Netzform bei Anlagen in Industrie, Gewerbe und Haushalt am häufigsten anzutreffen. Vom geerdeten Sternpunkt
aus führt ein gemeinsamer PEN-Leiter im Netz bis zum Anbnehmer. Innerhalb der
abnehmereigenen Anlage werden die zu schützenden Anlagenteile (Körper)

a) bei Leiterquerschnitten ab 10 mm² Cu direkt an den PEN-Leiter angeschlossen
(„klassische Nullung"), Bild 7.29a

b) bei Leiterquerschnitten unter 10 mm² Cu über einen besonderen Schutzleiter PE
angeschlossen, der vom Neutralleiter N getrennt, aber leitend mit ihm verbunden ist
(„moderne Nullung"), Bild 7.29b

Bild 7.30 zeigt als Anwendungsbeispiel den Anschluß eines Industriebetriebs an das
TN-C-S-Netz mit einem Netzteil für größere Motoren und dem üblichen „Kraft-
und Lichtnetz" für Drehstrom- und Wechselstromverbraucher, auch bei Anschluß
über Steckvorrichtungen.

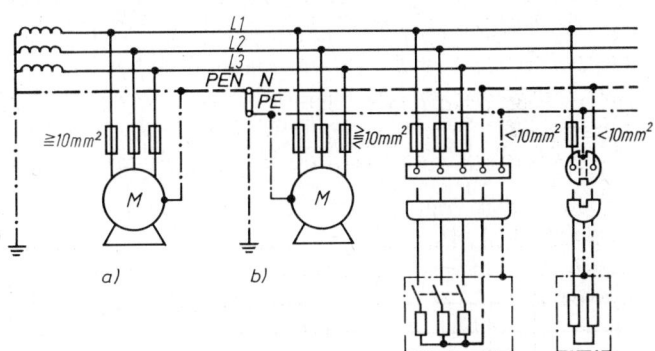

7.30
TN-C-S-Netz. Anwendungs-
beispiel
a) Hauptverteilung,
   Netzteil mit Anschluß
   größerer Motoren
b) Unterverteilung für Kraft
   und Licht, Anschluß über
   Steckvorrichtungen

Der Vollständigkeit halber werden noch die beiden weiteren Netzformen erwähnt:

TT-Netz: Im TT-System ist ein Punkt direkt geerdet; die Körper der Betriebsmittel
sind mit Erdern verbunden

IT-Netz: Das IT-System hat kewine direkte Verbindung zwischen aktiven Leitern
und geerdeten Teilen, die Körper der elektrischen Betriebsmittel sind geerdet.

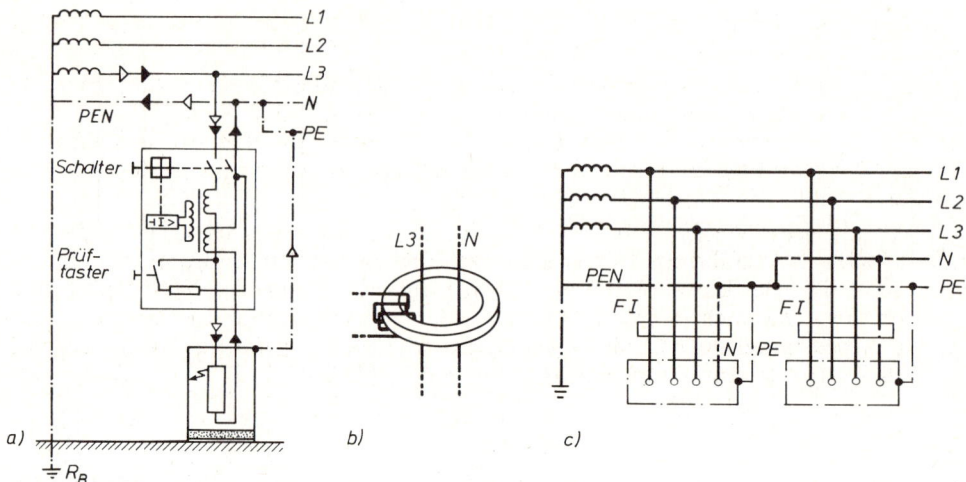

7.31 Fehlerstrom (FI)-Schutzschaltungen

    a) Schaltplan. Betriebsstromkreis (ausgefüllte Strompfeile) und Fehlerstromkreis (leere Strompfeile) bei Körperschluß des Verbrauchers

    b) Ringstromwandler mit Eisenkern; Durchführungen L3 und N, links Sekundärwicklung

    c) Drehstrom-Fehlerstrom (FI)-Schutzschaltungen

Fehlerstrom (FI)-Schutzschaltung Im ungestörten Betrieb (7.31a) treibt die Spannung U_{3N} einen Wechselstrom durch den mit ausgefüllten Pfeilen gekennzeichneten Stromkreis. Bei Körperschluß bildet sich zusätzlich ein Parallelstromkreis von der Fehlerstelle bis zum Sternpunkt des Transformators aus (leere Pfeile), der zur Folge hat, daß sich die Ströme in den Durchführungen L3 und N (7.31b) des Stromwandlers (im Schaltplan 7.31a durch die beiden Primärwicklungen im FI-Schutzschalter dargestellt) nicht mehr wie im ungestörten Betrieb aufheben. Durch den deshalb im Eisenkern entstehenden magnetischen Wechselfluß wird in der Sekundärwicklung des Wandlers eine Wechselspannung erzeugt, die an die Spule des Auslöserelais gelegt wird, so daß mittels des hervorgerufenen Auslösestroms das Schaltschloß entriegelt wird. Bei Anschluß eines Drehstromverbrauchers werden alle vier Zuleitungen durch den Wandler geführt, die im Störungsfall innerhalb von 0,2 s abgeschaltet werden (Bild 7.31c).

Durch die Entwicklung von FI-Schutzschaltern mit Nennfehlerströmen bis 30 mA (auch 0,3 A, 0,5 A und 1 A sind genormt) fallen gegenüber anderen vergleichbaren Schutzmaßnahmen die Vorteile des Schutzes bei indirektem und direktem Berühren ins Gewicht.

Sonstige Schutzmaßnahmen

Aus den Vorschriften VDE 0100 seien noch die folgenden Bestimmungen erwähnt:

In trockenen und feuchten Räumen muß der Isolationswiderstand der Anlagenteile (ohne Verbrauchsgeräte) zwischen zwei Leitern mindestens 1000 Ω je Volt Betriebsspannung betragen (z. B. 220 000 Ω bei 220 V Betriebsspannung), so daß der über die Isolation fließende Fehlerstrom einer Teilstrecke nicht größer als 1 mA werden kann. Bei Längen mit mehr als 100 m darf sich der Fehlerstrom um 1 mA je weitere angefangene 100 Meter erhöhen.

Stecker und Steckdosen müssen so konstruiert sein, daß die Steckerstifte in nicht gestecktem Zustand nicht unter Spannung stehen. Steckvorrichtungen in Verbindung mit Fassungen sind unzulässig. Abzweigstecker jeglicher Art sind nicht zulässig; an einen Stecker darf also nur eine ortsveränderliche Leitung angeschlossen werden.

Das VDE-Zeichen (7.32a) ist ein Sicherheitszeichen und bietet Gewähr für die vorschriftsmäßige Ausführung von elektrischen Erzeugnissen und Betriebsmitteln, die von der Prüfstelle des VDE (Offenbach/M.) auf Einhaltung der VDE-Vorschriften geprüft und überwacht werden. Soll besonders hervorgehoben werden, daß technische Arbeitsmittel dem Gerätesicherheitsgesetz (GSG) entsprechen, wird zusätzlich das GS-Zeichen (,,geprüfte Sicherheit") angebracht (7.32b).

7.32
VDE-Zeichen und GS-Zeichen   a)   b)

7.4.3.3   Betrieb von Starkstromanlagen, Unfallverhütungsvorschriften

Für Arbeiten an elektrischen Anlagen nach VDE 0100 und VDE 0101 sind die ,,VDE-Bestimmungen für den Betrieb von Starkstromanlagen" (VDE 0105/DIN 57105 einschließlich Sonderbestimmungen) sowie die Unfallverhütungsvorschriften der Berufsgenossenschaften maßgebend und genau zu beachten. Der elektrische Unfall kann in geerdeten und ungeerdeten Netzen bei isoliertem Standort des Arbeitenden durch Überbrücken zweier Außenleiter, bei geerdetem Standort auch durch Berühren eines Außenleiters verursacht werden. Aus dem Vorschriftenwerk werden für die Industrieanlagen relevanten Bestimmungen sinngemäß und verkürzt aufgeführt.

Arbeiten an unter Spannung stehenden Anlageteilen sind daher mit wenigen Ausnahmen verboten. Sie dürfen bei Vorliegen wichtiger Gründe nur von der Betriebsleitung oder ihrem Beauftragten angeordnet werden und ausschließlich durch fachkundige Personen unter Benutzung zweckentsprechender Schutzmittel (z. B. isolierter Stand durch Gummimatten, Abdecken von Leitungen durch profilierte Gummihülsen, isoliertes Werkzeug, Schutzkleidung) ausgeführt werden. Entsprechendes gilt für Arbeiten in der Nähe von unter Spannung stehenden Anlageteilen. Die Aufsichtspersonen müssen die notwendigen Maßnahmen für die Unfallsicherung des Arbeitsplatzes treffen.

Für das Arbeiten bei ausgeschalteter Anlage sind folgende Sicherheitsregeln genau zu beachten:

1. Freischalten! Zur Herstellung des spannungsfreien Zustandes müssen alle Leitungen, welche die Arbeitsstelle mit unter Spannung stehenden Teilen einer Anlage verbinden, ausgeschaltet werden.

Die Gefahr von Rückspannung (z. B. bei Ringnetzen, auch über Meßleitungen) ist besonders zu beachten. In Niederspannungsanlagen sind die Sicherungen zu entfernen, das Herausnehmen von Hochspannungssicherungen geschieht mit Schaltzangen, Kondensatoren sind zu entladen.

2. Gegen Wiedereinschaltung sichern! An allen Schaltern, Trennstücken und dgl. ist sofort ein Warn- oder Verbotsschild mit einem Hinweis zuverlässig anzubringen. Einschraubbare Selbstschalter und Schmelzeinsätze sind sicher zu verwahren. Es sind Isolierstoffplatten an Trennschaltern einzuschieben und Steuerstromkreise fernbetätigter Schalter zu unterbrechen.

3. Spannungsfreiheit feststellen! Hat man sich anhand eines gültigen Schaltplans oder auf andere Weise zuverlässig über den Schaltzustand informiert, so muß vor Beginn der Arbeit der spannungsfreie Zustand der Anlage an der Arbeitsstelle mit geeigneten Geräten nochmals überprüft werden, da Irrtümer nie ausgeschlossen sind.

Bei Anlagen bis 1000 V verwendet man Spannungssucher mit sichtbarer oder hörbarer Anzeige (z. B. mit Glimmlampe, Meßinstrument usw.). Bei Anlagen von 1000 V und darüber werden auf Schaltstangen (Isolierstangen) aufgesteckte Spannungssucher mit Glimmlampen verwendet, die bei einpoligen Anlegen an unter Spannung stehenden Anlagen aufleuchten. Vor und nach dem Gebrauch des Spannungssuchers ist dieser zu prüfen (z. B. an einem unter Spannung stehenden Anlagenteil oder mit einer besonderen Prüfeinrichtung). Bei Arbeiten an Kabeln verwendet man Kabelsuchgeräte, in besonderen Fällen das Kabelschießgerät.

4. Erden und Kurzschließen! Vom Erden und Kurzschließen von Anlagen unter 1000 V darf nur bei Innenlagen abgesehen werden und wenn unbefugtes Wiedereinschalten sicher verhindert ist.

Bei Anlagen von 1000 V und darüber ist Erden und Kurzschließen an jeder Ausschaltstelle und an der Arbeitsstelle eine wichtige Schutzmaßnahme, vor allem gegen zufälliges oder versehentliches Wiedereinschalten.

Das dazu verwendete Seil ist immer zuerst mit der Erdungsleitung und dann mit dem zu erdenden Anlageteil zu verbinden, damit auch kein Unfall eintreten kann, wenn die Anlage trotz der vorangegangenen Prüfung auf Spannungsfreiheit doch noch unter Spannung stehen sollte. Das geerdete Seil und seine Kontakte (z. B. Schraubklemmen) sind mit der Isolierstange an die Leitungen heranzubringen.

5. Benachbarte spannungsführende Teile abdecken und abschranken! Erst wenn die vorstehenden fünf Sicherheitsregeln erfüllt sind, kann die Arbeitsstelle von der aufsichtsführenden Person zum Arbeiten freigegeben werden.

Nach beendeter Arbeit sind alle getroffenen Schutzmaßnahmen wieder aufzuheben. Dann kann zunächst die Arbeitsstelle einschaltbereit gemeldet und schließlich die Anordnung zur Wiedereinschaltung getroffen werden.

Physikalische Größen, Gesetzliche Einheiten, Schreibweise von Gleichungen

Physikalische Größen Es gilt nach DIN 1313, Physikalische Größen und Gleichungen:

$$\text{Größenwert} = \text{Zahlenwert} \times \text{Einheit}$$

Die Benennung physikalischer Größen (z. B. Zeit, Leistung, elektrische Spannung) und ihre Formelzeichen (t, P, U) folgen in diesem Buch den Empfehlungen von DIN 1304, Allgemeine Formelzeichen. Die dort an erster Stelle genannten international vereinbarten Formelzeichen wurden bevorzugt (s. auch S. 460). Die Einheitennamen (z. B. Sekunde, Watt, Volt) und Einheitenzeichen (s, W, V) sind DIN 1301, Einheiten, entnommen, ebenso die bei erweiterten Einheiten verwendbaren 16 Vorsätze[1]) mit Vorsatzzeichen für Vielfache und Teile der Einheiten (z. B. µs, MW, kV):

Deka	da $= 10^1$	Giga	G $= 10^9$	Dezi	d $= 10^{-1}$	Nano	n $= 10^{-9}$
Hekto	h $= 10^2$	Tera	T $= 10^{12}$	Zenti	c $= 10^{-2}$	Piko	p $= 10^{-12}$
Kilo	k $= 10^3$	Peta	P $= 10^{15}$	Milli	m $= 10^{-3}$	Femto	f $= 10^{-15}$
Mega	M $= 10^6$	Exa	E $= 10^{18}$	Mikro	µ $= 10^{-6}$	Atto	a $= 10^{-18}$

Gesetzliche Einheiten Nach dem „Gesetz über Einheiten im Meßwesen" und der „Ausführungsverordnung zum Gesetz über Einheiten im Meßwesen" sind für den geschäftlichen und amtlichen Verkehr in der Bundesrepublik Deutschland Größen in gesetzlichen Einheiten anzugeben (s. Bild 7.33). Das Internationale Einheitensystem SI (Système International d'Unités, 1960 international festgelegt) ist Grundlage und wichtigster Bestandteil der gesetzlichen Einheiten; alle SI-Einheiten sind gesetzliche Einheiten. Es umfaßt das gesamte Gebiet von Naturwissenschaft und Technik und ist auf 7 Basisgrößen (Tafel 7.34) mit den 7 zugehörigen Basiseinheiten aufgebaut, siehe auch Bild 7.33, Gruppe (1). Aus den Basisgrößen ergeben sich mit Hilfe von Verknüpfungsgleichungen (Definitionsgleichungen, Naturgesetze) alle weiteren physikalischen Größen. Werden die Verknüpfungsgleichungen als Größengleichungen geschrieben und nur die Basiseinheiten verwendet, erhält man alle weitere Größen in kohärenten (zusammenhängenden) abgeleiteten SI-Einheiten, Gruppe (2); Tafel 7.34 enthält eine Auswahl.

Die SI-Einheiten können mit den obigen 16 Vorsätzen erweitert werden, Gruppe (3). Zusätzlich zu den SI-Einheiten sind für 5 Größen auch systemfremde Einheiten in Gruppe (4) gesetzlich festgelegt: Grad (°), Liter (l), Tonne (t), Bar (bar) und für die Zeit Minute (min), Stunde (h), Tag (d), Jahr (a). Damit sind gesetzlich auch die aus diesen selbst oder mit den SI-Einheiten der Gruppen (1) und (2) gebildeten kombinierten systemfremden Einheiten der Gruppe (5), z. B. °/min, t/d, l/s, Wh, bar · s.

---

[1]) In Technik und Energiewirtschaft werden auch die Abkürzungen Tsd (Tausend), Mio (Million) und Mia oder Mrd (Milliarde) in besonderen Fällen benutzt

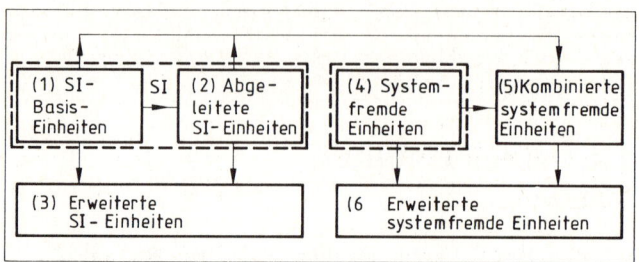

7.33
Aufbau der gesetzlichen
Einheiten aus 6 Gruppen

Mit den obigen Vorsätzen erhält man schließlich auch die erweiterten systemfremden Einheiten der Gruppe (6), z. B. Mt, m bar, km/h, kWh, hl/a.

Temperaturen können außer durch die thermodynamische Temperatur (Formelzeichen T; Einheit Kelvin, Einheitenzeichen K) durch die Celsiustemperatur (Formelzeichen ϑ; Einheit Grad Celsius, Einheitenzeichen °C) angegeben werden. Es gilt $\vartheta = T - T_0$ mit $T_0 = 273{,}15$ K. Der Grad Celsius ist keine weitere SI-Einheit für die Temperatur, sondern lediglich ein „besonderer Name für die SI-Basiseinheit Kelvin". Temperaturdifferenzen können entsprechend durch $\Delta T = T_2 - T_1$ oder $\Delta\vartheta = \vartheta_2 - \vartheta_1$ angegeben werden; es gilt $\Delta\vartheta = \Delta T$ und nur dann ist auch $1\,°C = 1$ K.

Für Umrechnungen auf früher verwendbare Einheiten (rechts abgesetzt in nachfolgender Aufstellung) gelten folgende Gleichungen:

Masse:	1 kg	$= 0{,}102$ kpm^{-1} s^2
Kraft:	1 N $= 1$ kg m/s^2	$= 0{,}102$ kp
Druck:	1 Pa $= 1$ N/m^2	$= 10^{-5}$ bar (bar ist gesetzliche Einheit)
Energie:	1 Ws $= 1$ J $= 1$ Nm	$= 0{,}102$ kpm $= 0{,}239$ cal
	1 kWh $= 3{,}6$ MJ $= 3{,}6$ MNm	$= 367$ Mpm $= 860$ kcal
		$= 0{,}1228$ kg SKE (Steinkohleneinheit)
Leistung:	1 W $= 1$ J/s $= 1$ Nm/s	$= 0{,}102$ kpm/s
	1 kW	$= 1{,}36$ PS $= 102$ kpm/s

Schreibweise von Gleichungen In diesem Buch werden für die Darstellung von physikalischen Zusammenhängen ausschließlich Größengleichungen benutzt (DIN 1313). Zugeschnittene Größengleichungen werden nur in wenigen Fällen dort gebraucht, wo sich häufig wiederkehrende Rechenoperationen wesentlich vereinfachen lassen, z. B. Gl. (1.24a). Wenn man beim Rechnen nur Größengleichungen benutzt und alle vorkommenden Größen in ihren SI-Einheiten nach Gruppe (1) und (2) in Bild 7.33 einsetzt, ergeben sich auch alle weiteren Größen von selbst in ihren SI-Einheiten. In Zahlenbeispielen wird dies bei der Rechnung durch das konsequente Mitführen der Einheiten laufend bestätigt, so daß prinzipielle Fehler im Rechnungsgang dadurch häufig schon frühzeitig erkannt werden können. Benutzt man dagegen in der Rechnung für eine oder mehrere Größen die erweiterten SI-Einheiten nach Gruppe (3) oder systemfremde Einheiten nach den Gruppen (4), (5) und (6), dann können die Einheiten weiterer Größen nicht mehr vorhergesagt und nur auf Grund der mitgeführten Einheitenrechnung bestimmt werden. Für beide Fälle werden in den zahlreichen Beispielen dieses Buches dem Leser damit optimale Lernhilfen an die Hand gegeben.

Tafel **7**.34   Internationales Einheitensystem SI (Basisgrößen und Basiseinheiten hervorgehoben)

Physikalische Größen	Formel-zeichen (DIN 1304)	Verknüpfungs-gleichungen (DIN 1301)	Abgeleitete SI-Einheiten	Erläuterungen
Länge	l		**m**	m – Meter
Fläche	A	$A = l^2$	m^2	
Volumen	V	$V = l^3$	m^3	
Ebener Winkel	α	$\alpha = l/r$	rad $= m/m$	rad – Radiant
Zeit	t		**s**	s – Sekunde
Frequenz	f	$f = 1/T$	Hz $= 1/s$	Hz – Hertz
Kreisfrequenz	ω	$\omega = 2\pi f$	$1/s$	
Drehfrequenz (Drehzahl)	n	$n = \omega/2\pi$	$1/s$	
Winkelgeschwindigkeit	ω	$\omega = \alpha/t$	rad/s	
Winkelbeschleunigung	ε	$\varepsilon = \omega/t$	rad/s^2	
Geschwindigkeit	v	$v = s/t$	m/s	$c = 0,3 \cdot 10^9$ m/s
Beschleunigung	a	$a = v/t$	m/s^2	
Masse	m		**kg**	kg – Kilogramm
Dichte	ϱ	$\varrho = m/V$	kg/m^3	
Trägheitsmoment	J	$J = mr^2$	kgm^2	
Kraft	F	$F = ma$	N $= kg\,ms^{-2}$	N – Newton
Druck	p	$p = F/A$	Pa $= N/m^2$	Pa – Pascal
Gewichtskraft	G	$G = mg$	N $= kg\,ms^{-2}$	$g = 9,81$ m/s²
Wichte	γ	$\gamma = G/V$	$N/m^3 = kg\,m^{-2}s^{-2}$	
Drehmoment	M	$M = Fr$	Nm $= kg\,m^2 s^{-2}$	
Arbeit, Energie, Wärme	W	$W = Fs$	J $= Nm$	J – Joule
Leistung	P	$P = W/t$	W $= J/s$	W – Watt
elektrische Stromstärke	I		**A**	A – Ampere
elektrische Ladung	Q	$Q = It$	C $= As$	C – Coulomb
elektrische Stromdichte	S	$S = I/A$	A/m^2	
elektrische Spannung	U	$U = P/I$	V $= W/A$	V – Volt
elektrische Feldstärke	E	$E = U/l$	V/m	
elektrische Kapazität	C	$C = Q/U$	F $= s/\Omega$	F – Farad
Dielektrizitätskonstante	ε	$\varepsilon = Cl/A$	F/m	$\varepsilon_0 = 8,85 \cdot 10^{-12}$ F/m
elektrischer Widerstand	R	$R = U/I$	Ω $= V/A$	Ω – Ohm
elektrischer Leitwert	G	$G = 1/R$	S $= 1/\Omega$	S – Siemens
spezifischer elektrischer Widerstand	ϱ	$\varrho = RA/l$	Ωm	
elektrische Leitfähigkeit	γ	$\gamma = 1/\varrho$	S/m	
magnetischer Fluß	Φ	$d\Phi = u\,dt$	Wb $= Vs$	Wb – Weber
magnetische Flußdichte	B	$B = \Phi/A$	T $= Vs/m^2$	T – Tesla
magnetische Feldstärke	H	$H = I/l$	A/m	
Induktivität	L	$L = u\,dt/di$	H $= \Omega s$	H – Henry
Permeabilität	μ	$\mu = B/H$	H/m $= \Omega s/m$	$\mu_0 = 0,4\pi\,10^{-6}$ $\Omega s/m$
thermodynamische Temperatur	T		**K**	K – Kelvin
Celsiustemperatur	ϑ	$\vartheta = T - T_0$	°C	$T_0 = 273,15$ K
Temperaturdifferenz	$\Delta T, \Delta\vartheta$	$\Delta\vartheta = \Delta T$	°C $= K$	°C – Grad Celsius
Stoffmenge	n		**mol**	mol – Mol
Lichtstärke	I		**cd**	cd – Candela

Formelzeichen (Auswahl)

A	Fläche, Querschnitt	M	Drehmoment
A	Wärmeabgabefähigkeit	M_i	inneres Moment
a	Abstand	m	Masse
a	Beschleunigung	N	Windungszahl
B	Blindleitwert	n	Drehzahl (Drehfrequenz)
B	magnetische Flußdichte		
B	Gleichstromverstärkung	P	Leistung
b	Breite	P_t	Augenblickswert der Leistung
b	Bandbreite	P_v	Leistungsverlust
		P_1	aufgenommene Leistung
C	elektrische Kapazität	P_2	abgegebene Leistung
C	Wärmekapazität	p	Polpaarzahl
c	Konstante	p	Prozentzahl
		p_v	prozentualer Leistungsverlust
D	Richtmoment		
d	Durchmesser	Q	Blindleistung
		Q	Elektrizitätsmenge
E	Elektrische Feldstärke	q	Augenblickswert der Ladung
$e =$	2,718 Basis der natürlichen		
	Logarithmen	R	elektrischer Widerstand
e	Elementarladung		(Wirkwiderstand)
		R_N	Normalwiderstand
F	Kraft	R_{th}	Wärmewiderstand
f	Frequenz	R_V	Verbraucherwiderstand
		R_i	innerer Widerstand
G	elektrischer Leitwert	R_ϑ	Widerstand bei der Temperatur ϑ
G	Gewicht	r	differentieller Widerstand
GD^2	Schwungmoment	r	Radius
g	Fallbeschleunigung		
		S	Stromdichte
H	magnetische Feldstärke	$\vec{S}$	Poynting-Vektor
h	Höhe	S	Scheinleistung
		s	Schlupf
I	elektrische Stromstärke	s	Siebfaktor
i	Augenblickswert des Stroms	s	Weglänge
J	Massenträgheitsmoment	T	Periodendauer
$j = \sqrt{-1}$	imaginäre Einheit	T_a	Anlaufzeitkonstante
		t	Zeit
K	Kosten, Preis		
k	spezifische Kosten	U	elektrische Spannung
		U_i	innerer Spannungsverlust bei
L	Induktivität		Maschinen
l	Länge		

U_q	Quellenspannung		μ	Permeabilität
U_v	Spannungsverlust bei Leitungen		μ_r	Permeabilitätszahl
u	Augenblickswert der Spannung		μ_0	magnetische Feldkonstante
u_K	prozentuale Kurzschlußspannung		ϱ	spezifischer elektrischer Widerstand
u_p	prozentuale Spannungsänderung bei Transformatoren		τ	Temperaturziffer
u_v	prouzentualer Spannungsverlust bei Leitungen		Φ	magnetischer Fluß
			Φ_s	Spulenfluß
$\ddot{u}$	Spannungsübersetzung		φ	Phasenverschiebungswinkel
			$\omega = 2\pi f$	elektrische Kreisfrequenz
V	Volumen		$\omega = 2\pi n$	Winkelgeschwindigkeit
V	Spannungsverstärkung			
v	Geschwindigkeit			

Quellenspannung · Spannungsverlust bei Leitungen · Augenblickswert der Spannung · prozentuale Kurzschlußspannung · prozentuale Spannungsänderung bei Transformatoren · prouzentualer Spannungsverlust bei Leitungen · Spannungsübersetzung

V Volumen
V Spannungsverstärkung
v Geschwindigkeit

W Arbeit, Energie, Wärme
w Welligkeit
W_e elektrische Feldenergie
W_m magnetische Feldenergie
W_q Blindarbeit
W_s Scheinarbeit
W_v Energieverlust

X Blindwiderstand
X_C kapazitiver Blindwiderstand
X_L induktiver Blindwiderstand
x Stellung eines Abgriffs

Y Scheinleitwert
$\underline{Y}$ komplexer Leitwert

Z Scheinwiderstand
$\underline{Z}$ komplexer Widerstand
z Anzahl

α Winkel
α_{20} elektrischer Temperaturbeiwert bei 20 °C
β Stromverstärkungsfaktor
γ elektrische Leitfähigkeit
γ Wichte
ε Dielektrizitätskonstante
ε_r Dielektrizitätszahl
ε_0 elektrische Feldkonstante
η Wirkungsgrad
ϑ Temperatur

Indizes

a	für Anoden
A	für Anker
B	für Beschleunigung
B	für Basis
C	für Kollektor
d	für Dioden
E	für Emitter
E	für Erregung
e	für Ersatz
g	für Gitter
g	für Gleichstrom, -spannung
K	für Kathoden
K	für Kurzschluß
k	für Kipp
L	für Last
m	für magnetisch
N	für Nenn
q	für Blind
s	für Synchron
ss	für von Scheitel zu Scheitel, d.h. doppelte Amplitude
st	für Strang
st	für Stillstand
st	für Steuer
v	für Verlust
Z	für Z-Diode
$\curlyvee$	für Stern
$\triangle$	für Dreieck

Schrifttum

DIN-Katalog für technische Regeln. Hrsg. DIN Deutsches Institut für Normung e.V., Berlin 1992

DIN Taschenbuch Band 22: Einheiten und Begriffe für physikalische Größen, Normen. (AEF-Taschenbuch 1) 7. Aufl. Berlin 1990

DIN Taschenbuch Band 202: Formelzeichen, Formelsatz, Mathematische Zeichen und Begriffe. Berlin 1988

DIN Taschenbuch Band 514: Normen über graphische Symbole für die Elektrotechnik. Schaltzeichen. 1989

Fischer, R.: Elektrische Maschinen, 8. Aufl. München 1992

–: Formeln und Übungen zur elektrischen Energietechnik. 2. Aufl. München 1980

Führer/Heidemann/Nerreter: Grundgebiete der Elektrotechnik. Bd. 1 Stationäre Vorgänge. 4. Aufl. 1990. Bd. 2 Zeitabhängige Vorgänge. 4. Aufl. München 1991

Fricke, H.; Vaske, P.: Grundlagen der Elektrotechnik, Tl 1: Elektrische Netzwerke. 17. Aufl. (Moeller, Leitfaden der Elektrotechnik) Stuttgart 1982

Heumann, K.: Grundlagen der Leistungselektronik. 4. Aufl. Stuttgart 1989

Moczala, H. u.a.: Elektrische Kleinmotoren. Ehningen 1987

PTB Braunschweig und Berlin: Tafel der gesetzlichen Einheiten, Braunschweig 1980

Siemens, Hrsg. G. Seip: Elektrische Installationstechnik. Tl 1., Tl 2., Tl 3. 2. Aufl. Weinheim 1985

Siemens: Schalten, Schützen, Verteilen in Niederspannungsnetzen. 3. Aufl. Weinheim 1992

Stöckl/Winterling: Elektrische Meßtechnik. 8. Aufl. Stuttgart 1987

Stölting/Beisse: Elektrische Kleinmaschinen. Stuttgart 1987

VDE-Vorschriftenwerk (Bestimmungen, Vorschriften, Regeln, Leitsätze, Merkblätter, Richtlinien, Druckschriften) Verzeichnis Berlin 1990

Sachverzeichnis

Verwendete Abkürzungen: AsM Asynchronmaschine, GM Gleichstrommaschine, SM Synchronmaschine, Tr Transformator, UM Universalmotor.